国家出版基金项目
NATIONAL PUBLICATION FOUNDATION

"十三五"国家重点图书出版规划项目

江河鱼类早期发育图志

A photographic guide to early development of fish in rivers

● 梁秩燊　易伯鲁　余志堂　著

SPM 南方出版传媒
广东科技出版社 | 全国优秀出版社
· 广 州 ·

图书在版编目（CIP）数据

江河鱼类早期发育图志/梁秩燊，易伯鲁，余志堂著. —广州：广东科技出版社，
2019.12
ISBN 978-7-5359-7265-1

Ⅰ．①江…　Ⅱ．①梁…②易…③余…　Ⅲ．①淡水鱼类—发育生物学—图集
Ⅳ．① Q959.404-64

中国版本图书馆 CIP 数据核字（2019）第 219718 号

江河鱼类早期发育图志

出 版 人：朱文清
责任编辑：尉义明　区燕宜　罗孝政
装帧设计：柳国雄
责任校对：梁小帆　盘婉薇
责任印制：彭海波
出版发行：广东科技出版社
　　　　　（广州市环市东路水荫路 11 号　邮政编码：510075）
销售热线：020-37592148/37607413
http://www.gdstp.com.cn
E-mail：gdkjzbb@ gdstp.com.cn（编务室）
经　　销：广东新华发行集团股份有限公司
印　　刷：广州市彩源印刷有限公司
　　　　　（广州市黄埔区百合3路8号　邮政编码：510700）
规　　格：889mm×1 194 mm　1/16　印张27.5　字数660 千
版　　次：2019 年 12 月第 1 版
　　　　　2019 年 12 月第 1 次印刷
定　　价：118.00 元

如发现因印装质量问题影响阅读，请与广东科技出版社印制室联系调换（电话：020-37607272）。

《江河鱼类早期发育图志》编委会

策　划：常剑波　聂　品

撰　写：梁秩燊　易伯鲁　余志堂

绘　图：梁秩燊

主　审：乐佩琦　谭细畅

采　样：（按姓氏笔画排序）

马鹤海	邓中燊	乔　晔	向　阳	刘友亮	刘仁俊
刘汉生	许蕴玕	孙建贻	李钟杰	杨汉运	杨志高
吴乾钊	何名巨	汪　宁	沈素娟	张建云	陈　华
陈景星	陈湘粦	林人端	林敬洪	易盛祖	周春生
胡贻智	骆乙胜	莫珠成	莫瑞林	钱关英	徐福才
唐会元	黄　琇	黄尚务	黄鹤年	常剑波	梁正方
梁坚勇	梁庚顺	曾祥胜	谢　山	谢文星	甄伯琪
廖庆强	魏祥建				

采样调查船：水生 1 号、水生 2 号、水生 3 号、宜昌水文 001 号、武汉水产 1 号、飞箭轮、郧民机 131 号、郧渔 2 号、汴渔 1 号、桂平 1 号、穗交 2 号、广供 1 号、韶关渔政 1 号

序　言

　　由梁秩燊、易伯鲁、余志堂三位作者撰写的《江河鱼类早期发育图志》一书能够在近日问世，实属难得，令人高兴。本书将50多年来在长江和珠江水系采集的江河鱼类早期发育的样本，通过在显微镜下的形态观察、描述和绘图，并结合生态环境特征资料编写成一部专门介绍我国江河鱼类早期发育形态和生态特征的专著，共包括123种鱼类、1 800余幅图，30余万字，图文并茂、内容详实。本书提供的鱼类早期发育的形态学和生态学特征，有助于研究江河水利水电枢纽建设对鱼类繁殖与鱼类生态环境造成的影响，是识别鱼类胚胎和鱼苗的必要基础资料；同时，在进行江河、水库、湖泊、池塘、湿地等开发利用所进行的鱼类生态学考察特别涉及鱼类繁殖生态研究时，亦具有重要的参考价值。此外，本书是一部鱼类胚胎发育的图集，对鱼类胚胎分类提供完整而详实的资料，亦是对鱼类学和水产学相关专业的学者们有用的参考书，可供野外考察收集的样本直接进行查对而不必再进行培育观察。

　　本书的第1作者梁秩燊教授级高工虽毕业于华中师院地理学系，但因他对鱼类生物学刻苦钻研，又具有良好的美术基础，能仔细观察和准确掌握各种不同鱼类早期发育的形象特征并描绘制图；在易伯鲁研究员指导和余志堂研究员配合下，编写成一本独具特色的手绘鱼类胚胎发育图集，在国内外均属罕见。

　　为此，我郑重向鱼类学、水产学以及水利水电工程和水产养殖工程的同仁们推荐这部既具特色又有学术价值的参考书。

林浩然

中山大学生命科学学院教授

中山大学水生经济动物研究所所长

中国工程院院士

二〇一八年十月十五日

前　言

　　江河鱼类早期发育的形态、生态特征是研究江河水利枢纽建设与鱼类生态的关系时识别鱼类胚胎的基础材料，也是江河、水库、湖泊、池塘、湿地的鱼类生态涉及繁殖生态的研究时一个重要的环节。20世纪60—70年代，中国科学院水生生物研究所等研究长江三峡大坝与葛洲坝副坝的拦河枢纽建设对鱼类资源的影响时，需掌握长江草鱼、青鱼、鲢、鳙四大家鱼及其他经济鱼类乃至小型鱼类的数量变动规律，我们采用捞取鱼卵鱼苗的办法，结合江河流速、流量、水温、产卵场等环境要素进行研究，在识别鱼类早期发育的形态后，相对地求得长江鱼类的分布与数量，为考虑大江建坝对鱼类影响的利弊而提供科学依据。

　　《江河鱼类早期发育图志》为系统介绍江河鱼类早期发育形态、生态特征的专著，全书共有123种鱼类1 823幅图，图文并茂，为国内外罕见手绘鱼类胚胎发育图集，系统介绍了1961—2008年于江河现场搜集到的长江、珠江主要淡水鱼类早期发育形态、生态材料，并整理成系列发育图，用点线着墨，形态清晰，是当代鱼类胚胎发育形态的确切材料。当然，科学技术发展至今，彩色显微摄像技术能拍下颇好的鱼类早期发育图幅，但与点线着墨图做比较，一些器官结构未能相应突出，微妙的差别也没能很好地表达。

　　《江河鱼类早期发育图志》虽是梁秩燊、易伯鲁、余志堂三位作者撰写，但实质上是经过众多同仁的努力方能完成的。20世纪60—70年代，在中国科学院水生生物研究所鱼类研究室主任易伯鲁的领导下，沈素娟、余志堂、梁秩燊、林人端、何名巨、陈景星、胡贻智、邓中粦、黄尚务、许蕴玕、孙建贻、向阳、刘友党、刘仁俊、周春生、黄鹤年、黄琇、杨志高、魏祥建、甄伯琪、马鹤海等参加了长江鱼类产卵场调查及鱼卵鱼苗的采样与绘图工作。20世纪80年代后，常剑波、李钟杰、唐会元、乔晔等又继续在珠江、长江水系深入进行鱼类胚胎发育的研究，所以该书是众多鱼类生态科学工作者的集体成果。

　　20世纪60年代，易伯鲁教授，亲临船上、工作站与江畔，手把手地教我们采集及做显微绘图，60年代末他被调至华中农学院（现华中农业大学）后，还继续指导、参与本专著的撰写，数十年来，对本著的成书作出了重大贡献，可谓

功不可没。

20 世纪 60 年代，余志堂研究员除亲自参加长江鱼类早期发育的研究外，还非常关心江河鱼类早期发育资料的积累，在本人 1978 年调到广州工作后，他多次邀请本人回到长江、汉江，继续搜集鱼类早期发育的形态、生态材料，故他对本专著同样作出较大贡献。

本专著对早期鱼类发育阶段的定种，大多在观察、培养到幼鱼阶段予以确定。对所搜集的 2 000 多个底图进行了分类，成为这 123 种鱼类约 1 900 个胚前胚后发育图幅的准确资料；所采标本现存中国科学院水生生物研究所、水利部中国科学院水工程生态研究所、中山大学生命科学学院鱼类研究室、广州市环境保护科学研究院，并参考了中国水产科学研究院珠江水产研究所鱼苗标本室的标本，便于鱼类研究工作者、渔政干部及大专院校生物、水产专业师生检索查对。

广西水产研究所莫瑞林高级工程师，广州市环境保护科学研究所钱关英、吴乾钊、莫珠成、廖庆强等高级工程师，韶关市渔政大队梁正方队长、梁庚顺副队长，华南师范大学陈湘粦教授，中国水产科学研究院珠江水产研究所李新辉研究员、谭细畅副研究员，广州市水生野生动物救护中心刘汉生博士，水利部中国科学院水工程生态研究所所长常剑波研究员，中国科学院水生生物研究所副所长聂品研究员等为本专著有关鱼类胚胎发育提供了材料，水利部中国科学院水工程生态研究所谢文星、谢山、杨汉运、乔晔、唐会元等，美国地质局哥伦比亚环境研究所汪宁研究员，对本专著的编写给予了极大的支持和鼓励，在此表示最诚挚的谢意。此外，对参与鱼类胚胎发育研究工作中的众多船员付出的多年艰辛，表示衷心的感谢。

成书之际，特请中国科学院水生生物研究所乐佩琦研究员对本专著全面审定并对鱼类中文名、拉丁名进行校正，请珠江水资源保护科学研究所副研究员谭细畅从江河鱼类早期发育分类的长期实践出发，审核了本专著鱼类早期发育的准确性，以及可能存在的问题，特表感谢。

梁秩燊

2015 年 5 月 1 日

目　录

第一章　总　论

第二章　分　论

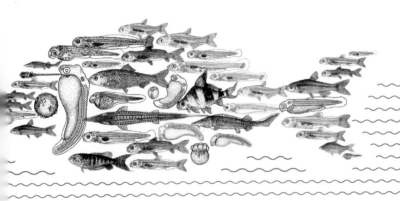

第一章 总论

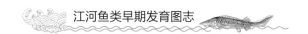

第一节　江河鱼类早期发育研究的意义

江河水利开发及拦河坝的建设，常影响或破坏鱼类繁殖，导致产卵场的变迁，阻隔洄游、半洄游鱼类上溯下行，切断鱼类繁衍的某些环节，因此水利枢纽建设项目环境影响评价成为一个不可避免和必须弄清的专业性很强的内容。本书中鱼类早期发育形态、生态材料是在江河采样后经及时培养绘图集聚而成，它将为水利工程生态研究提供基础资料。有关工作者不一定要如数十年前通过培养取得结果，可在调查江段采集漂流性或黏性鱼卵及鱼苗，经显微解剖镜观察，并查对本书介绍的常见江河鱼类早期发育材料即可，可省却繁杂的培养、鉴定程序，进而促进水利工程建设环境影响评价工作的开展。

本书介绍了123种鱼的早期发育，附有图片1 823幅（表1），具体作用有3个方面：①推算所在江段的产卵场，尤其是产漂流性卵的鱼类产卵场；②归纳某水利工程所影响的鱼类名录及其繁殖群体数量；③建议合理的坝闸位置与形式，并提出"救渔"措施。

表1　江河鱼类早期发育的图幅数量

序号	鱼名	图数	序号	鱼名	图数	序号	鱼名	图数	序号	鱼名	图数
1	中华鲟	11	17	草鱼	45	33	三角鲂	8	49	四须盘鮈	17
2	鲥	7	18	青鱼	44	34	广东鲂	7	50	鲮	14
3	短颌鲚	4	19	鲢	37	35	银鲴	45	51	东方墨头鱼	8
4	长颌鲚	4	20	鳙	38	36	黄尾鲴	33	52	直口鲮	3
5	七丝鲚	3	21	寡鳞飘鱼	9	37	细鳞鲴	37	53	唇鲷	10
6	白肌银鱼	1	22	银飘鱼	9	38	似鳊	37	54	花鲭	10
7	大银鱼	1	23	鳘	35	39	无须鱊	3	55	间鲭	9
8	太湖短吻银鱼	2	24	贝氏鳘	36	40	大鳍鱊	3	56	大刺鳅	3
9	胭脂鱼	17	25	翘嘴鲌	18	41	中华鳑鲏	4	57	似刺鳊鮈	10
10	宽鳍鱲	7	26	蒙古鲌	12	42	高体鳑鲏	3	58	麦穗鱼	11
11	唐鱼	29	27	达氏鲌	8	43	倒刺鲃	8	59	华鳈	10
12	中华细鲫	7	28	海南鲌	6	44	光倒刺鲃	9	60	黑鳍鳈	7
13	鲸	61	29	拟尖头鲌	13	45	北江光唇鱼	4	61	银鮈	57
14	鳡	49	30	红鳍原鲌	10	46	侧条光唇鱼	7	62	铜鱼	52
15	鳤	40	31	鳊	49	47	瓣结鱼	6	63	圆口铜鱼	36
16	赤眼鳟	49	32	团头鲂	11	48	白甲鱼	6	64	长鳍吻鮈	9

（续表）

序号	鱼名	图数	序号	鱼名	图数	序号	鱼名	图数	序号	鱼名	图数
65	吻鮈	22	80	长薄鳅	15	95	岔尾黄颡鱼	3	110	大眼鳜	7
66	圆筒吻鮈	22	81	紫薄鳅	9	96	长吻鮠	7	111	斑鳜	7
67	棒花鱼	8	82	中华花鳅	21	97	粗唇鮠	1	112	黄黝鱼	5
68	光唇蛇鮈	17	83	沙花鳅	24	98	盎堂拟鲿	1	113	小栉鰕鳉	4
69	长蛇鮈	24	84	双斑副沙鳅	33	99	切尾拟鲿	8	114	褐栉鰕鳉	5
70	蛇鮈	25	85	花斑副沙鳅	32	100	细体拟鲿	8	115	子陵栉鰕鳉	4
71	鲫	26	86	大鳞副泥鳅	53	101	短尾拟鲿	7	116	黏皮鲻鰕鳉	3
72	鲤	16	87	泥鳅	10	102	大鳍鳠	5	117	叉尾斗鱼	6
73	宜昌鳅鮀	26	88	中华原吸鳅	1	103	斑鳠	4	118	乌鳢	8
74	美丽小条鳅	2	89	四川华吸鳅	5	104	福建纹胸鲱	6	119	中华刺鳅	3
75	壮体华沙鳅	14	90	犁头鳅	18	105	青鳉	9	120	大刺鳅	3
76	宽体华沙鳅	11	91	鲇	8	106	食蚊鱼	1	121	松江鲈	8
77	美丽华沙鳅	17	92	大口鲇	8	107	间下鱵	4	122	暗色东方鲀	7
78	中华沙鳅	15	93	黄颡鱼	8	108	黄鳝	8	123	弓斑东方鲀	7
79	斑纹薄鳅	12	94	瓦氏黄颡鱼	8	109	鳜	12		小计	1 823

第二节　鱼类早期发育阶段与发育期

1. 鱼卵阶段

从胚盘隆起至心脏搏动，约 30 个发育期。

2. 仔鱼阶段

以卵黄供给营养而发育的由孵出至卵黄吸尽期，约 8 个发育期。

3. 稚鱼阶段

以对外营养的卵黄吸尽期至胸鳍形成或鳞片出现，9 个发育期。

4. 幼鱼阶段

基本与成鱼相似，由幼鱼期至性腺成熟前的若干发育期（表 2）。

表2 鱼类早期发育阶段与发育期

阶段	序号(总)	序号(类)	发育期	形态特征	受精后时间	阶段	序号(总)	序号(类)	发育期	形态特征	受精后时间
鱼卵	1	1	胚盘期	胚盘突起	20分	鱼卵	26	26	晶体形成期	眼晶体形成	23小时
	2	2	2细胞期	纵裂为2个细胞	50分		27	27	肌肉效应期	胚体抽动	1天
	3	3	4细胞期	纵裂为4个细胞	1小时20分		28	28	心脏原基期	心脏原基出现	1天4小时
	4	4	8细胞期	纵裂为8个细胞	1小时30分		29	29	耳石出现期	听囊出现耳石	1天7小时
	5	5	16细胞期	纵裂为16个细胞	1小时45分		30	30	心脏搏动期	心脏搏动	1天9小时
	6	6	32细胞期	纵裂为32个细胞	2小时	仔鱼	31	1	孵出期	破膜孵出	1天13小时
	7	7	64细胞期	分裂为64个细胞	2小时30分		32	2	胸鳍原基期	胸鳍原基出现	1天23小时
	8	8	128细胞期	分裂为128个细胞	3小时		33	3	鳃弧期	鳃弧出现	2天4小时
	9	9	桑葚期	细胞分裂如桑葚状	3小时30分		34	4	眼黄色素期	眼出现黄色素	2天14小时
	10	10	囊胚早期	囊胚层初期	4小时30分		35	5	鳃丝期	鳃丝出现	2天22小时
	11	11	囊胚中期	囊胚层中期	5小时30分		36	6	眼黑色素期	眼黑色素出现	3天8小时
	12	12	囊胚晚期	囊胚层后期	7小时		37	7	鳔雏形期	肠管贯通，鳔雏形	3天18小时
	13	13	原肠早期	原肠下包1/3	8小时30分		38	8	鳔一室期	鳔一室，带卵黄	5天20小时
	14	14	原肠中期	原肠下包1/2	9小时	稚鱼	39	1	卵黄吸尽期	卵黄吸尽	6天21小时
	15	15	原肠晚期	原肠下包3/5	11小时		40	2	背褶分化期	背褶分化	7天22小时
	16	16	神经胚期	神经胚形成，下有卵黄栓	12小时		41	3	尾椎上翘期	尾椎上翘	8天18小时
	17	17	胚孔封闭期	卵黄栓消失，胚孔封闭	14小时		42	4	鳔二室期	鳔前室出现	10天10小时
	18	18	肌节出现期	肌节出现	15小时		43	5	腹鳍芽出现期	腹鳍芽出现	12天12小时
	19	19	眼基出现期	眼基出现	16小时		44	6	背鳍形成期	背鳍形成，与背褶脱离	15天
	20	20	眼囊期	眼基扩大至眼囊	17小时		45	7	臀鳍形成期	臀鳍形成并与臀褶脱离	21天
	21	21	嗅板期	头部出现嗅板	18小时		46	8	腹鳍形成期	腹鳍形成	24天
	22	22	尾芽期	尾芽紧贴卵黄	19小时		47	9	鳞片出现期	鳞片出现，胸鳍形成	45天
	23	23	听囊期	听囊出现	20小时	幼鱼	48	1	幼鱼期	与成鱼相仿	65天
	24	24	尾泡出现期	尾尖出现尾泡	21小时		49	2	I龄幼鱼期	I龄幼鱼	450天
	25	25	尾鳍出现期	尾鳍出现	22小时		50	3	性成熟前幼鱼期	性成熟前幼鱼	N年

第三节　江河鱼类的产卵类型

江河鱼类产卵类型可分为下述 9 类。

1. 漂流性卵

在流水环境产卵，卵粒比重大于 1，静水中下沉，凭流水漂流在水体中发育。具体可细分为 3 类：

（1）标准漂流性卵　卵膜吸水膨胀后卵周隙较大，易于水中漂流，种类有美丽小条鳅、花斑副沙鳅、双斑副沙鳅、斑纹薄鳅、紫薄鳅、中华花鳅、沙花鳅、美丽华沙鳅、宽体华沙鳅、中华沙鳅、壮体华沙鳅、鲸、鳡、鳏、赤眼鳟、草鱼、青鱼、鲢、鳙、华鳡、黑鳍鳈、蛇鮈、光唇蛇鮈、长蛇鮈、拟刺鳊鮈、似鳊、银鲴、黄尾鲴、鳊、贝氏鳘、宜昌鳅鮀、中华原吸鳅、犁头鳅、圆筒吻鮈、长鳍吻鮈、吻鮈、铜鱼、圆口铜鱼、四须盘鮈、鲮鱼等 42 种。

（2）微黏质漂流性卵　卵膜外略带黏性，经含泥的江水脱黏，性状与标准漂流性卵相同，主要有蒙古鲌、拟尖头鲌、翘嘴鲌、鳘、细鳞鲴、银鮈 6 种。

（3）含油滴的漂流性卵　膜径较小，卵粒含油球或油滴，但比重大于水，亦凭流水中漂流发育，主要有七丝鲚、黄黝鱼、鳜、大眼鳜、斑鳜 5 种。

2. 黏沉性卵

卵产于石质或泥沙质河床，卵粒黏附发育，主要有中华鲟、松江鲈、宽鳍鱲、中华细鲫、麦穗鱼、广东鲂、团头鲂、三角鲂、海南鲌、寡鳞飘鱼、银飘鱼、四川华吸鳅、长吻鮠、益堂拟鲿、粗唇鮠、切尾拟鲿、短尾拟鲿、细体拟鲿、胭脂鱼、大刺鳅、间鳝、唇鳝、直口鲮、东方墨头鱼、倒刺鲃、光倒刺鲃、棒花鱼、中华原吸鳅、中华刺鳅、大刺鳅、北江光唇鱼、侧条光唇鱼、瓣结鱼、白甲鱼、大口鲇、斑鳢、大鳍鳠、福建纹胸鳅、小栉虾鳉、褐栉虾鳉、子陵栉虾鳉、黏皮鲻虾鳉、暗色东方鲀、弓斑东方鲀 44 种。

3. 浮性卵

卵黄带油滴、油球，浮于水面发育，有鲥、短颌鲚、长颌鲚、白肌银鱼 4 种。

4. 黏草性卵

产卵于水草而黏附发育的有大鳞副泥鳅、泥鳅、鲤、鲫、唐鱼、达氏鲌、红鳍原鲌、鲇 8 种。

5. 蚌内产卵

产卵于蚌内发育的鱼类有无须鳈、大鳍鳠、中华鳑鲏、高体鳑鲏 4 种。

6．泡沫巢浮性卵

亲鱼吐气泡成漂浮巢，卵浮于气泡下发育，有黄鳝、叉尾斗鱼2种。

7．筑巢产卵

亲鱼用鳍造成沙巢，卵产巢内发育，有乌鳢、黄颡鱼、瓦氏黄颡鱼、岔尾黄颡鱼4种。

8．缠丝性卵

有缠丝由母体带着发育的青鳉、黏丝的大银鱼、太湖短吻银鱼和缠丝挂在植物上发育的花鳈、间下鱵5种。

9．卵胎生

卵胎生有食蚊鱼1种。

第四节　鱼卵、鱼苗的鉴定方法

一、鱼卵阶段

鱼卵阶段也称胚胎阶段（Embryonic period）或胚前发育（Preembryonic development），鱼卵鉴定是参考性的，最终还是以稚鱼、幼鱼来定种，一般从卵粒大小、色彩、形态予以划分。

1．卵膜径法

卵膜径指吸水膨胀后膜径的大小，是鉴别鱼种类的参考（表3）。

（1）特小卵　卵膜径0.6~0.8 mm，有太湖短吻银鱼、侧条光唇鱼2种。

（2）微小卵　卵膜径1~1.2 mm，有短颌鲚、长颌鲚、七丝鲚、白肌银鱼、大银鱼、大鳞副泥鳅、唐鱼、中华细鲫、青鳉、暗色东方鲀、乌鳢11种。

（3）小小卵　卵膜径1.3~1.7 mm，有泥鳅、叉尾斗鱼、弓斑东方鲀、松江鲈、团头鲂、三角鲂、广东鲂、达氏鲌、鲫、鲤、大鳍鱊、中华鳑鲏、红鳍原鲌13种。

（4）小卵　卵膜径2~2.8 mm，有鲥、宽鳍鱲、麦穗鱼、花鳈、间鳑、唇鳕、鲇、长吻鮠、细体拟鲿、短尾拟鲿、黄颡鱼、福建纹胸鳅、鳡、大眼鳜、斑鳜、中华鳑鲏、高体鳑鲏、美丽华沙鳅、寡鳞飘鱼、鲨20种。

（5）中卵　卵膜径3~4.5 mm，有斑纹薄鳅、紫薄鳅、中华花鳅、沙花鳅、宽体华沙鳅、中华沙鳅、粗壮沙鳅、赤眼鳟、华鲮、黑鳍鳈、蛇鉤、长蛇鉤、光唇蛇鉤、鲮、东方墨头鱼、大口鲇、黄鳝、似鳊、细鳞鲴、银鲴、四须盘鮈、黄尾鲴、蒙古鲌、海南鲌、翘嘴鲌、贝氏鳘、宜昌鳅鮀、四川华吸鳅、胭脂鱼等。

（6）大卵　卵膜径 4.6~6.5 mm，有中华鲟、双斑副沙鳅、花斑副沙鳅、沙鳅、长薄鳅、鳡、鳤、青鱼、草鱼、鲢、鳙、圆筒吻鮈、长鳍吻鮈、吻鮈、白甲鱼、大鳍鳠、犁头鳅 17 种。

（7）较大卵　卵膜径 6~7.8 mm，有鲸、铜鱼、圆口铜鱼 3 种。

表3　鱼卵膜径大小的参考值

序号	名称	范围 /mm	鱼类
1	特小卵	0.6~0.8	太湖短吻银鱼、侧条光唇鱼
2	微小卵	1~1.2	短颌鲚、长颌鲚、七丝鲚、白肌银鱼、大银鱼、大鳞副泥鳅、唐鱼、中华细鲫、青鳉、暗色东方鲀、乌鳢
3	小小卵	1.3~1.7	泥鳅、叉尾斗鱼、弓斑东方鲀、松江鲈、团头鲂、三角鲂、广东鲂、达氏鲌、鲫、鲤、大鳍鳠、中华鳑鲏、红鳍原鲌
4	小卵	2~2.8	鲥、宽鳍鱲、麦穗鱼、花鲭、间鲭、唇鲭、鲇、长吻鮠、细体拟鳘、短尾拟鳘、黄颡鱼、福建纹胸鳅、鳜、大眼鳜、斑鳜、中华鳑鲏、高体鳑鲏、美丽华沙鳅、寡鳞飘鱼、鳘
5	中卵	3~4.5	斑纹薄鳅、紫薄鳅、中华花鳅、沙花鳅、宽体华沙鳅、中华沙鳅、粗壮沙鳅、赤眼鳟、华鳈、黑鳍鳈、蛇鮈、长蛇鮈、光唇蛇鮈、鲮、东方墨头鱼、大口鲇、黄鳝、似鳊、细鳞鲴、银鲴、四须盘鮈、黄尾鲴、蒙古鲌、海南鲌、翘嘴鲌、贝氏鳘、宜昌鳅鮀、四川华吸鳅、胭脂鱼
6	大卵	4.6~6.5	中华鲟、双斑副沙鳞、花斑副沙鳅、沙鳅、长薄鳅、鳡、鳤、青鱼、草鱼、鲢、鳙、圆筒吻鮈、长鳍吻鮈、吻鮈、白甲鱼、大鳍鳠、犁头鳅
7	较大卵	6.6~7.8	鲸、铜鱼、圆口铜鱼

2. 色彩法

漂流性卵常以色彩作暂时区分，以便培养观察。1964—1997 年统计了长江、汉江的材料，草鱼以枇杷黄居多，青鱼以篾黄居多，鲢、鳙也以篾黄、酪黄等浅色居多（表4）。

表4　长江、汉江四大家鱼鱼卵的色彩统计（1964—1997 年）

鱼名	草鱼		青鱼		鲢		鳙	
数值	数量	比例 /%	数量	比例 /%	数量	比例 /%	数量	比例 /%
枇杷黄	241	63.6	52	19.8	38	20.4	0	0
篾黄	88	23.2	172	65.4	92	49.5	51	61.5
酪黄	18	4.8	11	4.2	42	22.6	88	30.1
杏仁黄	32	8.4	28	10.6	14	7.5	7	8.4
小计	379	100	263	100	186	100	83	100
归纳	色深的枇杷黄最多，篾黄次之，浅色的酪黄、杏仁黄较少		篾黄最多，枇杷黄、杏仁黄次之，酪黄最少		篾黄最多，酪黄、枇杷黄次之，杏仁黄最少		酪黄最多，篾黄次之，杏仁黄少，枇杷黄无	

此外，鳡、沙花鳅、犁头鳅也常出现枇杷黄。

在珠江，青鱼卵的不同颜色反映了两个生态类群，枇杷黄的青鱼卵养大属个体大的类群，篾黄的属个体小的产卵群体（表5）。

表5　珠江青鱼的两个群体在鱼卵方面反映了两种色彩

青鱼	鱼卵	鱼苗		成鱼		
	色彩	色彩	青筋色素	尾鳍褶下方黑色素	体重/kg	体色	鼻孔
甲群	枇杷黄	橙色	不规则	浅黑	15~40	紫蓝色	大
乙群	篾黄	柠檬黄	条状	深黑	5~15	蓝黑色	小

3. 局部形态法

鱼卵发育到胚体形成及器官出现时，其局部形态也可用于鉴别参考，如尾芽出现至心脏搏动期头部隆起程度，高度隆起者有青鱼、鳡，一般隆起者有草鱼、鲢、鳙、鳊、鲮、鲸、银鲴、赤眼鳟、四须盘鲍、翘嘴鲌等，不大隆起的有花鳅、沙花鳅、蛇鲍等。鱼卵阶段时，已看到眼大小，大眼类者如青鳉、间下鱵、鳜、大眼鳜、乌鳢、大刺鳅、松江鲈、暗色东方鲀、弓斑东方鲀、蒙古鲌、鳊、鲤、鲫、胭脂鱼、四川华吸鳅、细鳞鲴、草鱼、青鱼、鲢、鳙、光倒刺鲃、倒刺鲃、麦穗鱼等。中眼的有银鮈、黄尾鲴、广东鲂、团头鲂、三角鲂、唇鲮、华鳈、白甲鱼、四须盘鲍、鲮、圆筒吻鲍、银鲴、宽体华沙鳅。小眼的有美丽华沙鳅、犁头鳅、铜鱼、圆口铜鱼、鳡、蛇鲍、壮体华沙鳅、斑鳠、鲇、大口鲇、光唇蛇鲍、美丽小条鳅等。

二、仔鱼、稚鱼阶段

1. 形态法

（1）宽壮圆尾型　个体宽壮均匀，尾褶圆形，如草鱼、青鱼、鲢、鳙、鳡、鲸、赤眼鳟、鳘条、鲤、银鲴、四须盘鲍、鲮、直口鲮、大刺鳅等。

（2）偏长扇尾型　体形窄长，尾褶扇形，如鳡、贝氏䱗、银鲴、细鳞鲴、翘嘴鲌、蒙古鲌、鳊、银飘鱼、寡鳞飘鱼等。

（3）圆头小眼型　头圆眼小，如美丽华沙鳅、中华花鳅、长薄鳅、犁头鳅、花斑副沙鳅、黄颡鱼、斑鳠、黄鳝、铜鱼、圆口铜鱼等。

（4）大口裂型　口裂大，如鳜、斑鳜、大眼鳜、鲸、大口鲇、长薄鳅。

（5）长条型　体如条状，如短颌鲚、长颌鲚、大银鱼、白肌银鱼、七丝鲚、间下鱵、黄鳝。

2. 肌节法

（1）肌节前段法　肌节数目采用背褶、背鳍起点划分，有下面6个类型（表6）。

①背鳍零位：背褶、背鳍前肌为零。主要是鲇形目鲿科，如细体拟鲿、黄颡鱼及鳅科等一些鱼类，还有中华鲟、黄鳝、鲫、松江鲈等13种。

②背鳍前位：背鳍前位为1~3对肌节，有属于鲇、鳠、鳜、鰕虎、银鱼等类17种。

③背鳍较前位：背鳍前肌节 4~6 对，有拟鲿、鰕鳉、沙鳅、蛇鮈等31种。

④背鳍中位：背鳍前肌节 7~9 对，有鳊鲌类、草鱼、青鱼、铜鱼、胭脂鱼等34种。

⑤背鳍后位：背鳍前肌节 10~12 对，有鲂属、鯮、鳡、鳤等24种。

⑥背鳍较后位：背鳍前肌节 14~34 对，有鯔、鱵、倒刺鲃等4种。

（2）肌节三段法　仔鱼、稚鱼肌节数与成鱼脊椎骨数目相同，肌节法是鉴定鱼种类的一种既麻烦又实在的方法。肌节数采用三段法记录，肌节 = 背褶起点前 + 背褶或背鳍起点后至肛门拐弯处 + 肛门拐弯以后的尾段。

表6　仔鱼、稚鱼的肌节数目

类型	序号	鱼名	仔鱼/对	稚鱼/对	类型	序号	鱼名	仔鱼/对	稚鱼/对
背鳍零位	1	细体拟鲿	0+13+27=40	0+13+27=40	背鳍较前位	34	黄黝鱼	4+9+19=32	4+9+19=32
	2	短尾拟鲿	0+12+26=38	0+13+26=39		35	黏皮鲻鰕鳉	4+6+17=27	4+6+17=27
	3	黄颡鱼	0+14+29=43	0+14+29=43		36	叉尾斗鱼	4+16+27=47	4+16+27=47
	4	岔尾黄颡鱼	0+17+25=42	0+17+25=42		37	大刺鳅	4+37+36=77	4+37+36=77
	5	瓦氏黄颡鱼	0+14+33=47	0+14+33=47		38	暗色东方鲀	4+6+18=28	7+4+18=29
	6	福建纹胸鳅	0+12+23=35	0+12+23=35		39	花斑副沙鳅	4+20+16=40	6+20+16=42
	7	黄鳝	0+60+30=90	0+60+30=90		40	宽体华沙鳅	4+16+14=34	8+13+14=35
	8	松江鲈	0+12+30=42	0+12+30=42		41	中华沙鳅	4+19+14=37	5+18+14=37
	9	犁头鳅	0+20+16=36	3+19+17=39		42	唐鱼	4+14+19=37	4+14+19=37
	10	中华鲟	0+32+30=62	0+32+30=62		43	益堂拟鲿	5+12+20=37	5+12+20=37
	11	美丽小条鳅	0+18+13=31	0+18+13=31		44	乌鳢	5+21+32=58	5+21+32=58
	12	泥鳅	0+28+13=41	0+28+13=41		45	棒花鱼	5+13+14=32	5+13+14=32
	13	鲫	1+25+13=39	8+18+13=39		46	蛇鮈	5+20+14=39	8+17+15=40
背鳍前位	14	斑纹薄鳅	1+21+13=35	1+21+13=35		47	双斑副沙鳅	5+20+14=39	5+20+14=39
	15	鲇	2+13+50=65	2+13+50=65		48	紫薄鳅	5+19+14=38	5+19+14=38
	16	斑鳠	2+10+20=32	2+10+20=32		49	壮体华沙鳅	5+16+12=33	5+16+12=33
	17	大鳍鳠	2+18+32=52	4+16+33=53		50	鲮	5+19+12=36	6+19+12=37
	18	鳜	2+7+20=29	2+7+20=29		51	大口鲇	6+11+49=66	6+11+49=66
	19	大鳞副泥鳅	2+27+17=46	2+27+17=46		52	粗唇鮠	6+13+20=39	6+13+20=39
	20	刺鳅	2+35+38=75	2+35+38=75		53	青鳉	6+4+22=32	7+3+22=32
	21	斑鳜	2+10+20=32	2+10+20=32		54	鲢	6+19+14=39	6+19+14=39
	22	子陵栉鰕鳉	3+7+15=25	3+7+15=25		55	鳙	6+17+15=38	10+13+16=39
	23	小栉鰕鳉	3+9+17=29	3+9+17=29		56	光唇蛇鮈	6+18+14=38	8+18+14=40
	24	沙花鳅	3+19+15=37	3+19+15=37		57	长蛇鮈	6+24+17=47	9+21+19=49
	25	中华花鳅	3+21+13=37	3+21+13=37		58	美丽华沙鳅	6+18+12=36	7+17+12=36
	26	长吻鮠	3+10+26=39	3+11+26=40		59	中华细鲫	6+14+14=34	6+14+14=34
	27	弓斑东方鲀	3+7+16=26	3+7+16=26		60	圆筒吻鮈	6+24+18=48	6+24+18=48
	28	白肌银鱼	3+48+16=67	41+10+16=67		61	四须盘鮈	6+14+12=32	6+14+12=32
	29	大银鱼	3+38+18=59	29+12+18=59	背鳍中位	62	海南鲌	7+17+19=43	8+16+19=43
	30	太湖短吻银鱼	3+40+15=58	16+27+15=58		63	鳊	7+18+18=43	11+15+20=46
背鳍较前位	31	褐栉鰕鳉	4+6+15=25	4+6+15=25		64	贝氏䱗	7+22+12=41	18+11+13=42
	32	大眼鳜	4+6+22=32	4+6+22=32		65	鲤	7+16+15=38	8+15+15=38
	33	切尾拟鲿	4+11+22=37	4+12+24=40		66	宜昌鳅鮀	7+17+16=40	9+15+17=42

（续表）

类型	序号	鱼名	仔鱼/对	稚鱼/对	类型	序号	鱼名	仔鱼/对	稚鱼/对
背鳍中位	67	四川华吸鳅	7+13+14=34	7+13+14=34	背鳍后位	96	广东鲂	10+12+20=42	12+12+20=44
	68	赤眼鳟	7+18+14=39	10+18+15=43		97	银鲴	10+19+13=42	12+17+13=42
	69	银鮈	7+15+14=36	9+13+15=37		98	团头鲂	10+13+18=41	10+13+20=43
	70	直口鲮	7+13+15=35	7+13+15=35		99	三角鲂	10+13+15=38	10+13+16=39
	71	长薄鳅	7+14+13=34	10+11+13=34		100	达氏鲌	10+20+20=50	15+15+20=50
	72	拟尖头鲌	8+18+20=46	9+17+20=46		101	无须鱊	10+4+20=34	10+4+20=34
	73	银飘鱼	8+14+18=40	16+6+18=40		102	黄尾鲴	10+19+15=44	12+19+15=46
	74	鳘	8+20+13=41	14+14+13=41		103	中华原吸鳅	10+11+12=33	10+11+12=33
	75	中华鳑鲏	8+7+20=35	8+7+20=35		104	华鲮	10+15+13=38	11+15+13=39
	76	鲫	8+14+13=35	8+14+14=36		105	拟刺鳊鮈	10+20+14=44	10+20+14=44
	77	草鱼	8+22+13=43	9+21+15=45		106	长鳍吻鮈	10+18+18=46	10+18+18=46
	78	青鱼	8+18+15=41	10+16+15=41		107	大刺鳅	10+16+15=41	11+15+15=41
	79	麦穗鱼	8+11+15=34	8+11+16=35		108	花鱝	10+20+14=44	10+21+15=46
	80	铜鱼	8+22+20=50	10+20+20=50		109	光倒刺鲃	10+17+16=43	10+17+16=43
	81	圆口铜鱼	8+22+20=50	10+20+20=50		110	北江光唇鱼	10+14+15=39	10+14+15=39
	82	间鱲	8+20+15=43	8+20+16=44		111	红鳍原鲌	11+16+16=43	13+15+16=44
	83	东方墨头鱼	8+11+13=32	9+12+13=34		112	大鳍鱊	11+4+19=34	11+4+19=34
	84	白甲鱼	8+16+15=39	9+16+15=40		113	鯮	11+24+16=51	18+20+17=55
	85	高体鳑鲏	8+7+20=35	10+5+21=36		114	宽鳍鱲	12+10+16=38	12+10+16=38
	86	蒙古鲌	9+20+18=47	12+17+18=47		115	短颌鲚	12+26+35=73	12+26+35=73
	87	翘嘴鲌	9+16+20=45	11+14+20=45		116	食蚊鱼	12+0+14=26	12+0+14=26
	88	胭脂鱼	9+22+13=44	9+22+13=44		117	寡鳞飘鱼	12+11+17=40	15+8+17=40
	89	黑鳍鳈	9+14+14=37	9+14+16=39		118	鳡	12+29+16=57	17+25+18=60
	90	吻鮈	9+19+19=47	10+19+19=48		119	鳤	12+25+14=51	20+17+15=52
	91	唇鲬	9+18+15=42	9+18+15=42	背鳍较后位	120	倒刺鲃	14+11+18=43	14+11+18=43
	92	侧条光唇鱼	9+14+15=38	9+14+15=38		121	长颌鲚	15+25+40=80	15+25+40=80
	93	瓣结鱼	9+18+13=40	9+18+13=40		122	七丝鲚	17+18+32=67	17+18+32=67
	94	细鳞鲴	9+21+13=43	13+17+13=43		123	间下鱵	33+2+18=53	33+2+18=53
	95	似鳊	9+16+15=40	9+16+15=40					

3. 眼径测定法

眼径大小可初步鉴别鱼名（表7）。

（1）大眼类　大眼类在显微镜下观察，眼较大，占头部 1/12~1/7，主要有草鱼、青鱼、鲢、鳙、鯮、鳡、鳊、蒙古鲌、中华鳑鲏、高体鳑鲏、倒刺鲃、麦穗鱼等 37 种。

（2）中眼类　眼占头部 1/20~1/15，有拟尖头鲌、海南鲌、翘嘴鲌等鲌类，广东鲂、团头鲂等鲂类，沙鳅类，银鱼类，吻鮈类，鲚类等 51 种。

（3）小眼类　眼占头部 1/55~1/35，有蛇鮈类、黄颡鱼类、鳅类、铜鱼类、薄鳅类、鲇类等 35 种。

表 7　仔鱼、稚鱼的眼径大小

序号	眼径大小	鱼名
1	大眼 （占头部 1/12~1/7）	青鳉、食蚊鱼、间下鱵、鳜、大眼鳜、斑鳜、乌鳢、蒙古鲌、鳊、鲫、鲤、胭脂鱼、宽鳍鱲、唐鱼、倒刺鲃、鲸、鳕、草鱼、青鱼、鲢、鳙、黄黝鱼、银飘鱼、大鳍鱎、无须鱊、中华鳑鲏、高体鳑鲏、大刺鳎、直口鲮、光倒刺鲃、北江光唇鱼、麦穗鱼、大刺鳅、褐栉虾虎鱼、寡鳞飘鱼等 37 种
2	中眼 （占头部面积 1/20~1/15）	四川华吸鳅、拟尖头鲌、红鳍原鲌、松江鲈、细鳞鲴、赤眼鳟、间鳕、斑纹薄鳅、棒花鱼、壮体华沙鳅、叉尾斗鱼、小栉虾虎鱼、光唇蛇鮈、大鳞副泥鳅、泥鳅、中华细鲫、侧条光唇鱼、瓣结鱼、白甲鱼、华鳊、黑鳍鳈、子陵栉虾虎鱼、似鳊、银鲴、黄尾鲴、广东鲂、三角鲂、翘嘴鲌、贝氏鳘、鳘、鲋、泥鳅、唇鳕、东方墨头鱼、拟刺鳊鮈、双斑副沙鳅、达氏鲌、黏皮鮈鰕虎、中华原吸鳅、短颌鲚、长颌鲚、白肌银鱼、大银鱼、太湖短吻银鱼、宽体华沙鳅、圆筒吻鮈、长鳍吻鮈、吻鮈、花鳕、鲮、银鮈 51 种
3	小眼 （占头部面积 1/55~1/35）	鲇、切尾拟鲿、宜昌鳅鮀、长蛇鮈、大口鲇、长吻鮠、福建纹胸鳅、长薄鳅、中华花鳅、圆口铜鱼、短尾拟鲿、细体拟鲿、中华鲟、益堂拟鲿、粗唇鮠、七丝鲚、刺鳅、大鳍鳠、犁头鳅、美丽华沙鳅、岔尾黄颡鱼、瓦氏黄颡鱼、花斑副沙鳅、斑纹薄鳅、紫薄鳅、沙花鳅、中华沙鳅、铜鱼、黄颡鱼、斑鳠、美丽小条鳅、鳡、蛇鮈、黄鳝、四须盘鮈 35 种

4. 眼与听囊、嗅囊关系法

按眼、听囊、嗅囊关系分类（表 8）。

（1）眼＞听囊＞嗅囊组　以大眼类鱼苗为主，眼较大，并眼＞听囊＞嗅囊。如草鱼、青鱼、鲢、鳙、鲸、鳕、倒刺鲃、鳜、大眼鳜等，小眼的有泥鳅、宜昌鳅鮀等 47 种。

（2）听囊＞嗅囊＞眼组　嗅囊＞眼者以圆口铜鱼为代表，嗅囊大过眼 1/2，与嗅囊等于眼的铜鱼极易区分，还有中华鲟、鮡、中华花鳅、犁头鳅等共 8 种。

（3）听囊＞眼＝嗅囊组　有黄颡鱼、拟鲿类、双斑副沙鳅、铜鱼、鲇等 16 种。

（4）听囊＞眼＞嗅囊组　有黄黝鱼、斑鳠、虾虎鱼类、鲚类、银鱼类、鳡、蛇鮈等 29 种。

（5）眼＝听囊＞嗅囊组　有斑鳜、乌鳢、鲋、北江光唇鱼等 23 种。

仔鱼、稚鱼鉴定实为综合法，但有时抓住一种特点也能鉴别出来。

表 8　仔鱼、稚鱼的眼、听囊、嗅囊相关的归类

序号	眼、听囊、嗅囊 关系	鱼名
1	眼＞听囊＞嗅囊 组	食蚊鱼、鳜、大眼鳜、叉尾斗鱼、大刺鳅、松江鲈、暗色东方鲀、弓斑东方鲀、海南鲌、红鳍原鲌、鲫、鲤、胭脂鱼、大鳞副泥鳅、宽鳍鱲、唐鱼、中华细鲫、间鳕、倒刺鲃、白甲鱼、鲸、鳕、赤眼鳟、草鱼、青鱼、鲢、鳙、无须鱊、中华原吸鳅、泥鳅、宜昌鳅鮀、麦穗鱼、似鳊、黄尾鲴、银飘鱼、麦穗鱼、子陵栉虾虎鱼、贝氏鳘、蒙古鲌、团头鲂、三角鲂、四川华吸鳅、华鳊、黑鳍鳈、青鳉、侧条光唇鱼等 47 种
2	听囊＞嗅囊＞眼 组	中华鲟、福建纹胸鳅、中华花鳅、长吻鮠、美丽华沙鳅、犁头鳅、大鳍鳠、圆口铜鱼 8 种

（续表）

序号	眼、听囊、嗅囊关系	鱼名
3	听囊＞眼＝嗅囊组	细体拟鲿、切尾拟鲿、短尾拟鲿、岔尾黄颡、瓦氏黄颡、黄颡鱼、双斑副沙鳅、花斑副沙鳅、斑纹薄鳅、紫薄鳅、沙花鳅、中华沙鳅、长薄鳅、铜鱼、大口鲇、鲇 16 种
4	听囊＞眼＞嗅囊组	黄黝鱼、斑鳠、小栉鰕鳅、黏皮鲻鰕鳅、短颌鲚、长颌鲚、七丝鲚、白肌银鱼、大银鱼、太湖短吻银鱼、美丽小条鳅、宽体华沙鳅、圆筒吻鉤、长鳍吻鉤、鳡、花鳕、四须盆鉤、鲮、鳤、戴氏鲌、长蛇鉤、粗唇鮠、益堂拟鲿、刺鳅、棒花鱼、蛇鉤、银鉤、壮体华沙鳅、黄鳝 29 种
5	眼＝听囊＞嗅囊组	斑鱯、乌鳢、褐栉鰕鳅、似鳊、细鳞鲴、银鲴、翘嘴鲌、寡鳞飘鱼、鳘、大鳍鱊、中华鳑鲏、高体鳑鲏、鲫、大刺鳅、唇鳕、直口鲮、东方墨头鱼、瓣结鱼、北江光唇鱼、光唇蛇鉤、拟尖头鲌、广东鲂、拟刺鳊鉤 23 种

5. 黑色素区别法

仔鱼、稚鱼各个发育期都迟早出现一些黑色素，不同鱼类的色素分布都有一定规律（表9）。

（1）头背部黑色素　有大花、中花、小花、无等区分为参考要素。

（2）头内部黑色素　一般为俯视鱼苗头部所反映的图案形状，如草鱼花瓶状、青鱼双倒"八"字形、鲢"U"形等。

（3）背褶黑色素　处于鳍褶时期背鳍褶出现的黑色素，如美丽小条鳅4朵、中华沙鳅2朵，鲢5朵、鳊3朵、鲮2朵及多数鱼类没出现背褶黑色素。

（4）臀褶黑色素　臀褶出现黑色素，如双斑副沙鳅3朵、鳡1朵、鲢8朵、鳙如雁队形的黑色素、鳊4朵及大部分鱼类不显现臀褶黑色素。

（5）腹褶黑色素　腹褶出现黑色素以鲢、鳙最为典型，还有间鳕等，绝大多数鱼类不出现腹褶黑色素。

（6）尾褶黑色素　尾褶出现黑色素，如鲢2丛黑斑，青鱼、鳤的尾椎下1朵大黑色素，还有双斑副沙鳅等鳅科、鲴亚科等都有尾褶黑色素。

（7）卵黄囊黑色素　许多鱼类卵黄囊出现黑色素，其形状、多少也是仔鱼分类的要素，如紫薄鳅、沙花鳅1朵，鳡、黑鳍鰁、蛇鉤、鳜、大眼鳜、斑鳜、中华鲟、暗色东方鲀多朵，鲴、鲌类条状黑色素等。

（8）体背条状黑色素　位于体背的1条黑色素，多数有1行。

（9）脊椎条状黑色素　位于脊椎骨中间、上侧、下侧会出现1行、2行或3行黑色素。

（10）青筋条状黑色素　从鳔前后起经肠上缘、肛门延至尾部1行黑色素，渔民称此为"青筋"而定为青筋部位黑色素，有1行。

（11）尾椎下黑色素　尾椎上翘后其斜下方的黑色素，有1朵、2朵或多朵。

（12）胸鳍弧黑色素　胸鳍弧1~4朵黑色素，如草鱼、花斑副沙鳅、中华沙鳅、吻鉤、铜鱼等。

（13）全身黑色素　有全黑、较黑、灰黑、较透明、透明、条斑、块斑等。

表 9　仔鱼、稚鱼黑色素分布特征

产卵类型	序号	鱼名	头背部黑色素	头内部黑色素	背鳍黑色素	臀鳍黑色素	腹鳍黑色素	尾鳍黑色素	卵黄囊黑色素	体背条状黑色素	脊椎条状黑色素	青筋条状黑色素	尾椎下黑色素	胸鳍弧黑色素	全身黑色素
	1	美丽小条鳅	大花	⋏形	4朵	2朵	无	无	无	1行	1行	1行	2朵	无	18条斑
	2	花斑副沙鳅	小花	无	3朵	无	无	2朵	无	1行	1行	1行	2朵	3朵	较黑
	3	双斑副沙鳅	大花	无	3朵	3朵	无	3朵	无	1行	3行	1行	1朵	3朵	较黑
	4	斑纹薄鳅	大花	⋏形	无	1朵	无	4朵	无	1行	2行	1行	2朵	无	15条斑
	5	长薄鳅	大花	⋏形	无	1朵	无	无	无	1行	2行	1行	2朵	4朵	7条斑
	6	紫薄鳅	小花	不显	无	无	无	3点	1小朵	1行	1行	1行	3朵	无	17条斑
	7	中华花鳅	大花	形	无	无	无	无	前段2朵	1行	1行	1行	3朵	无	10条斑
	8	沙花鳅	大花	不显	无	无	无	1朵	前段1朵	无	无	1行	3朵	无	13横斑
	9	美丽华沙鳅	2朵	无	无	无	无	无	无	无	3行	1行	1丛	无	19条斑
	10	宽体华沙鳅	中花	⋏形	2朵	2朵	无	4朵	无	1行	3行	1行	1丛	无	8条斑
	11	中华华沙鳅	大花	⋏形	2朵	2朵	无	1朵	无	1行	1行	1行	双弧	4朵	12条斑
	12	壮体华沙鳅	大花	形	无	无	无	无	无	1行	1行	1行	3丛	无	10条斑
漂流性卵	13	鳈	小花	形	1朵	1朵	无	3朵	小5朵	1行	1行	1行	丛状	无	较透亮
	14	鳌	小花	状	无	无	无	丛状	无	1行	2行	1行	3朵	无	较透亮
	15	鳗	小花	形	无	无	无	1朵	无	1行	无	1行	2朵	无	较黑
	16	赤眼鳟	中花	形	无	无	无	2丛	无	1行	1行	1行	2朵	无	较黑
	17	草鱼	小花	状	3朵	3朵	无	小丛	前段3朵	1行	2行	1行	1大3小	3朵	较黑
	18	青鱼	稀花	状	无	无	无	1大朵	前段5朵	1行	1行	1行	1大	无	较黑
	19	鲢	小花	形	5朵	8朵（雁队形）	11朵	2丛	无	1行	2行	1行	1大4朵小	2朵	较黑
	20	鳙	小花	形	6朵	7朵	7朵	菜刀形	前段7朵	1行	1行	1行	小4朵4朵	1朵	黑斑
	21	华鲮	小花	无	无	无	无	3朵	7朵	1行	无	1行	3丛	无	5黑斑
	22	黑鳍鳈	小花	无	无	无	无	无	7朵	半行	无	1行	3朵	无	较黑
	23	蛇鮈	小花	状	无	无	无	无	7朵	1行	1行	1行	3朵	无	较黑

（续表）

产卵类型	序号	鱼名	头背部黑色素	头内部黑色素	背鳍黑色素	臀鳍黑色素	腹鳍黑色素	尾鳍黑色素	卵黄囊黑色素	体背条状黑色素	脊椎条状黑色素	青筋条状黑色素	尾椎下黑色素	胸鳍弧黑色素	全身黑色素
漂流性卵	24	光唇蛇鮈	小花	（符号）形	无	无	无	3朵	条状	1行	2行	1行	3朵	无	背黑
	25	长蛇鮈	小花	（符号）形	无	无	无	无	9朵	1行	半行	1行	2朵	无	较黑
	26	拟刺鳊鮈	密花	无	无	无	无	无	无	1行	1行	1行	2朵	无	背黑
	27	似鳊	小花	（符号）形	无	无	无	3朵	8头	1行	1行	1行	3朵	无	较黑
	28	银鮈	小花	（符号）形	无	无	无	2朵	条状	1行	2行	1行	2朵	无	较黑
	29	黄尾鲴	2朵	不显	无	无	无	无	无	无	无	1行	2朵	无	较透明
	30	鳊	3朵	短倒"八"字形	3朵	4朵	无	4朵	前段3朵	1行	2行	1行	3朵	无	较黑
	31	贝氏鳘	4朵	（符号）状	无	无	无	3朵	无	1行	1行	1行	3朵	无	较黑
	32	鳘	3朵	（符号）状	无	无	无	1朵	无	1行	3行	1行	2朵	无	较黑
	33	宜昌鳅蛇	2朵	（符号）状	无	无	无	无	无	1行	1行	1行	3朵	无	较黑
	34	中华原吸鳅	大花	无	无	无	无	无	无	无	无	无	2丛	无	8条斑
	35	犁头鳅	4朵	（符号）形	无	无	无	2朵	6朵	1行	无	1行	2朵	无	较黑
	36	圆筒吻鮈	无	无	无	无	无	1朵	6朵	无	1行	1行	1朵	无	较透明
	37	长鳍吻鮈	无	无	2朵	无	无	无	5小朵	无	无	1行	2朵	无	较透明
	38	吻鮈	3朵	（符号）形	无	无	无	3朵	6小朵	1行	无	1行	3朵	无	较透明
	39	铜鱼	小花	无	无	无	无	2朵	无	1行	无	1行	2朵	2朵	较黑
	40	圆口铜鱼	听囊前	无	无	无	无	3朵	无	1行	无	1行	3朵	1朵	较黑
	41	四须盘鮈	小花	（符号）形	无	无	无	无	无	1行	1行	1行	2朵	3朵	较黑
	42	鮟	小花	（符号）形	2朵	无	无	2朵	条状	1行	3行	1行	2朵	2朵	较黑
	43	蒙古鲌	小花	无	无	无	无	1朵	条状	1行	1行	1行	2朵	无	较黑
	44	拟尖头鲌	无	（符号）状	无	无	无	无	无	无	无	1行	1朵	无	略透明
	45	翘嘴鲌	1朵	（符号）状	无	无	无	2朵	6朵	无	无	1行	3朵	无	较透明
	46	棒花鱼	小花	（符号）形	无	无	无	2朵	无	1行	1行	1行	3丛	无	2行黑斑

（续表）

产卵类型	序号	鱼名	头背部黑色素	头内部黑色素	背褶黑色素	臀褶黑色素	腹褶黑色素	尾褶黑色素	卵黄囊黑色素	体背条状黑色素	脊椎条状黑色素	青筋条状黑色素	尾椎下黑色素	胸鳍弧黑色素	全身黑色素
	47	细鳞鲴	无	无	无	无	无	无	无	无	无	无	无	无	较透明
	48	银鮈	小花	形	无	无	无	3朵	无	半行	2行	1行	1朵	无	较透明
	49	七丝鲚	无	肩带处1朵	无	无	无	无	无	1行	无	1行	3-4朵	无	很少
漂流性卵	50	黄黝鱼	大花	无	无	无	无	无	无	1行	无	1行	6点	无	11条斑
	51	鳜	大花	无	无	2朵	无	无	16朵	无	无	无	无	无	2横斑
	52	大眼鳜	无	不显	无	无	无	无	10朵	无	无	无	无	无	2横斑
	53	斑鳜	大花	不显	无	1朵	无	无	4朵	无	无	无	2朵	无	较黑
	54	暗色东方鲀	密花	无	无	无	无	无	9朵	1行	无	无	1朵	无	灰黑
	55	弓斑东方鲀	小花	无	无	无	无	无	3朵	无	无	1行	无	无	3斑纹
	56	中华鲟	小花	无	无	无	无	无	10小花	1行	无	1行	无	无	不多
黏沉性卵	57	松江鲈	大花	无	无	无	无	无	无	1行	1行	1行	2朵	无	背、中脊较黑
	58	宽鳍鱲	密花	无	无	无	无	无	无	1行	1行	1行	3朵	无	背、中脊黑
	59	中华细鲫	小花	无	无	无	无	无	4朵	无	无	1行	无	无	背黑
	60	麦穗鱼	中花	形	无	无	无	2朵	无	1行	2行	1行	6朵	无	较清黑
	61	广东鲂	无	无	无	无	无	无	无	无	无	1行	无	无	较清白
	62	团头鲂	3朵	状	无	无	无	1朵	无	无	无	1行	3朵	无	背稍黑
	63	三角鲂	大花	状	无	无	无	无	无	1行	无	1行	无	无	较透明
	64	海南鲌	3朵	无	无	无	无	无	无	无	无	1行	无	无	透明
	65	寡鳞飘鱼	小花	状	无	无	无	3小朵	无	无	无	1行	3朵	无	较透明
	66	银鳞飘鱼	4朵	无	无	无	无	2朵	无	无	无	1行	2朵	无	较透明
	67	四川华吸鳅	大花	无	无	无	无	无	无	1行	无	1行	无	无	8圆斑

(续表)

产卵类型	序号	鱼名	头背部黑色素	头肉部黑色素	背褶黑色素	臀褶黑色素	腹褶黑色素	尾褶黑色素	卵黄囊黑色素	体背条状黑色素	脊椎条状黑色素	青鳍条状黑色素	尾椎下黑色素	胸鳍弧黑色素	全身黑色素
黏沉性卵	68	长吻鮠	小花	无	无	无	无	无	无	1行	无	1行	1朵	无	3块斑
	69	盆堂拟鲿	大花	不显	无	无	无	无	无	1行	1行	1行	2朵	无	灰黑4块斑
	70	细体拟鲿	大花	无	无	无	无	无	无	1行	1行	1行	2朵	无	6条斑
	71	短尾拟鲿	中花	无	无	无	无	无	无	1行	1行	1行	2朵	无	3条斑
	72	粗唇鮠	密花	不显	无	无	无	无	无	1行	1行	1行	1斑	无	3块斑
	73	切尾拟鲿	大花	丅形	无	无	无	无	4朵	1行	1行	1行	2小朵	无	4块斑
	74	胸脂鱼	2朵	无	无	无	无	无	无	1行	1行	1行	1朵	无	4条斑
	75	大刺鳅	3朵	丅形	无	无	无	1朵	无	无	1行	1行	1小1大	无	较透明
	76	间鳍	大花	形	无	8朵	无	3小朵	7朵	1行	1行	1行	2朵	无	较黑
	77	唇鳍	大花	形	无	无	无	2朵	11朵	1行	1行	1行	1朵	无	较黑
	78	直口鲮	大花	形	无	8朵	无	1朵	无	1行	1行	1行	2朵	无	7条斑
	79	东方墨头鱼	大花	无	无	无	无	无	无	1行	1行	1行	无	无	背与侧线黑色
	80	倒刺鲃	大花	丨形	无	6朵	无	3朵	10朵	1行	1行	1行	2朵	无	背黑色
	81	光倒刺鲃	圆点	形	无	无	无	无	8朵	1行	1行	1行	2朵	无	较黑
	82	北江光唇鱼	大花	形	无	2朵	无	无	7朵	1行	1行	1行	2丛	无	较黑
	83	侧条光唇鱼	大花	不显	无	无	无	无	无	1行	1行	1行	2朵	无	7条斑
	84	瓣结鱼	大花	无	无	6朵	无	5点	6朵	1行	1行	1行	1朵	无	半截8条斑
	85	白甲鱼	大花	口口形	无	无	无	无	无	无	1行	1行	1朵	无	背较黑
	86	大口鲇	大花	无	无	无	无	2点	无	1行	1行	1行	2朵	无	背较黑
	87	斑鳠	密花	无	较多	无	无	无	无	1行	1行	1行	2朵	无	较黑
	88	大鳍鳠	密花	无	较多	无	无	无	无	1行	1行	1行	1朵	无	较黑
	89	福建纹胸鮡	密花	八形	4朵	2点	无	无	11朵	1行	1行	半行	4朵	无	4块斑
	90	小柠檬鰋	小花	无	无	无	无	无	无	无	无	1行	无	无	较透明

（续表）

产卵类型	序号	鱼名	头背部黑色素	头内部黑色素	背褶黑色素	臀褶黑色素	腹褶黑色素	尾褶黑色素	卵黄囊黑色素	体背条状黑色素	脊椎条状黑色素	青筋条状黑色素	尾椎下黑色素	胸鳍弧黑色素	全身黑色素
黏沉性卵	91	褐栉鰕鯱	（图）	无	无	无	无	无	无	无	无	无	无	无	较透明
黏沉性卵	92	子陵栉鰕鯱	（图）	无	无	无	无	无	无	1行	1行	无	无	无	较透明
黏沉性卵	93	黏皮鲻鰕鯱	（图）	无	无	无	无	无	无	半行	1行	半行	1朵（图）	无	较透明
浮性卵	94	鲥	小花（图）	无	无	无	无	无	无	无	无	无	无	无	很少黑色素
浮性卵	95	短颌鲚	无	无	无	无	无	2朵黑色素	无	无	无	无	数点黑色素	无	很少黑色素
浮性卵	96	长颌鲚	无	无	无	无	无	无	无	无	无	无	数点黑色素	无	很少
浮性卵	97	白肌银鱼	无	无	无	无	无	无	无	无	无	无	无	无	透明
黏草性卵	98	大鳞副泥鳅	大花（图）	X形	1行（图）	较多（图）	无	上下	前段3朵（图）	1行	1行	1行	少许（图）	2朵（图）	较黑
黏草性卵	99	泥鳅	大花（图）	无	点状（图）	少许（图）	无	无	2朵（图）	1行	1行	1行	2朵（弧）	无	较黑
黏草性卵	100	鲤鱼	大花（图）	人形（图）	无	无	无	8点	5朵（图）	1行	无	1行	3朵（图）	无	较黑
黏草性卵	101	鲫鱼	大花（图）	形（图）	8朵（图）	4朵（图）	无	1朵	10朵（图）	1行	无	1行	2朵（图）	2朵（图）	较黑
黏草性卵	102	唐鱼	大花（图）	形（图）	无	无	无	2朵	7朵（图）	1行	1行	1行	少许（图）	无	较黑
黏草性卵	103	达氏鲌	3朵（图）	形（图）	无	无	无	上下1朵	无	半行	无	1行	3朵（图）	无	较透明
黏草性卵	104	红鳍原鲌	3朵（图）	无	无	无	无	2朵	无	半行	3行	1行	3朵（图）	无	较黑
黏草性卵	105	鲇	大花（图）	不显	从8点至密布（图）	10朵（图）	无	7点	无	1行	1行	1行	2丛（图）	无	全黑
蚌内产卵	106	大刺鳅	密花（图）	形（图）	无	2点（图）	无	围尾	无	1行	1行	1行	3朵（图）	2朵（图）	较黑
蚌内产卵	107	刺鳅	密花（图）	形（图）	1行（图）	1行（图）	无	散点	无	1行	1行	1行	2朵（图）	1朵（图）	较黑
蚌内产卵	108	大鳍鱊	小花（图）	无	小点（图）	无	无	无	无	1行	1行	1行	3朵（图）	无	较黑
蚌内产卵	109	中华鳑鲏	2朵（图）	无	无	无	无	3朵	无	1行	1行	1行	3丛（图）	无	较黑
蚌内产卵	110	高体鳑鲏	3朵（图）	无	无	无	无	3朵	无	1行	2行	1行	3朵（图）	无	较黑
蚌内产卵	111	无须鱊	大花（图）	状（图）	3朵（图）	无	无	2朵	无	1行	2行	1行	3朵（图）	无	较黑

（续表）

产卵类型	序号	鱼名	头背部黑色素	头内部黑色素	背褶黑色素	臀褶黑色素	腹褶黑色素	尾褶黑色素	卵黄囊黑色素	体背条状黑色素	脊椎条状黑色素	青筋条状黑色素	尾椎下黑色素	胸鳍弧黑色素	全身黑色素
泡沫型卵	112	黄鳝	小花	无	无	无	无	无	无	1行	1行	1行	无	无	较黑
泡沫型卵	113	叉尾斗鱼	密花	无	无	无	无	无	7朵	1行	1行	1行	2朵	无	较黑
泡沫型卵	114	斑鳢	密花	无	无	无	无	无	无	1行	2行	1行	4朵	无	较黑
浮性卵	115	黄颡鱼	大花	无	无	无	无	无	无	1行	1行	无	小点	无	较黑
浮性卵	116	瓦氏黄颡鱼	密花	无	无	无	无	无	无	1行	3行	1行	3朵	无	较黑
浮性卵	117	岔尾黄颡鱼	密花	无	4朵	无	无	3朵	无	1行	1行	无	3朵	无	6横斑
浮性卵	118	青鳉	密花	形	无	无	无	3朵	无	1行	3行	1行	3点	无	较黑
黏草性卵	119	花鳉	大花	形	无	9朵	无	2朵	10朵	1行	1行	1行	2朵	无	较黑
黏草性卵	120	间下鱵	中花	形	无	无	无	无	8朵	1行	1行	1行	2丛	无	较黑
黏草性卵	121	大银鱼	无	无	无	无	无	无	无	无	无	无	无	无	透明
黏草性卵	122	太湖短吻银鱼	无	无	无	无	无	无	无	无	无	无	无	无	透明
卵胎生	123	食蚊鱼	大花	无	无	无	无	2朵	无	1行	1行	1行	3朵	无	较黑

6. 简易鉴定法

简易鉴定法包括形态、肌节、眼径大小，眼、听囊、嗅囊相关，黑色素分布等综合而成（表10）。

仔鱼、稚鱼鉴定需有好的标本，采样以 0.3~0.7 m/s 进网者仔鱼、稚鱼标本较好，＞1 m/s 时标本被冲歪，＜0.2 m/s 时代表性不强，一般将垃圾、鱼苗、碎屑一起用10%福尔马林溶液固定，挑出后以5%福尔马林溶液保存，在显微解剖镜下观察。

具体查对包括如下方面：

（1）大个体方头大眼类　大个体仔鱼时一般 5~9 mm，稚鱼时 9~23 mm。

①鳡：大个体方头大眼，肌节 11+24+16=51 对，头内部黑色素如"11"形，大口裂，尾褶3朵黑色素，卵黄囊有小花5朵。

②鳤：大个体方头大眼，肌节 12+29+16=57 对，臀褶1朵黑色素，尾鳍下3朵黑色素。

③草鱼：大个体方头大眼，肌节 8+22+13=43 对，尾静脉粗，头内黑色素如花瓶状，胸鳍弧3朵黑色素。

④青鱼：大个体方头大眼，肌节 8+18+15=41 对，尾静脉薄，浅波状，头内两个倒"八"字形黑色素，尾椎下方1朵较大黑色素。

表10　仔鱼、稚鱼简易区分

个体	仔鱼	稚鱼	头型	眼	鱼名
大个体	5~9 mm	9~23 mm	方头	大眼	鳡、鳤、草鱼、青鱼、鲢、鳙、大刺鳊、倒刺鲃、光倒刺鲃、北江光唇鱼、寡鳞飘鱼、银飘鱼、鳤、大眼鳜、斑鳜、黄黝鱼、大鳍鳠、无须鳠、中华鳑鲏、高体鳑鲏、鲫、鲤、胭脂鱼、宽鳍鱲、直口鲮 25 种
				中眼	四川华吸鳅、长鳍吻鮈、吻鮈、华鲮、黑鳍鳈、花鳈、松江鲈 7 种
				小眼	鳜 1 种
			圆头	大眼	大刺鳅 1 种
				中眼	鳓、短颌鲚、长颌鲚、白肌银鱼、大银鱼、唇鳍、间鳍、圆筒吻鮈、瓣结鱼、中华原吸鳅、白甲鱼、东方墨头鱼 12 种
				小眼	鲇、大口鲇、长颌鲚、长吻鮠、细体拟鲿、短尾拟鲿、切尾拟鲿、盎堂拟鲿、粗唇鮠、铜鱼、圆口铜鱼、七丝鲚、长薄鳅、紫薄鳅、黄颡鱼、岔尾黄颡鱼、瓦氏黄颡鱼、黄鳝、刺鳅、斑鳠、大鳍鳠、福建纹胸鮡、犁头鳅、中华鲟 24 种
中个体	4~6 mm	6~20 mm	方头	大眼	麦穗鱼、褐栉鰕鲷、青鳉、乌鳢、蒙古鲌、海南鲌、鳊、团头鲂 8 种
				中眼	小栉鰕鲷、赤眼鳟、光唇蛇鮈、银鮈、拟刺鳊鮈、翘嘴鲌、达氏鲌、拟尖头鲌、红鳍原鲌、三角鲂、广东鲂、银鲴、黄尾鲴、细鳞鲴、似鳊 15 种
			圆头	大眼	间下鱵 1 种
				中眼	鲮、黏皮鲻鰕鲷、暗色东方鲀、弓斑东方鲀、太湖短吻银鱼、麦穗鱼、子陵栉鰕鲷、泥鳅、宽体华沙鳅、双斑副沙鳅、棒花鱼 11 种
				小眼	四须盘鮈、花斑副沙鳅、斑纹薄鳅、中华沙鳅、宜昌鳅鲀 5 种
小个体	3.5~4.5 mm	4.5~6 mm	方头	大眼	唐鱼 1 种
				中眼	中华细鲫、鳘、贝氏鳘 3 种
			圆头	大眼	食蚊鱼 1 种
				中眼	壮体华沙鳅、大鳞副泥鳅、侧条光唇鱼、叉尾斗鱼等 4 种
				小眼	美丽小条鳅、中华花鳅、沙花鳅、美丽华沙鳅、长蛇鮈、蛇鮈等 6 种

⑤鲢：大个体方头大眼，肌节 6+19+14=39 对，头内部黑色素 "U" 形，尾褶上下方各 1 片黑色素，背褶 5 朵黑色素，臀褶 8 朵黑色素，腹褶 11 朵黑色素，胸鳍弧也有 2 朵黑色素。

⑥鳙：大个体方头大眼，肌节 6+17+15=38 对，头内部黑色素如 "11" 形，背褶 6 朵黑色素，臀褶如雁队形 1 行黑色素，腹褶 7 朵大黑色素，尾褶如菜刀形黑色素，尾椎下 4 朵黑色素，胸鳍弧有 1 朵黑色素。

⑦大刺鳊：大个体方头大眼，肌节 10+16+15=41 对，各鳍褶无黑色素，尾椎下 1 朵黑色素。

⑧倒刺鲃：大个体方头大眼，肌节 14+11+18=43 对，尾椎下 2 朵黑色素，卵黄囊 10 朵黑色素，眼特大是其特点。

⑨光倒刺鲃：大个体方头大眼，肌节 10+17+16=43 对，躯干部肌节比倒刺鲃多 6 对，卵黄囊 8 朵黑色素，体背、脊椎、青筋各 1 行黑色素，清晰。

⑩北江光唇鱼：大个体方头大眼，肌节 10+14+15=39 对，头内部色素如 2 个惊叹号，背褶 2 朵黑色素，卵黄囊 7 朵黑色素，稚鱼后期体侧 7 条斑状黑色素。

⑪寡鳞飘鱼：大个体方头大眼，肌节 12+11+17=40 对，口裂大，尾椎下 3 朵黑色素，背鳍起点较后。

⑫银飘鱼：大个体方头大眼，肌节 8+14+18=40 对，尾段肌节多，尾椎下 2 朵黑色素。

⑬鳜：大个体方头大眼，头大体短，肌节 2+7+20=29 对，尾段较长，卵黄囊鸡蛋状，有 16 朵黑色素。

⑭大眼鳜：大个体方头大眼，头大体短，肌节 4+6+22=32 对，躯干部肌节多于鳜，卵黄囊 10 朵黑色素，头背部无黑色素。

⑮斑鳜：大个体方头大眼，头大体短，肌节 2+10+20=32 对，卵黄囊 4 朵黑色素，尾椎下 2 朵黑色素。

⑯黄黝鱼：小型鱼类，但胚体为大个体方头大眼，肌节 4+9+19=32 对，除头背有大花黑色素，体背、青筋部位各 1 行黑色素，尾椎下方 6 点黑色素外，基本无色素，稚鱼后期体侧有 6 条黑色素斑。

⑰大鳍鳎：大个体方头大眼，肌节 11+4+19=34 对，背、臀鳍褶有小点状黑色素，尾椎下有 3 朵黑色素，体背、脊椎、青筋部位各 1 条黑色素。

⑱无须鳎：大个体方头大眼，肌节 10+4+20=34 对，背臀褶相对，背部、青筋各 1 行黑色素，脊椎 2 行黑色素而别于大鳍鳎。

⑲中华鳑鲏：大个体方头大眼，肌节 8+7+20=35 对，头背 2 朵黑色素，尾褶或尾椎下 3 朵黑色素，体背、青筋各 1 行黑色素，脊椎 2 行黑色素，虽与无须鳎相同，但躯干部肌节多于无须鳎。

⑳鲫：大个体方头大眼，肌节 8+14+13=35 对，以背褶血管网发达为特点，另卵黄囊 10 朵黑色素，背褶 8 朵黑色素，臀褶 4 朵黑色素，胸鳍弧 2 朵黑色素。

㉑鲤：大个体方头大眼，肌节 7+16+15=38 对，躯干肌节多于鲫，背褶亦有血管网，背褶 8 朵，卵黄囊 5 朵黑色素，胸鳍弧无黑色素。

㉒胭脂鱼：大个体方头大眼，肌节 9+22+13=44 对，卵黄囊有 4 朵黑色素，头背 2 朵大黑色素，尾椎下 1 朵黑色素，体背无行状黑色素，脊椎、青筋各 1 行黑色素，体侧 4 条斑状纹。

㉓宽鳍鳎：大个体方头大眼，肌节 12+10+16=38 对，口端位，眼>听囊>嗅囊，稚鱼时，体背、脊椎、青筋各 1 行清晰的黑色素，尾椎下 2 朵黑色素。

㉔直口鲮：大个体方头大眼，肌节 7+13+15=35 对，口亚端位，眼 = 听囊>嗅囊，体背、脊椎、青筋各 1 行清晰的黑色素，尾椎下 2 朵黑色素，沿侧线有 1 黑斑纹、尾柄 1 丛黑色素。

（2）大个体方头中眼类

①四川华吸鳅：大个体方头中眼，肌节 7+13+14=34 对，体背、青筋各 1 行黑色素，近幼鱼时体表

有 8 个圆斑，胸鳍大，匍匐者多。

②长鳍吻鮈：大个体方头中眼，肌节 10+18+18=46 对，胸鳍长，除卵黄囊 5 小朵黑色素，尾椎下 2 朵黑色素外，青筋 2 行黑色素，体背及脊椎无黑色素，较透明。

③吻鮈：大个体方头中眼，肌节 10+19+19=48 对，头背 3 朵黑色素，尾褶或尾椎下 3 朵黑色素，卵黄囊有 6 小朵黑色素，体背、脊椎、青筋各 1 行黑色素，体较透明。

④华鳈：大个体方头中眼，肌节 10+15+13=38 对，头背有大朵黑色素，尾褶或尾椎下 3 朵黑色素，体背、青筋各 1 行黑色素，脊椎无黑色素，体侧面 5 块黑斑。

⑤黑鳍鳈：大个体方头中眼，肌节 9+14+14=37 对，卵黄囊有 7 朵黑色素，尾椎下有 3 朵黑色素，体背半行、青筋 2 行黑色素，脊椎无黑色素。

⑥花鳕：大个体方头中眼，肌节 10+20+14=44 对，头背 2 朵大黑色素，臀褶有 7 朵黑色素，尾褶或尾椎下 2 朵黑色素，卵黄囊 10 朵黑色素，体背、脊椎、青筋各 1 行黑色素。

⑦松江鲈：大个体方头中眼，肌节 0+12+30=42 对，头背色素花大，并有棱棘，尾椎下 2 朵黑色素，体背、脊椎、青筋各 1 行黑色素。

（3）大个体方头小眼类

鳡：大个体方头小眼，肌节 12+25+14=51 对，头背部上有倒"八"字形的黑色素，尾褶 1 朵黑色素，或尾椎下一大一小黑色素，体背与青筋各 1 行黑色素。

（4）大个体圆头大眼类

大刺鳅：大个体圆头大眼，肌节 4+37+36=77 对，头背密布黑色素，臀褶有 2 朵黑色素，前鼻孔突出在吻之前，尾椎下 3 朵黑色素，胸鳍弧 2 朵黑色素，体背、脊椎、青筋各 1 行黑色素。

（5）大个体圆头中眼类

①鲴：大个体圆头中眼，肌节仔鱼时 1+25+13=39 对，稚鱼时 8+18+13=39 对，仅见头背部小朵黑色素，不见背部、脊椎、青筋黑色素，口裂较大，体较透明。

②短颌鲚：大个体圆头中眼，肌节 12+26+35=73 对，体长，除尾褶 2 朵黑色素，头背小花状色素外，胚体很少黑色素。

③长颌鲚：大个体圆头中眼，肌节 15+25+40=80 对，体长，除尾椎下有数点黑色素外，胚体几乎无黑色素。

④白肌银鱼：大个体圆头中眼，仔鱼肌节 3+48+16=67 对，背褶起点前位，稚鱼时 41+10+16=67 对，全身透明，没有黑色素。

⑤大银鱼：大个体圆头中眼，肌节仔鱼时 3+38+18=59 对，稚鱼时 29+12+18=59 对，背鳍与脂鳍较后，尾叉形，吻尖，听囊＞眼＞嗅囊，全身透明。

⑥唇鳕：大个体圆头中眼，肌节 9+18+15=42 对，头背部 1 丛大黑色素，臀褶 8 朵黑色素，尾褶 2 朵黑色素，尾椎下 1 朵大黑色素，卵黄囊 11 朵黑色素，体背与青筋各 1 行黑色素，脊椎处无黑色素。

⑦圆筒吻鮈：大个体圆头中眼，肌节 6+24+18=48 对，尾褶或尾椎下 1 朵黑色素，卵黄囊 6 朵黑色素，脊椎及青筋各 1 行黑色素，体背不见黑色素，全身较透明。

⑧间鳕：大个体圆头中眼，肌节 8+20+15=43 对，腹褶 4 朵黑色素，卵黄囊 7 朵黑色素，尾褶 3 朵黑色素，尾椎下 2 朵黑色素，体背 1 行黑色素，青筋 1 行黑色素，脊椎处没有黑色素。分布于珠江及海南岛。

⑨瓣结鱼：大个体圆头中眼，肌节 9+18+13=40 对，头背色素大，臀褶 6 朵"雁"字形黑色素，卵

黄囊 6 朵黑色素，尾椎下 1 朵黑色素，背部、青筋各 1 行黑色素，脊椎部位无色素。

⑩中华原吸鳅：大个体圆头中眼，肌节 10+11+12=33 对，头背有大黑色素，尾椎下 2 朵黑色素，体侧 8 条黑斑，其他无黑色素。

⑪白甲鱼：大个体圆头中眼，肌节 8+16+15=39 对，头背为大花黑色素，头内部呈倒"八"字形色素花，尾椎下 1 朵大黑色素，体侧青筋处 1 行黑色素，体背、脊椎无黑色素。

⑫东方墨头鱼：大个体圆头中眼，肌节 8+11+13=32 对，头背大朵黑色素，体背与青筋各 1 行黑色素，脊椎部位无黑色素。

（6）大个体圆头小眼类

①鮊：大个体圆头小眼，肌节 2+13+50=65 对，尾部肌节多，头背为大黑色素，背褶密布黑色素，臀褶 10 朵、尾褶 7 朵、尾椎下 2 丛黑色素，个体全黑。

②大口鮊：大个体圆头小眼，口裂大，肌节 6+11+49=66 对，头背有大朵黑色素，尾椎下 2 朵黑色素，体背及青筋各 1 行黑色素，脊椎部位无黑色素。

③长吻鮠：大个体圆头小眼，肌节 3+10+26=39 对，头背部为小花状色素，尾椎下 1 朵黑色素，体侧 3 块黑色素斑，体背与青筋各 1 行黑色素，脊椎部位无色素。

④细体拟鲿：大个体圆头小眼，肌节 0+13+27=40 对，体瘦长，头背部大花状黑色素，尾椎下 2 朵黑色素，体背及青筋各 1 行黑色素，脊椎部位无黑色素，体侧 6 条黑斑纹。

⑤短尾拟鲿：大个体圆头小眼，肌节 0+12+26=38 对，头背有中型黑色素，尾椎下 2 朵黑色素，体背及青筋各 1 行黑色素，脊椎部位半行黑色素，体侧 3 条黑斑纹。

⑥切尾拟鲿：大个体圆头小眼，肌节 4+11+22=37 对，头背部大黑色素，尾椎下 2 朵黑色素，体背、青筋各 1 行黑色素，脊椎部位半行黑色素，体侧 4 块黑斑纹。

⑦盎堂拟鲿：大个体圆头小眼，肌节 5+12+20=37 对。头背大花，尾椎下 2 朵黑色素，体背与青筋各 1 行黑色素，脊椎半行黑色素，体侧 4 条黑斑。

⑧粗唇鮠：大个体圆头小眼，肌节 6+13+20=39 对，吻须 1 对，颐须 2 对，头背密花，尾椎下 1 朵黑色素，体背、青筋各 1 行黑色素，脊椎部位无黑色素，体侧 3 块斑纹。

⑨铜鱼：大个体圆头小眼，肌节 8+22+20=50 对，与圆口铜鱼肌节相同，铜鱼特点是眼与嗅囊等大。头背小黑色素，尾褶或尾椎下方 2 朵黑色素，胸鳍弧 2 朵黑色素，体背与青筋各 1 行黑色素，脊椎部位无黑色素。

⑩圆口铜鱼：大个体圆头小眼，肌节 8+22+20=50 对，与铜鱼肌节相同，但圆口铜鱼特点是眼为嗅囊的 1/2，头背有黑色素，尾褶或尾椎下方 3 朵黑色素，胸鳍弧 1 朵黑色素，青筋 1 行黑色素，体背与脊椎部位无黑色素。

⑪七丝鲚：大个体圆头小眼，肌节 17+18+32=67 对，体细长，头背无色素，肩带处 1 朵黑色素，青筋处 1 行黑色素，体背半行黑色素，脊椎部位无黑色素。

⑫长薄鳅：大个体圆头小眼，肌节 7+14+13=34 对，口裂大，头背有大朵黑色素，头内部短"11"形黑色素，臀褶有 1 朵黑色素，尾椎下 2 朵黑色素，体侧 7 条斑纹，体背、青筋各 1 行黑色素，脊椎 2 行黑色素。

⑬紫薄鳅：大个体圆头小眼，肌节 5+19+14=38 对，头背小黑色素，卵黄囊 1 朵小黑色素，尾椎下 3 朵黑色素，胸鳍弧 4 朵黑色素，体侧 17 条斑纹，脊椎、青筋各 1 行黑色素，体背无黑色素。

⑭黄颡鱼：大个体圆头小眼，肌节 0+14+29=43 对，背鳍褶分化为背鳍与脂鳍，头背大色素花，尾椎下 1 朵黑色素，体背 1 行黑色素，脊椎与青筋部位无黑色素，体侧较黑。

⑮岔尾黄颡鱼：大个体圆头小眼，肌节 0+17+25=42 对，头背部密布黑色素，背褶 4 朵黑色素，尾褶或尾椎下 3 朵黑色素，体背及脊椎各 1 行黑色素，青筋处无黑色素，体侧 6 条斑纹。

⑯瓦氏黄颡鱼：大个体圆头小眼，肌节 0+14+33=47 对，头背部密布黑色素，尾椎下 3 朵黑色素，体背与青筋各 1 行黑色素，脊椎有 3 行黑色素。

⑰黄鳝：大个体圆头小眼，肌节 0+60+30=90 对，口下位，头背小黑色素，头尖，背鳍褶血管网发达，仔鱼稚鱼时有胸鳍，幼鱼时胸鳍消失。

⑱刺鳅：大个体圆头小眼，肌节 2+35+38=75 对，体长，头背小黑色素，背褶、臀褶各 1 行大花黑色素，尾褶为散点状黑色素，尾椎下 2 朵黑色素，胸鳍弧 1 朵黑色素，体背、脊椎、青筋各 1 行黑色素，体侧较黑。

⑲斑鳢：大个体圆头小眼，肌节 2+10+20=32 对，背鳍褶分化为背鳍及脂鳍，头背密布黑色素，背褶较多黑色素，尾褶及尾椎下 2 朵黑色素，体背、脊椎、青筋各 1 行黑色素，体侧较黑。

⑳大鳍鳢：大个体圆头小眼，肌节 2+18+32=52 对，躯干与尾段肌节比斑鳢多 20 对，尾椎下 1 朵黑色素，背鳍褶分化为背鳍与脂鳍，体背与青筋各 1 行黑色素，脊椎处无色素，体侧较黑。

㉑福建纹胸鮡：大个体圆头小眼，肌节 0+12+13=25 对，头背密布黑色素，背褶 4 朵、臀褶 2 朵、卵黄囊 11 朵、尾椎下 4 朵黑色素，体侧有 4 条斑纹。

㉒犁头鳅：大个体圆头小眼，肌节 0+20+16=36 对，稚鱼时 3+19+17=39 对，头背有 4 朵黑色素，头内部如"11"形黑色素，尾褶 2 朵黑色素，尾椎下 2 朵黑色素，体背、脊椎、青筋各有 1 行黑色素。

㉓中华鲟：大个体圆头小眼，肌节 0+32+30=62 对，口下位，吻部渐变尖，头背部小点黑色素，卵黄囊有 10 朵小型黑色素，体背与青筋各 1 行黑色素，脊椎部位无黑色素，尾部斜尖形，上部有 10 数朵点状黑色素，幼鱼时体侧出现 25 片骨板，全身 5 排骨板。

（7）中个体方头大眼类　中个体仔鱼 4~6 mm，稚鱼 6~20 mm。

①麦穗鱼：中个体方头大眼，肌节 8+11+15=34 对，头背有中型黑色素，头内为倒"八"字形黑色素，尾褶 2 朵，尾椎下 6 朵黑色素，体背与青筋各 1 行黑色素，脊椎 2 行黑色素，幼鱼时体侧侧线鳞处有 1 条黑色素带。

②褐栉鰕虎：中个体方头大眼，肌节 4+6+15=25 对，口端位，口裂大，有第 1 与第 2 背鳍，尾圆弧形，腹鳍吸盘形，第 2 背鳍与臀鳍相对，头背有大朵黑色素，其余无黑色素，较透明。

③青鳉：中个体方头大眼，肌节 6+4+22=32 对，口从端位至上位，背鳍基短，臀鳍基长，尾截形。头背黑色素较密，尾褶 3 朵及尾椎下 3 朵黑色素，体背 1 行、脊椎 3 行黑色素，青筋 1 行黑色素。

④乌鳢：中个体方头大眼，肌节 5+21+32=58 对，肌节密而多，背鳍长，臀鳍比之短，尾鳍半弧形，头背为密黑色素，尾椎下 4 朵黑色素，体背与青筋各 1 行，脊椎 2 行黑色素，体侧较黑。

⑤蒙古鲌：中个体方头大眼，肌节 9+20+18=47 对，口亚端位，眼＞听囊＞嗅囊，卵黄囊 1 行黑色素，体背、脊椎、青筋各 1 行黑色素，尾椎下 2 朵黑色素。

⑥海南鲌：中个体方头大眼，肌节 7+17+19=43 对，头背与卵黄囊前段各 3 朵黑色素，臀褶较长。

⑦鳊：中个体方头大眼，肌节 7+18+18=43 对，口端位，眼＝听囊，头背 3 朵黑色素，头内有短的倒"八"字形色素，背褶、臀褶、尾褶及卵黄囊前部各有 3~4 朵黑色素，尾椎下 3 朵黑色素，体背 1 行、

脊椎 2 行、青筋 1 行黑色素。

⑧团头鲂：中个体方头大眼，肌节 10+13+18=41 对，头背 3 朵黑色素，头内 2 个倒"八"字形色素，仔鱼时其他无色素，稚鱼时背褶、臀褶有黑色素。

（8）中个体方头中眼类

①小桸鰕鯱：中个体方头中眼，肌节 3+9+17=29 对，第 2 背鳍与臀鳍相对，尾鳍近截形，口端位，口裂大，头背有小黑色素，尾椎下 4 朵黑色素，青筋 1 行黑色素，较透明。

②赤眼鳟：中个体方头中眼，肌节 7+18+14=39 对，头背有中型黑色素，头内 2 个短的倒"八"字形色素，尾褶 2 丛黑色素，尾椎下 2 朵大黑色素，体背、脊椎、青筋各 1 行黑色素，体侧较黑。

③光唇蛇鮈：中个体方头中眼，肌节 6+18+14=38 对，胸鳍蒲形，仔鱼时眼后血管呈胭脂红色，卵黄囊有 10 多朵黑色素，稚鱼时背褶分化为背鳍与假脂鳍褶至幼鱼时消失，后者与臀鳍相对，口下位，头背有密黑色素，尾椎下 3 朵黑色素，体背与青筋各 1 行黑色素，脊椎 2 行黑色素。

④银鮈：中个体方头中眼，为双卵膜孵出的胚体，肌节 7+15+14=36 对，仔鱼时卵黄囊下侧出现 6 朵黑色素，卵黄囊吸尽后有青筋色素 1 行，尾椎下 1 朵黑色素。尾椎附近肌节上下各有 1 小片白色斑，体背无行状黑色素，脊椎 2 行、青筋 1 行黑色素。

⑤拟刺鳊鮈：中个体方头中眼，肌节 10+20+14=44 对，仔鱼时除头背 1 朵黑色素外，各部位无黑色素，稚鱼时尾椎下 2 朵黑色素，头背黑色素较密，体背 1 行、脊椎 1 行、青筋 1 行黑色素。

⑥翘嘴鲌：中个体方头中眼，肌节 9+16+20=45 对，口端位，渐上翘，头背与肩带 1 朵大黑色素，尾褶、尾椎下 2~3 朵黑色素，卵黄囊 6 朵黑色素，仔鱼仅青筋 1 行黑色素，稚鱼体背及青筋各 1 行黑色素。

⑦达氏鲌：中个体方头中眼，肌节 10+20+20=50 对，口端位，渐上翘，头背 3 朵色素，肩带 1 朵大黑色素，体背半行、青筋 1 行黑色素，尾椎下 3 朵黑色素。

⑧拟尖头鲌：中个体方头中眼，肌节 8+18+20=46 对，鳔雏形期至鳔一室期，肩带 1 朵黑色素，青筋 1 行黑色素，相应于卵黄囊上有 9 朵黑色素，尾椎下方 1 朵黑色素。

⑨红鳍原鲌：中个体方头中眼，肌节 11+16+16=43 对，口端位，头背 3 朵至密状黑色素，尾褶下 2 朵、尾椎下 3 朵黑色素，近幼鱼时体背、青筋各 1 行黑色素，脊椎 3 行黑色素。

⑩三角鲂：中个体方头中眼，肌节 10+13+15=38 对，口端位，尾褶 1 朵黑色素，尾椎下 3 朵黑色素，体背及青筋各 1 行黑色素。

⑪广东鲂：中个体方头中眼，肌节 10+12+20=42 对，口端位，除胸鳍形成期听囊 2 朵黑色素外，无明显黑色素。

⑫银鲴：中个体方头中眼，肌节 10+19+13=42 对，鳃弧期至鳔一室期，卵黄囊有 8 朵黑色素，尾褶下 2 朵黑色素，稚鱼时，口端位，尾叉形，尾椎下 2 朵黑色素。体背 1 行、脊椎 2 行、青筋 1 行黑色素，听囊稍大于眼。

⑬黄尾鲴：中个体方头中眼，肌节 10+19+15=44 对，卵黄囊无色素，尾褶下 2 朵黑色素，青筋 1 行黑色素。

⑭细鳞鲴：中个体方头中眼，肌节 9+21+13=43 对，口端位，眼＝听囊，眼后见假鳃，除青筋 1 行黑色素外，无特征性黑色素。

⑮似鳊：中个体方头中眼，肌节 9+16+15=40 对，眼＝听囊，卵黄囊有 7~8 朵黑色素，尾褶及尾椎下 3 朵黑色素，尾褶扇形，稚鱼阶段腹鳍芽出现后尾叉形，体背、脊椎、青筋各 1 行黑色素。

（9）中个体圆头大眼类

间下鱵：中个体圆头大眼，肌节 33+2+18=53 对，下颌伸出，背、臀鳍相对，尾鳍浅分叉，头背大黑色素花，体背、脊椎、青筋各 1 行黑色素。

（10）中个体圆头中眼类

①鲛：中个体圆头中眼，肌节 5+19+12=36 对，头背小黑色素花，头内有长形倒"八"字形色素，尾褶有丝状黑色素，尾椎下 2 朵黑色素，胸鳍弧 2 朵黑色素，体背与青筋各 1 行，脊椎 3 行黑色素，体侧较黑。

②黏皮鲻鰕鲩：中个体圆头中眼，肌节 4+6+17=27 对，口端位，听囊＞眼＞嗅囊，有第 1 背鳍与第 2 背鳍，第 2 背鳍与臀鳍相对，尾鳍圆弧形，体背、脊椎、青筋各 1 行黑色素，腹鳍胸位，吸盆形。

③暗色东方鲀：中个体圆头中眼，肌节 4+6+18=28 对，头大，卵黄囊约有 10 朵黑色素，背鳍、臀鳍相对，尾椎下 1 朵黑色素，尾截形，体背、脊椎、青筋各半行黑色素。

④弓斑东方鲀：中个体圆头中眼，肌节 3+7+16=26 对，头大，卵黄囊有 3~4 朵黑色素，背鳍、臀鳍相对，尾截形，头背小花状黑色素，体侧 3 斑纹。

⑤太湖短吻银鱼：中个体圆头中眼，肌节仔鱼时 3+40+15=58 对，稚鱼时 16+27+15=58 对，口端位，听囊＞眼＞嗅囊，尾圆弧形，胚体几乎没有黑色素。

⑥麦穗鱼：中个体圆头中眼，肌节 8+11+15=34 对，口端位至幼鱼时上位，头背部中花黑色素，头内部长形倒"八"字形色素，尾褶 2 朵、尾椎下 6 朵黑色素，体背与青筋各 1 行黑色素，脊椎 2 行黑色素。

⑦子陵栉鰕鲩：中个体圆头中眼，肌节 3+7+15=25 对，口端位，卵囊有油滴，眼＞听囊＞嗅囊，第 1 背鳍于吸盘状腹鳍之后，第 2 背鳍与臀鳍相对，尾鳍圆弧形，体侧脊椎部位各有 1 行黑色素，约有 10 朵黑色素。

⑧泥鳅：中个体圆头中眼，肌节 0+28+13=41 对，背褶有明显血管网，卵黄囊 2~3 朵黑色素，尾鳍截形，略呈圆弧状。

⑨宽体华沙鳅：中个体圆头中眼，肌节 4+16+14=34 时，口端位，体侧 8 块斑纹，体背、青筋各 1 行黑色素，脊椎 3 行黑色素。

⑩双斑副沙鳅：中个体圆头中眼，肌节 5+20+14=39 对，口下位，听囊＞嗅囊＞眼，上颌须 1 对，吻须 2 对，背褶 3 朵黑色素，尾椎下 2 朵黑色素，体背 1 行、脊椎 3 行、青筋 1 行黑色素，尾叉形，体侧有 12 块黑斑纹，胸鳍弧 3 朵黑色素。

⑪棒花鱼：中个体圆头中眼，肌节 5+13+14=32 对，胸鳍蒲扇状，口端位，体背 1 行、脊椎 1 行、青筋 1 行黑色素，尾椎下 2 朵黑色素，体侧背部 6 块斑纹，侧线处 7 块斑纹。

（11）中个体圆头小眼类

①四须盘鮈：中个体圆头小眼，肌节 6+14+12=32 对，仔鱼时尾褶 1 朵黑色素，稚鱼时尾椎下 1 丛约 3 朵黑色素，体背与青筋各 1 行黑色素，脊椎部位 3 行黑色素，幼鱼时尾柄有 1 圆形黑斑。

②花斑副沙鳅：中个体圆头小眼，肌节 4+20+16=40 对，仔鱼时头圆，口下位，胚体无黑色素，稚鱼时背褶与臀褶各 3 朵黑色素，尾褶为丛状黑色素，尾椎下 2 朵大黑色素，体背及青筋各 1 行黑色素，脊椎 3 行黑色素，幼鱼时体侧 14 条横列斑纹，尾叉形。

③斑纹薄鳅：中个体圆头小眼，肌节 1+21+13=35 对，口下位，仔鱼时仅出现上颌须，体背、青筋各 1 行黑色素，脊椎 3 行黑色素，尾褶 5 朵围尖黑色素，幼鱼时尾椎下 1 片黑色素，体侧 15 条横向黑斑。

④中华沙鳅：中个体圆头小眼，肌节 4+19+14=37 对，稚鱼时背褶 2 朵黑色素，臀褶 2 朵黑色素，尾椎下双弧状黑色素，颌须 1 对，体背、青筋各 1 行黑色素，脊椎 3 行黑色素，尾鳍叉形，体侧较黑，幼鱼时体侧 10 个横斑。

⑤宜昌鳅鲅：中个体圆头小眼，肌节 7+17+16=40 对，仔鱼时与蛇鉤、光唇蛇鉤眼后胭脂红的血管相仿，胸鳍蒲扇状，卵黄囊有 7 朵黑色素，稚鱼时尾椎下有 5 朵黑色素，体背、脊椎、青筋各 1 行黑色素，体侧有 12 朵黑色素花。

（12）小个体方头大眼　小个体仔鱼 3.5~4.5 mm，稚鱼 4.5~6 mm。

唐鱼：小个体方头大眼，肌节 4+14+19=37 对，口下位，眼＞听囊＞嗅囊，卵黄囊有 10 朵黑色素，头背大朵黑色素，尾褶小丛黑色素，体背、脊椎、青筋各 1 行黑色素。

（13）小个体方头中眼

①中华细鲫：小个体方头中眼，肌节 6+14+14=34 对，口从下位至端位，卵黄囊 3~4 朵黑色素，青筋黑色素 1 行，幼鱼时尾鳍叉形，体侧较黑。

②鲨：小个体方头中眼，肌节 8+20+13=41 对，尾褶有 1 朵大黑色素，尾椎下 2 朵大黑色素，体背、脊椎、青筋各 1 行黑色素，仔鱼时尾褶圆形，而油鳘扇形。

③贝氏鳘：小个体方头中眼，肌节 7+22+12=41 对，尾褶下 1 朵大黑色素及数点状黑色素，尾椎下 3 朵大黑色素，体背与青筋各 1 行黑色素，脊椎 2 行黑色素，尾褶扇形。

（14）小个体方头小眼

蛇鉤：小个体方头小眼，肌节 5+20+14=39 对，仔鱼时卵黄囊有 6 朵小花状黑色素，眼后有胭脂红色血管网，胸鳍褶大并演变为蒲扇状，稚鱼时背鳍后有假脂鳍褶，但逐渐消失不演化为脂鳍，尾鳍叉形，尾椎下有 3 朵黑色素，体背与青筋各 1 行黑色素。

（15）小个体圆头大眼

食蚊鱼：小个体圆头大眼，肌节 12+0+14=26 对，口端位，眼＞听囊＞嗅囊，头背大黑色素花，背鳍于臀鳍之后，尾鳍圆弧形，体侧较黑。

（16）小个体圆头中眼

①壮体华沙鳅：小个体圆头中眼，肌节 5+16+12=33 对，仔鱼时头背大花色素，稚鱼时尾椎后有丛状黑色素，体背、脊椎、青筋各 1 行黑色素，体侧 10 条横斑纹，尾鳍叉形。

②大鳞副泥鳅：小个体圆头中眼，肌节 2+27+17=46 对，仔鱼自肠管贯通期后，背褶、臀褶出现黑色素，卵黄囊前段出现 3 朵斜行黑色素，稚鱼时头背丛状黑色素，体背 1 行、脊椎 2 行、青筋 1 行黑色素，尾鳍圆弧形，体侧较黑，皮脊棱长于背鳍至尾鳍之间，鳞片细小，腹鳍褶无黑色素。

③侧条光唇鱼：小个体圆头中眼，肌节 9+14+15=38 对，仔鱼时口下位，眼＞听囊＞嗅囊，头背密黑色素，青筋 1 行黑色素，尾褶 3~4 点黑色素，体背、青筋各 1 行黑色素，脊椎部位 6 朵大黑色素，尾椎下丛状黑色素。体侧 7 条斑纹，侧线部位 1 条与斑纹垂直的黑斑。

④叉尾斗鱼：小个体圆头中眼，肌节 4+16+27=47 对，口端位，眼＞听囊＞嗅囊，卵黄囊有油球，并有 6 朵大黑色素，背鳍、臀鳍相对，体背、脊椎、青筋各 1 行黑色素，幼鱼时叉尾，体侧有 9 条黑斑纹。

（17）小个体圆头小眼类

①美丽小条鳅：小个体圆头小眼，肌节 0+18+13=31 对，口下位，背鳍褶与臀褶有 4~5 朵黑色素，尾椎下 1 片黑色素，体背与青筋各 1 行黑色素，脊椎 3 行黑色素，幼鱼时体侧有 17 块黑纹，尾叉形。

②中华花鳅：小个体圆头小眼，肌节 3+21+13=37 对，口下位，听囊＞嗅囊＞眼，卵黄囊前段有 7~8 朵黑色素，体背、脊椎、青筋各 1 行黑色素，尾椎后 2 朵弧状黑色素，尾截形，体侧有 10 块矩形黑斑。

③沙花鳅：小个体圆头小眼，肌节 3+19+15=37 对，口下位，听囊＞眼＞嗅囊，卵黄囊无黑色素，尾褶 1 朵黑色素，尾椎下 3 朵黑色素，体背、脊椎、青筋各 1 行黑色素，尾鳍截形，体侧 13 块矩形黑斑。

④美丽华沙鳅：小个体圆头小眼，肌节 6+18+12=36 对，口下位，卵黄囊无黑色素，听囊＞嗅囊＞眼，青筋 1 行黑色素，幼鱼时叉尾，体侧有 18 条横斑。

⑤长蛇鮈：小个体圆头小眼，肌节 6+24+17=47 对，口下位，胸鳍褶蒲扇状，卵黄囊有 9 朵黑色素，仔鱼时眼后缘有胭脂红血管网，稚鱼时背鳍后与臀鳍相对处有假脂鳍褶，慢慢收缩，不形成脂鳍，幼鱼时胸鳍末端达背鳍起点。

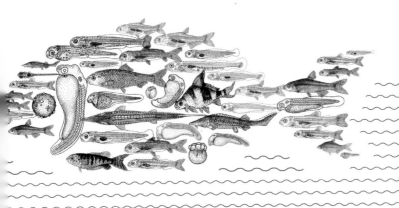

第二章　分论

据《中国淡水鱼类检索》（朱松泉，1995）的分类排列。

第一节　鲟形目 ACIPENSERIFORMES

鲟科 Acipenseridae

中华鲟

中华鲟（*Acipenser sinensis* Gray，图 1）是软骨硬鳞鱼类，国家一级保护动物。中华鲟的模式标本取自 1834 年珠江广州段，为英国人格雷（Gray J. E.）在广州搜集到一尾长 32 cm 的中华鲟，其学术论文于 1834 年伦敦动物学会上发表，定名为中华鲟，成为学术上研究珠江鱼类的第 1 鱼。中华鲟土名鲟龙、鲟鲨，我国早于 2 500 多年前的《诗经》、唐朝的《本草拾遗》、晋朝的《尔雅·悉鱼》、元朝的《中华音韵》、宋朝的《岭外代答》、明朝的《本草纲目》记述的鳇、鲟者即为中华鲟，而古籍称的鲔为达氏鲟（*Acipenser dabryanus* Duméril）。

中华鲟头犁形，口下位，皮须 2 对，背部、体侧、腹部布有 5 行骨板，尾歪形，成鱼长 1~3 m，重 100~500 kg。

【繁殖习性】

中华鲟是海河洄游鱼类，平时生活在太平洋北岸近海区，10 多龄（9~16 龄）性腺发育成熟便洄游至长江、珠江产黏沉性卵，幼鲟又回归海洋生活。长江原产卵场在金沙江牛栏江江段，1981 年长江葛洲坝副坝修建后，把中华鲟拦阻在坝下，其产卵场便改为坝下宜昌红花套江段。由于铜鱼、圆口铜鱼有吞吃黏沉性中华鲟鱼卵的习性，鱼类生态工作者通过解剖捕获的铜鱼、圆口铜鱼取出中华鲟卵予以证实。珠江记述中华鲟于西江桂平铜鼓滩一带产卵。为确保其繁衍，长江已由长江宜昌中华鲟放流站，珠江则由广东省海洋与渔业局等部门于每年秋季放流人工繁殖培育的幼鲟回归江河，再进太平洋生长。珠江第 1 次放流于 1989 年 12 月 20 日在西江龙江镇进行，共放流了 2 000 尾 8~16 cm 的幼鲟。

早期发育材料分别取自 1983 年西江桂平石嘴段、1987 年长江宜昌段。

【早期发育】

（1）鱼卵阶段　产黏沉性卵，外膜黏有沙石，膜径 5 mm，卵径 4 mm（图 1 中 1），可分为 4 细胞期、32 细胞期、心脏搏动期（图 1 中 2~4），分别在受精后 3 小时 10 分、7 小时 20 分、27 小时 20 分。

（2）仔鱼阶段　仔鱼阶段以卵黄囊供给营养为准。

①胸鳍原基期（图 1 中 5）：受精后 24 小时。头圆形，长 13.3 mm，肌节 0+32+30=62 对（背前 + 躯干 + 尾部 = 肌节对数，下同）。

②腹鳍芽出现期（图 1 中 6）：受精后 4 天 20 小时 30 分。头尖形，长 17mm，仍具较大卵囊，皮须 2 对。

（3）稚鱼阶段　对外营养至幼鱼前为稚鱼阶段。

①背骨板雏形期（图 1 中 7）：受精后 14 天。头尖形，长 31 mm，背骨板初步形成，鳔一室，口

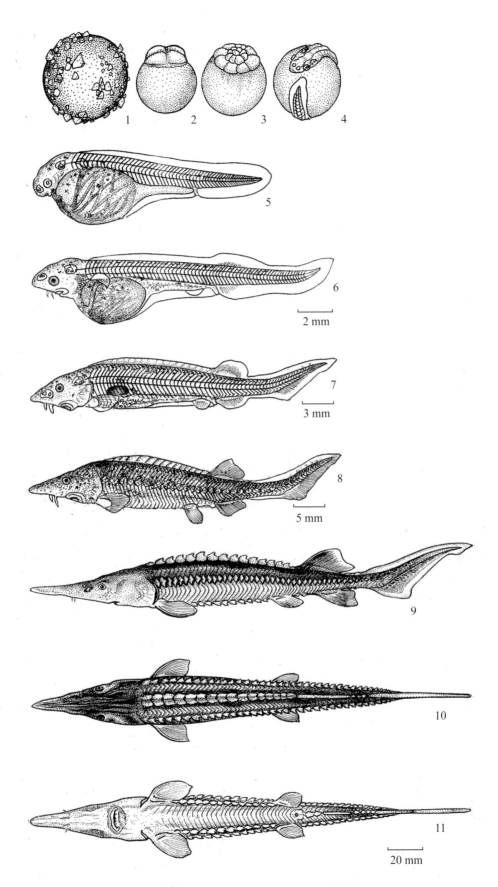

图 1　中华鲟 *Acipenser sinensis* Gray（黏沉）

可伸缩摄食。

②体侧骨板出现期（图 1 中 8）：受精后 40 天。头犁形，长 51.4 mm，接近幼鱼形态（四川省长江水产资源调查组，1988）。

（4）幼鱼阶段　受精后 71 天（1983 年西江桂平段）。中华鲟幼鱼标本长 252 mm，重 50 g。背上骨板 16+3 个，侧中骨板 38 个，尾斜上叶有 23 排小的菱形硬鳞。肌节呈侧"W"形，0+32+30=62 对（图 1 中 9~11，分别为侧视图、背视图、腹视图）。

第二节　鲱形目 CLUPEIFORMES

一、鲱科 Clupeidae

鲥

鲥［*Tenualosa reevesii* (Richardson)，图 2］是海河洄游鱼类，广东土名三黎（来也），意即其溯江产卵洄游多于农历三月归来。鲥鱼肉嫩味美，营养丰富，清香馥郁，鳞薄可食用，为海鲜中的上品，明朝时曾作为贡品远运京城。长江鲥鱼最上达宜昌，但以赣江口、鄱阳湖至湖口一带为多，次为洞庭湖口城陵矶，近二三十年因江河污染，鲥大幅度减产。珠江鲥原载上溯至西江桂平铜鼓滩一带产卵，但 20 世纪 80 年代广西水产研究所等机构多年调查不见鲥群，唯南海水产研究所的陈再超和刘继于（1982）指出，南海洄游鲥已在珠江口伶仃洋、狮子洋繁殖，并以龙穴岛东面珠江河口段为主。广州市环境保护研究所 1988—1990 年及 1995 年在珠江口鱼卵鱼苗及幼鱼资源调查中证实了这一点。

【繁殖习性】

鲥从东海、南海回归长江、珠江等江河，产具油滴丛的浮性卵，产卵群体长 40~60 cm，重 2~4 kg，怀卵量平均 200 万粒。长江鲥产卵场主要在鄱阳湖松门山至赣江口一带，为沙与微泥底、透明度 20 cm 的地方。珠江鲥产卵场近 20 年发现于珠江口大虎岛经凫洲至龙穴岛的狮子洋与伶仃洋江段，也为沙底河床，透明度 20~50 cm。繁殖期 4—5 月。此外，8—10 月珠江口从"企门缯"捡出大批体长 30~120 mm 的鲥幼鱼，说明鲥产卵场还可推算到东江惠州、北江三水、西江肇庆等感潮江段内。4—5 月，所获鲥为产卵洄游群体，9—10 月的鲥鱼汛为摄食洄游群体。

【早期发育】

（1）鱼卵阶段　鱼卵内有 30 多个中小型油滴，具浮性。原肠早期：受精后 8 小时 12 分。卵膜径 2.1 mm，卵径 1 mm（图 2 中 1，1989 年珠江龙穴岛）。

（2）仔鱼阶段

①孵出期：受精后 2 天 14 小时。长 2.8 mm，头圆中眼，油滴聚成 5~6 颗油球，卵黄囊前圆后呈棒状，肌节 1+25+13=39 对（图 2 中 2）。

②雏形鳔期：受精后 2 天 17 小时。长 4.5 mm，雏形鳔，仍剩长条形卵黄囊，肌节 6+20+13=39 对

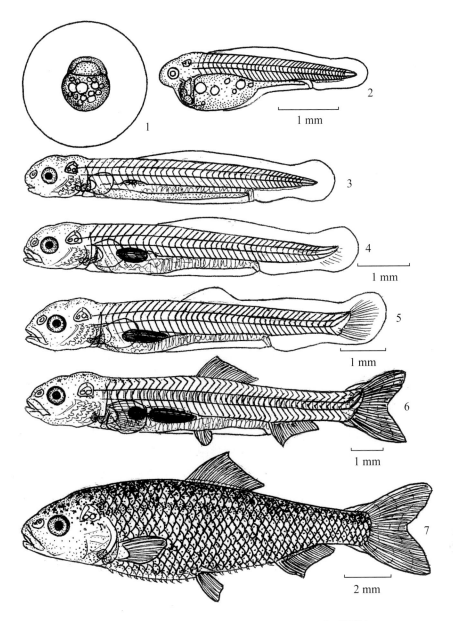

图 2 鲥 *Tenualosa reevesii*（Richardson）（浮性）

（图 2 中 3）。

（3）稚鱼阶段

①卵黄囊吸尽期：受精后 9 天 10 小时。长 6.36 mm，鳔一室，听囊与眼大小相仿，肌节 8+18+13=39 对，对外摄食，背鳍褶逐渐后退（图 2 中 4）。

②尾椎上翘期：受精后 11 天。长 7.76 mm，背褶隆起，尾椎上翘，肌节 10+16+13=39 对（图 2 中 5）。

③臀鳍形成期：受精后 21 天。长 14.5 mm，各鳍基本形成，肌节 13+13+13=39 对（图 2 中 6）。

（4）幼鱼阶段 幼鱼期：受精后 54 天。鳞片长齐，无侧线，腹棱鳞出现，长 22.5 mm（图 2 中 7，1995 年珠江南沙）。

【比较研究】

鲥鱼产具油球、油滴丛的浮性卵，每年4—5月回归江河缓流（江湖之间、河口感潮河段）水体产卵繁殖。吸水膨胀的卵膜径2 mm左右，卵径1 mm左右。胚后发育时，眼中等偏小，与听囊大小相仿。以三段法记录肌节，发现背鳍褶起点有后移现象，孵出时背褶前为1对肌节（1+25+13=39对），鳔雏形期为6对（6+20+13=39对），卵囊吸尽时为8对（8+18+13=39对），尾椎上翘时为10对（10+16+13=39对），臀鳍形成期的背鳍起点变为13对（13+13+13=39对）等。幼鱼腹部具棱鳞，与成鱼相仿，胸鳍有游离丝6根。

二、鳀科 Engraulidae

1. 短颌鲚

短颌鲚（*Coilia brachygnathus* Kreyenberg et Pappenheim，图3）为长江特有种。体扁而窄长，上颌骨不超过鳃盖骨，无侧线，纵列鳞70片左右。生活在长江中下游，以鄱阳湖、洞庭湖、五湖等较多，长江口较少。一般全长13~14 cm，重10 g左右。

【繁殖习性】

短颌鲚为淡水鱼类，5—6月成熟，产具油球的浮性卵，怀卵量约7 000粒，多于长江通江的淡水湖泊产卵。

【早期发育】

（1）鱼卵阶段　鱼卵膜径1 mm，卵径0.8 mm，具油球。

（2）稚鱼阶段

①卵黄囊吸尽期：受精后10天12小时。长12.8 mm，背鳍、臀鳍褶隆起，各生出雏形鳍条，卵黄囊吸尽，鳔一室，体瘦长，肌节12+26+35=73对，眼略小于听囊（图3中1，1964年长江黄石段）。

②背鳍形成期：受精后19天。长14.7 mm，背鳍与背鳍褶分离，背鳍iii-12，肌节73对，各段数目同上（图3中2，1981年长江监利孙良洲）。

③臀鳍形成期：受精后22天。长16.8 mm，臀鳍与臀褶分离，臀鳍ii-100，腹鳍芽出现，臀鳍形成（图3中3，1981年长江监利孙良洲）。

④腹鳍形成期：受精后28天。长17.5 mm，腹鳍形成，肌节同上（图3中4，1981年长江监利孙良洲）。

【比较研究】

短颌鲚鱼卵具油球，早期发育阶段个体小于长颌鲚，上颌末端仅伸至鳃盖前缘，肌节12+26+35=73对，眼稍小于听囊，臀鳍形成，臀鳍ii-100。

2. 长颌鲚

长颌鲚（*Coilia ectenes* Jordan et Seale，图4）体扁而窄长，近幼鱼时上颌骨末端超过胸鳍基部，纵列鳞80片，胸棱鳞20片，腹棱鳞32片。为长江海河洄游溯江产卵鱼类。一般长度30~40 cm，重80 g左右。

【繁殖习性】

长颌鲚平时生长在长江以外东海，2月底至3月初即溯江而上，洄游至长江中游洞庭湖（量少）

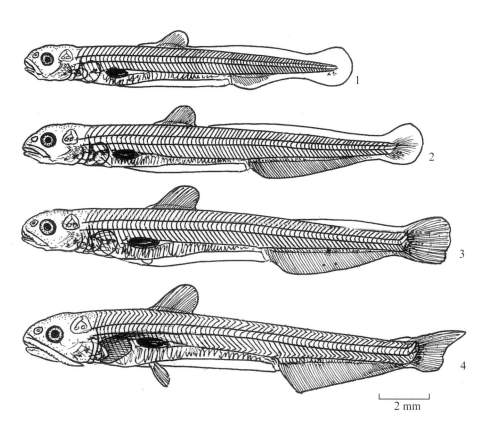

图 3 短颌鲚 *Coilia brachygnathus* Kreyenberg et Pappenheim（浮性）

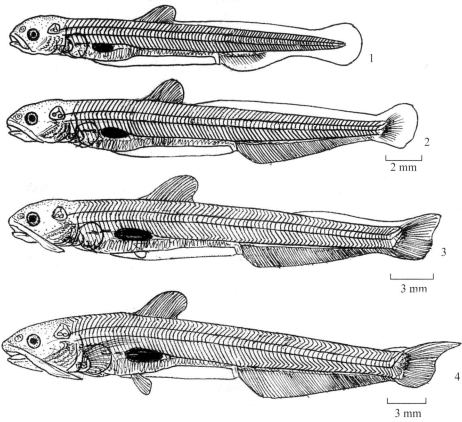

图 4 长颌鲚 *Coilia ectenes* Jordan et Seale（浮性）

和下游鄱阳湖以及浅水缓流河湾一带产浮性卵，带油球。产卵期4—6月。幼鱼至10多厘米达成鱼阶段，逐渐降河出海。2~6龄的产卵群体多见于长江下游江段。

【早期发育】

（1）鱼卵阶段　长颌鲚鱼卵于腹腔时卵径0.8 mm，产出后膜径约1 mm，卵径0.9 mm，具油球，浮性。

（2）稚鱼阶段

①卵黄囊吸尽期：受精后10天。体长而薄，卵黄囊吸尽，出现背鳍、臀鳍及雏形鳍条，眼与听囊大小相近，肌节15+25+40=80对，全长18.8 mm（图4中1，1964年长江黄石段）。

②背鳍形成期：受精后18天。背鳍与背鳍褶分离，全长23.5 mm，肌节同上（图4中2）。

③臀鳍形成期：受精后22天。臀鳍与臀褶分离，腹鳍芽出现，全长30.5 mm，臀鳍ⅲ-107，上颌末端伸至鳃盖处（图4中3）。

④腹鳍形成期：受精后28天。腹鳍条出齐，体扁而薄，眼小于听囊，全长35 mm，肌节15+25+40=80对，尾上叶尖形，胸鳍条上方丝状鳍条游离（图4中4，1964年长江黄石段）。

【比较研究】

长颌鲚为洄游性、卵含油球的鱼类，较同期个体的短颌鲚长8~15 mm，上颌末端伸达或超过鳃盖，肌节15+25+40=80对，眼细，臀鳍ⅲ-107。

3. 七丝鲚

七丝鲚（*Coilia grayii* Richardson，图5）又称马鲚，生活于珠江三角洲河网至珠江口外咸淡水水域，另一淡化群体生活于西江肇庆至支流邕江一带（有学者称七丝鲚为洄游鱼类，实为河口鱼类与内陆淡

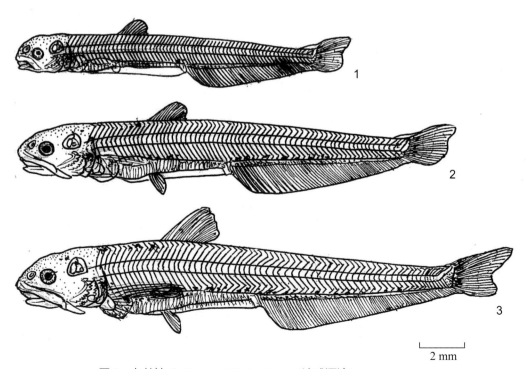

2 mm

图5　七丝鲚 *Coilia grayii* Richardson（油球漂流）

化的两个群体）。体薄如刀，口下位，上颌骨伸至鳃盖后。成鱼长 100~250 mm，重 20~25 g。以胸鳍游离丝 7 根而得名。过去七丝鲚与凤鲚 *Coilia mystus*（Linnaeus）一起为凤尾罐头的原料，近年因产量下降而消失于市场。

【繁殖习性】

七丝鲚于每年 2—4 月、8—9 月繁殖，亲鱼为 1~2 龄成鱼，1 龄鱼即可参与繁殖后代，产带油球的漂流性卵。珠江的七丝鲚产卵场有河口型与内陆型两种。河口产卵场分布于珠江口狮子洋的海心沙、小虎岛、大虎岛、太平等；伶仃洋的沙角、龙穴、横门、南头、淇澳；西江磨刀门口的斗门、神湾、江门，崖门口的黄冲、新会，沿海的横琴岛、黄茅、三灶、高栏、九洲、上川岛、下川岛、香港、澳门外海等。1987 年于狮子洋莲花山至凫洲一带捞获鱼卵与 1 2 cm 的数十万尾鱼苗。珠江内陆产卵场分布于西江肇庆、梧州、藤县、桂平及支流邕江江津、南宁等江段，1983 年于桂平一带同时捞到七丝鲚的鱼卵与鱼苗，说明七丝鲚不是洄游产卵鱼类，而是有河口与内河两个繁殖群体。

【早期发育】

（1）稚鱼阶段

①腹鳍芽出现期：受精后 16 天。腹鳍芽出现时，背鳍、臀鳍条皆已出齐，全长 15.2 mm，肌节 17+18+32=67 对，眼小于听囊（图 5 中 1，1983 年 5 月西江桂平段，下同）。

②腹鳍形成期：受精后 27 天。腹鳍形成，鳍条 i -6，胸鳍游离丝雏形，全长 20.0 mm，上颌伸近鳃盖前缘，听囊及外侧、体下侧的腹腔和臀鳍褶、尾鳍起点等处出现黑色素（图 5 中 2）。

（2）幼鱼阶段　受精后 62 天。幼鱼期肌节为 17+18+32=67 对（图 5 中 3），全长 22.5 mm，胸鳍游离丝 7 条，上颌伸盖前缘，听囊前出现 2 朵黑色素，其他黑色素同上。

【比较研究】

七丝鲚于稚鱼、幼鱼阶段胸鳍游离丝 7 根，体薄，口裂大、下位，肌节 17+18+32=67 对，至幼鱼背鳍起点前肌节仍为 67 对，听囊大于眼，上颌末端伸近鳃盖前缘。

第三节　鲑形目 SALMONIFORMES

银鱼科 Salangidae

1. 白肌银鱼

白肌银鱼［*Leucosoma chinensis*（Osbeck），图 6］，透明银白色，俗称白饭鱼，生活于沿海与西江及珠江三角洲河网，全长 80~150 mm。

【繁殖习性】

白肌银鱼产带丝的漂流卵，时而随水漂流，时而缠挂水草发育。繁殖期 4—7 月。

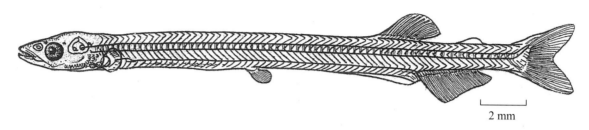

2 mm

图 6　白肌银鱼 *Leucosoma chinensis*（Osbeck）（缠丝性）

【早期发育】

（1）鱼卵阶段　鱼卵卵径 0.9~1.1 mm。1983 年 5 月于西江桂平段采获 10 多个带缠丝的耳石出现期白肌银鱼卵，其瘦长肌体沿卵黄囊相绕两圈，约于受精后 28 天孵出，培养结果为白肌银鱼。1988 年 5 月于广州流溪河人和坝下也采获带缠丝的尾鳍出现期的鱼卵，培养结果也为白肌银鱼。

（2）仔鱼阶段　白肌银鱼孵出后仍带长条形卵黄囊。鳔一室期仍以卵黄供给营养，长 10 mm，肌节 33+18+16=67 对，即背鳍起点较前（1988 年 5 月广州市狮子洋番禺海心沙），往后发育有背鳍起点后移的现象。

（3）稚鱼阶段　腹鳍形成期：已与幼鱼相仿，各鳍基本形成，只是腹鳍褶仍较长。此时，白肌银鱼全长 17 mm，肌节 34+17+16=67 对，背鳍褶起点后退至肌节 34 对处，背鳍部位相对于肛门之上（1988 年广州流溪河人和坝下）。

（4）幼鱼阶段　幼鱼期：全长 24 mm，肌节 46+5+16=67 对，尾鳍、胸鳍、腹鳍、臀鳍、背鳍、脂鳍皆形成，体长条形，脊椎骨清晰透明，眼与听囊大小相仿（图 6 中 1，1983 年 5 月西江桂平石嘴段）。

【比较研究】

珠江白肌银鱼幼鱼眼稍小于听囊，肌节 46+5+16=67 对，背鳍褶起点从肌节 3 对逐渐后移至 46 对，多于长江大银鱼 30 对、长江太湖短吻银鱼 25 对，上颌骨达眼前缘。

2．大银鱼

大银鱼［*Protosalanx hyalocranius*（Abbott），图 7］较其他银鱼粗大，全长 12~16 cm，生活在长江中下游，为江河湖泊淡水与河口咸淡水鱼类。

【繁殖习性】

大银鱼繁殖期为 12 月至翌年 3 月，属冬季产卵鱼类，多于长江下游缓流段产卵。

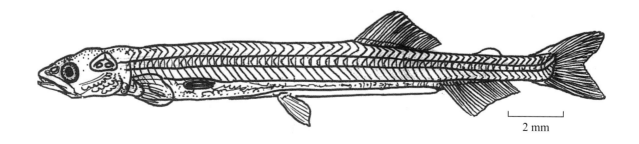

2 mm

图 7　大银鱼 *Protosalanx hyalocranius*（Abbott）（缠丝性）

【早期发育】

（1）鱼卵阶段与仔鱼阶段 卵径为 1~1.2 mm，卵膜带丝状物，胚胎发育时间较长，需 30~35 天才孵出，胚体于卵膜内盘曲多圈，仔鱼肌节 3+40+18=61 对，长 5~6 mm，卵黄囊几近吸收完毕。

（2）稚鱼阶段 孵出后直接达到稚鱼阶段，长 6.7~8.3 mm，肌节 10+30+18=58 对，卵黄囊吸收完毕，行对外营养，腹部有 1 行黑色素。

（3）幼鱼阶段 腹鳍形成进入幼鱼时期，长 19.9 mm，肌节 30+13+18=61 对，背鳍起点有后退现象（图 7，1981 年 5 月长江监利孙良洲）。

【比较研究】

大银鱼较其他银鱼个体大，上颌骨超过眼后缘。

3. 太湖短吻银鱼

太湖短吻银鱼（*Neosalanx tangkahkeii* Chen，图 8）生活在长江中下游及洞庭湖、鄱阳湖、芜湖、巢湖、太湖等水体，体长 5 cm 左右。

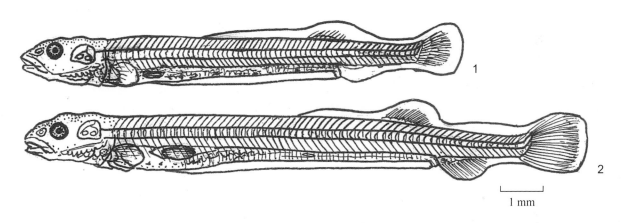

图 8 太湖短吻银鱼 *Neosalanx tangkahkeii* Chen（缠丝性）

【繁殖习性】

大多于长江附属湖泊内产卵，繁殖期为 4—6 月及 9—11 月。

【早期发育】

（1）鱼卵阶段与仔鱼阶段 卵径 0.6~0.8 mm，膜带丝状物，孵出时卵黄囊几近吸收，长 3.5~4.0 mm，肌节 3+40+15=58 对。

（2）稚鱼阶段 卵黄囊已吸尽。

①背鳍雏条期：长 9.9 mm，肌节 16+27+15=58 对，上颌到达眼中线，听囊大于眼（图 8 中 1，1986 年 5 月长江武穴）。

②臀鳍雏条期：长 12.7 mm，肌节 25+19+15=59 对（图 8 中 2，1986 年 5 月长江武穴）。

【比较研究】

太湖短吻银鱼早期个体较短，孵出长才 5~6 mm，听囊大于眼，上颌达眼中间。

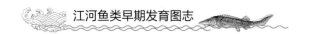

第四节　鲤形目 CYPRINIFORMES

一、胭脂鱼科 Catostomidae

胭脂鱼

胭脂鱼［*Myxocyprinus asiaticus*（Bleeker），图 9］是胭脂鱼科胭脂鱼属的一种大型鱼类，全长 60~100 cm，体胭脂红色，体较高，吻钝圆，口小，下位，背鳍无须刺，但基部较长，臀鳍短，尾鳍叉形。鳞片大，侧线鳞 48~53 片，主要分布于长江、闽江及浙江的江河。

早期发育材料取自 1949 年长江四川北碚段（易伯鲁）、1962 年长江万县段、1981 年长江监利段（孙梁洲）等。

【繁殖习性】

胭脂鱼产黏沉性卵。每年开春 2 月，胭脂鱼聚集长江上游金沙江及支流岷江、嘉陵江，3—6 月在江河流水中产卵，仔鱼、稚鱼漂流至长江中游。1981 年长江葛洲大坝截流后，于坝下的荆江曲流监利孙梁洲捕获过坝的胭脂鱼稚鱼。怀卵量 10 万 ~15 万粒。

【早期发育】

（1）鱼卵阶段　产黏沉性卵，膜厚，膜径 3.5~4.5 mm。材料取自 1962 年长江万县码头设置的圆锥网，获其被冲出的鱼卵。

①2 细胞期：受精后 50 分。卵长 1.8 mm（图 9 中 1）。

②8 细胞期：受精后 1 小时 30 分。分裂至 8 个细胞，卵长 1.8 mm（图 9 中 2）。

③桑葚期：受精后 3 小时 30 分。细胞分裂如桑葚，长 1.9 mm（图 9 中 3）。

④眼基期：受精后 15 小时 10 分。眼基出现，肌节 10 对，卵长 2.1 mm（图 9 中 4）。

⑤眼囊期：受精后 17 小时。眼基扩大成眼囊，肌节 14 对，卵长 2.2 mm（图 9 中 5）。

⑥尾泡出现期：受精后 21 小时 30 分。嗅囊萌出，尾泡出现，肌节 18 对，卵黄蚕豆形（图 9 中 6）。

⑦晶体形成期：受精后 24 小时。眼晶体形成，嗅囊也出现，卵囊内凹，尾鳍伸出，肌节 20 对，卵长 3.8 mm（图 9 中 7）。

（2）仔鱼阶段

①孵出期：受精后 1 天 18 小时 30 分。胚体与草鱼等家鱼相似，方头大眼，尾静脉也较显，体长 8.4 mm，肌节 9+22+13=44 对（图 9 中 8）。

②鳃弧期：受精后 2 天 6 小时。鳃弧出现，口裂形成，下位，方头大眼，全长 9.2 mm，卵黄囊有 4~5 朵浅黑色素（图 9 中 9）。

③鳔一室期：受精后 5 天 22 小时。形如草鱼等家鱼，鳔一室，卵黄囊长条形，方头，眼黑，头背出现黑色素，口亚下位，眼＞听囊＞嗅囊，全长 11 mm，肌节 9+22+13=44 对（图 9 中 10）。

（3）稚鱼阶段

①卵黄囊吸尽期：受精后 7 天 7 小时。卵黄囊吸尽，鳔一室，方头，口亚端位，头背出现黑色素，全长 12 mm，肌节 9+22+13=44 对（图 9 中 11）。

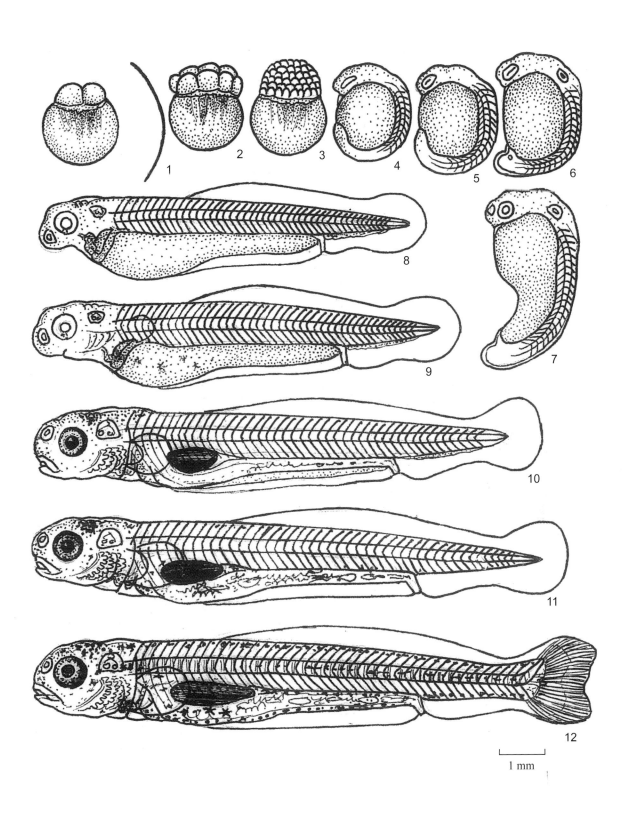

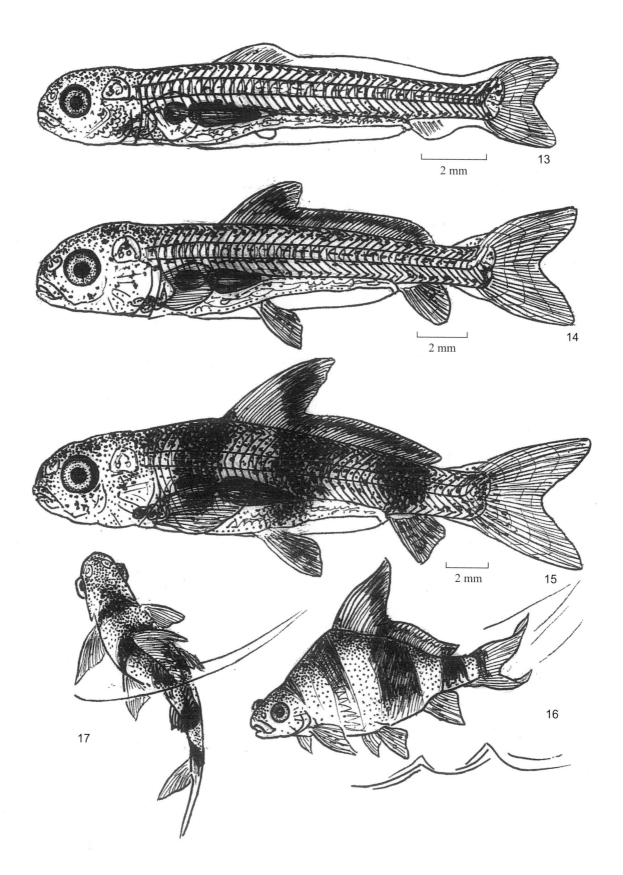

图 9　胭脂鱼 *Myxocyprinus asiaticus*（Bleeker）（黏沉）

②尾椎上翘期：受精后9天9小时。尾椎上翘，头椭圆形，口亚端位，鳔长形，尾鳍条出现，微叉形，体背、脊椎、青筋部位各有1行黑色素，全长12.4 mm，肌节9+22+13=44对（图9中12）。

③腹鳍芽出现期：受精后13天8小时。腹鳍芽出现，鳔2室，口端位，头、背部、脊椎、青筋部位各有1行黑色素，尾椎下方有3朵黑色素，尾叉形，背鳍、臀鳍褶出现雏形鳍条，肌节9+22+13=44对，全长16 mm（图9中13）。

④腹鳍形成期：受精后25天。背鳍、臀鳍、腹鳍皆形成，尾深岔形，背鳍、体背、脊椎、青筋部位各有1行黑色素，尾椎下方有2朵黑色素，口亚下位，全长21.5 mm（图9中14）。

⑤鳞片出现期：受精后63天。鳞片出现，背鳍前高后低，胸鳍末端超过背鳍起点而达腹鳍基部，体侧有3块黑色素，全长25.8 mm，肌节9+22+13=44对（图9中15）。

（4）幼鱼阶段 受精后70天。于长江监利段捕到胭脂鱼幼鱼，背鳍高，体侧从头至尾有5块黑色斑，体橙红色，体长54.6 mm（图9中16）。

【比较研究】

胭脂鱼仔鱼、稚鱼与草鱼相似，但个体较厚、大，背鳍前高如旗，体侧有4~5块黑色斑，体橙红色。

二、鲤科 Cyprinidae

（一）鲌亚科 Danioninae

1. 宽鳍鱲

宽鳍鱲（*Zacco platypus* Temminck et Sehlegel，图10）多栖于江河、河溪上游，是清洁水体的指示动物。体长而侧扁，腹部椭圆形，侧线鳞43片左右。早期发育时眼大，成鱼时相对较小，头短，吻钝，口端位。背鳍ⅱ-7，臀鳍ⅰ-14。全长8~10 cm。雄鱼臀鳍前6条延长，臀鳍内凹，甚为美观。广泛分布于东部与南部沿海、台湾等淡水江河。

早期发育材料取自1962年长江宜昌葛洲坝及2001年北江韶关段。

【繁殖习性】

宽鳍鱲是江河干支流上游的小型鲤科鲌亚科鱲属鱼类，产黏沉性卵，卵粒黏着河底沙石上，直至孵出。鱼苗多栖于河湾缓水处，部分仔鱼至稚鱼阶段个体被流水冲下，常成为"断江"（鱼苗生产方面见江河的家鱼苗稀少而野杂鱼苗稍多时称"断江"）时的主要鱼苗。

【早期发育】

（1）鱼卵阶段 产黏沉性卵，卵膜吸水膨胀后膜径2~2.3 mm，卵长1.5~1.7 mm，为小卵中胚体类型。桑葚期植物极远小于动物极（表11，图10中1）。

表11 宽鳍鱲的胚胎发育特征

阶段	序号	发育期	膜径/mm	胚长/mm	肌节/对	受精后时间	发育状况	图号
鱼卵	1	桑葚期	2.1	1.7	0	3小时30分	桑葚突出，植物极远小于动物极	图10中1

（2）仔鱼阶段 自孵出至鳔一室期全长5~7.1 mm，肌节从11+9+16=36对至12+8+16=36对，眼比听囊大，为听囊的1倍、嗅囊的10倍，属大眼型仔鱼（表12）。

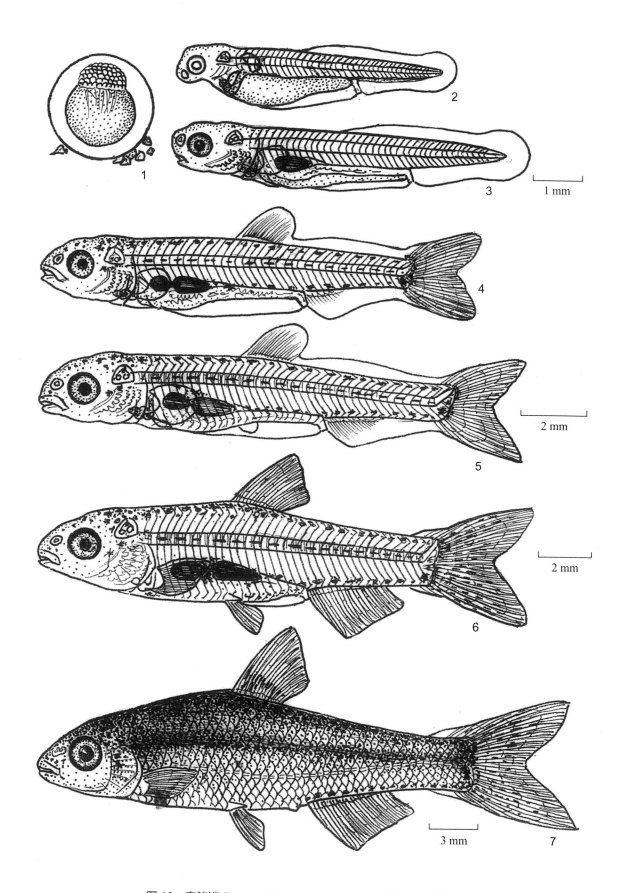

图 10　宽鳍鱲 *Zacco platypus* Temminck et Sehlegel（黏沉）

①鳃弧期：全长 5.6 mm，卵黄囊前宽后窄（表 12 序号 2，图 10 中 2）。

②鳔一室期：受精后 5 天 10 小时。长 7.1 mm，卵黄囊长条形（表 12 序号 3，图 10 中 3）。

（3）稚鱼阶段 宽鳍鱲稚鱼常于江河流水中捞到，体肉红色，眼大，头背众多黑色素，体背（上）、脊椎（中）、青筋（下）有 3 条清楚整齐的黑色素，尾椎下方有 2 朵大的黑色素，肌节 12+8+16=36 对至 14+6+16=36 对。

①鳔二室期：受精后 11 天 7 小时。长 13.3 mm，尾鳍分叉，眼大（表 12 序号 4，图 10 中 4）。

②腹鳍芽出现期：受精后 13 天 10 小时。长 15 mm，眼比嗅囊大 10 倍（表 12 序号 5，图 10 中 5）。

③腹鳍形成期：受精后 24 天 3 小时。长 21.5 mm，鳔后室比前室长 1 倍（表 12 序号 6，图 10 中 6）。材料为 2001 年 6 月以仔鱼阶段约 15 尾移入韶关市良种养殖场水泥底的鱼种试验池（2 m×1 m×0.8 m）培养成为稚鱼。

（4）幼鱼阶段 受精后 63 天。长 37 mm，侧线微下，体侧仍有上、中、下 3 条黑色素，尾椎下方有 1 朵大黑色素，大眼，口端位，与成鱼相仿（表 12 序号 7，图 10 中 7）。2001 年 6 月于韶关市良种养殖场鱼种试验池培养至幼鱼。

表 12 宽鳍鱲的胚后发育特征

阶段	序号	发育期	全长 / mm	背前 + 躯干 + 尾部 = 肌节 / 对	受精后时间	发育状况	图号
仔鱼	2	鳃弧期	5.6	11+9+16=36	3 天	头斜方形，大眼类背鳍褶起点较后，居维氏管较粗	图 10 中 2
	3	鳔一室期	7.1	12+8+16=36	5 天 10 小时	鳔一室，眼大，约为嗅囊的 10 倍	图 10 中 3
稚鱼	4	鳔二室期	13.3	12+8+16=36	11 天 7 小时	卵黄囊吸尽，鳔二室，背鳍、臀鳍雏形鳍条出现，体侧有 3 行色素	图 10 中 4
	5	腹鳍芽出现期	15	13+7+16=36	13 天 10 小时	腹鳍芽出现，特征同上	图 10 中 5
	6	腹鳍形成期	21.5	14+6+16=36	24 天 3 小时	各鳍形成，鳞片渐长，眼与听囊之间头背部有 1 行整齐的黑色素，体侧有 3 行整齐的黑色素，尾基下方有 1 朵大黑色素	图 10 中 6
幼鱼	7	幼鱼期	37	14+6+16=36	63 天	黑色素同上，唇厚，鳞片长齐，侧线鳞 43 片左右	图 10 中 7

【比较研究】

宽鳍鱲稚鱼阶段与倒刺鲃、光倒刺鲃、银鲴较为相似，它们的共同特点自卵黄囊吸尽至腹鳍形成期，头与体背皆为肉红色，背部、脊椎、青筋各有 1 条清晰的黑色素，均为大眼，为嗅囊的 8~10 倍。尾褶下方各有 1 朵黑色素。

不同的是，宽鳍鱲肌节 12+18+16=46 对，银鲴 11+18+13=42 对，倒刺鲃 14+11+18=43 对，光倒刺鲃 10+17+16=43 对，略可予以区分。另外，宽鳍鱲眼大于听囊，听囊约为眼的 1/2，银鲴听囊大于眼，倒刺鲃与光倒刺鲃的听囊与眼大小相等。

2．唐鱼

唐鱼（*Tanichthys albonubes* Lin，图 11）是鲤科鲌亚科唐鱼属的小型鱼类，又名白云金丝，为国家二级保护动物。模式标本出自 1932 年林书颜采于白云山流溪河水系的黄婆洞溪。

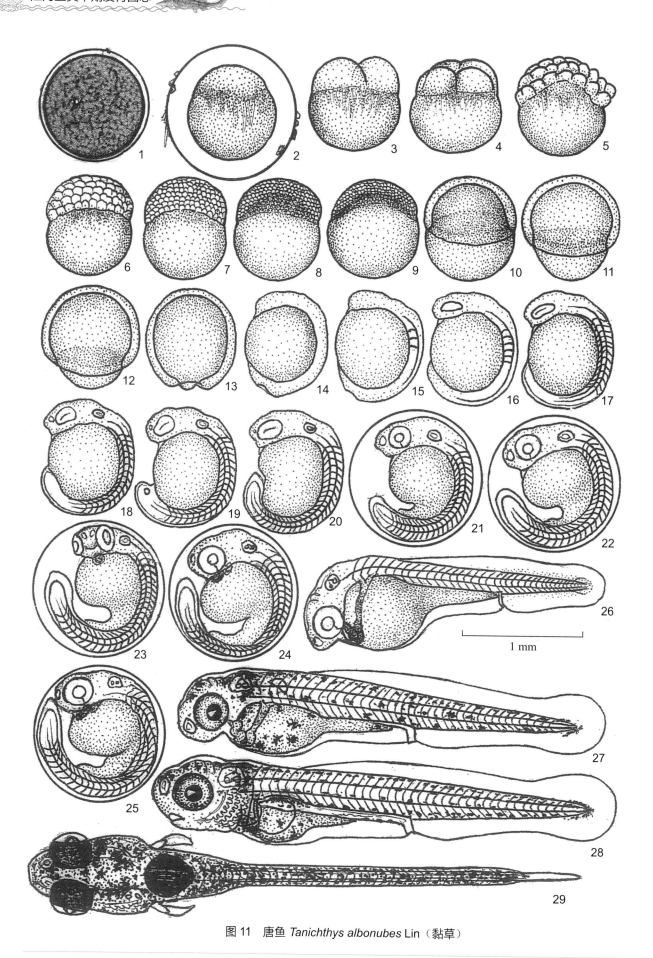

1 mm

图 11 唐鱼 *Tanichthys albonubes* Lin（黏草）

唐鱼体色艳丽，体侧有 1 条金黄色条纹，尾鳍基部有 1 红色斑，中间为 1 朵黑点，全长 2.5~4 mm，于海内外已育成世界珍稀热带观赏鱼（王大庄等，1997）。唐鱼于 1970—1990 年于白云山溪流几乎绝迹。1972 年夏，梁秩燊受中国科学院水生生物研究所鱼类学家伍献文院士的委托，到广州白云山磨刀坑水、黄婆洞水、大金钟水、景泰坑水以密孔捞海捞取，但并无收获。广州的郑慈英教授告知，仅北江清远、白坭河花都、东江支流宝安龙岗水还有少量存在。唐鱼被《中国动物红皮书》（1998）定为珍稀濒危物种。21 世纪以来，2005—2008 年广州市水生野生动物救护中心等单位深入广州流溪河、沙溪水银林村、北江清远市牛鱼嘴、北江支流滃二河、从化市鳌头、东江支流增江增城市正果、西江鹤山、粤东揭石螺河、陆河县右溪等，纷纷发现自然生活的唐鱼。2006 年广州中绿环保有限公司在进行流溪河流域湿地研究时也于流溪河支流小海河源头石门森林公园的石坑水库尾发现了 1 000 多尾天然唐鱼群。2008 年广州市流溪河良口建立了从化唐鱼县级自然保护区，面积 147.7 hm²，地点为良口水尾洞村。

本材料参用刘汉生等（2008）有关唐鱼的繁殖行为和胚胎发育的研究，图幅为梁秩燊按刘汉生等所摄显微照片绘制的。

【繁殖习性】

唐鱼栖息于山溪清水环境，生活于水表层，以浮游动物为食，春末至秋初皆可繁殖，水温 18~28℃，怀卵量 250 粒。

唐鱼产黏草性卵，多产卵于凤眼莲根部及刚毛藻和其他小型水生维管束植物根、叶上。雌鱼有求偶占场行为，用躯体摩擦雄鱼腹部，两者肛门相贴后瞬间排卵射精，结合为受精卵，孵出后成为仔鱼、稚鱼、幼鱼。

【早期发育】

（1）鱼卵阶段 鱼卵阶段经照相后，绘制了 25 个发育期（表 13），比其他胚胎发育材料增多了受精卵与胚盘隆起期（图 11 中 1~2）。2 细胞期细胞较大，细胞壁近似垂直（图 11 中 3）；从 4 细胞至胚孔封闭期，膜径 1.1 mm，胚长 0.81~0.88 mm，卵粒较圆（图 11 中 4~14）。肌节出现至尾鳍出现期，膜径 1.1 mm，肌节 2~22 对，其间出现眼基、眼囊、嗅板、听囊。卵黄囊基本呈椭圆形（图 11 中 15~20）。眼晶体形成至心脏搏动期，卵黄囊呈逗号形，眼比嗅囊大 10 倍，比听囊大 4 倍，按比例计，江河鱼类胚胎发育中的各种鱼类，以唐鱼的眼最大。胚体卷曲于卵膜内发育，长度以伸直计，为 1.02~1.04 mm，肌节 24~36 对，约 1 天 12 小时孵出（图 11 中 21~25）。

表 13 唐鱼的胚胎发育特征

阶段	序号	发育期	膜径/mm	胚长/mm	肌节/对	受精后时间	发育状况	图号
鱼卵	1	受精期	0.92	0.83	0	0 分	卵粒紧贴卵膜	图 11 中 1
	2	胚盘期	1.1	0.8	0	20 分	胚盘隆起	图 11 中 2
	3	2 细胞期	1.1	0.81	0	30 分	纵裂为 2 个细胞，壁直	图 11 中 3
	4	4 细胞期	1.1	0.81	0	36 分	纵裂为 4 个细胞，细胞如柿形	图 11 中 4
	5	64 细胞期	1.1	0.83	0	1 小时 45 分	横裂至 64 个细胞，盖过植物极	图 11 中 5
	6	128 细胞期	1.1	0.83	0	2 小时	128 个细胞，形如小帽	图 11 中 6
	7	桑葚期	1.1	0.86	0	2 小时 30 分	细胞分裂，形如桑葚	图 11 中 7
	8	囊胚中期	1.1	0.84	0	3 小时	囊胚层形成至中期	图 11 中 8
	9	囊胚晚期	1.1	0.83	0	3 小时 30 分	细胞分裂至囊胚晚期	图 11 中 9

（续表）

阶段	序号	发育期	膜径 / mm	胚长 / mm	肌节 / 对	受精后时间	发育状况	图号
鱼卵	10	原肠早期	1.1	0.83	0	4 小时 50 分	原肠下包 1/3	图 11 中 10
	11	原肠中期	1.1	0.83	0	5 小时 15 分	原肠下包 2/3	图 11 中 11
	12	原肠晚期	1.1	0.82	0	5 小时 30 分	原肠下包 4/5	图 11 中 12
	13	神经胚期	1.1	0.85	0	6 小时 40 分	神经胚形成，外露卵黄栓	图 11 中 13
	14	胚孔封闭期	1.1	0.88	0	7 小时 15 分	胚孔封闭	图 11 中 14
	15	肌节出现期	1.1	0.9	2	9 小时 15 分	肌节出现	图 11 中 15
	16	眼基出现期	1.1	0.94	5	10 小时 45 分	眼基出现	图 11 中 16
	17	尾芽期	1.1	0.95	12	13 小时 20 分	尾芽出现	图 11 中 17
	18	听囊期	1.1	0.97	16	13 小时 40 分	听囊出现	图 11 中 18
	19	尾泡出现期	1.1	0.99	20	13 小时 55 分	尾泡出现	图 11 中 19
	20	尾鳍出现期	1.1	1.02	22	16 小时 58 分	尾鳍伸出，卵黄囊内凹	图 11 中 20
	21	晶体形成期	1.1	1.03	24	18 小时 40 分	眼晶体形成，卵囊逗号形	图 11 中 21
	22	肌肉效应期	1.1	1.03	26	19 小时 30 分	肌节抽动，眼为嗅囊的 10 倍	图 11 中 22
	23	心脏原基期	1.1	1.04	28	20 小时	心脏原基出现	图 11 中 23
	24	耳石出现期	1.1	1.04	32	20 小时 42 分	听囊耳石出现	图 11 中 24
	25	心脏搏动期	1.1	1.04	36	1 天 10 小时 42 分	心脏搏动	图 11 中 25

（2）仔鱼阶段　孵出后至鳔一室期凭卵黄囊供给营养（表 14）。孵出期全长 2.44 mm，肌节 4+14+19=37 对，眼特大，居维氏管发达，静卧水底，并做瞬时斜上游（图 11 中 26）；胸鳍原基期长 3.58 mm，肌节 4+14+20=38 对，卵黄囊出现 6 朵黑色素，眼出现黑色素，体、背部、脊椎部及青筋部位各有 1 行黑色素（图 11 中 27）。鳔雏形期长 3.92 mm，尾段肌节 20 对，较长，眼为嗅囊的 15 倍（图 11 中 28）。鳔一室期全身有黑色素，眼几乎与鳔等大（图 11 中 29）。

（3）稚鱼阶段　对外营养为稚鱼阶段，经背鳍、臀鳍、腹鳍、尾鳍褶的分化。

（4）幼鱼阶段　幼鱼同成鱼相近，穿梭在水体的中上层。15 天左右性腺成熟，即可成为繁殖群体。

表 14　唐鱼的胚后发育特征

阶段	序号	发育期	全长 / mm	背前 + 躯干 + 尾部 = 肌节 / 对	受精后时间	发育状况	图号
仔鱼	26	孵出期	2.44	4+14+19=37	1 天 16 小时 42 分	胚体孵出，静卧水底	图 11 中 26
	27	胸鳍原基期	3.58	4+14+20=38	2 天 1 小时 42 分	胸原基出现，卵囊、体侧、头背出现黑色素	图 11 中 27
	28	鳔雏形期	3.92	4+14+20=38	3 天 18 小时 50 分	眼为嗅囊的 15 倍，鳔雏形	图 11 中 28
	29	鳔一室期	4.64	4+14+20=38	5 天 6 小时 40 分	眼与鳔大小相仿，体黑色素增多	图 11 中 29

【比较研究】

唐鱼从鱼卵后期、仔鱼、稚鱼、幼鱼都以大眼为其特点，眼为嗅囊的 10~15 倍。其肌节 4+14+20=38 对，前两段的 18 对肌节与多数鲤科鱼类相仿，但尾部的 20 对肌节进入鲤科鲌亚科大多数鱼类胚胎的肌节范畴，与鲌亚科相似。

3．中华细鲫

中华细鲫（*Aphyocypris chinensis* Günther，图 12）体长 3~5 cm，为鉤亚科细鲫属小型鱼类，背鳍 iii-7，臀鳍 iii-8，仅 3~6 片侧线鳞，口小，端位，眼大，约为嗅囊的 9 倍。材料取自 1974 年汉江沙洋段。

【繁殖习性】

中华细鲫在河湾缓流处产黏沉性卵，有时一些退水后岸边遗留的小水洼中也见中华细鲫繁殖。产卵量 100 粒左右。

【早期发育】

（1）鱼卵阶段 产黏沉性卵，从受精卵至心脏搏动期皆于卵膜内发育。

①细胞期：受精后 1 小时。卵膜径 1.1 mm，胚长 0.8 mm，卵黄上有少许油滴（表 15 序号 1，图 12 中 1）。

②耳石出现期：受精后 1 天 8 小时。胚体卷曲，肌节 20 对，眼大，为嗅囊的 10 倍（表 15 序号 2，图 12 中 2）。

表 15　中华细鲫胚胎发育特征

阶段	序号	发育期	膜径 /mm	胚长 /mm	肌节 / 对	受精后时间	发育状况	图号
鱼卵	1	2 细胞期	1.1	0.8	0	1 小时	卵周隙小	图 12 中 1
	2	耳石出现期	1.1	1	20	1 天 8 小时	弯体于膜内发育	图 12 中 2

（2）仔鱼阶段 孵出后鱼苗静卧水底，至肠管贯通前，鱼苗头向上，垂直悬于水草或边壁上。

①孵出期：受精后 1 天 12 小时。全长 3 mm，肌节 6+14+14=34 对，卵黄囊上略有小油滴，嗅囊为眼的 1/10（表 16 序号 3，图 12 中 3）。

②鳔雏形期：受精后 4 天 2 小时。全长 4.1 mm，卵黄囊上有 3 朵黑色素，口端位（表 16 序号 4，图 12 中 4）。

（3）稚鱼阶段 自卵黄囊吸尽至腹鳍形成期属稚鱼阶段。中华细鲫有鉤亚科稚鱼的共同特点，即眼大，约为嗅囊的 10 倍。

①卵黄囊吸尽期：受精后 6 天 6 小时。全长 4.6 mm，肠已褶曲，可吞吃浮游动植物，背鳍、臀鳍、腹鳍、尾鳍褶光滑，肌节 6+14+14=34 对，头背与青筋部位出现黑色素（表 16 序号 5，图 12 中 5）。

②腹鳍芽出现期：受精后 12 天 6 小时。全长 8.3 mm，肌节 6+14+14=34 对，尾鳍分叉，背鳍、臀鳍出现雏形鳍条。

③鳔二室期：受精后 12 天 6 小时。仅头背部、青筋部位有黑色素（表 16 序号 6，图 12 中 6）。

（4）幼鱼阶段 幼鱼期：受精后 62 天。全长 13.6 mm，鳞片出齐，大眼，口端位，侧线鳞 3~6 片，连纵列鳞一起约 32 片鳞片，腹鳍基部于背鳍基部之前，体侧有 1 条黑色斑（表 16 序号 7，图 12 中 7）。

【比较研究】

中华细鲫、宽鳍鱲与唐鱼这三种鉤亚科小型鱼类，以宽鳍鱲个体较大，中华细鲫为中，唐鱼最小，三者都是眼大于嗅囊，其中中华细鲫与宽鳍鱲眼为嗅囊的 10 倍，而唐鱼眼为嗅囊的

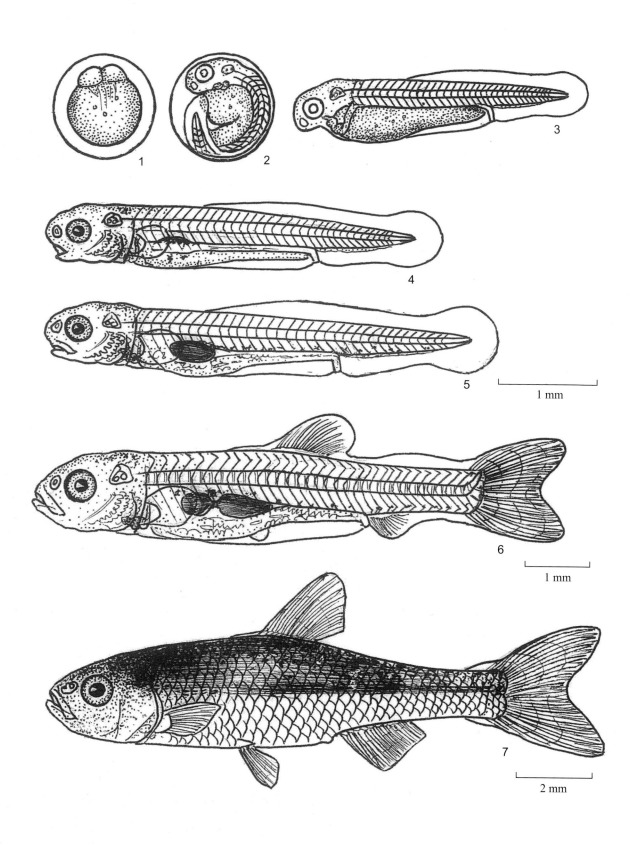

图 12　中华细鲫 *Aphyocypris chinensis* Günther（黏沉）

15 倍。以肌节数划分，鳔一室期中华细鲫 6+14+14=34 对，宽鳍鱲 12+8+16=36 对，唐鱼 4+14+20=38 对，中华细鲫肌节最少为 34 对，尾部 14 对者即为中华细鲫。

表 16　中华细鲫胚后发育特征

阶段	序号	发育期	全长 /mm	背前＋躯干＋尾部＝肌节 / 对	受精后时间	发育状况	图号
仔鱼	3	孵出期	3	6+14+14=34	1 天 12 小时	头斜方形，卵黄囊锥形，眼为嗅囊的 10 倍	图 12 中 3
	4	鳔雏形期	4.1	6+14+14=34	4 天 2 小时	鳔雏形，卵黄囊长形，听囊上出现黑色素	图 12 中 4
稚鱼	5	卵黄囊吸尽期	4.6	6+14+14=34	6 天 6 小时	卵黄囊吸尽，鳔一室，头背与青筋部位有黑色素	图 12 中 5
	6	腹鳍芽出现期	8.3	6+14+14=34	12 天 6 小时	鳔二室，腹鳍芽出现，头背及青筋部位出现黑色素，大眼	图 12 中 6
幼鱼	7	幼鱼期	13.6	6+14+14=34	62 天	鳞片出齐，侧线鳞 3~6 片，以纵裂鳞计，共 32 片，体侧中间有 1 条黑色斑	图 12 中 7

（二）雅罗鱼亚科 Leuciscinae

1. 鳡

鳡［*Luciobrama macrocephalus*（Lacépède），图 13］是雅罗鱼亚科鳡属鱼类，广泛分布于长江、珠江、韩江、黑龙江等水系。成鱼吻长，俗称吹火筒。体长，头吻部与身体圆筒形，背鳍较后，为江河水库的重要经济鱼类。近年数量大减，可能是水利枢纽建设阻隔了产漂流性卵的鳡鱼早期发育流程。鳡为凶猛性鱼类，稚鱼阶段即可吞食各种鱼苗。全长 65~120 cm，侧线鳞 140 片，背鳍 iii-8，臀鳍 iii-11。

早期发育材料取自葛洲坝水利枢纽建成前的长江宜昌红花套，葛洲坝截流后的 1981 年宜昌，1986 年长江监利孙良洲、武穴段，汉江丹江口水库坝上 1977 年、1993 年郧县段，坝下 1976 年襄樊及唐白河口；珠江为 1983 年西江桂平段，1988 年珠江三角洲南沙段、龙穴段，流溪河温泉，东江石龙段，北江芦包段等。

梁秩燊等（2003）采用上述材料撰写了文章：*Spawning areas and early development of long spiky-head carp（Luciobrama macrocephalus）in the Yangtze River*，China。

【繁殖习性】

鳡在江河具泡漩水水域的产卵场上产漂流性卵，繁殖期为 4 月底至 7 月底。成熟亲鱼在水位上涨 2 天左右即行产卵，延至涨水的高峰，水位下降即行停产。涨水幅度 0.5~10 m，流速 1~3 m/s。产卵时产卵场透明度为 0.5~20 cm，以 3~5 cm 时产卵活动频繁。具体产卵时间：长江干流为 4 月 29 日至 7 月 10 日，汉江为 5 月 17 日至 7 月 24 日，珠江干流西江为 5 月 1 日至 7 月 5 日。

产卵鱼群全长 80~150 cm，重 30~50 kg。珠江东江支流新丰江水库还存有鳡的繁殖群体（2006 年渔民捕捞到一尾长 100 cm、重超过 40 kg 的 12 龄鳡，估计为新丰江水库建成前的残留种。1988 年在流溪河黄竹塱大坝下 27 km 的温泉，实验网捕到 3 尾稚鱼腹鳍芽出现期的鳡苗，估计是流溪河水库残留雌雄鳡在水库上源产卵孵化后过坝而下的。鳡的怀卵量平均每尾 50 万粒，最多达 200 多万粒。1983 年 5 月 1 日在西江桂平石嘴，渔民捕上一尾全长 178 cm、重 45 kg、性腺 Ⅳ 期、未吸水膨胀时卵径 1.5~1.6 mm、怀卵量 218.4 万粒的鳡。

长江与珠江鯮的产卵场有 20 多处。一是以 1964 年鯮卵苗推算的长江涪陵、忠县、万县、巫山、秭归、宜昌、江口、石首、监利等，以及 1986 年长江葛洲坝建成后的坝下鯮产卵场宜昌产卵场（4 105 万粒）、虎牙滩产卵场（817 万粒）、江口产卵场（3 776 万粒）、石首产卵场（18 796 万粒）。二是汉江丹江口水库建成后，坝上 1977 年查得汉江有安康产卵场（82 万粒）、蜀河口产卵场（106 万粒）、白河产卵场（8 520 万粒）、蜀河口产卵场（830 万粒）、白河产卵场（266 万粒）、前房产卵场（2 700 万粒），汉江丹江口水库坝下 1976 年计得有襄樊产卵场（750 万粒）、唐白河河口产卵场（10 025 万粒）等。三是 1983 年西江桂平石嘴采样，计得有桂平前进产卵场（577 万粒）、黔江武宣产卵场（1 098 万粒）。四是 1988 年珠江的东江龙川产卵场（2 100 万粒）、河源产卵场（1 850 万粒）、北江连江口产卵场（3 500 万粒）、飞来峡产卵场（780 万粒）等。

【早期发育】

鯮早期发育从胚盘隆起至幼鱼期经历了 50 个发育期，于膜内经历了 1 天半孵出。

（1）鱼卵阶段　鱼卵阶段自胚盘隆起至心脏搏动期合 31 个发育期。

①胚盘隆起期至眼基出现期：受精后 25 分至 17 小时 10 分。卵吸水膨胀后膜径从 5.5 mm 扩至 6.6 mm，成为较大卵，胚体基本呈圆粒状，胚长 1.7~2 mm（表 17 序号 1~19，图 13 中 1~18），卵粒浅黄色。经细胞分裂至胚孔封闭，眼基出现。

②眼囊期至听囊期：受精后 18 小时 15 分至 21 小时 45 分。眼囊出现经嗅板期、尾芽期进入听囊期，卵膜径 6.6 mm，胚长 2.1~2.6 mm，肌节 10~20 对，眼囊大，为听囊的 3 倍（表 17 序号 20~23，图 13 中 19~22）。

③尾泡出现期至肌肉效应期：受精后 23 小时 10 分至 1 天 5 小时 15 分。尾泡出现经尾鳍，眼晶体形成进入肌肉效应期，膜径 6.6 mm，胚长 3~3.8 mm，肌节 21~27 对，胚体大，方头大眼（表 17 序号 24~27，图 13 中 23~26）。

④嗅囊出现期至心脏搏动期：受精后 1 天 6 小时 40 分至 1 天 9 小时 20 分。嗅囊出现经心脏原基、耳石出现期至心脏搏动期，膜径 6.6 mm，胚长 4.1~5.5 mm，肌节 35~49 对，胚体大，浅黄色（表 17 序号 28~31，图 13 中 27~30）。4 个发育期胚体皆于卵膜内翻动，孵化酶正软化卵膜，即将孵出。

表 17　鯮的胚胎发育特征

阶段	序号	发育期	膜径 / mm	胚长 / mm	肌节 / 对	受精后时间	发育状况	图号
鱼卵	1	胚盘隆起期	5.5	1.7	0	25 分	卵膜径 2 mm 膨胀至 5.5 mm	—
	2	2 细胞期	6.0	1.8	0	40 分	纵裂为 2 个细胞	图 13 中 1
	3	4 细胞期	6.5	1.8	0	57 分	纵裂为 4 个细胞	图 13 中 2
	4	8 细胞期	6.6	1.8	0	1 小时 18 分	分裂至 8 个细胞	图 13 中 3
	5	16 细胞期	6.6	1.8	0	1 小时 35 分	分裂至 16 个细胞，原生质发达	图 13 中 4
	6	32 细胞期	6.6	1.9	0	2 小时	分裂至 32 个细胞	图 13 中 5
	7	64 细胞期	6.6	1.9	0	2 小时 35 分	分裂至 64 个细胞	图 13 中 6
	8	128 细胞期	6.6	1.9	0	3 小时 10 分	分裂至 128 个细胞，原生质发达	图 13 中 7
	9	桑葚期	6.6	1.9	0	3 小时 45 分	动物极如桑葚状	图 13 中 8
	10	囊胚早期	6.6	2	0	4 小时 15 分	囊胚层隆起	图 13 中 9
	11	囊胚中期	6.6	1.9	0	5 小时 25 分	囊胚层下降	图 13 中 10

（续表）

阶段	序号	发育期	膜径/mm	胚长/mm	肌节/对	受精后时间	发育状况	图号
鱼卵	12	囊胚晚期	6.6	1.8	0	6 小时 30 分	囊胚层低矮	图 13 中 11
	13	原肠早期	6.6	1.8	0	7 小时 40 分	胚层下包 1/3	图 13 中 12
	14	原肠中期	6.6	1.8	0	8 小时 50 分	胚层下包 1/2	图 13 中 13
	15	原肠晚期	6.6	1.8	0	11 小时 25 分	胚层下包 3/4	图 13 中 14
	16	神经胚期	6.6	2	0	14 小时 20 分	胚层下包 5/6	图 13 中 15
	17	胚孔封闭期	6.6	2	0	15 小时 35 分	卵黄栓外露	图 13 中 16
	18	肌节出现期	6.6	2	4	16 小时 5 分	肌节出现，仍存在卵黄栓	图 13 中 17
	19	眼基出现期	6.6	2	6	17 小时 10 分	眼基出现，胚孔才封闭	图 13 中 18
	20	眼囊期	6.6	2.1	10	18 小时 15 分	眼囊形成	图 13 中 19
	21	嗅板期	6.6	2.2	13	19 小时 20 分	眼前出现嗅板	图 13 中 20
	22	尾芽期	6.6	2.5	17	20 小时 35 分	尾芽突出，头背隆起	图 13 中 21
	23	听囊期	6.6	2.6	20	21 小时 45 分	听囊出现	图 13 中 22
	24	尾泡出现期	6.6	3	21	23 小时 10 分	尾芽出现圆形气泡	图 13 中 23
	25	尾鳍出现期	6.6	3.3	23	1 天 1 小时 20 分	尾鳍伸长，仍带尾泡	图 13 中 24
	26	眼晶体形成期	6.6	3.6	24	1 天 3 小时 18 分	眼晶体出现，尾泡尚存	图 13 中 25
	27	肌肉效应期	6.6	3.8	27	1 天 5 小时 15 分	肌节间歇抽动	图 13 中 26
	28	嗅囊出现期	6.6	4.1	35	1 天 6 小时 40 分	嗅囊出现，约等于听囊	图 13 中 27
	29	心脏原基期	6.6	4.4	41	1 天 7 小时 20 分	心原基出现	图 13 中 28
	30	耳石出现期	6.6	5	47	1 天 8 小时 40 分	听囊出现 2 颗耳石	图 13 中 29
	31	心脏搏动期	6.6	5.5	49	1 天 9 小时 20 分	心脏跳动，将孵出	图 13 中 30

（2）仔鱼阶段　自孵出期至鳔一室期为仔鱼阶段，相应为 9 个发育期，均以卵黄囊的自体营养供其发育。

①孵出期至鳃丝期：受精后 1 天 14 小时至 3 天 10 小时。孵出后静卧水底，不时上翻又躺下，渐至口裂出现，下位，经历了孵出期、胸鳍原基期、鳃弧期、眼黄色素期至鳃丝期，全长 6~8.4 mm，肌节从 11+24+16=51 对增至 14+24+17=55 对，眼为嗅囊的 5 倍，卵黄囊与肌节吻合，居维氏管、尾静脉适中，不似草鱼那样宽阔（表 18 序号 32~36，图 13 中 31~35）。

②眼黑色素期至鳔一室期：受精后 3 天 23 小时至 8 天。自眼黑色素出现经历肠管贯通期、鳔雏形期、鳔一室期，主要是肠雏形，贯通至肠褶皱，卵黄囊依然存在，鳔一室期卵黄囊下方有 5 朵小黑色素花，青筋部位有 1 条黑色素，尾褶下方有 2 朵黑色素。眼为嗅囊的 6 倍，眼与听囊等大。全长 9~11.4 mm，肌节 14+24+17=55 对至 15+23+17=55 对（表 18 序号 37~40，图 13 中 36~39）。

（3）稚鱼阶段　自卵黄囊吸尽期至鳞片出现期为稚鱼阶段。吻尖且口裂大，体浅枇杷黄色（表 18）。

①卵黄吸尽期至尾椎上翘期：受精后 9 天 9 小时至 11 天 9 小时。从卵黄囊吸尽、背鳍褶分化至尾椎上翘 3 个发育期，已开始摄食，且多为比之小的鱼苗，连同属凶猛鱼类的鳜鱼鱼苗也被吞食。另尾鳍褶均呈圆形，下方为 2 朵黑色素至扩大为半圆弧状黑色素，除青筋部位色素外，背部及脊椎上部出现条状黑色素，头背部于眼与听囊之间有分散状大黑色素，全长 12~13.5 mm，肌节从 16+22+17=55 对渐变为 17+21+17=55 对、18+20+17=55 对，背鳍褶起点后移（表 18 序号 41~43，图 13 中 40~42）。

②鳔二室期至鳞片出现期：受精后13天9小时至33天。二室经腹鳍芽出现期、背鳍形成期、臀鳍形成期、腹鳍形成期至鳞片出现期，体浅黄色至枇杷黄色，特征是吻尖，口端位，口裂大，各鳍鳍条相继出现，尾鳍从三波形演至叉状，眼为嗅囊的6倍，与听囊相仿，体背、脊椎、青筋部位各有1条黑色素，头背部、尾椎下方各有1片黑色素，心脏枇杷黄色至鲜红色，全长15~27 mm，肌节19+19+17=55对、20+18+17=55对至21+17+17=55对（表18序号44~49，图13中43~46）。臀鳍形成期、腹鳍形成期无图。

（4）幼鱼阶段　受精后45天。幼鱼期与鳞片出现期（图13中46）相似，鳞片出齐，侧线鳞140片，背鳍于腹鳍之后，臀鳍靠近尾鳍（表18序号50）。

表18　鲸的胚后发育特征

阶段	序号	发育期	全长/mm	背前+躯干+尾部=肌节/对	距孵出时间	发育状况	图号
仔鱼	32	孵出期	6	11+24+16=51	1天14小时	破膜孵出，静卧	图13中31
	33	胸鳍原基期	6.7	12+24+16=52	2天	胸鳍原基出现	图13中32
	34	鳃弧期	7.5	13+24+17=54	2天3小时	鳃弧出现，居维氏管中度	图13中33
	35	眼黄色素期	8	14+24+17=55	2天13小时	眼黄色，开口	图13中34
	36	鳃丝期	8.4	14+24+17=55	3天10小时	鳃丝出现，口微动	图13中35
	37	眼黑色素期	9	14+24+17=55	3天23小时	眼变黑，眼为嗅囊的6倍	图13中36
	38	肠管贯通期	9.5	14+24+17=55	4天20小时	肠通，口移前	图13中37
	39	鳔雏形期	10.5	14+24+17=55	5天20小时	鳔雏形，肠皱，可进食	图13中38
	40	鳔一室期	11.4	15+23+17=55	8天	鳔一室，口端位	图13中39
稚鱼	41	卵黄吸尽期	12	16+22+17=55	9天9小时	卵黄吸尽，吻尖，口裂大，可食浮游动物与鱼苗	图13中40
	42	背鳍褶分化期	12.7	17+21+17=55	10天9小时	背褶分化呈双峰状，口裂大，吞食鱼苗	图13中41
	43	尾椎上翘期	13.5	18+20+17=55	11天9小时	体侧有3行黑色素，尾椎下有2朵黑色素，尾椎上翘	图13中42
	44	鳔二室期	15	19+19+17=55	13天9小时	鳔前室出现，背鳍、尾鳍、臀鳍出现雏形鳍条	图13中43
	45	腹鳍芽出现期	17	20+18+17=55	16天	尾鳍呈现叉状，口尖，大眼，腹鳍芽出现期	图13中44
	46	背鳍形成期	19.2	20+18+17=55	19天10小时	背鳍与尾鳍形成，尾椎下方有2朵黑色素	图13中45
	47	臀鳍形成期	21.4	20+18+17=55	22天	臀鳍形成	—
	48	腹鳍形成期	24.3	21+17+17=55	27天	腹鳍形成	—
	49	鳞片出现期	27	21+17+17=55	33天	体细长，吻尖，鳞片出现	图13中46
幼鱼	50	幼鱼期	35.5	21+17+17=55	45天	鳞片长齐，侧线鳞140片	—

【比较研究】

鲸的胚胎、胚后发育与鳕、鳤相似，都为口裂大，肌节多，但鲸最大。具体区别如下：

（1）个体大小与肌节

①鲸个体大，背褶分化期全长12.7 mm，肌节17+21+17=55对。

②鳕个体大，但相对比鲸小，全长8.1 mm，肌节16+26+18=60对。

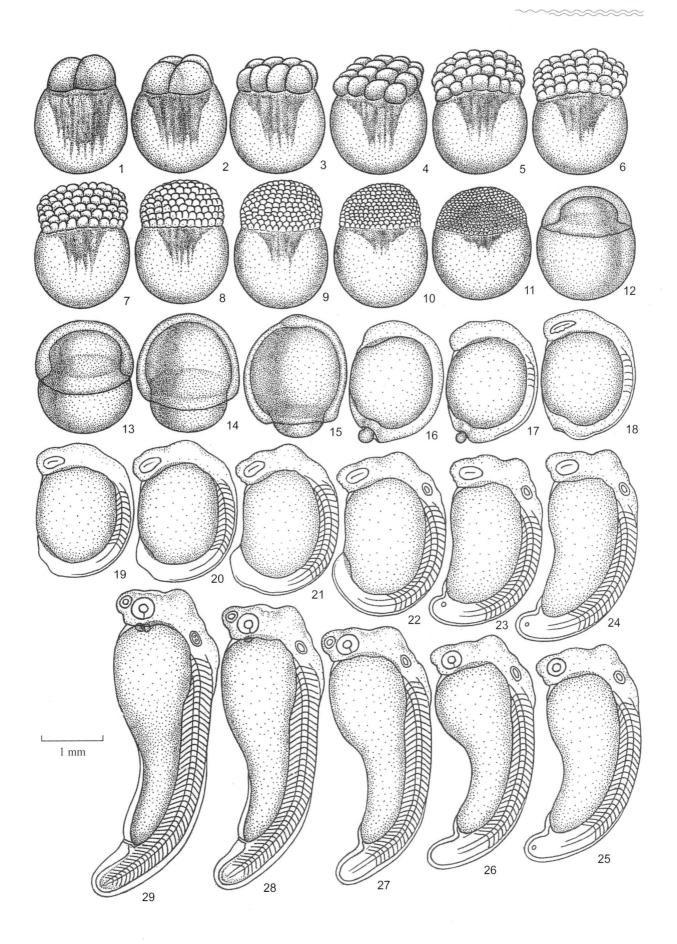

1 mm

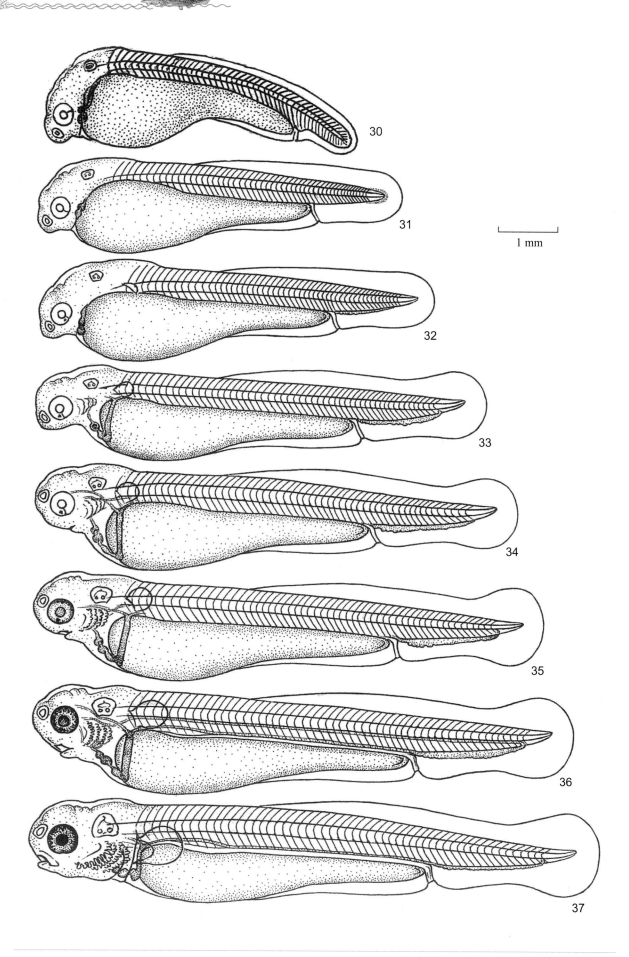

1 mm

30

31

32

33

34

35

36

37

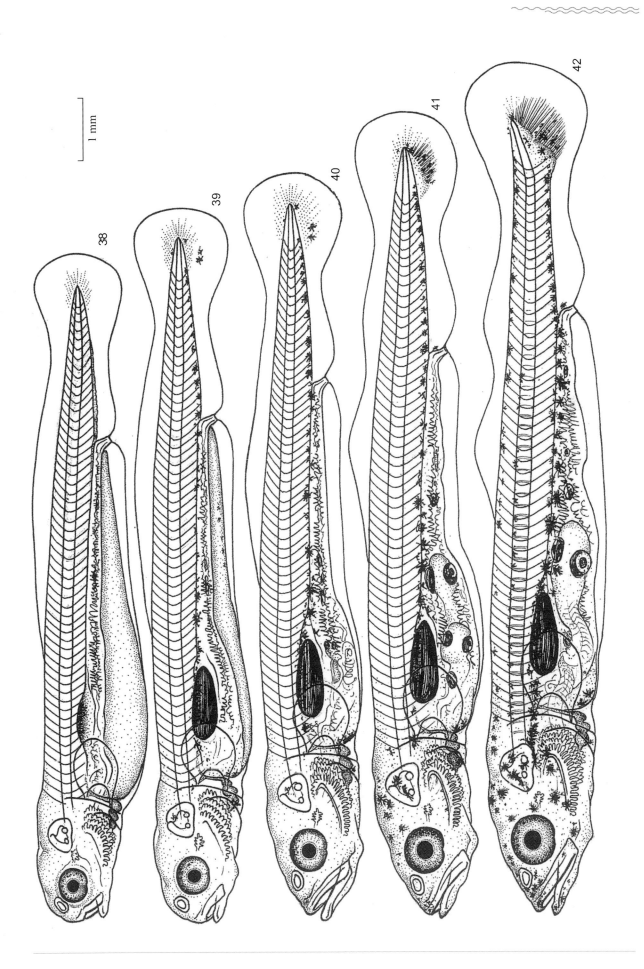

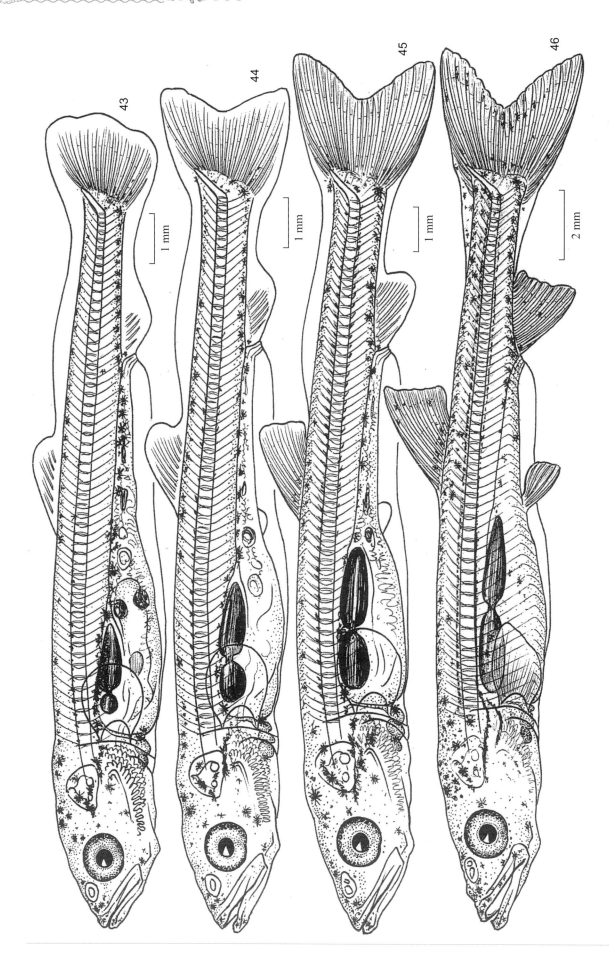

图 13 鳤 *Luciobrama macrocephalus*（Lacépède）（漂流）

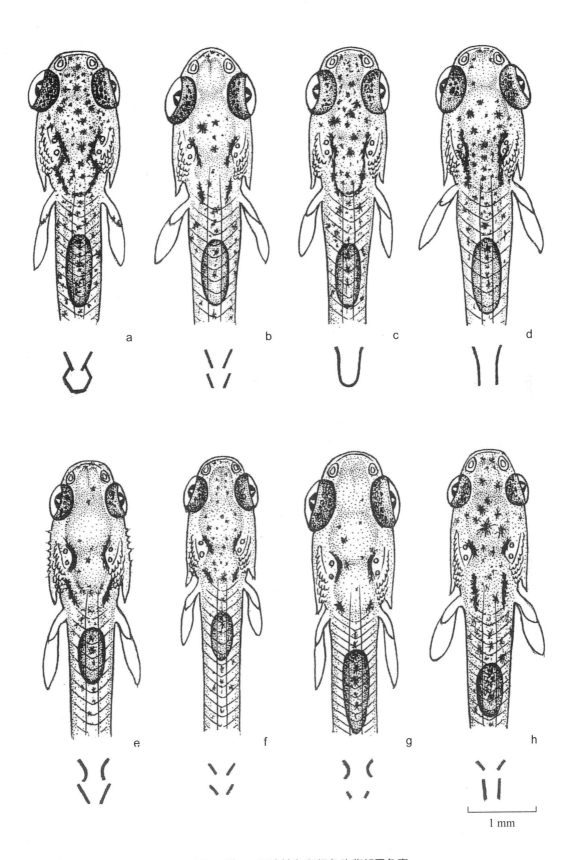

图 13 附 1　漂流性鱼卵仔鱼头背部黑色素

a. 草鱼；b. 青鱼；c. 鲢；d. 鳙；e. 吻鉤；f. 鳊；g. 鳡；h. 鳤

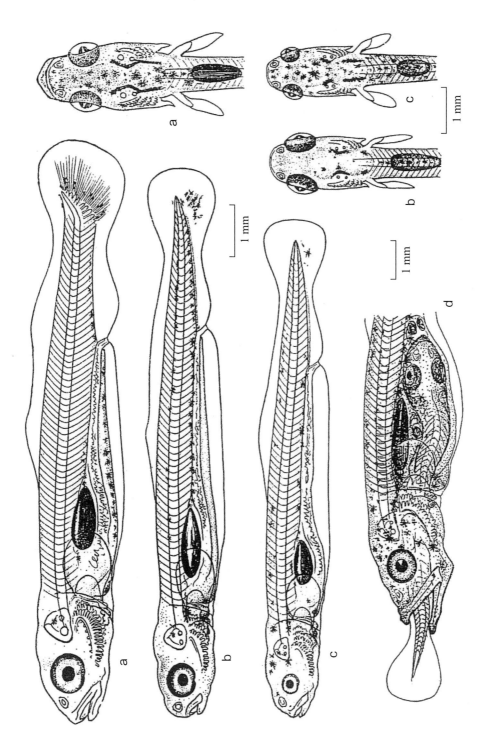

图 13 附 2　漂流性卵仔鱼、稚鱼鳡、鳤、鳗形态比较

a. 鳡；b. 鳤；c. 鳗；d. 鳡吞食鱼苗

③鳡个体亦大，但相对比鳤小，长 7.3 mm，肌节 16+20+16=52 对。

（2）头背部及听囊肩带黑色素

①鯮眼间有黑色素，头内听囊至肩带黑色素呈两曲形。

②鳤眼间无黑色素，头内听囊至肩带黑色素为两曲形、两点形（图 13 附 2 的 b 及图 13 附 1 的 g）。

③鳡眼间有黑色素，听囊至肩带黑色素为倒"八"字形与竖的双线平行形（图 13 附 2 的 c 及图 13 附 1 的 h）。

（3）吞食鱼苗　鯮转对外营养时即吞食鱼苗，连同是凶猛型的鳡鱼鱼苗也被吞食（图 13 附 2 的 d）。鳤鱼不吞食鱼苗，鳡鱼以吞食小鲨等鱼苗为主。

（4）眼径大小等比较

鯮嗅囊为眼的 1/12，听囊略大于眼。

鳤嗅囊为眼的 1/10，听囊与眼等大。

鳡嗅囊为眼的 1/8，听囊为眼的 1~5 倍（图 13 附 2）。

2．鳤

鳤 [*Ochetobius elongatus* (Kner)，图 14] 体圆筒状、细长，口端位，口裂小，土名刁子、麦秆刁，为鲤科雅罗鱼亚科鳤属鱼类，全长 18~55 cm，广泛分布于长江、珠江、韩江等干支流，背鳍iii-9，臀鳍iii-9，侧线鳞 68 片。

鳤的早期发育材料取自 1961 年长江宜昌平善坝、1962 年长江武穴段、1963 年长江监利段、1974 年汉江丹江口水库坝上郧县、1981 年长江孙梁洲、1993 年汉江郧县段、1983 年西江桂平石嘴段、1987 年流溪河大坳、2003 年北江韶关段等。

【繁殖习性】

鳤产卵繁殖群体 3~5 龄，怀卵量 4 万 ~40 万粒，产出卵粒吸水膨胀后膜径 5~6 mm，为大卵型，属漂流性卵，胚胎于流水中发育，达幼鱼时多沿江上溯，至通江湖泊生长育肥。

【早期发育】

（1）鱼卵阶段　受精卵自胚盘突起至孵出瞬期共 32 个发育期。野外采样没获得胚盘期，故以 2 细胞期开始，共 31 个发育期。

①2 细胞期至肌节出现期：2 细胞期为受精后 40 分，囊胚早期 4 小时 10 分，原肠早期 7 小时 30 分，肌节出现期 15 小时 50 分。卵膜膨胀，膜径 5.4~5.7 mm，卵粒基本圆形，胚长 1.6~1.8 mm，主要特点是胚胎黄色至枇杷黄色，甚至土黄色（表 19 序号 1~17，图 14 中 1~17）。

②眼基出现期至晶体形成期：眼基出现期为受精后 16 小时 30 分，听囊期为受精后 20 小时 40 分；晶体形成期为受精后 1 天 2 小时 30 分。胚体从眼基出现期至晶体形成期，卵膜径 5.7~5.8 mm，胚长 1.9~2.8 mm，眼囊、听囊、眼晶体相继出现，肌节 6~27 对，特点是头背部特别隆起，靠尾部的卵黄囊处有 1 天蓝色斑点（表 19 序号 18~25，图 14 中 18~25）。

③肌肉效应期至孵出瞬期：肌肉效应期为受精后 1 天 4 小时 50 分，心脏原基期为受精后 1 天 7 小时 10 分，孵出瞬期为受精后 1 天 11 小时。肌肉效应期至孵出瞬期，都在卵膜内生活，卵膜径 5.8~5.9 mm，胚长 3~5 mm，肌节 30~56 对。特点是头背部高丘形状，卵囊尾部天蓝色，卵黄囊上球下棍状，眼为嗅囊的 9 倍，为听囊的 4 倍（表 19 序号 26~31，图 14 中 26~31）。

表 19 鳡鱼的胚胎发育特征（19~20℃）

阶段	序号	发育期	膜径 / mm	胚长 / mm	肌节 / 对	受精后时间	发育状况	图号
鱼卵	1	2 细胞期	5.4	1.6	0	40 分	植物极灰色	图 14 中 1
	2	4 细胞期	5.4	1.6	0	55 分	动物极枇杷黄色	图 14 中 2
	3	8 细胞期	5.5	1.6	0	1 小时 10 分	纵裂成 8 个细胞，深黄色	图 14 中 3
	4	16 细胞期	5.5	1.6	0	1 小时 30 分	纵裂为 16 个细胞，黄色	图 14 中 4
	5	32 细胞期	5.5	1.7	0	1 小时 50 分	32 个细胞，卵黄黄色	图 14 中 5
	6	64 细胞期	5.5	1.7	0	2 小时 20 分	64 个细胞，黄色，原生质网发达	图 14 中 6
	7	128 细胞期	5.5	1.7	0	3 小时	128 个细胞，原生质网发达	图 14 中 7
	8	桑葚期	5.6	1.8	0	3 小时 30 分	植物极如桑葚，原生质网发达	图 14 中 8
	9	囊胚早期	5.6	1.8	0	4 小时 10 分	囊胚层形成，原生质网缩小	图 14 中 9
	10	囊胚中期	5.6	1.7	0	5 小时 8 分	囊胚层降低，原生质网缩小	图 14 中 10
	11	囊胚晚期	5.6	1.7	0	6 小时 10 分	囊胚层开始下包，原生质网缩小	图 14 中 11
	12	原肠早期	5.6	1.6	0	7 小时 30 分	卵粒圆形，枇杷黄色，原肠下包 1/3	图 14 中 12
	13	原肠中期	5.6	1.7	0	8 小时 20 分	卵枇杷黄色，原肠下包 1/2	图 14 中 13
	14	原肠晚期	5.6	1.7	0	10 小时 50 分	卵枇杷黄色，原肠下包 5/6	图 14 中 14
	15	神经胚期	5.6	1.8	0	13 小时 40 分	胚体雏形，卵黄栓出现，下包 6/7	图 14 中 15
	16	胚孔封闭期	5.6	1.8	0	15 小时 20 分	胚孔封闭，胚头隆起	图 14 中 16
	17	肌节出现期	5.7	1.8	3	15 小时 50 分	出现 3~5 对肌节	图 14 中 17
	18	眼基出现期	5.7	1.9	6	16 小时 30 分	眼基出现，窄长形	图 14 中 18
	19	眼囊期	5.7	1.9	8	17 小时 50 分	眼囊出现，头背部隆起，卵囊内尾端天蓝色	图 14 中 19
	20	嗅板出现期	5.7	2.0	10	18 小时 50 分	嗅板出现，头背部更高	图 14 中 20
	21	尾芽期	5.7	2.1	13	19 小时 30 分	尾芽出现，头背部较高	图 14 中 21
	22	听囊期	5.7	2.3	16	20 小时 40 分	听囊出现，卵囊内尾夹处仍呈天蓝色	图 14 中 22
	23	尾泡出现期	5.7	2.5	20	22 小时 30 分	尾泡出现，胚体拉长	图 14 中 23
	24	尾鳍出现期	5.7	2.6	23	24 小时 40 分	尾鳍出现，头背部高	图 14 中 24
	25	晶体形成期	5.8	2.8	27	1 天 2 小时 30 分	眼略呈两个同心圆，晶体出现	图 14 中 25
	26	肌肉效应期	5.8	3	30	1 天 4 小时 50 分	胚体抽动，卵黄囊下端天蓝色	图 14 中 26
	27	嗅囊期	5.8	3.3	36	1 天 6 小时 10 分	嗅囊出现，头背高，卵囊内尾夹处天蓝色	图 14 中 27
	28	心脏原基期	5.8	3.5	43	1 天 7 小时 10 分	心原基于卵黄囊上方出现	图 14 中 28
	29	耳石出现期	5.8	4	48	1 天 8 小时 10 分	听囊出现 2 颗耳石	图 14 中 29
	30	心脏搏动期	5.8	4.5	54	1 天 9 小时	心脏搏动，头背高，卵囊上大下窄	图 14 中 30
	31	孵出瞬期	5.9	5	56	1 天 11 小时	即将孵出，卵囊上大下窄	图 14 中 31

（2）仔鱼阶段　靠卵黄供给生长的孵出期至鳔一室期为仔鱼阶段。

①孵出期至鳃丝期：受精后 1 天 13 小时至 3 天 13 小时 20 分。孵出后，时而静卧水底，时而往斜上方游动，全身浅黄色，没有黑色素，卵黄囊前圆后棒状，末端为天蓝色，眼大，眼黄色素至鳃丝期口裂形成并往吻前移动，全长 6~7.8 mm，肌节 12+29+16=57 对增至 12+29+18=59 对（表 20 序号 32~36，图 14 中 32~36）。

②眼黑色素期至鳔一室期：眼黑色素期为受精后 4 天，鳔雏形期为受精后 5 天 19 小时，鳔一室期为受精后 7 天 9 小时 10 分。从眼黑色素先出现，至肠管贯通期、鳔雏形期、鳔一室期都存有逐渐缩小的卵黄囊，鳔雏形期时青筋部位出现黑色素，尾褶下方有 3 朵黑色素，鳔一室期时鳔特长，脊椎上方及青筋各有 1 条黑色素，尾褶下方有 1 片黑色素，口从下位进至近端位。全长 8.3~9.5 mm，肌节从 13+29+18=60 对变为 14+28+18=60 对及 15+27+18=60 对。（表 20 序号 37~40，图 14 中 37~40）。

（3）稚鱼阶段　稚鱼为对外营养阶段。含卵黄吸尽期至鳞片出现期 9 个发育期。

①卵黄吸尽期至尾椎上翘期：受精后 8 天 9 小时至 10 天。眼大，约为嗅囊的 12 倍，为听囊的 1.3 倍，鳔长筒形，尾褶皆为圆形，黑色素皆于脊椎上方及青筋部位各 1 行，眼与听囊之间有 2~4 朵黑色素，尾褶下方有 1 片黑色素，体瘦长，全长 10.1~11.2 mm，肌节从 16+26+18=60 对至 17+25+18=60 对，吻近端位（表 20 序号 41~43，图 14 中 41~43）。

②鳔二室期至鳞片出现期：受精后 12~32 天。鳔二室期尾鳍叉形，直至鳞片出现为深叉形。经历鳔前室出现、腹鳍芽出现、背鳍形成、臀鳍形成、腹鳍形成、鳞片出现 6 个发育期，全长 13~22 mm，肌节从 17+25+18=60 对至 18+24+18=60 对、19+23+18=60 对（表 20 序号 44~49，图 14 中 44~49）。

（4）幼鱼阶段　受精后 44 天。幼鱼期已与成鱼相仿，全长 30 mm，肌节 19+23+18=60 对，侧线鳞 68 片，背鳍、臀鳍皆为 iii -9（表 20 序号 50）。

【比较研究】

鳡鱼早期发育属大卵、大眼胚体较大的类型，主要特点是鱼卵阶段卵黄色至枇杷黄色，胚体形成时头背部隆起呈山丘状，自晶体形成期至鳔一室期卵黄囊末端有 1 小片天蓝色，鳔一室期至腹鳍形成期的鳔皆呈现长筒状，鳔很长，为鲤科鱼类早期发育时的鳔最长者，肌节 60 对，也为鲤科早期发育鱼类肌节数的最多者。对外营养后以吞食浮游动物为多，不吞食鱼苗。

鳡与鳤、鳏、吻鮈的鱼卵、鱼苗较为相似，只需抓住大眼、多肌节、卵囊末端天蓝色、长鳔等特点即可区分。

3. 鳏

鳏 [*Elopichthys bambusa*（Richardson），图 15] 为鲤科雅罗鱼亚科鳏属仅 1 种的大型鱼类，体长形，强劲有力，吻尖口裂大，为江河、水库的凶猛型鱼类，广泛分布于黑龙江、黄河、长江、珠江、韩江、闽江、元江各水系。

鳏的繁殖与草鱼、青鱼、鲢、鳙四大家鱼，以及鳤、鳡、吻鮈等相似。但它是鱼苗生产中"除野"的主要对象，水产养鱼被作为"害鱼"去除。而在水生生态系统中则是一种淘汰病弱、控制水体鱼类小型化的主要鱼类。鳏本身为肉食性，故其肉质坚实鲜美，是上等的食用鱼。

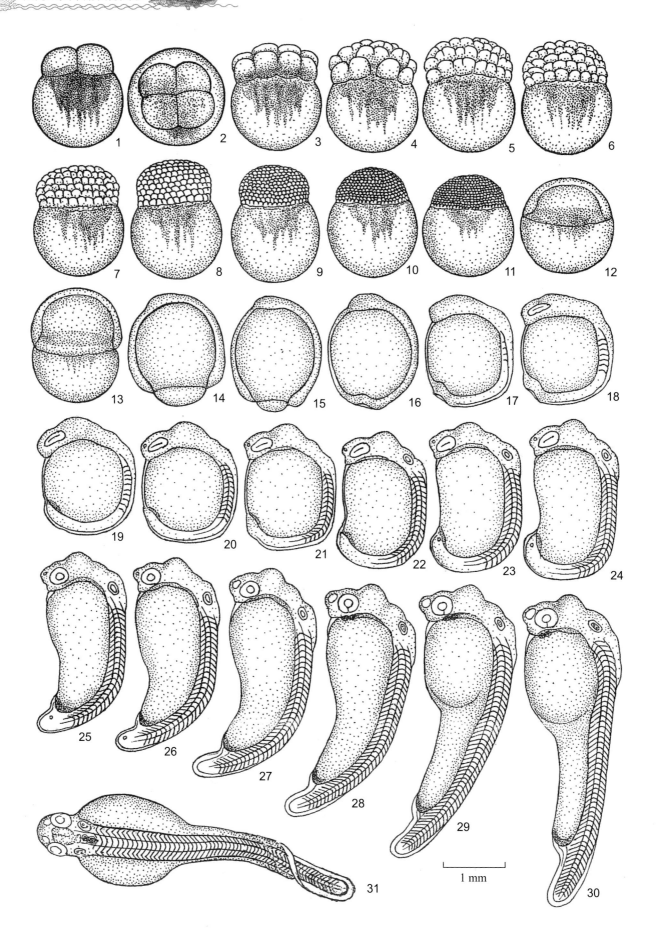

1 mm

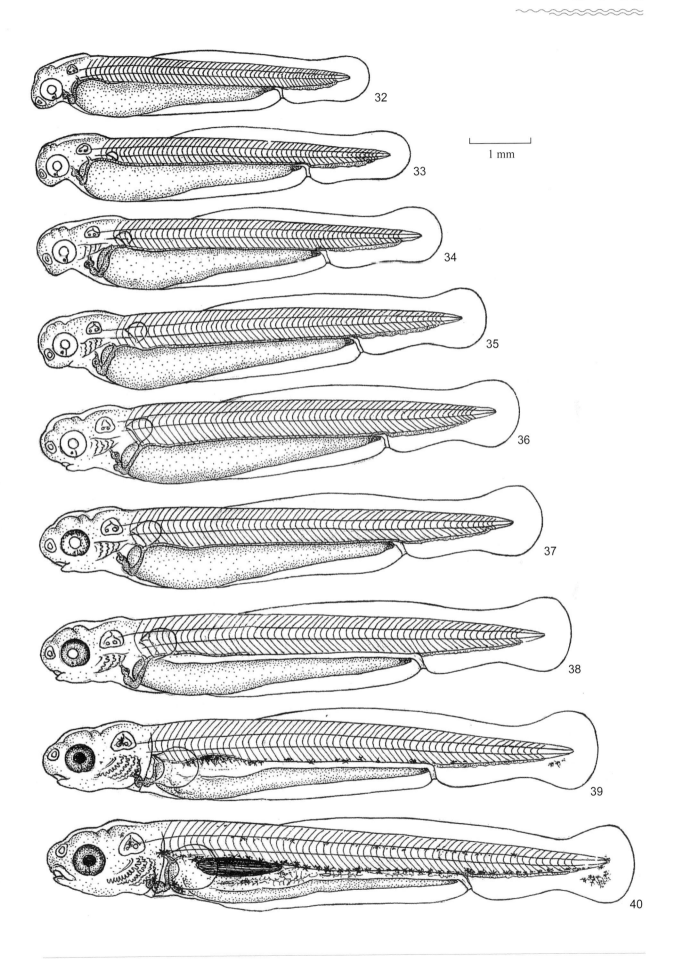

1 mm

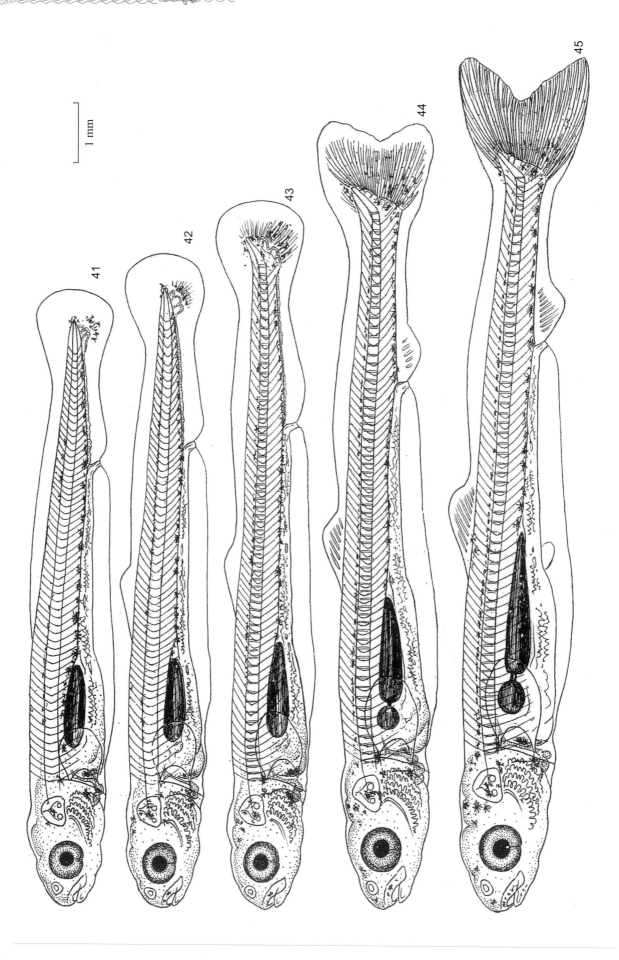

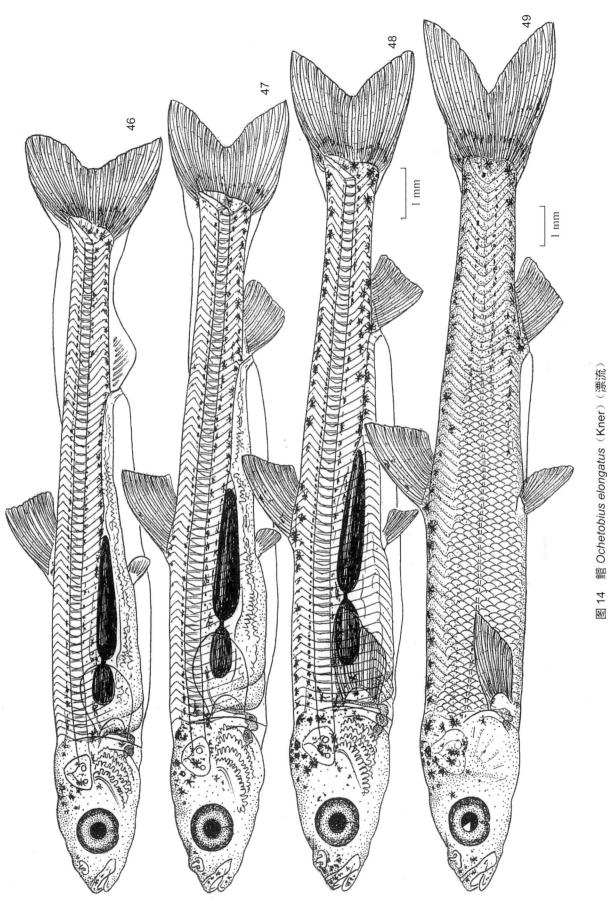

图 14 鳡 *Ochetobius elongatus*（Kner）（漂流）

表20　鳡鱼的胚后发育特征（19~20℃）

阶段	序号	发育期	全长/mm	背前＋躯干＋尾部＝肌节/对	受精后时间	发育状况	图号
仔鱼	32	孵出期	6	12+29+16=57	1天13小时	大眼，为嗅囊的9倍，卵囊末端天蓝色	图14中32
	33	胸鳍原基期	6.3	12+29+16=57	2天13小时	胸原基出现，尾静脉窄、小波形	图14中33
	34	鳃弧期	6.6	12+29+17=58	2天13小时	头方形，鳃弧出现	图14中34
	35	眼黄色素期	7.4	12+29+18=59	3天1小时20分	眼黄色，口下位，鳃丝出现	图14中35
	36	鳃丝期	7.8	12+29+18=59	3天13小时20分	鳃丝形成，脑分化，卵囊尾端天蓝色	图14中36
	37	眼黑色素期	8.3	13+29+18=60	4天	眼黑色素出现，口裂前移	图14中37
	38	肠管贯通期	8.6	13+29+18=60	4天20小时	肠管贯通，呈管形	图14中38
	39	鳔雏形期	9	14+28+18=60	5天19小时	鳔雏形，鳃盖、听囊、青筋、肩带出现黑色素，尾褶下有3朵黑色素	图14中39
	40	鳔一室期	9.5	15+27+18=60	7天9小时10分	鳔充气，呈长形，尾褶下方有1片黑色素	图14中40
稚鱼	41	卵黄囊吸尽期	10.1	16+26+18=60	8天9小时	卵黄囊吸尽，尾椎下方有1丛黑色素，脊椎、青筋各有1行黑色素，鳔长	图14中41
	42	背鳍分化期	10.8	16+26+18=60	9天40分	背褶分化，脊椎、青筋各有1行黑色素，尾椎下方有1丛黑色素	图14中42
	43	尾椎上翘期	11.2	17+25+18=60	10天	尾椎上翘，尾鳍出现雏形鳍条，口端位，鳔长	图14中43
	44	鳔二室期	13	17+25+18=60	12天	鳔前室出现，尾分叉，背鳍、臀鳍出现雏形鳍条	图14中44
	45	腹鳍芽出现期	14.8	17+25+18=60	15天	腹鳍芽出现，尾鳍形成，背鳍、臀鳍条雏形	图14中45
	46	背鳍形成期	16.8	18+24+18=60	18天	背鳍形成，吻尖，鳔长	图14中46
	47	臀鳍形成期	17.7	18+24+18=60	21天	臀鳍形成	图14中47
	48	腹鳍形成期	18.5	19+23+18=60	26天	腹鳍与胸鳍形成，体长，鳔长	图14中48
	49	鳞片出现期	22	19+23+18=60	32天	鳞片出现，体背有1行黑色素	图14中49
幼鱼	50	幼鱼期	30	19+23+18=60	44天	形体似成鱼，侧线鳞68片，背鳍iii-9，臀鳍iii-9	图14中50

【繁殖习性】

鳡在江河流水的产卵场产漂流性卵。产卵场常出现从下向上翻动的"泡漩水"，受精卵粒凭着水流上翻时吸水膨胀而随水漂流。鳡产卵与江水上涨有关，大多在涨水后1~3天产卵，至顶峰及退水后2~4天终止。早期发育材料取自1961年长江宜昌、三斗坪，1962年长江万县、沙市、武昌、黄石、武穴，1974年汉江沙洋、襄樊，1976年汉江郧县、安康，1981年长江监利、石首，1983年西江桂平，2001年北江韶关。主要产卵场有长江的重庆（重庆—木洞47 km）、丰都（丰都—忠县62 km）、万县（万县—双江30 km）、巫山（奉节—巫山32 km）、秭归（巴东—秭归22 km）、宜昌（三斗坪—南津关36 km）（以上上游）；虎牙滩（仙人桥—古老背6 km）、枝城（枝城—洋溪7 km）、江口（枝江—浣市33 km）、沙市（沙市　郝穴54 km）、石首（涞河口—鱼尾洲17 km）、塔市（新涞口—塔市21 km）、孙梁洲（监利—窑湾13 km）、白螺矶（白螺矶—螺山19 km）、嘉鱼（赤壁—嘉鱼30 km）、簰洲（簰洲—水洪口14 km）、白浒山（阳逻—葛店15 km）、团风（团风—三江口9 km）、鄂城（鄂城—龙王矶10 km）、黄石（黄石—道士袱7 km）、富池口（半边山—武穴17 km）、九江（九江—湖口25 km）（以上中游），以及下游的彭泽（彭泽—马当16 km）。汉江鳡产卵场主要有洞河镇（洞河—临河16 km）。安康（火石崖—石梯30 km）、蜀河（展河圆—界牌石16 km）、夹河（夹河—贺家坡23 km）、白河（白河—董家坡23 km）、天河口（新天河口—安城12 km）、前房（塔峪滩—秦家坡15 km）、肖家湾（辽瓦—肖家湾4 km）（以上上游）；格垒嘴（光化—洞流湾4 km）、襄樊（茨河—襄樊33 km）、宜城（宜城—雅口15 km）、钟祥（涮河口—马良73 km）（以上中游）等36个。

珠江水系的鳡产卵场西江有石龙三江口产卵场、桂平东塔产卵场、前进产卵场、梧州产卵场、肇庆产卵场；北江支流武江有三溪产卵场（三溪—浪头6.1 km）、明月滩（明月滩—石灰涌10 km）、张滩（张滩—老虎头2 km）、安口（西牛潭—必背溪口5km），北江上游浈江的政塘（凌江口—政塘4.3 km）、马市（古市—邓尾岗14 km）、天子地（老虎板—罗维13 km）、北江同古洲（上坝—八角坑2.5 km）、白沙圩（细坝—平沙池5 km）。广州流溪河水库库尾有奎岭鳡产卵场等。广东韩江在五华、三河等江段也有鳡产卵，需注意的是那都是1961—2001年以所获鳡卵按发育期推算的。至近年由于水利枢纽年年增多、江河污染等原因，不但鳡渔获大减，产卵场也大大减少了。

【早期发育】

鳡早期发育分4个阶段。

（1）鱼卵阶段　鱼卵吸水膨胀，卵膜径5~6 mm，从胚盘隆起至心脏搏动共30个发育期。

①2细胞期至囊胚晚期：受精后1小时5分至8小时15分。11个发育期。主要是动物极细胞分裂，细胞略呈现方形，至囊胚晚期囊胚形成，细胞极小，膜径5.5~5.7 mm，胚长1.7~2.0 mm，细胞灰蓝色，卵黄篆黄色（表21序号2~12，图15中1~11）。

②原肠早期至胚孔封闭：受精后8小时35分至12小时20分。原肠早期至胚孔封闭期共5个发育期，卵粒较圆，从原肠下包至胚体雏形，胚长1.7~1.85 mm（表21序号13~17，图15中12~16）。

③肌节出现期至心脏搏动期：受精后12小时35分至1天9小时10分。肌节出现期至心脏搏动期等13个发育期，头方形，脑背不高，胚长1.9~5.2 mm，肌节3~44对，心脏搏动时，卵黄囊末端略带天蓝色，眼比嗅囊大4倍，自肌肉效应期起，胚体抽动（表21序号18~30，图15中17~25）。

表 21　鳡胚胎发育特征

阶段	序号	发育期	膜径/mm	胚长/mm	肌节/对	受精后时间	发育状况	图号
鱼卵	1	胚盘隆起期	5.5	1.7	0	30 分	胚盘隆起	—
	2	2 细胞期	5.5	1.7	0	1 小时 5 分	细胞灰蓝色，方形，卵箧黄色，原生质网发达	图 15 中 1
	3	4 细胞期	5.5	1.71	0	1 小时 20 分	纵裂为 4 个细胞，方形	图 15 中 2
	4	8 细胞期	5.5	1.72	0	1 小时 31 分	纵裂为 8 个细胞，方形	图 15 中 3
	5	16 细胞期	5.6	1.81	0	2 小时 5 分	纵裂为 16 个细胞，灰蓝色	图 15 中 4
	6	32 细胞期	5.6	1.85	0	2 小时 35 分	纵裂为 32 个细胞	图 15 中 5
	7	64 细胞期	5.6	1.88	0	3 小时 5 分	横向分裂为 64 个细胞	图 15 中 6
	8	128 细胞期	5.6	1.9	0	3 小时 30 分	分裂为 128 个细胞，原生质网收缩	图 15 中 7
	9	桑葚期	5.7	1.94	0	3 小时 55 分	细胞如桑葚，与卵黄等大	图 15 中 8
	10	囊胚早期	5.7	2	0	4 小时 55 分	囊胚层形成，原生质浅棕色	图 15 中 9
	11	囊胚中期	5.7	1.88	0	6 小时 55 分	囊胚层变低	图 15 中 10
	12	囊胚晚期	5.7	1.7	0	8 小时 15 分	卵黄箧黄色	图 15 中 11
	13	原肠早期	5.7	1.7	0	8 小时 35 分	胚层下包 1/3，原生质网收缩	图 15 中 12
	14	原肠中期	5.7	1.7	0	9 小时 35 分	胚层下包 1/2，灰黄色	图 15 中 13
	15	原肠晚期	5.7	1.78	0	10 小时 35 分	下包 5/6，卵粒椭圆形	图 15 中 14
	16	神经胚期	5.8	1.8	0	11 小时 10 分	下包 7/8，卵黄栓外露	图 15 中 15
	17	胚孔封闭期	5.8	1.85	0	12 小时 20 分	胚孔封闭，头部方形	图 15 中 16
	18	肌节出现期	5.8	1.9	3	12 小时 35 分	肌节出现	—
	19	眼基出现期	5.8	1.93	6	12 小时 50 分	眼基如葵花籽状	图 15 中 17
	20	嗅板期	5.8	2	14	13 小时 30 分	脊索出现，嗅板初显	图 15 中 18
	21	眼囊期	5.8	2.2	16	14 小时 45 分	眼囊呈扁豆形	图 15 中 19
	22	尾芽期	5.8	2.25	19	16 小时 15 分	尾芽凸出	—
	23	听囊期	5.8	2.4	23	18 小时 25 分	听囊出现	图 15 中 20
	24	尾泡出现期	5.9	2.5	26	20 小时 5 分	尾部出现尾泡，卵黄拉直	图 15 中 21
	25	尾鳍出现期	5.9	2.78	29	20 小时 30 分	尾外伸，头方形	图 15 中 22
	26	晶体形成期	5.9	3	31	22 小时 45 分	眼晶体形成，嗅囊出现	图 15 中 23
	27	肌肉效应期	6.0	3.6	33	1 天 2 小时 35 分	胚体抽动	图 15 中 24
	28	心脏原基期	6.0	4	35	1 天 4 小时 5 分	心原基出现，胚体拉长	—
	29	耳石出现期	6.0	4.5	38	1 天 5 小时 25 分	听囊出现 2 颗耳石，剧烈抽动	图 15 中 25
	30	心脏搏动期	6.0	5.2	44	1 天 9 小时 10 分	体酪黄，卵黄末端天蓝色	—

（2）仔鱼阶段　受精后 1 天 20 小时至 5 天 19 小时。仔鱼阶段经历 7 个发育期。自孵出期至鳔一室期主要由卵黄供给营养，眼小，头自圆形、斜方形至尖形，雏形鳔后青筋部位出现数朵黑色素，肌节从 12+25+14=51 对渐至 15+22+15=52 对，全长 5.6~9.5 mm（表 22 序号 31~37，图 15 中 26~31）。

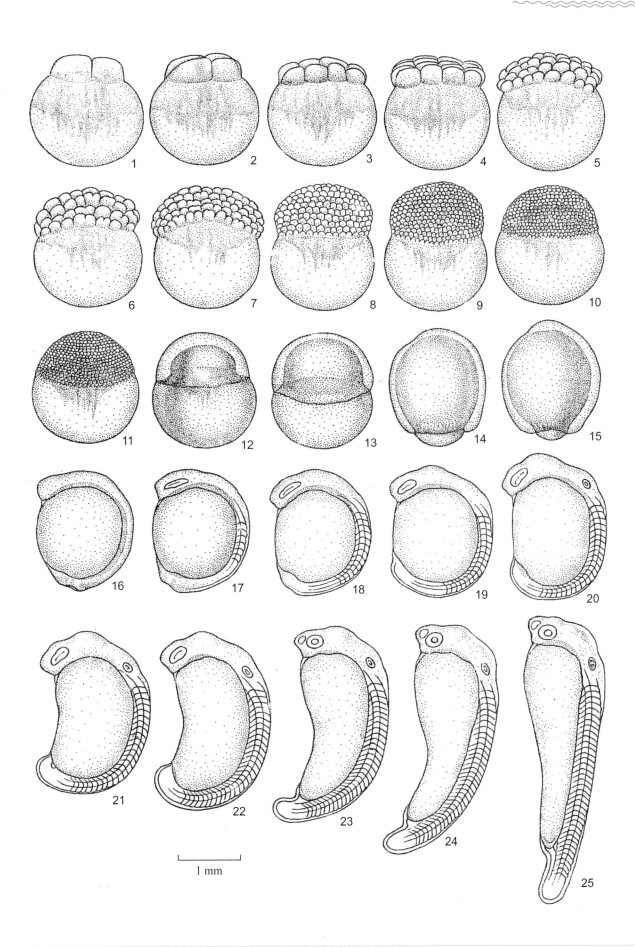

1 mm

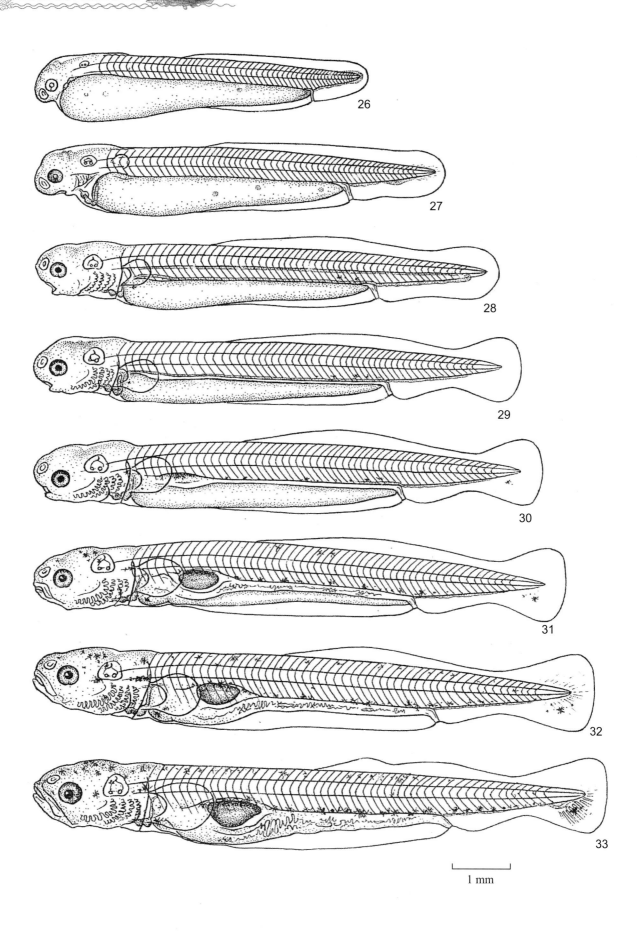

1 mm

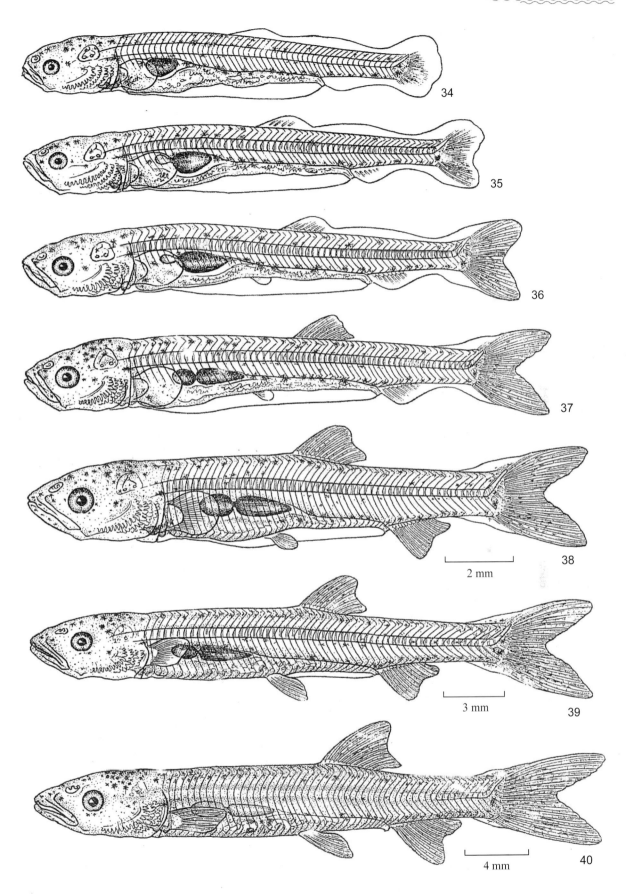

图 15 鳡 *Elopichthys bambusa*（Richardson）（漂流）

（3）稚鱼阶段　受精后 6 天 18 小时至 42 天 20 小时。鳡稚鱼阶段经历 9 个发育期。自卵黄囊吸尽期至鳞片出现期，对外营养，并吞食鱼苗，吻部转向尖形，口裂大，上下颌相嵌，眼小，比嗅囊大 7 倍，而小于听囊，全长 10~34.8 mm（表 22 序号 38~46，图 15 中 32~40）。

表 22　鳡胚后发育特征

阶段	序号	发育期	全长 / mm	背前 + 躯干 + 尾部 = 肌节 / 对	受精后时间	发育状况	图号
仔鱼	31	孵出期	5.6	12+25+14=51	1 天 20 小时	体瘦长，小眼，眼略大于嗅囊，卵黄囊酪黄色	图 15 中 26
	32	胸鳍原基期	6.4	12+25+14=51	2 天 15 小时	胸鳍原基出现，头方形，有口裂，卵黄囊酪黄色，末端浅蓝色	—
	33	鳃弧期	7.3	12+25+14=51	2 天 23 小时	眼出现黑色素，头斜方形，口张开，4 片鳃弧出现，听囊增大并大于眼	图 15 中 27
	34	鳃丝期	8.3	12+25+15=52	3 天 14 小时	鳃丝出现，口移前方，青筋部位出现数朵黑色素，尾静脉色浅	图 15 中 28
	35	肠管形成期	8.7	13+24+15=52	4 天 15 小时	肠管贯通，鳃丝长，尾部臀、背鳍褶很窄，可正面游动	图 15 中 29
	36	鳔雏形期	9.1	13+24+15=52	4 天 21 小时	鳔雏形，青筋部位出现黑色素，尾褶下方有 1 朵黑色素	图 15 中 30
	37	鳔一室期	9.5	15+22+15=52	5 天 19 小时	鳔一室，上颌形成，肠出现褶皱，头背短倒"八"字形，尾褶下方有 1 黑色素	图 15 中 31
稚鱼	38	卵黄囊吸尽期	10	17+20+15=52	6 天 18 小时	卵囊吸尽时对外摄食，背与青筋各有 1 行黑色素，嗅囊为眼的 1.5 倍，尾褶下方有 1 朵大黑色素	图 15 中 32
	39	背褶分化期	10.3	19+18+15=52	8 天 17 小时	背褶分化，尾褶下方出现黑色素丛，有雏形鳍条，眼为嗅囊的 4 倍，头背、体背、青筋黑色素多	图 15 中 33
	40	尾椎上翘期	11.9	20+17+15=52	10 天 23 小时	尾椎上翘，头背与身体黑色素增多，吻端位	图 15 中 34
	41	鳔二室期	13	21+16+15=52	13 天 22 小时	鳔前室出现，尾叉形，吻尖、背臀、尾褶出现雏形鳍条	图 15 中 35
	42	腹芽出现期	14	21+16+15=52	17 天 20 小时	腹鳍式出现，上下颌相嵌，尾褶下有 1 朵黑色素	图 15 中 36
	43	背鳍形成期	15	22+15+15=52	21 天 23 小时	背鳍形成，ⅲ -10，口裂大，端位，上下相嵌	图 15 中 37
	44	臀鳍形成期	16	22+15+15=52	25 天 22 小时	臀鳍形成，ⅲ -11	图 15 中 38
	45	腹鳍形成期	26.8	23+14+15=52	32 天 20 小时	腹鳍形成，ⅰ -9	图 15 中 39
	46	鳞片出现期	34.8	24+13+15=52	42 天 20 小时	鳞片出现，侧线鳞 110 片，吻尖，呈喙状，掠食鱼苗	图 15 中 40

【比较研究】

鱼卵在 16 细胞期前，细胞呈方形；桑葚期至囊胚晚期，动植物极几乎相等；眼基出现期有 6 对肌节时才出现眼基；嗅板期至听囊期，卵黄外廓平直。背鳍较后，背鳍前肌节数从鳃丝期 12 对渐至鳞片出现期的 24 对，背鳍起点后退了 12 对肌节。

此外，鳡、鯮、鳤鱼苗较相似，广泛分布于江河干流与通江湖泊之间。

细胞分裂时鳡细胞略呈方形，肌节 16+20+16=52 对，眼小，吻尖，上下颌可相交嵌。眼小于鯮、鳤鱼苗。鳡头内黑色素为两个倒"八"字形。

4．赤眼鳟

赤眼鳟 [*Squaliobarbus curriculus*（Richardson），图 16] 顾名思义是眼上缘红色而得名，为鲤科雅罗鱼亚科、赤眼鳟属唯一鱼种。体纺锤形，无腹棱，前中部圆筒状，后部侧偏。眼上缘有 1 红色斑，侧线鳞 43 片，侧线鳞及以上鳞片前部有黑色斑，形成条状纵列斑纹。背鳍iii-7，臀鳍iii-8。全长 150~430 mm。广泛分布于黑龙江、辽河、黄河、长江、珠江、闽江及海南岛等水系。

早期发育材料取自 1961 年长江宜昌石牌段，1962 年长江黄石韦源口段，1976 年汉江沙洋段、钟祥段，1981 年长江监利段，1983 年西江桂平段，1986 年长江武穴段。

【繁殖习性】

赤眼鳟为江河产漂流性卵的鱼类，鱼卵受精后吸水膨胀，随水漂流发育，孵出后经自体及对外营养后渐成幼鱼。赤眼鳟杂食性，浮游动植物、水生维管束植物、小昆虫、小底栖动物、小鱼都可摄食，这是它们广泛分布于全国大中河流的原因之一。

赤眼鳟于江河流水产卵场繁殖，产卵条件比草鱼、青鱼、鲢、鳙四大家鱼的涨水刺激产卵稍弱，赤眼鳟多于涨水后 3 天产卵，可延续至涨水顶峰后落水 3 天，在长江与珠江产卵时间为 6 月中旬至 8 月底。

【早期发育】

赤眼鳟早期发育同样划分为鱼卵、仔鱼、稚鱼、幼鱼 4 个阶段，一般有 50 个发育期。

（1）鱼卵阶段　卵膜吸水膨胀后，膜径 3.5~5 mm，为中卵型，从胚盘隆起至心脏搏动共 31 个发育期。

①胚盘隆起期至囊胚晚期：受精后 30 分至 6 小时 50 分。以细胞发育至囊胚形成为主，卵膜径 4.2 mm，胚长 1~1.2 mm，卵粒圆，动物极灰蓝色，植物极浅黄色，原生质网灰黄色，尚较发达。自胚盘隆起期、2 细胞期、4 细胞期、8 细胞期、16 细胞期、32 细胞期、64 细胞期、128 细胞期、桑葚期、囊胚中期至囊胚晚期止（表 23 序号 1~12，图 16 中 1~11）。

②原肠早期至胚孔封闭期：受精后 7 小时 30 分至 12 小时 10 分。从原肠早期、原肠中期、原肠晚期、神经胚期至胚孔封闭期为胚体雏形形成过程。卵膜径 4.2 mm，胚长 1.2 mm（表 23 序号 13~17，图 16 中 12~16）。

③肌节出现期至尾泡出现期：受精后 13 小时 20 分至 21 小时 30 分。从肌节出现经眼囊期、嗅板期、尾芽期、听囊期至尾泡出现期。卵粒如扁豆形，膜径 4.3 mm，胚长 1.2~1.6 mm，肌节 3~23 对（表 23 序号 18~24，图 16 中 17~23）。

④尾鳍出现期至心脏搏动期：受精后 22 小时 50 分至 1 天 9 小时，30 分。从尾鳍出现期，经晶体形成期、肌肉效应期、嗅囊出现期、心脏原基期、耳石出现期至心脏搏动期为 7 个发育期。卵黄拉长，头脑部突起，尾伸长，卵膜径 4.3 mm，胚长 1.8~3.8 mm，肌节 24~38 对（表 24 序号 25~31，图 16 中 24~30）。

表 23　赤眼鳟的胚胎发育特征

阶段	序号	发育期	膜径/mm	胚长/mm	肌节/对	受精后时间	发育状况	图号
鱼卵	1	胚盘隆起期	4.2	1	0	30 分	胚盘隆起	—
	2	2 细胞期	4.2	1.1	0	1 小时 30 分	纵裂为 2 个细胞，半圆形	图 16 中 1
	3	4 细胞期	4.2	1.1	0	2 小时 10 分	纵裂为 4 个细胞，原生质灰黄	图 16 中 2
	4	8 细胞期	4.2	1.1	0	2 小时 30 分	纵裂为 8 个细胞，灰黄色	图 16 中 3
	5	16 细胞期	4.2	1.2	0	2 小时 50 分	细胞灰黄色，卵黄浅黄色	图 16 中 4
	6	32 细胞期	4.2	1.2	0	3 小时 10 分	横裂为 32 个细胞，卵黄浅黄	图 16 中 5
	7	64 细胞期	4.2	1.2	0	3 小时 30 分	分裂为 64 个细胞	图 16 中 6
	8	128 细胞期	4.2	1.2	0	3 小时 50 分	分裂为 128 个细胞	图 16 中 7
	9	桑葚期	4.2	1.3	0	4 小时 10 分	动物极形如桑葚	图 16 中 8
	10	囊胚早期	4.2	1.2	0	4 小时 50 分	囊胚初成	图 16 中 9
	11	囊胚中期	4.2	1.2	0	5 小时 30 分	囊胚形成	图 16 中 10
	12	囊胚晚期	4.2	1.2	0	6 小时 50 分	囊胚收缩	图 16 中 11
	13	原肠早期	4.2	1.2	0	7 小时 30 分	原肠下包 2/3	图 16 中 12
	14	原肠中期	4.2	1.2	0	7 小时 50 分	原肠下包 1/2	图 16 中 13
	15	原肠晚期	4.2	1.2	0	8 小时 25 分	原肠下包 4/5	图 16 中 14
	16	神经胚期	4.2	1.2	0	8 小时 50 分	神经胚形成，卵黄栓外露	图 16 中 15
	17	胚孔封闭期	4.2	1.2	0	12 小时 10 分	胚孔封闭	图 16 中 16
	18	肌节出现期	4.3	1.2	3	13 小时 20 分	出现 3 对肌节	图 16 中 17
	19	眼基出现期	4.3	1.2	6	14 小时	眼原基出现	图 16 中 18
	20	眼囊期	4.3	1.3	12	17 小时	眼扩大成眼囊	图 16 中 19
	21	嗅板期	4.3	1.3	16	19 小时	嗅板隐约可见	图 16 中 20
	22	尾芽期	4.3	1.4	20	19 小时 50 分	尾芽出现	图 16 中 21
	23	听囊期	4.3	1.5	22	20 小时 30 分	听囊出现	图 16 中 22
	24	尾泡出现期	4.3	1.6	23	21 小时 30 分	尾泡出现	图 16 中 23
	25	尾鳍出现期	4.3	1.8	24	22 小时 50 分	尾鳍伸出，尾泡仍存	图 16 中 24
	26	晶体形成期	4.3	2.1	26	23 小时 30 分	眼晶体出现	图 16 中 25
	27	肌肉效应期	4.3	2.5	28	24 小时 50 分	肌节抽动	图 16 中 26
	28	嗅囊出现期	4.3	2.7	30	1 天 1 小时 30 分	嗅囊出现	图 16 中 27
	29	心脏原基期	4.3	3	32	1 天 3 小时 30 分	心原基出现	图 16 中 28
	30	耳石出现期	4.3	3.5	36	1 天 6 小时 30 分	耳石 2 颗出现在听囊中	图 16 中 29
	31	心脏搏动期	4.3	3.8	38	1 天 9 小时 30 分	心脏搏动，即将孵出	图 16 中 30

（2）仔鱼阶段　自孵出期至鳔一室期靠卵黄供给营养的为仔鱼阶段，划分有 9 个发育期，合两个时段。

①孵出期至鳃丝期：2 天 10 分至 4 天 9 小时。从孵出期经胸鳍原基期、鳃弧期、眼黄色素期、鳃丝期有 5 个发育期。受精后体色浅黄，尾短，尾静脉粗大，眼大，为嗅囊的 5 倍，卵黄囊长形，后段

收窄，全长 4.4~6.5 mm，肌节 7+18+15=40 对渐至 10+18+15=43 对，未出现黑色素（表 24 序号 32~36，图 16 中 31~35）。

表 24　赤眼鳟的胚后发育特征

阶段	序号	发育期	全长 /mm	背前 + 躯干 + 尾部 = 肌节 / 对	受精后时间	发育状况	图号
仔鱼	32	孵出期	4.4	7+18+15=40	2 天 10 分	头斜方形，略凹，尾短，尾静脉粗，体浅黄色	图 16 中 31
	33	胸鳍原基期	5.2	8+18+15=41	2 天 5 小时 40 分	胸鳍原基出现，头斜方形，内稍凹，体浅黄色，尾静脉粗	图 16 中 32
	34	鳃弧期	5.5	8+18+15=41	2 天 20 小时	鳃弧出现，头斜方形，中稍凹，尾静脉粗短	图 16 中 33
	35	眼黄色素期	6	9+18+15=42	3 天 10 小时 6 分	眼黄色，体浅黄色，尾静脉粗短，似草鱼同期	图 16 中 34
	36	鳃丝期	6.5	10+18+15=43	4 天 9 小时	鳃丝出现，尾静脉粗短，口裂出现	图 16 中 35
	37	眼黑色素期	6.7	10+18+15=43	5 天	眼出现黑色素，口开，于下前位，尾静脉仍较粗	图 16 中 36
	38	肠管贯通期	6.9	10+18+15=43	5 天 6 小时	肠管贯通，青筋部位出现条状黑色素，头背有 2 朵黑色素	图 16 中 37
	39	鳔锥形期	7.2	10+18+15=43	5 天 12 小时	鳔锥形，眼与听囊等大，黑色素同上，体背有数朵黑色素	图 16 中 38
	40	鳔一室期	7.4	10+18+15=43	5 天 20 小时	鳔一室，眼与听囊等大，头侧视有 2 朵黑色素，青筋处有 1 行黑色素	图 16 中 39
稚鱼	41	卵黄吸尽期	7.6	10+18+15=43	6 天 12 小时	卵黄囊吸尽，头侧视有 5~6 朵黑色素，体背、脊椎、青筋各有 1 行黑色素	图 16 中 40
	42	背褶分化期	7.8	11+17+15=43	8 天 10 小时	背褶分化，黑色素同上，尾褶下方有 1 丛黑色素，菜刀形	图 16 中 41
	43	尾椎上翘期	8	12+16+15=43	9 天 20 小时	尾椎上翘，尾三波形，从心脏斜向鳔有 1 行整齐黑色素	图 16 中 42
	44	鳔二室期	8.3	13+15+15=43	12 天 10 小时	鳔前室出现，尾如葵扇，从心脏斜向鳔中有 1 行整齐黑色素，似青鱼苗	图 16 中 43
	45	腹芽出现期	9	13+15+15=43	16 天 12 小时	尾叉形，腹鳍芽出现，从心脏斜向鳔的黑色素整齐，似青鱼苗	图 16 中 44
	46	背鳍形成期	9.7	13+15+15=43	21 天 2 小时	口端位，背鳍形成，尾椎下有 2 朵黑色素，体黑色素较多，眼红色	图 16 中 45
	47	臀鳍形成期	10.7	13+15+15=43	24 天 20 小时 20 分	臀鳍形成，眼间黑色素多，体黑色素也较多，眼红色	图 16 中 46
	48	腹鳍形成期	15	13+15+15=43	21 天 18 小时	腹鳍形成，口端位，眼红色	图 16 中 47
	49	鳞片出现期	19.7	13+15+15=43	41 天 15 小时	鳞片出现，侧线鳞 45 片，眼红色	图 16 中 48
幼鱼	50	幼鱼期	32	13+15+15=43	64 天 6 分	体瘦长，侧线鳞以上鳞片于镶嵌部有黑点，眼上缘红色，侧线鳞 46 片，背鳍 iii -7，臀鳍 iii -8	图 16 中 49

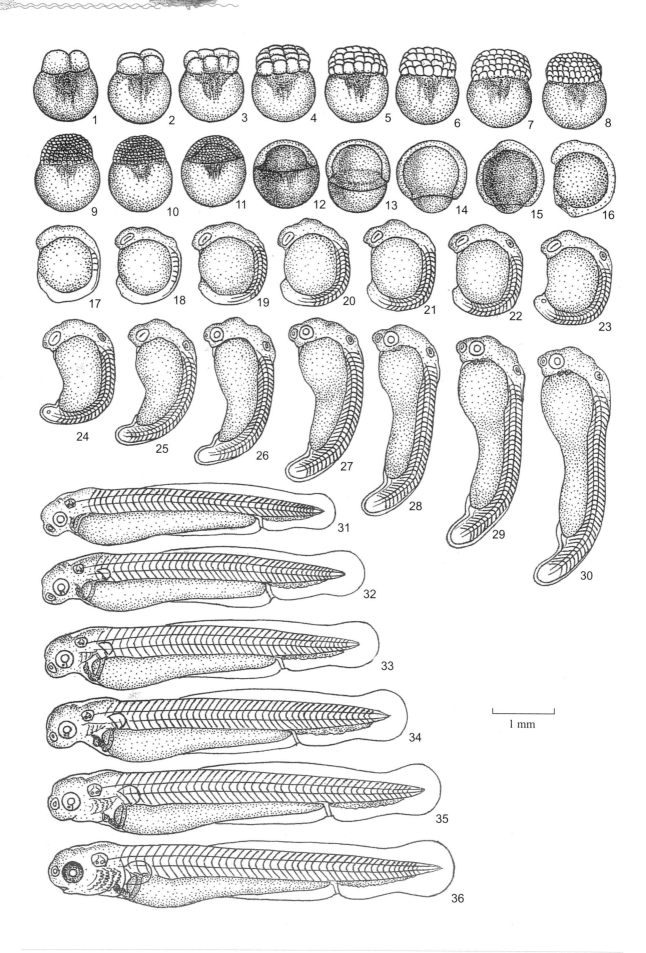

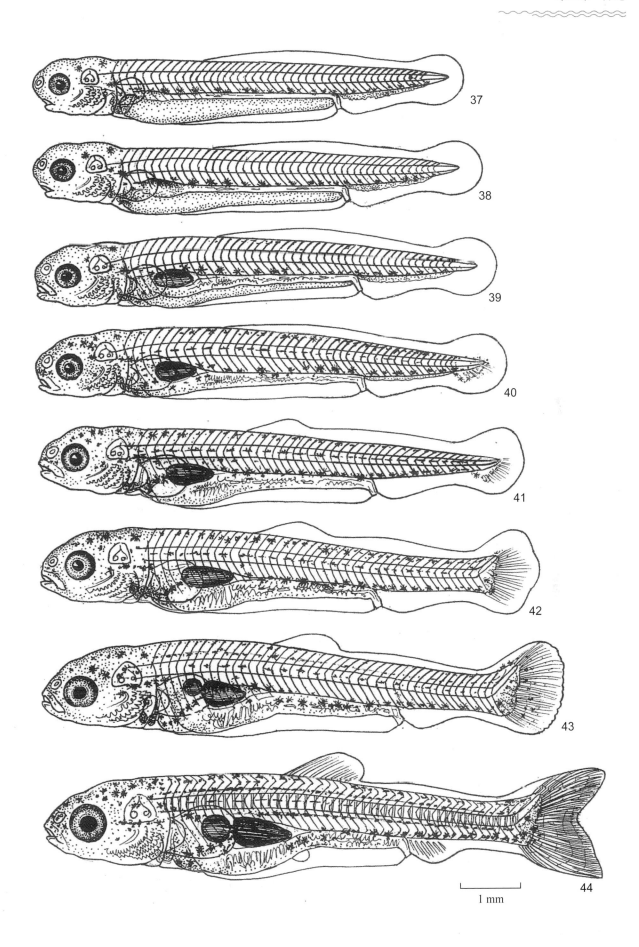

37

38

39

40

41

42

43

44

1 mm

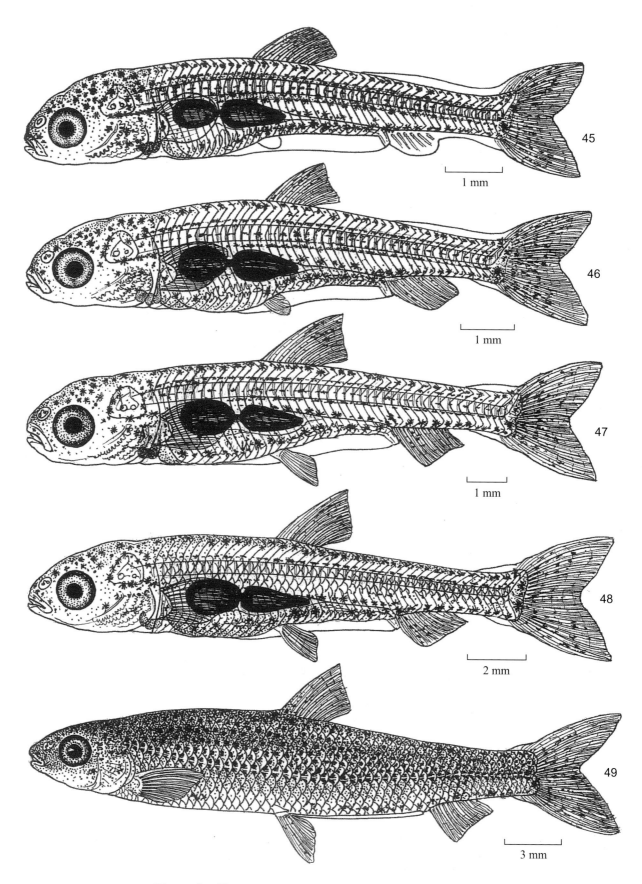

1 mm

1 mm

1 mm

2 mm

3 mm

图 16　赤眼鳟 *Squaliobarbus curriculus*（Richardson）（漂流）

②眼黑色素期至鳔一室期：受精后 5 天至 5 天 20 小时。从眼黑色素期经肠贯通期、鳔雏形期、鳔一室期共 4 个发育期。特点是以卵黄囊供给营养，眼变黑，尾静脉深黄色，较宽，略似草鱼，肠贯通后侧面看其头背部、听囊前后出现 2 朵黑色素，青筋部位（从卵黄囊前段经鳔肛门至尾端的 1 条黑色素，采用渔民所称的"青筋"命名）1 条黑色素，全长 6.7~7.4 mm，肌节 10+18+15=43 对（表 24 序号 37~40，图 16 中 36~39）。

（3）稚鱼阶段 自卵黄吸尽期经背褶分化期、尾椎上翘期、鳔二室期、腹芽出现期、背鳍形成期、臀鳍形成期、腹鳍形成期至鳞片出现期共 9 个发育期，基本分两个时段。

①卵黄囊吸尽期至鳔二室期：受精后 6 天 12 小时至 12 天 10 小时。自卵黄囊吸尽期经历背褶分化期、尾椎上翘期至鳔二室期共 4 个发育期。主要特点是头背有 5~6 朵黑色素，侧面看，体背、脊椎及青筋部位各有 1 条黑色素，尾褶从圆形、三波形至扇形，后两期出现尾雏形鳍条，从心脏斜向后有 1 条黑色素（青筋），形与青鱼相近。全长 7.6~8.3 mm，肌节 10+18+15=43 对至 11+17+15=43 对、12+16+15=43 对、13+15+15=43 对（表 24 序号 41~44，图 16 中 40~43）。

②腹芽出现期至鳞片出现期：受精后 16 天 12 小时至 41 天 15 小时。自腹鳍芽出现期，经背鳍形成期、臀鳍形成期、腹鳍形成期至鳞片出现期共 5 个发育期。共同特点是眼至听囊间布满黑色素，体背、脊椎、青筋各有 1 行黑色素，尾椎下方有 2 朵大黑色素。各鳍条逐步形成，尾叉形，眼上半部红色。全长 9~19.7 mm，肌节 13+15+15=43 对（表 24 序号 45~49，图 16 中 44~48）。

（4）幼鱼阶段 幼鱼期：受精后 64 天 6 分。与赤眼鳟成鱼相仿，眼上半部红色，侧线鳞 46 片，侧线以上鳞片基部有黑色点，全长 32 mm，肌节 13+15+15=43 对（表 24 序号 50，图 16 中 49）。

【比较研究】

赤眼鳟与草鱼、青鱼同为鲤科雅罗鱼亚科鱼类，鱼卵及鱼苗与草鱼、青鱼同期相似，一是赤眼鳟仔鱼时尾静脉粗短与草鱼相似，但个体比草鱼小；二是大眼类中个体鱼苗，与鳊鱼相近（但尾段肌节赤眼鳟 15 对，鳊 20 对）；三是赤眼鳟稚鱼时，侧观从心脏至鳔部也与青鱼一样有 1 行整齐黑色素（青筋），但赤眼鳟为中个体，青鱼为大个体，而且赤眼鳟独一无二地眼上部为朱红色。

5. 草鱼

草鱼［*Ctenopharyngodon idellus*（Cuvier et Valencicnnes），图 17］是鲤科雅罗鱼亚科草鱼属的单个种，是我国养殖草鱼、青鱼、鲢、鳙四大家鱼之一。体略近圆筒形，草黄色，以草（含水草、象草与杂草等）为食，生长迅速。背鳍iii-7，臀鳍iii-8，侧线鳞 40 片。体长为 25~100 cm。广泛分布于从黑龙江至海南岛的中大型江河、水库、湖泊。

草鱼作为四大家鱼之首，其养殖历史起于 1 300 多年前，唐太宗李世民贞观之治（公元 627—649 年）时，以养可于池塘繁殖的鲤鱼为主，但因"李"与"鲤"同音而禁养鲤鱼后，劳动人民便从江河流水环境中捞取了草鱼、青鱼、鲢、鳙 4 种鱼苗投塘饲养，江河其他鱼苗的生命力远比草鱼、青鱼、鲢、鳙弱，经筛送淘汰，大多剩下这 4 种鱼苗，而成为历久不衰的养殖鱼类。

我国自 1918 年孙中山先生《建国方略》提出开发长江三峡水力资源的蓝图后，1956 年毛泽东主席发出了"截断巫山云雨，高峡出平湖"的畅想，1958 年周恩来总理亲自主持长江三峡建坝的任务，1981 年建成宜昌葛洲坝，1990 年长江三峡大坝（三斗坪）截流完成了这一伟大工程。也就是 1958 年人们纷传我国四大家鱼 70% 产卵规模在三峡西陵峡至宜昌江段，建葛洲坝、三峡大坝后岂不没有了含草鱼在内的四大家鱼鱼种。于是科学界、水产界发起了两个冲击，一个冲击是解决家鱼人工繁殖的大关，此事于1958年6月3日由珠江水产研究所钟麟、刘家照、李有广、张松涛等首先以鲤鱼脑垂体对鲢、鳙人工催情产卵成功，次日中山大学生物系廖翔华、卢剑及中国科学院水生生物研究所陈厦山、莫珠成也于中山大学鱼塘人工催产鲢、鳙成功。草鱼、青鱼的人工催产是1960—1961年由中国科学院水生生物研究所朱宁生、施璟芳、王祖熊等及湖南水产所予以解决的。另一个冲击是调查长江家鱼产卵场的分布、成色与规模，因为草鱼等四大家鱼在池塘不能自行繁殖而必须在中大型江河中产卵。自1958年至1960年由中国科学院水生生物研究所、武汉大学、山东海洋学院、南京大学、厦门大学、华中农业大学、长江水产研究所、长江流域规划办公室等对长江家鱼产卵场进行了采样研究，初步否定了宜昌产卵场过大（70%）的估算规模（仅7%），1961—1988年又主要由中国科学院水生生物研究所易伯鲁、沈素娟、余志堂、梁秩燊、林人端、何名巨、胡贻智、孙建贻、黄尚务、许蕴许、刘友亮、邓中粦、陈景星、刘仁俊、向阳、周春生、黄鹤年、魏祥健等反复进行长江、汉江的家鱼产卵场调查研究，获得长江干流家鱼产卵场36个之多，其中上游中段6个、上游峡区3个，中游宜昌至九江25个，下游湖口至彭泽2个，宜昌产卵场规模也同为7%。同样，本专著的鱼类早期发育材料主要是在这一时期搜集的。

草鱼早期发育材料取自1961年长江宜昌段，1962—1963年长江黄石韦源口、湖口、万县，1964—1968年长江宜昌、沙市、监利、黄石、武穴、安庆，1973—1978年汉江郧县、襄樊、沙洋、宜城，1981年及1986年长江监利、武穴等，大部分材料记载《葛洲坝水利枢纽与长江四大家鱼》（易伯鲁 等，1988）。珠江是1983年西江桂平，1987—1988年流溪河温泉、大坳，东江北干流新塘，珠江口南沙、龙穴，北江下游沙湾水道东涌，以及2001年北江韶关等。

【繁殖习性】

草鱼是在中大型江河、大型水库库尾的流水产卵场上产漂流性卵的，产卵场一般具有深潭以利于亲鱼藏身，一旦水位上涨，产卵场上的泡漩水形成受精鱼卵吸水膨胀的水文条件，于是在繁殖季节（5—7月）草鱼在峡谷形、河曲形等产卵场上进行射精、产卵，受精后卵粒随水漂流发育而成为仔鱼、稚鱼、幼鱼。

草鱼的产卵场于长江三峡建坝前有重庆、忠县、巫山、秭归、宜昌、虎牙滩、江口、沙市、石首、监利、下车湾、白螺矶、嘉鱼、簰洲、白浒山、团风、黄石、蕲洲、富池口、湖口、彭泽；汉江丹江口大坝建成后有安康、蜀河口、夹河口、白河、天河口、前房、襄樊、唐白河口、宜城、钟祥、马良。珠江西江干流有石龙三江口、大藤峡、前进、东塔、瓦塘、龙潭峡、藤县、横县、崇左、都安、龙津、仓梧、肇庆、紫洞、思贤滘、白坭等，北江的武江三溪、坪石、张滩、安口桂头、东风山，浈江的新莲塘、马市、天子池，武浈江汇合后的北江有同古洲、白沙汀、英德、清远、大塘、芦苞、西樵，东江有龙川、黄田、河源、惠州、石龙、龙地等，广州流溪河水库库尾奎岭也有草鱼产卵。在长江方面，1981年葛洲坝副坝建成后，经1988年的采样测定，上游重庆至宜昌还保留了重庆、木洞、长寿、涪陵、高家镇、忠县、万县、云阳、巫山、秭归、三斗坪11个草鱼产卵场，三斗坪的三峡大坝建成后，已成库区的忠县以下6个产卵场消失，库尾的重庆、木洞、长寿、涪陵减弱。葛洲坝建成后，中游保留了宜昌、虎牙滩、宜都、枝江、江口、沙市、郝穴、石首、调关、监利、反嘴、螺山、嘉鱼、簰洲、大嘴、白浒山、团风、黄石、田家镇19个产卵场，其中以宜昌、虎牙滩、江口、郝穴、调关、反嘴、簰洲、团风、黄石、田家镇的规模较大。

【早期发育】

草鱼早期发育共分 49 个发育期。

（1）鱼卵阶段　鱼卵阶段划分为 30 个发育期，卵膜吸水膨胀后膜径 3.5~6.7 mm，统计 1 555 个鱼卵中，平均 5.18±0.48 mm，以 4.8~5.8 mm 为多，最多为 5~5.5 mm。草鱼卵粒颜色以枇杷黄色最多，占统计数 63.6%，篾黄色占 23.2%，其他浅黄色占 13.2%（18.4~23℃培养）。

①胚盘期至胚孔封闭期：受精后 30 分至 12 小时 50 分。胚盘突起至胚孔封闭，卵粒圆形，为细胞分裂、囊胚形成、原肠下包至胚孔封闭 17 个发育期止，卵膜径 5.3~5.4 mm，胚体 1.8~1.82 mm（表 25 序号 1~17，图 17 中 1~15，胚盘期与 2 细胞期缺图）。

②肌节出现期至尾芽期：受精后 13 小时 20 分至 19 小时 45 分。经肌节出现期、眼基期、眼囊期、嗅板期至尾芽期止。眼从月牙形至豌豆形，胚长 1.84~2 mm，肌节 5~15 对，尾基部紧贴卵黄囊（表 25 序号 18~22，图 17 中，16~20）。

③听囊期至心脏搏动期：受精后 20 小时 30 分至 1 天 9 小时 35 分。听囊期经尾泡出现期、尾鳍出现期、晶体形成期、肌肉效应期、心脏原基期、耳石出现期至心脏搏动期共 8 个发育期。胚体 2.4~5.5 mm，肌节 20~41 对（表 25 序号 23~30，图 17 中 21~27）。

（2）仔鱼阶段　以卵黄供其发育的阶段，共 8 个发育期。

①孵出期至鳃丝期：受精后 1 天 20 小时至 3 天 10 小时 50 分。从孵出期经胸鳍原基期、鳃弧期、眼黄色素期至鳃丝期。全长 6~7.5 mm，肌节 8+22+13=43 对渐演变为 8+22+15=45 对，胚体乳黄色，血管血液畅流，居维氏管与尾静脉从篾黄色至枇杷黄色，较为粗阔，除眼下缘出现小三角形黑色素外，全身未出现色素（表 26 序号 31~35，图 17 中 28~32），尾短，占全长 26%~28.5%。

②眼黑色素期至鳔一室期：受精后 3 天 20 小时 35 分至 5 天 8 小时。从眼黑色素期经鳔雏形期至鳔一室期。眼皆有黑色素，卵黄囊前下端先后出现 3 朵黑色素，体背、青筋各出现条状黑色素，自雏形鳔起，胸鳍基部出现弧形黑色素。全长 7.7~8.55 mm，肌节 8+22+15=45 对至 9+21+15=45 对，眼间黑色素多（表 26 序号 36~38，图 17 中 33~35）。

（3）稚鱼阶段　自卵黄吸尽期至鳞片出现期共 10 个发育期，可划分为两组（表 26）。

①卵黄囊吸尽期至鳔二室期：受精后 6 天 10 小时至 10 天 5 小时。自卵黄囊吸尽期经背褶分化期、尾椎上翘期至鳔二室期 4 个发育期。主要是尾褶从圆形至葵扇形，头背部、眼间、体背、脊椎上下、青筋部位、尾椎下方、胸鳍弧皆布满黑色素，鳔从一室至二室，卵黄囊吸尽，可以吞食浮游动物或鸡蛋黄屑，行对外营养，全长 8.62~10.16 mm（表 26 序号 39~42，图 17 中 36~38）。

②腹鳍芽出现期至鳞片出现期：受精后 12 天 6 小时至 50 天。腹鳍芽出现，经背鳍形成、臀鳍形成、腹鳍形成、胸鳍形成至鳞片出现，共 6 个发育期。尾鳍分叉，体黑色素多，胸鳍基弧状黑色素是草鱼苗的特征，吻端位。背鳍与腹鳍基部相对，肌节从侧"V"形演变为侧"W"形。全长 10.68~24.3 mm，肌节 13+17+15=45 对至 14+16+15=45 对，鳞片侧线尚未长齐，出现 25 个鳞片（表 26 序号 43~48，图 17 中 39~44）。

（4）幼鱼阶段　受精后 74 天（两个半月）。自侧线鳞长齐、腹鳍褶吸尽后即进入幼鱼阶段。直至性腺第 1 次成熟前均称幼鱼阶段（表 26 序号 49），图 17 中 45 为幼鱼期，侧线鳞 39 片，全长 35 mm。

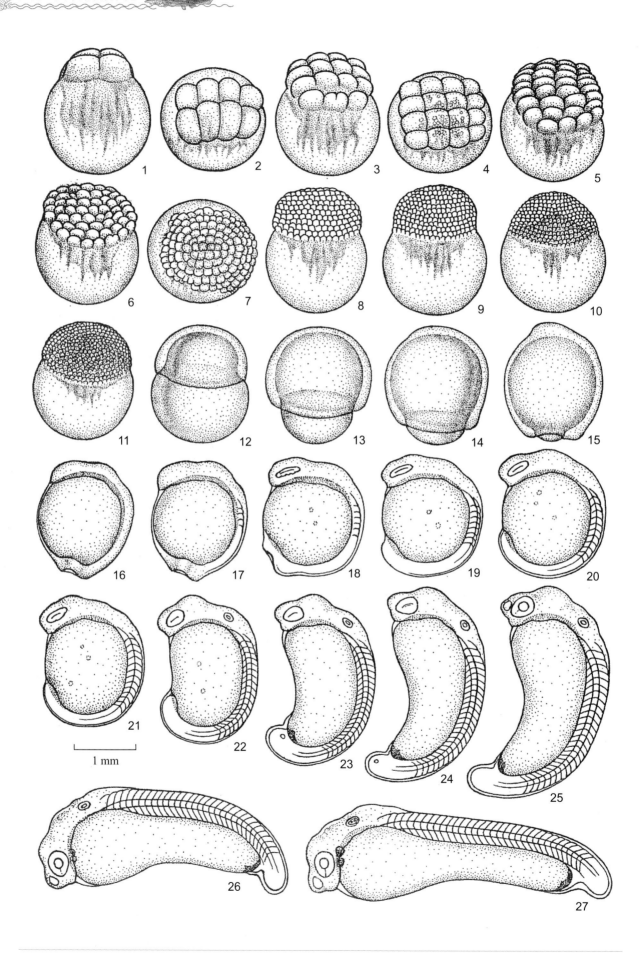

1 mm

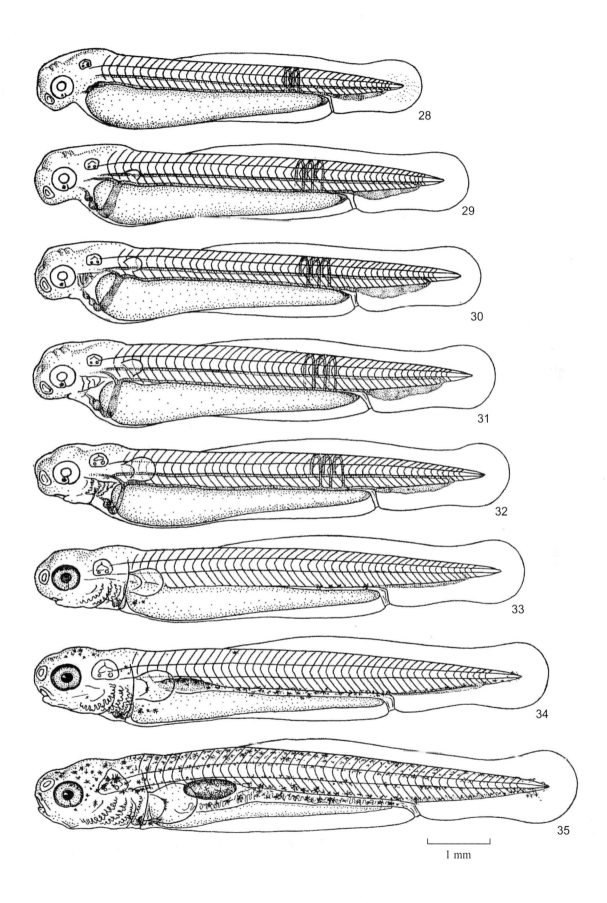

1 mm

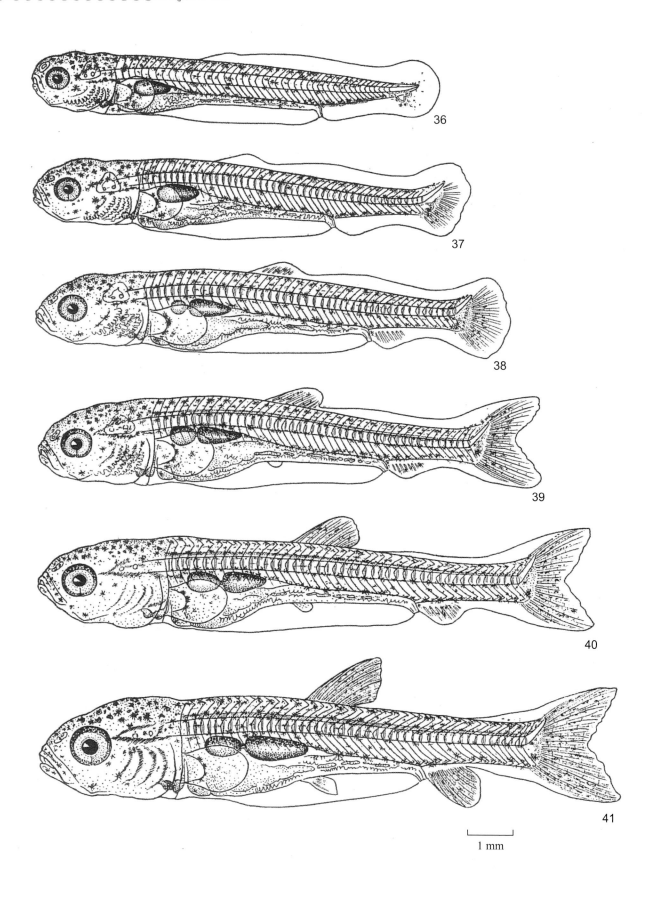

1 mm

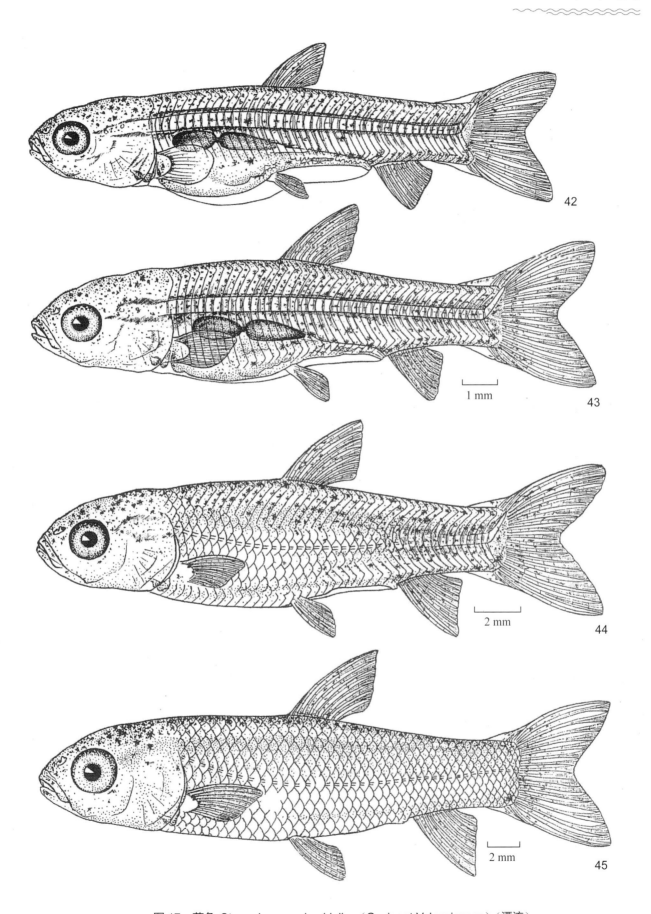

42

43

1 mm

44

2 mm

45

2 mm

图 17　草鱼 *Ctenopharyngodon idellus*（Cuvier et Valencicnnes）（漂流）

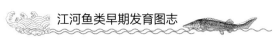

表 25　草鱼的胚胎发育特征（1961—2001 年）

阶段	序号	发育期	膜径 / mm	胚长 / mm	肌节 / 对	受精后时间	发育状况	图号
鱼卵	1	胚盘期	5.3	1.80	0	30 分	胚盘隆起	—
	2	2 细胞期	5.3	1.80	0	50 分	纵裂为 2 个细胞，原生质网发达	—
	3	4 细胞期	5.3	1.80	0	1 小时 5 分	垂直分裂为 4 个细胞，卵黄枇杷黄色	图 17 中 1
	4	8 细胞期	5.3	1.80	0	1 小时 20 分	分裂为 8 个如馒头状的细胞	图 17 中 2
	5	16 细胞期	5.3	1.82	0	1 小时 40 分	第 4 次垂直分裂，为 16 个细胞	图 17 中 3
	6	32 细胞期	5.3	1.85	0	2 小时 5 分	分裂为 32 个细胞，原生质网发达	图 17 中 4
	7	64 细胞期	5.3	1.88	0	2 小时 45 分	分裂为 64 个细胞，动物极稍铺于植物极上	图 17 中 5
	8	128 细胞期	5.4	1.88	0	3 小时 30 分	分裂为 128 个细胞	图 17 中 6
	9	桑葚期	5.4	1.90	0	3 小时 50 分	细胞分裂似桑葚	图 17 中 7
	10	囊胚早期	5.4	1.91	0	4 小时 50 分	囊胚层形成，细胞细密，圆丘状	图 17 中 8
	11	囊胚中期	5.4	1.90	0	5 小时 55 分	囊胚层缩矮、棕黄色，卵黄枇杷黄色	图 17 中 9
	12	囊胚晚期	5.4	1.85	0	7 小时 35 分	囊胚层更低，原生质网收缩	图 17 中 10
	13	原肠早期	5.4	1.80	0	8 小时 55 分	细胞内卷，背唇出现，胚层下包 1/3	图 17 中 11
	14	原肠中期	5.4	1.80	0	9 小时 40 分	胚盾出现，胚层下包 2/3	图 17 中 12
	15	原肠晚期	5.4	1.82	0	10 小时 30 分	胚体雏形出现，头部微突，胚层下包 4/5	图 17 中 13
	16	神经胚期	5.4	1.82	0	11 小时 15 分	胚层下包 6/7，余卵黄栓，卵黄气球状	图 17 中 14
	17	胚孔封闭期	5.4	1.82	3	12 小时 50 分	胚孔封闭，头部隆起	图 17 中 15
	18	肌节出现期	5.4	1.84	5	13 小时 20 分	脊索出现，肌节 3 对，仍见胚孔	图 17 中 16
	19	眼基出现期	5.4	1.88	7	14 小时 10 分	眼基出现，眼下缘缺刻状，仍见胚孔	图 17 中 17
	20	眼囊期	5.5	1.92	8	16 小时 5 分	眼增宽，眼下缘缺刻消失	图 17 中 18
	21	嗅板期	5.5	1.95	9	19 小时 15 分	眼前缘出嗅板，卵黄表面有油滴	图 17 中 19
	22	尾芽期	5.5	2	15	19 小时 45 分	眼如西瓜子，尾芽微突，脑分化	图 17 中 20
	23	听囊期	5.5	2.4	20	20 小时 30 分	听囊出现，眼如扁豆，脑部突起	图 17 中 21
	24	尾泡出现期	5.5	2.7	22	21 小时 20 分	尾芽出现尾泡，卵囊末端有浅蓝斑	图 17 中 22
	25	尾鳍出现期	5.5	3.1	23	22 小时 45 分	尾鳍伸长，胸区隆起，卵黄如肾形	图 17 中 23
	26	晶体形成期	5.5	3.2	24	23 小时 15 分	眼出现晶体，嗅囊隐约出现	图 17 中 24
	27	肌肉效应期	5.5	3.3	25	13 小时 50 分	尾泡全消失，胚体微抽动	图 17 中 25
	28	心脏原基期	5.5	4	30	1 天 4 小时 30 分	胚体拉长，尾鳍斜伸，心脏原基出现	图 17 中 26
	29	耳石出现期	5.5	4.8	35	1 天 7 小时 30 分	胚体伸直，呈长茄形，耳囊出现 2 颗耳石	图 17 中 27
	30	心脏搏动期	5.5	5.5	41	1 天 9 小时 35 分	心脏跳动，胚体翻滚，即将孵出	—

表 26　草鱼的胚后发育特征（1961—2001 年）

阶段	序号	发育期	全长 / mm	背前 + 躯干 + 尾部 = 肌节 / 对	受精后时间	发育状况	图号
仔鱼	31	孵出期	6	8+22+13=43	1 天 20 小时	尾静脉粗大，箧黄色的卵囊末端天蓝色，尾部为全长的 24%	图 17 中 28
	32	胸鳍原基期	6.8	8+22+13=43	2 天 10 小时	胸鳍芽出现，居维氏管与尾静脉粗大，枇杷黄色，尾部为全长的 26%	图 17 中 29
	33	鳃弧期	7	8+22+14=44	2 天 20 小时	鳃弧 4 片，口裂形成，眼径 0.4 mm，尾长为全长的 27%	图 17 中 30
	34	眼黄色素期	7.2	8+22+15=45	3 天 4 小时 20 分	眼径 0.4 mm，柠檬黄色，尾静脉粗大，枇杷黄色，尾长为全长的 28%	图 17 中 31
	35	鳃丝期	7.5	8+22+15=45	3 天 10 小时 50 分	鳃弧上鳃丝明显，居维氏管与尾静脉变窄，卵囊末端蓝色渐消	图 17 中 32
	36	眼黑色素期	7.7	8+22+15=45	3 天 20 小时 35 分	眼上缘出现黑色素，卵黄囊前端与肠后段出现 3~4 朵黑色素	图 17 中 33
	37	鳔雏形期	8.13	9+21+15=45	4 天 2 小时	肠管贯通，鳔雏形，头背部、卵囊前、胸鳍弧、青筋处显出黑色素	图 17 中 34
	38	鳔一室期	8.55	9+21+15=45	5 天 8 小时	头背出现花瓶状黑色素，头与体背、青筋处、胸鳍弧、尾稍现黑色素，鳔一室	图 17 中 35
稚鱼	39	卵黄囊吸尽期	8.62	9+21+15=45	6 天 10 小时	卵黄囊吸尽，肠有褶皱，对外营养，头背、脊椎、青筋、胸鳍弧有黑色素	图 17 中 36
	40	背褶分化期	8.7	10+20+15=45	7 天 9 小时	背褶突起，尾褶圆形，尾褶下方出现丛状黑色素。其他同上	—
	41	尾椎上翘期	9.2	11+19+15=45	8 天 10 小时	尾椎上翘，黑色素同上，尾褶呈葵扇形	图 17 中 37
	42	鳔二室期	10.16	12+18=15=45	10 天 5 小时	尾呈扇形，背鳍、臀鳍出现雏形鳍条，鳔前室出现，黑色素同上	图 17 中 38
	43	腹鳍芽出现期	10.68	13+17+15=45	12 天 6 小时	尾分叉，腹鳍芽出现，尾椎下方有 1 丛状黑色素	图 17 中 39
	44	背鳍形成期	11.68	14+16+15=45	15 天	背鳍褶与背鳍分离，尾分叉，胸鳍弧 3 朵黑色素，肌节呈侧 "W" 形	图 17 中 40
	45	臀鳍形成期	12.5	14+16+15=45	21 天	臀鳍与臀鳍褶将分离，尾椎下方黑色素呈丛状	图 17 中 41
	46	腹鳍形成期	14.9	14+16+15=45	24 天	腹鳍形成，腹褶仍存，眼间黑色素较多	图 17 中 42
	47	胸鳍形成期	16.2	14+16+15=45	30 天	胸鳍鳍条出齐，各鳍均已形成	图 17 中 43
	48	鳞片出现期	24.3	侧线鳞 25 片	50 天	鳞片出现，侧线鳞 25 片，尾椎下方黑色素明显	图 17 中 44
幼鱼	49	幼鱼期	35	侧线鳞 39 片	74 天	侧线鳞 39 片，背及头背、眼间黑色素较多，似成鱼，眼比例大于成鱼	图 17 中 45

【比较研究】

草鱼与青鱼、赤眼鳟在胚胎发育期间较为相似。

（1）草鱼与青鱼胚胎的区别

①鱼卵阶段的区别：

A．草鱼卵膜径略小于青鱼，经对 1961—1978 年于长江、汉江实测卵膜径 1 555 个草鱼卵及 1 128 个青鱼卵的膜径均数 $\sum X = \sqrt{\sum X^2 - \dfrac{(\sum X)^2}{n}}$ 的计算，草鱼为 5.18±0.48 mm，青鱼为 5.51±0.52 mm。最大膜径时草鱼 6.7 mm，青鱼 6.8 mm；最小膜径时草鱼 3.5 mm，青鱼 4.3 mm。

B．卵粒颜色草鱼卵比青鱼卵的黄色深一些，统计了 1964—1977 年的一些色彩记录，草鱼卵 379 个，以最深的枇杷黄色占 63.6%，次深的篾黄色占 23.2%，酪黄色占 4.8%，杏仁黄色占 8.4%；青鱼卵 263 个，篾黄色占 65.4%，枇杷黄色占 19.8%，酪黄色占 4.2%，杏仁黄色占 10.6%。可以说，草鱼卵以枇杷黄色为主，青鱼卵以篾黄色为主。

C．卵膜厚度草鱼薄于青鱼，草鱼卵膜较薄，较透明；青鱼较厚，常因卵膜略带黏质而黏着微泥使之不大透明。

D．尾泡出现期到心脏搏动期，草鱼卵黄与胚尾部之间有一小片天蓝色，青鱼没有，头背部青鱼稍高于草鱼。

②仔鱼阶段的区别：仔鱼阶段体形还较相似，区别有 6 个方面。

A．孵出期至鳃丝期，草鱼尾静脉厚而粗，从篾黄色演变为枇杷黄色；青鱼尾静脉薄而呈现波浪形，篾黄色。

B．草鱼肌节 8+22+15=45 对，尾短，占全长的 27%；青鱼肌节 8+18+15=41 对，尾占全长的 30.5%。

C．草鱼卵黄囊呈长茄形，青鱼呈尖锥形。

D．鳔雏形期至鳔一室期，草鱼头背、青筋、体背黑色素多于青鱼，草鱼胸鳍弧出现 3 朵黑色素，青鱼没有，草鱼眼间有黑色素，而青鱼没有，草鱼卵黄囊前下端出现 3 朵黑色素，青鱼有 8 朵斜行黑色素至尾段形成青筋。

E．草鱼背视头内色素为花瓶形，青鱼为两个倒"八"字形。

F．草鱼尾鳍褶下方有一小丛黑色素，青鱼有 1 朵大的黑色素。

③稚鱼阶段的区别：卵黄囊吸尽至鳞片出现的稚鱼阶段中，草鱼与青鱼的区别有 4 个方面。

A．草鱼黑色素比青鱼多，表现于草鱼胸鳍基部有 3~4 朵弧状黑色素，青鱼没有；草鱼眼间有较多黑色素，青鱼没有，青鱼尾椎下方有 1 朵黑色素，草鱼色浅，青鱼色深。

B．草鱼眼前缘至吻端距离稍短于青鱼。

C．草鱼肛门至尾端距离短于青鱼。

D．草鱼臀鳍第 1 分支鳍条短，青鱼长。

④幼鱼阶段的区别：草鱼与青鱼幼鱼形态相近，背臀鳍皆为ⅲ-7、ⅲ-8，区别有 4 个方面。

A．草鱼侧线鳞 39 片，青鱼 43 片。

B．草鱼臀鳍第 1 分支鳍条短，青鱼伸长。

C．草鱼眼间黑色素较多，青鱼没有。

D．草鱼吻部稍钝，青鱼稍尖。

（2）草鱼与赤眼鳟的胚胎区别　草鱼与赤眼鳟体形相似，但草鱼属大卵大个体，赤眼鳟为中卵中个体，仔鱼期皆有枇杷黄色的尾静脉。

①鱼卵阶段的区别：

A．吸水膨胀后草鱼卵膜径 5.3~5.5 mm，赤眼鳟 4.2~4.3 mm。

B．胚盘期至眼基出现期，草鱼胚长 1.8~1.9 mm，赤眼鳟 1~1.3 mm。

C．尾泡出现期后，草鱼有卵黄囊尾部的蓝色斑块，赤眼鳟没有。

②仔鱼阶段的区别：

A．肌节数目，草鱼 8+22+15=45 对（9+21+15=45），赤眼鳟 9+18+15=42 对（10+18+15=43），中段肌节草鱼多于赤眼鳟。

B．鳔雏形至鳔一室期，草鱼黑色素多，赤眼鳟少，仅头背 2 朵，青筋部分有 1 行黑色素，没有胸鳍基部弧状黑色素。

③稚鱼阶段的区别：

A．草鱼尾椎下方 2 朵黑色素较浅，赤眼鳟较深。

B．背鳍形成期至鳞片出现期，草鱼眼金黄色，赤眼鳟红色。

④幼鱼阶段的区别：

草鱼体高大于赤眼鳟，赤眼鳟圆棍形。

6. 青鱼

青鱼［*Mylopharyngodon piceus*（Richardson），图 18］是鲤科鱼类雅罗鱼亚科青鱼属单个种，是我国养殖鱼类草鱼、青鱼、鲢、鳙四大家鱼之一。成鱼体延长，略呈圆筒形，口端位，体深蓝带紫色，以螺丝等贝类为食。背鳍ⅲ-7，臀鳍ⅲ-8。生长较快、肉质结实。

青鱼早期发育材料取自 1961—1964 年长江宜昌段、黄石段、监利段，1976—1978 年汉江沙洋段、郧县段、襄樊段，1983 年西江桂平段，1993 年汉江郧县段，2001 年北江韶关段，2004 年汉江襄阳段等。

【繁殖习性】

青鱼的繁殖习性与草鱼一样是在大中型江河和大型水库库尾的流水环境中产漂流性卵的，胚体于卵膜内顺流发育，约漂流 200 小时（背褶分化期），720 km，鱼苗可逆水上溯发育至幼鱼，渐成为青鱼的补充群体（720 km 的漂流距离是按江河平均流速 1 m/s 推算的，大型水库库尾产出的青鱼卵，漂流至水库静水环境后，0.2 m/s 流速下大多下沉，成活率约为 10%）。江河建坝会截留青鱼等鱼类在水库中生长。如 2001 年 4 月，珠江支流北江的一级支流翁江修建二级支流英德长湖水库后 20 年，黄岗镇渔民就捕获一尾长 1.45 m、重 41 kg、鱼龄 21 龄、鳞片长 5 cm、性腺Ⅳ期的雌性青鱼。

青鱼的产卵场与草鱼相同，大多分布于长江、汉江（含丹江口水库库尾）、珠江等。

【早期发育】

青鱼早期发育亦划分 4 个阶段 49 个发育期。

（1）鱼卵阶段　青鱼鱼卵划分 30 个发育期，卵膜吸水膨胀后，统计 1 128 个鱼卵，膜径 4.3~6.8 mm，平均为 5.51±0.51 mm，以 4.8~6.4 mm 为多。青鱼卵粒颜色以篾黄色为主，占 65.4%，枇杷黄色次之，占 19.8%，余为杏仁黄色（18.8~24.2℃培养）。卵膜稍厚，有小黏性，黏附微泥而显厚。

①胚盘期至胚孔封闭期：受精后 30 分至 14 小时 13 分。胚盘突起至胚孔封闭为动物极细胞发育至胚体雏形，卵粒稍椭圆形，卵膜径 5.5~5.8 mm，胚长 1.7~1.9 mm（表 27 序号 1~17，图 18 中 1~15，胚盘期与 4 细胞期缺图）。

②肌节出现期至尾泡出现期：受精后 15 小时 21 分至 22 小时 15 分。肌节出现期至尾泡出现期，为胚体雏形逐渐拉长而尾部紧贴卵黄囊的肌节出现期、眼基出现期、眼囊期、嗅板期、尾芽期、听囊期、尾泡出现期 7 个发育期。胚长 2~2.7 mm，脑背部从弧形渐至高丘形，肌节 2~20 对，从肌节出现时无眼—眼基—眼囊，后期出现听囊，尾泡的发育过程，卵黄囊表面出现 4~5 点油滴（表 27 序号 18~24，图 18 中 16~22）。

③尾鳍出现期至心脏搏动期：受精后 22 小时 56 分至 1 天 10 小时 35 分。尾鳍出现至心脏搏动为尾鳍原基伸出，胚体拉长，从尾泡渐消失至眼晶体形成，心脏原基至耳石出现、心脏搏动，即将孵出的 6 个发育期。胚长 2.8~5.8 mm，脑背部高如小山丘状，卵黄囊向内收窄，末端有灰蓝色斑，但比草鱼同期色浅，肌节 22~38 对（表 27 序号 25~30，图 18 中 23~26，晶体形成期与心脏搏动期缺图）。

表 27　青鱼的胚胎发育特征（1961—2003 年）

阶段	序号	发育期	膜径 / mm	胚长 / mm	肌节 / 对	受精后时间	发育状况	图号
鱼卵	1	胚盘期	5.5	1.7	0	30 分	卵膜吸水膨胀，胚盘隆起	—
	2	2 细胞期	5.5	1.75	0	50 分	纵裂为 2 个细胞，原生质网呈杯状，篾黄色	图 18 中 1
	3	4 细胞期	5.5	1.76	0	1 小时 5 分	垂直分裂为 4 个细胞，卵粒篾黄色	—
	4	8 细胞期	5.5	1.78	0	1 小时 25 分	8 个细胞，卵黄酪黄色至篾黄色	图 18 中 2
	5	16 细胞期	5.5	1.8	0	1 小时 45 分	16 个细胞，卵黄篾黄色	图 18 中 3
	6	32 细胞期	5.5	1.8	0	2 小时	32 个细胞	图 18 中 4
	7	64 细胞期	5.6	1.88	0	2 小时 15 分	垂直分裂为 64 个细胞，动物极与植物极约等大	图 18 中 5
	8	128 细胞期	5.6	1.9	0	3 小时 5 分	水平分裂至 128 个细胞	图 18 中 6
	9	桑葚期	5.6	2	0	3 小时 58 分	动物极如桑葚状，棕黄色，原生质灰黄色	图 18 中 7
	10	囊胚早期	5.6	2.1	0	4 小时 48 分	囊胚层高	图 18 中 8
	11	囊胚中期	5.6	2.1	0	5 小时 38 分	囊胚层中度	图 18 中 9
	12	囊胚晚期	5.6	1.9	0	7 小时 43 分	囊胚如低帽状，卵呈正圆形	图 18 中 10
	13	原肠早期	5.7	1.8	0	9 小时 38 分	原肠下包 1/2，卵黄有数粒黄色油滴	图 18 中 11
	14	原肠中期	5.7	1.8	0	11 小时 41 分	原肠下包 2/3	图 18 中 12
	15	原肠晚期	5.7	1.8	0	12 小时 35 分	原肠下包 5/6，卵黄呈倒梨状	图 18 中 13
	16	神经胚期	5.7	1.8	0	13 小时 40 分	头部神经胚隆起，卵黄栓外露	图 18 中 14
	17	胚孔封闭期	5.8	1.9	0	14 小时 13 分	脊索出现，胚体形成，胚孔封闭	图 18 中 15
	18	肌节出现期	5.8	2	2	15 小时 21 分	肌节出现，每隔 10 秒出 1 对肌节	图 18 中 16
	19	眼基出现期	5.8	2	5	16 小时 20 分	眼基窄长，下有缺刻，头尾之间卵黄较平直	图 18 中 17
	20	眼囊期	5.8	2.1	11	17 小时 5 分	眼囊如西瓜子状，脑部特别隆起	图 18 中 18

（续表）

阶段	序号	发育期	膜径/mm	胚长/mm	肌节/对	受精后时间	发育状况	图号
鱼卵	21	嗅板期	5.8	2.2	13	18小时10分	嗅板出现，头背部隆起	图18中19
	22	尾芽期	5.9	2.3	15	19小时	尾芽伸出，眼如扁豆形，头背隆起如山丘状	图18中20
	23	听囊期	5.9	2.5	17	19小时50分	听囊出现，头尾间卵黄内凹，卵黄有油滴	图18中21
	24	尾泡出现期	5.9	2.7	20	22小时15分	尾泡出现，脑区隆起	图18中22
	25	尾鳍出现期	5.9	2.8	22	22小时56分	尾鳍伸出，尾泡犹存	图18中23
	26	晶体形成期	5.9	3	24	23小时25分	眼晶体形成	—
	27	肌肉效应期	6	3.5	26	1天15分	嗅囊出现，脑部高，胚体抽动	图18中24
	28	心脏原基期	6	4	28	1天4小时10分	心原基出现，胚体抽动，但仍较安静	图18中25
	29	耳石出现期	6	4.7	30	1天7小时48分	耳石出现，胚体拉长，卵黄锥状，稍动	图18中26
	30	心脏搏动期	6	5.8	38	1天10小时35分	心脏跳动，胚体翻转，卵膜软化，即将孵出	—

（2）仔鱼阶段 为卵黄营养阶段，自孵出期至鳔一室期8个发育期。

①孵出期至鳃丝期：受精后1天13小时至3天20小时。孵出期至鳃丝期胚体篾黄色至酪黄色，较透明。肛门未与肠管贯通，尾静脉宽而薄，略呈波浪形。全长6.7~7.66 mm，肌节7+19+14=40对（或8+18+14=40对）至8+18+15=41对（表28序号31~35，图18中27~31）。

②眼黑色素期至鳔一室期：受精后4天6小时至6天8小时。眼黑色素出现至从卵黄囊前端斜向上，经肛门至尾的青筋部位出现条状色素，经历眼黑色素期、鳔雏形期、鳔一室期3个发育期，全长8~8.82 mm，肌节从8+18+15=41对至9+17+15=41对，尾椎下方1朵大黑色花为青鱼特征（表28序号36~38，图18中32~34）。

（3）稚鱼阶段 稚鱼阶段为对外营养开始摄食的10个发育期。

①卵黄吸尽期至尾椎上翘期：受精后7天10小时至9天10小时。卵黄吸尽期至尾椎上翘期仍鳔一室经背鳍褶分化，尾褶为圆形至三波形，色素以心脏部位后斜向鳔经肛门至尾尖的青筋为一特点，尾椎下方黑色素花明显，头背与体背有黑色素，眼间无黑色素，头背内部黑色素为两个倒"八"字形，全长9.35~10.7 mm，肌节10+16+15=41对，肌节排列为侧"V"形（表28序号39~41，图18中35~37）。

②鳔二室期至腹鳍芽出现期：受精后11天9小时至13天5小时。鳔二室期至腹鳍芽出现期尾部从双波形至叉形，背鳍、臀鳍褶分化，腹鳍芽出现。鳔二室，心脏后斜向鳔经肛门至尾尖的青筋部位黑色素明显，尾椎下方黑色素较大，眼间无黑色素，全长11.3~12 mm，肌节11+15+15=41对，转至侧"W"形（表28序号42~43，图18中38~39）。

③背鳍形成期至鳞片出现期：受精后16~40天。自背鳍与背鳍褶分离的背鳍形成期，经臀鳍形成期、腹鳍形成期、胸鳍形成期、鳞片出现期，共5个发育期，为青鱼稚鱼的后5个鳍的形成期。全长

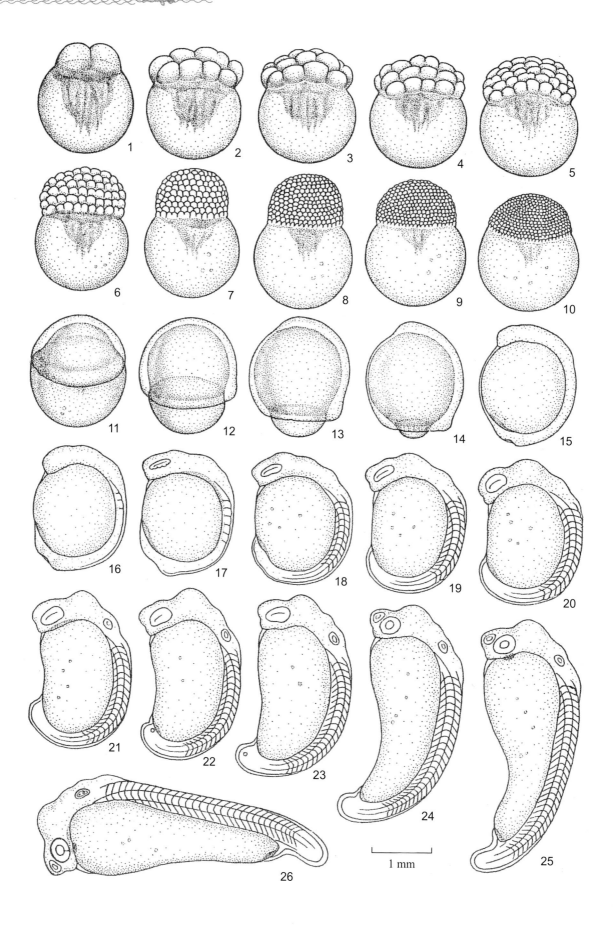

1 mm

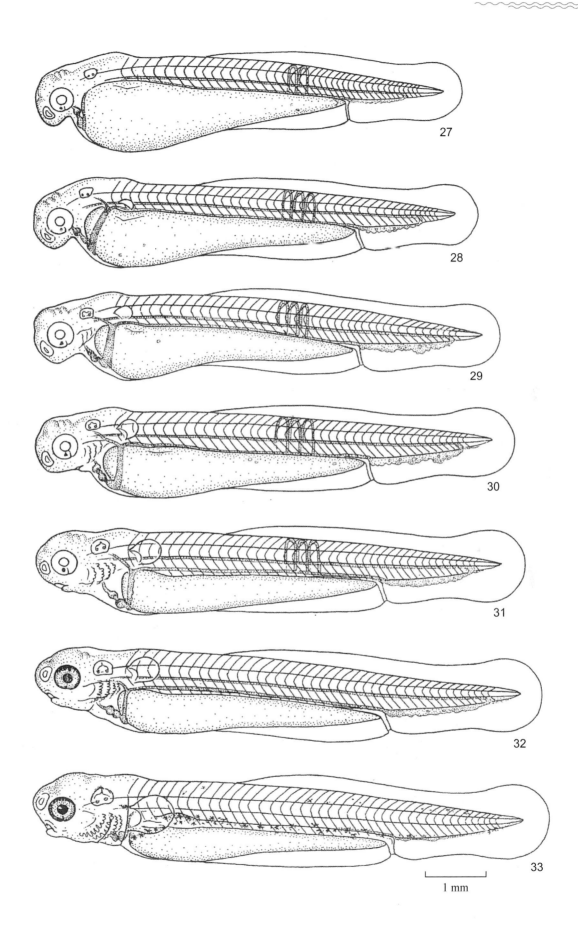

1 mm

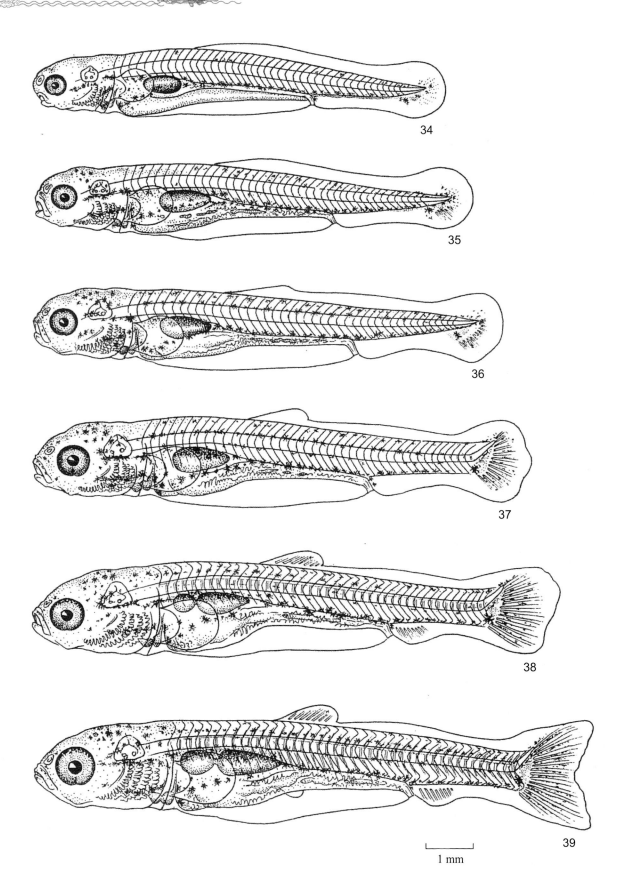

34

35

36

37

38

1 mm

39

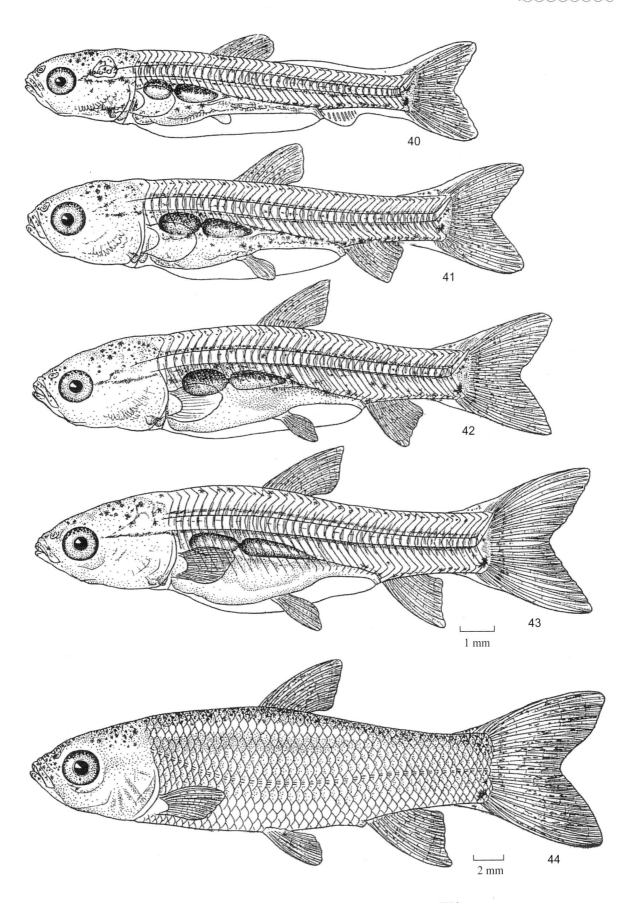

图 18 青鱼 *Mylopharyngodon piceus*（Richardson）（漂流）

12.5~20.7 mm，肌节 11+15+15=41 对，呈卧"W"形，全身黑色素不多，吻部、头背部及青筋部有黑色素，尾椎下方有 1 朵大黑色素花，心脏后向鳔至尾部的斜行青筋黑色素消失，嘴端位，臀鳍第 1 分支鳍条较长（表 28 序号 44~48，图 18 中 40~43，鳞片出现期缺图）。

（4）幼鱼阶段 受精后 69 天。幼鱼从鳞片出齐至性成熟前止。体青黑色，图 18 中 44 是刚发育至幼鱼期，吻端位，较尖，侧线鳞 43 片，各鳍条与成鱼相同，全长 35.5 mm（表 28 序号 49，图 18 中 44）。

表 28　青鱼的胚后发育特征（1961—2003 年）

阶段	序号	发育期	全长 / mm	背前 + 躯干 + 尾部 = 肌节 / 对	受精后时间	发育状况	图号
仔鱼	31	孵出期	6.7	7+19+14=40	1 天 13 小时	方头大眼，眼径 0.37 mm，卵黄囊呈锥形，末端灰蓝色，尾长占全长的 26.8%	图 18 中 27
	32	胸鳍原基期	7	8+18+14=40	2 天 4 小时	胸鳍原基呈月牙形，眼径 0.41 mm，静卧，居维氏管与尾静脉明显，未开口	图 18 中 28
	33	鳃弧期	7.35	8+18+15=41	2 天 20 小时	4 片鳃弧出现，尾部为全长的 30%，尾静脉波浪形，游动时尾部剧烈抖动	图 18 中 29
	34	眼黄色素期	7.5	8+18+15=41	3 天 10 小时	眼布满黄色素，口开不动，卵黄囊如锥状，多数侧卧，不太活动	图 18 中 30
	35	鳃丝期	7.66	8+18+15=41	3 天 20 小时	鳃弧出现鳃丝，头伸直，口下位，尾静脉宽，箴黄色，心跳 194 次 / 分钟，较安静	图 18 中 31
	36	眼黑色素期	8	8+18+15=41	4 天 6 小时	眼上缘出现黑色素，尾静脉柠檬黄色，心脏枇杷黄色，肠未通，尾为全长的 31%	图 18 中 32
	37	鳔雏形期	8.14	9+17+15=41	5 天 2 小时	鳔雏形，肠管贯通，卵黄囊有 6 朵斜列黑色素，并与青筋相连，尾褶下有 1 朵黑色素	图 18 中 33
	38	鳔一室期	8.82	9+17+15=41	6 天 8 小时	鳔一室，头背部有两个倒"八"字形黑色素，尾椎下方有 1 朵大黑色素，眼间无色素	图 18 中 34
稚鱼	39	卵黄吸尽期	9.35	10+16+15=41	7 天 10 小时	卵黄吸尽，对外营养，尾褶下方有 1 列大黑色素，眼间无色素，尾褶下方出现了雏形鳍条	图 18 中 35
	40	背褶分化期	9.99	10+16+15=41	8 天 5 小时	背褶分化突起，尾褶有 1 朵大黑色素和数朵小黑色素，口亚端位，尾褶现雏形鳍条	图 18 中 36
	41	尾椎上翘期	10.7	10+16+15=41	9 天 10 小时	尾椎上翘，背褶深分化，尾褶呈三波形，口端位，尾椎下方有 1 朵大黑色素	图 18 中 37
	42	鳔二室期	11.3	11+15+15=41	11 天 9 小时	鳔前室出现，背鳍隆起，有 7 根雏形鳍条，尾鳍三波形，有 12 条雏形鳍条	图 18 中 38
	43	腹鳍芽出现期	12	11+15+15=41	13 天 5 小时	腹鳍芽出现，口端位，尾鳍叉形，尾椎下有 1 朵大黑色素，从心脏经鳔末至尾部有 1 条青筋黑色素花	图 18 中 39
	44	背鳍形成期	12.5	11+15+15=41	16 天	背鳍形成，尾鳍叉形，吻端位，眼间无黑色素，尾椎下有 1 朵黑色素	图 18 中 40
	45	臀鳍形成期	13.9	11+15+15=41	20 天	臀鳍形成，iii -8，刚与臀鳍褶分离，脊椎骨长出肋骨与棘	图 18 中 41
	46	腹鳍形成期	14.4	11+15+15=41	25 天	腹鳍形成，口端位，尾椎下方大黑色素仍明显	图 18 中 42
	47	胸鳍形成期	15	11+15+15=41	32 天	胸鳍形成，腹鳍褶仍存在，黑色素同上	图 18 中 43
	48	鳞片出现期	20.7	11+15+15=41	40 天	鳞片出现，现 13 片侧线鳞	—

（续表）

阶段	序号	发育期	全长/mm	背前+躯干+尾部=肌节/对	受精后时间	发育状况	图号
幼鱼	49	幼鱼期	35.5	11+15+15=41	69天	鳞片出齐，侧线鳞43片，尾椎骨下方黑色素明显，臀鳍第1分支鳍条较长	图18中44

【比较研究】

（1）青鱼与草鱼的胚胎区别　青鱼胚胎与胎后发育形态与草鱼相仿，详见"草鱼（图17）的'比较研究'"部分。

（2）青鱼内个群体区别　经对青鱼早期发育的研究，在西江似有两个青鱼类群，从鱼卵至成鱼，皆可区分为两个群体，现将1983年的西江桂平段采样的区别如下：

①个体大小：甲群为大个体青鱼，一般15~40 kg，鼻孔大，体紫蓝色；乙群为小个体青鱼，一般10~30 kg，鼻孔小，休蓝黑色。

②鱼卵颜色：甲群（大个体青鱼）鱼卵枇杷黄色，乙群（小个体青鱼）鱼卵篾黄色。

③鱼苗颜色：甲群鱼苗浅枇杷黄色，卵黄囊前端至鳔后斜行的青筋黑色素不整齐，尾椎下方大黑色素为浅黑色。乙群鱼苗柠檬黄色，卵黄囊前端斜向鳔后的青筋黑色素整齐，尾椎下方黑色素深黑色。

（三）鲢亚科 Hypophthalmichthyinae

1. 鲢

鲢［*Hypophthalmichthys molitrix*（Cuvier et Valencinnes），图19］是鲤科鲢亚科鲢属唯一鱼种，是我国养殖鱼类草鱼、青鱼、鲢、鳙四大家鱼之一。成鱼侧扁，头大，眼下位，有鳃上器，腹棱自胸鳍下方至肛门止。背鳍iii-7，臀鳍iii-13，侧线鳞110片。一般体长60~90 mm，以浮游植物为食，生长较快。

早期发育材料取自1961—1964年长江宜昌段、黄石段、监利段，1976—1978年汉江沙洋段、襄樊段、郧县段，1983年西江桂平段，1993年汉江郧县段，2001年北江韶关段，2004年汉江襄阳段等。

【繁殖习性】

鲢的繁殖习性与草鱼、青鱼一样，是在大中型江河和大型水库库尾泡漩水域的流水环境中产漂流性卵的，产出后随水漂流发育成幼鱼。

鲢的产卵场与草鱼、青鱼、鳙相仿，在长江、珠江都有分布。

【早期发育】

（1）鱼卵阶段　卵划分30个发育期，卵膜吸水膨胀后，统计894个鱼卵，卵径3.5~6.4 mm，平均为5.05±0.52 mm，以4.5~5.7 mm为多。卵粒颜色以篾黄色为主，占49.5%，浅些的酪黄色占22.6%，稍深的枇杷黄色占20.4%，杏仁黄色占7.5%。卵膜比草鱼稍厚，比青鱼薄。

①胚盘期至胚孔封闭期：受精后30分至14小时45分。胚盘突起至胚孔封闭，卵基本为圆粒形，卵膜径5~5.1 mm，胚长1.75~2 mm（表29序号1~17，图19中1~10，胚盘期、2细胞期、4细胞期、128细胞期、囊胚早期、囊胚中期、神经胚期7个发育期缺图）。

②肌节出现期至尾芽期：受精后15小时20分至19小时30分。肌节出现期至尾芽期卵粒基本圆形，

胚体伏于卵黄上，头、尾间卵黄呈弧形，肌节 3~14 对，膜径 5.1~5.2 mm，胚长 2.1~2.4 mm（表 29 序号 18~22，图 19 中 11~15）。

③听囊期至心脏搏动期：受精后 20 小时 45 分至 1 天 10 小时 15 分。听囊期至心脏搏动期，共同特点是卵黄开始内凹至长肾形，听囊出现至耳石出现，眼从扁豆形发育至双圈形，尾逐渐伸长，肌节 18~37 对，卵膜径 5.2~5.3 mm，胚长 2.6~5.4 mm（表 29 序号 23~30，图 19 中 16~20，其中晶体形成期、心脏原基期、心脏搏动期缺图）。

表 29　鲢的胚胎发育特征（1961—2003 年）

阶段	序号	发育期	膜径 / mm	胚长 / mm	肌节 / 对	受精后时间	发育状况	图号
鱼卵	1	胚盘期	5	1.75	0	30 分	胚盘隆起	—
	2	2 细胞期	5	1.75	0	50 分	纵裂为 2 个细胞	—
	3	4 细胞期	5	1.75	0	1 小时 5 分	垂直分裂为 4 个细胞，原生质杯状	—
	4	8 细胞期	5	1.8	0	1 小时 20 分	垂直分裂为 8 个细胞，橘黄色，卵黄篓黄色，原生质发达	图 19 中 1
	5	16 细胞期	5	1.9	0	1 小时 45 分	分裂至 16 个细胞，橘黄色，卵黄篓黄色	图 19 中 2
	6	32 细胞期	5	1.93	0	1 小时 57 分	分裂至 32 个细胞，橘黄色，卵黄篓黄色	图 19 中 3
	7	64 细胞期	5	1.93	0	2 小时 30 分	分裂至 64 个细胞，浅橘黄色，卵黄篓黄色	图 19 中 4
	8	128 细胞期	5	1.93	0	3 小时 50 分	分裂至 128 个细胞，篓黄色，卵黄酪黄色，原生质收缩	—
	9	桑葚期	5.1	1.94	0	4 小时 20 分	细胞分裂如桑葚状，原生质网几乎收尽	图 19 中 5
	10	囊胚早期	5.1	1.94	0	4 小时 55 分	囊胚呈半圆形，灰黄色，卵植物极篓黄色，原生质消失	—
	11	囊胚中期	5.1	1.93	0	5 小时 20 分	囊胚层缩扁，呈半圆形	—
	12	囊胚晚期	5.1	1.92	0	6 小时 40 分	囊胚层更低，卵粒正圆形，卵篓黄色	图 19 中 6
	13	原肠早期	5.1	1.92	0	8 小时 40 分	胚层下包 1/3，卵粒呈正圆形	图 19 中 7
	14	原肠中期	5.1	1.9	0	10 小时 15 分	胚层下包 1/2	图 19 中 8
	15	原肠晚期	5.1	1.9	0	12 小时 50 分	胚层下包 3/4，胚体头部未隆起，卵黄倒梨形	图 19 中 9
	16	神经胚期	5.1	2	0	14 小时 10 分	头部神经胚隆起，卵黄栓外露	—
	17	胚孔封闭期	5.1	2	0	14 小时 45 分	胚体形成，脊索出现，头折角方形	图 19 中 10
	18	肌节出现期	5.1	2.1	3	15 小时 20 分	肌节 1~3 对，眼基雏痕出现	图 19 中 11
	19	眼基出现期	5.1	2.1	5	16 小时 15 分	窄形眼基明显，头与尾间距比草鱼远	图 19 中 12
	20	眼囊期	5.2	2.1	8	17 小时	眼增大，如西瓜子状	图 19 中 13
	21	嗅板期	5.2	2.2	10	18 小时 25 分	嗅板出现	图 19 中 14

（续表）

阶段	序号	发育期	膜径/mm	胚长/mm	肌节/对	受精后时间	发育状况	图号
鱼卵	22	尾芽期	5.2	2.4	14	19小时30分	尾芽明显，眼泡形如扁豆，脑区增高	图19中15
	23	听囊期	5.2	2.6	18	20小时45分	头与尾间卵黄内凹，听囊出现	图19中16
	24	尾泡出现期	5.2	2.8	20	22小时	卵黄如肾形，尾泡从卵黄下方析出	图19中17
	25	尾鳍出现期	5.2	3.2	26	22小时35分	尾鳍伸出，尾泡移至尾鳍处，卵黄长肾形	图19中18
	26	晶体形成期	5.2	3.65	28	23小时	眼晶体形成，嗅囊出现，尾泡未消失，卵酪黄色	
	27	肌肉效应期	5.3	3.9	29	1天25分	头背脑区隆起，较低，胚体微抽动，卵黄拉长	图19中19
	28	心脏原基期	5.3	4.1	30	1天4小时20分	心脏原基出现，胚体左右摆动	—
	29	耳石出现期	5.3	4.3	34	1天6小时	耳石于听囊内出现，卵黄较弯，胚体抽动	图19中20
	30	心脏搏动期	5.3	5.4	37	1天10小时15分	心脏搏动，胚体剧烈翻动，即将孵出	—

（2）仔鱼阶段　属卵黄营养时期，从孵出期至鳔一室期8个发育期。

①孵出期至鳃丝期：受精后1天15小时6分至3天10小时。孵出期、胸鳍原基期、鳃弧期、眼黄色素期、鳃丝期5个发育期胚体酪黄色，除鳃丝期眼前缘略现黑色素外均没出现黑色素，全长6.1~7.55 mm，肌节6+19+14=39对至8+17+14=39对，眼大，眼径约0.4 mm，听囊小，为眼的1/6~1/4，尾长为全长的28.5%~33%，尾静脉较窄，卵黄囊自鸡腿形至锥形（表30序号31~35，图19中21~25）。

②眼黑色素期至鳔一室期：受精后4天至6天12小时。眼与身体出现黑色素，口从下位演变至端位，在鳔一室期腹褶有7~8朵黑色素和尾褶上下各有1片黑色素，全长8~8.3 mm，肌节8+17+15=40对至8+16+16=40对，从鳔雏形期躯干的17对至鳔一室期的16对是因生长中肛门向前移动了1对肌节之故，为尾部肌节从15~16对的变化过程（表30序号36~38，图19中26~28）。

（3）稚鱼阶段　为对外摄食供其发育的阶段。

①卵黄吸尽期至尾椎上翘：受精后7天至10天10小时。卵黄吸尽期、背褶分化期、尾椎上翘期3个发育期的鳔均为一室，体黑色素较多，腹褶有7~8朵黑色素，尾褶基本上为上、下两片黑色素，尾褶从圆形至扇形，口端位，口裂深。全长8.7~9.4 mm，肌节9+15+16=40对（表30序号39~41，图19中29~30，卵黄吸尽期缺图）。

②鳔二室期至鳞片出现期：受精后11天23小时至40天。此阶段包括鳔二室期、腹鳍芽出现期、背鳍形成期、臀鳍形成期、腹鳍形成期、胸鳍形成期、鳞片出现期7个发育期，尾从三波形至叉形，各鳍逐渐形成，体形如成鱼状，腹褶宽而多黑色素，渐演变为从胸鳍下方至肛门的腹棱。从鳔二室期至腹鳍形成期胸鳍基部有2朵黑色素。口上位，口裂深。全长10.32~20 mm，肌节10+14+16=40对至11+13+16=40对（表30序号42~48，图19中31~36，腹鳍形成期缺图）。

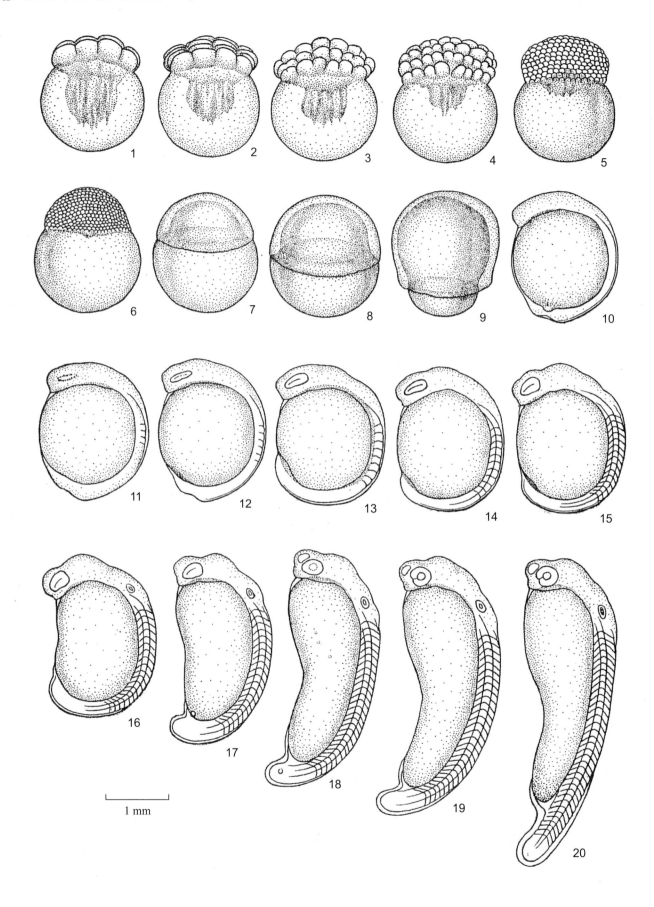

1 mm

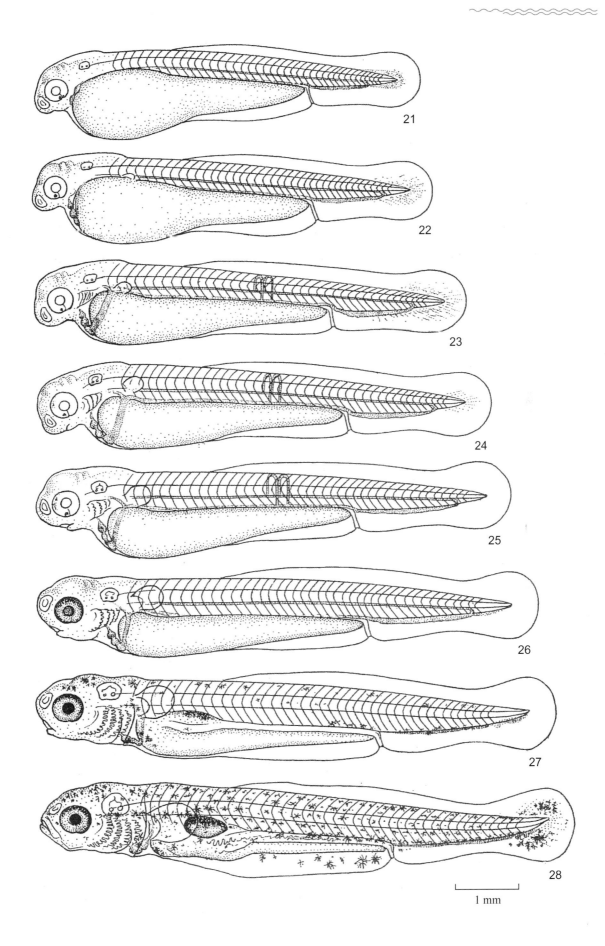

1 mm

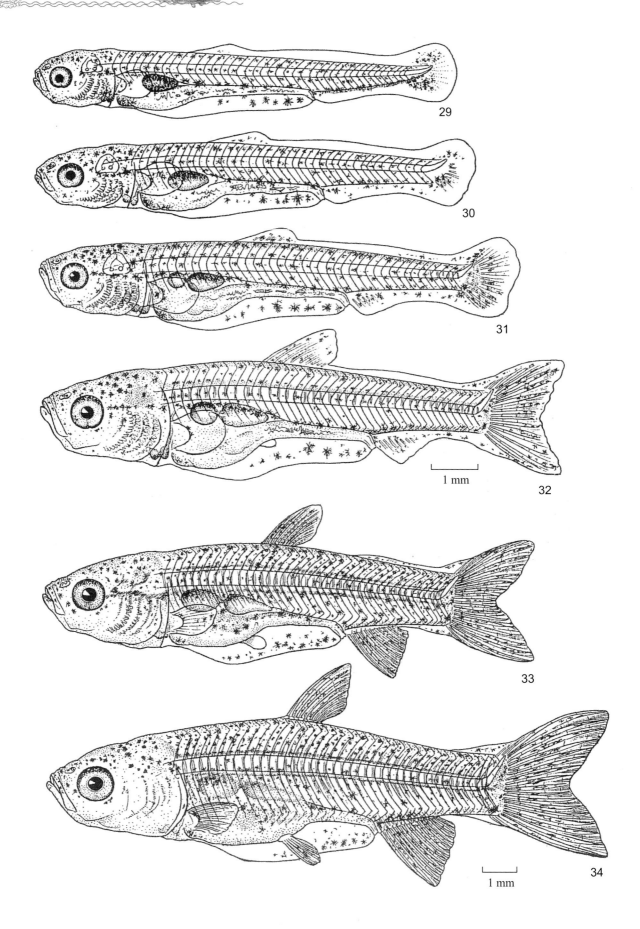

29

30

31

1 mm

32

33

1 mm

34

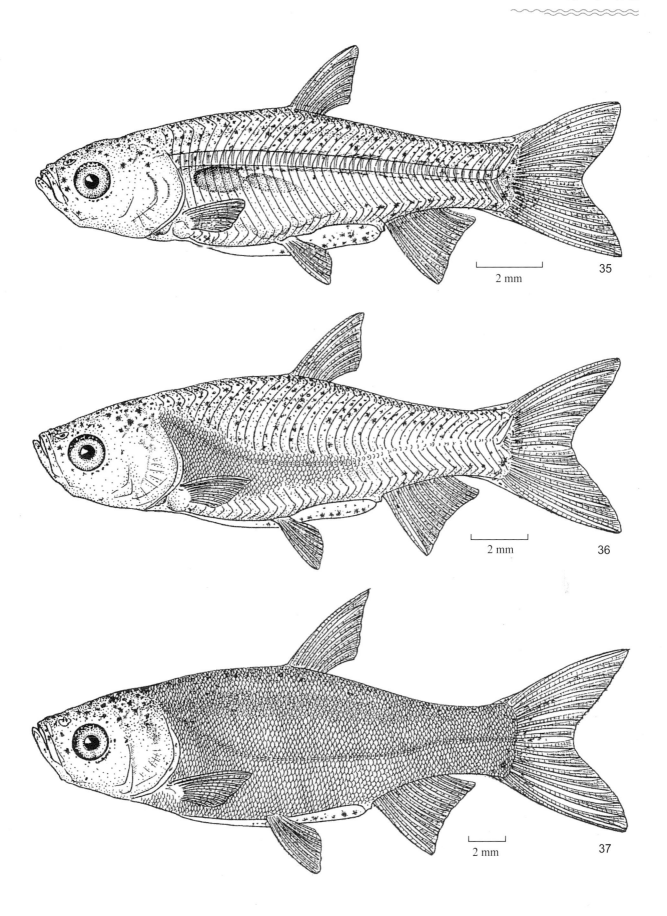

图 19 鲢 *Hypophthalmichthys molitrix*（Cuvier et Valencinnes）（漂流）

（4）幼鱼阶段 受精后76天。鳞片长齐进入幼鱼期，一直至性成熟前止。此处为鳞片刚长齐进入的幼鱼期，体形与成鱼相仿，侧线鳞101片，背鳍ⅲ-7，臀鳍ⅲ-12，腹棱自胸鳍基部经腹鳍基部至肛门前止，胸鳍末端达腹鳍基部（表30序号49，图19中37）。

表30 鲢的胚后发育特征（1961—2003年）

阶段	序号	发育期	全长/mm	背前＋躯干＋尾部＝肌节/对	受精后时间	发育状况	图号
仔鱼	31	孵出期	6.1	6+19+14=39	1天15小时6分	头斜方形，体酪黄色，听囊较小，尾静脉窄，卵黄囊如鸡腿形，眼径0.37 mm，尾占全长的28.5%	图19中21
	32	胸鳍原基期	6.3	7+18+14=39	2天8小时	胸原基出现，体酪黄色，眼径0.38 mm，尾为全长的29.5%，居维氏管出现，尾静脉不显	图19中22
	33	鳃弧期	6.83	7+18+14=39	2天15小时	出现4片鳃弧，体酪黄色，尾静脉窄而平缓，眼径0.4 mm，尾占全长的31%	图19中23
	34	眼黄色素期	7.2	8+17+14=39	3天1小时	眼黄色素出现，篓黄色，口裂形成，心跳182次/分钟，尾占全长的32%，较静	图19中24
	35	鳃丝期	7.55	8+17+14=39	3天10小时	鳃丝出现，口动，眼前缘出现枝状黑色素，尾占全长的33%，较静	图19中25
	36	眼黑色素期	8	8+17+15=40	4天	眼黑色素较多，卵黄锥形，听囊增大，头前端椭圆形	图19中26
	37	鳔雏形期	8.24	8+17+15=40	4天20小时	肠管贯通，鳔雏形，眼间、头背、体背青筋部位出现黑色素	图19中27
	38	鳔一室期	8.3	8+16+16=40	6天12小时	鳔一室，头背内黑色素呈"U"形，腹鳍褶有7~8朵黑色素，尾褶上下各有1片黑色素	图19中28
稚鱼	39	卵黄吸尽期	8.7	9+15+16=40	7天	卵黄吸尽，对外摄食，背褶分化，黑色素增多，同上期，尾长为全长的34.5%，肛门上方肌节移向尾段	—
	40	背褶分化期	9	9+15+16=40	8天20小时	背鳍褶突起，口端位，黑色素同上，腹褶8朵，尾褶上下各1片，背臀小许	图19中29
	41	尾椎上翘期	9.4	9+15+16=40	10天10小时	尾椎上翘，眼间、腹褶、尾褶、背褶、臀褶皆有黑色素	图19中30
	42	鳔二室期	10.32	10+14+16=40	11天23小时	鳔前室出现，胸鳍弧出现2朵黑色素，尾褶三波形，尾椎下方黑色素分散	图19中31
	43	腹鳍芽出现期	11.2	10+14+16=40	13天10小时	口上位，尾分叉，尾椎下方演化为1朵黑色素，腹鳍芽出现，胸鳍弧2朵黑色素	图19中32
	44	背鳍形成期	14.1	11+13+16=40	19天20小时	背鳍形成，腹鳍褶黑色素较多，口上位，肌节侧"W"形	图19中33
	45	臀鳍形成期	15.7	11+13+16=40	22天	臀鳍与臀褶分离，尾椎下方为1朵黑色素，腹褶黑色素较多	图19中34
	46	腹鳍形成期	16.6	11+13+16=40	24天	腹鳍形成，腹褶从胸鳍下方至肛门止为腹棱雏形，口上位，口裂大	—
	47	胸鳍形成期	17.3	11+13+16=40	28天	胸鳍形成，腹褶仍保留黑色素，体形已近成鱼	图19中35

（续表）

阶段	序号	发育期	全长/mm	背前＋躯干＋尾部＝肌节/对	受精后时间	发育状况	图号
稚鱼	48	鳞片出现期	20	11+13+16=40	40 天	鳞片出现，侧线鳞 50 片，口上位，口裂大	图 19 中 36
幼鱼	49	幼鱼期	33.7	11+13+16=40	76 天	鳞片出齐，侧线鳞 101 片，腹棱仍有黑色素，口上位，口裂大	图 19 中 37

【比较研究】

草鱼、青鱼、鲢、鳙四大家鱼，从鱼卵至仔鱼都比较相似，有人建议设立家鱼亚科列入这四大养殖鱼类。实际上它们的早期发育是草鱼与青鱼为一组，鲢与鳙为一组作比较更切合实际，这里单以鲢、鳙作比较。

（1）鱼卵阶段的区别

①鲢的卵膜直径略小于鳙：鲢平均膜径 5.05±0.52 mm，鳙 5.82±0.42 mm，卵膜吸水膨胀后，鲢膜径一般小于鳙。

②鲢卵粒色彩比鳙深些：以所统计的 186 个鲢卵粒色彩中，篾黄色的占 69.5%，酪黄色约占 20%；83 个鳙卵中，酪黄色占 61.5%，篾黄色占 30%。一般是鲢卵粒略深于鳙。

③神经胚期：胚体头部鲢方鳙圆，神经胚期的胚体雏形头部，鲢的折角稍方，鳙的折角稍圆。

④晶体形成期至心脏搏动期：卵囊外缘鲢平鳙突，胚胎后期卵黄囊外缘鲢较平缓，鳙突起如半球形，呈现上圆后棒之状。

（2）仔鱼阶段的区别

①孵出期至鳔一室期：鲢个体小于鳙，从个体大小比较，仔鱼阶段的鲢略小于鳙。以卵黄囊供营养的同期胚体，鲢一般比鳙短 0.5~0.9 mm。

②鲢尾部稍短于鳙：仔鱼期鲢自肛门拐弯处以后的尾长为全长的 30%~34%，鳙为 33%~36%，虽有交叉，但结合个体判断，扁薄者为鲢，稍厚者为鳙。

③鳔一室期：腹、臀、尾褶黑色素鲢多于鳙，鳔一室期鲢腹褶 7~8 朵大黑色素花，鳙没有；臀褶鲢与鳙相仿，有 2~3 朵小黑色素，尾褶部位鲢于尾椎上下方各有 1 丛黑色素花，鳙仅于尾尖下方有形如菜刀状的黑色素。

④鳔雏形期至鳔一室期：两眼间黑色素鲢多于鳙。仔鱼后期的头部黑色素出现后，鲢于眼间有黑色素，鳙几乎没有。

（3）稚鱼阶段的区别

①稚鱼期间鲢腹褶黑色素多且大于鳙。卵黄吸尽期至鳞片出现期，鲢腹鳍褶黑色素大且多于鳙，鳙仅 6~7 朵小黑色素，鲢 10~11 朵大黑色素。

②卵黄吸尽期至鳔二室期：臀鳍褶黑色素鲢少于鳙。卵黄吸尽至鳔前室出现时，鲢臀褶黑色素少且不整齐，鳙臀鳍褶黑色素较多，呈现飞雁队形。

③尾椎上翘前后胸鳍弧的 2 朵黑色素鲢比鳙大。尾椎上翘期前后，胸鳍弧的 2 朵黑色素鲢大于鳙。背鳍分化期至腹鳍芽出现期，鲢的胸鳍弧黑色素还保持，而鳙的已消失。

④背鳍形成期至鳞片出现期：鲢胸鳍长度短于鳙，稚鱼后期鲢的胸鳍末端不达腹鳍基部并远离背鳍起点，鳙的到达腹鳍基部并靠近背鳍起点。

（4）幼鱼阶段的区别

①腹鳍褶演变的腹棱鲢长于鳙：腹鳍褶演变的腹棱鲢自胸鳍基部起经腹鳍至肛门止，鳙自腹鳍基部起至肛门止。反映了两者腹棱的差异。

②体表黑色素鲢少于鳙：幼鱼时体表黑色素鲢少于鳙。鲢体侧银白色，仅背上有一些黑色素，鳙自背至腹部布满黑色素，故前者有白鲢，后者有花鲢（鳙）之称。

2. 鳙

鳙［*Aristichthys nobilis*（Richardson），图20］是鲤科鱼类鲢亚科鳙属的唯一鱼种，是我国养殖鱼类四大家鱼之一，体侧扁，头大，口端位，口裂向上，眼下位，有鳃上器，腹棱自腹鳍基部至肛门。胸鳍末端超过腹鳍基部并与背鳍起点相切。背鳍iii-7，臀鳍iii-12，侧线鳞100片。鳙分布于我国各大型江河、湖泊。

鳙的早期发育材料取自1961—1964年长江宜昌段、沙市段、黄石段、武穴段，1976—1977年汉江郧县段、沙洋段，1983年西江桂平段，1993年汉江丹江口水库郧县段，2001年北江韶关段，2004年汉江襄樊段等。

【繁殖习性】

鳙的繁殖与草鱼、青鱼、鲢一样是在大中型江河及大型水库库尾具泡漩水域的流水环境中产漂流性卵，产出后随水漂流，发育为仔鱼、稚鱼、幼鱼。

鳙的产卵场于长江、珠江与鲢产卵场相仿。

【早期发育】

（1）鱼卵阶段　卵划分30个发育期，统计223个鱼卵中，卵膜吸水膨胀后，膜径5.82±0.42 mm，以5.5~6.1 mm为多。卵粒颜色以酪黄色为多，占61.5%，篾黄色占30.1%，余为杏仁黄色，无枇杷黄色（表31）。

①胚盘期至神经胚期：受精后20分至12小时45分。鱼卵从胚盘期经历2细胞期、4细胞期、8细胞期、16细胞期、32细胞期、64细胞期、128细胞期、桑葚期、囊胚早期、囊胚中期、囊胚晚期、原肠早期、原肠中期、原肠晚期至神经胚期，共16个发育期。卵膜径5.8 mm，胚长1.8~2 mm（图20中1~15，其中胚盘期、128细胞期缺图）。

②胚孔封闭期至听囊期：受精后14小时至19小时35分。自胚孔封闭期经历肌节出现期、眼基出现期、眼囊期、嗅板期、尾芽期至听囊期7个发育期。特点是卵黄被胚体包裹，自头至尾外缘从圆形演变到较平直的过程，肌节自肌节出现期后逐渐增多，为3~19对，胚长2.1~2.56 mm，卵膜径5.8 mm（图20中16~18，胚孔封闭期、肌节出现期、眼囊期、听囊期缺图）。

③尾泡出现期至心脏搏动期：受精后22~33小时。自尾泡出现经尾鳍出现、晶体形成、肌肉效应、心脏原基、耳石出现至心脏搏动7个发育期。此阶段特点是卵黄囊内凹，呈现上球下棒状。肌节从21~35对，卵膜径5.9 mm，胚长3~6.3 mm（图20中19~21，尾鳍出现期、肌肉效应期、心脏原基期、心脏搏动期缺图）。

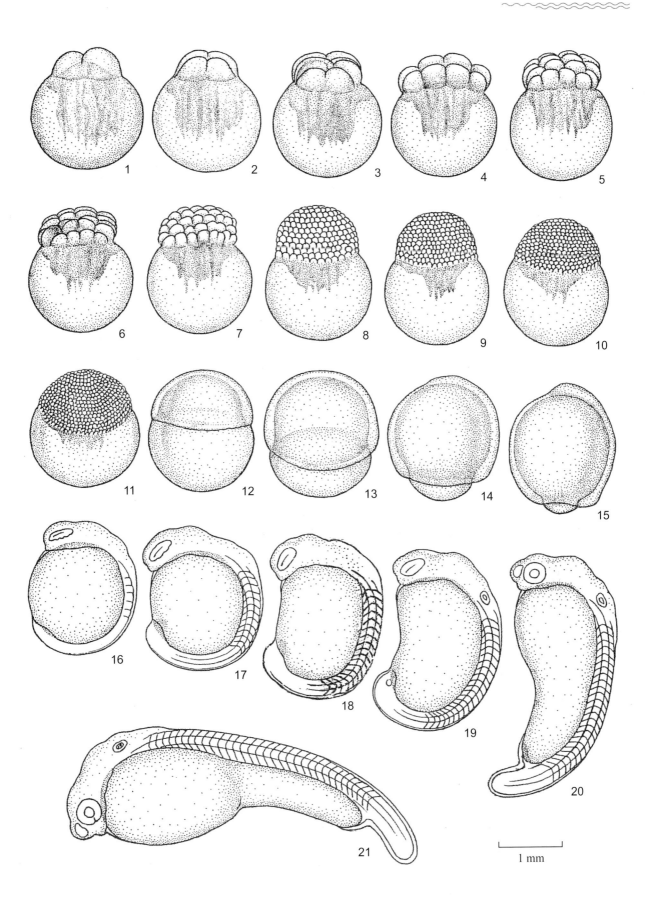

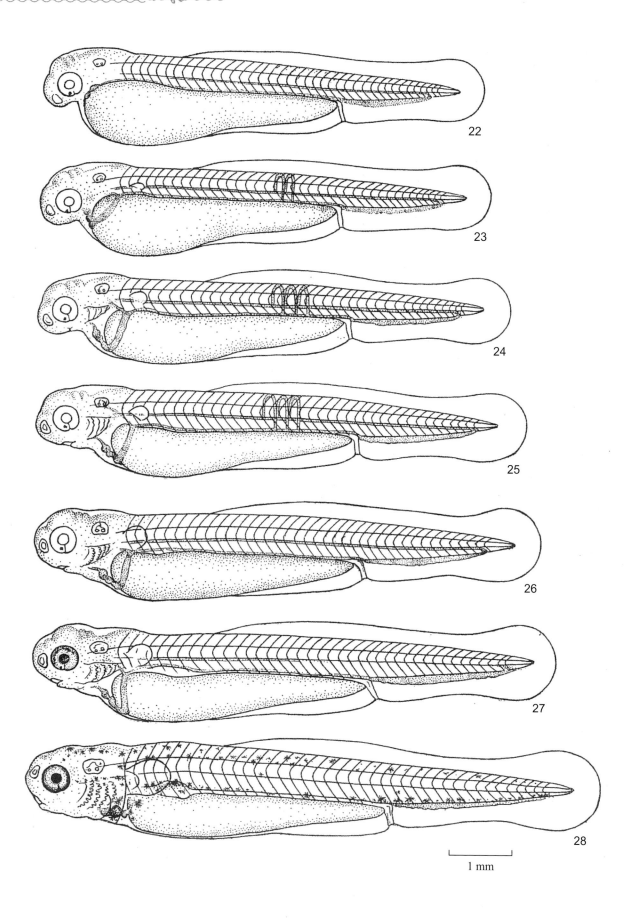

22

23

24

25

26

27

28

1 mm

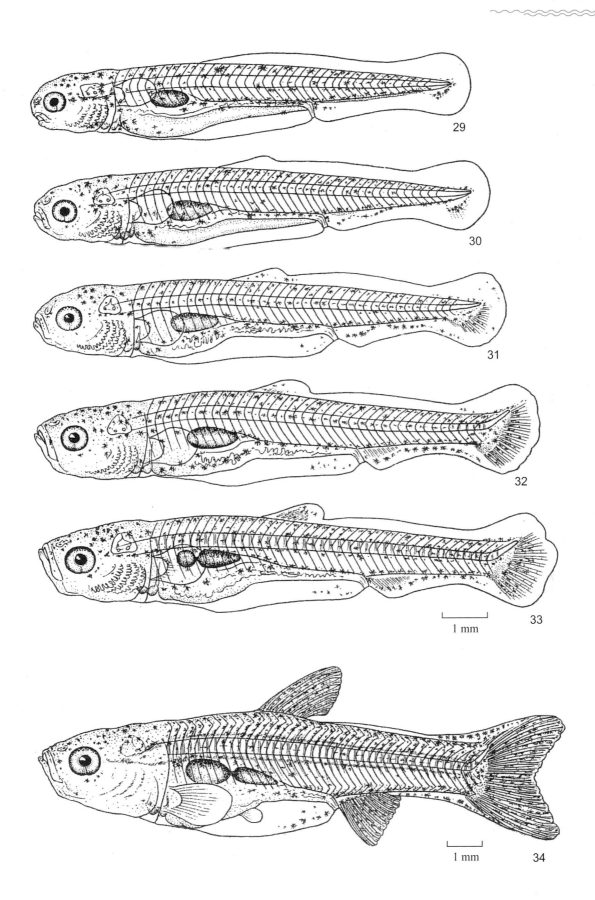

1 mm

29

30

31

32

33

1 mm

34

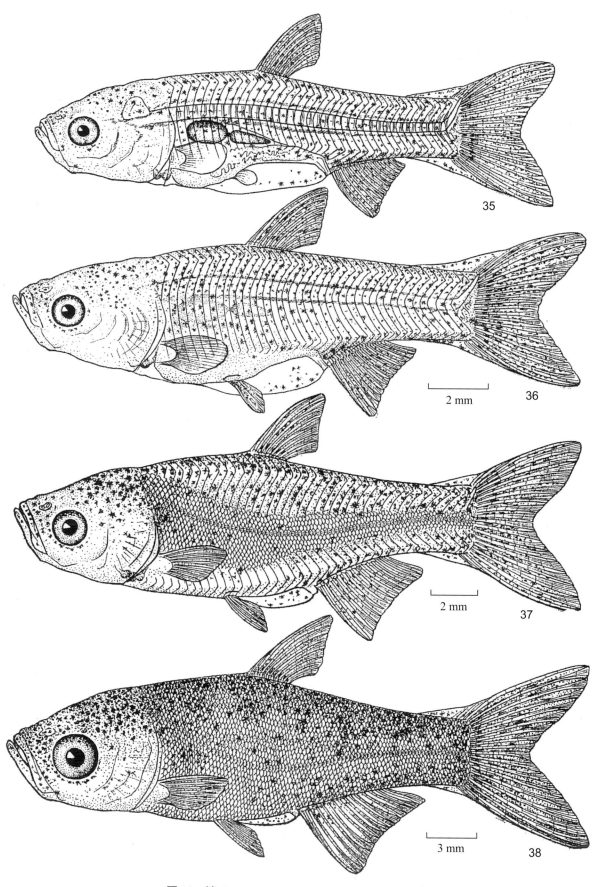

2 mm

2 mm

3 mm

图 20　鳙 *Aristichthys nobilis*（Richardson）（漂流）

表31 鳙的胚胎发育特征（1961—2001年）

阶段	序号	发育期	膜径/mm	胚长/mm	肌节/对	受精后时间	发育状况	图号
鱼卵	1	胚盘期	5.8	1.8	0	20分	胚盘隆起	—
	2	2细胞期	5.8	1.85	0	55分	纵分裂为2个细胞，原生质网发达，篾黄色	图20中1
	3	4细胞期	5.8	1.9	0	1小时3分	4个细胞，细胞篾黄色，卵黄酪黄色	图20中2
	4	8细胞期	5.8	1.95	0	1小时12分	8个细胞，动物极小于植物极	图20中3~4
	5	16细胞期	5.8	1.95	0	1小时24分	16个细胞，原生质网收缩	图20中5
	6	32细胞期	5.8	1.96	0	2小时	32个细胞，原生质网收缩	图20中6
	7	64细胞期	5.8	1.97	0	2小时20分	64个细胞	图20中7
	8	128细胞期	5.8	1.98	0	3小时	128个细胞	—
	9	桑甚期	5.8	2	0	3小时38分	细胞分裂呈桑甚状	图20中8
	10	囊胚早期	5.8	2.1	0	4小时10分	囊胚层较高，原生质缩小	图20中9
	11	囊胚中期	5.8	2	0	5小时30分	囊胚层适中	图20中10
	12	囊胚晚期	5.8	2	0	7小时20分	囊胚层低扁，原生质将收尽	图20中11
	13	原肠早期	5.8	1.9	0	8小时10分	卵粒正圆形，胚层下包1/3	图20中12
	14	原肠中期	5.8	1.9	0	9小时55分	胚层下包2/3，卵粒宽阔	图20中13
	15	原肠晚期	5.8	1.9	0	11小时20分	胚层下包5/6，卵黄如梨形	图20中14
	16	神经胚期	5.8	2	0	12小时45分	神经胚隆起，卵黄栓仍存	图20中15
	17	胚孔封闭期	5.8	2.1	0	14小时	胚孔封闭	—
	18	肌节出现期	5.8	2.1	3	14小时50分	胚体头端折角稍圆，肌节出现	—
	19	眼基出现期	5.8	2.2	5	15小时40分	眼基下缘有缺刻，呈现葵花子状	图20中16
	20	眼囊期	5.8	2.22	8	16小时35分	眼囊扩大如西瓜子状，眼下缘仍有缺刻	—
	21	嗅板期	5.8	2.26	12	17小时45分	嗅板出现，眼下缘仍带缺刻，为鳙之特点	图20中17
	22	尾芽期	5.8	2.32	17	19小时5分	卵黄拉长，较宽，眼如扁豆状	图20中18
	23	听囊期	5.8	2.56	19	19小时35分	听囊出现，卵黄内凹	—
	24	尾泡出现期	5.9	3	21	22小时	尾泡出现，胚体宽厚	图20中19
	25	尾鳍出现期	5.9	3.3	23	24小时28分	尾鳍伸出	—
	26	晶体形成期	5.9	3.8	24	1天1小时20分	眼晶体形成，嗅囊出现	图20中20
	27	肌肉效应期	5.9	4.4	26	1天2小时25分	胚体微抽动，卵黄末端灰蓝色	—
	28	心脏原基期	5.9	5.2	28	1天4小时40分	心脏原基出现，胚体摆动	—
	29	耳石出现期	5.9	5.8	32	1天8小时20分	耳石出现，卵黄上球下棒状	图20中21
	30	心脏搏动期	5.9	6.3	35	1天9小时	心脏搏动，胚体翻滚	—

（2）仔鱼阶段 仔鱼为靠卵黄囊供给营养的阶段，共8个发育期（表32）。

①孵出期至鳃丝期：受精后1天13小时至4天。此时段卵黄囊较大，未出现肠管，除眼下缘一点

三角形色素外，胚体未出现黑色素，体酪黄色，有孵出期、胸鳍原基期、鳃弧期、眼黄色素期至鳃丝期等5个发育期（图20中22~26），胚长7~8.1 mm，肌节从6+17+15=38对至7+16+15=38对。

②眼黑色素期至鳔一室期：受精后4天12小时至5天23小时。卵黄囊缩窄，肠管贯通，胚体较粗壮。从眼出现黑色素至全身出现黑色素。雏形鳔时仅头背部听囊上方、体背部及青筋部位有黑色素，鳔一室时尾褶下方出现菜刀形黑色素，臀褶前片出现3~5朵小的黑色素（图20中27~29）。胚长8.3~9.4 mm，肌节数目，背前与躯干总数不变（合23对），尾段增加1对肌节，这3个发育期肌节分别为7+16+16=39对、8+15+16=39对、9+14+16=39对。

（3）稚鱼阶段　由于卵黄囊吸尽延至背褶分化期后，故先是背褶分化期才到囊黄囊吸尽期，稚鱼从背褶分化至鳞片出现列有10个发育期，除背褶分化初期仍有卵黄囊供给营养正处仔鱼与稚鱼过渡之间外，往后皆为对外营养时期（表32）。

①背褶分化期至鳔二室期：受精后6天22小时至11天17小时。背褶分化至鳔二室期特点是背褶隆起，上布有黑色素；尾褶从圆形至三波形，臀鳍褶出现雁队形黑色素，腹褶自卵黄囊吸尽后出现6~8朵小星状黑色素。背褶分化期卵黄囊还保留（图20中30），卵黄囊吸尽期（图20中31）的卵黄才正式吸尽，往后为尾椎上翘期（图20中32）、鳔二室期（图20中33）。胚长9.7~11 mm，肌节因背鳍起点后移从9+14+16=39对、10+13+16=39对，演变为11+12+16=39对。

②腹鳍芽出现期至胸鳍形成期：此阶段发育至尾鳍分叉有腹鳍芽出现，于腹褶上边缘出现半圆形腹芽，背鳍仍与背鳍褶相连，出现8条雏形鳍条，臀褶出现10根雏形鳍条，尾分叉，见16条雏形鳍条，腹褶后段有黑色素，头内部有平衡的2条双波状黑色素。往后背鳍形成期、臀鳍形成期，奇鳍皆分别与背鳍褶、臀鳍褶分离（图20中34~35）；腹鳍形成期与胸鳍形成期，偶鳍鳍条皆发育完整，有节（图20中36，胸鳍形成期缺图）。此时胚长12.5~21 mm，肌节11+12+17=40对，尾段增加1对肌节。

③鳞片出现期：受精后46天。鳞片出现期基本趋向幼鱼期的形态，侧线先出齐，100片，鳞片逐渐向上下两旁扩展。腹鳍褶起点已退到腹鳍基部，演变成腹棱。眼偏下，口斜上翘，胚长24.5 m，肌节11+12+17=40对（图20中37）。

（4）幼鱼阶段　鳞片出齐至性腺发育成熟前皆为幼鱼阶段，此幼鱼期为受精后70天长36 mm（图20中38），全身遍布黑色素花，口斜上位，眼较大，腹棱处有黑色素，背鳍iii-7，臀鳍iii-13，侧线鳞100片，胸鳍长1.8 mm，超过腹鳍基部而与背鳍起点相切。

表32　鳙的胚后发育特征（1961—2001年）

阶段	序号	发育期	胚长/mm	背前+躯干+尾部=肌节/对	受精后时间	发育状况	图号
仔鱼	31	孵出期	7	6+17+15=38	1天13小时	头伸长，卵囊前球后棒状，尾部长，尾长为全长的32%	图20中22
	32	胸鳍原基期	7.1	7+16+15=38	2天12小时	胸鳍原基出现，尾静脉宽且长，眼径0.39 mm，尾长占全长的32.5%	图20中23
	33	鳃弧期	7.5	7+16+15=38	3天10小时	眼后与卵囊之间出现4隔鳃弧，口裂形成，眼径0.40 mm，尾长占全长的33%	图20中24
	34	眼黄色素期	7.8	7+16+15=38	3天23小时	眼出现黄色素，鳃弧略现鳃芽，尾静脉宽长，眼径0.41 mm，尾长占全长的33.5%	图20中25

（续表）

阶段	序号	发育期	胚长 /mm	背前＋躯干＋尾部＝肌节／对	受精后时间	发育状况	图号
仔鱼	35	鳃丝期	8.1	7+16+15=38	4 天	体粗长，鳃丝形成，听囊为眼 1/3，眼径 0.42 mm，尾长占全长的 34.5%	图 20 中 26
	36	眼黑色素期	8.3	7+16+16=39	4 天 12 小时	眼黑色素出现，尾静脉宽长，眼径 0.4 mm，尾长占全长的 35.0%，可正面游泳	图 20 中 27
	37	鳔雏形期	9.2	8+15+16=39	5 天 10 小时	肠贯通，出现雏形鳔，眼后缘至听囊上方出现黑色素，背与青筋亦有黑色素	图 20 中 28
	38	鳔一室期	9.4	9+14+16=39	5 天 23 小时	鳔一室，卵囊仍较大，头背、体背、青筋及卵囊下方较多黑色素，臀褶 5 点，尾褶下方有菜刀形黑色素	图 20 中 29
稚鱼	39	背褶分化期	9.7	9+14+16=39	6 天 22 小时	背褶分化，卵黄囊尚存	图 20 中 30
	40	卵黄囊吸尽期	10	10+13+16=39	8 天 20 小时	在背褶分化情况下，卵黄囊才吸尽	图 20 中 31
	41	尾椎上翘期	10.8	11+12+16=39	9 天 10 小时	臀褶有雁队形黑色素，腹褶少许黑色素，尾椎上翘，色素同上，胸鳍基部有 2 朵黑色素，尾长占全长的 37%	图 20 中 32
	42	鳔二室期	11	11+12+16=39	11 天 17 小时	鳔前室出现，背褶深分化，已长出 5 条雏鳍条，尾褶三波形，黑色素同上	图 20 中 33
	43	腹鳍芽出现期	12.5	11+12+17=40	14 天 13 小时	肌节演变为卧"W"形，头内有 2 条双波状色素，腹鳍芽出现，脊椎骨发育完全	—
	44	背鳍形成期	14.8	11+12+17=40	19 天	背鳍与背褶分离，背鳍ⅲ -7，尾鳍叉形，腹鳍仍为芽状	图 20 中 34
	45	臀鳍形成期	17.3	11+12+17=40	23 天	臀鳍与臀褶分离，臀鳍ⅲ -13，腹鳍仍为圆芽状，口斜上位	图 20 中 35
	46	腹鳍形成期	19	11+12+17=40	25 天	腹鳍形成，ⅰ -8，腹鳍褶自腹鳍基部稍前处至肛门前止	图 20 中 36
	47	胸鳍形成期	21	11+12+17=40	27 天	胸鳍形成，体黑色素较多，但比鲢少，腹鳍褶自腹鳍基部至肛门前	—
	48	鳞片出现期	24.5	11+12+17=40	46 天	鳞片出现，腹鳍褶自腹鳍基部至肛门前，上有黑色素，渐成为腹棱	图 20 中 37
幼鱼	49	幼鱼期	36	11+12+17=40	70 天	头大体黑，眼中下位，较大，胸鳍超过腹鳍基部并与背鳍起点相切，侧线鳞 100 片	图 20 中 38

【比较研究】

鳙与鲢胚胎与胚后发育的比较见鲢的论述。

鳙与草鱼、青鱼、鲢的区别参用《长江草鱼、青鱼、鲢、鳙四大家鱼早期发育的研究》（易伯鲁等，1988）以及《长江鱼类》（湖北省水生物研究所鱼类研究室，1976），具体见附表 32。

①听囊期至心脏搏动期：头背部隆起，青鱼如山丘形，草鱼、鲢、鳙平缓。

②孵出期至鳃丝期：尾静脉草鱼宽，枇杷黄色，青鱼波浪形，鲢窄，鳙一般。

③鳔雏形期至卵黄囊吸尽期：眼间色素，草鱼多，青鱼无，鲢多，鳙少。

附表 32　草鱼、青鱼、鲢、鳙早期发育中的一些主要差别

比较性状	发育期	草鱼	青鱼	鲢	鳙
A. 脑区隆起程度	听囊期至心脏搏动期（23~30 期）				
B. 尾静脉	孵出期至鳃丝期（31~35 期）				
C. 头部轮廓及色素分布	鳔雏形期至卵黄吸尽期（37~39 期）				
	背鳍分化期至幼鱼期（40~48 期）				
D. 头内部色素图案	鳔一室期至鳔二室期（38~42 期）				
	腹鳍芽出现期至鳞片出现期（43~47 期）				
E. 胸鳍基部色素	鳔雏形期（37 期）				
	鳔一室期至背鳍褶分化期（38~40 期）				
	尾椎上翘期至臀鳍形成期（41~45 期）				
F. 尾鳍褶上的色素分布	鳔一室期至背鳍褶分化期（38~40 期）				
G. 腹、臀鳍褶上的色素分布	鳔一室期至鳔二室期（38~42 期）				
	腹鳍芽出现期至背鳍形成期（43~44 期）				
H. 臀鳍轮廓	臀鳍形成期至幼鱼期（45~48 期）				

④鳔一室期至鳞片出现期：头内部色素纹，草鱼花瓶状，青鱼两个倒"八"字形，鲢"U"形，鳙"11"形或平衡双弧形。

⑤眼黑色素期至鳔雏形期：尾段为全长比例，草鱼27%~30%，青鱼28%~32%，鲢32.5%~35.5%，鳙34%~37%。

⑥尾椎上翘期至臀鳍形成期：胸鳍弧黑色素，草鱼3朵，青鱼1朵，鲢、鳙2朵。

⑦鳔一室期至背鳍分化期：尾褶黑色素，草鱼下方丛状，青鱼1朵大黑色素，鲢上下2片黑色素，鳙菜刀状黑色素。

⑧鳔一室期至鳔二室期：腹、臀褶黑色素，草鱼、青鱼无，鲢腹褶大且多，臀褶少许，鳙腹褶少许，臀褶为雁队形黑色素。

⑨臀鳍形成期至幼鱼期：臀鳍轮廓，青鱼前尖形，草鱼、鲢、鳙一般。

（四）鲌亚科 Culterinae

1. 寡鳞飘鱼

寡鳞飘鱼［*Pseudolaubuca engraulis*（Nichols），图21］是鲤科鲌亚科飘鱼属的一种小型鱼类，长100~300 mm，体长而侧偏，口端位，下颌中央有一突起与上颌凹陷吻合，背鳍 ii-7，无硬刺，臀鳍 iii-17~20，侧线鳞50片，口端位，腹棱完全。分布于黄河、长江、珠江水系。

早期发育材料取自1961年长江宜昌段、1988年长江监利段、1983年西江桂平段。

【繁殖习性】

寡鳞飘产黏沉性卵，野外采用实验弶网操作，从来未捞过卵粒，最早仅为肠管贯通期的鱼苗。

【早期发育】

（1）鱼卵阶段 黏沉性卵，小卵类，膜径2~3 mm，卵周隙小。

（2）仔鱼阶段 获肠管贯通期至鳔一室期鱼苗，卵黄囊条状。

①肠管贯通期：受精后3天18小时。肠管贯通，体透明，眼黑色素出现，背褶与尾褶交接处靠近胚体尾段，尾褶呈扇形，全长8.3 mm，肌节12+11+17=40对（图21中1）。

②鳔雏形期：受精后4天14小时。鳔雏形，上缘有黑色素，头方形，听囊略等于眼，眼已黑，尾静脉清晰，尾褶上、下起点较靠近胚体，呈扇形，全长9 mm，肌节13+10+17=40对（图21中2）。

③鳔一室期：受精后5天20小时。鳔一室，体长，大眼，肩带出现1朵黑色素，尾椎下方出现1朵黑色素，全长9.2 mm，肌节14+9+17=40对（图21中3）。

（3）稚鱼阶段 搜集有卵黄囊吸尽期至背鳍形成期的6个发育期，已对外营养，器官、鳍条逐渐出现。

①卵黄囊吸尽期：受精后6天18小时。卵黄囊吸尽，吻尖，口裂，口亚端位，上颌口裂达眼前缘下方，眼大，与听囊大小相仿，青筋色素1条，尾椎下有2朵黑色素，尾静脉于尾椎下方作圈形回流，全长9.5 mm，肌节15+8+17=40对（图21中4）。

②背褶分化期：受精后8天8小时。背鳍褶分化成双波状，尾椎微上翘，出现雏形尾鳍条，头尖，口裂大，听囊斜上方与肩带出现黑色素，肝原基前后出现2朵黑色素，青筋部位有1行黑色素，全长9.7 mm，肌节15+8+17=40对（图21中5）。

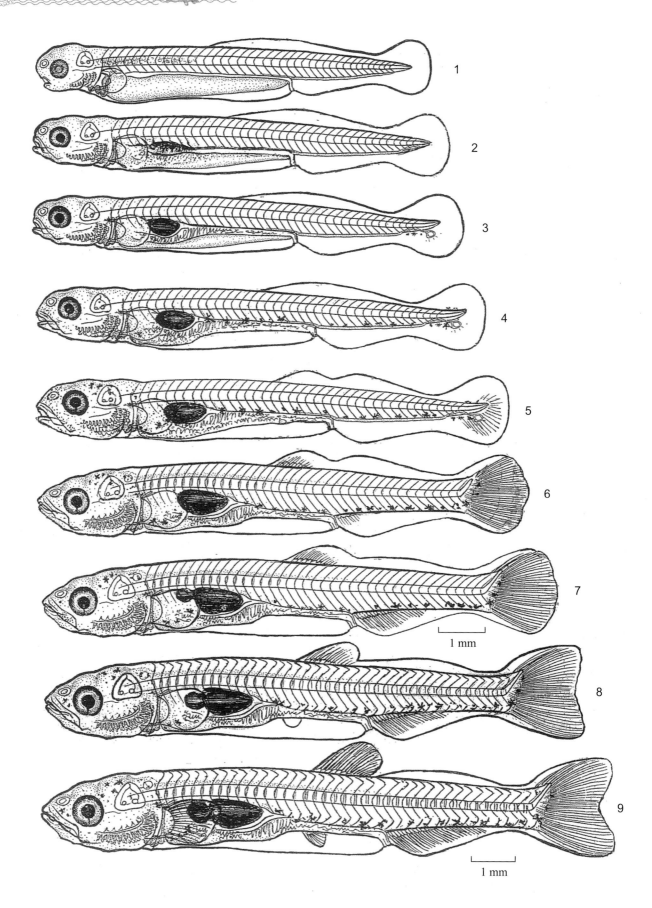

图 21　寡鳞飘鱼 *Pseudolaubuca engraulis*（Nichols）（黏沉）

③尾椎上翘期：受精后 8 天 23 小时。尾椎上翘，尾褶三波形，背鳍、臀鳍褶皆出现雏形鳍条，色素同上，尾椎下侧 3 朵大黑色素。头尖，口裂大，端位，眼黑色，较大，与听囊略等。背褶起点较后，全长 10.1 mm，肌节 15+8+17=40 对（图 21 中 6）。

④鳔二室期：受精后 10 天 20 小时。鳔前室出现，口端位，尖形，背褶、臀褶及尾褶出现鳍条，黑色素同上，尾呈 5 波形，尾椎后面有 3 朵明显黑色素。全长 11.3 mm，肌节 15+8+17=40 对（图 21 中 7）。

⑤腹芽出现期：受精后 13 天 18 小时。腹鳍芽出现，尾鳍叉形，眼大，黑色，口大，上下颌相嵌，全长 12 mm，肌节 15+8+17=40 对（图 21 中 8）。

⑥背鳍形成期：受精后 18 天 18 小时。背鳍与背褶分离，背鳍起点较后，吻尖，口裂大，似鳑，全长 13.1 mm，肌节 15+8+17=40 对（图 21 中 9）。

【比较研究】

寡鳞飘仔鱼、稚鱼与银飘鱼相仿，形态相似，但寡鳞飘鱼体形窄些，银飘鱼宽些，肌节又同样为 40 对，以显微镜观察，银飘鱼同期全长比寡鳞飘鱼短 1.5~2 mm，尾肌节有 1 对之差，尾部肌节银飘鱼 18 对，寡鳞飘鱼 17 对。尾椎后方寡鳞飘鱼 3 朵黑色素，银飘鱼 1 朵大黑色素花，口裂寡鳞飘鱼大于银飘鱼。

仔鱼阶段，寡鳞飘鱼大眼，鳑小眼，稚鱼阶段，头形及口裂寡鳞飘鱼与鳑相似，但寡鳞飘鱼肌节 14+9+17=40 对，鳑 15+22+15=52 对，肌节总数鳑多寡鳞飘鱼 12 对，而尾肌节寡鳞飘鱼比鳑多 2 对，分别为 17 对与 15 对。

2. 银飘鱼

银飘鱼（*Pseudolaubuca sinensis* Bleeker，图 22）为鲌亚科飘鱼属的一种小型鱼类，全长 90~200 mm，背鳍ⅲ-7，无硬刺，臀鳍ⅲ-21~26，侧线鳞 70 片，腹棱完全，口端位，裂斜，下颌突起与上颌缺刻相嵌。体背灰褐色，腹部银白色，胸、腹鳍淡黄色。分布于我国各淡水水体。

早期发育材料取自 1963 年长江黄石段、1981 年长江监利段、1983 年西江桂平段、1986 年长江武穴段。

【繁殖习性】

在实验弶网中捞不到鱼卵，据《长江鱼类》（湖北省水生物研究所鱼类研究室，1976）介绍："产卵期在 5—6 月，Ⅳ期卵巢呈草绿色，卵径 0.9~1 mm，绝对对怀卵量 3 400 粒左右"，应属产黏沉性卵鱼类。

【早期发育】

（1）仔鱼阶段 仔鱼各发育期都带长条形卵黄囊。

①肠管贯通期：受精后 4 天 4 小时。肠管贯通，体透明，大眼，眼已出现黑色素，头方形，口亚下位，眼略大于听囊，全长 6.3 mm，肌节 8+14+18=40 对（图 22 中 1）。

②鳔雏形期：受精后 4 天 14 小时。鳔雏形期，头方，大眼，眼与听囊大小相等。虽有卵黄囊，但同时摄食浮游动物，并吞食江泥，肠内黄褐色，肠褶皱呈栏栅状，成为银飘鱼苗的一个特征，全长 7 mm，肌节 9+13+18=40 对（图 22 中 2）。

③鳔一室期：受精后 6 天 10 小时。鳔一室，卵黄囊尚存，但已向外摄食。尾椎下 1 朵黑色素，因

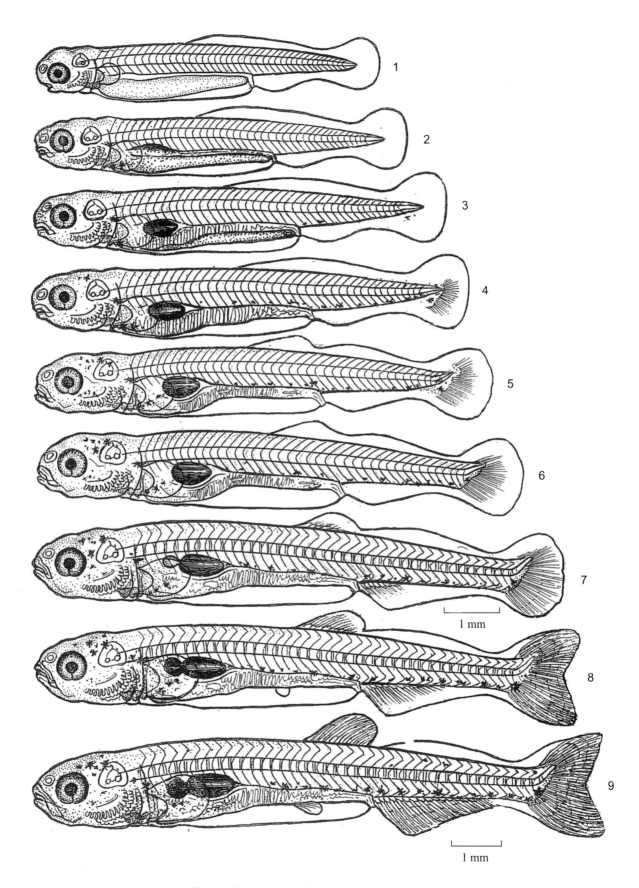

1 mm

1 mm

图 22　银飘鱼 *Pseudolaubuca sinensis* Bleeker（黏沉）

吞食微泥，肠黄褐色，褶皱有如栏栅状，这是银飘鱼苗特有的。野外材料中，凡见肠黄褐色、栏栅状，是银飘鱼者多，全长 7.2 mm，肌节 9+13+18=40 对（图 22 中 3）。

（2）稚鱼阶段　转为对外营养。

①卵黄囊吸尽期：受精后 6 天 11 小时。卵黄囊吸尽，头背部及肩带、尾椎下方各有 1 朵黑色素，青筋 1 行黑色素，肠褶黄色，形如栏栅，全长 8.2 mm，肌节 11+11+18=40 对（图 22 中 4）。

②背褶分化期：受精后 6 天 21 小时。背褶分化，头方形，眼与听囊略等大。青筋 1 行黑色素，头背 4 朵、肝原基 3 朵、尾椎下 1 朵黑色素，尾鳍雏形鳍条出现，肠褶黄色，栏栅状，尾褶三波形，全长 8.5 mm，肌节 12+10+18=40 对（图 22 中 5）。

③尾椎上翘期：受精后 8 天 8 小时。尾椎上翘，尾褶 5 波形，全长 9 mm，肌节 13+9+18=40 对（图 22 中 6）。

④鳔前室出现期：受精后 10 天 10 小时。鳔前室出现，尾 5 波形，与背褶、臀褶一起，出现雏形鳍条，全长 9.5 mm，肌节 15+7+18=40 对（图 22 中 7）。

⑤腹鳍芽出现期：受精后 12 天 12 小时。腹鳍芽出现，口裂大，端位，尾叉形，尾椎下 1 朵大黑色素，全长 10.7 mm，肌节 16+6+18=40 对（图 22 中 8）。

⑥背鳍形成期：受精后 18 天。背鳍与背褶分离，头尖，口端位，尾叉形，全长 11.2 mm，肌节 17+5+18=40 对（图 22 中 9）。

【比较研究】

银飘鱼与寡鳞飘鱼早期发育形态相似，只是银飘鱼体宽些，肠有褐黄色的栏栅状褶皱。寡鳞飘鱼窄些，肌节皆 40 对，银飘鱼鳔一室期时 9+13+18=40 对，寡鳞飘鱼 14+9+17=40 对，也即银飘鱼背褶起点偏中，寡鳞飘鱼偏后，而尾段肌节，银飘鱼比寡鳞飘鱼多 1 对。

3. 鳌

鳌 [Hemiculter leucisculus（Basilewsky），图 23] 是鲌亚科鳌属的小型鱼类，全长 75~150 mm，体长而侧扁，头尖，口端位，侧线鳞 45~52 片，走向于胸鳍上方向下急剧弯转，再沿腹侧至臀鳍基部复又向上弯折，然后沿尾柄中线伸至尾鳍基部。背鳍ⅲ-7，前具光滑硬刺，臀鳍ⅲ-12，腹棱自腹鳍基部至肛门。体银白色，尾鳍边缘灰黑色。分布于长江、珠江至全国各水系。

早期发育材料取自 1961 年长江宜昌段、1962 年长江黄石段、1981 年长江监利段、1986 年长江武穴段、1974 年汉江丹江口水库郧县段、1983 年西江桂平段、1989 年珠江广州段、1991 年北江韶关段。

【繁殖习性】

1 龄鱼即成熟，怀卵量 8 000~12 000 粒，卵膜吸水膨胀后具微黏性，江河、水库涨水时泥沙脱黏后，即与漂流性卵一样，于漂流中发育孵出。无论涨水、退水都能产卵。产卵场较分散，几乎是随处可产，也成为鱼苗捕捞中的"断江鱼苗"。

【早期发育】

（1）鱼卵阶段　跟踪绘图的鱼卵发育阶段有 20 个发育期，再划分为 4 个时段。

①细胞分裂时段：受精后 1 小时 10 分至 3 小时 50 分。细胞分裂有 4 细胞期、8 细胞期、16 细胞期、128 细胞期、桑葚期 5 个发育期，膜径 2.6~2.8 mm，卵长 1~1.2 mm（表 33 序号 1~5，图 23 中 1~5）。

②胚体形成时段：受精后 4 小时 30 分至 12 小时 50 分。胚体从动物极细胞分裂中形成囊胚早期（还

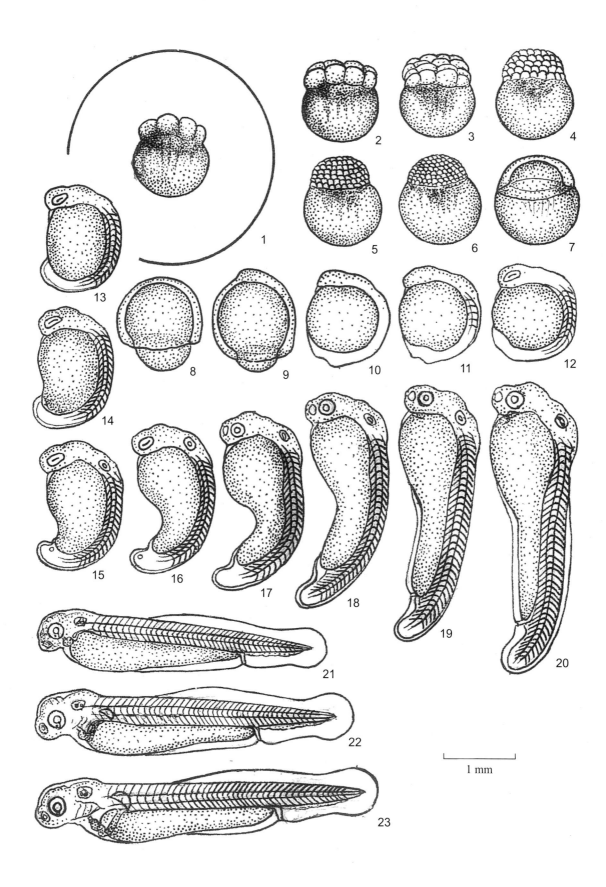

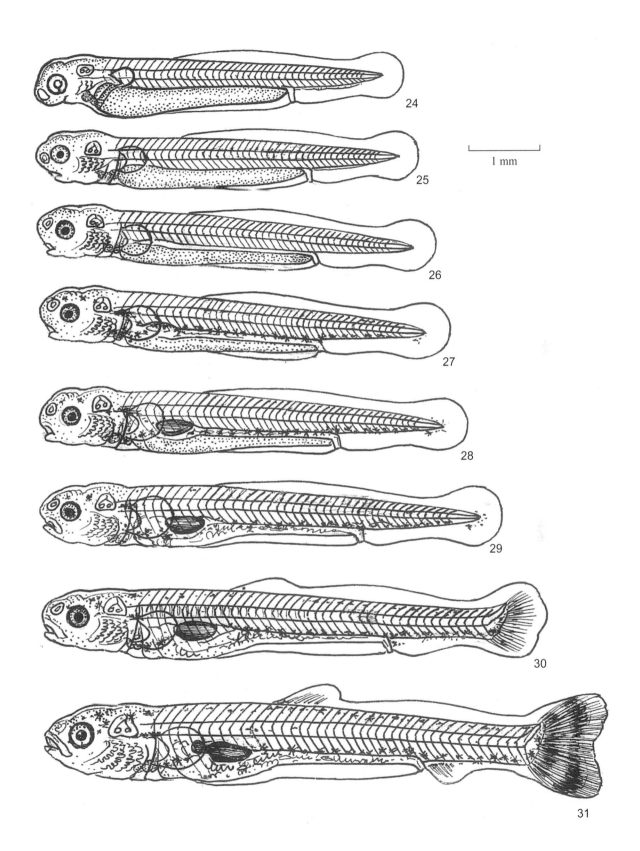

1 mm

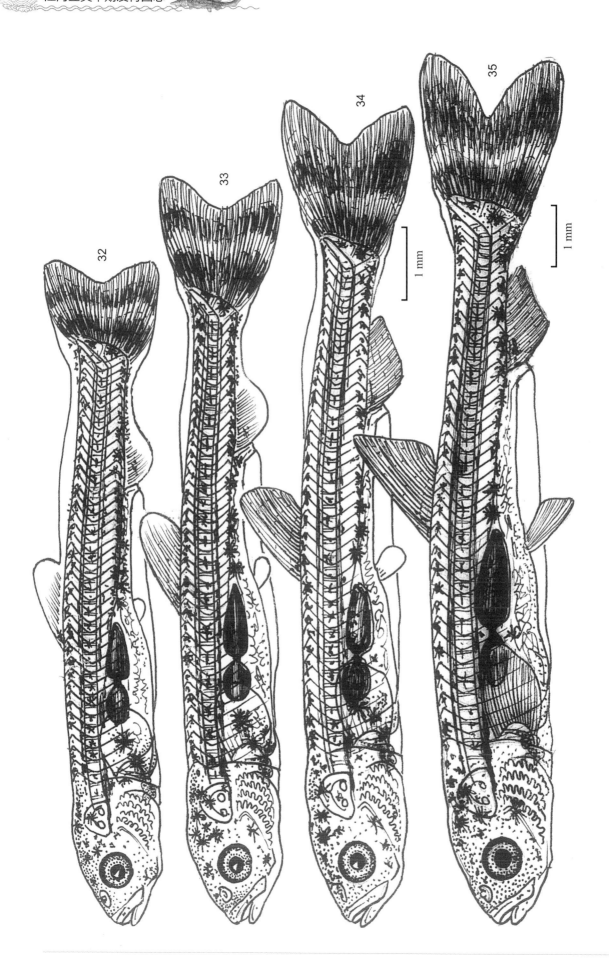

图 23 鳘 *Hemiculter leucisculus*（Basilewsky）（微黏漂流）

有囊胚中、晚期没图），原肠早、中、晚期，至胚孔封闭期，膜径 2.8~3 mm，卵长 1.2~1.3 mm（表33
序号6~10，图23中6~10）。

③器官出现时段：受精后13小时20分至23小时30分。鱼卵发育经历肌节出现期、眼基出现期、
眼囊期、尾芽期、尾泡出现期、尾鳍出现期、晶体形成期等7个发育期，膜径 3~3.6 mm，卵长 1.3~2 mm，
肌节 5~22 对（表33序号11~17，图23中11~17）。

④翻动时段：受精后24小时10分至1天7小时10分。从肌肉效应经心脏原基、耳石出现为胚
体抽动至翻动时段，有肌肉效应期、心脏原基期、耳石出现期3个发育期，膜径 3.6~3.8 mm，卵长
3~3.8 mm，肌节 30~37 对（表33序号18~20，图23的18~20）。

表33　鳌的胚胎发育特征

阶段	序号	发育期	膜径 / mm	卵长 / mm	肌节 / 对	受精后时间	发育状况	图号
鱼卵	1	4 细胞期	2.6	1	0	1 小时 10 分	4 个细胞	图 23 中 1
	2	8 细胞期	2.6	1	0	1 小时 20 分	8 个细胞	图 23 中 2
	3	16 细胞期	2.7	1.1	0	1 小时 50 分	16 个细胞	图 23 中 3
	4	128 细胞期	2.7	1.2	0	3 小时 30 分	128 个细胞	图 23 中 4
	5	桑葚期	2.8	1.2	0	3 小时 50 分	动物极形如桑葚	图 23 中 5
	6	囊胚早期	2.8	1.2	0	4 小时 30 分	囊胚帽较低	图 23 中 6
	7	原肠早期	2.9	1.2	0	8 小时 50 分	原肠下包 1/3	图 23 中 7
	8	原肠中期	2.9	1.2	0	9 小时 40 分	原肠下包 1/2	图 23 中 8
	9	原肠晚期	3	1.3	0	10 小时 20 分	原肠下包 4/5，神经胚锥形	图 23 中 9
	10	胚孔封闭期	3	1.3	0	12 小时 50 分	胚孔封闭	图 23 中 10
	11	肌节出现期	3	1.3	5	13 小时 20 分	肌节出现	图 23 中 11
	12	眼基出现期	3.1	1.4	8	14 小时 10 分	眼基出现	图 23 中 12
	13	眼囊期	3.2	1.4	13	16 小时 10 分	眼囊出现	图 23 中 13
	14	尾芽期	3.3	1.5	15	19 小时 30 分	尾芽出现	图 23 中 14
	15	尾泡出现期	3.4	1.6	18	21 小时 10 分	尾泡出现	图 23 中 15
	16	尾鳍出现期	3.5	1.9	20	22 小时 50 分	尾鳍伸出	图 23 中 16
	17	晶体形成期	3.6	2	22	23 小时 30 分	眼晶体形成，嗅囊出现	图 23 中 17
	18	肌肉效应期	3.6	3	30	24 小时 10 分	胚体抽动	图 23 中 18
	19	心脏原基期	3.7	3.5	32	1 天 4 小时	心脏原基出现	图 23 中 19
	20	耳石出现期	3.8	3.8	37	1 天 7 小时 10 分	听囊出现 2 颗耳石	图 23 中 20

（2）仔鱼阶段　受精后1天11小时至5天10小时。仔鱼阶段以卵黄囊为营养，经历孵出期、胸

鳍原基期、鳃弧期、鳃丝期、眼黑色素期、肠管贯通期、鳔雏形期、鳔一室期 8 个发育期，体透明，鳍褶稍宽，后来出现青筋色素，尾椎下 1 朵黑色素，尾长为全长的 28%~29%，听囊与眼等大。胚长 4~6 mm，肌节从 8+20+11=39 对至 8+20+13=41 对（表 34 序号 21~28 号，图 23 中 21~28）。

（3）稚鱼阶段　受精后 6 天 16 小时至 24 天。稚鱼为对外营养阶段，经历卵黄囊吸尽期、背褶分化期、鳔前室出现期、腹鳍芽出现期、背鳍形成期、臀鳍形成期、腹鳍形成期，体长 6.5~14.2 mm，肌节 8+20+13=41 对至 14+14+13=41 对，尾长为全长的 30%（表 34 序号 29~35，图 23 中 29~35）。口端位，听囊稍大于眼，尾椎下 2 朵黑色素。

表 34　鳘的胚后发育特征

阶段	序号	发育期	胚长 / mm	肌节 / 对	受精后时间	发育状况	图号
仔鱼	21	孵出期	4	8+20+11=39	1 天 11 小时	胚体稍宽，方头，眼大于听囊	图 23 中 21
	22	胸鳍原基期	4.5	8+20+12=40	1 天 21 小时	胸鳍芽出现，背褶、尾褶稍宽	图 23 中 22
	23	鳃弧期	4.8	8+20+12=40	2 天 2 小时	鳃弧出现，眼黄色，背褶、臀褶、尾褶稍宽	图 23 中 23
	24	鳃丝期	5.1	8+20+12=40	3 天	鳃丝出现，口裂下位，鳍褶稍宽	图 23 中 24
	25	眼黑色素期	5.3	8+20+13=41	3 天 10 小时	眼黑色素出现，口开，鳍褶稍宽	图 23 中 25
	26	肠管贯通期	5.5	8+20+13=41	3 天 18 小时	肠管贯通，听囊等于眼，口亚下位，鳍褶稍宽	图 23 中 26
	27	鳔雏形期	5.8	8+20+13=41	3 天 23 小时	鳔雏形，青筋色素出现，尾椎下有数点黑色素	图 23 中 27
	28	鳔一室期	6	8+20+13=41	5 天 10 小时	鳔一室，口端位，尾椎下有 1 朵大黑色素，背与青筋出现黑色素	图 23 中 28
稚鱼	29	卵黄囊吸尽期	6.5	8+20+13=41	6 天 16 小时	卵黄囊吸尽，黑色素同上	图 23 中 29
	30	背褶分化期	7	9+19+13=41	7 天 12 小时	背褶分化，尾褶三波形，背部与青筋各有 1 行黑色素	图 23 中 30
	31	鳔前室出现期	8	10+18+13=41	10 天 10 小时	鳔前室出现，尾叉形，背褶、臀褶出现雏形鳍条	图 23 中 31
	32	腹鳍芽出现期	9	11+17+13=41	15 天	腹鳍芽出现，背部、脊索、青筋各有 1 行黑色素，尾椎下方有 2 条黑色素，听囊等于眼	图 23 中 32
	33	背鳍形成期	10.1	12+16+13=41	15 天	背鳍形成，尾叉形，黑色素同上，听囊稍大于眼	图 23 中 33
	34	臀鳍形成期	11	13+15+13=41	20 天	臀鳍形成，黑色素同上，听囊稍大于眼，口端位	图 23 中 34
	35	腹鳍形成期	14.2	14+14+13=41	24 天	腹鳍与胸鳍皆形成，口端位，听囊大于眼黑色素同上，尾叉形，尾鳍有 2 个 "W" 形黑色素	图 23 中 35

【比较研究】

（1）鱼卵阶段的区别 鳘为微黏漂流性卵，贝氏鳘为漂流性卵，均为小型卵，透明，按比例为小眼胚体，两者没有显著差别。

（2）仔鱼阶段的区别 鳘尾褶圆形，贝氏鳘尾长大过鳘，具体是贝氏鳘尾长占全长的31%~33%，鳘尾长占全长的28%~29%。鳘肌节躯干段比贝氏鳘少1对，具体鳘8+20+13=41对，贝氏鳘8+21+13=42对。尾椎下方鳘黑色素比油鳘少，鳘1朵大点黑色素和分散几点黑色素，贝氏鳘2~3朵黑色素。

（3）稚鱼阶段的区别 稚鱼阶段鳘与贝氏鳘体形与黑色素分布相仿。不同的是鳘尾椎后方有2朵大黑色素，贝氏鳘有3朵大黑色素，鳘听囊略大于眼，贝氏鳘听囊等于眼，尾段长鳘短于贝氏鳘，鳘尾长占全长的30%，贝氏鳘尾长占全长35%。贝氏鳘肌节同期的鳘条多1对，贝氏鳘8+21+13=42对和18+11+13=42对，鳘8+20+13=41对和14+14+13=41对。

4. 贝氏鳘

贝氏鳘（*Hemiculter bieekeri* Warpachowskyi，图24）是鲌亚科鳘属的一种小型鱼类，全长70~130 mm，体长而侧扁，头尖，眼大，口端位，背鳍ⅲ-7，具光滑硬刺，臀鳍ⅲ-11~15，侧线42~48个，在胸鳍上方向下弯曲，沿腹侧行至臀鳍基部向上弯折，又沿尾柄中线直达尾鳍基部。分布于长江、珠江及全国各水系。

早期发育材料取自1961年长江宜昌段，1962年长江黄石段、万县段，1974年长江汉阳大军山段，1981年长江监利段，1986年长江武穴段，1976年汉江丹江口水库郧县段。

【繁殖习性】

体长10 cm左右即参与繁殖，怀卵量5 000~6 000粒。在流水中产漂流性卵，没有特定的产卵场，以早期鱼卵推算，产卵场比较普遍。

【早期发育】

（1）鱼卵阶段 卵膜吸水膨胀后膜径3.5~4 mm，膜薄透明。

①细胞分裂时段：受精后50分至6小时50分。经历2细胞期、4细胞期、8细胞期、16细胞期、32细胞期、64细胞期、128细胞期至桑葚期（表35序号1~5，图24中1~5）以及囊胚早、中、晚期（表36序号6~8，图24中6~8），卵径1~1.1 mm。

②胚体形成时段：受精后7小时30分至13小时50分。经历原肠早、中、晚期，神经胚期、肌节出现期（表35序号9~12，图24中9~12），卵径1.1~1.3 mm。

③器官出现时段：受精后14小时30分至1天9小时10分。经历眼基出现期、眼囊期、听囊期、尾泡出现期、尾鳍出现期、嗅囊出现期、心脏原基期、耳石出现期、心脏搏动期，胚长1.3~3.8 mm，肌节10~37对（表35序号13~21，图24中13~21）。

（2）仔鱼阶段 受精后1天18小时至5天10小时。仔鱼含瘦长形卵黄囊，经历孵出期、胸原基期、鳃弧期、眼黑色素期、肠管贯通期、鳔雏形期、鳔一室期等7个发育期，全长4.1~6.1 mm，肌节7+22+12=41对至8+21+13=42对（表36序号22~28，图24中22~29），尾长为全长的31%~33%。

（3）稚鱼阶段 受精后6天8小时至23天。稚鱼行对外营养，经历卵黄囊吸尽期、背褶分化期、鳔二室期、腹鳍芽出现期、背鳍形成期、臀鳍形成期、腹鳍形成期7个发育期（表36序号29~35，图24中30~36），全长6.7~14.5 mm，肌节8+21+13=42对至18+11+13=42对，尾长为全长的35%。

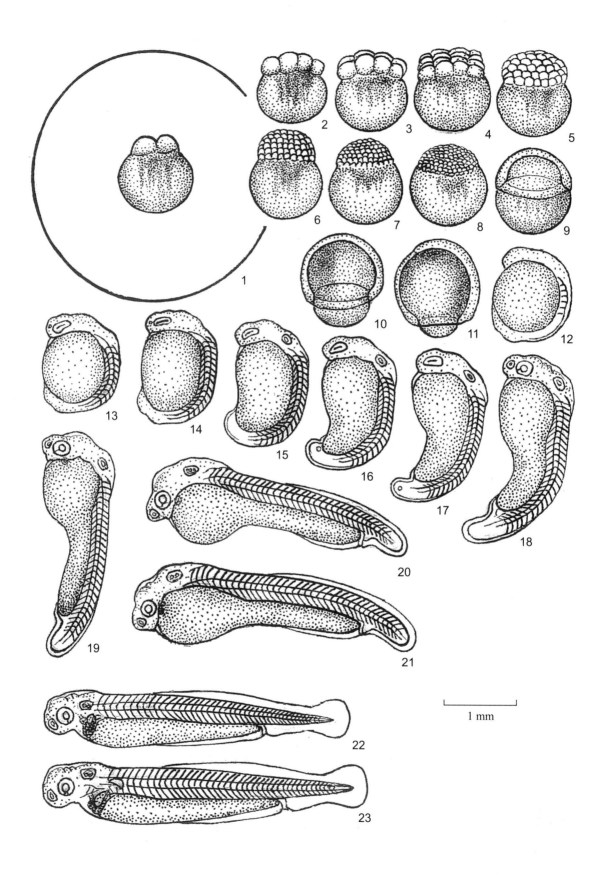

1 mm

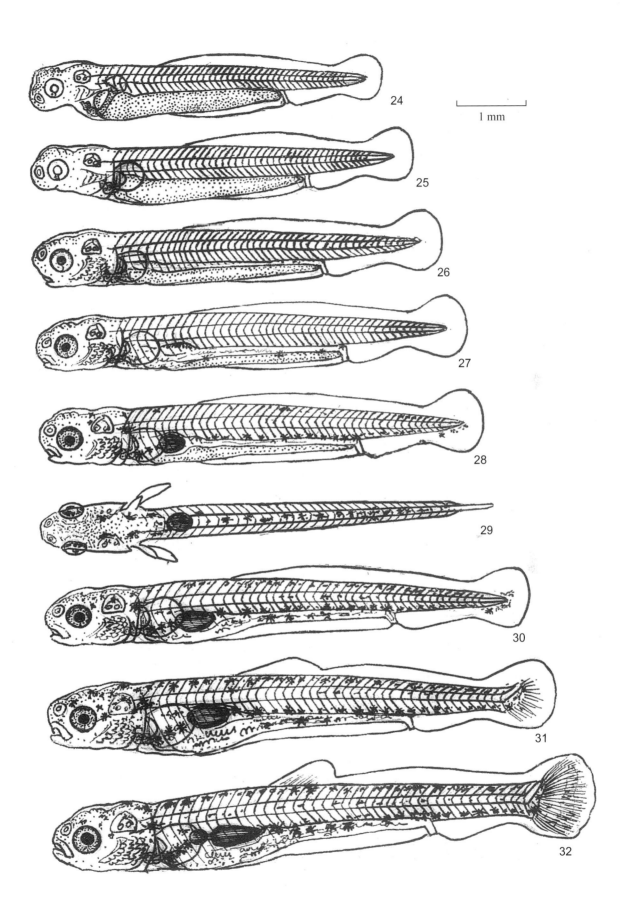

1 mm

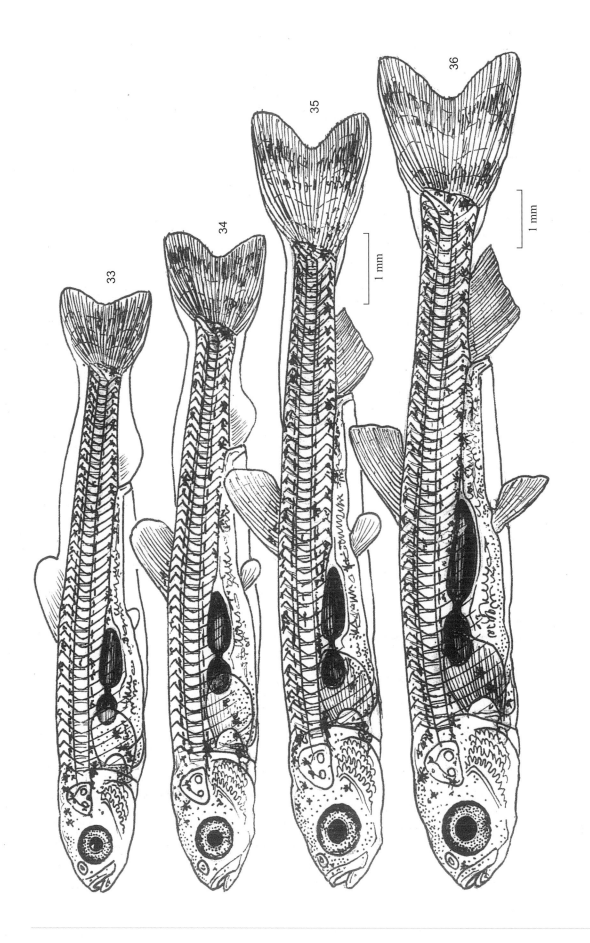

图 24　贝氏鳘 *Hemiculter bleekeri* Warpachowskyi（漂流）

表35　贝氏鳘的胚胎发育特征

阶段	序号	发育期	膜径 / mm	卵长 / mm	肌节 / 对	受精后时间	发育状况	图号
鱼卵	1	2 细胞	3.5	1	0	50 分	纵分裂为 2 个细胞	图 24 中 1
	2	4 细胞期	3.5	1	0	1 小时 20 分	动物极分裂为 4 个细胞	图 24 中 2
	3	8 细胞期	3.5	1.1	0	1 小时 30 分	分裂为 8 个细胞	图 24 中 3
	4	16 细胞期	3.5	1.1	0	1 小时 50 分	分裂至 16 个细胞	图 24 中 4
	5	桑葚期	3.6	1.1	0	3 小时	形如桑葚	图 24 中 5
	6	囊胚早期	3.6	1.1	0	4 小时 30 分	囊胚早时	图 24 中 6
	7	囊胚中期	3.6	1.1	0	5 小时 50 分	囊胚中时	图 24 中 7
	8	囊胚晚期	3.7	1.1	0	6 小时 50 分	囊胚晚时	图 24 中 8
	9	原肠早期	3.7	1.1	0	7 小时 30 分	原肠下包 1/2	图 24 中 9
	10	原肠中期	3.7	1.2	0	9 小时 50 分	原肠下包 2/3	图 24 中 10
	11	神经胚期	3.7	1.3	0	12 小时 30 分	神经胚出现，下包 4/5	图 24 中 11
	12	肌节出现期	3.7	1.3	5	13 小时 50 分	肌节出现	图 24 中 12
	13	眼基出现期	3.7	1.3	10	14 小时 30 分	眼基出现	图 24 中 13
	14	眼囊期	3.8	1.4	14	16 小时 30 分	眼基扩大成眼囊	图 24 中 14
	15	听囊期	3.8	1.6	18	18 小时 50 分	听囊出现	图 24 中 15
	16	尾泡出现期	3.8	2	20	22 小时	尾泡出现	图 24 中 16
	17	尾鳍出现期	3.9	2.0	23	22 小时 50 分	尾鳍伸出	图 24 中 17
	18	嗅囊出现期	3.9	2.5	25	1 天 1 小时 10 分	嗅囊出现，胚体抽动	图 24 中 18
	19	心脏原基期	4	3	28	1 天 3 小时 30 分	心脏原基出现，抽动	图 24 中 19
	20	耳石出现期	4	3.5	32	1 天 6 小时 20 分	听囊出现耳石，抽动	图 24 中 20
	21	心脏搏动期	4	3.8	37	1 天 9 小时 10 分	心脏搏动，胚体翻转	图 24 中 21

表36　贝氏鳘的胚后发育特征

阶段	序号	发育期	全长 / mm	肌节 / 对	受精后时间	发育状况	图号
仔鱼	22	孵出期	4.1	7+22+12=41	1 天 18 小时	胚体透明，方头，眼大于听囊	图 24 中 22
	23	胸原基期	4.5	7+22+12=41	1 天 23 小时	胸鳍原基出现，方头，眼大于听囊	图 24 中 23
	24	鳃弧期	4.8	7+22+12=41	2 天 7 小时	鳃弧出现，方头，眼大于听囊，口裂于眼下方	图 24 中 24
	25	眼黑色素期	5.3	8+22+12=42	3 天 8 小时	眼出现黑色素，口开于眼下方，眼＞听囊＞嗅囊	图 24 中 25
	26	肠管贯通期	5.6	8+21+13=42	3 天 18 小时	肠管贯通，口于眼前斜下方，尾长占全长的 32% 左右	图 24 中 26
	27	鳔雏形期	5.9	8+21+13=42	4 天 4 小时	鳔雏形期，肠与卵黄囊间有 3 朵黑色素	图 24 中 27
	28	鳔一室期	6.1	8+21+13=42	5 天 10 小时	鳔一室，体背与青筋部位各有 1 条黑色素，尾椎下有黑色素 3 朵	图 24 中 28~29

（续表）

阶段	序号	发育期	全长 / mm	肌节 / 对	受精后时间	发育状况	图号
稚鱼	29	卵黄囊吸尽期	6.7	8+21+13=42	6 天 8 小时	卵黄囊吸尽，体背、脊椎、青筋部位各有 1 行黑色素	图 24 中 30
	30	背褶分化期	7.2	9+20+13=42	7 天 22 小时	背褶分化，尾椎上翘，尾褶出现雏形鳍条	图 24 中 31
	31	鳔二室期	7.6	10+19+13=42	11 天 6 小时	鳔前室出现，尾五波形，尾鳍条出现，头尖，口端位	图 24 中 32
	32	腹鳍芽出现期	8.4	11+18+13=42	12 天 12 小时	腹鳍芽出现，尾叉形，尾椎下有 2 朵黑色素	图 24 中 33
	33	背鳍形成期	9	12+17+13=42	17 天	背鳍形成，与背褶分离，尾扇形，尾长占全长的 35%	图 24 中 34
	34	臀鳍形成期	10.8	15+14+13=42	20 天	臀鳍形成，尾椎下有 3 朵黑色素	图 24 中 35
	35	腹鳍形成期	14.5	18+11+13=42	23 天	腹鳍形成，尾叉形，带状黑色素	图 24 中 36

【比较研究】

贝氏鳘与鳘基本相似，分 3 个阶段比较。

（1）鱼卵阶段　贝氏鳘为漂流性卵，鳘为微黏的漂流性卵，两者没有明显差别。

（2）仔卵阶段　贝氏鳘尾鳍褶扇形，鳘圆形，贝氏鳘尾长占全长的 31%~33%，鳘占 28%~29%，尾椎下方贝氏鳘黑色素 2~3 朵，鳘 1 朵为主。肌节贝氏鳘 8+21+13=42 对，躯干比鳘多 1 对，鳘为 8+20+13=41 对。

（3）稚鱼阶段　贝氏鳘尾椎下方有 3 朵大黑色素，鳘 2 朵，贝氏鳘听囊等于眼，鳘听囊大于眼。贝氏鳘肌节比鳘多 1 对，自 8+21+13=42 对至 18+11+13=42 对，贝氏鳘尾长大于鳘，贝氏鳘尾长占全长的 35%，鳘尾长占全长的 30%。

5. 翘嘴鲌

翘嘴鲌［*Culter alburnus* Basilewsky，图 25］体延长而侧扁，口上位，上翘，背鳍 iii-7，第 3 根不分支鳍条为硬刺，臀鳍 iii-23，侧线鳞 85 片。腹棱自腹鳍基部至肛门。体背灰黑色，腹部银白色，中型鱼类，一般 15~65 cm。

分布于黑龙江、黄河、长江、珠江、元江以及台湾与海南岛水系。

早期发育材料取自 1961 年长江宜昌段、1963 年长江湖口段、1974 年长江武汉东湖（朱志荣的翘嘴鲌人工授精标本）、1976 年汉江丹江口水库郧县段、1978 年汉江沙洋段、1981 年长江监利段等。

【繁殖习性】

翘嘴鲌雄鱼 2 龄、雌鱼 3 龄成熟，怀卵量 15 万 ~50 万粒。产微黏的漂流性卵，在湖泊与缓流产卵时，卵粒黏着水草发育，在江河及水库涨水时产卵，泥沙脱黏后成为漂流性卵，随水漂流发育。

【早期发育】

（1）鱼卵阶段　卵粒吸水膨胀后为中卵型，膜径 3.4~4.2 mm。

①64 细胞期：受精后 2 小时 30 分。动物极发育至 64 个细胞，卵长 1.3 mm（图 25 中 1）。

②桑葚期：受精后 3 小时 20 分。动物极细胞分裂形如桑葚，卵长 1.4 mm（图 25 中 2）。

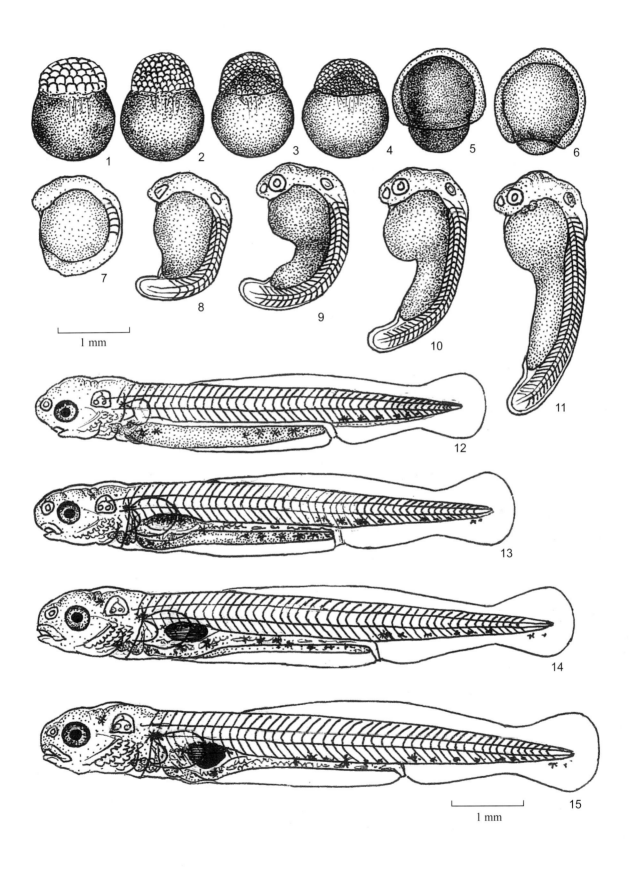

1 mm

1 mm

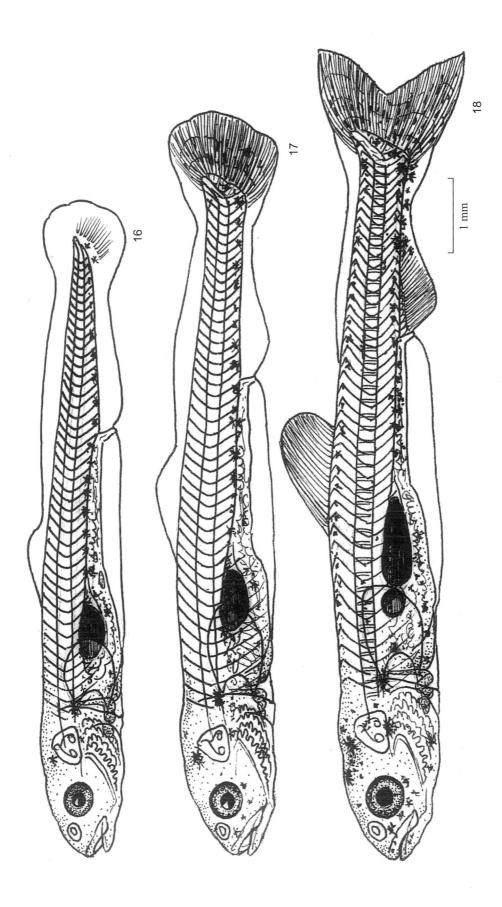

图 25　翘嘴鲌 *Culter alburnus* Basilewsky（微黏漂流）

③囊胚中期：受精后 5 小时 30 分。囊胚形成至中期，卵长 1.4 mm（图 25 中 3）。

④囊胚晚期：受精后 6 小时 40 分。囊胚晚期卵长 1.35 mm（图 25 中 4）。

⑤原肠中期：受精后 10 小时。原肠下包 3/5，卵长 1.4 mm（图 25 中 5）。

⑥原肠晚期：受精后 12 小时。原肠下包 4/5，卵长 1.4 mm（图 25 中 6）。

⑦肌节出现期：受精后 14 小时 10 分。胚体出现肌节 6 对，卵长 1.6 mm（图 25 中 7）。

⑧尾鳍出现期：受精后 21 小时。尾鳍伸出，眼与听囊已出现，卵长 2 mm（图 25 中 8）。

⑨晶体形成：受精后 23 小时。眼晶体形成，卵黄囊内凹明显，其弯度较深，是为翘嘴鲌的特点，胚长 2.2 mm（图 25 中 9）。

⑩肌肉效应期：受精后 1 天。胚体抽动，卵黄囊特别内凹，胚长 2.7 mm（图 25 中 10）。

⑪心脏搏动期：受精后 1 天 9 小时。胚体伸长，心脏搏动，胚长 3.3 mm（图 25 中 11）。

（2）仔鱼阶段　以卵黄供给营养。

①肠管贯通期：受精后 4 天 2 小时。尖头，大眼，听囊略大丁或等于眼，肠管贯通，卵黄囊前段有 3 朵、后段有 4~5 朵黑色素，尾部下方有 6 朵黑色素。全长 6.2 mm，肌节 9+16+20=45 对（图 25 中 12）。

②鳔雏形期：受精后 4 天 14 小时。头半椭圆形，口亚下位，听囊等于眼，鳔雏形，卵黄囊后段有 5 朵整齐黑色素，尾段下方 1 行黑色素（青筋后段），尾椎下方 2 朵黑色素，肩带 1 朵黑色素。全长 7 mm，肌节 10+15+20=45 对（图 25 中 13）。

③鳔一室期：受精后 5 天 10 小时。头半椭圆形，口亚端位，卵黄囊窄长条形，与肠管之间有 7~8 朵黑色素，尾段下缘 1 行黑色素（青筋后段），尾椎下方 2 朵黑色素，肩带 1 朵黑色素。全长 7.7 mm，肌节 9+16+20=45 对（图 25 中 14）。

（3）稚鱼阶段　对外营养，以浮游动物为食。

①卵黄囊吸尽期：受精后 6 天 18 小时。头半椭圆形，口亚端位，上颌至眼中线下方，口裂大，鳔一室，卵黄囊吸尽。黑色素同上，全长 8 mm，肌节 11+14+20=45 对（图 25 中 15）。

②背褶分化期：受精后 8 天。头尖形，口亚端位，口裂大，背褶隆起，尾椎微上翘，下方有 2 朵黑色素，出现雏形尾鳍条，青筋部位 1 行黑色素，全长 8.8 mm，肌节 12+13+20=45 对。（图 25 中 16）。

③尾椎上翘期：受精后 9 天 17 小时。尾椎上翘，头尖，口端位，尾椎下 2 朵黑色素，青筋 1 行黑色素，听囊斜上方及肩带各有 1 朵黑色素，尾鳍条出齐，尾三波形。全长 9.9 mm，肌节 13+12+20=45 对（图 25 中 17）。

④背鳍形成期：受精后 16 天 1 小时。背鳍与背褶分离，头尖，口端位，头背 1 丛黑色素，吻及眼下有斜列黑色素，青筋及背部各有 1 行黑色素，臀褶有 6 朵黑色素。全长 11 mm，肌节 14+11+20=45 对（图 25 中 18）。

【比较研究】

翘嘴鲌眼晶体形成期卵黄囊深度内弯，鲌属其他鱼类没这特点。与蒙古鲌相比，黑色素、肌节数相仿，但翘嘴鲌为中眼、蒙古鲌为大眼。尾椎上翘期后体形与鳘相仿，但翘嘴鲌眼与听囊相仿，鳘听囊大于眼，翘嘴鲌个体大些，尾肌节 20 对而多于鳘的 13 对。

6．蒙古鲌

蒙古鲌［*Culter mongolicus*（Basilewsky），图 26］体延长而侧扁，头后部微隆，口端位，口裂稍斜，下颌长于上颌，吻略突出，背鳍ⅲ-7，第 3 根不分支鳍条为光滑硬刺，臀鳍ⅲ-20，背鳍灰白色，胸腹、臀鳍、尾鳍上叶均淡黄色，尾鳍下叶鲜红色。为中等鱼类，全长 15~45 cm。分布于我国各水系。

早期发育材料取自 1963 年长江鄱阳湖湖口、1977 年汉江孙家湾段、1978 年汉江丹江口水库郧县段、1986 年长江武穴段。

【繁殖习性】

蒙古鲌的繁殖期为 5—7 月，丹江口水库还偏向 6 月底至 7 月中旬，一般 2 龄性成熟，产卵群体全长在 25~40 cm，怀卵量 2 万 ~20 万粒。

蒙古鲌产微黏的漂流性卵，在山洪暴发、江水呈泥浆状、透明度 2 mm 时，产出略带黏性的卵膜即时脱黏，全部呈珍珠粒似的，亮晶晶浮于水面，如 1977 年于丹江口水库郧县即见到这种状况，用小捞网也可捞到卵粒。

【早期发育】

（1）鱼卵阶段　卵膜吸水膨胀，一般为中卵型，膜径 3.5~4.5 mm，也有少数大卵，膜径为 4.8~5.3 mm。

①桑葚期：受精后 3 小时。卵粒动物极如桑葚状，卵长 1.4 mm（图 26 中 1）。

②胚孔封闭期：受精后 13 小时 10 分。胚孔封闭，卵长 1.4 mm（图 26 中 2）。

③尾芽期：受精后 19 小时。尾芽出现，眼囊如葵花籽形，肌节 21 对（图 26 中 3）。

④尾鳍出现期：受精后 22 小时 30 分。尾鳍伸出，听囊出现，肌节 25 对（图 26 中 4）。

（2）仔鱼阶段　自孵出期至鳔一室期。

①鳃弧期：受精后 2 天 3 小时。从孵出期至胸鳍原基期进至鳃弧期，属方头形，中个体，大眼，眼比听囊稍大。蒙古鲌仔鱼最大特点是鳃弧期后眼上缘出现眼黑色素。口裂形成，下位。全长 5.6 mm，肌节 9+20+18=47 对（图 26 中 5）。

②鳃丝期：受精后 3 天 3 小时。鳃丝出现，方头，大眼，上缘有黑色素，口移至眼前缘下方。全长 6 mm，肌节 9+20+18=47 对（图 26 中 6）。

③肠管贯通期：受精后 3 天 20 小时。肠管贯通，口亚端位，眼黑色，卵囊前及青筋后部位出现黑色素，全长 6.3 mm，肌节 9+20+18=47 对（图 26 中 7）。

④鳔雏形期：受精后 4 天 14 小时。鳔雏形，眼大，口亚端位，雏鳔上缘及尾椎下缘有黑色素，卵黄囊有 1 条整齐黑色素，青筋部位后段为 1 行黑色素，全长 6.7 mm，肌节 10+19+18=47 对（图 26 中 8）。

⑤鳔一室期：受精后 5 天 15 小时。鳔一室，窄长的卵黄囊与肠之间 1 行整齐黑色素，尾椎下方 2 朵黑色素。全长 7.2 mm，肌节 10+19+18=47 对（图 26 中 9）。

（3）稚鱼阶段　进入对外营养阶段。

①卵黄囊吸尽期：受精后 6 天 16 小时。卵黄囊吸尽，口大，亚端位，眼大于听囊。青筋部位有 1 行黑色素，尾椎下方有 2 朵黑色素。全长 7.7 mm，肌节 11+18+18=47 对（图 26 中 10）。

②尾椎上翘期：受精后 8 天 8 小时。背褶分化，尾椎上翘，头背出现 3~4 朵黑色素，体背、脊椎、青筋部位各有 1 行黑色素，尾褶三波形。全长 8.5 mm，肌节 12+17+18=47 对（图 26 中 11）。

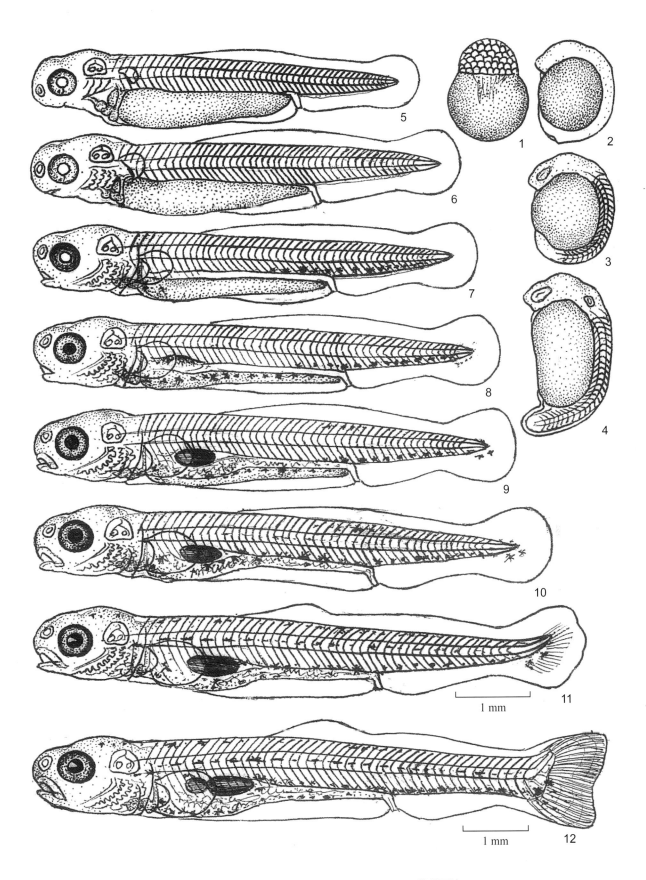

图 26　蒙古鲌 *Culter mongolicus*（Basilewsky）（微黏漂流）

③鳔二室期：受精后 10 天 10 小时。鳔前室出现，体侧 3 行黑色素，尾鳍条出齐，浅分叉，全长 9 mm，肌节 13+16+18=47 对（图 26 中 12）。

【比较研究】

鲌属中产微黏性漂流卵有蒙古鲌、翘嘴鲌、拟尖头鲌，黏沉性卵有达氏鲌、海南鲌、红鳍原鲌，仔鱼、稚鱼中达氏鲌、拟尖头鲌小眼，海南鲌、红鳍原鲌、翘嘴鲌中眼，蒙古鲌大眼，卵黄囊出现整齐黑色素有蒙古鲌（整条）、翘嘴鲌（半条），鳔雏形期卵黄囊才出现黑色素的有拟尖头鲌，基本无黑色素的为海南鲌、红鳍原鲌。肌节以尾部 18~20 对为鲌属鱼苗的特征，其中拟尖头鲌 9+17+20=46 对、翘嘴鲌 12+13+20=45 对、海南鲌 8+17+19=44 对、红鳍原鲌 13+15+18=46 对、蒙古鲌 13+16+18=47 对而有所区别。

7. 达氏鲌

达氏鲌［*Culter dabryi* (Bleeker)，图 27］又名青梢鲌，因各鳍灰黑色而称为青梢，体侧扁，口亚上位，背鳍 iii-7，具硬刺，臀鳍 iii-25，侧线鳞 67 片。分布于我国各水系。

早期发育材料取自 1962 年长江鄱阳湖湖口。

【繁殖习性】

达氏鲌繁殖群体以 2~5 龄为多，怀卵量 2 万 ~10 万粒，繁殖期 4—7 月，产黏草性卵。

【早期发育】

（1）鱼卵阶段　黏草性，卵膜径 1.35~1.4 mm。

①桑葚期：受精后 3 小时 30 分。细胞分裂至桑葚状，卵径 1.1 mm（图 27 中 1）。

②肌肉效应期：受精后 1 天。胚体弯曲在膜内发育，颤动。出现嗅囊与听囊，肌节 22 对（图 27 中 2）。

（2）仔鱼阶段

①胸鳍原基期：受精后 1 天 21 小时。孵出后出现胸鳍原基，方头，小眼，听囊略大于眼，全长 4 mm，肌节 10+20+20=50 对（图 27 中 3）。

②鳔雏形期：受精后 3 天 20 小时。鳔雏形，头半椭圆形，听囊＞眼＞嗅囊，全长 5.35 mm，肌节 15+15+20=50 对（图 27 中 4）。

③鳔一室期：受精后 5 天 10 小时。鳔一室，倒等腰三角形，口下端位，口裂大，卵黄囊窄长，全长 6 mm，肌节 15+15+20=50 对（图 27 中 5）。

（3）稚鱼阶段

①卵黄囊吸尽期：受精后 8 天 6 小时。卵黄囊吸尽，头尖，听囊等于眼，口端位，青筋部位 1 行黑色素，尾椎下方 1 朵黑色素。全长 6.5 mm，肌节 15+15+20=50 对（图 27 中 6）。

②背鳍形成期：受精后 18 天。背鳍与背褶分离，背鳍起点较后，尾鳍叉形，鳍条出齐，臀鳍与胸鳍出现雏形鳍条，口端位，听囊略大于眼。鳔二室，头背部、肩带、心脏下方出现黑色素，背鳍前背部、青筋部位出现条状黑色素，尾椎下方 2 朵黑色素。全长 8.1 mm，肌节 15+15+20=50 对（图 27 中 7~8）。

【比较研究】

达氏鲌产黏草性卵，不同于翘嘴鲌、蒙古鲌、拟尖头鲌的微黏漂流性卵，眼小于听囊，主要特点是背鳍褶起点较后，肌节 15+15+20=50 对，即 15 对肌节处才是背鳍褶起点或背鳍起点。至幼鱼时也呈现背鳍较后的特点。

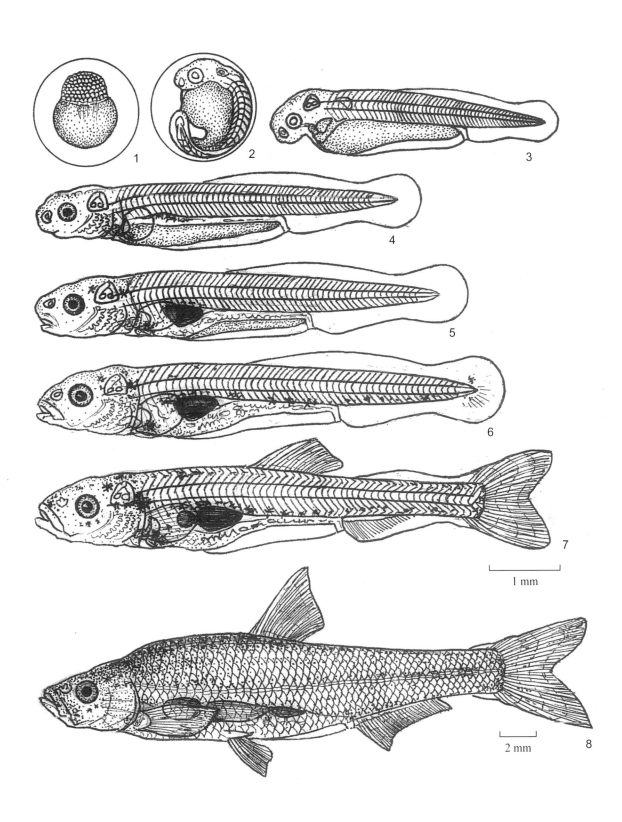

图 27　达氏鲌 *Culter dabryi* Bleeker（黏草）

1 mm

2 mm

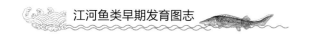

8. 海南鲌

海南鲌［*Culter recurviceps*（Richardson），图 28］地方名叫拗颈，体侧扁，背隆起，大眼，口上位，上翘，背鳍ⅲ-7，臀鳍ⅲ-25，侧线鳞 72 片。

分布于珠江水系及海南岛江河。

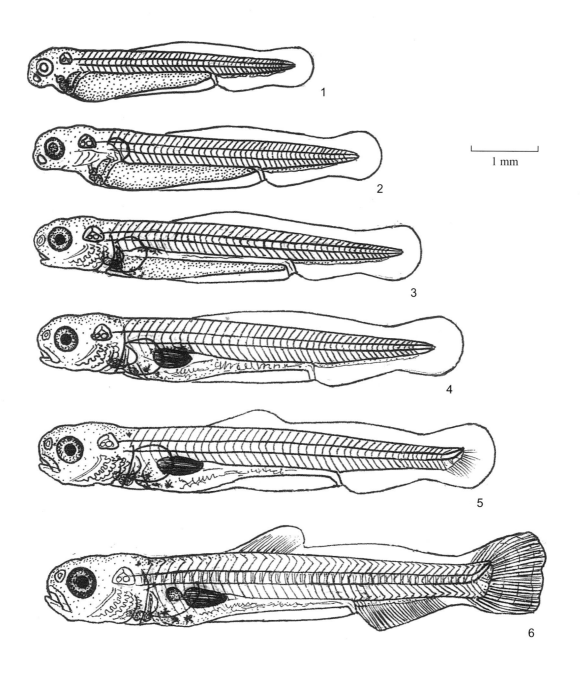

图 28　海南鲌 *Culter recurviceps*（Richardson）（黏沉）

早期发育材料取自 1983 年西江桂平段。

【繁殖习性】

海南鲌于江河产黏沉性卵，卵粒产于石质河床及边岸石壁上，黏附发育至孵出后鱼苗随水漂流发育，实验弳网可捞到海南鲌的仔鱼、稚鱼。

【早期发育】

（1）鱼卵阶段　鱼卵黏性，膜径 3~3.3 mm，卵周隙小，受精卵卵径 2~2.5 mm，约 1 天 12 小时孵出。

（2）仔鱼阶段　仅搜集到 3 个发育期。

①孵出期：受精后 1 天 15 小时。方头，大眼，眼＞听囊＞嗅囊，全长 4.35 mm，肌节 7+17+19=43 对（图 28 中 1）。

②鳃弧期：受精后 2 天 2 小时。鳃弧出现，眼出现黑色素，全长 5.25 mm，肌节 7+17+19=43 对，口裂形成（图 28 中 2）。

③肠管贯通期：受精后 3 天 18 小时。肠管贯通，口亚下位，卵黄囊长条形。全长 6 mm，肌节 7+17+19=43 对（图 28 中 3）。

（3）稚鱼阶段　所搜集到 3 个发育期已对外营养。

①卵黄囊吸尽期：受精后 6 天 6 小时。鳔一室，卵黄囊吸尽。大眼、口亚端位。全长 6.5 mm，肌节 7+17+19=43 对（图 28 中 4）。

②尾椎上翘期：受精后 9 天 4 小时。背褶分化，尾椎上翘，出现雏形尾鳍条，鳔斜下方出现 3~4 朵黑色素。全长 7 mm，肌节 7+17+19=43 对（图 28 中 5）。

③鳔二室期：受精后 10 天 10 小时。头侧方形，大眼，口亚端位，鳔前室出现，背鳍、臀鳍褶出现雏形鳍条，尾鳍三波形，鳍条出现，头后背与鳔斜下方各出现 3~4 朵黑色素。全长 8.5 mm，肌节 8+16+19=43 对（图 28 中 6）。

【比较研究】

海南鲌与广东鲂鱼卵、仔鱼和稚鱼阶段均相似，只是鳃弧期海南鲌眼出现黑色素，广东鲂眼无黑色素。鳔二室时海南鲌听囊后斜上方与前鳔斜下方各出现 3~4 朵黑色素，广东鲂没有出现黑色素。

9. 拟尖头鲌

拟尖头鲌［*Culter oxycephaloides* (Kreyenbcry et Pappenheim)，图 29］是鲤科鲌属头部较尖、背驼的中型鱼类，全长 20~40 cm，较大个体可达 50~60 cm，背鳍条 3 根硬刺，背鳍ⅲ-7；臀鳍ⅲ-25，侧线鳞 80 片。体长而侧扁，头小而尖，头后背部隆起，口亚上位，腹棱从腹鳍基部至肛门。尾鳍橘红色，有黑色边缘。

拟尖头鲌为长江特有种。分布于长江与通江湖泊。

早期发育材料取自 1976 年汉江沙洋段、1977 年汉江丹江口水库郧县段、1978 年汉江襄樊段、1981 年长江监利段。

【繁殖习性】

拟尖头鲌产微黏漂流性卵，在丹江口水库与蒙古鲌、翘嘴鲌同时产卵，山洪暴发时丹江口水库水面如泥浆状（透明度 0.2 cm，鱼卵全浮于水面。以小捞网都可直接捞到拟尖头鲌等鱼卵）。

拟尖头鲌繁殖期 5—7 月，产卵群体 2~5 龄，长 25~60 cm，重 200~2 500 g，怀卵量 3.5 万~18 万粒。

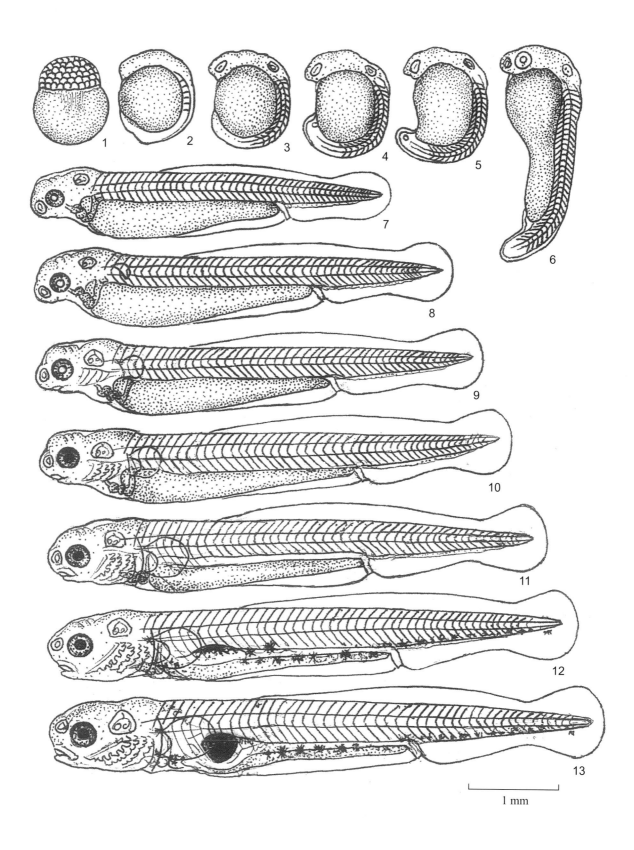

图 29 拟尖头鲌 *Culter oxycephaloides*（Kreyenbcrg et Pappenheim）（微黏漂流）

【早期发育】

（1）鱼卵阶段　产微黏的漂流性卵，江水泥沙脱黏后与漂流性卵一模一样，吸水膨胀后卵膜径4.2~4.8 mm，为中卵型。

①桑葚期：受精后 3 小时。卵粒动物极分裂如桑葚，长 1.25 mm（图 29 中 1）。

②肌节出现期：受精后 14 小时 30 分。肌节出现 5 对，胚孔早封闭，神经胚形成，长 1.3 mm（图 29 中 2）。

③听囊期：受精后 20 小时。听囊出现，肌节 12 对，长 1.42 mm（图 29 中 3）。

④尾泡出现期：受精后 21 小时 30 分。尾泡于尾芽部位出现，肌节 17 对，长 1.5 mm（图 29 中 4）。

⑤尾鳍出现期：受精后 23 小时。尾鳍伸出，仍留尾泡，肌节 20 对，长 1.6 mm（图 29 中 5）。

⑥耳石出现期：受精后 1 天 6 小时 40 分。听囊出现 2 颗耳石。胚体拉长、嗅囊也出现，肌节 32 对，长 3.1 mm（图 29 中 6）。

（2）仔鱼阶段

①孵出期：受精后 1 天 11 小时。孵出，静卧，方头形，小眼（眼径 0.3 mm），特点是眼出现黑色素，全长 5 mm，肌节 8+18+20=46 对（图 29 中 7）。

②胸鳍原基期：受精后 1 天 22 小时。胸鳍原基出现，眼下已出现口裂。眼与听囊略等大。全长 5.8 mm，肌节 9+17+20=46 对（图 29 中 8）。

③鳃弧期：受精后 2 天 6 小时。鳃弧出现，4 隔，头方形，口下位，眼黑，全长 6.3 mm，肌节 9+17+20=46 对（图 29 中 9）。

④鳃丝期：受精后 2 天 22 小时。带鳃丝的鳃弓 4 对，眼黑，尾静脉清晰，全长 6.7 mm，肌节 9+17+20=46 对（图 29 中 10）。

⑤肠管贯通期：受精后 3 天 22 小时。头部侧面观从方形转为半椭圆形，口亚下位，肠管贯通，全长 7 mm，肌节 9+17+20=46 对（图 29 中 11）。

⑥鳔雏形期：受精后 4 天 9 小时。鳔雏形，上侧及卵黄囊上缘和尾部下方出现黑色素，尾椎下方出现 1 朵黑色素，全长 7.3 mm，肌节 9+17+20=46 对（图 29 中 12）。

⑦鳔一室期：受精后 5 天 10 小时。鳔一室，口亚端位，鳔后肠管延至尾部有 1 行青筋黑色素，尾椎下方 1 朵黑色素，肩带 1 朵黑色素。全长 7.8 mm，肌节 9+17+20=46 对（图 29 中 13）。

【比较研究】

拟尖头鲌与翘嘴鲌鱼卵及仔鱼阶段相似。肠管贯通期拟尖头鲌身体未出现黑色素，翘嘴鲌卵黄囊及尾段下侧出现黑色素，尾椎下方出现 2 朵黑色素，拟尖头鲌尾椎下方出现 1 朵黑色素。鳔雏形期后，拟尖头鲌头背无黑色素；翘嘴鲌于听囊斜上方有 2~3 朵黑色素。仔鱼阶段，拟尖头鲌肌节 9+17+20=46 对，翘嘴鲌 12+13+20=45 对，拟尖头鲌背褶前肌节比翘嘴鲌少 3 对，躯干 17 对比翘嘴鲌多 4 对。

10. 红鳍原鲌

红鳍原鲌（*Cultrichthys erythropterus* Basilewsky，图 30）为鲤科鲌亚科原鲌属中小型鱼类，体侧扁，头小，口上位，眼大，背鳍较后，胸鳍达腹鳍基部，背鳍具 3 根硬刺，背鳍iii-7，臀鳍iii-26，侧线鳞65 片，背部隆起，全长 10~25 cm。分布于我国各地水体，尤以湖泊为多。

早期发育材料取自 1962 年长江鄱阳湖湖口。

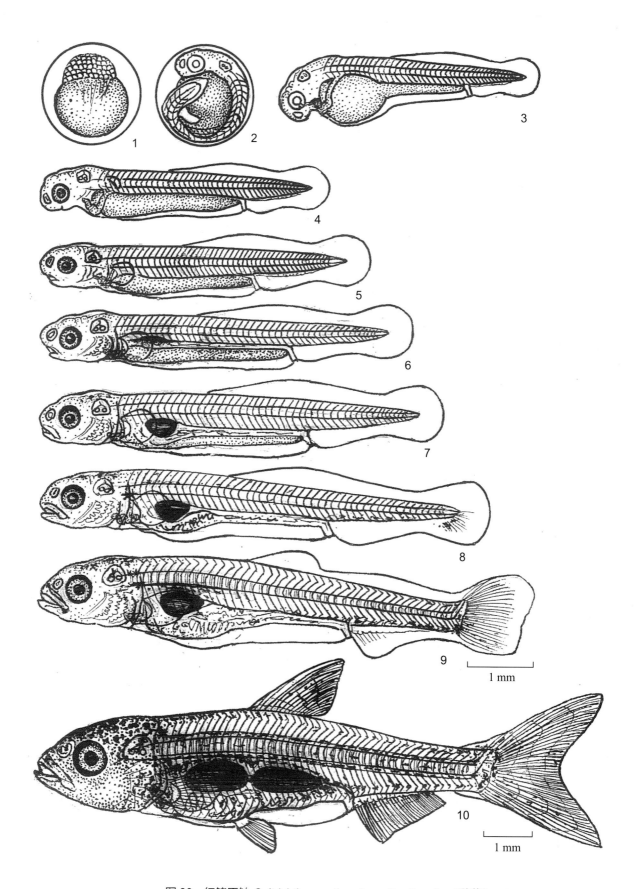

图 30　红鳍原鲌 *Cultrichthys erythropterus* Basilewsky（黏草）

【繁殖习性】

红鳍原鲌栖息于缓流河湾与静水湖泊，繁殖期5—7月，一般2~4龄鱼参与繁殖（1龄也有），怀卵量1万~6万粒。产卵场为水草丛生的缓流河湾与湖泊，产黏草性卵。

【早期发育】

（1）鱼卵阶段 膜径1.4~1.5 mm，黏于草上发育。

①桑葚期：受精后3小时30分。动物极如桑葚状，卵径1.25 mm（图30中1）。

②耳石出现期：受精后1天7小时。胚体弯卷于膜内发育，耳石出现，翻动，肌节24对（图30中2）。

（2）仔鱼阶段 从孵出期至鳔一室期，以卵黄供给营养。

①孵出期：受精后1天13小时。刚孵出，卵黄前球后窄棒状，属方头形，眼大于听囊，全长4 mm，肌节11+16+16=43对（图30中3）。

②胸鳍原基期：受精后2天。胸鳍原基出现，方头，中眼，眼略等于听囊，全长4.5 mm，肌节12+15+16=43对（图30中4）。

③鳃弧期：受精后2天4小时。鳃弧出现，口裂出现于眼下方，全长5 mm，肌节12+15+18=45对（图30中5）。

④鳔雏形期：受精后4天14小时。雏形鳔出现，肠管贯通，口于眼前下方，亚端位，全长5.75 mm，肌节12+16+18=46对（图30中6）。

⑤鳔一室期：受精后5天10小时。鳔一室，肠产生褶皱，卵黄囊长条形，除头背3朵黑色素外，其他无黑色素，全长6.25 mm，肌节12+16+18=46对（图30中7）。

（3）稚鱼阶段

①卵黄囊吸尽期：受精后6天14小时。卵黄囊吸尽，鳔一室，等腰三角形，口亚下位，口裂大，除头背有3朵黑色素外，其他无黑色素，出现雏形尾鳍条，全长6.9 mm，肌节13+15+19=47对（图30中8）。

②尾椎上翘期：受精后8天8小时。背褶分化，尾椎上翘，头背及尾椎下方出现黑色素，尾三波形，尾鳍条出现，头尖，口亚端位，口裂大，全长7.6 mm，肌节13+15+19=47对（图30中9）。

③胸鳍形成期：受精后31天。背鳍、臀鳍、腹鳍、胸鳍形成，头尖，口端位，体侧有4条黑色素，腹鳍褶仍存在，将演变为腹棱，全长11.8 mm，肌节13+15+19=47对（图30中10）。

【比较研究】

红鳍原鲌与达氏鲌胚胎发育相似，两者都产黏草性卵，膜径1.4 mm左右，卵周隙小。仔鱼阶段红鳍原鲌胚体稍大于达氏鲌，红鳍原鲌眼略大于听囊，达氏鲌听囊大于眼，体肌节起点达氏鲌后于红鳍原鲌，达氏鲌肌节15+15+20=50对，红鳍原鲌12+16+18=46对。稚鱼阶段红鳍原鲌口裂大，上颌末端于眼前缘下方，达氏鲌口裂也大，但上颌末端于眼前缘前方。

11. 鳊

鳊［*Parabramis pekinensis* (Basilewsky)，图31］为鲤科鲌亚科鳊属的中型鱼类，又名长春鳊，全长15~38 cm。头小，口端位，体菱形，背鳍ⅲ-7，臀鳍ⅲ-30，腹棱自头下峡部至肛门前，胸鳍末端不达腹鳍基部，腹鳍末端不达肛门，侧线鳞55片，分布于黑龙江至海南岛淡水江河、湖泊、水库。

早期发育材料取自1961年长江宜昌段、1962年长江万县段、1976年汉江丹江口水库郧县段、

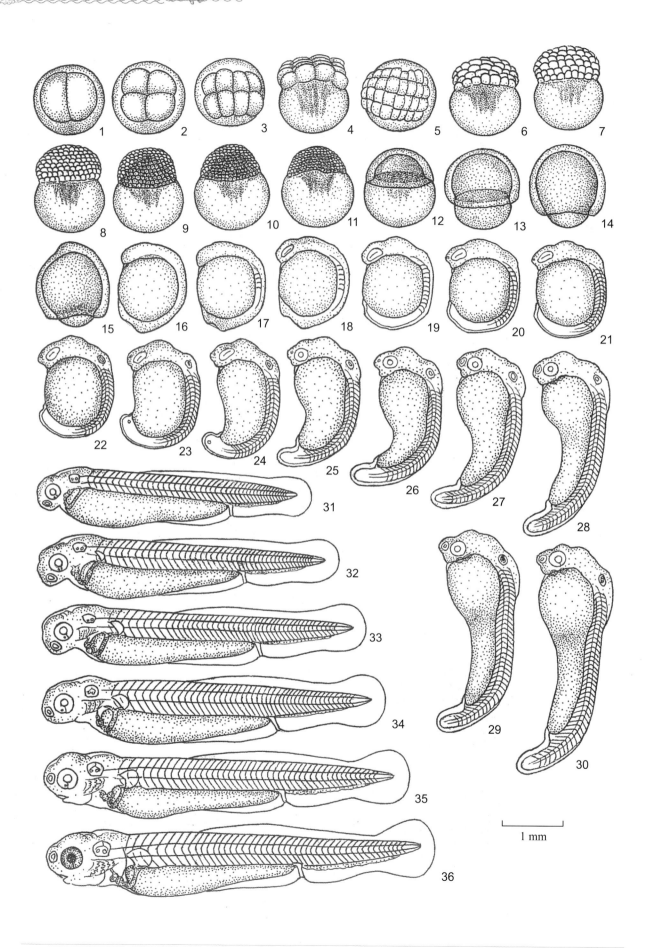

1 mm

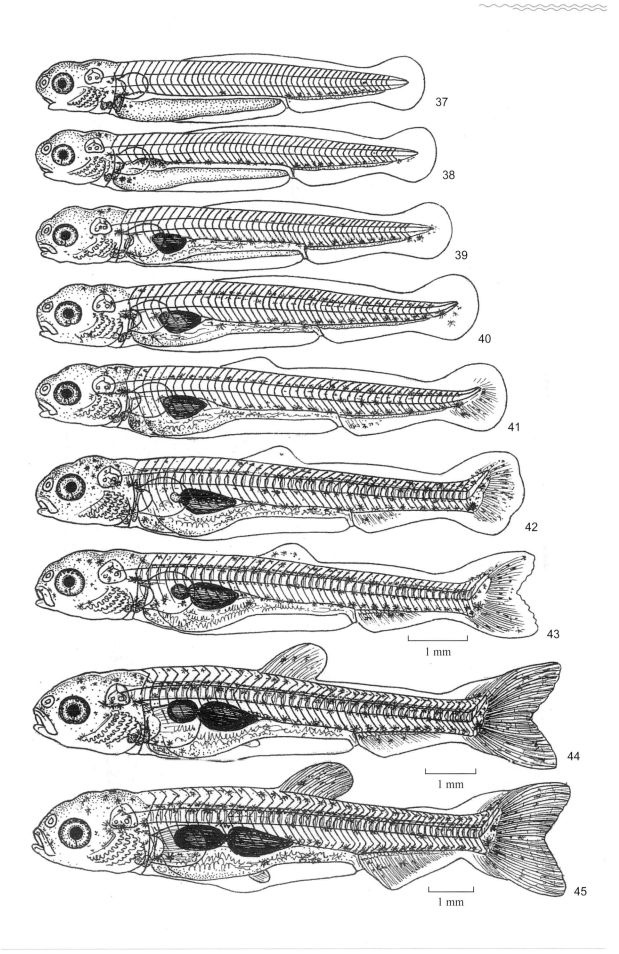

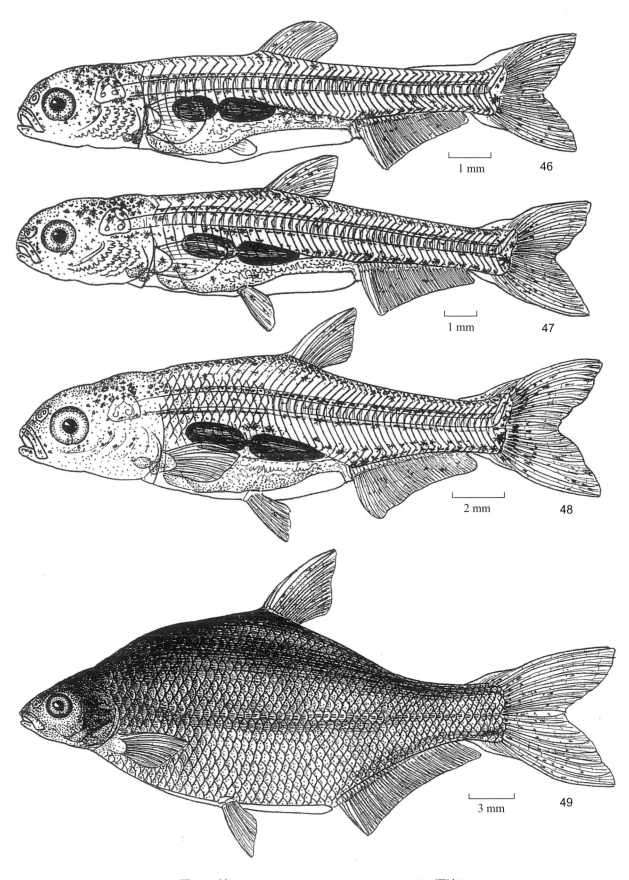

图 31　鳊 *Parabramis pekinensis*（Basilewsky）（漂流）

1981 年长江武穴段、1983 年西江桂平段、2001 年北江韶关段。

【繁殖习性】

鳊 2 龄成熟，产卵群体以 2~4 龄者多，怀卵量 2 万 ~25 万粒。产卵于江河流水环境的产卵场上，为漂流性卵。像长江葛洲坝未建时的南津关、石牌，长江中游黄石道士袱、武穴、监利，汉江丹江口水库郧县、安康，北江韶关、乐昌，西江桂平、梧州、肇庆等。

【早期发育】

（1）鱼卵阶段 鱼卵阶段自胚盘隆起以后有 30 个发育期，卵膜吸水膨胀后膜径 3.5~4.5 mm，中型卵。

①细胞分裂时段：受精后 30 分至 3 小时 30 分。经 2 细胞期、4 细胞期、8 细胞期、16 细胞期、32 细胞期、64 细胞期、128 细胞期至桑葚期共 8 个发育期，胚长 1.1~1.3 mm（表 37 序号 1~8，图 31 中 1~8）。

②囊胚形成时段：受精后 4 小时至 6 小时 30 分。经囊胚早、中、晚 3 个发育期，胚长 1.25~1.33 mm（表 37 序号 9~11，图 31 中 9~11）。

③原肠下包时段：受精后 7 小时 10 分至 13 小时 30 分。经原肠早、中、晚期，神经胚期与胚孔封闭期 5 个发育期，胚长 1.3~1.36 mm（表 37 序号 12~16，图 31 中 12~16）。

④器官出现时段：受精后 15 小时 20 分至 23 小时 30 分。自肌节出现期，经眼基出现期、眼囊期、嗅板期、尾芽期、听囊期、尾泡出现期、尾鳍出现期、眼晶体形成期 9 个发育期，胚长 1.37~2.5 mm，肌节 3~25 对（表 37 序号 17~25，图 31 中 17~25）。

⑤抽动至翻动时段：受精后 1 天至 1 天 9 小时。胚体抽动至翻动，简称"动动期"，经肌肉效应期、嗅囊出现期、心脏原基期、耳石出现期、心脏搏动期 5 个发育期，胚长 2.7~4 mm，肌节 27~38 对（表 37 序号 26~30，图 31 中 26~30）。

表 37 鳊的胚胎发育特征

阶段	序号	发育期	膜径 / mm	胚长 / mm	肌节 / 对	受精后时间	发育状况	图号
鱼卵	1	2 细胞期	3.5	1.1	0	30 分	2 个细胞	图 31 中 1
	2	4 细胞期	3.6	1.1	0	1 小时 10 分	纵裂至 4 个细胞	图 31 中 2
	3	8 细胞期	3.6	1.2	0	1 小时 15 分	纵裂至 8 个细胞	图 31 中 3
	4	16 细胞期	3.7	1.2	0	1 小时 30 分	纵裂至 16 个细胞	图 31 中 4
	5	32 细胞期	3.7	1.3	0	1 小时 45 分	横裂至 32 个细胞	图 31 中 5
	6	64 细胞期	3.8	1.3	0	2 小时 10 分	横裂至 64 个细胞	图 31 中 6
	7	128 细胞期	3.9	1.3	0	2 小时 50 分	动物极分裂至 128 个细胞	图 31 中 7
	8	桑葚期	3.9	1.3	0	3 小时 30 分	动物极分裂如桑葚状	图 31 中 8
	9	囊胚早期	3.9	1.33	0	4 小时	囊胚雏形	图 31 中 9
	10	囊胚中期	3.9	1.33	0	4 小时 30 分	囊胚中形	图 31 中 10
	11	囊胚晚期	3.9	1.25	0	6 小时 30 分	囊胚晚形	图 31 中 11
	12	原肠早期	4	1.3	0	7 小时 10 分	原肠下包 1/3	图 31 中 12
	13	原肠中期	4	1.32	0	9 小时 30 分	原肠下包 1/2	图 31 中 13

（续表）

阶段	序号	发育期	膜径/mm	胚长/mm	肌节/对	受精后时间	发育状况	图号
鱼卵	14	原肠晚期	4	1.31	0	10 小时 30 分	原肠下包 4/5	图 31 中 14
	15	神经胚期	4	1.35	0	12 小时 30 分	神经胚出现，下包 5/6	图 31 中 15
	16	胚孔封闭期	4	1.36	0	13 小时 30 分	胚孔封闭	图 31 中 16
	17	肌节出现期	4	1.37	3	15 小时 20 分	肌节出现	图 31 中 17
	18	眼基出现期	4	1.39	5	16 小时	眼基出现	图 31 中 18
	19	眼囊期	4	1.43	12	18 小时	眼囊形成	图 31 中 19
	20	嗅板期	4	1.5	14	19 小时 30 分	嗅板隐约出现	图 31 中 20
	21	尾芽期	4	1.6	16	20 小时	尾芽形成	图 31 中 21
	22	听囊期	4	1.8	18	20 小时 30 分	听囊出现	图 31 中 22
	23	尾泡出现期	4	1.9	19	21 小时 40 分	尾泡出现	图 31 中 23
	24	尾鳍出现期	4.1	2.3	23	22 小时 30 分	尾鳍伸出	图 31 中 24
	25	眼晶体形成期	4.2	2.5	25	23 小时 30 分	眼晶体形成	图 31 中 25
	26	肌肉效应期	4.3	2.7	27	1 天	胚体抽动	图 31 中 26
	27	嗅囊出现期	4.3	3	30	1 天 1 小时	嗅囊出现	图 31 中 27
	28	心脏原基期	4.3	3.5	33	1 天 4 小时 10 分	心脏原基出现	图 31 中 28
	29	耳石出现期	4.5	3.8	35	1 天 6 小时 20 分	听囊各有 2 颗耳石	图 31 中 29
	30	心脏搏动期	4.5	4	38	1 天 9 小时	心脏搏动，体翻滚	图 31 中 30

（2）仔鱼阶段　自孵出期到鳔一室期 9 个发育期。

①胚体透明时段：受精后 1 天 11 小时至 3 天。除眼下缘有一三角形黑点外，全身浅黄白色，经孵出期、胸鳍原基期、鳃弧期、眼黄色素期、鳃丝期 5 个发育期，胚长 4.3~5.8 mm，肌节 7+18+18=43 对至 8+18+19=45 对。（表 38 序号 31~35，图 31 中 31~35）。

②黑色素出现时段：受精后 3 天 18 小时至 5 天 20 小时。从眼黑色素出现期，经肠管贯通期、鳔雏形期、鳔一室期 4 个发育期，胚体仍保留着卵黄囊，逐渐于头背部、青筋部位、尾椎下方出现黑色素。以尾椎下方 1 朵大黑色素形成鳊的胚后发育特点，较似青鱼同期色素。胚长 6.1~6.9 mm，肌节 8+18+20=46 对至 9+17+20=46 对，尾部肌节 20 对为鳊苗，尾部肌节的 19~20 对乃鲌亚科鱼苗的特点（表 38 序号 36~39，图 31 中 36~39）。

（3）稚鱼阶段　自卵黄囊吸尽期至鳞片出现期 9 个发育期（表 38）。

①尾褶变化时段：受精后 6 天 21 小时至 9 天 19 小时。经卵黄囊吸尽期、背褶分化期、尾椎上翘期 3 个发育期，尾褶从圆形至三波形，体形似青鱼，大眼，略大于听囊，口亚下位，尾椎下 1 朵大黑色素，胚长 7.5~8.3 mm，肌节 9+17+20=46 对至 11+15+20=46 对（表 39 序号 40~42，图 31 中 40~42）。

②岔形尾时段：受精后 11 天 11 小时至 35 天。自鳔二室期经腹鳍芽出现期、背鳍形成期、臀鳍形成期、腹鳍形成期至鳞片出现期 6 个发育期，尾鳍皆叉形，全长 8.6~24 mm，肌节 12+14+20=46 对至 13+13+20=46 对（表 39 序号 43~48，图 31 中 43~48）。

（4）幼鱼阶段　受精后 70 天。幼鱼期形如成鱼，鳞片出齐，各鳍形成，全长 40 mm（表 38 序号 49，图 31 中 49）。

表 38　鳊鱼的胚后发育特征

阶段	序号	发育期	胚长／mm	肌节／对	受精后时间	发育状况	图号
仔鱼	31	孵出期	4.3	7+18+18=43	1 天 11 小时	孵出，静卧，方头，大眼	图 31 中 31
	32	胸鳍原基期	4.9	7+18+19=44	1 天 22 小时	胸鳍原基出现，方头，眼大于听囊	图 31 中 32
	33	鳃弧期	5.2	8+18+19=45	2 天 4 小时	鳃弧出现，方头，眼大于听囊	图 31 中 33
	34	眼黄色素期	5.5	8+18+19=45	2 天 12 小时	眼黄色，口裂开于眼后缘下方	图 31 中 34
	35	鳃丝期	5.8	8+18+19=45	3 天	鳃丝出现，口于眼下方	图 31 中 35
	36	眼黑色素期	6.1	8+18+20=46	3 天 18 小时	眼黑色素出现，尾静脉稍宽	图 31 中 36
	37	肠管贯通期	6.4	8+18+20=46	3 天 23 小时	肠管贯通，青筋部位 1 条黑色素	图 31 中 37
	38	鳔雏形期	6.6	8+18+20=46	4 天 4 小时	鳔雏形，卵黄囊前段有 3 朵黑色素，青筋有 1 行黑色素，尾椎下有 2 朵黑色素	图 31 中 38
	39	鳔一室期	6.9	9+17+20=46	5 天 20 小时	鳔一室，菜刀形，头背、尾椎下各有 2 朵黑色素，青筋有 1 条黑色素	图 31 中 39
稚鱼	40	卵黄囊吸尽期	7.5	9+17+20=46	6 天 21 小时	卵黄囊吸尽，黑色素基本同上，头形似同期青鱼	图 31 中 40
	41	背褶分化期	8	10+16+20=46	8 天 18 小时	背褶分化隆起，臀褶出现雏形鳍条，有 4~5 朵黑色素	图 31 中 41
	42	尾椎上翘期	8.3	11+15+20=46	9 天 19 小时	尾椎上翘，尾褶三波形，鳔前室萌出，透亮	图 31 中 42
	43	鳔二室期	8.6	12+14+20=46	11 天 11 小时	鳔前室充气，鳔二室，尾叉形，臀褶、背褶有黑色素	图 31 中 43
	44	腹鳍芽出现期	10	12+14+20=46	12 天 22 小时	腹鳍芽出现，头半椭圆形，口端位，眼略大于听囊，尾叉形	图 31 中 44
	45	背鳍形成期	11.8	13+13+20=46	18 天	背鳍形成，尾椎下有 2 朵黑色素，尾叉形	图 31 中 45
	46	臀鳍形成期	13	13+13+20=46	23 天	臀鳍形成Ⅲ -30	图 31 中 46
	47	腹鳍形成期	18	13+13+20=46	25 天	腹鳍形成，腹褶较大片，将演变为腹棱	图 31 中 47
	48	鳞片出现期	24	13+13+20=46	35 天	鳞片出现，口亚端位，眼大，胸鳍形成	图 31 中 48
幼鱼	49	幼鱼期	40	13+13+20=46	70 天	鳞片出齐，侧线鳞 54 片，头小，口端位，背隆起，体侧扁菱形	图 31 中 49

【比较研究】

鳊早期发育与青鱼形态相似，共同点是大眼，尾椎下有 1 朵大黑色素。区别是鳊为中个体，青为大个体，肌节鳊 9+17+20=46 对，青鱼 9+15+16=40 对。鳊尾部肌节 20 对而比青鱼多 4 对。

12. 团头鲂

团头鲂（*Megalobrama amblycephala* Yin，图 32）是鲤科鲌亚科鲂属的中型鱼类，全长 25~45 cm，体高而侧扁，呈菱形，头短而小，吻钝圆，口端位，口裂较宽，背鳍硬刺强，背鳍ⅲ-7，臀鳍

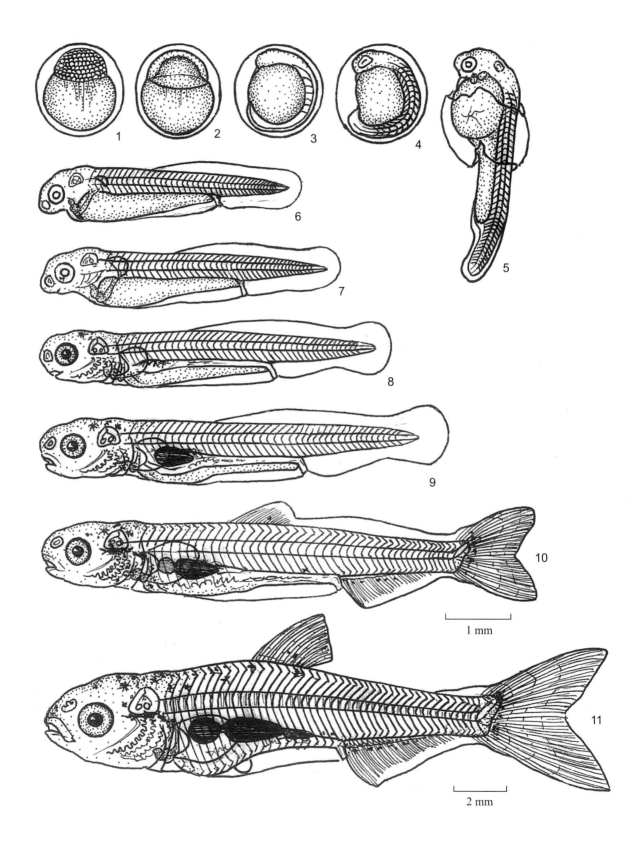

图 32　团头鲂 *Megalobrama amblycephala* Yin（黏沉）

iii-28，胸鳍短，末端不达或仅达腹鳍基部，分布于长江中下游湖泊，已人工推广至珠江三角洲鱼塘养殖，有逃逸珠江三角洲江河而繁衍下来的。全国 20 多个省区也予以养殖。

早期发育材料取于 1962 年长江樊口梁子湖。

【繁殖习性】

团头鲂 2 龄性成熟，怀卵量 4 万 ~40 万粒，产黏沉性卵。

【早期发育】

（1）鱼卵阶段　膜径 1.2~1.4 mm，卵周隙小。

①桑葚期：受精后 4 小时。卵径 1.2 mm（图 32 中 1）。

②原肠早期：受精后 8 小时 10 分。卵径 1.2 mm（图 32 中 2）。

③肌节出现期：受精后 14 小时 10 分。肌节出现，卵径 1.3 mm，肌节 6 对（图 32 中 3）。

④尾芽期：受精后 18 小时 30 分。尾芽出现，卵径 1.4 mm，肌节 16 对（图 32 中 4）。

（2）仔鱼阶段

①孵出期：受精后 1 天 11 小时。卵膜仍穿在胚体间，中眼，肌节 22+2+17=41 对，胚长 3.5 mm（图 32 中 5）。

②胸鳍原基期：受精后 1 天 21 小时。方头类，中眼，几与听囊相近，胸鳍原基出现，肌节 10+13+17=40 对，胚长 4 mm（图 32 中 6）。

③鳃弧期：受精后 2 天 2 小时。鳃弧形成，方头，眼中等，略与听囊相等，口裂形成，下位，肌节 10+13+18=41 对，胚长 4.5 mm（图 32 中 7）。

④鳔雏形期：受精后 4 天 4 小时。肠管贯通，鳔雏形，头半椭圆形，开口，下位，头背部、雏形鳔出现黑色素。肌节 10+13+18=41 对，胚长 5.4 mm（图 32 中 8）。

⑤鳔一室期：受精后 5 天 12 小时。鳔一室，余窄长卵黄囊，肌节 10+13+19=42 对，胚长 6.3 mm，头背与鳔上侧有黑色素（图 32 中 9）。

（3）稚鱼阶段

①鳔二室期：受精后 11 天 16 小时。鳔前室出现，尾鳍叉形，口亚下位，眼略等于听囊，除头背外，背鳍、臀鳍也出现 1 至数朵黑色素，肌节 10+13+20=43 对，全长 7.4 mm（图 32 中 10）。

②腹鳍芽出现期：受精后 13 天 8 小时。腹鳍芽出现，背鳍形成，臀鳍也将形成，尾深分叉，背前部及尾鳍基部出现黑色素，肌节 10+12+21=43 对，全长 20.9 mm（图 32 中 11）。

【比较研究】

团头鲂与三角鲂鳔前室出现期尾已分叉，广东鲂尾部仍呈三波形。团头鲂、三角鲂、广东鲂稚鱼阶段外形相似，皆听囊与眼等大。大多以肌节数目区分：团头鲂 10+13+20=43 对，三角鲂 10+13+16=39 对，广东鲂 10+12+20=42 对，三角鲂尾段肌节少于团头鲂与广东鲂，团头鲂肌节又与广东鲂相仿，有时便从生态环境及地理水系分出，如湖泊中多为团头鲂，珠江多为广东鲂。由于团头鲂已移养至广东、广西，其外逸种有可能于珠江水系出现，头背部有黑色素者为团头鲂（鳔一室期以后），无黑色素者为广东鲂。头背黑色素 10 多朵为三角鲂，5~6 朵的为团头鲂。

【附件】

武昌鱼考

（易伯鲁，《大公报》，2000 年 1 月 30 日 B9，科学版）

科学论坛：

编者按：武昌鱼学名团头鲂。团头鲂乃我国著名淡水鱼类生态学家易伯鲁教授于20世纪50年代初在湖北省鄂城梁子湖发现，并于1955年在《水生生物学集刊》上发表为新种，团头鲂拉丁文学名的第3字（Yin）即为易伯鲁的姓（易）之拼音。现年85岁高龄的华中农业大学水产系易伯鲁教授为本报撰写了《武昌鱼考》，以飨读者。

命名一种能独立生存的繁衍的生物，都有一个全世界通用的学名，拿一种鱼来说，即使其分布遍及各大洲，各国又以不同的语言文字为它命名，听起来千差万别，但学名则是统一的、不变的。学名由两个拉丁文字词组成，称双名法。第1个词是种的属名，第2个词是种名，都要用斜体字母来表达。严格的学名后面还跟随着一个名，这是发现或记述这个物种的作者之姓。例如鲤鱼的学名是 *Cyprinus carpio* Linnaeus，第3个字是指著名生物学家林奈，各国生物科技界都这样写，大家都懂。

其实，武昌鱼不是经这科学鉴定的实体鱼类，因此没有学名。但是，近30年来，武昌鱼已被视为是一种客观存在的鱼类，并逐渐被认定是团头鲂的别名或地方名。团头鲂的学名是 *Megalobrama amblycephala* Yin，中文名与拉丁学名的意义是相当的，现在如果问武昌鱼的学名是什么，就可用团头鲂的学名来对应，不过两者的含义是完全不相关的。在专门著作中，也不会在不提团头鲂的情况下，在武昌鱼名字后面注拉丁学名。

武昌鱼就是团头鲂之说，其发生和发展过程存在一些偶然因素和巧合契机，也有近似合理的推断，能够自然其说；在约定俗成的社会影响下，形成了目前的共识。

团头鲂成为一个独立存的新鱼种，还是1955年发生的事。那时笔者在湖北省梁子湖进行鱼类研究，从大量标本中，认定我国的鲂属鱼类不只有分布于全国的三角鲂，还有只生活在梁子湖中的另一种鲂鱼，遂定名为团头鲂新种，撰文发表得到了中外生物学术界与渔业界的公认。发表团头鲂新种时，在科学著作中还从未听说有名为武昌鱼的鱼类；在梁子湖及湖北省各地鱼市上，也没有一种鱼叫武昌鱼；在我国古今鱼类图书和地方志中，也未出现过武昌鱼这个名称，那时自然不可能把团头鲂和武昌鱼联系起来。

一年以后，即1956年6月，毛泽东主席的《水调歌头·游泳》公开发表，"才饮长沙水，又食武昌鱼"，遂广为传诵。武昌鱼是什么鱼？就成为当时的热点话题。有人遂引经据典，说湖北梁子湖盛产鲜美鱼类，梁子湖属鄂城县，而鄂城在古时曾称武昌县，因此武昌鱼是指梁子湖中的鲜鱼。有的则推测是长春鳊、三角鲂和团头鲂三种鱼的通称，而梁子湖是团头鲂原产地，其他水域中没有团头鲂，把武昌鱼当作团头鲂的别名较为合理。于是，虽然没有确切的证据，武昌鱼即团头鲂之说，不胫而走。1979年出版的新版《辞海》和《辞源》中，都收录了武昌鱼词条。《辞海》只有简单的记叙："武昌鱼即团头鲂。"《辞源》则引用了三国时期的童谣："宁饮建业水，不食武昌鱼；宁还建业死，不止武昌居。"说"后来多以武昌鱼指团头鲂"。这一阐述没有顾及两名称出现时的巨大时距，上述童谣见于266年的陆凯奏疏，与1955年团头鲂的定名，相差约1700年。

从20世纪60年代起，由于团头鲂本身的特点，成为适于池塘养殖的优良品种。从此团头鲂被移植到全国各地，以及境外，于是团头鲂和武昌鱼的盛名广为传播。在湖北武汉一带，因是原产地，人们偏爱称武昌鱼；各地酒家、饭馆也俗称武昌鱼，并于简介中注明为团头鲂。1974年，北京科教电影制片厂以梁子湖为背景，拍了一部名为武昌鱼的科教片，内容也完全是团头鲂的。

团头鲂新种的定名和发表，仅比《水调歌头·游泳》词中提到的武昌鱼早一年，把两者等同起来，实是一个巧合。

多年来，报刊上曾发表过一些关于武昌鱼的史话和传说，似乎武昌鱼作为一种实体鱼类，历史上早有记载，这其实是一个误会，已经提到，古代鱼类学著作中，没有武昌鱼的记录，这个名称仅在古诗和歌谣中出现。诗词中的武昌鱼，并不指一种实体鱼类，而是诗词中常用的一种比喻手法，借以抒怀。文人学士往往彼此引喻。南北朝时期，诗人庾仗在言志诗中，有"还思建业水，终忆武昌鱼"诗句。唐代诗人岑参的诗中，也有"秋来倍忆武昌鱼，梦魂只在巴陵道"的引喻。毛泽东词中也借用了这一典故。1957 年，我国诗人臧克家在赏析《水调歌头·游泳》时说："才饮长沙水，又食武昌鱼，开头两句表示作者的行踪，刚刚离开长沙，便到了武昌。"有位对武昌鱼感兴趣的人士，曾在武汉探访1956 年为毛泽东备餐的厨师，询问烹调了些什么鱼菜，回答说：有干烧鲫鱼、瓦块青鱼和清蒸鳊鱼。可见，即使品尝了鱼菜，词中武昌鱼也是一种泛称，泛指鱼米之乡的各种名贵鲜鱼而已。

13．三角鲂

三角鲂［*Megalobrama terminalis* (Richardson)，图 33］为鲤科鲌亚科鲂属的稍大型鱼类，全长20~60 cm，体高而侧扁，头后背部隆起，略呈菱形，腹棱自腹鳍基部至肛门。头短小，口裂斜，背鳍具硬刺，背鳍iii-7，臀鳍iii-30。分布于黑龙江、长江、珠江至海南岛，广东乳源县南水水库为人工引种后成为能自然繁衍的优质经济鱼类。

早期发育材料取自 1962 年长江鄱阳湖湖口。

【繁殖习性】

三角鲂于 3 龄鱼时开始繁殖，产黏沉性卵，产于石滩或水草之中，怀卵量 20 万 ~40 万粒。

【早期发育】

（1）鱼卵阶段　卵周隙小，膜径 1.4~1.5 mm。

①8 细胞期：受精后 1 小时 30 分。8 细胞，卵径 1.25 mm，卵黄囊上有 3~4 点油滴（图 33 中 1）。

②原肠晚期：受精后 11 小时 10 分。原肠下包 4/5，卵黄囊有油滴，卵长 1.3 mm（图 33 中 2）。

③尾鳍出现期：受精后 22 小时 10 分。尾鳍出现，听囊出现，雏形尾鳍，卵黄囊有 3~4 点油滴，卵长 1.5 mm（图 33 中 3）。

（2）仔鱼阶段

①胸鳍原基期：受精后 1 天 19 小时。圆头，中眼，眼与听囊等大，全长 1.6 mm，月牙形胸鳍原基出现，肌节 10+13+15=38 对，全长 2.2 mm（图 33 中 4）。

②鳔雏形期：受精后 3 天 19 小时。雏形鳔出现，头椭圆形，中眼，口下位，雏鳔及肛门上方出现黑色素，全长 5.4 mm，肌节 10+13+16=39 对。（图 33 中 5）。

③鳔一室期：受精后 5 天 12 小时。鳔一室，余窄长卵黄囊，头背、青筋及尾椎下方出现黑色素，肌节 10+13+16=39 对，全长 6.2 mm（图 33 中 6）。

（3）稚鱼阶段

①腹鳍芽出现期：受精后 13 天 20 小时。背鳍已与背褶分离，臀鳍与臀褶即将分离，腹鳍芽出现，头背、背侧与青筋出现黑色素。口端位，尾椎上翘，尾鳍叉形，全长 7.4 mm，肌节 10+13+16=39 对（图 33 中 7）。

②鳞片出现期：受精后 50 天。鳞片于头后躯干前部萌出，口端位，眼中等，略等于听囊，各鳍长成，全长 26.7 mm，肌节 10+13+16=39 对（图 33 中 8）。

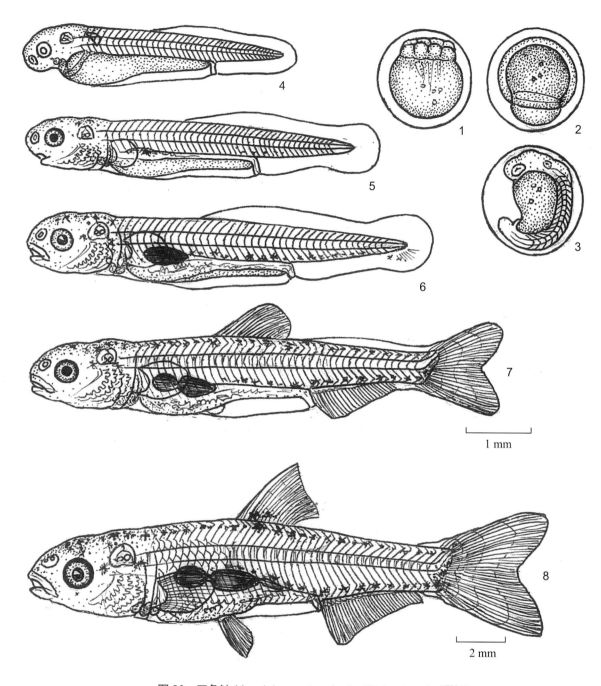

图 33　三角鲂 *Megalobrama terminalis*（Richardson）（黏沉）

【比较研究】

三角鲂、广东鲂、团头鲂鱼卵卵周隙小，肌肉效应时弯于膜内，孵出时往往带着卵膜。

鳔一室期至鳞片出现期，三角鲂背与青筋部位黑色素渐趋 2 行，团头鲂于背部半行黑色素，广东鲂几乎没有黑色素。

14．广东鲂

广东鲂（*Megalobrama hoffmanni* Herre et Myers，图 34）是鲤科鲌亚科鲂属的南方品种，背鳍iii-7，

前 3 根不分支鳍条为光滑硬刺，臀鳍 iii-27，体纺锤形，眼大，口端位，口裂略下斜，上下颌盖有角质物。尾鳍叉形，下叶稍比上叶长。银灰色，其余各鳍均带橘红色。分布于珠江与海南岛，全长 150~350 mm，为中型鱼类。

早期发育材料取自 1983 年西江桂平段。

【繁殖习性】

广东鲂大多在珠江干流产黏沉性卵，西江主要产卵场从桂平大藤峡至石嘴、梧州至封开、德庆至南江口，北江大塘至芦苞，东江芦岗至芦州等处。另在珠江口也成为主要的渔获对象，从性腺发育Ⅳ至Ⅴ期的迹象分析，狮子洋的大虎岛大虎汕江段也是广东鲂的产卵场。

【早期发育】

（1）鱼卵阶段　鱼卵为黏沉性卵而卵周隙小，膜径 1.52~2 mm，仅采到眼囊期卵粒，眼囊出现，肌节 13 对，全长 1.3 mm（图 34 中 1），以及孵出瞬期，正在出膜，全长 3.3 mm，肌节 34 对（图 34 中 2）。

（2）仔鱼阶段

①胸鳍原基期：受精后 1 天 21 小时。胸鳍原基出现，属方头形，眼中等大，略等于听囊，全长 4.3 mm，肌节 10+12+18=40 对（图 34 中 3）。

②鳃弧期：受精后 2 天 4 小时。鳃弧出现，体透明，口裂下位，居维氏管清晰，全长 6 mm，肌节 10+12+19=41 对（图 34 中 4）。

③鳔雏形期：受精后 4 天 4 小时。肠管贯通，鳔雏形，卵黄囊窄长，眼约等于听囊，全长 6.6 mm，肌节 10+12+20=42 对，除眼及雏鳔处出现黑色素外，体仍透明（图 34 中 5）。

（3）稚鱼阶段

①鳔前室出现期：受精后 4 天 16 小时。背褶隆起，出现雏形背鳍条，尾褶三波形，出现雏形尾鳍条，鳔前室出现，卵黄囊消失，体末出现黑色素，头为方形，全长 7.9 mm，肌节 10+12+20=42 对（图 34 中 6）。

②鳞片出现期：受精后 28 天。体侧出现鳞片，各鳍形成，口端位，眼大，除听囊、鳃部分，胸鳍基部中段出现少量黑色素外，胚体基本透明，臀鳍 iii-27，全长 20 mm，肌节 12+12+20=42 对（图 34 中 7）。

【比较研究】

胚胎材料中，鲌亚科鲂属可采到广东鲂、团头鲂、三角鲂早期发育材料。

（1）相同性状

①广东鲂、团头鲂、三角鲂为黏沉性卵，卵周隙小。

②鱼苗属方头，中眼，眼略等于听囊。

③尾肌节较多，尾段较长。

（2）不同性状

①鱼卵卵黄囊部分广东鲂、团头鲂无油滴，三角鲂略有几点油滴。

②三者尾段较长，以肌节数相比，广东鲂 10+12+20=42 对、团头鲂 10+15+19=44 对、三角鲂 10+13+16=39 对。

③鳔一室期至鳔二室期，广东鲂基本无黑色素，团头鲂头背部有 3 朵黑色素，三角鲂尾椎下方 2 朵黑色素，青筋 1 行黑色素。

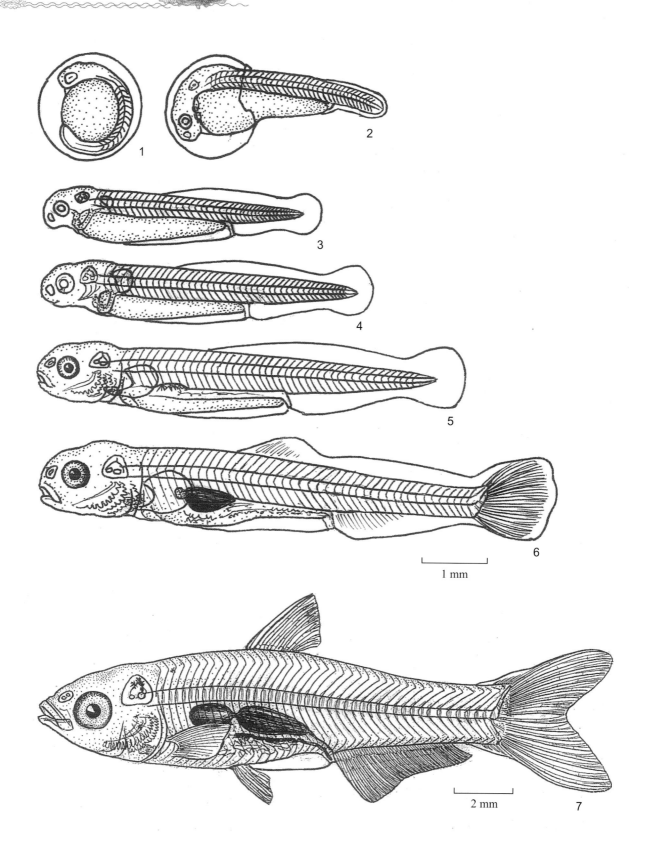

图 34 广东鲂 *Megalobrama hoffmanni* Herre et Myers（黏沉）

（五）鲴亚科 Xenocyprinae

1. 银鲴

银鲴（*Xenocypris argentea* Günther，图 35）是鲤科鲴亚科鲴属的一种中小型鱼类，全长 100~245 mm。体侧扁，稍延长，鳃盖膜有一黄色斑块，头小，吻钝，口下位，上下颌具角质边缘，腹部无或极短腹棱，尾鳍深分叉，背鳍ⅲ-7，臀鳍ⅲ-10 左右，鳍基部淡黄色，侧线鳞 60 片左右。分布于黑龙江、长江、珠江、元江、闽江及海南岛溪河。

早期发育材料取于 1961 年长江宜昌葛洲坝、1962 年长江黄石道士袱、1976 年汉江沙洋段、1978 年汉江襄樊段、1981 年长江监利段、1983 年西江桂平段及 1986 年长江武穴段。

【繁殖习性】

银鲴于江河流水环境产漂流性卵，胚体于膜内发育，孵出后仍于流水漂流，于缓流及通江湖泊摄食肥育。2 龄鱼即可繁殖，怀卵量 1.2 万 ~14 万粒。

【早期发育】

（1）鱼卵阶段

① 2 细胞期至桑葚期：受精后 50 分至 3 小时 40 分。卵粒吸水膨胀，膜径 3.2~3.83 mm，动物极从 2 细胞分裂期至桑葚期 8 个发育期，中间经历了 4 细胞期、8 细胞期、16 细胞期、32 细胞期、64 细胞期、128 细胞期，胚长 1~1.23 mm（表 39 序号 1~8，图 35 中 1~8）。

② 囊胚早期至胚孔封闭期：受精后 4 小时 10 分至 14 小时 30 分。囊胚早期至胚孔封闭期，中间经历了囊胚早期、囊胚中期、囊胚晚期、原肠早期、原肠中期、原肠晚期、神经胚期、卵黄栓期，至胚孔封闭期共 7 个发育期。胚长 1.24~1.27 mm（表 39 序号 9~17，图 35 中 9~17）。

③ 肌节出现期至尾泡出现期：受精后 15 小时 20 分至 21 小时 20 分。肌节出现期至尾泡出现期共 7 个发育期，中间经眼基出现期、眼囊期、嗅板期、尾芽期、听囊期、尾泡出现期，肌节 3~20 对，胚长 1.28~1.5 mm，胚胎如蚕豆形（表 39 序号 18~24，图 35 中 18~24）。

④ 尾鳍出现期至心脏搏动期：受精后 22 小时 30 分至 1 天 9 小时 20 分。尾鳍出现期至心脏搏动期共 6 个发育期，中间经晶体形成期、肌肉效应期、心脏原基期、耳石出现期，胚体拉长，肌节 25~40 对，胚长 1.6~3.9 mm（表 40 序号 25~30，图 35 中 25~30）。

表 39　银鲴的胚胎发育特征（18~25℃）

阶段	序号	发育期	胚长 /mm	肌节 / 对	受精后时间	发育状况	图号
鱼卵	1	2 细胞期	1	0	50 分	垂直分裂为 2 个细胞	图 35 中 1
	2	4 细胞期	1.05	0	1 小时 5 分	4 个细胞	图 35 中 2
	3	8 细胞期	1.14	0	1 小时 15 分	8 个细胞	图 35 中 3
	4	16 细胞期	1.1	0	1 小时 30 分	16 个细胞	图 35 中 4
	5	32 细胞期	1.2	0	2 小时	32 个细胞	图 35 中 5
	6	64 细胞期	1.2	0	2 小时 30 分	64 个细胞	图 35 中 6
	7	128 细胞期	1.2	0	3 小时	128 个细胞	图 35 中 7
	8	桑葚期	1.23	0	3 小时 40 分	细胞分裂形如桑葚	图 35 中 8

（续表）

阶段	序号	发育期	胚长/mm	肌节/对	受精后时间	发育状况	图号
鱼卵	9	囊胚早期	1.24	0	4小时10分	囊胚层高	图35中9
	10	囊胚中期	1.22	0	5小时30分	囊胚层中度	图35中10
	11	囊胚晚期	1.2	0	6小时30分	囊胚层较低	图35中11
	12	原肠早期	1.23	0	7小时10分	原肠胚下包2/5	图35中12
	13	原肠中期	1.25	0	9小时30分	原肠胚下包1/2	图35中13
	14	原肠晚期	1.25	0	11小时30分	原肠胚下包3/5	图35中14
	15	神经胚期	1.25	0	12小时30分	神经胚出现	图35中15
	16	卵黄栓期	1.26	0	13小时10分	卵黄栓仍存	图35中16
	17	胚孔封闭期	1.27	0	14小时30分	胚孔封闭	图35中17
	18	肌节出现期	1.28	3	15小时20分	肌节出现	图35中18
	19	眼基出现期	1.29	5	16小时10分	眼基出现	图35中19
	20	眼囊期	1.3	10	17小时10分	眼囊出现	图35中20
	21	嗅板期	1.3	11	18小时10分	嗅板出现	图35中21
	22	尾芽期	1.4	13	19小时10分	尾芽形成	图35中22
	23	听囊期	1.5	15	20小时30分	听囊出现	图35中23
	24	尾泡出现期	1.5	20	21小时20分	尾泡出现	图35中24
	25	尾鳍出现期	1.6	25	22小时30分	尾鳍出现，尚存尾泡	图35中25
	26	晶体形成期	1.9	28	23小时20分	眼晶体形成	图35中26
	27	肌肉效应期	2	30	1天10分	肌肉抽动	图35中27
	28	心脏原基期	3.1	34	1天4小时0分	心脏原基出现	图35中28
	29	耳石出现期	3.5	37	1天6小时10分	听囊出现2颗耳石	图35中29
	30	心脏搏动期	3.9	40	1天9小时20分	心脏搏动	图35中30

（2）仔鱼阶段

①孵出期至鳃弧期：受精后1天14小时至2天4小时。从孵出期经胸鳍原基期至鳃弧期共3个发育期，体透明，方头，中眼，听囊约等于眼，未开口。胚长4.5~5.3 mm，肌节10+19+13=42对（表40序号31~33，图35中31~33）。

②眼黄色素期至眼黑色素期：受精后2天17小时至3天13小时。眼黄色素期经鳃丝期至眼黑色素期，开口，从下位移至亚端位，卵黄囊出现4~10朵整齐黑色素花，听囊与眼等大。胚长5.7~6.4 mm，肌节10+19+13=42对（表40序号34~36，图35中34~36）。

③肠管贯通期至鳔一室期：受精后3天20小时至5天20小时。肠管贯通期经鳔雏形期至鳔一室期，都有管状肠，有卵黄囊，囊上有1行整齐黑色素。口亚端位，尾褶2朵黑色素，听囊与眼等大，眼后出现假鳃。胚长6.7~7.8 mm，肌节自鳔雏形期为11+18+13=42对（表40序号37~39，图35中37~39）。

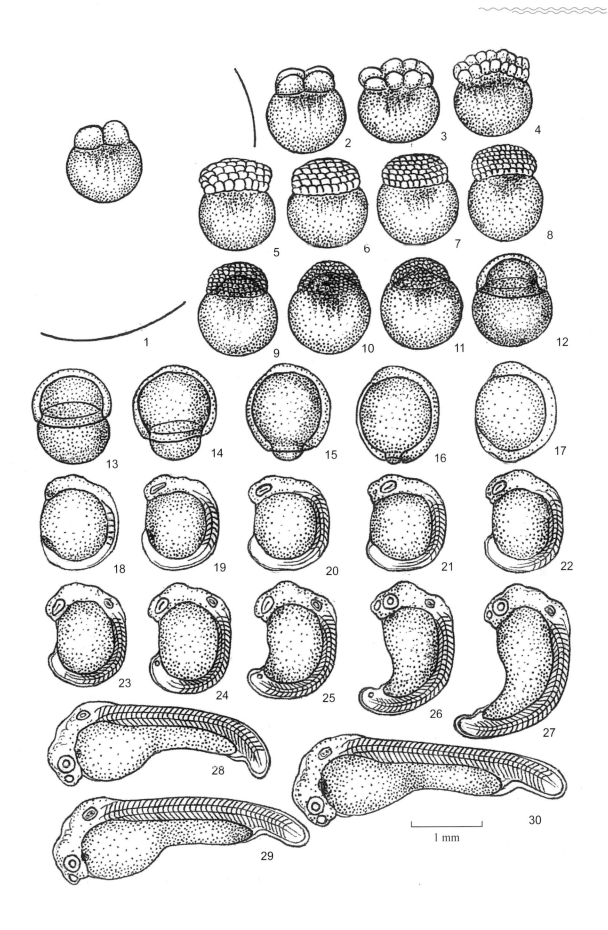

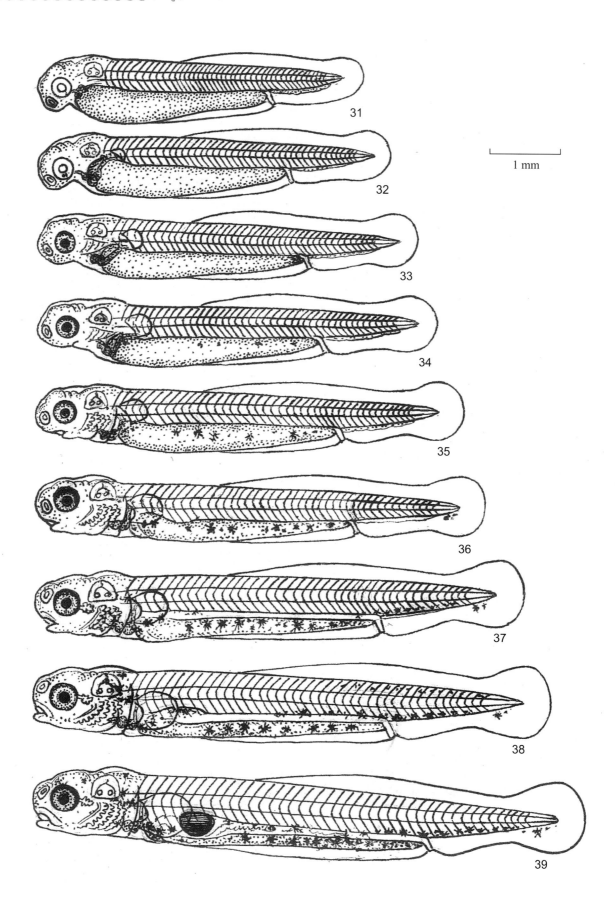

1 mm

31

32

33

34

35

36

37

38

39

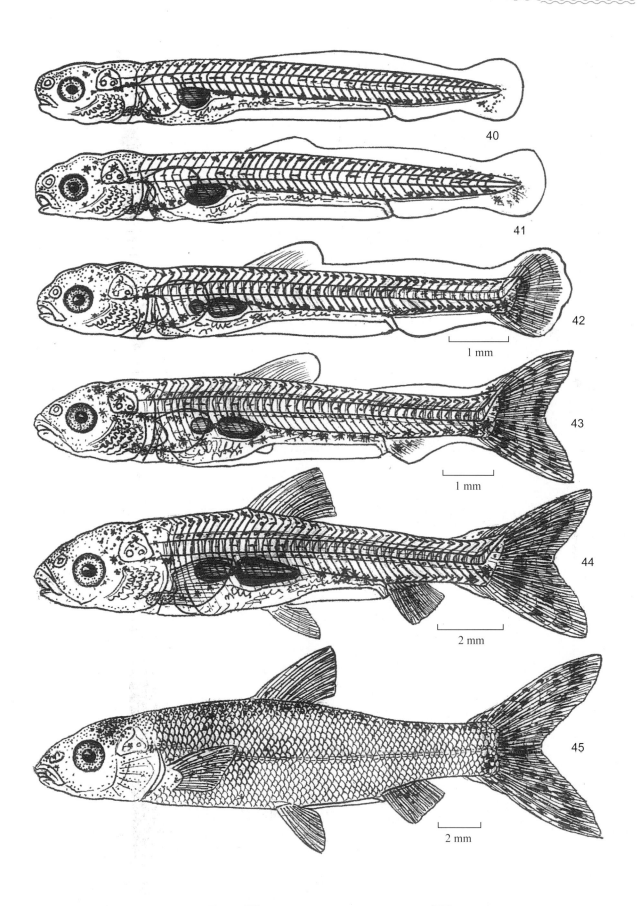

图 35　银鮰 *Xenocypris argentea* Günther（漂流）

（3）稚鱼阶段

①卵黄囊吸尽期至背褶分化期：受精后 7 天 2 小时至 8 天 3 小时。卵黄囊吸尽，背部、青筋部位各有 1 行黑色素，尾褶有一大一小黑色素，鳔前斜下方有 3~4 朵斜列黑色素。头方形至椭圆形。胚长 8.3~8.8 mm，肌节 11+18+13=42 对（表 40 序号 40~41，图 35 中 40~41）。

②鳔前室出现期：鳔前室出现，尾鳍条雏形，尾褶三波形，吻尖，背部、青筋部位各有 1 行整齐黑色素，尾椎下有 2 朵黑色素（表 40 序号 42，图 35 中 42）。

③腹鳍芽出现期至胸鳍形成期：受精后 12 天 22 小时至 25 天。吻尖，口亚下位，尾叉形。尾椎下方有 2 朵大黑色素。全长 10.8~17.2 mm，肌节从 11+18+13=42 对至 12+17+13=42 对（表 40 序号 43~44，图 35 中 43~44）。

（4）幼鱼阶段　受精后 70 天。幼鱼期侧线鳞 58 片，背鳍 ⅲ-7、臀鳍 ⅲ-9，口亚下位，尾鳍深分叉，全长 25.8 mm，肌节 12+17+13=42 对（表 40 序号 45，图 35 中 45）。

表 40　银鲴的胚后发育特征（18~25℃）

阶段	序号	发育期	胚长 / mm	肌节 / 对	受精后时间	发育状况	图号
仔鱼	31	孵出期	4.5	10+19+13=42	1 天 14 小时	孵出，方头，大眼，眼＝听囊＞嗅囊，卵黄囊长茄形，体透明	图 35 中 31
	32	胸鳍原基期	4.9	10+19+13=42	2 天	胸鳍原基出现	图 35 中 32
	33	鳃弧期	5.3	10+19+13=42	2 天 4 小时	鳃弧出现	图 35 中 33
	34	眼黄色素期	5.7	10+19+13=42	2 天 17 小时	眼黄色，鳃仍弧状，卵黄囊出现 4 朵黑色素花为其特点	图 35 中 34
	35	鳃丝期	6	10+19+13=42	3 天 2 小时	鳃弧演变成鳃丝，卵黄囊出现 5~6 朵黑色素花	图 35 中 35
	36	眼黑色素期	6.4	10+19+13=42	3 天 13 小时	眼金黑，卵黄囊出现 10 朵黑色素花，尾椎下方 2 朵黑色素	图 35 中 36
	37	肠管贯通期	6.7	10+19+13=42	3 天 20 小时	肠管贯通，眼后假鳃明显，卵黄囊有 13 朵黑色素花，并接青筋尾段色素，尾椎下有 2 朵黑色素，头似青鱼，口亚下位	图 35 中 37
	38	鳔雏形期	7	11+18+13=42	4 天 4 小时	鳔雏形，青筋部位大半行黑色素，卵黄囊有 8 朵整齐的黑色素，尾椎下方出现 2 朵小黑色素，大眼，与听囊大小相仿	图 35 中 38
	39	鳔一室期	7.8	11+18+13=42	5 天 20 小时	鳔一室，体形与黑色素同鳔雏形期，鳔前下方有 3 朵整齐黑色素	图 35 中 39
稚鱼	40	卵黄囊吸尽期	8.3	10+19+13=42	7 天 2 小时	卵黄囊吸尽，体背、脊索、青筋各有 1 行黑色素，尾椎下方出现 1 片黑色素，听囊前有 2 朵黑色素，眼稍比听囊小	图 35 中 40
	41	背褶分化期	8.8	11+18+13=42	8 天 3 小时	背褶隆起，体侧黑色素基本与卵黄囊吸尽期相同，但尾椎下方黑色素增浓	图 35 中 41
	42	鳔前室出现期	9.3	11+18+13=42	10 天 10 小时	鳔前室出现，黑色素同上期，尾椎下方有 1 朵明显黑色素，背褶出现雏形鳍条，尾三波形，已出现雏形尾鳍条。吻形转尖，口亚下位	图 35 中 42
	43	腹鳍芽出现期	10.8	12+17+13=42	12 天 22 小时	吻转尖形，口亚下位。腹鳍芽出现，尾叉形。背褶、臀褶出现雏形鳍条。体侧黑色素较多，分布同上发育期	图 35 中 43

（续表）

阶段	序号	发育期	胚长/mm	肌节/对	受精后时间	发育状况	图号
	44	胸鳍形成期	17.2	12+17+13=42	25天	尾鳍、背鳍、臀鳍、腹鳍、胸鳍形成，吻尖，口亚下位，眼稍小于听囊	图35中44
幼鱼	45	幼鱼期	25.8	12+17+13=42	70天	鳞片出齐，侧线鳞58片，背鳍iii-7，臀鳍iii-9，胸鳍i-16，腹鳍i-17，口亚下位，尾鳍深分叉	图35中45

【比较研究】

银鲴与黄尾鲴的形态、大小极为相似，尤以鱼卵阶段，孵出后的不同处是：

①眼黄色素期至鳔一室期银鲴于卵黄囊上有1行整齐的黑色素，黄尾鲴没有。

②听囊与眼径相等为共同特点，但黄尾鲴眼稍大于银鲴。

③鳃弧期后黄尾鲴眼上前缘出现少许黑色素，银鲴没有。

④眼黄色素期至背褶分化期，银鲴尾椎下方有黑色素，黄尾鲴没有。

2. 黄尾鲴

黄尾鲴（*Xenocypris davidi* Bleeker，图36）是鲤科鲴亚科鲴属的一种中型鱼类，又名黄尾鲷，以尾鳍橘黄色而区别于银鲴，全长15~30 cm。体长而侧扁，口下位，下颌前缘有薄的角质层，腹鳍基部有1~2片腋鳞，肛门前有一短的腹棱，背部灰黑色，腹部银白色，鳃盖骨有一浅黄色斑。背鳍iii-7，臀鳍iii-9，侧线鳞62片。分布于黄河及以南长江、珠江至海南岛。

早期发育材料取自1961年长江宜昌段、1962年长江黄石段、1983年西江桂平段。

【繁殖习性】

黄鲴繁殖期为4月下旬至6月中旬，性成熟2龄，于江河流水中产漂流性卵，亲鱼群体为16~26 cm，怀卵量3万~16万粒，产卵射精时，雌雄都出现追星。

【早期发育】

（1）鱼卵阶段 吸水膨胀卵膜径3.53~4.8 mm，为中卵型。

①2细胞期至胚孔封闭期：受精后1~14小时。2细胞期经历4细胞期、8细胞期、128细胞期、桑葚期、囊胚早期（无图）、囊胚中期、囊胚晚期、原肠早期、原肠中期、原肠晚期至胚孔封闭期共12个发育期，卵长除胚孔封闭期1.1 mm外，余均为1 mm，动物极细胞银灰色，略带浅蓝，植物极原生质网淡橙黄色，余呈淡黄色（图36中1~11）。

②肌节出现期至尾鳍出现期：受精后15小时至22小时30分。肌节出现期经眼基出现期、眼囊期、尾芽期、听囊期、尾泡出现期，至尾鳍出现期共7个发育期，体长分别是1.1 mm、1.2 mm、1.3 mm、1.35 mm、1.4 mm、1.5 mm、1.6 mm，各期肌节为3、8、10、12、15、17、21对（图36中12~18）。

③晶体形成期至心脏搏动期：受精后1天至1天10小时。晶体形成经肌肉效应期、心脏原基期、耳石出现期至心脏搏动期5个发育期，眼呈2个同心圆，卵长分别是1.9 mm、2.1 mm、2.8 mm、3.7 mm、3.9 mm，各期肌节为27、30、38、40、42对（图36中19~23）。

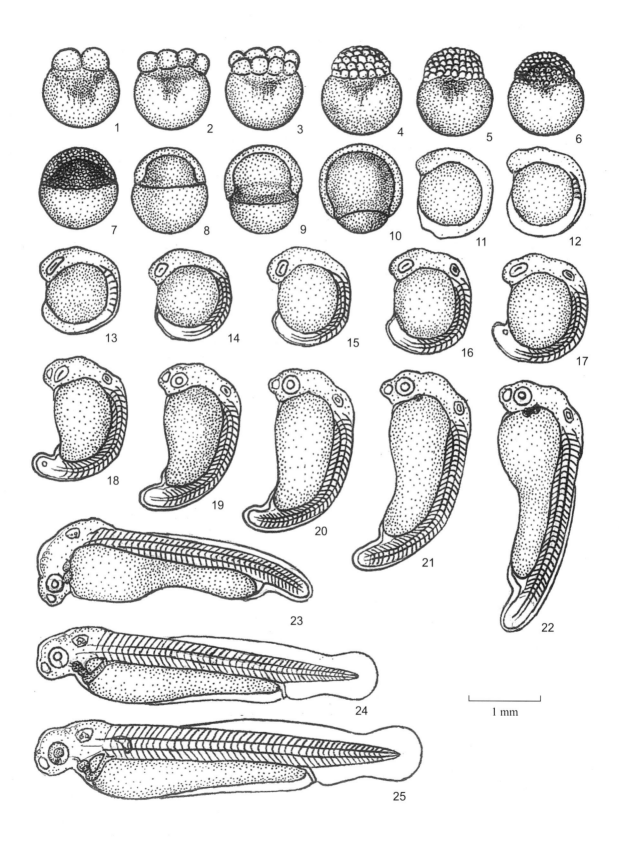

1 mm

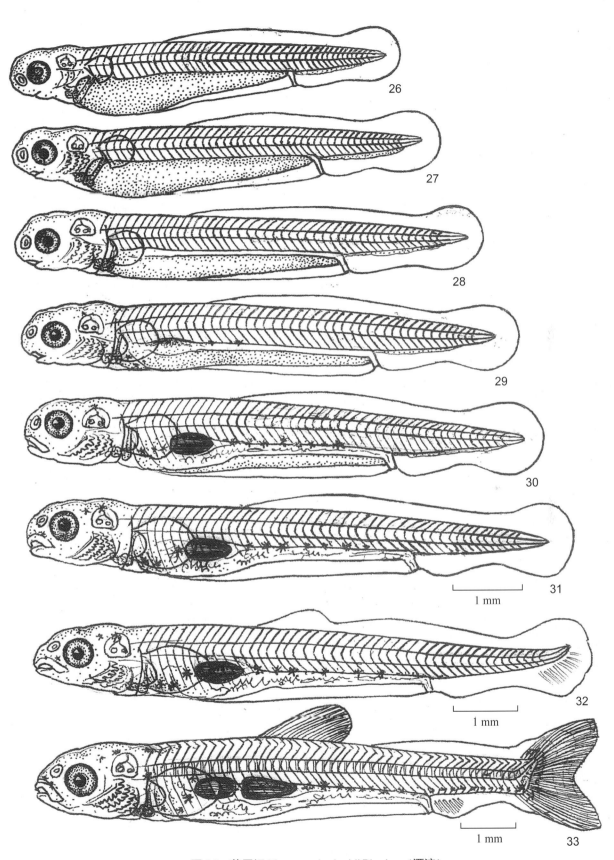

图 36　黄尾鲴 *Xenocypris davidi* Bleeker（漂流）

（2）仔鱼阶段

①孵出期至鳃丝期：孵出期后经历胸鳍原基期、鳃弧期至鳃丝期，属方头类、大眼，而且略大于听囊，卵黄囊洁净，无黑色素，鳃弧期至鳃丝期，眼前上方出现少许黑色素。受精后 1 天 11 小时、1 天 21 小时、2 天 2 小时、2 天 23 小时，胚长分别是 4.3 mm、4.8 mm、5.5 mm、5.9 mm，肌节 10+19+15=44 对，至鳃丝期为 11+19+15=45 对（图 36 中 24~27）。

②肠管贯通期至鳔一室期：经肠管贯通期、鳔雏形期、鳔一室期，肠管形成至略起褶皱。口下位，眼略等于听囊，受精后 3 天 10 小时、3 天 23 小时、5 天 3 小时，胚长分别为 6.4 mm、6.8 mm、7.3 mm，肌节 11+19+15=45 对（肠贯通期、雏鳔期）至 12+19+15=46 对（鳔一室期）（图 36 中 28~30）。

（3）稚鱼阶段　卵黄囊吸尽期后至鳞片出现期为稚鱼阶段。稚鱼阶段只搜集到 3 个发育期。

①卵黄囊吸尽期：受精后 6 天 9 小时。卵黄囊吸尽，对外营养，肠上缘 1 行黑色素，尾椎下方无黑色素，长 7.5 mm，肌节 12+19+15=46 对（图 36 中 31）。

②背褶分化期：受精后 7 天 17 小时。背褶分化，尾椎微上翘，肠上缘 1 行黑色素，听囊前后各 1 朵黑色素，心脏斜向鳔处有 3 朵黑色素，尾褶三波形，长 8.2 mm，肌节 12+19+15=46 对（图 36 中 32）。

③背鳍形成期：受精后 17 天 7 小时。背鳍与背褶分离，尾叉形，出现鳍条，背鳍也出现鳍条，鳔二室，吻尖，口下位，长 9.7 mm，肌节 12+19+15=46 对（图 36 中 33）。

【比较研究】

黄尾鲴与银鲴胚胎形态相似。不同的是，黄尾鲴肌节于躯干及尾部比银鲴各多 2 对，总数 46 对。鳃弧期至鳔一室期，黄尾鲴的卵黄囊无黑色素，银鲴有 1 行整齐黑色素，眼黑色素期至背褶分化期银鲴尾椎下有 2 朵黑色素，黄尾鲴没有。

3. 细鳞鲴

细鳞鲴 [*Xenocypris microlepis*（Bleeker），图 37] 是鲤科鲴亚科鲴属的一种中型鱼类。体长而侧扁，口小下位，呈现弧形，背鳍ⅲ-7，臀鳍ⅲ-13，侧线鳞 74 片，体背青黑色，腹部银白色，臀鳍淡黄色，尾深分叉，尾鳍橘黄色，尾缘黑色。分布于黑龙江、长江、珠江、闽江等。

早期发育材料取自 1961 年长江宜昌段、1981 年长江监利段、1986 年长江武穴段、1983 年西江桂平段。

【繁殖习性】

细鳞鲴在江河流水环境产漂流性卵，另据渔获物分析，在大的水库、湖泊、产卵场多在进水口的急流段。卵粒在漂流中发育。繁殖期 4—6 月。怀卵量 4 万 ~30 万粒。

【早期发育】

（1）鱼卵阶段　细鳞鲴卵膜吸水膨胀后膜径 2.4~3 mm，为小卵型。

①2 细胞至神经胚期：受精后 40 分至 12 小时 30 分。搜集的图幅有 2 细胞期、4 细胞期、8 细胞期、16 细胞期、32 细胞期、64 细胞期、128 细胞期、桑葚期、囊胚早期、囊胚中期、囊胚晚期、原肠早期、原肠中期、原肠晚期及神经胚期共 15 个发育期，卵长 1.1~1.3 mm，卵粒圆形，未有肌节（表 41 序号 1~15，图 37 中 1~15）。

②肌节出现期至尾鳍出现期：受精后 14 小时至 22 小时 40 分。肌节出现期后经历眼基出现期、眼囊期、嗅板期、尾芽期、听囊期、尾泡出现期、尾鳍出现期共 8 个发育期，此组卵黄囊呈蚕豆形，肌

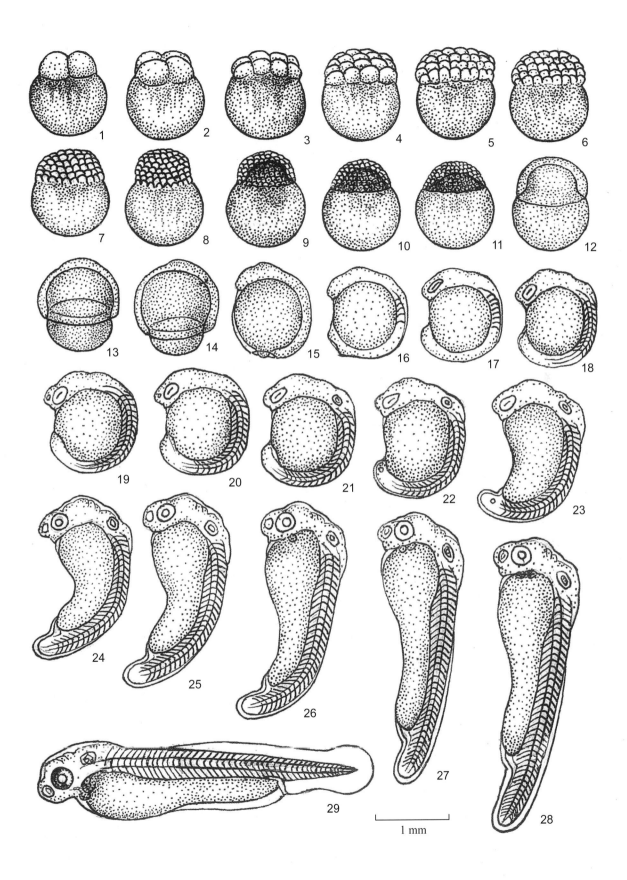

1 mm

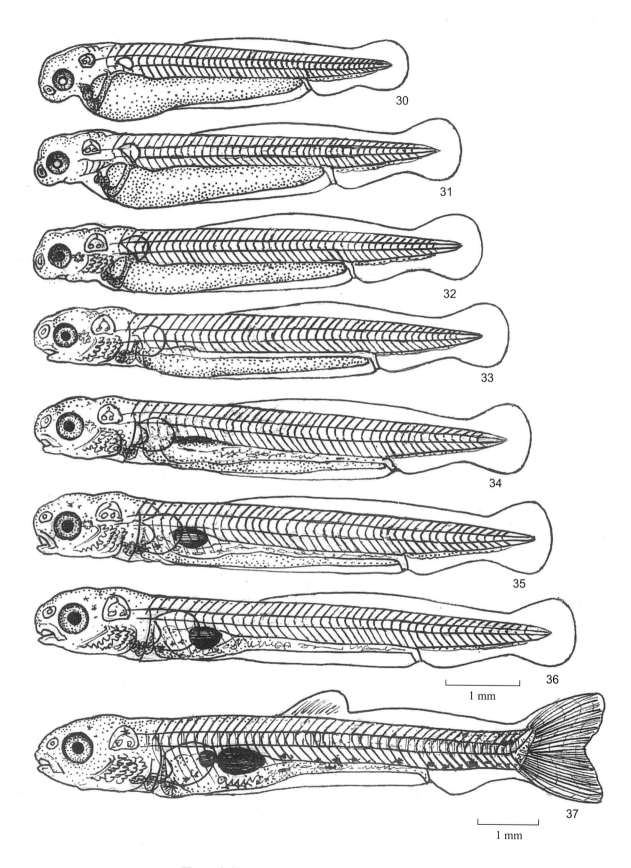

30

31

32

33

34

35

1 mm

36

1 mm

37

图 37　细鳞鲴 *Xenocypris microlepis* Bleeker（微黏漂流）

节 3~24 对，卵长 1.3~1.9 mm（表 41 序号 16~23，图 37 中 16~23）。

③晶体形成期至心脏搏动期：受精后 23 小时 20 分至 1 天 9 小时。胚体拉长，卵黄囊呈现茄形，经历晶体形成期、肌肉效应期、心脏原基期、耳石出现期、心脏搏动期 5 个发育期，基本能动，头方形，脑部突起，眼均已出现黑色素。胚长 2~3.8 mm，肌节 26~40 对（表 41 序号 24~28，图 37 中 24~28）。

表 41 细鳞鲴的胚胎发育特征（18~25℃）

阶段	序号	发育期	胚长 / mm	肌节 / 对	受精后时间	发育状况	图号
鱼卵	1	2 细胞期	1.1	0	40 分	2 个细胞，原生质网中度	图 37 中 1
	2	4 细胞期	1.1	0	1 小时	4 个细胞	图 37 中 2
	3	8 细胞期	1.1	0	1 小时 20 分	8 个细胞	图 37 中 3
	4	16 细胞期	1.2	0	1 小时 50 分	16 个细胞，垂直分裂	图 37 中 4
	5	32 细胞期	1.2	0	2 小时	32 个细胞	图 37 中 5
	6	64 细胞期	1.2	0	2 小时 20 分	64 个细胞	图 37 中 6
	7	128 细胞期	1.2	0	3 小时	128 个细胞	图 37 中 7
	8	桑葚期	1.3	0	3 小时 40 分	细胞分裂形如桑葚	图 37 中 8
	9	囊胚早期	1.3	0	4 小时 30 分	囊胚层较高	图 37 中 9
	10	囊胚中期	1.2	0	5 小时 20 分	囊胚层中度	图 37 中 10
	11	囊胚晚期	1.1	0	6 小时 30 分	囊胚层较低	图 37 中 11
	12	原肠早期	1.2	0	8 小时	原肠下包近 1/2	图 37 中 12
	13	原肠中期	1.2	0	10 小时	原肠下包近 3/5	图 37 中 13
	14	原肠晚期	1.2	0	10 小时 30 分	原肠下包近 4/5	图 37 中 14
	15	神经胚期	1.3	0	12 小时 30 分	神经胚形成，胚孔将闭	图 37 中 15
	16	肌节出现期	1.3	3	14 小时	肌节出现	图 37 中 16
	17	眼基出现期	1.3	8	15 小时	眼芽出现	图 37 中 17
	18	眼囊期	1.3	11	16 小时 30 分	眼囊出现	图 37 中 18
	19	嗅板期	1.4	14	17 小时 30 分	嗅板出现	图 37 中 19
	20	尾芽期	1.4	16	19 小时	尾芽出现	图 37 中 20
	21	听囊期	1.5	18	20 小时 30 分	听囊出现	图 37 中 21
	22	尾泡出现期	1.6	20	21 小时 30 分	尾泡出现	图 37 中 22
	23	尾鳍出现期	1.9	24	22 小时 40 分	尾鳍伸出，尾泡尚存	图 37 中 23
	24	晶体形成期	2	26	23 小时 20 分	眼晶体形成	图 37 中 24
	25	肌内效应期	2.8	28	1 天	胚体颤动	图 37 中 25
	26	心脏原基期	3.4	30	1 天 3 小时	心脏原基出现，微动	图 37 中 26
	27	耳石出现期	3.6	35	1 天 6 小时 30 分	耳石出现，微动	图 37 中 27
	28	心脏搏动期	3.8	40	1 天 9 小时	心脏搏动，翻动	图 37 中 28

（2）仔鱼阶段

①孵出期至鳃丝期：受精后 1 天 13 小时至 2 天 22 小时。包括孵出期、胸鳍原基期、鳃弧期、鳃丝期 4 个发育期，卵黄囊如长茄形，除眼前缘出现黑色素外，胚体无黑色素，全长 4.6~6 mm，肌节

9+21+13=43 对（表 42 序号 29~32，图 37 中 29~32）。

②肠管贯通期至鳔一室期：受精后 3 天 16 小时 30 分至 5 天 10 小时。包括肠管贯通期、鳔雏形期、鳔一室期 3 个发育期，卵黄囊尚存，头椭圆形，眼 = 听囊>嗅囊，口下位，尾褶圆形，上下缘斜直，全长 6.7~7.3 mm，肌节 9+21+13=43 对（表 42 序号 33~35，图 37 中 33~35）。

（3）稚鱼阶段

①卵黄囊吸尽期：受精后 7 天 2 小时。卵黄囊吸尽，口下位，体瘦长，透明，鳔前下方有 3 朵黑色素，眼与听囊之间也有 3 朵黑色素，全长 7.9 mm，肌节 10+20+13=43 对（图 37 中 36，表 42 序号 36）。

②鳔前室出现期：受精后 10 天 10 小时。鳔前室出现，尾叉形，口下位，青筋部位 1 行黑色素，全长 9.8 mm，肌节 13+17+13=43 对（表 42 序号 37，图 37 中 37）。

（4）幼鱼阶段　受精后 52 天。幼鱼鳞片长齐，侧线鳞 78 片左右，全长 26 mm，肌节 14+16+13=43 对（表 42 序号 38）。

表 42　细鳞鲴的胚后发育特征（18~25℃）

阶段	序号	发育期	胚长 / mm	肌节 / 对	受精后时间	发育状况	图号
仔鱼	29	孵出期	4.6	9+21+13=43	1 天 13 小时	方头，大眼，眼>听囊>嗅囊，眼前缘出现黑色素为其特点	图 37 中 29
	30	胸鳍原基期	5.1	9+21+13=43	1 天 18 小时	方头，大眼，居维氏管发达，眼黑色	图 37 中 30
	31	鳃弧期	5.8	9+21+13=43	2 天 6 小时	方头大眼，鳃弧出现，眼黑色，口下位，尾褶后圆	图 37 中 31
	32	鳃丝期	6	9+21+13=43	2 天 22 小时	方头，大眼，眼 = 听囊>嗅囊，眼后出现假鳃，卵黄囊无黑色素	图 37 中 32
	33	肠管贯通期	6.7	9+21+13=43	3 天 16 小时 30 分	头椭圆形，口下位，肠管贯通	图 37 中 33
	34	鳔雏形期	7	9+21+13=43	4 天 4 小时	鳔雏形，眼 = 听囊>嗅囊	图 37 中 34
	35	鳔一室期	7.3	9+21+13=43	5 天 10 小时	头椭圆形，口下位，尚余长条卵黄囊，鳔一室	图 37 中 35
稚鱼	36	卵黄囊吸尽期	7.9	10+20+13=43	7 天 2 小时	卵黄囊吸尽，眼 = 听囊>嗅囊，口下位	图 37 中 36
	37	鳔前室出现期	9.8	13+17+13=43	10 天 10 小时	鳔前室出现，背褶突起，出现雏形背鳍条，尾椎上翘，尾鳍分叉，16 条鳍条形成，青筋 1 条黑色素	图 37 中 37
幼鱼	38	幼鱼期	26	14+16+13=43	52 天	背鳍有 1 光滑硬刺，口下位，侧线鳞 78 片左右	—

【比较研究】

仔鱼时，眼前缘已出现黑色素为其特点，仔鱼、稚鱼时体黑色素少，肌节 9+21+13=43 对，尾肌节少些，体侧黑色素少，尾褶圆形，上下缘斜直。

4. 似鳊

似鳊［*Pseudobrama simoni* (Bleeker)，图 38］为鲤科鲴亚科似鳊属一种小型鱼类，全长 40~230 mm。体侧扁，头短，吻钝，口下位，横裂，唇薄，眼靠吻端，背鳍ⅲ-7，最长不分支鳍条为硬刺，臀鳍ⅲ-10~12。分布于长江、黄河、海河。

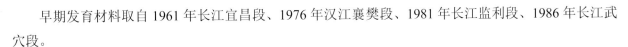

早期发育材料取自 1961 年长江宜昌段、1976 年汉江襄樊段、1981 年长江监利段、1986 年长江武穴段。

【繁殖习性】

于江河流水中产漂流性卵，繁殖期 5—6 月，繁殖群体 1~4 龄，怀卵量 1 万 ~3 万粒。喜集群上溯，于急流中产卵，受精卵于漂流中发育，产卵前雄鱼吻部出现追星。

【早期发育】

（1）鱼卵阶段　吸水膨胀后卵膜径 3.4~4 mm，属中卵型。

①2 细胞期至胚孔封闭期：受精后 50 分至 12 小时 50 分。卵粒圆形，经 2 细胞期、桑葚期、囊胚早期、囊胚中期、囊胚晚期、原肠早期、原肠中期、原肠晚期、神经胚期、胚孔封闭期共 10 个发育期，胚长 1.1~1.35 mm（表 43 序号 1~10，图 38 中 1~10）。

②眼基出现期至肌肉效应期：受精后 14 小时 20 分至 1 天 10 分。眼基出现已有肌节，经历眼囊期、尾芽期、尾泡出现期、尾鳍出现期、晶体形成期、肌肉效应期共 7 个发育期，卵黄囊逐渐拉长，胚长 1.38~2.7 mm，肌节 5~29 对（表 43 序号 11~17，图 38 中 11~17）。

③心脏原基期至心脏搏动期：受精后 1 天 3 小时至 1 天 9 小时 30 分。心脏原基期、耳石出现期至心脏搏动期胚体拉长，微弯，微动至翻动，全长 3~4 mm，肌节 31~39 对（表 43 序号 18~20，图 38 中 18~20）。

表 43　似鳊的胚胎发育特征（18~24℃）

阶段	序号	发育期	胚长/mm	肌节/对	受精后时间	发育状况	图号
鱼卵	1	2 细胞期	1.1	0	50 分	垂直分裂为 2 个细胞	图 38 中 1
	2	桑葚期	1.2	0	4 小时 10 分	动物极如桑葚状	图 38 中 2
	3	囊胚早期	1.27	0	5 小时	囊胚层高	图 38 中 3
	4	囊胚中期	1.15	0	5 小时 30 分	囊胚层中度	图 38 中 4
	5	囊胚晚期	1.1	0	6 小时 30 分	囊胚层较低	图 38 中 5
	6	原肠早期	1.2	0	8 小时 35 分	胚层下包 1/3	图 38 中 6
	7	原肠中期	1.2	0	9 小时 50 分	胚层下包 1/2	图 38 中 7
	8	原肠晚期	1.3	0	10 小时 30 分	胚层下包 2/3	图 38 中 8
	9	神经胚期	1.3	0	11 小时 30 分	神经胚形成，尚余卵黄栓	图 38 中 9
	10	胚孔封闭期	1.35	0	12 小时 50 分	胚孔封闭	图 38 中 10
	11	眼基出现期	1.38	5	14 小时 20 分	眼基出现，肌节出现	图 38 中 11
	12	眼囊期	1.4	15	16 小时 35 分	眼囊出现	图 38 中 12
	13	尾芽期	1.5	17	19 小时 30 分	尾芽出现，已现听泡	图 38 中 13
	14	尾泡出现期	1.6	20	21 小时 10 分	尾泡出现，听囊雏形	图 38 中 14
	15	尾鳍出现期	2	23	22 小时 30 分	尾鳍伸出，卵黄囊蚕豆状	图 38 中 15
	16	晶体形成期	2.3	28	23 小时 20 分	眼晶体形成，卵黄囊内凹	图 38 中 16
	17	肌肉效应期	2.7	29	1 天 10 分	肌肉效应，嗅泡增大	图 38 中 17
	18	心脏原基期	3	31	1 天 3 小时	心原基出现，卵黄囊拉长	图 38 中 18
	19	耳石出现期	3.5	36	1 天 7 小时	听囊出现 2 颗耳石	图 38 中 19
	20	心脏搏动期	4	39	1 天 9 小时 30 分	心脏搏动，胚体翻滚	图 38 中 20

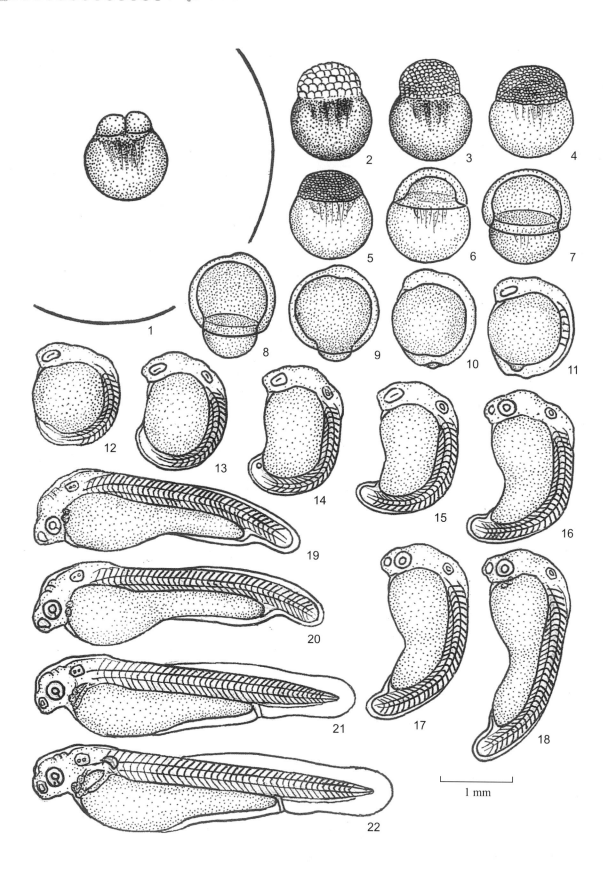

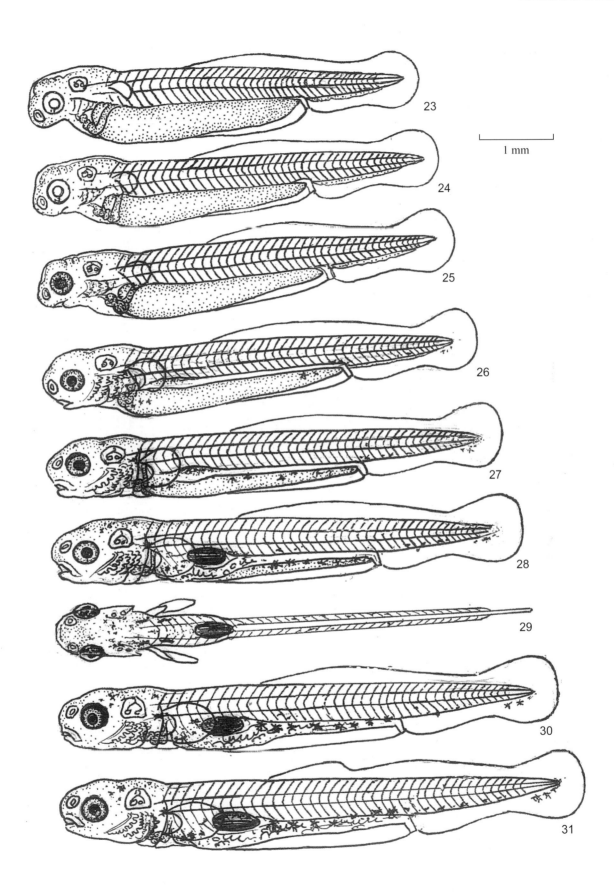

1 mm

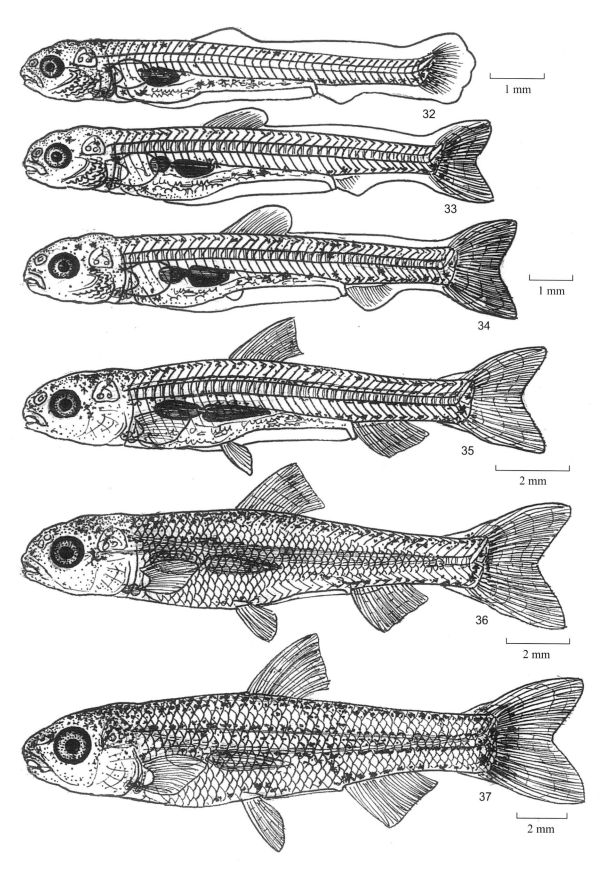

1 mm

32

33

34

1 mm

35

2 mm

36

2 mm

37

2 mm

图 38　似鳊 *Pseudobrama simoni*（Bleeker）（漂流）

（2）仔鱼阶段 卵黄囊供应营养。

①孵出期至眼黑色素期：受精后1天14小时至3天23小时。孵出经历胸鳍原基期、鳃弧期、鳃丝期、眼黑色素期5个发育期，胚体透亮，方头，大眼，眼＞听囊＞嗅囊，尾褶后圆旁侧斜直，全长4.5~6 mm，肌节8+17+14=39（表44序号21~25，图38中21~25）。

②肠管贯通至鳔一室期：受精后4天14小时至5天12小时。头半椭圆形，口下位，卵黄囊有数朵黑色素，尾椎下有3朵黑色素，肠管贯通，眼大，眼＝听囊＞嗅囊，经肠管贯通期、鳔雏形期、鳔一室期3个发育期，全长6.2~6.8 mm，肌节9+16+15=40对（表44序号26~28，图38中26~29，其中图38中28为鳔一室期侧视图，图38中29为鳔一室期俯视图。

（3）稚鱼阶段 对外营养。

①卵黄囊吸尽期至尾椎上翘期：受精后6天6小时至8天18小时。经卵黄囊吸尽期、背褶分化期、尾椎上翘期3个发育期，特点是卵黄囊吸尽，口下位，尾褶圆形至五波形，肠管有1行黑色素，尾椎下3朵黑色素。眼＝听囊＞嗅囊，全长7.1~8.2 mm，肌节9+16+15=40对至10+15+15=40对（表44序号29~31，图38中30~32）。

②鳔二室期至鳞片出现期：受精后11天6小时至32天。经鳔二室期、腹鳍芽出现期、胸鳍形成期、鳞片出现期4个发育期，共同特点是鳔二室，尾鳍叉形，口下位，眼＝听囊＞嗅囊，全长9.5~16.8 mm，肌节10+15+15=40对至11+14+15=40对（表44序号32~35，图38中33~36）。

（4）幼鱼阶段 幼鱼期：受精后60天。大眼，口下位，鳞片出齐，侧线鳞48片，背、中、腹各1行黑色素，尾椎下有3朵斜行黑色素，全长24.8 mm，肌节12+13+15=40对（表44序号36，图38中37）。

表44 似鳊的胚后发育特征（18~24℃）

阶段	序号	发育期	胚长/mm	肌节/对	受精后时间	发育状况	图号
仔鱼	21	孵出期	4.5	8+17+14=39	1天14小时	头方形，按比例为大眼	图38中21
	22	胸鳍原基期	5.1	8+17+14=39	1天22小时	胸鳍原基出现，月牙状	图38中22
	23	鳃弧期	5.5	8+17+15=40	2天7小时	鳃弧出现，隔栅状	图38中23
	24	鳃丝期	5.8	8+17+15=40	3天1小时	方头，鳃丝出现，尾褶边线斜直	图38中24
	25	眼黑色素期	6	8+17+15=40	3天23小时	眼黑色素出现，尾褶边线斜直	图38中25
	26	肠管贯通期	6.2	9+16+15=40	4天14小时	肠管贯通，卵黄囊前后各有2~3朵黑色素	图38中26
	27	鳔雏形期	6.4	9+16+15=40	5天	吻突出，鳔雏形，口下位，头背及卵黄囊出现黑色素	图38中27
	28	鳔一室期	6.8	9+16+15=40	5天12小时	鳔一室，眼＝听囊＞嗅囊，头背、卵黄囊、尾椎下有黑色素，臀褶1朵黑色素	图38中28~29
稚鱼	29	卵黄囊吸尽期	7.1	9+16+15=40	6天6小时	卵黄囊吸尽；眼＝听囊＞嗅囊，尾椎下3朵黑色素，臀褶有1朵黑色素	图38中30
	30	背褶分化期	7.3	9+16+15=40	7天12小时	背褶深分化，肠缘至青筋1行黑色素，尾椎下3朵黑色素，尾褶圆，旁侧边缘斜直	图38中31

（续表）

阶段	序号	发育期	胚长/mm	肌节/对	受精后时间	发育状况	图号
稚鱼	31	尾椎上翘期	8.2	10+15+15=40	8天18小时	吻尖，口亚下位，眼按比例属大眼型，眼＝听囊＞嗅囊，尾椎上翘，尾褶五波形，出现雏形尾鳍条16根，尾椎下有3朵稍大的黑色素，背褶、臀褶分化	图38中32
	32	鳔二室期	9.5	10+15+15=40	11天6小时	鳔前室出现，吻伸前，口下位，背褶、臀褶出现雏形鳍条，尾叉形，背部1行黑色素，青筋部位1条黑色素	图38中33
	33	腹鳍芽出现期	11	11+14+15=40	13天8小时	腹鳍芽出现，尾鳍叉形，口下位	图38中34
	34	胸鳍形成期	14	11+14+15=40	25天	背鳍、臀鳍、腹鳍、胸鳍形成，尾椎下3朵稍显的黑色素。鳔较长	图38中35
	35	鳞片出现期	16.8	11+14+15=40	32天	鳞片出现，从侧线往后及背、腹侧铺出	图38中36
幼鱼	36	幼鱼期	24.8	12+13+15=40	60天	鳞片长齐，侧线鳞48片，背、中、腹各1行黑色素，尾椎下方有3朵斜行黑色素，口下位	图38中37

【比较研究】

似鳊早期发育与鲴亚科的细鳞鲴、银鲴、黄尾鲴相似，仔鱼和稚鱼都是眼＝听囊＞嗅囊，口下位。黄尾鲴卵黄囊无色素，肌节11+19+15=45对，细鳞鲴卵黄囊也无色素，肌节9+21+13=43对，银鲴卵黄囊有5~6朵大黑色素，肌节10+19+13=42对，似鳊卵黄囊有小花形黑色素，肌节9+16+15=40对。

（六）鱊亚科 Acheilognathinae

1. 无须鱊

无须鱊（*Acheilognathus gracilis* Nichols，图39）为鲤科鱊亚科鱊属的一种小型鱼类，长4.5~5 cm。分布于长江流域。

早期发育材料取自1963年长江鄱阳湖湖口。

【繁殖习性】

无须鱊产卵于蚌内并于蚌内发育至稚鱼阶段，趁蚌壳开合之际进入江湖水体。

【早期发育】

（1）鱼卵阶段　1963年5月于长江鄱阳湖湖口偶获三角帆蚌，置培养皿内，释出椭圆形2个细胞的鱼卵（图39中1），培养后为无须鱊。

（2）仔鱼阶段　凭卵黄囊于蚌内发育，没取到标本。

（3）稚鱼阶段　于产蚌水面，用密孔捞网取上稚鱼。

①背鳍形成期：受精后14天。口裂大，大眼与听囊相等，背鳍形成，背鳍ii-9，臀鳍褶仍与臀鳍相连，臀鳍ii-10，尾鳍叉形（图39中2）。肌节10+4+20=34对，长9 mm。

②腹鳍芽出现期：受精后17天。腹鳍芽出现，臀鳍将与臀褶分离，臀鳍、背鳍相对。尾叉形（图39中3）。肌节10+4+20=34对，长9.5 mm。与其他鱼类发育期倒置，背鳍形成才到腹芽出现。

【比较研究】

无须鳑与鳑亚科鱼鱼苗较为相似，体肌节略有差别，大鳍鳑 11+4+19=34 对，中华鳑鲏 8+7+20=35 对，高体鳑鲏 10+5+21=36 对，无须鳑 10+4+20=34 对。

背鳍、臀鳍数目略有区别，大鳍鳑背鳍 ii-17，臀鳍 ii-12，中华鳑鲏背鳍 ii-10，臀鳍 ii-10，高体鳑鲏背鳍 ii-12，臀鳍 ii-13，无须鳑背鳍 ii-9，臀鳍 ii-8。

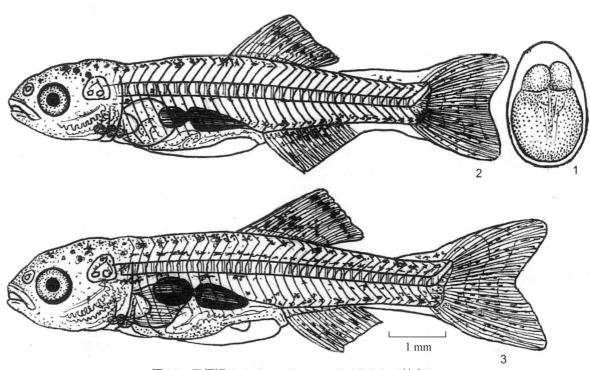

图 39 无须鳑 *Acheilognathus gracilis* Nichols（蚌内）

2. 大鳍鳑

大鳍鳑 [*Acheilognathus macropterus* (Bleeker)，图 40] 是鳑亚科鳑属的一种小型鱼类，长 6~13 cm，体高而侧扁，背鳍 iii-16~18，臀鳍 iii-11~13，侧线鳞 35~37 片，体形卵圆形，口亚下位，有 1 对口角须。胸鳍不达腹鳍基部，尾叉形。幼鱼时背鳍前方有一黑点。分布于黑龙江、黄河、长江、珠江至海南岛各水系。

早期发育材料取自 1963 年 5 月长江鄱阳湖湖口。

【繁殖习性】

大鳍鳑产卵于蚌内，偶开蚌壳发现椭圆形卵粒，于产蚌水面附近捞获稚鱼阶段鱼苗。

【早期发育】

（1）鱼卵阶段 受精后约 5 小时 30 分。鱼卵于蚌内发育，获原肠中期鱼卵（图 40 中 1），膜径 1.5 mm。

（2）稚鱼阶段

①臀鳍形成期：受精后约 16 天。背鳍、臀鳍形成，全长 8.7 mm，肌节 11+4+19=34 对，背鳍

ii-17，臀鳍ii-12，尾岔形，尾椎上翘，眼与嗅囊等大（图40中2）。

②腹鳍芽出现期：受精后18天。腹芽出现，背鳍ii-17，臀鳍ii-12，长10.2 mm，肌节11+4+19=34对（图40中3）。

【比较研究】

无须鳈与大鳍鳔在稚鱼阶段颇为相似，口皆亚端位，听囊与眼等大，但大鳍鳔背鳍、臀鳍为三角形，无须鳈背鳍、臀鳍为旗形（图40中2~3）。

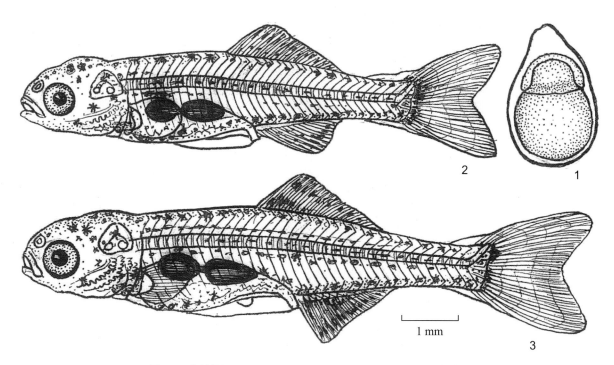

1 mm

图40　大鳍鳔 *Acheilognathus macropterus*（Bleeker）（蚌内）

3．中华鳑鲏

中华鳑鲏（*Rhodeus sinensis* Günther，图41）是鳑鲏亚科鳑鲏属的一种菱形薄体的小型鱼类，全长3~5 cm，口端位，上颌稍长于下颌，无须，背鳍ii-9~11，臀鳍ii-9~11，几乎相对。侧线鳞3~7片。分布于黄河、长江、珠江水系。

早期发育材料取自1963年5月长江鄱阳湖湖口、1986年长江武穴段。

【繁殖习性】

雌鱼有产卵管排卵于蚌内，雄鱼在蚌壳开启时排精，胚胎于蚌内发育至稚鱼阶段游出，在长蚌处周围摄食生长，以手抄网可获得中华鳑鲏稚鱼。

【早期发育】

鱼卵于蚌内发育，获原肠中期鱼卵（图41中1），膜径1.5 mm。

（1）鱼卵阶段　受精后约28小时。打开蚌获得心脏原基期胚胎，眼黑色素已出现（图41中1），膜径 1.9 mm，培养至稚鱼阶段。

（2）仔鱼阶段　没获标本。

（3）稚鱼阶段

①鳔前室出现期：受精后 9 天。卵黄囊已吸尽，鳔前室出现，背褶分化，尾椎上翘，尾浅分岔，长 8 mm，肌节 8+7+20=35 对（图 41 中 2）。

②臀鳍形成期：受精后 16 天。背鳍、臀鳍皆形成，口亚端位，听囊与眼等大，尾叉形。长 9.3 mm，背鳍、臀鳍皆 ⅱ-10，肌节 8+7+20=35 对（图 41 中 3）。

③腹鳍芽出现期：受精后 18 天。腹鳍芽出现，背鳍、臀鳍旗形，鳍条皆 ⅱ-10，尾岔形，上翘的尾椎后方有 1 片黑色素。长 10 mm，肌节 8+7+20=35 对（图 41 中 4）。

【比较研究】

中华鳑鲏与高体鳑鲏早期发育外形相似，口端位，嗅囊等于眼。中华鳑鲏背鳍、臀鳍皆 ⅱ-10，高体鳑鲏背鳍 ⅱ-11，臀鳍 ⅱ-12。中华鳑鲏肌节 8+7+20=35 对，高体鳑鲏肌节 10+5+21=36 对。

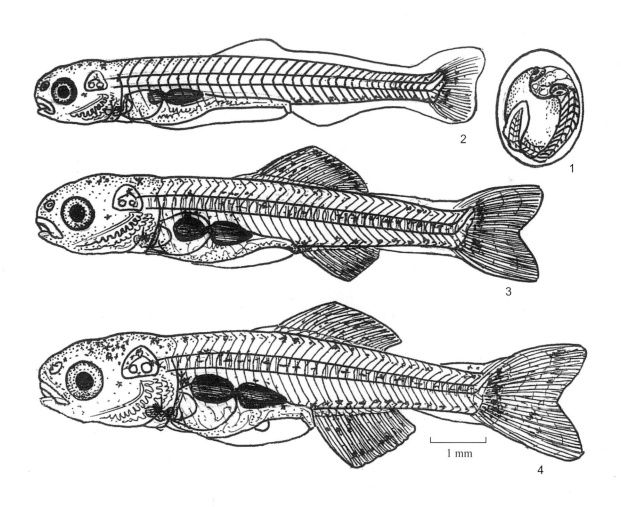

图 41　中华鳑鲏 *Rhodeus sinensis* Günther（蚌内）

4．高体鳑鲏

高体鳑鲏［*Rhodeus ocellatus*（Kner），图 42］为鳑鲏亚科鳑鲏属的一种小型鱼类，全长 5~7.2 cm，背鳍ⅱ-10~12，臀鳍ⅱ-10~13，纵列鳞 31~34，体长为体高的 2.1~2.6 倍，体高偏大而称高体鳑鲏。头小，口小，口角无须，鳞片稍大。鳃盖后缘上方有一黑色斑点。分布于黄河、长江、珠江水系。

早期发育材料取自 1963 年 5 月长江水系鄱阳湖湖口、1986 年长江武穴段。

【繁殖习性】

卵子、精子于蚌内受精，稚鱼阶段时游出蚌外生长发育。

【早期发育】

（1）鱼卵阶段　受精后约 50 分。拾蚌于培养碟供养，逸出椭圆形卵粒，2 细胞期，培养后为胸鳍较长大的高体鳑鲏，膜径 2 mm（图 42 中 1）。

（2）仔鱼阶段　带卵黄囊，没绘图。

（3）稚鱼阶段

①背鳍形成期：受精后 14 天。背鳍形成，三角形，鳍条ⅱ-11，长 8.7 mm，肌节 10+5+21=36 对，胸鳍末端靠近背鳍起点，口端位，无须，听囊稍大于眼（图 42 中 2）。

②腹芽出现期：受精后 18 天。背鳍、臀鳍形成，背鳍ⅱ-11，臀鳍ⅱ-12，胸鳍末端靠近背鳍起点，腹鳍芽出现，全长 10.2 mm，肌节 10+5+21=36 对，听囊稍大于眼，口端位（图 42 中 3）。

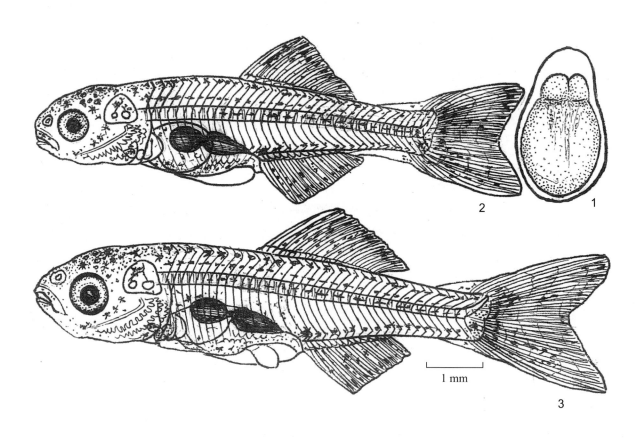

1 mm

图 42　高体鳑鲏 *Rhodeus ocellatus*（Kner）（蚌内）

【比较研究】

高体鳋鲅躯干肌节小于中华鳋鲅，高体鳋鲅 10+5+21=36 对，中华鳋鲅 8+7+20=35 对，中华鳋鲅背鳍、臀鳍条小于高体鳋鲅，高体鳋鲅背鳍ⅱ-11，臀鳍ⅱ-12，中华鳋鲅背鳍、臀鳍皆ⅱ-10。高体鳋鲅胸鳍末端靠近背鳍起点，中华鳋鲅胸鳍末端稍远于背鳍起点。

（七）鲃亚科 Barbinae

1. 倒刺鲃

倒刺鲃［*Spinibarbus denticulatus* (Oshima)，图 43］是鲤科鱼类鲃亚科倒刺鲃属的中型鱼类，生活在南方的珠江、元江及海南岛江河。全长 15~50 cm，背鳍ⅳ-9，臀鳍ⅲ-5，侧线鳞 30 片。体长，稍侧扁，腹圆无棱。背鳍具硬刺，最长的不分支鳍条带锯齿，前有一倒刺卧伏皮下，约于腹鳍起点后上方的背部。

【繁殖习性】

倒刺鲃繁殖期 5—7 月，于江河洁水江段的砾石、砾沙河床产黏沉性卵。西江产卵场在来宾、柳州、象州、武宣，北江产卵场在屏石、长来、江口、周田，东江在黎嘴、龙川、柳城、义合一带。

【早期发育】

由于倒刺鲃是产黏沉性卵的关系，实验网收集不到鱼卵、仔鱼。仅为稚鱼、幼鱼材料。

（1）稚鱼阶段 倒刺鲃稚鱼阶段搜集有 7 个发育期，眼大，眼＞听囊＞嗅囊，体背、脊椎、青筋部位有 3 行整齐的黑色素，尾椎下方有 1 朵大的黑色素。

①卵黄囊吸尽期：受精后 6 天 16 小时。鳔一室，卵黄囊吸尽。头背部、上背、脊椎、青筋部位、肠下沿共 4 行黑色素。大眼，嗅囊为眼的 1/8，听囊略小于眼，全长 7.7 mm，肌节 10+13+18=41 对（图 43 中 1）。

②背褶分化期：受精后 8 天 8 小时。大眼，体侧 4 行整齐的黑色素，背褶分化，尾褶仍呈圆形，有 8 条雏形尾鳍条，全长 8.1 mm，肌节 13+12+18=43 对（图 43 中 2）。

③尾椎上翘期：受精后 9 天 4 小时。尾椎上翘，尾褶五波形，雏形尾鳍条 16 条，尾椎下方有 1 朵稍大黑色素，体侧 4 行整齐的黑色素，全长 8.5 mm，肌节 14+11+18=43 对（图 43 中 3）。

④鳔前室期：受精后 10 天 17 小时。鳔前室出现，尾叉形，雏形尾鳍条 16 条，尾椎下方有 1 朵稍大黑色素，肠下缘黑色素消失，上背、脊椎、青筋 3 行整齐的黑色素，全长 9.1 mm，肌节 14+11+18=43 对（图 43 中 4）。

⑤腹鳍芽出现期：受精后 12 天 10 小时。腹鳍芽出现，背褶出现 6 条雏形鳍条，尾叉形，鳔二室，体侧 3 条整齐的黑色素，臀褶出现 5 根雏形臀鳍条，口亚下位，全长 10.3 mm，肌节 14+11+18=43 对（图 43 中 5）。

⑥背鳍形成期：受精后 18 天。背鳍形成，鳍条ⅲ-9，尾鳍深分叉。口亚下位，眼大，大小与听囊相等，大于嗅囊，体侧 3 行整齐的黑色素，全长 11.7 mm，肌节 15+10+18=43 对（图 43 中 6）。

⑦鳞片出现期：受精后 32 天。鳞片出现，上颌须芽出现，背鳍色素聚成黑色斑，尾柄有一心形黑色素，各鳍形成，全长 23 mm，肌节 15+10+18=43 对（图 43 中 7）。

（2）幼鱼阶段 幼鱼期：受精后 60 天。鳞片长齐，侧线鳞 30 片，须 2 对，背鳍、腹鳍、臀鳍、

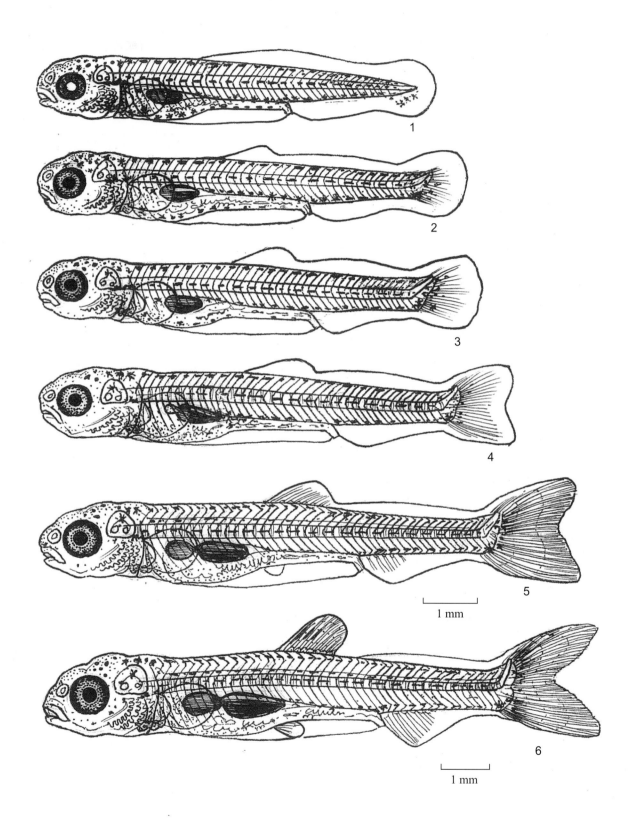

1 mm

1 mm

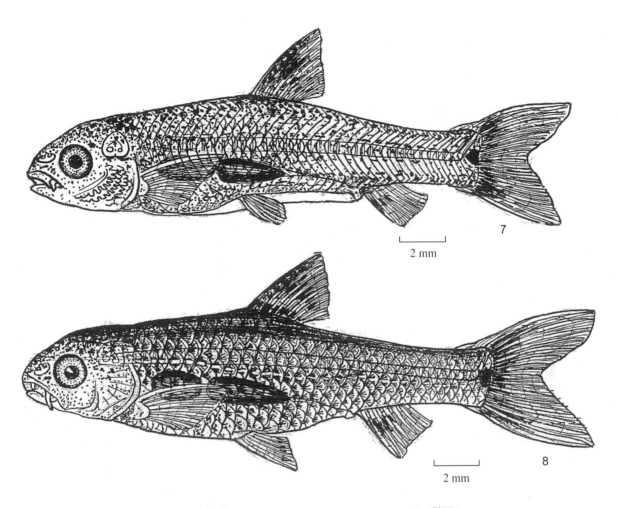

图 43　倒刺鲃 *Spinibarbus denticulatus*（Oshima）（黏沉）

尾鳍皆有黑色素，尾柄有一心形黑色素，全长 25.5 mm（图 43 中 8）。

【比较研究】

倒刺鲃与光倒刺鲃及宽鳍鱲鱼苗较为相似，体侧有 3 行整齐的黑色素是这 3 种鱼的特点，而且皆大眼。

①倒刺鲃眼大，光倒刺鲃眼更大，宽鳍鱲稍比倒刺鲃眼小。

②倒刺鲃肌节为 14+11+18=43 对，光倒刺鲃 10+17+16=43 对，宽鳍鱲肌节 12+18+16=46 对。

③鳞片出现至幼鱼倒刺鲃尾柄正中有一心形黑色素，光倒刺鲃于下侧有 1 朵大黑色素，上侧有 1 朵小黑色素。宽鳍鱲尾柄上、下各有一横形片状黑色素。

2．光倒刺鲃

光倒刺鲃（*Spinibarbus hollandi* Oshima，图 44）上颌须短于口角须，背鳍无硬刺 iv-8，侧线鳞 25 片，体前圆后扁，背青黑色，鳞大，爽脆可吃。分布于长江、珠江、元江、闽江、台湾与海南岛等。

早期发育材料取自 1983 年西江桂平段、2001 年北江韶关段（天然捞取及人工繁殖）、1988 年流溪河温泉、1986 年长江武穴段。

【繁殖习性】

光倒刺鲃产黏沉性卵，繁殖期 5—7 月。一般江河涨水光倒刺鲃聚集于石砾河床的产卵场产卵。长江产卵场在宜昌、涪陵、重庆，西江产卵场在武宣、来宾、合山，流溪河产卵场在流溪河水库上源塘坑、水口，北江产卵场在罗家渡、新秦、营头、马营、周田、太阳岩等。

【早期发育】

也因光倒刺鲃是产黏沉性卵的关系，实验网只采到稚鱼、幼鱼阶段材料，韶关人工催情的材料证实产黏沉性卵，但韶关渔政部门进行人工授精后是育至卵黄囊吸尽期才带到实验船上供显微镜绘画。

（1）稚鱼阶段

①卵黄囊吸尽期：受精后 6 天 6 小时。方头大眼，眼略等于听囊而远大于嗅囊，卵黄囊吸尽，鳔一室，青筋部位出现黑色素，尾褶圆形，出现 8 根雏形尾鳍条，全长 8 mm，肌节 10+17+16=43 对（图 44 中 1）。

②背褶分化期：受精后 8 天 18 小时。方头大眼，为早期发育眼最大的胚胎，背褶突起，尾椎微上翘，尾椎下有斜列的上、下 2 朵黑色素。体侧背部、脊椎、青筋、肠下缘有 4 列整齐的黑色素，全长 9.1 mm，肌节 10+17+16=43 对（图 44 中 2）。

③尾椎上翘期：受精后 10 天。大眼，口亚下位，背褶深分化，尾椎上翘，尾椎下方有斜布的上、下 2 朵黑色素，背褶后部与尾褶交界处有数颗小黑色素，尾褶五波形，出现 16 根雏形尾鳍条，全长 9.7 mm，肌节 10+17+16=43 对（图 44 中 3）。

④鳔前室出现期：受精后 12 天。鳔前室出现，眼大，略大于听囊而远大于嗅囊，嗅囊约为眼 1/10，背褶深分化，尾褶三波形，尾椎下斜向上、下 2 朵黑色素。背褶后段与尾鳍交接处有 5~6 朵小黑色素，全长 11.7 mm，肌节 11+16+16=43 对（图 44 中 4）。

⑤腹鳍芽出现期：受精后 14 天。方头大眼，体侧背部、脊椎、青筋有 3 条整齐的黑色素，尾椎下有光倒刺鲃特征性的斜向上、下 2 朵黑色素，腹鳍芽出现，背褶突起，出现 8 条雏形鳍条，臀褶前端出现 4 条雏形鳍条，全长 12 mm，肌节 11+16+16=43 对（图 44 中 5）。

⑥背鳍形成期：受精后 16 天。背鳍褶与背鳍褶脱离，背褶尾部与尾鳍之间的鳍膜出现数朵小黑色素，体侧 3 条整齐的黑色素，全长 16.3 mm，肌节 11+16+16=43 对（图 44 中 6）。

⑦胸鳍形成期：受精后 24 天。各鳍形成，胸鳍鳍条长齐，方头大眼，背鳍前部、臀鳍前部各有 1 片黑色素，体侧 3 行黑色素，尾椎下 2 朵斜列黑色素，尾鳍基部 2 片黑色素，全长 18 mm，肌节 12+15+16=43 对（图 44 中 7）。

⑧鳞片出现期：受精后 30 天。头部半椭圆形，体高增大，眼大，出现 1 对口角须，体披黑色素，尾椎下方有斜向的上、下 2 朵黑色素花，鳞片出现，全长 20 mm，肌节 12+15+16=43 对（图 44 中 8）。

（2）幼鱼阶段　幼鱼期：受精后 62 天。头部半椭圆形，大眼，须 2 对，鳞片出齐，背鳍与腹鳍相对，尾柄 2 朵斜向黑色素。背鳍前缘、臀鳍前缘黑色。侧线鳞 25 片，全长 25 mm（图 44 中 9）。

【比较研究】

光倒刺鲃与倒刺鲃、宽鳍鱲相似，体侧均有 3~4 条整齐的黑色素。但光倒刺鲃眼大，尾椎下有 2 朵大黑色素，背褶后段与尾鳍相连的鳞褶有几颗小黑色素，肌节 11+16+16=43 对。

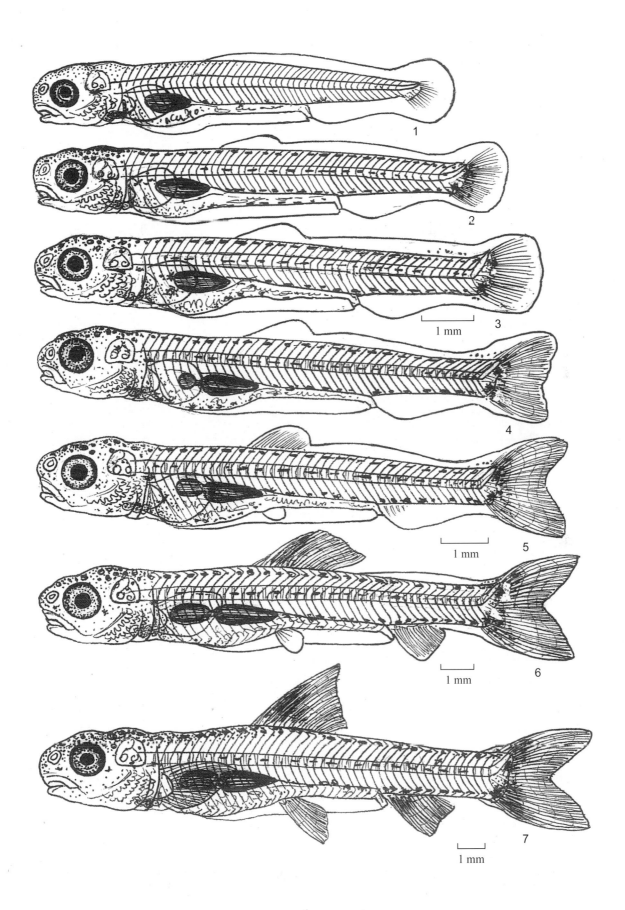

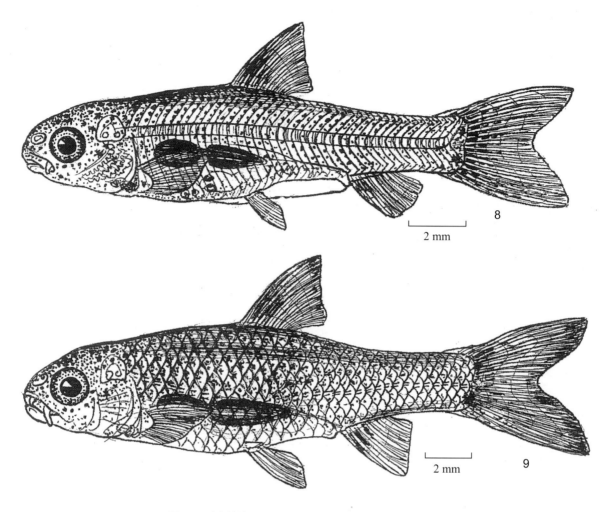

图 44　光倒刺鲃 *Spinibarbus hollandi* Oshima（黏沉）

3. 北江光唇鱼

北江光唇鱼（*Acrossocheilus beijiangensis* Wu et Lin，图45）是鲤科鲃亚科光唇鱼属的一种小型鱼类。体侧扁，体棕黄色，侧有5条黑色素斑，甚为漂亮，眼大，口下位，须2对，唇肉质，上唇完整并包着上颌，下唇分两瓣。侧线鳞38片，平直，全长60~140 mm。栖息于珠江水系的西江、北江、东江。

早期发育材料取自1983年西江桂平段、2001年北江韶关段、1989年流溪河温泉段以及2006年流溪河卫东段、塘科段。

【繁殖习性】

北江光唇鱼喜于洁水石质河床产黏沉性卵，孵出后再顺水漂流发育。繁殖期5—7月。

【早期发育】

因黏沉性卵，实验敷网、圆锥网只获稚鱼阶段材料。

（1）稚鱼阶段

①背褶分化期：受精后8天8小时。方头大眼，眼＝听囊＞嗅囊，背褶隆起，尾褶圆形，尾椎下方出现8条雏形尾鳍，脊椎形成，尾椎下缘有1行黑色素，全长8.5 mm，肌节10+14+15=39对（图45中1）。

②背鳍形成期：受精后15天。背鳍形成，尾分叉，尾椎下方有斜列2朵黑色素，与同期光倒刺鲃相似。体背、脊椎与肠下缘有3条整齐的黑色素，大眼＝听囊＞嗅囊。全长14 mm，肌节10+14+15=39

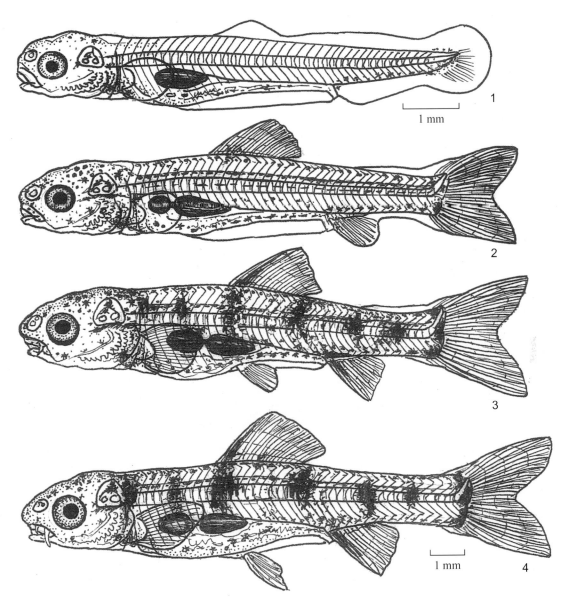

图 45　北江光唇鱼 *Acrossocheilus beijiangensis* Wu et Lin（黏沉）

对（图 45 中 2）。

③腹鳍形成期：受精后 22 天。腹鳍形成，胸鳍尚为半圆形，腹褶未消失，须芽出现，体侧有 5 朵大黑色素，全长 15.5 mm，肌节 10+14+15=39 对（图 45 中 3）。

④鳞片出现期：受精后 32 天。须 2 对芽出现，体侧 5 列黑色素斑，胸鳍发育完全，尾椎下 1 片黑色素，背鳍、臀鳍前缘黑色，鳞片开始出现，全长 16.4 mm，肌节 9+15+15=39 对（图 45 中 4）。

【比较研究】

北江光唇鱼胚胎与光倒刺鲃相似，皆有尾椎下 2 朵黑色素，背鳍、臀鳍前缘黑色。不同的是，北江光唇鱼体侧有 5 朵大黑色素花，尾椎下连成一片黑色素花。

4. 侧条光唇鱼

侧条光唇鱼［*Acrossocheilus parallens*（Nichols），图 46］是鲤科鲃亚科光唇鱼属的一种小鱼，全

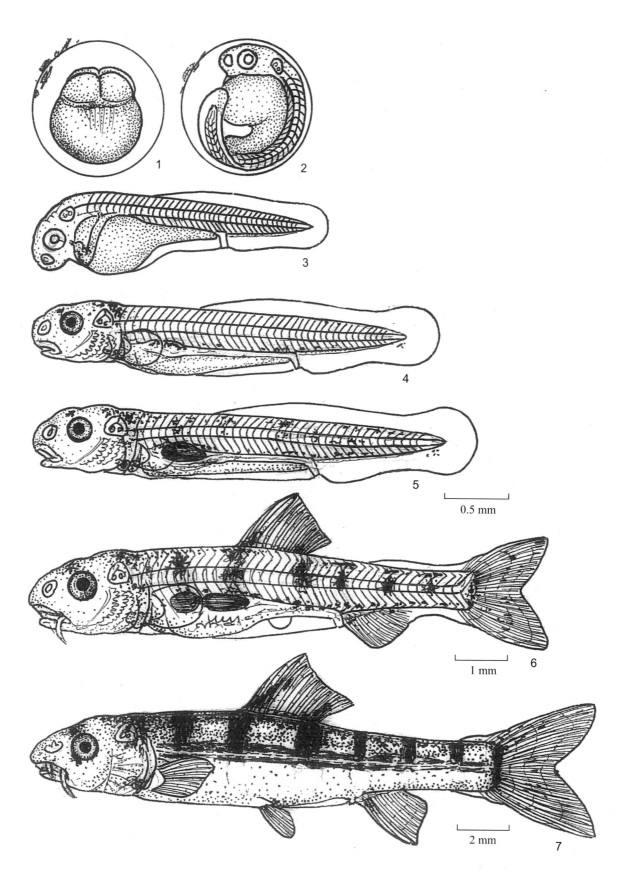

图 46　侧条光唇鱼 *Acrossocheilus parallens*（Nichols）（黏沉）

长 50~100 mm，体侧扁，头后缘隆起，吻突出，中眼，口下位，须 2 对，吻须短于口角须。背鳍iv-8，臀鳍iii-5。体侧沿侧线有一黑色纵带及上侧部有 7 条与之垂直的黑横纹，侧线鳞 38 片。分布于钱塘江、闽江、韩江、珠江，尤以珠江北江水系及广州流溪河、增江等。

早期发育材料取自 1987 年流溪河大坳段、2002 年北江韶关段。

【繁殖习性】

侧条光唇鱼于石砾河床产黏沉性卵，繁殖期 4—6 月。

【早期发育】

侧条光唇鱼鱼卵以手捞网贴着石质斜坡边岸捞得数枚。

（1）鱼卵阶段

①4 细胞期：受精后 1 小时。膜径 1 mm，卵径 0.8 mm，4 细胞（图 46 中 1）。

②耳石出现期：受精后 1 天 7 小时。由于卵膜小，耳石出现时胚体弯曲于膜内，膜径 1 mm，拉直测量胚体长 1.5 mm，眼、嗅囊、听囊、耳石皆出现（图 46 中 2）。

（2）仔鱼阶段

①孵出期：受精后 1 天 14 小时。圆头大眼，眼略大于听囊又大于嗅囊，居维氏管粗大，尾静脉窄细，肌节 9+14+15=38 对，全长 2.25 mm（图 46 中 3）。

②鳔雏形期：受精后 4 天 4 小时。鳔雏形，眼 = 听囊＞嗅囊。听囊上方头背部出现黑色素，尾椎下方有一小黑色素。口亚下位，肌节 9+14+15=38 对，全长 3.1 mm（图 46 中 4）。

③鳔一室期：受精后 5 天 18 小时。鳔一室，卵黄囊长条状，体侧有分散的黑色素花，肌节 9+14+15=38 对，全长 3.4 mm（图 46 中 5）。

（3）稚鱼阶段　腹鳍芽出现期：受精后 12 天 22 小时。腹鳍芽出现，背鳍iv-8，出现 1 对口角须。体侧有 6~7 朵黑色素花，肌节 9+14+15=38 对，全长 10 mm（图 46 中 6）。

（4）幼鱼阶段　幼鱼期：受精后 70 天。鳞片出齐，吻须及口角须各 1 对，各鳍长齐，体侧黑色素有一纵带和 7 条垂直的黑色素斑，全长 21.1 mm（图 46 中 7）。

【比较研究】

侧条光唇鱼与北江光唇鱼相比，体形肌节数、体侧黑色素斑均约 7 条，较为相似。但侧条光唇鱼中眼，北江光唇鱼大眼。到幼鱼时，侧条光唇鱼侧体 1 条黑色带，北江光唇鱼没有。

5. 瓣结鱼

瓣结鱼［*Tor brevifilis* (Peters)，图 47］是鲤科鲃亚科结鱼属的一种中型鱼类，全长 150~350 mm，背鳍iv-8，第 4 硬刺粗大后缘有锯齿。臀鳍iii-5，侧线鳞 46 片，体延长，稍侧偏，吻尖头长，吻皮下垂并止于上唇基部，下唇 3 叶。口下位，吻须与口角须各 1 对，鳞片基部有黑色斑。分布于长江上中游、珠江、元江等。

早期发育材料取自 1961 年长江宜昌石牌段、1983 年西江桂平段。

【繁殖习性】

瓣结鱼产黏沉性卵，产后遇急流有卵粒被冲至实验网，经培养为瓣结鱼，产卵场为石质河床，繁殖期 4—6 月，怀卵量 2 000~20 000 粒。

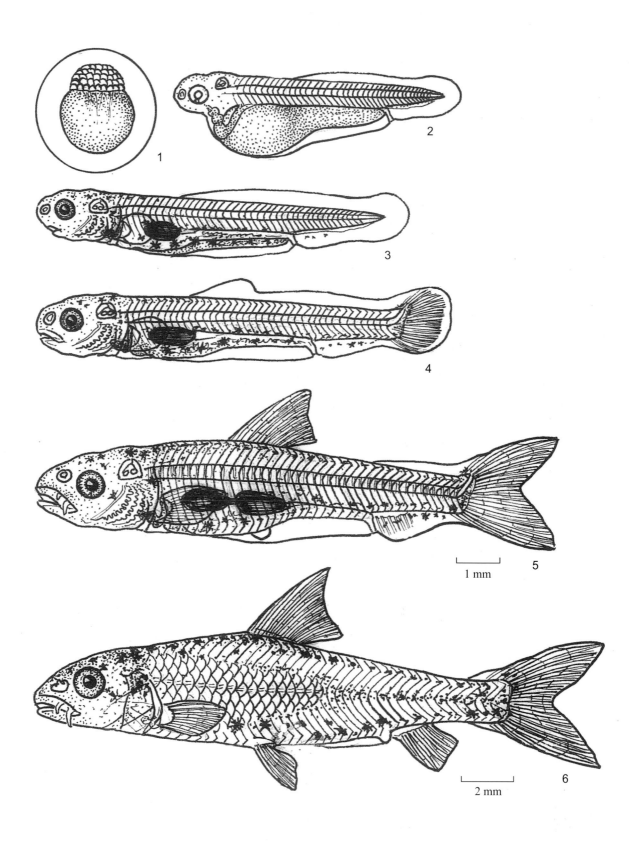

图 47　瓣结鱼 *Tor brevifilis*（Peters）（黏沉）

【早期发育】

（1）鱼卵阶段

①4细胞期：受精后1小时。动物极分裂至4个细胞，原生质网发达，膜径2.6 mm，卵长1.8 mm。

②桑葚期：受精后3小时30分。动物极分裂至桑葚状，膜径2.7 mm，卵长1.9 mm（图47中1）。

③原肠晚期：受精后11小时。卵粒椭圆形，下包4/5，卵长2.1 mm。

（2）仔鱼阶段

①孵出期：受精后1天11小时。圆头大眼，眼＞听囊＞嗅囊，居维氏管粗壮，肌节9+18+13=40对，全长6.6 mm（图47中2）。

②鳔一室期：受精后5天10小时。圆头大眼，卵黄囊长条形，连同肠管有7~8朵大黑色素，臀褶出现3朵黑色素。尾褶圆，口下位，肌节9+18+13=40对，全长8.8 mm（图47中3）。

（3）稚鱼阶段

①尾椎上翘期：受精后9天2小时。鳔一室，背褶深分化，尾椎上翘，大眼，口下位，青筋色素清楚，肠管外有1行6~7朵黑色素，臀鳍褶有5朵雁队形黑色素，与鲭同期相似，尾褶圆形至三波形，肌节9+18+13=40对，全长9.6 mm（图47中4）。

②腹鳍芽出现期：受精后12天10小时。背鳍形成，吻须1对，口角须1对，腹鳍芽出现，尾深分叉，体背及青筋各有1条黑色素，臀褶出现7条雏形鳍条，臀褶部位有6朵雁队形黑色素，与鲭同期相近，大眼，口下位，肌节9+18+13=40对，全长12.2 mm（图47中5）。

③鳞片出现期：受精后40天。头尖，须2对，吻须、口角须各1对。各鳍形成，鳞片出现，头背与体背及腹部各有1条黑色素，口下位，肌节9+18+13=40对，全长23 mm（图47中6）。

【比较研究】

①尾椎上翘期至臀鳍形成期，臀褶有雁队形黑色素与鲭相似，但稍短于鲭。

②背褶分化期、尾椎上翘期瓣结鱼与麦穗鱼形态相似，头背色素与肠缘色素相仿，但瓣结鱼臀褶有雁队形色素，麦穗鱼无，瓣结鱼大（9 mm），麦穗鱼小（6 mm）。

③鳔一室期与花鳕色素分布相似，尤其肠缘与臀鳍褶色素几乎一致，瓣结鱼眼＞听囊，花鳕眼＝听囊，但瓣结鱼全长8.8 mm，肌节9+18+13=40对，花鳕全长7.3 mm，肌节10+21+15=46对。

6. 白甲鱼

白甲鱼 [*Ongchostoma sima* (Sauvage et Dabry)，图48] 是鲤科鲃亚科白甲鱼属的一种中型鱼类，全长200~250 mm，体侧扁，腹部圆，头短而宽，吻突，口下位，口裂呈"一"字形，无须。下颌前缘有锐利角质。背鳍iv-8，臀鳍iii-5，侧线鳞47片。分布于长江上游以及珠江干流西江、北江、东江等。

早期发育材料取自1962年长江万县段、1983年西江桂平段、2002年北江韶关段。

【繁殖习性】

白甲鱼繁殖期4—6月，于石砾河床产微黏沉性卵，产卵群体3~5龄，怀卵量2万~7万粒。

【早期发育】

（1）鱼卵阶段　卵膜吸水膨胀后膜径4.1~4.8 mm，属中卵型，黏性弱，偶进实验网。

①8细胞期：受精后1小时10分。动物极分裂为8个细胞，卵长1.9 mm。

②原肠中期：受精后9小时45分。原肠中期，下包1/2，卵长2.1 mm（图48中1）。

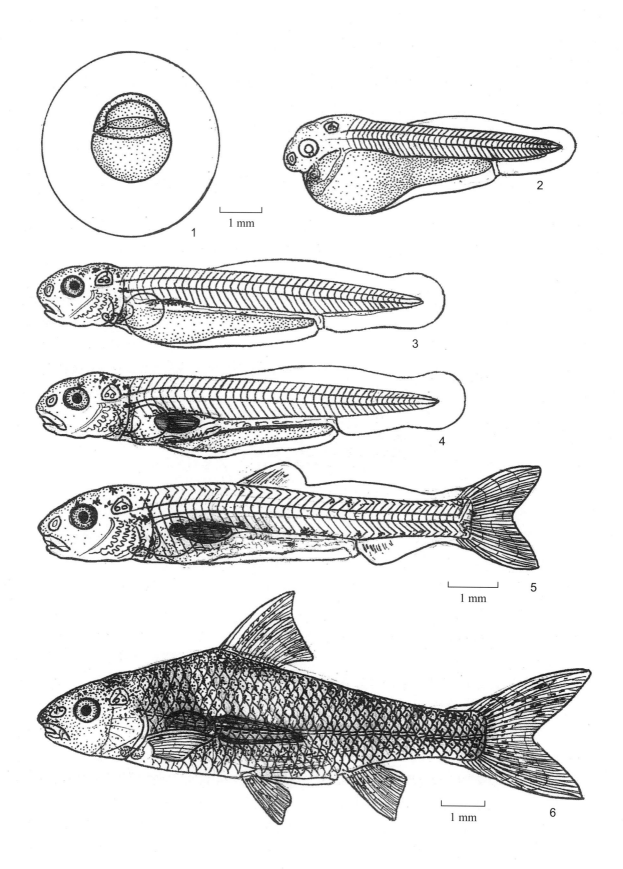

图 48　白甲鱼 *Ongchostoma sima*（Sauvage et Dabry）（黏沉）

③耳石出现期：受精后 1 天 6 小时。耳石出现，胚体弯于卵膜内，卵长 4.5 mm。

（2）仔鱼阶段

①孵出期：孵出后 3 小时至受精后 1 天 14 小时。圆头中眼，眼＞听囊＞嗅囊，居维氏管发达，卵黄囊前圆后细，肌节 8+16+15=39 对，全长 6.7 mm（图 48 中 2）。

②雏形鳔期：受精后 4 天 4 小时。肠管贯通，鳔雏形，头背出现黑色素，肩带处有 1 朵横状黑色素，肌节 9+16+15=40 对，全长 8.3 mm（图 48 中 3）。

③鳔一室期：受精后 5 天 12 小时。鳔一室，眼中等，稍大于听囊又稍大于嗅囊，尾褶圆形，口下位。肌节 9+16+15=40 对，全长 8.7 mm（图 48 中 4）。

（3）稚鱼阶段　鳔前室出现期：受精后 11 天 4 小时。鳔前室出现，吻稍尖，口亚下位，背褶与臀褶正分化，出现雏形鳍条，尾叉形，尾鳍条长齐，并带节格，卵黄囊吸尽，肌节 9+16+15=40 对，全长 10 mm（图 48 中 5）。

（4）幼鱼阶段　受精后 70 天。鳞片长齐，吻突出，口亚下位，13 mm 时，出现小口角须，14 mm 时，口角须退化，背鳍iv-8，最后一根不分支鳍条后缘带刺，臀鳍iii-5，侧线鳞 48 片（图 48 中 6）。

【比较研究】

白甲鱼与瓣结鱼在仔鱼时期较为相似，白甲鱼属中眼，瓣结鱼大眼，鳔一室期时白甲鱼体侧色素少，瓣结鱼肠与卵黄囊之间有 6~7 朵大黑色素，白甲鱼肌节 9+16+15=40 对，瓣结鱼 9+18+13=40 对，躯干肌节少，尾段肌节多些。

鳞片出现期至幼鱼期白甲鱼曾出现 1 对口角须，后消失，瓣结鱼有 2 对须。

（八）野鲮亚科 Labeoninae

1. 四须盘鮈

四须盘鮈［*Discogobio tetrabarbatus* Lin，图 49］是野鲮亚科盘鮈属的小型鱼类，分布以珠江的西江、北江为多。全长 10~16 cm，侧线鳞 38 片，背鳍ii-8，臀鳍ii-5，眼小，口亚下位，下唇如吸盘状，吻须及口角须各 1 对，体呈黑褐色。

早期发育材料取自 1983 年西江桂平石嘴段，2001 年北江韶关段。

【繁殖习性】

四须盘鮈产漂流性卵，江水上涨时与草鱼、青鱼、鲢、鳙、鲮鱼等同时产卵，由于卵、苗较小，又与鲮鱼的早期发育形态相似，渔民把四须盆鮈鱼苗称为蚁鲮。

【早期发育】

（1）鱼卵阶段　鱼卵吸水膨胀后，膜径 3~3.8 mm。

①8 细胞期至原肠晚期：受精后 1 小时 10 分、4 小时 30 分、9 小时 20 分、10 小时 30 分。8 细胞期卵长 0.91 mm、囊胚早期 1 mm、原肠中期 1.05 mm、原肠晚期 1.05 mm，皆圆粒状（图 49 中 1 至 4）。

②眼基出现期至尾鳍出现期：受精后 15 小时至 22 小时 30 分。眼基出现期肌节 7 对，长 1.09 mm，眼囊期肌节 12 对，长 1.18 mm，尾鳍出现期肌节 16 对，听囊出现，尾鳍伸出，尾泡未消失，长 1.5 mm（图 49 中 5~7）。

（2）仔鱼阶段　仔鱼从圆头转方头，小眼，卵黄囊供其发育。

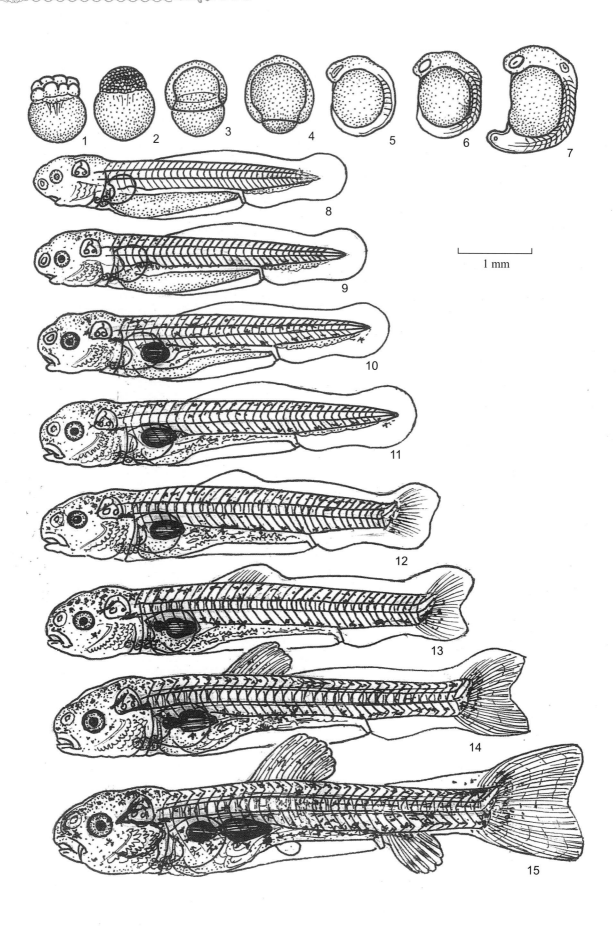

1 mm

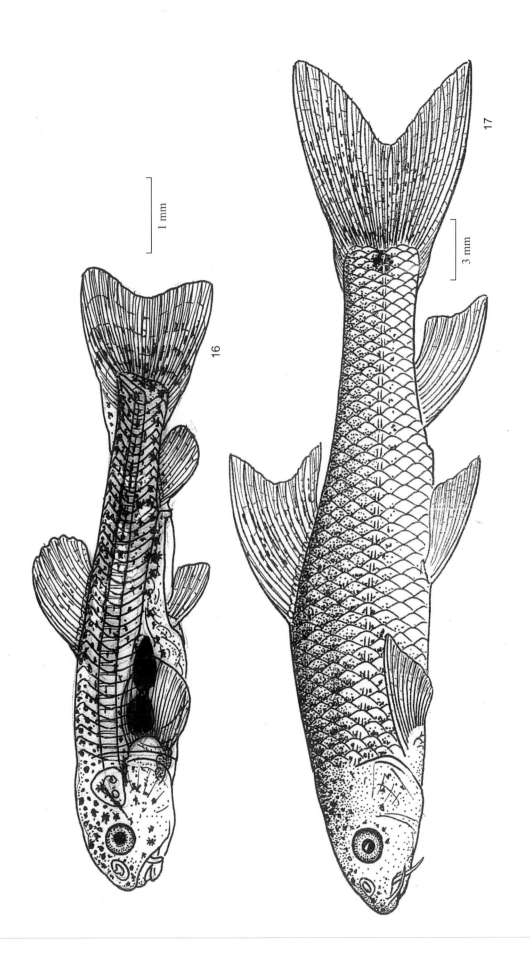

图 49　凹须盘鮈 *Discogobio tetrabarbatus* Lin（漂流）

①肠管贯通期：受精后 3 天 13 小时。圆头小眼，听囊＞眼＝嗅囊，口亚下位，全长 4.1 mm，肌节 6+14+12=32 对，尾静脉橙黄色（图 49 中 8）。

②鳔雏形期：受精后 3 天 18 小时。鳔雏形，亚方头小眼，口亚下位，全长 4.5 mm，肌节 6+14+12=32 对（图 49 中 9）。

③鳔一室期：受精后 5 天 20 小时。鳔一室，卵黄囊残存，口亚下位，尾圆形，尾椎下方有 1 朵黑色素，全长 4.7 mm，肌节 6+14+12=32 对（图 49 中 10）。

（3）稚鱼阶段　卵黄囊吸尽对外营养。

①卵黄囊吸尽期：受精后 6 天 4 小时。卵黄囊吸尽，尾圆形，尾椎下方有 1 朵黑色素，口亚下位，听囊＞眼＞嗅囊，全长 5.3 mm，肌节 6+14+12=32 对（图 49 中 11）。

②背褶分化期：受精后 7 天 20 小时。背鳍褶分化，尾微分叉，尾椎下方有 1 朵大黑色素，出现 8 根雏形尾鳍，胸鳍弧出现 1 朵黑色素。全长 5.6 mm，肌节 6+14+12=32 对（图 49 中 12）。

③鳔二室期：受精后 10 天 10 小时。鳔前室出现，雏形背鳍条出现，尾叉形，形成 16 条尾鳍条。头背、体背、青筋、尾椎下方等出现黑色素，胸鳍基部 1 朵黑色素。全长 5.9 mm，肌节 7+14+12=33 对（图 49 中 13）。

④背鳍形成期：受精后 14 天。背鳍与背褶分离，背鳍 ii-8，尾叉形，头背黑色素多，脊椎、青筋各 1 行黑色素，全长 6.6 mm，肌节 7+14+12=33 对（图 49 中 14）。

⑤腹鳍芽出现期：受精后 20 天。与家鱼类草鱼等相反，四须盆鮈腹鳍芽出现于背鳍形成期之后，尾鳍褶与背褶相连处出现 3 朵黑色素，鲮鱼没有，全长 7.4 mm，肌节 8+13+12=33 对（图 49 中 15）。

⑥胸鳍形成期：受精后 30 天。胸鳍形成，须 1 对，全长 8.4 mm，肌节 8+14+12=34 对（图 49 中 16）。

（4）幼鱼阶段　受精后 61 天。鳞片出齐，吻须 1 对，长于口角须，1 对红色口角须。侧线鳞 48 片，背鳍 ii-8，臀鳍 ii-5，尾柄上有 1 朵心形黑色素。腹面看下唇，呈吸盘形，全长 43 mm，体肉红色（图 49 中 17）。

【比较研究】

四须盘鮈与鲮的早期发育形态非常相似，口亚下位，尾椎下方各有 1 朵稍大黑色素，直至幼鱼期也同为 1 对吻须、1 对口角须，不同之处有下列 7 点。

①卵粒、仔鱼、稚鱼，四须盘鮈比鲮小 0.4~0.8 mm，卵膜四须盆鮈 3~3.8 mm，鲮 3.4~4.6 mm，卵粒四须盘鮈 1 mm 左右，鲮 1.2 mm 左右，鳔一室期四须盆鮈全长 4.7 mm，鲮全长 5.7 mm，鳔二室期四须盘鮈全长 6 mm，鲮全长 6.9 mm。

②仔鱼、稚鱼四须盘鮈肌节 6+14+12=32 对，鲮 6+18+12=36 对。

③四须盘鮈小眼，听囊＞眼（略）＝嗅囊，鲮中眼，听囊＝眼＞嗅囊。

④仔鱼、稚鱼四须盘鮈胸鳍短，远隔背鳍起点，胸鳍基部有 1 朵黑色素。鲮胸鳍长，超过背褶或背鳍起点，胸鳍基部有弧状黑色素。

⑤背褶隆起分化时，四须盘鮈无黑色素，鲮有 2~3 朵黑色素。

⑥背鳍形成后，四须盘鮈尾鳍上方前段有 3 朵黑色素，鲮没有。

⑦幼鱼期四须盘鮈尾柄有一圆形黑色斑，吻须长于口角须，鲮鱼尾柄有 2 颗圆形黑色斑，前体侧有 6~7 片黑色鳞片，吻须与口角须短于四须盘鮈，胸鳍末端刚达背鳍起点，鲮鱼远超过背鳍起点。

2. 鲮

鲮［*Cirrhinus molitorella*（Curier et Valenciennes），图 50］为野鲮亚科鲮鱼属的中型鱼类，分布于注入南海的闽江、九龙江、韩江、珠江、元江、澜沧江，海南岛及台湾岛的江河。鲮全长 15~45 cm，背鳍ⅳ-12，臀鳍ⅲ-5，侧线鳞 39 片。口亚下位，呈横裂形，吻须 1 对，口角须 1 对。体银灰色，胸鳍上方侧线上、下有 8~10 个带黑色斑的鳞片。

早期发育材料取自 1983 年西江桂平石嘴段、2001 年北江韶关段。

【繁殖习性】

鲮是南方江河产漂流性卵的鱼类，其漂流发育的里程稍比四大家鱼短，可能与对外摄食逆水上溯的时间短于家鱼有关。除珠江水系西江、北江、东江干流分布有鲮的产卵场外，大的支流及水库都发现有鲮产卵。南方的其他河流也有栖息。

【早期发育】

（1）鱼卵阶段　卵膜吸水膨胀后，膜径 3.4~4.6 mm，中卵型。

①桑葚期：受精后 4 小时。卵长 1.2 mm，浅黄色（图 50 中 1）。

②原肠中期：受精后 10 小时 10 分。原肠下包 1/2，卵长 1.2 mm（图 50 中 2）。

③眼囊期：受精后 17 小时 10 分。眼囊出现，头背部隆起，眼囊如蚕豆形，卵长 1.36 mm，肌节 10 对（图 50 中 3）。

④尾鳍出现期：受精后 23 小时。尾鳍伸出，尾泡未消失，听囊出现，全长 1.82 mm，肌节 14 对（图 50 中 4）。

（2）仔鱼阶段　卵黄囊供其营养，中眼，听囊＝眼＞嗅囊。

①肠管贯通期：受精后 3 天 16 小时。肠管贯通，圆头中眼，口亚下位，卵囊长形，全长 5.2 mm，肌节 5+19+12=36 对，尾静脉稍粗，眼出现黑色素（图 50 中 5）。

②鳔雏形期：受精后 4 天 4 小时。鳔雏形，卵黄囊长形，尾椎下方有 1 朵黑色素，全长 5.5 mm，肌节 5+19+12=36 对（图 50 中 6）。

③鳔一室期：受精后 5 天 10 小时。鳔一室，卵黄囊窄条形，头至体背、脊椎、青筋部位各有 1 行黑色素，尾椎下方有 1 朵稍大黑色素，胸鳍弧有 1 朵黑色素，全长 5.8 mm，肌节 6+18+12=36 对（图 50 中 7）。

（3）稚鱼阶段　对外营养，开始摄食。

①卵黄囊吸尽期：受精后 7 天 22 小时。卵黄囊吸尽，口亚下位，中眼，尾椎下方有 1 朵稍大黑色素胸鳍基部出现弧状黑色素，头至体背、脊椎骨、青筋部位各有 1 行黑色素，全长 6 mm，肌节 6+19+12=37（图 50 中 8）。

②鳔二室期：受精后 9 天 14 小时。鳔前室出现，背褶隆起，尾椎下方有 1 朵稍大黑色素，胸鳍褶末端稍超过背鳍起点。听囊＞眼＞嗅囊，尾静脉稍宽，橘黄色，尾褶圆形。全长 6.8 mm，肌节 6+19+12=37 对（图 50 中 9）。

③尾椎上翘期：受精后 10 天 10 小时。尾椎上翘，背褶隆起，有 2 朵黑色素，胸鳍基部黑色素呈弧状，尾褶圆形，全长 7 mm，肌节 7+18+13=38 对（图 50 中 10）。

④尾褶分化期：受精后 11 天 6 小时。尾褶分化呈五波形，出现 18 根雏形尾鳍条，尾椎上翘，

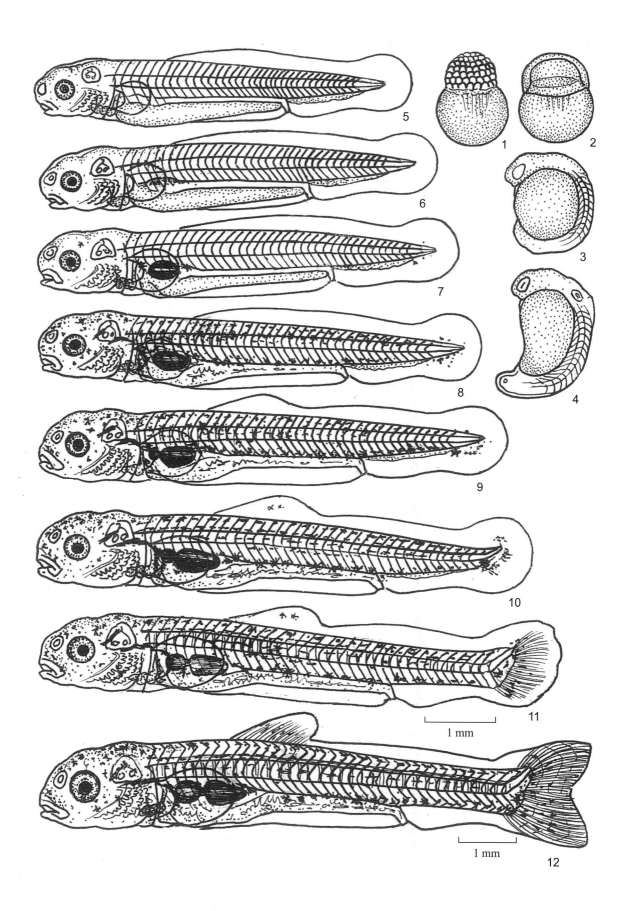

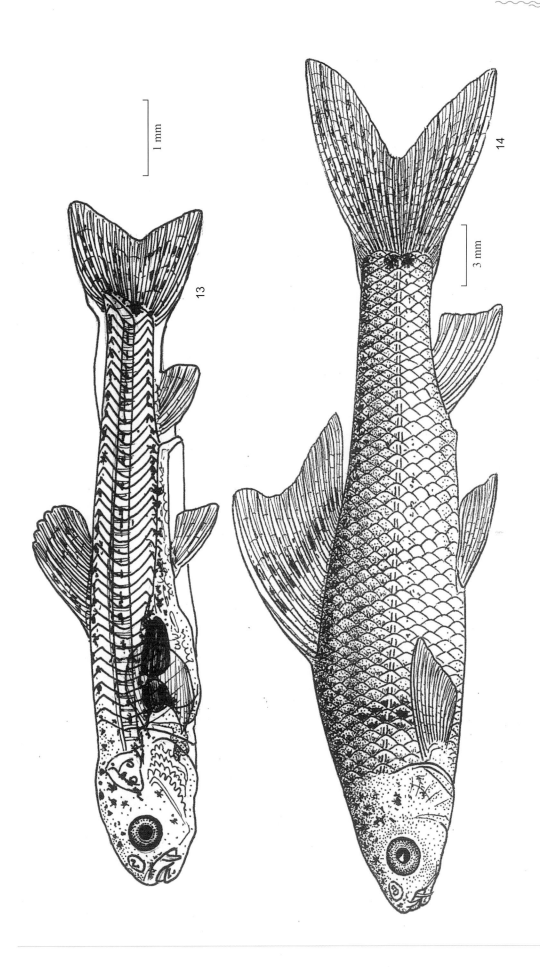

1 mm

13

3 mm

14

图 50　鲮 *Cirrhinus molitorella*（Curier et Valenciennes）（漂流）

下方有 1 朵稍大黑色素，背褶分化，有 2 朵黑色素，胸鳍基部黑色素呈弧状，全长 7.3 mm，肌节 7+18+13=38 对（图 50 中 11）。

⑤尾鳍叉形期：受精后 12 天 17 小时。背褶深分化，出现 10 根雏形背鳍条，脊椎形成，尾部分叉，黑色素同上，全长 7.5 mm，肌节 7+18+13=38 对（图 50 中 12）。

⑥腹鳍形成期：受精后 21 天 6 小时。除胸鳍仍呈椭圆形，臀鳍未与臀褶分化外，背鳍、腹鳍形成，吻须芽出现，尾椎下方有 1 朵稍大黑色素，全长 9.4 mm，肌节 8+17+13=38 对（图 50 中 13）。

（4）幼鱼阶段 幼鱼期：受精后 65 天。幼鱼形态同成鱼，口亚下位，吻须、口角须各 1 对，较短，背鳍iv-13，不分支鳍条长约等于背鳍基部的长，臀鳍iii-5，侧线鳞 40 片，胸鳍上方侧线鳞两侧约有 10 片鳞片呈黑色。全长 41 mm，背部黑色，尾柄 2 颗黑色素（图 50 中 14）。

【比较研究】

鲮与四须盘鲄相似，不同的有以下 6 点。

①鲮中眼，四须盘鲄小眼、鲮卵、仔鱼、稚鱼、幼鱼个体稍大于四须盘鲄。

②仔鱼、稚鱼时鲮胸鳍基部为弧形黑色素，四须盘鲄有 1~2 朵黑色素。

③尾椎上翘期隆起的背褶鲮有 2 朵黑色素，四须盘鲄无。

④鲮肌节 6+19+12=37 对，多于四须盘鲄 6+14+12=32 对，躯干部肌节鲮比四须盘鲄多 5 对。

⑤稚鱼后期尾鳍上前方背鳍褶处鲮无黑色素，四须盘鲄有 3 朵黑色素。

⑥幼鱼时鲮尾柄有 2 朵黑色素，四须盘鲄有 1 朵黑色素。

3. 东方墨头鱼

东方墨头鱼（*Garra orientalis* Nichols，图 51）是鲤科野鲮亚科墨头鱼属的一种小型鱼类，全长 50~80 mm，背鳍iii-8，臀鳍ii-5，侧线鳞 34 片。体前部呈圆筒形，后部侧扁，吻部鼻前有一深凹陷，呈梯级状。体背褐绿色，腹部乳白色，各鳍橘红色，鳞片具小黑点，连成与侧线平行的 6 条黑色纵纹。眼高位，口下位，须 2 对，吻须与口角须均短小。

分布于珠江、元江、九龙江、闽江与海南岛溪河。

早期发育材料取自 1989 年流溪河的温泉、良口段。

【繁殖习性】

东方墨头鱼产黏沉性卵，产卵期 4—5 月，产卵于砾石河床，在珠江水系干流、支流都有其产卵场。广州流溪河上、分田水、中游良明水、来涉水出口多为石砾河床，以小捞网贴底捞取，偶获数粒黏性卵，经培养为东方墨头鱼。

【早期发育】

（1）鱼卵阶段 鱼卵为黏沉性，早期卵粒胚体常呈椭圆形。

①桑葚期：受精后 4 小时。呈横椭圆形，动物极细小，桑葚如小帽状，膜径 3.5 mm，卵径 2.5 mm（图 51 中 1）。

②原肠中期：受精后 9 小时 30 分。膜径 3.6 mm，卵径 3.3 mm，卵呈长椭圆形，胚层下包 1/2（图 51 中 2）。

（2）仔鱼阶段

①孵出期：受精后 1 天 11 小时。圆头中眼，眼 = 听囊＞嗅囊，卵黄囊前球后棒状，居维氏管发达，

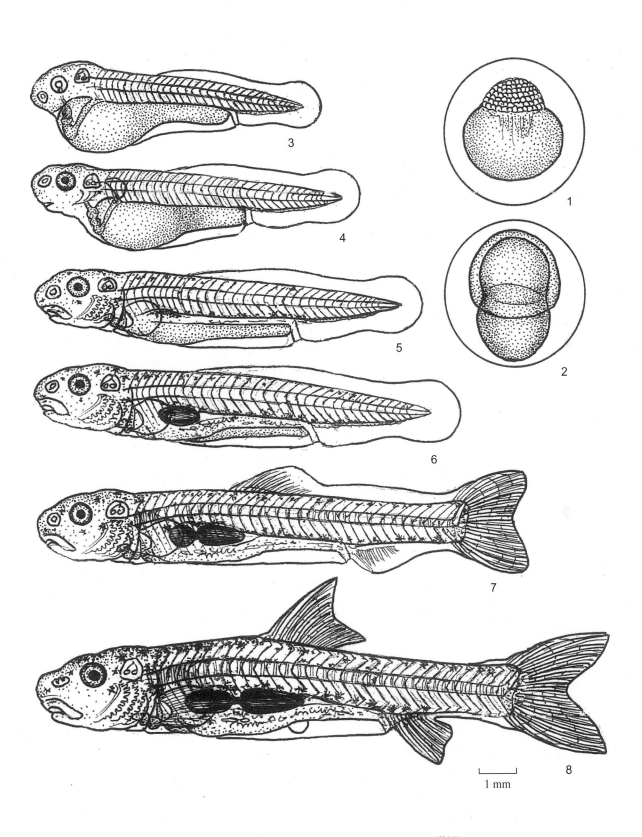

图51　东方墨头鱼 *Garra orientalis* Nichols（黏沉）

全长 7.3 mm，肌节 8+11+13=32 对（图 51 中 3）。

②鳃弧期：受精后 2 天 10 小时。圆头中眼，口裂开于下位，出现鳃弧，全长 8.3 mm，肌节 8+11+13=32 对（图 51 中 4）。

③鳔雏形期：受精后 3 天 18 小时。鳔雏形出现，肠管贯通，吻前突，口亚下位，前背及头背出现黑色素，肌节 8+11+13=32 对，全长 9.3 mm（图 51 中 5）。

④鳔一室期：受精后 5 天 10 小时。鳔一室，还剩长条形卵黄囊，眼中等，口亚下位，头背及前背、青筋出现黑色素，全长 10.8 mm，肌节 8+11+13=32 对（图 51 中 6）。

（3）稚鱼阶段

①鳔前室出现期：受精后 10 天 10 小时。鳔前室出现，尾椎上翘，背鳍、臀鳍褶出现雏形鳍条，尾鳍条 18 根，节格出现尾，微分叉，肌节 9+12+12=33 对，全长 12.5 mm（图 51 中 7）。

②腹鳍芽出现期：受精后 12 天 12 小时。头吻部呈现内凹的梯级状，尚未呈凹陷形。中眼近上缘，眼 = 听囊＞嗅囊，背鳍形成，背鳍iii-8，臀鳍ii-5，但尚未与臀鳍褶分离，尾鳍长齐，深叉形，腹鳍芽出现，头背出现黑色素，背部及青筋各 1 行整齐的黑色素，全体 14.2 mm（图 51 中 8）。

【比较研究】

东方墨头鱼中眼，位置较偏后，为成鱼的梯级状凹陷留有余地，仔鱼期与墨头鱼（曹文宣 等，2013）的区别是肌节少，东方墨头鱼 8+11+13=32 对，墨头鱼（*Garrapingi pingi*）11+19+15=45 对。幼鱼时东方墨头鱼尾柄为体高 1~1.2 倍，墨头鱼为 1.4~1.6 倍。

4. 直口鲮

直口鲮（*Rectoris posehensis* Lin，图 52）为鲤科野鲮亚科直口鲮属的一种小型鱼类，体细长，前段圆筒形，尾柄侧扁细长，腹部圆，头稍尖，吻向前突出，上唇消失，下唇厚，须 2 对，吻须、口角须各 1 对，体侧有 1 条纵行黑带。背鳍iv-8，臀鳍iii-5，侧线鳞 42 片。分布于珠江水系西江和闽江。

早期发育材料取自 1983 年西江桂平段。

【繁殖习性】

于江河产黏沉性卵，繁殖期 4—7 月。

【早期发育】

（1）稚鱼阶段

①尾椎上翘期：受精后 7 天 14 小时。方头大眼，与听囊相等，远大于嗅囊，鳔一室，脊椎、青筋有 2 行整齐的黑色素，尾褶圆形，出现 16 根雏形尾鳍条，鳔一室，全长 8.1 mm，肌节 7+13+15=35 对（图 52 中 1）。

②腹鳍形成期：受精后 24 天。腹鳍形成，背鳍iii-8，臀鳍iii-5，尾深分叉，尾椎下有 2 朵并排黑色素，连同尾鳍基部 1 朵呈"品"字形黑色素，背部及脊椎下沿青筋部位各有 1 条黑色素，口亚下位，吻尖，眼 = 听囊＞嗅囊，眼椭圆形，全长 13.3 mm，肌节 10+9+15=35 对（图 52 中 2）。

（2）幼鱼阶段　受精后 63 天。鳞片出齐，各鳍形成，吻须、口角须各 1 对，体侧有一黑带，尾鳍基部 1 朵黑色素。全长 25.2 mm，侧线鳞 42 片（图 52 中 3）。

【比较研究】

①尾鳍上翘期与青鱼、大刺鳅相似，但直口鲮个体稍小些，肛门前肌节 20 对，而青鱼、大刺鳅

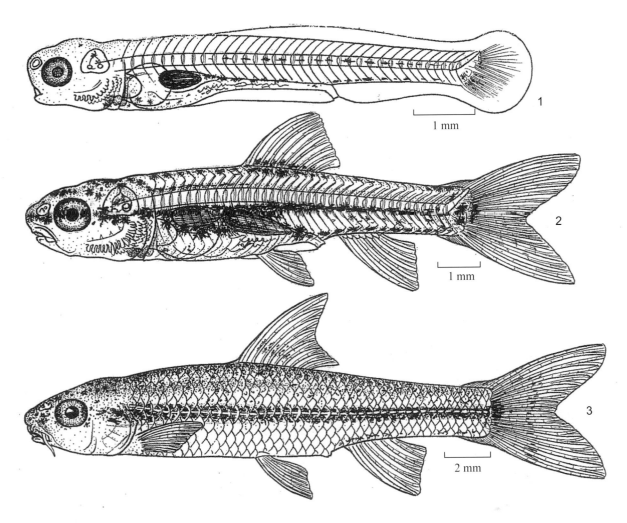

图 52 直口鲮 *Rectoris posehensis* Lin（黏沉）

为 26 对。

②稚鱼后期与幼鱼期体侧有 1 条黑色素带，而青鱼与大刺鳅没有。

（九）鮈亚科 Gobioninae

1. 唇䱻

唇䱻［*Hemibarbus labeo*（Pallas），图 53］是鮈亚科䱻属中型鱼类，全长 10~42 cm，背鳍 iii-7，臀鳍 iii-6，侧线鳞 47 片，口下位，马蹄形。下唇两侧叶宽，具褶皱，须 1 对，位口角。产于全国各水系，长江水系较多。

早期发育材料取于 1961 年长江宜昌段。

【繁殖习性】

唇䱻产黏沉性卵，繁殖期 4—5 月。于石质河床的流水环境产卵，水温 12~24℃，产卵群体多为 2 龄，怀卵量 1 万 ~2 万粒。

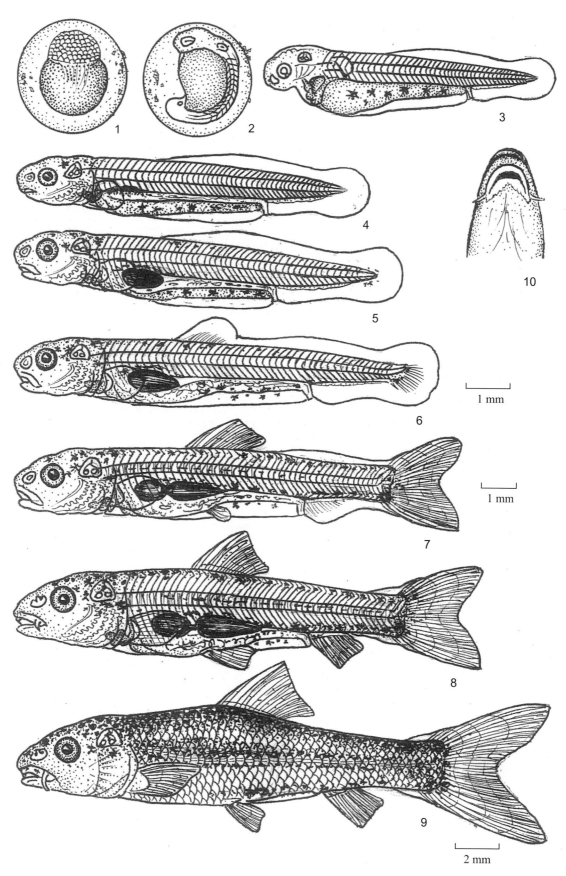

图 53　唇䱻 *Hemibarbus labeo*（Pallas）（黏沉）

【早期发育】

（1）鱼卵阶段　卵膜具黏性，吸水膨胀后膜径 2.5 mm。

①桑葚期：受精后 3 小时 30 分。卵长 2 mm（图 53 中 1）。

②尾泡出现期：受精后 21 小时 30 分。尾泡出现，卵长 2.2 mm，肌节 12 对（图 53 中 2）。

（2）仔鱼阶段

①鳃弧期：受精后 2 天 2 小时。鳃弧出现，圆头中眼，眼＝听囊＞嗅囊，卵黄囊侧部有 6 朵大黑色素花。全长 6.7 mm，肌节 9+18+15=42 对（图 53 中 3）。

②鳔雏形期：受精后 4 天 4 小时。鳔雏形，口下位，头背及卵黄囊有黑色素。尖头，全长 8.1 mm，肌节 9+18+15=42 对（图 53 中 4）。

③鳔一室期：受精后 5 天 20 小时。鳔一室，头背与卵黄囊及尾椎下方有黑色素。全长 9.2 mm，肌节 9+18+15=42 对（图 53 中 5）。

（3）稚鱼阶段

①卵黄囊吸尽期：受精后 6 天 16 小时。卵黄囊吸尽，背褶分化呈半圆形，出现雏形背鳍条，腹鳍褶出现 3~4 朵黑色素。全长 10 mm，肌节 9+18+15=42 对（图 53 中 6）。

②背鳍形成期：受精后 15 天。背鳍形成，鳔二室，臀鳍、腹鳍出现雏形鳍条，腹鳍褶有黑色素，全长 12.3 mm，肌节 9+18+15=42 对（图 53 中 7）。

③胸鳍形成期：受精后 28 天。胸鳍形成后则各鳍形成，须 1 对，腹鳍褶出现 3~4 朵黑色素，全长 22 mm，肌节 9+18+15=42 对（图 53 中 8）。

（4）幼鱼阶段　受精后 60 天。鳞片出齐，侧线鳞 47 片，全长 25.4 mm，须 1 对，眼＝听囊＞嗅囊（图 53 中 9）。

【比较研究】

唇鳎：腹鳍褶有 3~4 朵黑色素花，间鳎、花鳎没有。

2. 花鳎

花鳎（*Hemibarbus maculatus* Bleeker，图 54）为鮈亚科鳎属的中型鱼类，全长 5~30 cm，背鳍ⅲ-7，臀鳍ⅲ-6，口下位，须 1 对，位口角。体侧有 7 朵黑色斑。

早期发育材料取自 1962 年长江鄱阳湖湖口。

【繁殖习性】

花鳎繁殖期 4—5 月，产黏缠性卵，产卵于河湾缓流或湖泊水草，受精卵带长丝，有黏缠作用。产卵鱼群一般为 3 龄，怀卵量 3 万粒，雄性头部有追星，色彩鲜艳。

【早期发育】

（1）鱼卵阶段　产黏缠性卵，卵周隙小，膜径 2 mm。

① 2 细胞期：受精后 45 分。胚长 1.5 mm，分裂至 2 细胞（图 54 中 1）。

②尾芽期：受精后 16 小时。胚长 1.8 mm，眼囊出现，肌节 16 对（图 54 中 2）。

③耳石出现期：受精后 1 天 7 小时 10 分。弯于卵膜内发育，听囊与眼等大，卵黄囊前圆后棒形，胚长 4.9 mm，肌节 10+20+12=42 对（图 54 中 3）。

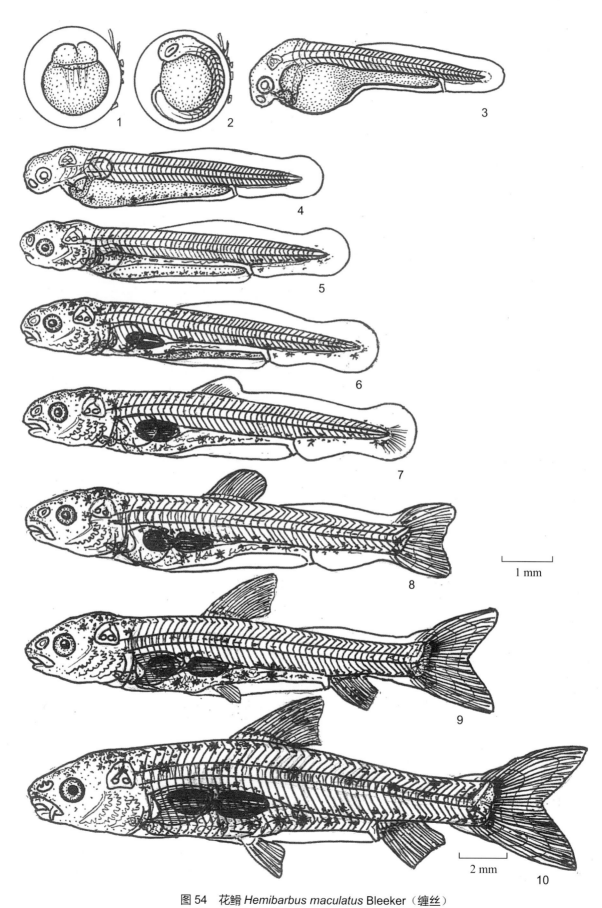

图 54　花䱻 *Hemibarbus maculatus* Bleeker（缠丝）

（2）仔鱼阶段

①鳃弧期：受精后 2 天 5 小时。鳃弧出现，眼中等，听囊稍大于眼，远大于嗅囊，卵黄囊下方有 1 行黑色素。全长 6.1 mm，肌节 10+20+14=44 对（图 54 中 4）。

②鳔雏形期：受精后 4 天 4 小时。口亚下位，鳔雏形，卵黄囊棒状，下缘有 1 条黑色素，臀褶有 1 行黑色素，尾椎下方有 1 朵黑色素，全长 6.7 mm，肌节 10+21+15=46 对（图 54 中 5）。

③鳔一室期：受精后 6 天 4 小时。鳔一室，卵黄囊长条形，下缘有 1 行黑色素，臀褶有 1 行黑色素，尾椎下方有 1 朵黑色素，全长 7.3 mm，肌节 10+21+15=46 对（图 54 中 6）。

（3）稚鱼阶段

①卵黄囊吸尽期：受精后 7 天 22 小时。卵黄囊吸尽，背褶分化并出现雏形背鳍条，鳔一室，尾圆形，臀褶有黑色素，全长 8.1 mm，肌节 10+21+15=46 对（图 54 中 7）。

②背鳍形成期：受精后 17 天。鳔二室，背鳍形成，尾分叉，全长 8.8 mm，肌节 10+21+15=46 对（图 54 中 8）。

③臀鳍形成期：受精后 21 天。腹鳍条出现，臀鳍与臀褶分离，尾椎下方有 1 朵黑色素，全长 18.3 mm（图 54 中 9）。

④胸鳍形成期：受精后 25 天。胸鳍形成，须 1 对，体侧有 6 朵黑色素，尾椎下方有 1 朵黑色素，全长 23 mm，肌节 10+20+14=44 对（图 54 中 10）。

【比较研究】

仔鱼、稚鱼阶段花鲭与唇鲭相似，但眼稍小于唇鲭，各鳍形成后，花鲭在体侧有 6~7 朵黑色素花，唇鲭没有斑状色素。稚鱼阶段唇鲭腹鳍褶有 3~4 朵黑色素，花鲭没有。

3. 间鲭

间鲭（*Hemibarbus medius* Yue，图 55）是鮈亚科鲭属的中型鱼类，全长 13~21 cm，背鳍ⅲ-7，臀鳍ⅲ-6，侧线鳞 45 片。生活于珠江水系及海南岛南渡江与万泉河。

早期发育材料取自 2002 年北江韶关黎市段。

【繁殖习性】

间鲭产黏沉性卵，在珠江水系北江、浈江及支流武江的石质河床中分布。从鱼卵采集分析，间鲭产卵场主要有武江的屏石、罗家渡、八里排，浈江的黎口、营头、江口以及韶关以下的孟洲村等。

【早期发育】

（1）鱼卵阶段　以底层三角刮网偶获的黏沉性卵粒，培养后为间鲭。

①囊胚早期：受精后 4 小时 30 分。卵膜吸水膨胀后膜径 2.3 mm，卵长 1.5 mm（图 55 中 1）。

②原肠中期：受精后 8 小时 10 分。卵膜径 2.3 mm，卵长 1.8 mm（图 55 中 2）。

（2）仔鱼阶段

①孵出期：受精后 1 天 16 小时。圆头大眼，居维氏管粗壮，卵黄囊下缘出现 5 朵黑色素，全长 6.3 mm，肌节 8+20+15=43 对（图 55 中 3）。

②鳔雏形期：受精后 3 天 20 小时。鳔雏形，眼>听囊>嗅囊，口亚下位，头背与卵黄囊有黑色素，全长 7.7 mm，肌节 8+20+15=43 对（图 55 中 4）。

③鳔一室期：受精后 6 天 4 小时。鳔一室，头背与卵黄囊有黑色素，全长 8.7 mm，肌节

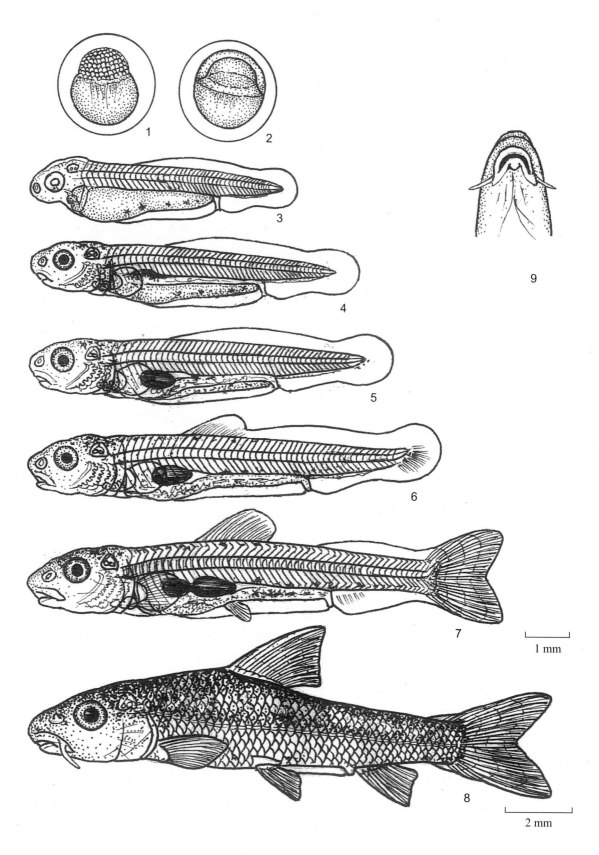

图 55　间鳍 *Hemibarbus medius* Yue（黏沉）

8+20+15=43 对（图 55 中 5）。

（3）稚鱼阶段

①卵黄囊吸尽期：受精后 7 天 12 小时。鳔一室，卵黄囊吸尽，背褶分化并出现雏形背鳍条，头侧面如"子弹"头，大眼，全长 9.7 mm，肌节 8+20+16=44 对（图 55 中 6）。

②背鳍形成期：受精后 16 天。背鳍形成，大眼，尾叉形，全长 11.2 mm（图 55 中 7）。

（4）幼鱼阶段 受精后 68 天。头尖，口亚下位，须 1 对，大眼，背鳍ⅲ-7，臀鳍ⅲ-6，侧线鳞 41 片，全长 18 mm（图 55 中 8），下唇中间有一乳突（图 55 中 9）。

【比较研究】

形态上，间鳍仔鱼、稚鱼、幼鱼与唇鳍相似，间鳍眼＞听囊＞嗅囊，唇鳍眼＝听囊＞嗅囊，稚鱼阶段间鳍腹鳍褶基本无黑色素，唇鳍有 3~4 朵黑色素。幼鱼时，间鳍头长约为全长的 1/4，唇鳍为 1/4.5，即间鳍头长些。间鳍胸鳍末端超过背鳍起点，唇鳍胸鳍末端不达背鳍起点。

4. 大刺鳍

大刺鳍（*Hemibarbus macracanthus* Lo，yao et chen，图 56）为产于珠江水系西江的鮈亚科鳍属的中型鱼类，全长 200~300 mm，背鳍ⅲ-7，背鳍硬刺强大，长度超过头长，口下位，颌须 1 对，体侧有 7 个黑色斑。

早期发育材料取自 1983 年珠江的西江桂平石嘴段。

【繁殖习性】

大刺鳍产黏沉性卵，采集网仅捞到仔鱼、稚鱼。繁殖期 4—6 月。

【早期发育】

（1）仔鱼阶段

背褶分化期：受精后 9 天 4 小时。背褶分化，鳔一室，全长 8.6 mm，卵黄囊残存一长条形，肌节 10+16+15=41 对，尾下叶有 1 朵大黑色素，出现少量雏形尾鳍，眼大，与听囊相等而大于嗅囊，口下位，形似同期青鱼，但胚体稍瘦于青鱼（图 56 中 1）。

（2）稚鱼阶段

①卵黄囊吸尽期：受精后 9 天 19 小时。卵黄囊吸尽，鳔一室，背褶分化，尾褶呈三波形，尾椎下有 1 朵大黑色素，眼大，近椭圆形，与听囊相等而远大于嗅囊，脊椎、青筋各有 1 条黑色素，体细长，全长 9.1 mm，肌节 10+16+15=41 对（图 56 中 2）。

②鳔二室期：受精后 12 天 14 小时。鳔前室出现，脊椎形成，尾椎上翘，尾椎下方有 1 朵大黑色素，体背与青筋各有 1 行黑色素，全长 9.6 mm，肌节 11+15+15=41 对，尾鳍五波形，雏形尾鳍 16 根，眼大，近椭圆形，与听囊相等并远大于嗅囊（图 56 中 3）。

③鳞片出现期：于 1983 年 4 月 15 日采获卵黄囊吸尽期的鱼苗，饲养至 5 月 29 日达鳞片出现期（受精后 52 天），背鳍ⅲ-7，不分支鳍条粗壮，侧线鳞 49 片，全长 20 mm，肌节 11+15+15=41 对，尾部黑色素明显。

【比较研究】

鳔一室，背褶分化，卵黄囊吸尽期与青鱼同期相似，肌节皆 11+15+15=41 对，尾椎下方有 1 朵大黑色素，不同的是大刺鳍没有青鱼从心脏向青筋的斜向黑色素，大刺鳍口亚下位，而青鱼为端位，大

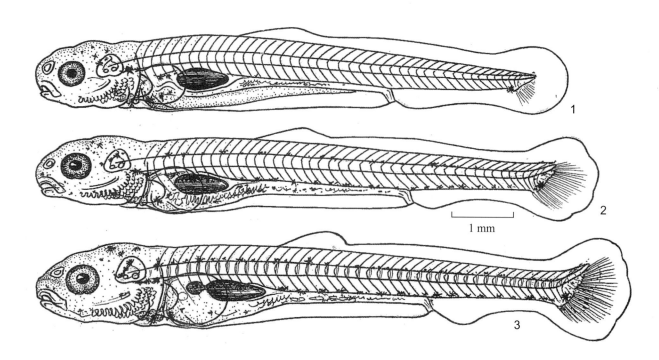

1 mm

图 56　大刺鳊 *Hemibarbus macracanthus* Lo，yao et chen（黏沉）

刺鳊体形稍瘦于青鱼。

5．似刺鳊鮈

似刺鳊鮈（*Paracanthobrama guichenoti* Bleeker，图 57）产于长江中下游，体长而侧扁，背高，腹部圆，1 对口角须，口下位，侧线鳞 48 片，背鳍 iii-7，臀鳍 iii-6，全长 15~25 cm，背部与鳍呈黄色，躯体银白色，各鳍有点状黑色素。

早期发育材料取自 1962 年长江九江段、黄石段富池口。

【繁殖习性】

似刺鳊鮈产漂流性卵，个体 20~25 cm 即可繁殖，一般产于江河涨水后的落水过程。

【早期发育】

（1）鱼卵阶段　卵粒吸水膨胀后膜径 2.7~4.2 mm，小中卵。

①桑葚期：受精后 4 小时。动物极形如桑葚，胚长 1.5 mm（图 57 中 1）。

②眼基出现期：受精后 15 小时。眼基出现，肌节 9 对，胚长 1.9 mm（图 57 中 2）。

③耳石出现期：受精后 1 天 6 小时。耳石出现，胚体弯于膜内，肌节 23 对，胚长 3.3 mm（图 57 中 3）。

（2）仔鱼阶段

①孵出期：圆头大眼，全长 5.5 mm，肌节 10+20+14=44 对（图 57 中 4）。

②胸原基期：胸原基半圆形，眼大，听囊＝眼＞嗅囊，口裂出现，全长 6.3 mm，肌节 10+20+14=44 对，眼略现黑色素（图 57 中 5）。

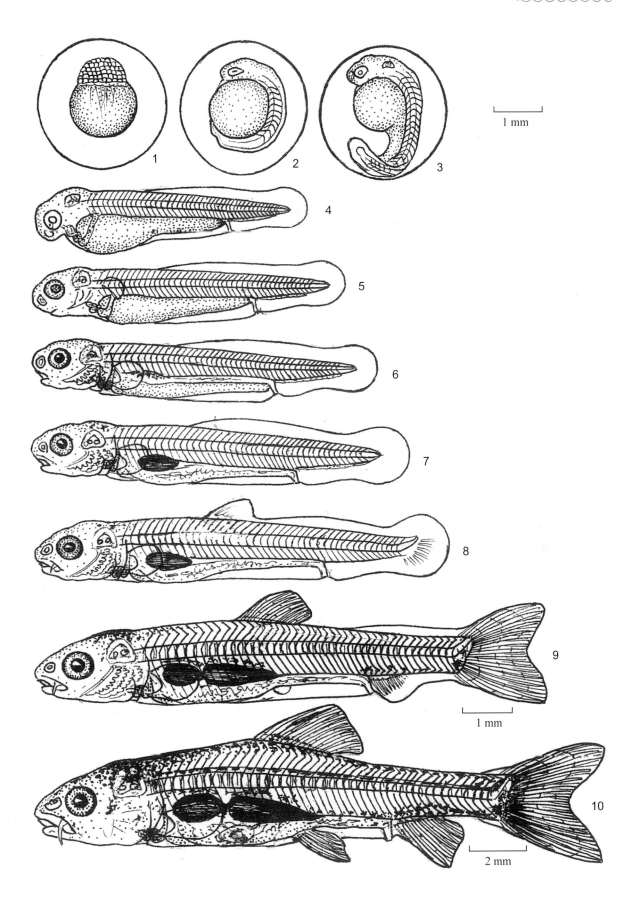

图 57　似刺鳊鮈 *Paracanthobrama guichenoti* Bleeker（漂流）

③鳔雏形期：鳔雏形，肠管贯通，全长 7 mm（图 57 中 6）。

（3）稚鱼阶段

①卵黄囊吸尽期：卵黄囊吸尽，鳔一室，眼与听囊大小略等，全长 7.7 mm，肌节 10+20+14=44 对（图 57 中 7）。

②背鳍隆起期：背鳍隆起，出现雏形鳍条，尾椎微上翘，须 1 对，全长 8.3 mm（图 57 中 8）。

③背鳍形成期：背鳍形成，尾鳍叉形，腹鳍芽出现，尾柄末有 2 朵黑色素，须 1 对，鳔两室，全长 10.3 mm（图 57 中 9）。

④腹鳍形成期：眼大，与听囊略大，须 1 对，各鳍形成，腹褶尚存，全长 20.6 mm（图 57 中 10）。

6. 麦穗鱼

麦穗鱼（*Pseudorasbora parva* Wu，图 58）是鮈亚科麦穗鱼属的一种小型鱼类，又名罗汉鱼，成鱼长 5~6 cm，背鳍 iii-7，臀鳍 iii-6，侧线鳞 37 片左右，脊椎骨 35 个左右，体延长，口小，上位，无须，体侧有 1 条黑色条纹，雌体有产卵管，雄体有追星突粒。

胚胎、胚后发育材料取自 1981 年长江监利段、1986 年长江武穴段、1988 年珠江广州前航道。

【繁殖习性】

麦穗鱼 1 龄成熟，产黏性卵，基质多为水边竹、木桩、石柱、石逢等边岸物。孵化期间，雄鱼有守护行为。湖泊、池塘、缓流、江岸皆可繁殖。

【早期发育】

（1）鱼卵阶段　卵膜近多角形，膜径 2.2~2.3 mm，胚盘期卵长 1.3 mm（受精后约 20 分）；8 细胞期胚长 1.4 mm，原生质网发达（受精后 1 小时 30 分，表 45 中 2 及图 58 中 1）；桑葚期，胚长 1.5 mm（受精后 3 小时 40 分钟，表 45 中 3 及图 58 中 2）；尾芽期，胚长 1.8 mm，肌节 16 对（表 45 中 4 及图 58 中 3）。

表 45　麦穗鱼的胚胎发育特征

阶段	序号	发育期	膜径 /mm	胚长 /mm	肌节	受精后时间	发育状况	图号
鱼卵	1	胚盘期	2.2	1.3	0	20 分	胚盘突起	——
	2	8 细胞期	2.3	1.4	0	1 小时 30 分	8 个细胞	图 58 中 1
	3	桑葚期	2.3	1.5	0	3 小时 40 分	细胞分裂至桑葚状	图 58 中 2
	4	尾芽期	2.3	1.8	16	19 小时 20 分	尾芽形成	图 58 中 3

（2）仔鱼阶段　仔鱼阶段头较圆，略似鳅科鱼类的外形，但眼大又具鲤科多种鱼苗的特色。

胸鳍原基出现期：孵出后 15 小时。圆头大眼，除眼黑色比鲤科鱼苗早出现眼黑色素外，全身无色素，全长 4.3 mm，肌节 8+11+15=34 对（表 46 中 5，图 58 中 4）。

鳔一室期：孵出后 4 天 10 小时。于眼前下方的口张开，除眼黑色外胚体无黑色素，鳔一室，肠下方仍保留一囊状卵黄。全长 5 mm，肌节 8+11+16=35 对（表 46 序号 6，图 58 中 5）。

（3）稚鱼阶段　稚鱼形态，头部椭圆形，眼大，听囊与眼等大，口下端位，与鲤科中青鱼、草鱼、鲢、鳙同期相似，肌节 8+11+16=35 对至 9+11+16=36 对，与脊椎骨数目相同。

①卵黄囊吸尽期：孵出后 6 天 5 小时。卵黄囊吸尽，肠褶皱增多，可吸食浮游动物，尾褶出现鳍

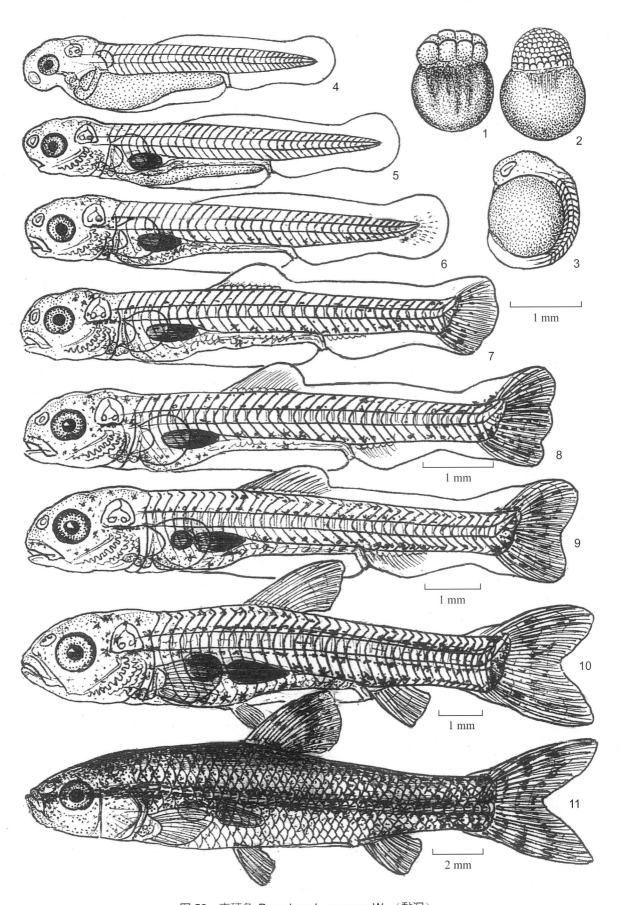

图58　麦穗鱼 *Pseudorasbora parva* Wu（黏沉）

雏形条纹。头背部听囊上方、青筋部位出现黑色素，胚长 5.3 mm（表 46 序号 7，图 58 中 6）。

②尾椎上翘期：尾椎上翘，经历了尾鳍从三波形至五波形的变化，以及背鳍、臀鳍分化后从鳍条基出现至背鳍、臀鳍雏形鳍条的演变（表 46 序号 8，图 58 中 7~8）。

（4）幼鱼阶段　幼鱼期口上翘，体侧各 1 条长形黑色斑，与成鱼相仿（表 46 序号 11，图 58 中 11）。全长 21.7 mm，孵出后 60 天，侧线鳞 37 片。

表 46　麦穗鱼的胚后发育特征

阶段	序号	发育期	膜径 / mm	背前＋躯干＋尾部＝肌节 / 对	受精后时间	发育状况	图号
仔鱼	5	胸鳍原基出现期	4.3	8+11+15=34	1 天 15 小时	胸鳍原基出现，圆头大眼	图 58 中 4
	6	鳔一室期	5	8+11+16=35	5 天 20 小时	鳔一室，眼前下方口张开	图 58 中 5
稚鱼	7	卵黄囊吸尽期	5.3	8+11+16=35	7 天 15 小时	卵黄囊吸尽，尾鳍褶出现鳍纹	图 58 中 6
	8	尾椎上翘期	6	8+11+16=35	9 天 10 小时	第 1 尾背褶突起出现鳍基，尾浅三波形；第 2 尾背臀鳍出现鳍条，尾深三波形，体侧有 3 行整齐黑色素	图 58 中 7~8
			7.8		10 天 20 小时		
	9	鳔二室期	14.2	8+11+16=35	11 天 20 小时	鳔前室出现，尾叉形，口裂大，体侧有 3 行整齐黑色素，与倒刺鲃鱼苗相仿	图 58 中 9
	10	胸鳍形成期	18.5	9+11+16=36	24 天	背鳍、臀鳍、腹鳍、尾鳍、胸鳍形成，大眼，口裂较大，体侧有 4 行黑色素	图 58 中 10
幼鱼	11	幼鱼期	21.7	侧线鳞 37 片	61 天	鳞片出齐，体侧有 1 条黑色斑纹，口转向上位，与稚鱼期口形发生了往上的变化	图 58 中 11

【比较研究】

麦穗鱼与倒刺鲃鱼苗相似，口端位，大眼，体侧、体背、脊椎、青筋各有 1 行清晰的黑色素；不同的是麦穗鱼眼等于听囊，倒刺鲃眼＞听囊；麦穗鱼肌节 8+11+16=35 对，倒刺鲃肌节 13+12+17=42 对。

7. 华鳈

华鳈（*Sarcocheilichthys sinensis* Bleeker，图 59）是鲤科鮈亚科鳈属的一种小型鱼类，全长 70~160 mm，吻圆钝，体侧有 4 块黑色斑，侧线鳞 41 片，背鳍 iii-7，臀鳍 iii-6。

胚胎材料取自 1961 年长江宜昌段、1963 年长江鄱阳湖湖口段、1983 年西江桂平段。

【繁殖习性】

繁殖期 5—7 月，雄性个体吻部有追星，雌性个体产卵管延长，产漂流性卵，鱼卵于漂流中发育。

【早期发育】

（1）鱼卵阶段　卵膜吸水膨胀后膜径为中卵，膜径 3.6~4.6 mm，平均为 4.3 mm。

①原肠早期：受精后 8 小时 30 分。原肠下包 1/2，卵黄有 3~4 点油点，卵长 2 mm（图 59 中 1）。

②尾泡出现期：受精后 21 小时。尾泡出现，肌节 15 对，长 3.0 mm（图 59 中 2）。

③耳石出现期：受精后 1 天 6 小时。卵黄囊上圆下棒状，耳石出现，全长 3~7 mm（图 59 中 3）。

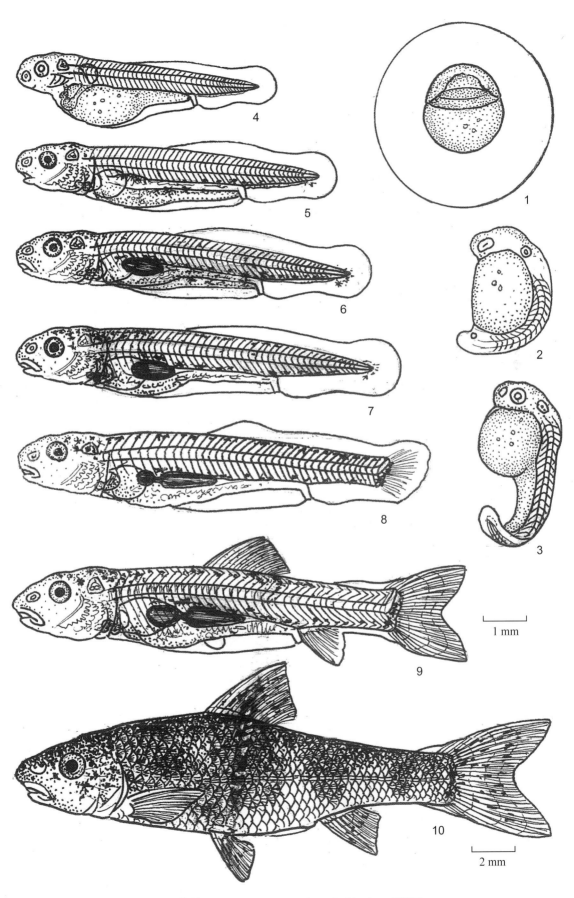

图 59 华鳈 *Sarcocheilichthys sinensis* Bleeker（漂流）

（2）仔鱼阶段

①鳃弧期：受精后2天10小时。鳃弧出现，卵黄有几点油滴，眼中等，眼＞听囊＝嗅囊，口裂已开，肌节10+15+13=38对，全长6.3 mm（图59中4）。

②鳔雏形期：受精后1天14小时。鳔雏形，头背及青筋部位出现黑色素，尾椎下方1朵黑色素，全长7.3 mm，肌节10+15+13=38对（图59中5）。

③鳔一室期：受精后5天10小时。鳔一室，尾椎下1朵稍大的黑色素，肌节11+14+13=38对，全长8.2 mm，有长条形卵黄囊（图59中6）。

（3）稚鱼阶段

①卵黄囊吸尽期：受精后7天2小时。卵黄囊吸尽，尾褶圆形，尾椎下方1朵稍明显的黑色素，全长4 mm，肌节同上（图59中7）。

②鳔前室出现期：受精后10天20小时。鳔前室出现，鳔长形，尾椎上翘，尾褶出现10条雏形鳍条，背褶分化，肌节11+15+13=39对，全长9.6 mm（图59中8）。

③腹鳍芽出现期：受精后14天。背鳍形成，腹鳍芽出现，尾叉形，吻尖，尾椎上翘，下方1朵稍大黑色素，全长11.1 mm，肌节同上（图59中9）。

（4）幼鱼阶段　受精后65天。鳞片长齐，侧线鳞41片，吻突出，体侧出现4块黑色素斑，长25.3 mm（图59中10）。

【比较研究】

华鳈卵黄囊前圆后棒状，有几点油滴，囊上有不整齐的3朵黑色素；黑鳍鳈无油滴，囊上有6~7朵黑色素，较为整齐。

8. 黑鳍鳈

黑鳍鳈［*Sarcocheilichthys nigripinnis*（Günther），图60］为鮈亚科鳈属的小型鱼类，长6~11 cm，背鳍ⅲ-7，臀鳍ⅲ-6，侧线鳞39片，体上有分散黑色斑点。

胚胎材料取自1963年长江鄱阳湖湖口、2003年北江韶关段。

【繁殖习性】

黑鳍鳈与华鳈一样，实验网捞获极少，皆为间断性鱼卵鱼苗，只在培养至幼鱼后方能定种。卵属漂流性，吸水膨胀后，卵周隙仍较大。

【早期发育】

（1）鱼卵阶段　为小卵型，膜径3~3.5 mm。

①囊胚早期：受精后5小时。卵粒较圆，原生质网不发达，卵径2.1 mm（图60中1）。

②耳石出现期：受精后1天5小时。胚胎弯曲于卵膜内，卵黄囊上圆下棒状，不时翻动（图60中2）。

（2）仔鱼阶段　卵黄囊从前圆后棒状演变为条状，其中下方有6~7朵黑色素花，孵出时眼未出现黑色素。

①鳃弧期：受精后2天。眼未出现黑色素，中眼，胸鳍稍大，半圆形，全长7.9 mm，肌节9+14+14=37对（图60中3）。

②鳔雏形期：孵出后2天12小时。除卵黄囊无色素外，头背与青筋部位出现黑色素，眼间1朵稍大黑色素是其特点，全长9 mm，肌节9+14+15=38对，眼中等偏大（图60中4）。

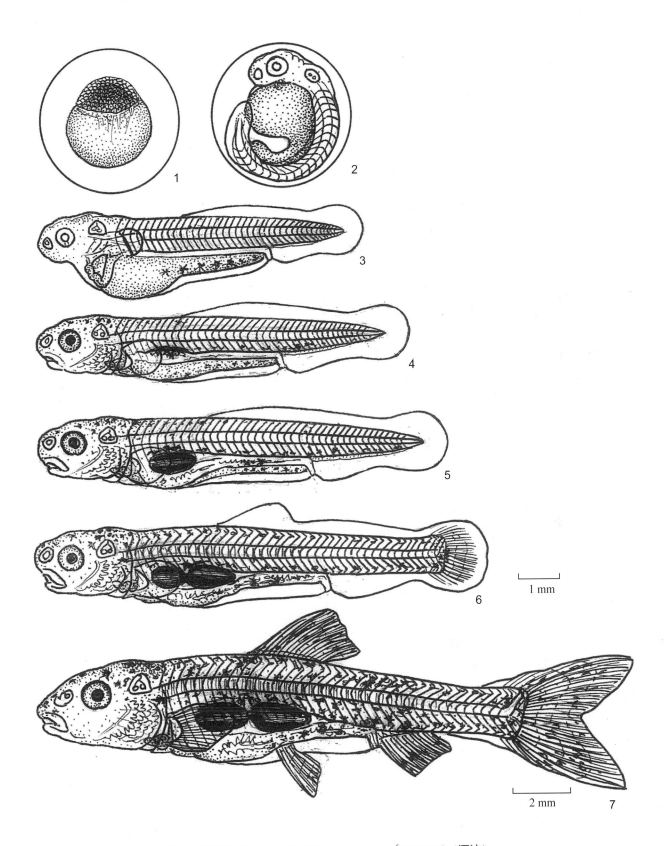

图 60　黑鳍鳈 *Sarcocheilichthys nigripinnis*（Günther）（漂流）

③鳔一室期：孵出后 4 天 13 小时。尚余窄条状卵黄囊，色素同上，全长 10 mm，肌节 9+14+16=39 对（图 60 中 5）。

（3）稚鱼阶段　仅搜集到 2 个发育期。

①鳔二室期：吻部前突，眼中等偏大，比听囊与嗅囊大，头背与眼间黑色素明显（图 60 中 6）。

②尾椎上翘期：孵出后 30 天。背褶隆起，尾褶出现雏形鳍条，体背、青筋、尾椎下方出现黑色素，长 10.8 mm，肌节 9+14+16=39 对，与脊椎骨数目相同，胚长 21.3 mm（图 60 中 7）。

【比较研究】

①据一些成鱼分类著述（湖北省水生生物研究所鱼类研究室，1976），黑鳍鳈体侧有分散斑点，脊椎骨 32 个；华鳈体侧 4 块黑色斑，脊椎骨 33~35 个。依对两者稚鱼阶段的观察，黑鳍鳈眼稍大于华鳈，脊椎骨黑鳍鳈 37~39 个，与华鳈的 38~40 个相仿。

②孵出前后黑鳍鳈卵黄囊黑色素偏下，华鳈卵黄囊黑色素偏上。

③仔鱼与稚鱼阶段，黑鳍鳈眼间有颗大点的黑色素，华鳈卵黄囊黑色素不明显。

9. 银鮈

银鮈 [*Squalidus argentatus*（Sauvage et Dabry），图 61] 是鮈亚科银鮈属的小型鱼类，体长 7.5~11 cm，背鳍ⅲ-7，臀鳍ⅲ-5，侧线鳞 39 片，须 1 对，口下位，体短圆棍形，有"王鱼仔"之称，盛产于黄河、长江、珠江水系。

早期发育材料取自西江桂平段（1983 年 4—6 月）、长江宜昌段（1961 年、1964 年）以及汉江郧县段（1977 年）、襄樊段（1978 年）。

【繁殖习性】

银鮈产漂流性卵，双层卵膜为其特征，涨水后的退水期间产卵。产卵时间始于 3 月，止于 7 月，产卵期水温 18~30℃。产卵时江水透明度 2~100 cm，没有固定的产卵场，流速 0.3~1.5 m/s，产卵条件极不严格。

【早期发育】

（1）鱼卵阶段　吸水膨胀后，卵双层卵膜，外膜具极微黏性，外膜直径（3.64±0.46）mm，内膜直径（2±0.1）mm；卵周体积外膜（26.56±10.59）mm³、内膜（4.25±0.75）mm³，从受精至孵出瞬期有 32 个发育期。

①受精期至胚孔封闭期：受精后 30 分至 13 小时。从受精卵经 17 个发育期至胚孔封闭期，卵粒基本为圆形，胚长 0.95~1.1 mm（表 47 序号 1~17，图 61 中 1~17）。

②肌节出现期至晶体形成期：肌节出现期至晶体形成期共 9 个发育期，受精后 13 小时 35 分至 20 小时 40 分。胚体从圆粒状演化到蚕豆状，肌节从 2 对增至 23 对，长 1.13~1.64 mm（表 47 序号 18~26，图 61 中 18~26）。

③肌肉效应期至孵出瞬期：受精后 21 小时 40 分至 1 天 16 小时 12 分。胚体拉长，卵黄囊上圆，下棒状，可翻动，胚长 1.92~4.26 mm[表 47 序号 27~34，图 61 中 27~32（1）]。

（2）仔鱼阶段　从孵出期至鳔一室期共 8 个发育期，由于孵出瞬期编号重叠，至内营养阶段还是 8 个分期。

①孵出至口前位期：受精后 1 天 16 小时 15 分至 3 天 20 分。胚体透明静躺皿底，时而斜上冲，

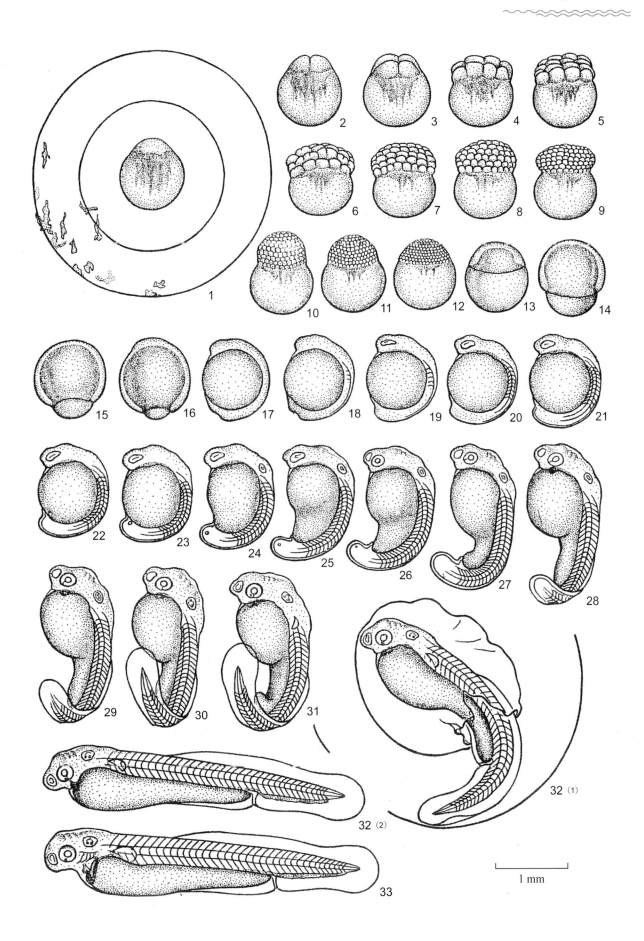

1 mm

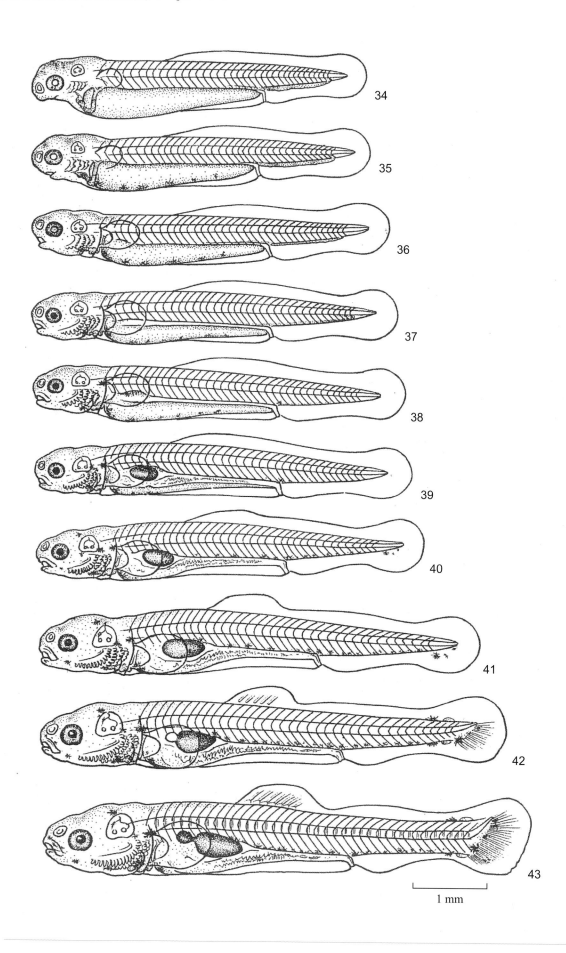

34

35

36

37

38

39

40

41

42

43

1 mm

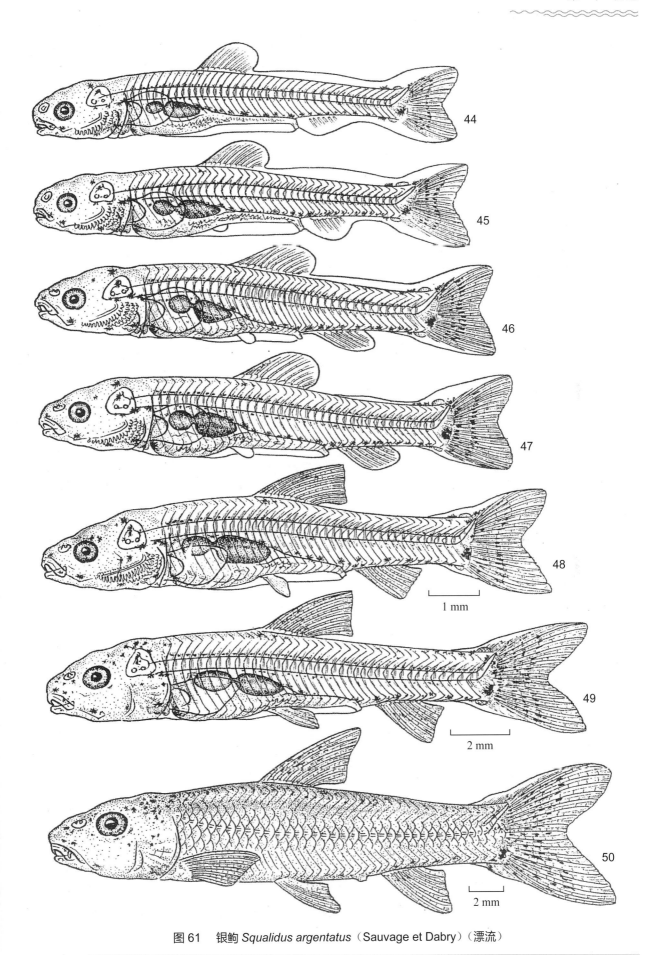

44

45

46

47

48

1 mm

49

2 mm

50

2 mm

图 61 银鮈 *Squalidus argentatus*（Sauvage et Dabry）（漂流）

经历孵出期、鳃弧期、口裂形成期、鳃丝期、口前位期5个发育期，全长4.28~4.86 mm，肌节7+15+14=36对，进至鳃丝出现期后卵黄囊下方出现6朵黑色素［表47序号32（1）~36，图61中32（2）~36］。

②肠管贯通期至鳔一室期：受精后3天8小时至5天10小时。历肠管贯通期、鳔雏形期、鳔一室期3个发育期，全长4.95~5.08 mm，肌节8+14+15=37对，卵黄囊下缘有6朵黑色素花，靠卵黄囊供其营养（表47序号37~39，图61中37~39）。

（3）稚鱼阶段　自卵黄囊吸尽期至鳞片出现期共11个发育期，对外摄食（表47）。

①卵黄囊吸尽期至尾椎上翘期：受精后8~17天。经历卵黄囊吸尽期、背鳍褶分化期、鳔前室出现期、尾椎上翘期4个发育期，全长5.24~6.59 mm，肌节9+13+15=37对，图为背鳍褶隆起至平台型分化，出现雏形背鳍条，尾褶下方出现黑色素，形与青鱼黑色素相似，从鳔一室至二室，未出现须芽，尾褶圆形至斧形（表47序号40~43，图61中40~43）。

②尾鳍叉形期至腹鳍形成期：受精后20~42天。经历尾鳍叉形、腹鳍芽出现期、臀鳍褶分离期、背鳍褶分离期、臀背鳍形成期、腹鳍形成期6个发育期，全长7.87~17.92 mm，肌节10+12+15=37对，尾叉形，尾柄上下侧有1对乳白色斑块，尾椎下方1朵大的黑色素花，各鳍逐渐形成，鳔二室，未出现须芽（表47序号44~49，图61中44~49）。

③鳞片出现期：受精后63天。鳞片出现，沿侧线鳞两侧渐生，形近似幼鱼，尾下有1朵大黑色素，须芽萌出，口亚下位，尾柄上、下1对乳白斑消失，肌节11+11+15=37对，背鳍iii-7，臀鳍iii-6，侧线鳞38片，长30.1 mm（表47序号50，图61中50）。

表47　银鮈的胚胎和胚后发育特征（18.5~29.5℃）

阶段	序号	发育期	长度/mm	受精后时间	发育状况	图号
鱼卵	1	胚盘隆起期	0.95	30分	胚盘隆起	图61中1
	2	2细胞期	0.95	38分	分裂为2个细胞	图61中2
	3	4细胞期	0.98	1小时30分	分裂为4个细胞	图61中3
	4	8细胞期	0.98	2小时5分	分裂为8个细胞	图61中4
	5	16细胞期	1	2小时40分	分裂为16个细胞	图61中5
	6	32细胞期	1	3小时10分	分裂为32个细胞	图61中6
	7	64细胞期	1	3小时42分	动物极与植物极等大或上大狭小	图61中7
	8	128细胞期	1.05	4小时	分裂为128个细胞	图61中8
	9	桑葚期	1.05	4小时28分	分裂至桑葚状	图61中9
	10	囊胚早期	1.1	5小时	囊胚早期	图61中10
	11	囊胚中期	1.03	5小时25分	囊胚中期	图61中11
	12	囊胚晚期	0.95	5小时50分	囊胚晚期，正圆形	图61中12
	13	原肠早期	0.95	6小时30分	胚层下包1/3	图61中13
	14	原肠中期	1.03	7小时23分	长椭圆形，下包1/2~2/3	图61中14

（续表）

阶段	序号	发育期	长度 /mm	受精后时间	发育状况	图号
鱼卵	15	原肠晚期	1.03	8 小时 30 分	下包 3/4	图 61 中 15
	16	神经胚期	1.07	11 小时 35 分	下包 4/5，雏形头部隆起	图 61 中 16
	17	胚孔封闭期	1.1	13 小时	胚孔封闭	图 61 中 17
	18	肌节出现期	1.13	13 小时 35 分	肌节 2 对 *	图 61 中 18
	19	眼基出现期	1.17	14 小时 2 分	出现葵瓜子状窄的眼原基，肌节 4 对	图 61 中 19
	20	眼囊期	1.21	15 小时 15 分	眼扩宽，如西瓜子状，肌节 8 对	图 61 中 20
	21	脊索形成期	1.25	15 小时 45 分	脊索形成，嗅板出现，肌节 10 对	图 61 中 21
	22	尾芽期	1.26	16 小时 25 分	尾芽出现，肌节 12 对	图 61 中 22
	23	尾泡出现期	1.29	17 小时 55 分	卵黄囊下方移一气泡至尾部，肌节 16 对	图 61 中 23
	24	听囊期	1.36	18 小时 30 分	听囊出现，肌节 18 对	图 61 中 24
	25	尾鳍出现期	1.55	19 小时 20 分	尾段伸出，肌节 20 对	图 61 中 25
	26	晶体形成期	1.64	20 小时 40 分	头部显著隆起，眼晶体出现，部分胚体还残留尾泡，肌节 23 对	图 61 中 26
	27	肌肉效应期	1.92	21 小时 40 分	肌节微抽动，因受内膜限制，尾端向上卷，肌节 27 对	图 61 中 27
	28	心脏原基期	2.37	22 小时 20 分	眼下缘与卵黄囊之间出现心脏原基，肌节 30 对	图 61 中 28
	29	耳石出现期	2.74	1 天 3 小时 10 分	听囊中出现 2 颗耳石，肌节 31 对	图 61 中 29
	30	心脏搏动期	3.16	1 天 7 小时 50 分	胚体翻滚，心脏搏动，于 22.5℃水温中 1 分钟跳动 38 次，肌节 34 对	图 61 中 30
	31	胸鳍原基期	3.58	1 天 14 小时 30 分	胸鳍原基出现，眼下缘出现一点黑色素，受内膜限制，胚体呈三折曲状，肌节 36 对	图 61 中 31
	32（1）	孵出瞬期	4.26	1 天 16 小时 12 分	胚体尾部伸长而撑破内膜，又于外膜内冲撞	图 61 中 32（1）
仔鱼	32（2）	孵出期	4.28	1 天 16 小时 15 分	孵出后篓黄色的胚体平卧皿底，肌节 7+15+14=36 对	图 61 中 32（2）
	33	鳃弧期	4.48	2 天 1 小时 15 分	眼上缘出现少许点状黑色素，眼后方出现 4 片鳃弧，居维氏管和尾静脉清晰，胸鳍褶增大 1 倍	图 61 中 33
	34	口裂形成期	4.57	2 天 5 小时 10 分	眼下方出现口裂，鳃弧略现丝芽	图 61 中 34
	35	鳃丝期	4.61	2 天 18 小时 15 分	鳃弧出现鳃丝，口张动，眼略大于听囊，眼黑色素增多，卵黄囊下方出现 6 朵浅黑色素	图 61 中 35
	36	口前位期	4.86	3 天 20 分	口移至眼前缘斜下方，眼黑色，与听囊等大，鳃盖膜出现，尾静脉收窄，肌节 8+14+14=36 列	图 61 中 36
	37	肠管贯通期	4.95	3 天 8 小时	肠管贯通，听囊稍大于眼，胸鳍褶增大至头部的 1/2，尾静脉于尾肌节内湍流	图 61 中 37
	38	鳔雏形期	5.02	3 天 14 小时 10 分	肠前段上方隆起，为雏形鳔，眼金黄色，胸鳍基与肩隔交界处出现 1 朵大黑色素	图 61 中 38
	39	鳔一室期	5.08	5 天 10 小时	鳔充气，肠出现折曲，残存卵黄囊呈现长锥状，原卵黄囊下缘 1 行黑色素消失，肌节 8+14+15=37 对	图 61 中 39

（续表）

阶段	序号	发育期	长度/mm	受精后时间	发育状况	图号
稚鱼	40	卵黄囊吸尽期	5.24	8天	卵黄囊吸收完毕，转为对外营养，背鳍褶稍隆起，尾鳍褶下叶出现1朵大黑色素，肌节下缘出现1行黑色素	图61中40
	41	背鳍褶分化期	5.96	10天	背鳍褶如铁砧状隆起，肌节9+13+15=37对	图61中41
	42	鳔前室出现期	6.28	13天	出现浅黄色圆形鳔前室；动、静脉橙黄色；鳃盖膜盖至第4鳃弧；尾柄后方肌节上下缘各出现1朵大黑色素，其后为上下对称的乳白色斑块；雏形鳍条出现；尾鳍8，背鳍5	图61中42
	43	尾椎上翘期	6.59	17天	脊椎形成，尾椎上翘；尾鳍褶开始分化，有雏形鳍条16根；背鳍条7	图61中43
	44	尾鳍叉形期	7.87	20天	尾鳍分叉，鳍条2，8~8，3**，已开始分节；背鳍2，7，臀鳍6；脊椎出现髓棘和脉棘；肌节仍为侧"V"形；头部枇杷黄色，体篾色；侧观吻端近方形；上颌出现黑色素	图61中44
	45	腹鳍芽出现期	8.43	24天	腹鳍芽出现，肌节演化为侧"W"形，尾鳍条3，8~8，3	图61中45
	46	尾鳍褶分离期	8.88	27天	臀鳍褶先与臀鳍分离，鳍条6，未分节；背鳍褶与背鳍仍相连，鳍条iii -7，已分节；吻部尖；尾下叶大黑色素花更显著	图61中46
	47	背鳍褶分离期	9.19	29天	背鳍褶与背鳍分离；臀鳍条开始分节	图61中47
	48	臀背鳍形成期	9.87	33天	臀鳍、背鳍同时形成；尾柄末端上下乳白斑块仍存在。肌节10+12+15=37对	图61中48
	49	腹鳍形成期	17.92	42天	腹鳍形成，胸鳍条还处于雏态；尾柄上下乳白斑变为网格状；尾鳍条7，8~8，5	图61中49
	50	鳞片出现期	30.1	63天	侧线鳞38片，鳞片于其两侧从前向后铺生。各鳍形成，鳍条与成鱼相同：背鳍iii -7，臀鳍iii -6、尾鳍条11，8~8，10；尾柄乳白斑消失；口亚下位，上颌现出须芽。肌节11+11+15=37对	图61中50

* 肌节数＝背鳍褶起点前加背鳍褶起点后至肛门拐弯处加尾部。

**鳍条数＝不分支鳍条，分支鳍条；如尾鳍的2，8~8，3，即2根不分支，8根分支，又8根分支鳍条，3根不分支鳍条。

【比较研究】

（1）与其他鱼类胚胎发育的比较　在一定的发育时期，银鲴胚胎发育可能和蛇鮈、鳊、青鱼等的胚胎相混淆。

①与蛇鮈的区别：在孵出前的耳石出现、心脏搏动、胸鳍原基3个发育期中，银鲴与蛇鮈胚体的大小和卵黄囊上圆下棒的形状颇为相似，但有4点不同：a.银鲴双卵膜，蛇鮈单卵膜。b.银鲴卵黄囊厚，蛇鮈卵黄囊薄。c.银鲴眼酪黄色；蛇鮈眼黑色，前额区有一血管相聚的红色。d.胸鳍原基出现后，银鲴的胸鳍小于蛇鮈（图61附1中1~2）。

孵出期至口裂形成期，两者的个体大小及轮廓仍相似，不同的是：a.蛇鮈胸鳍更大，蛇鮈脑区红色素更明显；b.蛇鮈背鳍褶的起点前于银鲴，从肌节数目亦可看出，蛇鮈为5+18+14=37对，银鲴

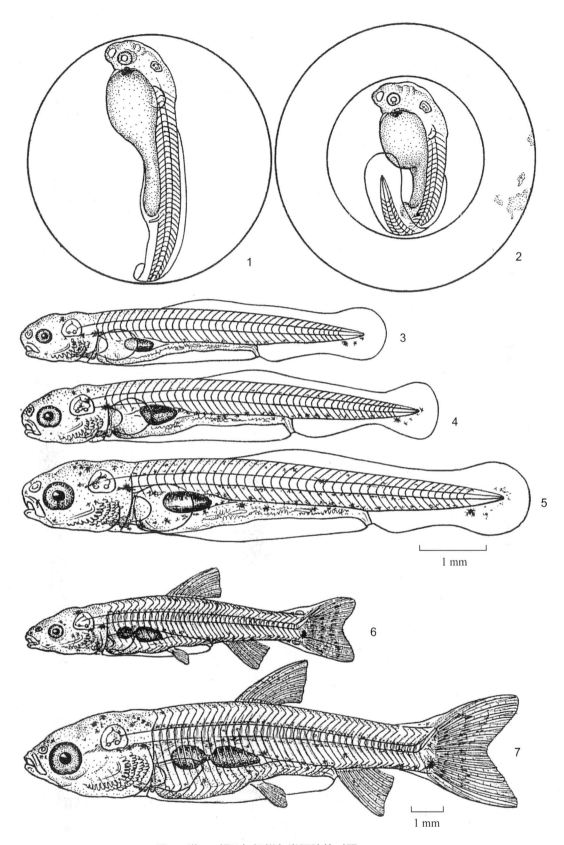

图 61 附 1　银鮈与相似鱼类胚胎的对照

1. 胸鳍原基期，蛇鮈；2. 银鮈；3. 卵黄囊吸尽期，银鮈；4. 鳊；5. 青鱼；6. 背臀鳍形成期，银鮈；

7. 臀鳍形成期，青鱼

7+15+14=36 对，银鲴的躯间肌节稍少。

②与鳊、青鱼的区别。a. 银鲴、鳊、青鱼在卵黄囊吸尽期至鳔前室出现期，其头部的侧视轮廓、肩隔（胸鳍基部）上方和尾叶下方的大黑色素都非常相似（图61附1中3~5）；不同之处：银鲴的体长最小，鳊中等，青鱼最长，相差1~3 mm，例如，在卵黄囊吸尽期，银鲴为5.24 mm，鳊6 mm，青鱼9.35 mm。b. 心脏后方至鳔后肠管处的青筋线中，银鲴只在心脏后有1朵大黑色素，鳊有断续不齐的黑色素，青鱼是1行整齐的黑色素。c. 肌节数目：银鲴9+13+15=37 对；鳊10+14+20=44 对，尾肌节数较多；青鱼10+16+15=41 对。d. 银鲴的眼小于听囊，鳊的眼等于听囊，青鱼眼则大于听囊。

腹鳍芽出现期至鳞片出现期，由于鳊的尾部较长，不会与银鲴的形态混淆；唯青鱼吻部较尖，尾下方黑色素显著，仍与银鲴相同（图61附1中6~7）。不同之处：青鱼个体在背鳍形成期前比银鲴长4~5 mm，腹鳍形成期之后，虽然两者个体长度相仿，但银鲴的发育时间长。如腹鳍形成期的青鱼体长为16 mm，生长25天，银鲴长17.9 mm，生长42天；银鲴的尾柄上下有乳白斑，青鱼无；银鲴的口为亚下位，青鱼端位。银鲴臀鳍起点与肛门有一定距离，青鱼的则是紧接着的。鳞片出现时，银鲴长出颌须芽，青鱼无。

（2）与家鱼胚胎分期的区别　银鲴的胚胎发育分期大致与鲤科鱼类的草鱼、青鱼、鲢、鳙四大家鱼相仿，但也有其独特性。

①家鱼的尾泡出现期是在听囊期之后，银鲴则相反。

②家鱼的胸鳍原基期在孵出期之后；银鲴进入胸鳍原基期仍在卵膜中。

③从器官分化特点方面来看，家鱼的眼黄色素期相当于银鲴的口裂期，但银鲴的眼黑色素期已出现。

④家鱼的眼黑色素期相当于银鲴的口前位期；其后家鱼直接进入鳔雏形期的同时肠管贯通，银鲴则先进入肠管贯通期然后才为鳔雏形期。

⑤家鱼是尾椎上翘期后进入鳔前室出现期，银鲴恰相反。

⑥家鱼在尾鳍分叉的同时出现腹鳍芽，定为腹鳍芽出现期；银鲴的尾鳍分叉时尚未出现腹鳍芽，故称尾鳍叉形期。

⑦家鱼自腹鳍芽出现期后的顺序是背鳍形成期——以背鳍褶与背鳍分离为度，以及臀鳍形成期——以臀鳍褶与臀鳍分离为准。银鲴则基本相反，即先是臀鳍褶分离期——臀鳍褶与臀鳍分离，但臀鳍条未完成，然后进至背鳍褶分离期——背鳍褶与背鳍分离，并跨入臀背鳍形成期。此乃银鲴胚胎分期上的特色。

10. 铜鱼

铜鱼［*Coreius heterodon* (Bleeker)，图62］是黄河、长江水系特有的鮈亚科的中型鱼类，口呈马蹄形，1对须。胸鳍末端不达腹鳍基部，体长20~50 cm，呈圆棒状，尾梢侧扁，体重500~2 500 g。铜鱼在四川称"水密子"，湖南称"金鳅"。鱼苗因贪婪吞食肚子膨胀而被渔民称为洄肚子、肥沱，误认为长吻鮠鱼苗。

早期发育材料取自1961—1966年长江宜昌段、万县段，1973年长江宜宾段、屏山段，1976—1978年、1993年汉江丹江口水库郧县段，1982年长江重庆段，2005年长江攀枝花段。

【繁殖习性】

铜鱼产漂流性卵，鱼卵随水漂流发育成仔鱼、稚鱼。性成熟年龄以3龄为主，繁殖群体25~

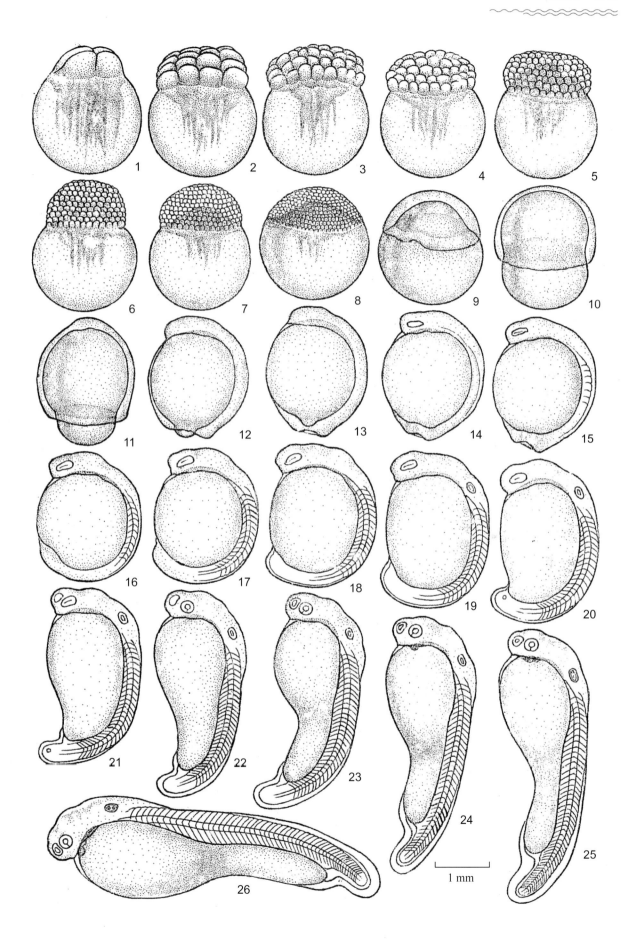

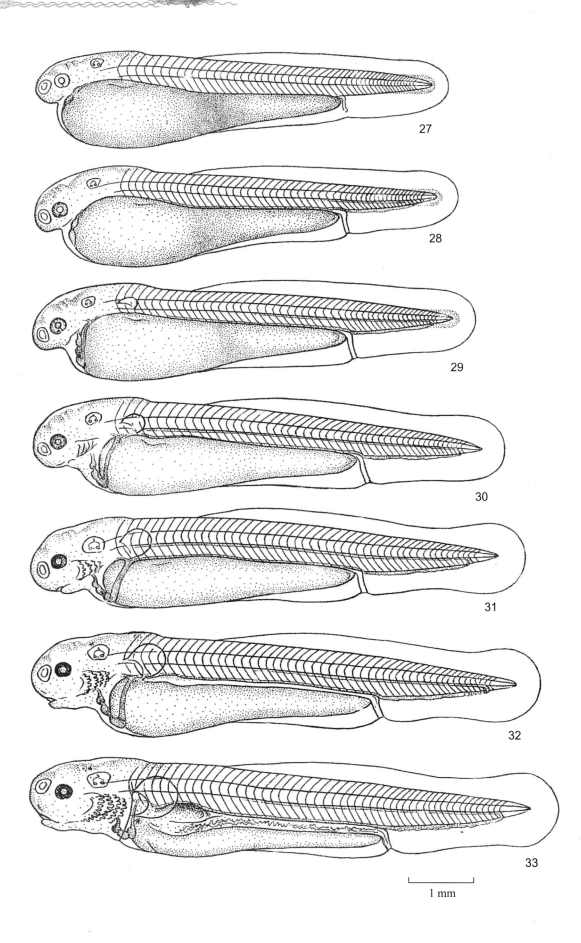

1 mm

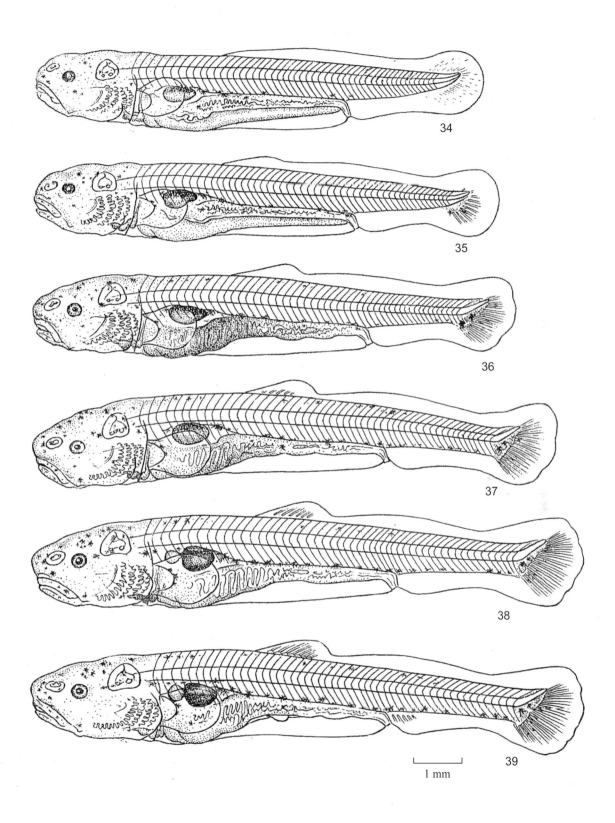

34

35

36

37

38

1 mm

39

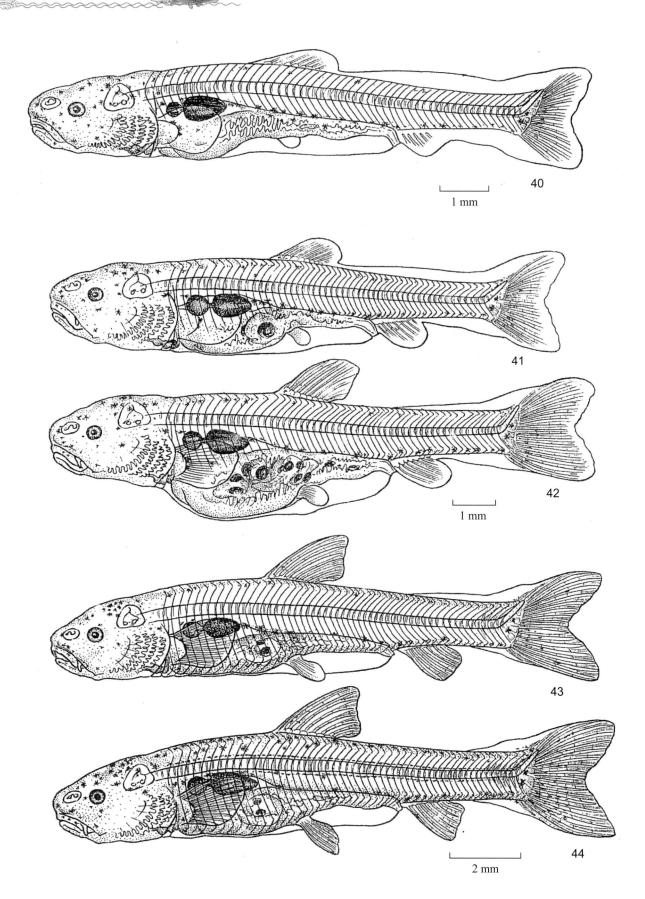

40

1 mm

41

42

1 mm

43

44

2 mm

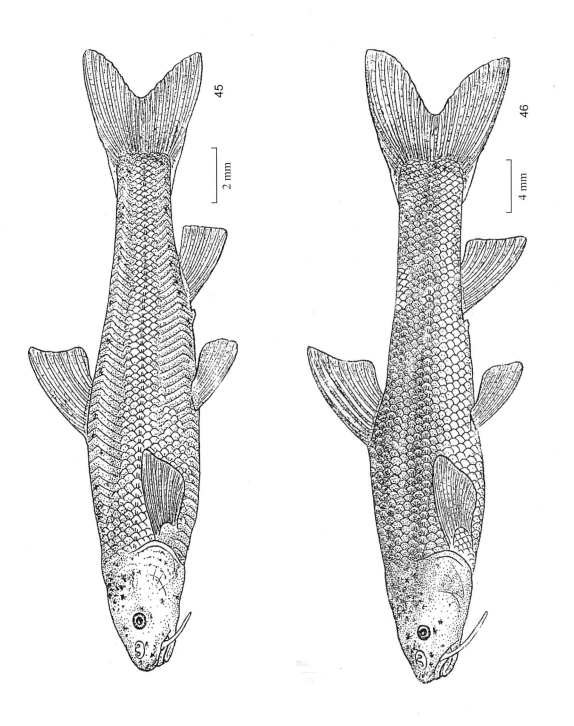

45

2 mm

46

4 mm

图 62 铜鱼 *Coreius heterodon* (Bleeker)（漂流）

35 cm、300~550 g 为多，绝对怀卵量 4 万 ~25 万粒，大部分为 4 万 ~10 万粒。产卵期为 5—7 月。产卵场侧重于长江上游，建三峡大坝、葛洲坝前于宜宾至宜昌之间为多。三峡水利枢纽建成后，铜鱼产卵场有上移到支流乌江、嘉陵江、涪江、大渡河和干流金沙江。葛洲坝下的虎牙滩形成了新的坝下铜鱼产卵场。同样，汉江丹江口大坝修建后，库上铜鱼产卵场于洞河镇、蜀河镇、夹河镇、白河、天河口、前房、肖家湾等，坝下仍存有襄樊、宜城、钟祥、马良铜鱼产卵场，以及支流唐白河产卵场。

【早期发育】

（1）鱼卵阶段　卵吸水膨胀后膜径较大，越上游膜径越大。以长江、汉江为例，长江宜宾膜径幅度 6~7.8 mm，均数（6.93±0.44 mm）（1973 年 50 粒卵），宜昌膜径幅度 5.5~7.8 mm，均数（6.69±0.61）mm（1961 年 38 粒卵）；汉江郧县膜径幅度 4.5~7 mm，均数（5.79±0.5）mm（1977 年 130 粒卵），汉江沙洋膜径幅度 4.5~6.9 mm，均数（5.3±0.45）mm（1976 年 135 粒卵）。

①胚盘形成期至胚孔封闭期：受精后 40 分至 14 小时 35 分。从受精卵至胚孔封闭 17 个发育期。卵粒长变动为 1.9~2.25 mm，呈椭圆形，有时形如柚子（如 4 细胞期）（表 48 序号 1~17，图 62 中 1~13）。

②眼基出现期至尾芽期：受精后 15 小时 25 分至 19 小时。从眼基出现期至尾芽期 5 个发育期卵粒长 2.2~2.57 mm，侧视头略方形，绿豆状眼基、眼囊出现，肌节从 0 对增至 18 对，卵黄囊基本圆形（表 48 序号 18~22，图 62 中 14~18）。

③听囊期至尾泡出现期：受精后 20 小时 40 分至 1 天 25 分。听囊期至尾泡期出现 2 个发育期卵粒长 2.74~2.82m，听囊出现，侧视头部近圆形，卵黄囊如蛋状，肌节 21~24 对（表 48 序号 23~24，图 62 中 19~20）。

④尾鳍出现期至心脏搏动期：受精后 1 天 2 小时 40 分至 1 天 19 小时 5 分。尾鳍出现期至心脏搏动期的 6 个发育期，卵长 3.05~5.8 mm，除尾鳍出现期嗅囊单圈形外，其余均双圈形，眼小，为 0.17~0.18 mm，与嗅囊、听囊等大，肌节 27~50 对，圆头（表 48 序号 25~30，图 62 中 21~26）。

表 48　铜鱼的胚胎发育特征（18.5~29.5℃）

阶段	序号	发育期	长度 / mm	肌节 / 对	受精后时间	发育状况	图号
鱼卵	1	胚盘形成期	2.2	0	40 分	胚盘隆起	—
	2	2 细胞期	2.2	0	50 分	卵黄囊内原生质网出现	图 62 中 1
	3	4 细胞期	2.25	0	1 小时 5 分	原生质网向动物极移动	—
	4	8 细胞期	2.24	0	1 小时 15 分	细胞继续垂直分裂	—
	5	16 细胞期	2.24	0	1 小时 30 分	原生质网逐渐集中，仍较明显	图 62 中 2
	6	32 细胞期	2.21	0	1 小时 50 分	原生质网开始收缩。细胞灰色，卵黄囊黄色	图 62 中 3
	7	64 细胞期	2.2	0	2 小时 15 分	细胞横向分裂，变小	图 62 中 4
	8	128 细胞期	2.2	0	2 小时 30 分	原生质网渐收缩	—
	9	桑葚期	2.2	0	2 小时 50 分	细胞继续分裂，隆起似桑葚	图 62 中 5
	10	囊胚早期	2.2	0	3 小时 15 分	囊胚层形成，原生质网缩小	图 62 中 6
	11	囊胚中期	2.15	0	4 小时 25 分	细胞渐小，胚层开始向下移动	图 62 中 7
	12	囊胚晚期	2	0	6 小时 25 分	胚层继续下包，胚环形成，卵呈圆形，原生质网将消失	图 62 中 8
	13	原肠早期	1.9	0	8 小时 10 分	胚环下包约 1/3，卵呈正圆形	图 62 中 9

（续表）

阶段	序号	发育期	长度/mm	肌节/对	受精后时间	发育状况	图号
鱼卵	14	原肠中期	2.18	0	10 小时 10 分	胚环下包 1/2~2/3，卵呈椭圆形	图 62 中 10
	15	原肠晚期	2.1	0	11 小时 15 分	胚环下包 2/3~4/5，出现雏形胚体，头部隆起	图 62 中 11
	16	神经胚期	2.15	0	12 小时 45 分	神经板雏形出现，卵黄栓外露	图 62 中 12
	17	胚孔封闭期	2.2	0	14 小时 35 分	卵黄囊腔出现	图 62 中 13
	18	眼基出现期	2.2	0	15 小时 25 分	出现窄长的眼基轮廓，未出现肌节	图 62 中 14
	19	肌节出现期	2.25	6	16 小时	肌节出现，胚孔仍存	图 62 中 15
	20	眼囊期	2.3	10	16 小时 30 分	眼基扩大如扁豆状，卵黄圆形，小眼，绿豆状	图 62 中 16
	21	嗅板期	2.33	16	18 小时	嗅板隐约出现，脊椎出现，小眼	图 62 中 17
	22	尾芽期	2.57	18	19 小时	尾芽突出，脑部分化，小眼	图 62 中 18
	23	听囊期	2.74	21	20 小时 40 分	听囊显现，胚体如眉豆状	图 62 中 19
	24	尾泡出现期	2.82	24	1 天 25 分	胚体延长，尾部出现一尾泡，卵黄囊下部收窄	图 62 中 20
	25	尾鳍出现期	3.05	27	1 天 2 小时 40 分	尾部伸长，嗅囊形成，小于眼，尾鳍伸出，仍存尾泡	图 62 中 21
	26	晶体形成期	3.6	32	1 天 6 小时 15 分	肌节 31~33 对，尾斜向下，眼径 0.17 mm，与嗅囊大小相近	图 62 中 22
	27	肌肉效应期	3.82	35	1 天 8 小时 45 分	胚体开始颤动，尾部鳍褶明显，卵黄囊上圆下长	图 62 中 23
	28	心脏原基期	4.52	40	1 天 13 小时 10 分	卵黄囊呈现倒葫芦状，上端出现心脏原基	图 62 中 24
	29	耳石出现期	4.82	46	1 天 14 小时 5 分	卵黄囊前圆后棒状，鳍褶稍宽，体不断抽动，圆头小眼，眼径 0.18 mm，与嗅囊、听囊等大	图 62 中 25
	30	心脏搏动期	5.8	50	1 天 19 小时 5 分	心脏搏动，胚体伸长，翻动较剧，尾褶延伸，小眼，与听囊、嗅囊等大	图 62 中 26

（2）仔鱼阶段　自孵出至鳔一室期的卵黄营养阶段。

①孵出至鳃弧期：受精后 1 天 20 小时 5 分至 3 天 15 小时 30 分。经历孵出期、眼灰色期、胸鳍原基期、鳃弧期 4 个发育期，圆头，卵囊大，尾褶圆形，除眼灰色期以后眼出现少量黑色素外，胚体无色素，眼径 0.19~0.2 mm，与嗅囊、听囊相等，全长 6.5~7.6 mm，肌节 8+22+20=50 对至 9+21+20=50 对（表 49 序号 31~34，图 62 中 27~30）。

②鳃丝期至鳔雏形期：受精后 4 天 8 小时至 5 天 22 小时。经历鳃丝期、肠管形成期、鳔雏形期 3 个发育期，头圆，口下位，眼黑色，眼径 0.22~0.23 mm，与嗅囊等大而约为听囊的 1/2，肠管贯通后听囊上侧有 1 朵黑色素，全长 7.8~8.3m，肌节 9+21+20=50 对至 10+20+20=50 对（表 49 序号 35~37，图 62 中 31~33）。

（3）稚鱼阶段　卵黄囊吸尽期至鳞片出现期的 10 个发育期。

①卵黄囊吸尽期至腹鳍芽出现期：受精后 9 天 16 小时 55 分至 15 天。经历卵黄囊吸尽期、背鳍条出现期、鳔二室期、腹鳍芽出现期 4 个发育期，形态相似，眼径 0.25 mm，与嗅囊相等，听囊为眼 6 倍，尾鳍褶呈三波形至五波形，鳔一室至鳔二室，体侧头部与青筋部位有黑色素，尾椎下方 2 朵黑色素，胸鳍基部 2~3 朵黑色素，全长 9.4~10.8 mm，肌节 10+20+20=50 对至 11+20+20=51 对（表 49 序号 40~43，图 62 中 36~39）。

②尾鳍叉形期至鳞片出现期：受精后 17~31 天。经历尾鳍叉形期、须出现期、背鳍形成期、臀鳍形成期、腹鳍形成期达鳞片出现期共 6 个发育期。形态特点是尾鳍发育至叉形，除尾鳍叉形期没出颌须外，往后 5 个发育期皆有颌须。黑色素于头顶与青筋部位明显，胸鳍基部 3 朵、尾椎下方 2 朵黑色素为其特点，全长 10.9~22.3 mm，肌节 11+20+20=51 对至 12+20+20=52 对，为背鳍起点的前后移动及头后肌节渐萌出有关（表 49 序号 44~49，图 62 中 40~45）。

（4）幼鱼阶段　各鳍形成，鳞片长齐，侧线鳞 54 片，颌须长 5.5 mm，胸鳍末端与背鳍起点相切，身体红铜色（表 49 序号 50，图 62 中 46）。

表 49　铜鱼的胚后发育特征（18.5~29.5℃）

序号		发育期	全长 / mm	肌节 / 对	受精后时间	发育状况	图号
仔鱼	31	孵出期	6.5	8+22+20=50	1 天 20 小时 5 分	卵膜软化，胚体翻滚孵出。头部浑圆，肛门未通。眼径 0.19 mm，与嗅囊、听囊等大	图 62 中 27
	32	眼灰色期	6.72	8+22+20=50	2 天 55 分	眼下方出现黑色素，眼周出现稀疏黑色素，呈现灰黑色，肛门通	图 62 中 28
	33	胸鳍原基期	7.1	9+21+20=50	3 天 4 小时 20 分	出现半月形的胸鳍原基，居维氏管近卵黄前端，尾静脉浅黄色。胚体静卧水底，不时侧身绕游。眼直径 0.2 mm，与嗅囊相等，略小于听囊	图 62 中 29
	34	鳃弧期	7.6	9+21+20=50	3 天 15 小时 30 分	出现 4 片鳃弧，居维氏管移至卵黄囊前侧，尾静脉清晰，胸鳍呈圆形	图 62 中 30
	35	鳃丝期	7.8	9+21+20=50	4 天 8 小时	出现鳃丝，居维氏管粗大，口裂形成，眼黑色素	图 62 中 31
	36	肠管形成期	8	9+21+20=50	4 天 22 小时 50 分	肠管贯通，口前移至嗅囊下方。眼径 0.22 mm；听囊＞眼＝嗅囊，听囊上侧出现 1 朵黑色素	图 62 中 32
	37	鳔雏形期	8.3	10+20+20=50	5 天 22 小时	肠壁出现褶皱，鳔雏形，鳃丝发达；头部轮廓略变方；卵黄囊吸收变窄，呈现长棒状。眼径 0.23 mm；听囊上方及卵黄囊前方各出现 1 朵黑色素	图 62 中 33
	38	鳔一室期	8.7	10+20+20=50	6 天 4 小时 45 分	鳔一室，已充气，上下颌形成，可摄食，尾椎略上翘，卵黄被大量吸收呈细棒形，肌节下方和头部黑色素花明显，尾椎下方无黑色素	图 62 中 34
	39	背鳍褶分化期	9	10+20+20=50	7 天 10 小时 5 分	背鳍褶前端开始隆起，尾褶下部出现鳍条和色素，胸鳍基部出现 2 朵黑色素，尾椎下方有 2 朵黑色素，尾褶圆形，尾椎上翘	图 62 中 35
稚鱼	40	卵黄囊吸尽期	9.4	10+20+20=50	9 天 16 小时 55 分	背鳍褶明显隆起，卵黄囊吸尽，行对外营养；尾椎上翘，尾褶下方出现 16 条雏形鳍条，尾褶三波形，头呈方形	图 62 中 36
	41	背鳍条出现期	10.2	11+20+20=51	10 天 23 小时	背鳍褶上先出现 5 条雏形鳍条，尾椎上翘，下有 2 朵黑色素，尾褶三波形，听囊＞眼＝嗅囊，头呈方形	图 62 中 37
	42	鳔二室期	10.7	11+20+20=51	13 天	鳔前室出现，大小约等于眼，鳃盖盖过鳃丝，头方形，口裂大，胸鳍基部 3 朵黑色素，尾褶五波形，青筋色素 1 行	图 62 中 38
	43	腹鳍芽出现期	10.8	11+20+20=51	15 天	腹鳍褶出现腹鳍芽，背鳍、臀鳍基部有 3 朵黑色素，尾椎下方有 2 朵黑色素，头方形	图 62 中 39
	44	尾鳍叉形期	10.9	11+20+20=51	17 天	尾鳍叉形，尾椎骨下方出现肉红色环形尾静脉，脊椎骨出现，头部黑色素增多	图 62 中 40

（续表）

序号		发育期	全长/mm	肌节/对	受精后时间	发育状况	图号
稚鱼	45	颌须出现期	12.2	12+19+20=51	19 天	上颌两侧出现须芽，肌节呈侧 W 形，背鳍继续发育，吞吃鱼苗	图 62 中 41
	46	背鳍形成期	13.1	12+19+20=51	22 天	背鳍形成，鳍条ⅲ-7，背鳍褶与背鳍分离，吞食较多鱼苗	图 62 中 42
	47	臀鳍形成期	15.8	12+20+20=52	24 天	臀鳍形成，鳍条ⅲ-6，背鳍起点的垂直线与胸鳍末端距离较远，眼小，与嗅囊等大	图 62 中 43
	48	腹鳍形成期	16.1	12+20+20=52	27 天	腹鳍形成，腹鳍褶仍存在，脊椎骨约 50 个，口须延长，胸鳍末端远离腹鳍基部	图 62 中 44
	49	鳞片出现期	22.3	12+20+20=52	31 天	胸鳍形成，鳞片出现，侧线鳞先形成，然后体前部铺出	图 62 中 45
幼鱼	50	幼鱼期	48	12+20+20=52	58 天	鳞片长齐，各鳍长成，侧线鳞 54 片，口须长 5.5 mm，胸鳍末端达背鳍起点	图 62 中 46

【比较研究】

铜鱼胚胎胚后发育与圆口铜鱼及长薄鳅相似。

（1）铜鱼与圆口铜鱼仔鱼、稚鱼区别

①孵出期至幼鱼期眼与嗅囊大小的关系（表 50）。铜鱼眼与嗅囊大小等大。经各发育期，从 0.18~1.2 mm，随体长增长而眼大（图 62 附 1），总与嗅囊相等。圆口铜鱼的眼比铜鱼小，从孵出至幼鱼，自 0.14~0.9 mm，眼大小总是嗅囊的 1/2（图 62 附 1）。

②鳔雏形期至幼鱼胸鳍末端与背鳍起点有异。铜鱼胸鳍末端不达背鳍起点。圆口铜鱼胸鳍末端与背鳍起点相切并发育超过背鳍起点（表 50，图 62 附 1）。

③背鳍分化期至腹鳍形成期胸鳍弧黑色素数目不同。铜鱼胸鳍弧黑色素 3 朵。圆口铜鱼胸鳍弧黑色素 1 朵（图 62 附 1）。

④颌须萌出时期及长短不同。铜鱼在背鳍形成前萌出颌须，幼鱼时颌须伸至鳃盖长度的 1/2。圆口铜鱼在臀鳍形成期萌出颌须，幼鱼时颌须伸达鳃盖。

⑤尾椎上翘期至腹鳍形成期尾椎下方色素数目不同。铜鱼尾椎下方有 2 朵明显的黑色素；圆口铜鱼尾椎下方有 1 朵明显的黑色素。

表 50 铜鱼与圆口铜鱼眼大小及与嗅囊关系的比较

类别		阶段	胚胎	仔鱼		稚鱼		幼鱼
		发育期	晶体形成至心脏搏动	孵出期至鳃丝期	肠管贯通至背褶分化	卵黄囊吸尽至鳔二室	腹鳍芽出现至背鳍形成	臀鳍形成至鳞片出现	幼鱼期
眼径/mm	铜鱼		0.18±0.01	0.2±0.01	0.23±0.01	0.26±0.02	0.35±0.02	0.45±0.03	1.0±1.2
	圆口铜鱼		0.14±0.01	0.15±0.01	0.17±0.01	0.20±0.01	0.25±0.02	0.35±0.03	0.8±0.9
与嗅囊大小比较	铜鱼		眼大于嗅囊	眼与嗅囊等大		眼与嗅囊等大		眼与嗅囊等大
	圆口铜鱼		眼为嗅囊 1/2	眼为嗅囊 1/2		眼为嗅囊 1/2		眼为嗅囊 1/2

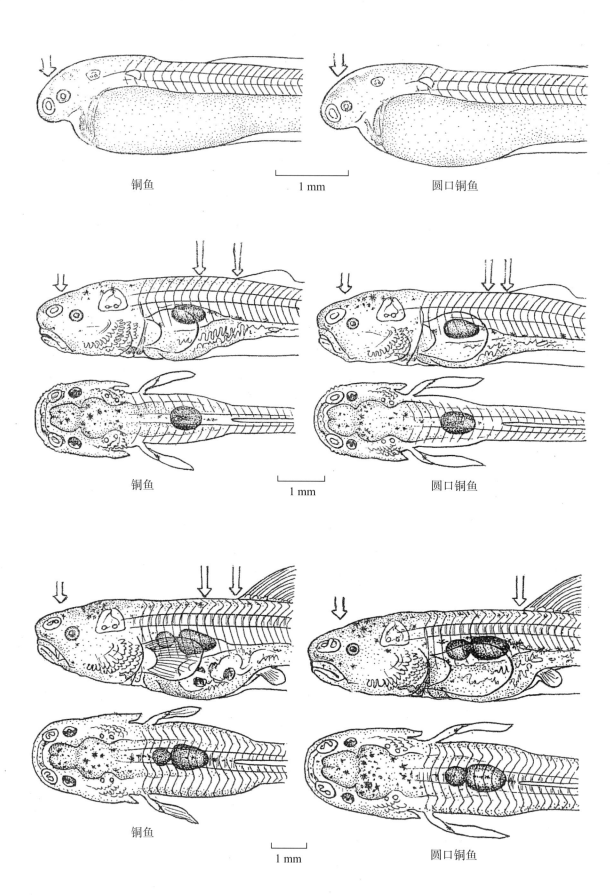

铜鱼

1 mm

圆口铜鱼

铜鱼

1 mm

圆口铜鱼

铜鱼

1 mm

圆口铜鱼

图 62 附 1　铜鱼与圆口铜鱼仔鱼、稚鱼的形态比较

（2）铜鱼与长薄鳅仔鱼、稚鱼的区别

①圆头小眼形态相似但个体大小不同。铜鱼仔鱼、稚鱼是大个体，长薄鳅为中个体。

②肌节数目铜鱼多于长薄鳅。从鳔雏形期至前室期，铜鱼 10+20+20=50 对，长薄鳅肌节 7+14+13=34 对。

③长薄鳅下颚大于铜鱼。鳔雏形期至鳔前室期出现长薄鳅下颚大于铜鱼。

④稚鱼期铜鱼的须少于长薄鳅。铜鱼 1 对颌须，长薄鳅 3 对须。

11．圆口铜鱼

圆口铜鱼［*Coreius guichenoti* (Sauvage et Dabry)，图 63］是鮈亚科铜鱼属的中型鱼类，全长 12~43 cm，背鳍ⅲ-7、臀鳍ⅲ-6，侧线鳞 58 片，须 1 对，口下位，呈半圆形，体背高于铜鱼。分布于长江上游。

早期发育材料取自 1962 年长江万县段、1973 年长江屏山段。

【繁殖习性】

于长江上游产漂流性卵，怀卵量 1 万 ~4 万粒，卵径 1.8~2 mm（吸水膨胀为 4.6~7.8 mm），产卵期 4 月下旬至 7 月上旬，产卵场分布于长江石鼓、攀枝花、宜宾、重庆、涪陵等。

【早期发育】

（1）鱼卵阶段　吸水膨胀后的卵膜直径较大，据 1962 年万县、1973 年屏山野外采集标本统计，万县数据为 5.3~6.6 mm，（6.11±0.33）mm（25 粒），屏山数据为 4.6~7.8 mm，（6.09±0.57）mm（118 粒）。

①32 细胞期至肌节出现期：受精后 2 小时至 15 小时 20 分。自 32 细胞至肌节出现期，卵粒圆形至低椭圆形，未出现眼，计有 32 细胞期、64 细胞期、128 细胞期、桑葚期、囊胚早期、囊胚中期、囊胚晚期、原肠早期、原肠中期、原肠晚期、神经胚期至肌节出现期 12 个发育期，胚长 2~2.48 mm（表 51 序号 1~12，图 63 中 1~12）。

②眼基出现期至听囊出现期：受精后 15 小时 57 分至 19 小时 44 分。从眼基出现期，经历眼囊期、嗅板期、尾芽期至听囊出现期 5 个发育期，卵粒圆稍拉长，胚长 2.5~2.6 mm，肌节 6~20 对（表 51 序号 13~17，图 63 中 13~17）。

③尾泡出现期至耳石出现期：受精后 20 小时至 1 天 3 小时 57 分。从尾泡出现期、尾鳍出现期、肌肉效应期、心脏原基期、耳石出现期共 5 个发育期，胚体拉长，胚长 3~4.5 mm，肌节 26~44 对，肌肉效应期后嗅囊长出，约为眼 2 倍，圆头小眼的特征出现（表 51 序号 18~23，图 63 中 18~20）。

（2）仔鱼阶段

①孵出期至鳃丝期：受精后 1 天 21 小时 33 分至 4 天 14 小时 58 分。圆头小眼，自孵出期，经眼灰色期、胸鳍原基期、鳃弧期至鳃丝期共 5 个发育期，眼为嗅囊 1/2，从未开口至口下位，卵黄囊硕大，全长 6.2~8.2 mm，肌节 7+23+19=49 对至 8+22+20=50 对（表 51 序号 24~27，图 63 中 21~23）。

②肠管贯通期至背褶分化期：受精后 5 天 14 小时 50 分至 8 天 11 小时。口端下位，卵黄囊渐吸收，眼小为嗅囊 1/2，经肠管贯通、鳔雏形、鳔一室，背褶分化 4 个发育期，全长 8.5~9.2 mm，肌节 8+22+20=50 对至 9+21+20=50 对（表 51 序号 29~32，图 63 中 24~26，背褶分化期无图）。

（3）稚鱼阶段　为卵黄囊吸收后的对外营养阶段。

①卵黄囊吸尽期至鳔二室期：受精后 10 天 52 分至 13 天。卵黄囊吸尽期至鳔二室期，肠褶皱增多，

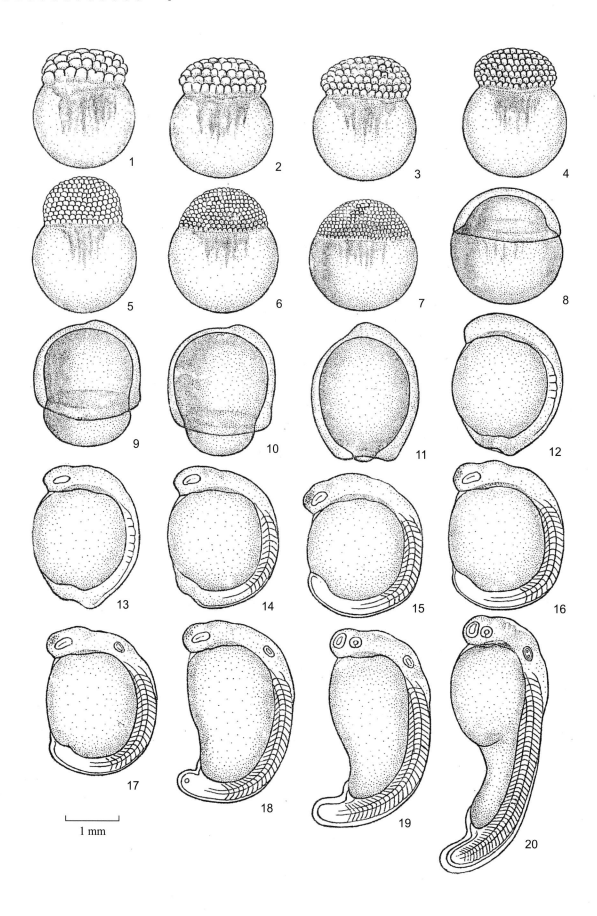

1 mm

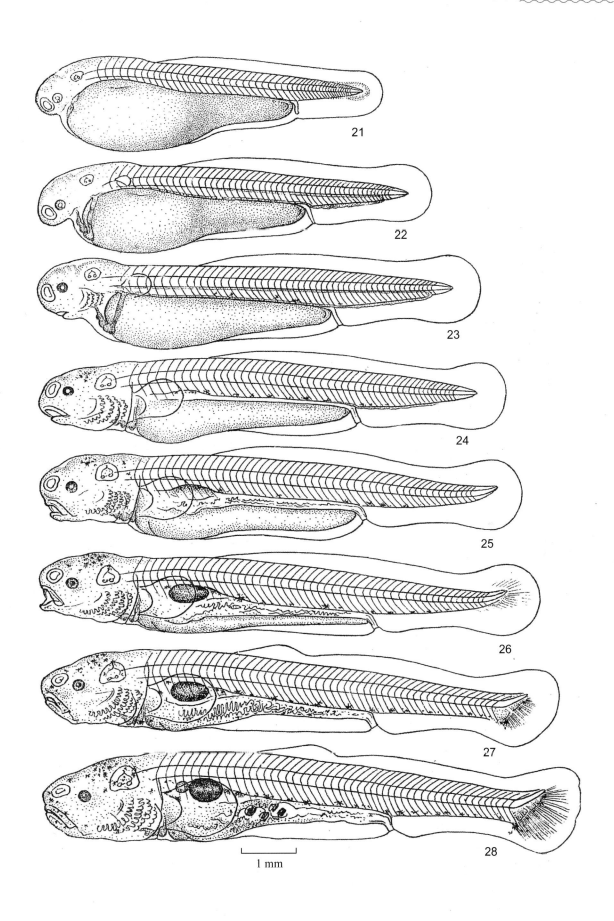

1 mm

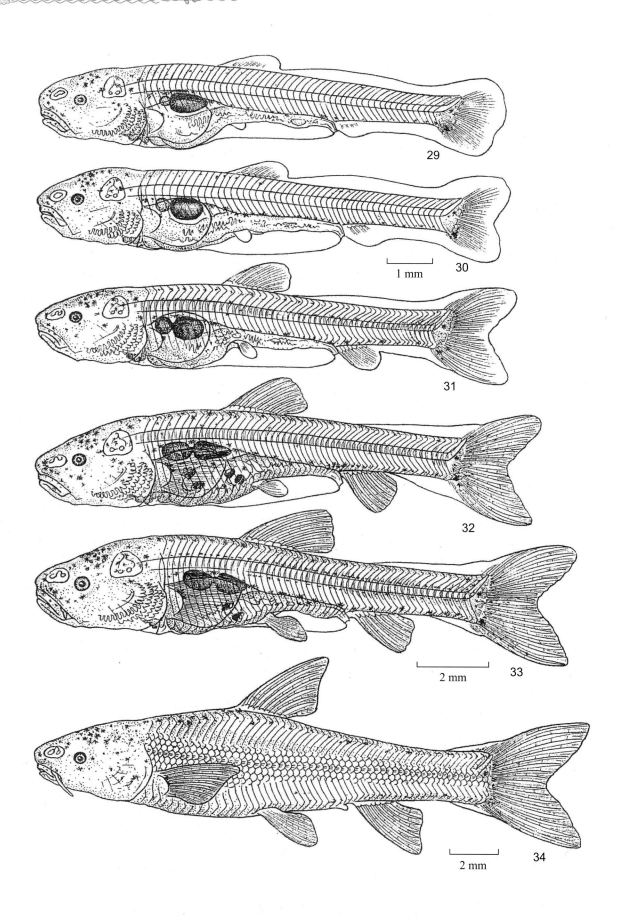

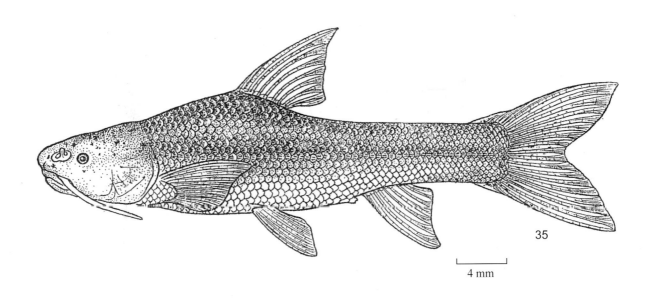

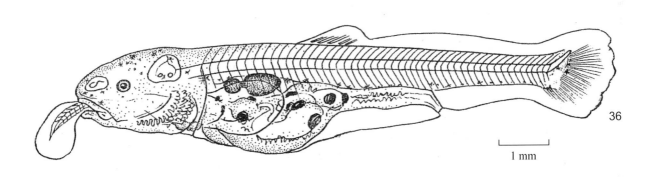

图 63　圆口铜鱼 *Coreius guichenoti*（Sauvage et Dabry）（漂流）

吞吃鱼苗（图 63 中 27~28）及背鳍雏条出现（图 63 中 36）属稚鱼阶段的初期，胸鳍弧出现 1 朵黑色素，尾椎上翘，全长 9.41~10.1 mm，肌节 10+20+20=50 对（表 51 序号 33~34）。

②腹芽出现期至鳞片出现期：受精后 14~29 天。经历腹鳍芽出现期、经尾鳍叉形期、背鳍形成期、臀鳍形成期、腹鳍形成期至鳞片出现期 6 个发育期，嗅囊为眼 2 倍，胸鳍末端与背鳍起点相切并逐渐超过背鳍起点，胸鳍弧出现 1~2 朵黑色素，尾从三波形至叉形，须在腹鳍形成期方出现，比铜鱼迟了 3 个发育期，全长 10.4~22.2 mm，肌节 11+20+20=51 对至 12+20+20=52 对（表 51 序号 35~40，图 63 中 29~34）。

（4）幼鱼阶段　受精后 56 天。幼鱼期如成鱼，背较高，侧线鳞 57 片，须长 8 mm，达鳃盖膜处，胸鳍末端超过背鳍及腹鳍起点，全长 47.8 mm（表 51 序号 41，图 63 中 35）。

【比较研究】

　　早期发育形如铜鱼，圆头小眼。圆口铜鱼，主要特点是眼小，为嗅囊的 1/2，胸鳍末端靠近、相切或超过背鳍与腹鳍起点。圆口铜鱼须达鳃盖，铜鱼须短。

表 51　圆口铜鱼胚胎与胚后发育特征（18~23℃）

阶段	序号	发育期	长度 / mm	肌节 / 对	受精后时间	发育状况	图号
鱼卵	1	32 细胞期	2	0	2 小时	发育至 32 个细胞，卵黄浅黄色，细胞灰蓝色	图 63 中 1
	2	64 细胞期	2	0	2 小时 35 分	细胞横向分裂至 64 个	图 63 中 2
	3	128 细胞期	2.16	0	3 小时	128 个细胞	图 63 中 3
	4	桑葚期	2.34	0	3 小时 44 分	细胞分裂如桑葚状	图 63 中 4
	5	囊胚早期	2.2	0	4 小时 43 分	囊胚层形成	图 63 中 5
	6	囊胚中期	2.2	0	5 小时 21 分	囊胚向下包，原生质缩小	图 63 中 6
	7	囊胚晚期	2	0	6 小时 15 分	胚环形成，卵粒正圆形	图 63 中 7
	8	原肠早期	2.16	0	8 小时 48 分	胚环下包 1/3	图 63 中 8
	9	原肠中期	2.2	0	10 小时 40 分	胚环下包 2/3	图 63 中 9
	10	原肠晚期	2.28	0	11 小时 44 分	胚环下包 4/5	图 63 中 10
	11	神经胚期	2.45	0	12 小时 50 分	神经胚形成，卵黄栓外露	图 63 中 11
	12	肌节出现期	2.48	3	15 小时 20 分	经胚孔封闭期后肌节出现	图 63 中 12
	13	眼基出现期	2.5	6	15 小时 57 分	绿豆状眼基出现	图 63 中 13
	14	眼囊期	2.52	14	16 小时 43 分	眼囊出现，如小扁豆	图 63 中 14
	15	嗅板期	2.53	16	18 小时 5 分	嗅板与脊椎出现	图 63 中 15
	16	尾芽期	2.54	18	18 小时 47 分	尾芽出现，脑部分化	图 63 中 16
	17	听囊期	2.6	20	19 小时 44 分	听囊出现	图 63 中 17
	18	尾泡出现期	3	26	20 小时	胚体拉长，尾泡出现	
	19	尾鳍出现期	3.3	29	22 小时 7 分	尾部伸出，仍带尾泡，未出现嗅囊	图 63 中 18
	20	晶体形成期	3.62	32	23 小时 16 分	眼晶体形成，眼径 0.13 mm，嗅囊出现，比眼大 1 倍	图 63 中 19
	21	肌肉效应期	3.8	35	1 天 18 分	胚体颤动	—
	22	心脏原基期	4.2	40	1 天 1 小时 36 分	卵黄囊呈葫芦状，心脏原基出现	—
	23	耳石出现期	4.5	44	1 天 3 小时 57 分	卵黄囊上圆球下棒状，耳石 2 颗，眼径 0.14 mm，为嗅囊的 1/2	图 63 中 20
仔鱼	24	孵出期	6.2	7+23+19=49	1 天 21 小时 33 分	卵膜变软，胚体孵出，圆头小眼，眼径 0.15 mm，为嗅囊的 1/2	图 63 中 21
	25	眼灰色期	6.5	8+22+19=49	1 天 21 小时 33 分	眼出现稀疏黑色素，呈灰色	—
	26	胸鳍原基期	7	8+22+20=50	2 天 11 小时 15 分	出现半月形胸鳍原基，眼径 0.16 mm	图 63 中 22
	27	鳃弧期	7.58	8+22+20=50	3 天 13 小时 58 分	出现 4 片鳃弧，口下位	—
	28	鳃丝期	8.2	8+22+20=50	4 天 14 小时 58 分	鳃丝出现，口下位，卵黄囊上方与肌节交接处出现 4 朵黑色素	图 63 中 23
	29	肠管形成期	8.5	8+22+20=50	5 天 14 小时 50 分	肠管贯通，口下位，已移前，肠管上方有 1 行黑色素，眼径 0.16 mm，口裂大	图 63 中 24
	30	鳔雏形期	8.7	9+21+20=50	6 天 15 小时	鳔雏形，眼径 0.17 mm，头背有 1 撮黑色素，青筋部位有 1 行黑色素	图 63 中 25

（续表）

阶段	序号	发育期	长度 /mm	肌节 /对	受精后时间	发育状况	图号
仔鱼	31	鳔一室期	9	9+21+20=50	7 天 20 小时 30 分	鳔一室，卵黄囊呈长锥形，尾椎略上翘，头背部黑色素斑，青筋色素比铜鱼同期多	图 63 中 26
	32	背褶分化期	9.2	9+21+20=50	8 天 11 小时	背鳍褶分化、隆起，卵黄囊残存一小型长囊，尾椎上翘，胸鳍弧出现 1 朵黑色素花，铜鱼为 2 朵	—
稚鱼	33	卵黄囊吸尽期	9.41	10+20+20=50	10 天 52 分	卵黄囊吸尽，尾褶椭圆形，尾椎上翘，出现 12 条雏形尾鳍条，鳍条基有 1 朵稍大黑色素，青筋明显	图 63 中 27
	34	鳔二室期	9.8	10+20+20=50	12 天 15 小时 30 分	鳔前室期，尾褶呈五波形，出现雏形鳍条 16 根，吞吃其他种鱼苗，胸鳍弧有 1 朵黑色素，青筋黑色素明显，尾鳍下方有 1 朵大黑色素，余为零散黑色素	图 63 中 28
	35	腹芽出现期	10.4	11+20+20=51	14 天	腹芽出现，尾褶三波形至五波形，胸鳍弧有 1 朵黑色素，而同期铜鱼为 3 朵黑色素	图 63 中 29
	36	尾鳍叉形期	10.5	11+20+20=51	16 天	尾鳍从三波形至五波形发育至叉形期，脊椎骨未分化，比铜鱼迟	图 63 中 30
	37	背鳍形成期	13.3	11+20+20=51	20 天	背鳍与背褶分离，胸鳍弧增至 2 朵黑色素，而铜鱼为 3 朵，脊骨出现	图 63 中 31
	38	臀鳍形成期	14	11+20+20=51	22 天	臀鳍与臀褶分离，胸鳍末端与背鳍起点相切	图 63 中 32
	39	腹鳍形成期	15.1	12+20+20=52	25 天	腹鳍完成，须出现，胸鳍末端靠近腹鳍基部，超过背鳍起点	图 63 中 33
	40	鳞片出现期	22.2	12+20+20=52	29 天	胸鳍形成，鳞片出现，从侧线先形成，渐向上下伸延，须达眼下缘	图 63 中 34
幼鱼	41	幼鱼期	47.8	12+20+20=52	56 天	鳞片长齐，侧线鳞 57 片，须达鳃盖后缘，长 8 mm，背增高，胸鳍末端超过背鳍及腹鳍起点	图 63 中 35
附：稚鱼	34~35	附：背鳍雏条期	10.1	10+20+20=50	13 天	于鳔二室期与腹芽出现期之间，发育有背鳍雏条，已大量吞食其他种鱼苗	图 63 中 36

12．长鳍吻鮈

长鳍吻鮈（*Rhinogobio ventralis* Sauvage et Dabry，图 64）是鮈亚科吻鮈属的一种小型鱼类，全长 12~20 mm，体延长略呈现筒状，吻前突，口小下位，眼小，口角须 1 对，侧线鳞 47~49 片，背鳍 ⅲ-7，臀鳍 ⅲ-6，胸鳍末端超过背鳍起点并达腹鳍基部。分布于长江及汉江上中游。

早期材料取自 1962 年长江万县段、1981 年长江监利段、1976 年汉江沙洋段、1977 年汉江郧县段、1978 年汉江襄樊段。

【繁殖习性】

长鳍吻鮈于江河产漂流性卵，繁殖期 5—7 月。

【早期发育】

（1）鱼卵阶段　卵吸水膨胀膜径为 5~5.3 mm，大型卵。搜集了 10 个发育期资料，现绘制了 2 个发育期。

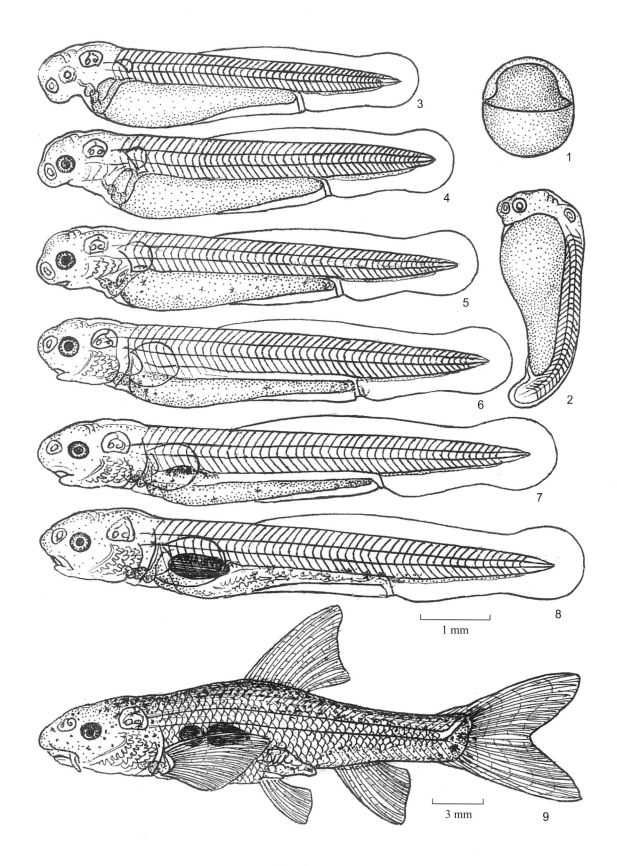

图 64　长鳍吻鮈 *Rhinogobio ventralis* Sauvage et Dabry（漂流）

①桑葚期至神经胚期：卵粒较圆，胚长 1.6~1.7 mm，经历了细胞分裂，囊胚、原肠形成，至神经胚出现（表 52 序号 1~5，图 64 中 1 为原肠中期）。

②眼基出现期至耳石出现期：胚体拉长，经历眼基出现期（胚长 1.9 mm，受精后 14 小时）、尾泡出现期（胚长 2.5 mm，受精后 20 小时 30 分）、尾鳍出现期（胚长 2.8 mm，受精后 22 小时 30 分）、晶体形成期（胚长 3 mm，受精后 23 小时 10 分，图 64 中 2）、耳石出现期（胚长 4.2 mm，受精后 1 天 7 小时 20 分，肌节 46 对）（表 52 序号 6~10）。

（2）仔鱼阶段

①孵出期至眼黑色素期：自孵出期至眼黑色素期，头为方形，眼小，等于至略大于嗅囊，而约为听囊的 1/2，全长 5.1~6.8 mm，肌节 10+18+18=46 对。有图者为下面 3 个发育期。

a. 胸原基期：受精后 1 天 21 小时 30 分。刚出现胸原基，全长 5.4 mm（表 52 序号 11，图 64 中 3）。

b. 鳃弧期：受精后 2 天 2 小时。鳃弧期鳃隔出现，眼先出现黑色素，全长 6 mm（表 52 序号 12，图 64 中 4）。

c. 鳃丝期：受精后 2 天 17 小时 10 分。鳃丝出现，卵黄囊出现 7~8 朵小黑色素，全长 6.3 mm（表 52 序号 13，图 64 中 5）。

②肠管贯通期至鳔一室期：肠管贯通期至鳔一室期，肌节 10+18+18=46 对，头吻部转为尖圆形，眼小、晶亮、卵黄囊 7~8 朵小黑色素，全长 7.2~7.8 mm。有图者为下面 2 个发育期。

a. 肠管贯通期：受精后 3 天 8 小时。肠管贯通，全长 7.2 mm（表 52 序号 15，图 64 中 6）。

b. 雏形鳔期：受精后 3 天 14 小时 10 分。鳔雏形，全长 7.6 mm（表 52 序号 16，图 64 中 7）。

（3）稚鱼阶段

①卵黄囊吸尽期：受精后 8 天。鳔一室，卵黄囊吸尽，全长 8 mm，头尖形（表 52 序号 17，图 64 中 8）。

②鳞片出现期：受精后 62 天。鳞片出现，须 1 对，胸鳍末端超过背鳍及腹鳍基部，呈现长鳍特征，全长 33 mm，肌节 15+13+18=46 对（表 52 序号 18，图 64 中 9）。

表 52　长鳍吻鮈的胚胎与胚后发育特征

阶段	序号	发育期	长度 / mm	肌节 / 对	受精后时间	发育状况	图号
鱼卵	1	桑葚期	1.6	0	3 小时 10 分	动物极细胞分裂呈桑葚状	—
	2	囊胚早期	1.6	0	4 小时 30 分	囊胚层如小帽状	—
	3	原肠早期	1.6	0	8 小时	原肠下包 2/5	—
	4	原肠中期	1.6	0	9 小时 10 分	原肠下包 1/2，卵粒正圆形	图 64 中 1
	5	神经胚期	1.7	0	11 小时 12 分	神经胚形成	—
	6	眼基出现期	1.9	3	14 小时	眼基出现	—
	7	尾泡出现期	2.5	18	20 小时 30 分	尾泡出现	—
	8	尾鳍出现期	2.8	25	22 小时 30 分	尾鳍芽伸出	—
	9	晶体形成期	3	30	23 小时 10 分	眼晶体形成	图 64 中 2
	10	耳石出现期	4.2	10+18+18=46	1 天 7 小时 20 分	听囊出现 2 颗耳石	—

（续表）

阶段	序号	发育期	长度/mm	肌节/对	受精后时间	发育状况	图号
仔鱼	11	胸原基期	5.4	10+18+18=46	1天21小时30分	胸原基出现，眼小于听囊	图64中3
	12	鳃弧期	6	10+18+18=46	2天2小时	鳃弧如隔状，眼稍大于嗅囊，眼已出现黑色素	图64中4
	13	鳃丝期	6.3	10+18+18=46	2天17小时10分	鳃丝出现，听囊>眼=嗅囊	图64中5
	14	眼黑色素期	6.8	10+18+18=46	3天3小时	眼黑色素增多至眼眶全黑	—
	15	肠管贯通期	7.2	10+18+18=46	3天8小时	头吻部突出，肠管贯通	图64中6
	16	雏形鳔期	7.6	10+18+18=46	3天14小时10分	头吻部较尖，卵黄囊下方有3~4朵黑色素	图64中7
稚鱼	17	卵黄囊吸尽期	8	10+18+18=46	8天	卵黄囊吸尽，鳔一室，头吻部尖	图64中8
	18	鳞片出现期	33	15+13+18=46	62天	鳞片出现，腹鳍末端超过胸鳍和腹鳍基部	图64中9

【比较研究】

（1）鱼卵　属卵粒稍小于家鱼的大卵，膜径5~5.3 mm。

（2）仔鱼

①仔鱼时长鳍吻鮈与圆筒吻鮈体形相仿，但长鳍吻鮈孵出期至眼黑色素期为方头小眼，圆筒吻鮈为圆头小眼。

②肠管贯通期以后，长鳍吻鮈头吻部呈圆尖形，而圆筒吻鮈自鳃弧期起头吻部已呈圆尖形。

③长鳍吻鮈与圆筒吻鮈眼=嗅囊<听囊，银鮈眼=听囊>嗅囊。

④肠管贯通期后，长鳍吻鮈卵黄囊分布有7~8朵小黑色素，而圆筒吻鮈仅卵黄囊后段出现4朵黑色素。

（3）稚鱼　稚鱼阶段圆筒吻鮈与长鳍吻鮈较为相像，大多从圆筒吻鮈肌节8+22+18=48对、长鳍吻鮈10+18+18=46对予以区别。

（4）幼鱼　幼鱼阶段以成鱼特征区分，长鳍吻鮈胸鳍末端超过背鳍与腹鳍基部，圆筒吻鮈胸鳍末端靠近背鳍基部而远离腹鳍基部。

13．吻鮈

吻鮈（*Rhinogobio typus* Bleeker，图65）是鮈亚科吻鮈属的小型鱼类，以10~20 cm为多，头吻部较长，锥形口下位，1对口角须，体细长，前段圆筒形，尾稍侧扁。侧线鳞50片，背鳍iii-7，臀鳍iii-6。产于长江、黄河、韩江、闽江等水系。

早期发育材料取自1961年长江宜昌段、1962年长江万县段、1976年汉江沙洋段、1977年汉江郧县段、1981年长江监利段。

【繁殖习性】

吻鮈产漂流性卵，繁殖期5—7月，于长江监利以上、汉江沙洋以上可采获鱼卵及稚鱼材料。

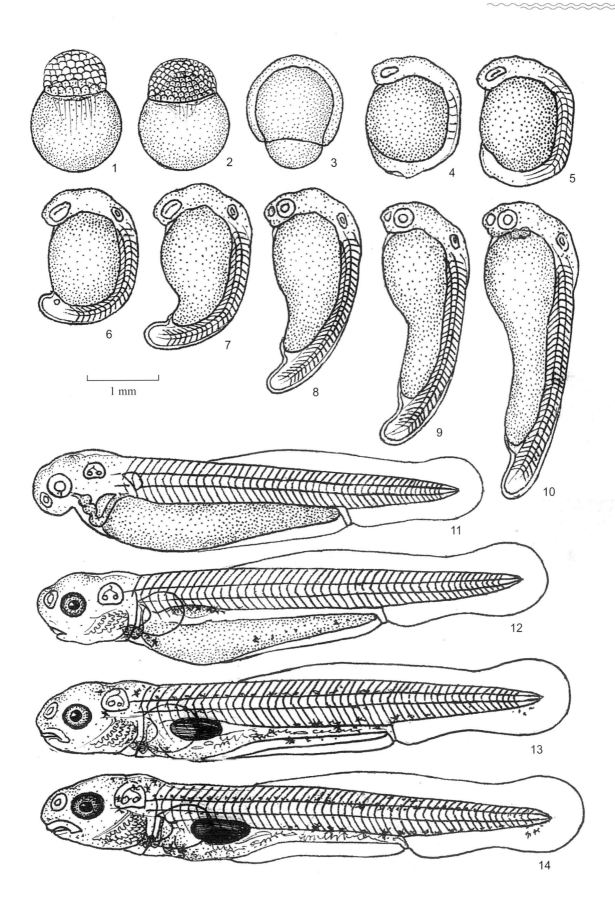

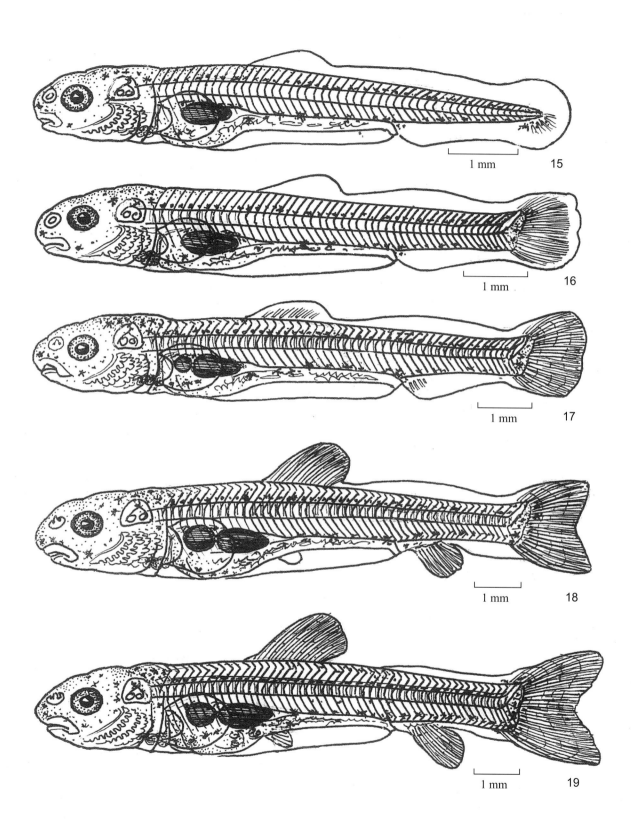

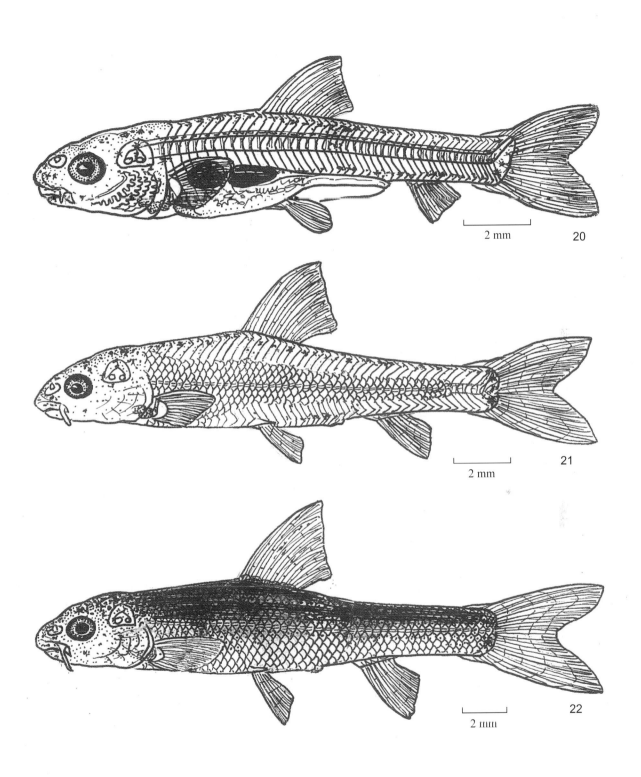

图 65 吻鮈 *Rhinogobio typus* Bleeker（漂流）

【早期发育】

（1）鱼卵阶段　卵膜吸水膨胀，膜径 5.2~5.6 mm，为大卵型。

①桑葚期至原肠晚期：受精后 4 小时 10 分至 11 小时。卵粒圆形，胚长 1.53~1.6 mm，桑葚期至原肠晚期（表 53 序号 1~3，图 65 中 1~3）。

②眼基出现期至尾泡出现期：受精后 14 小时 20 分至 22 小时。胚体稍拉长，胚长 1.68~1.8 mm，肌节 6~20 对（表 53 序号 4~6，图 65 中 4~6）。

③尾鳍出现至心脏搏动：受精后 23 小时至 1 天 10 小时。胚体拉长，卵黄囊内凹，长 2.27~4 mm，肌节 25~38 对，眼大（表 53 序号 7~10，图 65 中 7~10）。

（2）仔鱼阶段

①胸鳍原基期：受精后 3 天 18 小时。胸鳍原基出现，全长 6.3 mm，肌节 9+19+19=47 对（表 53 序号 11，图 65 中 11），头略圆，眼 = 听囊 > 嗅囊。

②鳔雏形期：受精 5 天 8 小时。鳔雏形，长 7 mm，头圆尖，口下位，眼 = 听囊 > 嗅囊（表 53 序号 12，图 65 中 12），卵黄囊后段下方有 6~7 朵黑色素。

（3）稚鱼阶段

①卵黄囊吸尽期至鳔二室期：受精后 8 天 5 小时至 13 天 2 小时。经历卵黄囊吸尽期、背褶分化期、尾椎上翘期、鳔二室期 4 个发育期，尾褶圆形至截形、三波形至二波形，眼 = 听囊 > 嗅囊，全长 7.6~10.5 mm（表 53 序号 14~17，图 65 中 14~17）。

②腹鳍芽出现期至鳞片出现期：受精后 15 天 10 小时至 30 天 10 小时。经历腹鳍芽出现期、背鳍形成期、腹鳍形成期、鳞片出现期 4 个发育期，全长 11.8~20 mm，肌节 10+19+19=48 对，尾叉形，须 1 对（表 53 序号 18~21，图 65 中 18~21）。

表 53　吻鮈的早期发育特征

阶段	序号	发育期	长度/mm	肌节/对	受精后时间	发育状况	图号
鱼卵	1	桑葚期	1.6	0	4 小时 10 分	细胞分裂至桑葚状	图 65 中 1
	2	囊胚中期	1.55	0	6 小时	囊胚层中度发育	图 65 中 2
	3	原肠晚期	1.55	0	11 小时	原肠下包 2/3	图 65 中 3
	4	眼基出现期	1.68	6	14 小时 20 分	胚体增长，眼基出现	图 65 中 4
	5	眼囊期	1.73	13	16 小时 10 分	眼囊出现	图 65 中 5
	6	尾泡出现期	1.8	20	22 小时	尾泡出现，听囊形成	图 65 中 6
	7	尾鳍出现期	2.27	25	23 小时	尾鳍出现，卵囊内收	图 65 中 7
	8	肌肉效应期	2.95	30	1 天 1 小时 10 分	嗅囊出现，肌肉微抽动	图 65 中 8
	9	心脏原基期	3.36	34	1 天 4 小时 20 分	心原基出现	图 65 中 9
	10	心脏搏动期	4	38	1 天 10 小时	心脏搏动，体翻滚	图 65 中 10
仔鱼	11	胸鳍原基期	6.3	9+19+19=47	3 天 18 小时	胸鳍原基出现，眼与听囊等大	图 65 中 11
	12	鳔雏形期	7	10+19+19=48	5 天 8 小时	鳔雏形，肠管贯通，听囊>眼>嗅囊	图 65 中 12
	13	鳔一室期	7.4	10+19+19=48	7 天 5 小时	鳔一室，大眼	图 65 中 13

（续表）

阶段	序号	发育期	长度/mm	肌节/对	受精后时间	发育状况	图号
稚鱼	14	卵黄囊吸尽期	7.6	10+19+19=48	8天5小时	卵黄囊吸尽，对外营养	图65中14
	15	背褶分化期	8	10+19+19=48	10天20小时	背褶分化，尾尖下有一小撮黑色素	图65中15
	16	尾椎上翘期	8.5	10+19+19=48	11天10小时	尾椎上翘，听囊等于眼，尾三波形	图65中16
	17	鳔二室期	10.5	10+19+19=48	13天2小时	鳔前室出现，背鳍雏条出现	图65中17
	18	腹鳍芽出现期	11.8	10+19+19=48	15天10小时	腹鳍芽出现，背鳍、臀鳍将完成，尾叉形	图65中18
	19	背鳍形成期	12.9	10+19+19=48	19天2小时	背鳍完成，头尖，口下位	图65中19
	20	腹鳍形成期	17	10+19+19=48	24天3小时	腹鳍形成，腹褶仍存，口须芽出现	图65中20
	21	鳞片出现期	20	10+19+19=48	30天10小时	鳞片出现，口须1对	图65中21
幼鱼	22	幼鱼期	25	10+19+19=48	60天5小时	鳞片长齐，侧线鳞48片	图65中22

【比较研究】

吻鮈眼较大，与听囊相近而有别于圆筒吻鮈、长鳍吻鮈的小眼。

14．圆筒吻鮈

圆筒吻鮈（*Rhinogobio cylindricus* Günther，图66）是鮈亚科吻鮈属的一种中型鱼类，体圆筒形，吻突出，口下位，如马蹄形，口角须1对，长度大于眼径。背鳍ⅲ-7，臀鳍ⅲ-6，侧线鳞48~50片，一般全长10~32 cm，食底栖动物及藻类。分布于长江上中游干支流，珠江无此记录。

早期发育材料取自1961年长江宜昌段、1962年长江万县段、1976年汉江沙洋段、1977年汉江郧县段、1978年汉江襄樊段、1981年长江监利段、1986年长江武穴段。

【繁殖习性】

于江河流水环境中产漂流性卵，往往于涨水顶峰至下落时产卵。繁殖期6—8月，比家鱼迟。

【早期发育】

（1）鱼卵阶段　鱼卵吸水膨胀后膜径4.7~5.4 mm，为大卵型。

①桑葚期至神经胚期：受精后4小时10分至12小时40分。搜集有桑葚期、囊胚早期、囊胚晚期、原肠早期、原肠中期、原肠晚期、神经胚期7个发育期，胚长1.5~1.6 mm，卵粒几近圆形（表54序号1~7，图66中1~7）。

②眼基出现期至尾泡出现期：搜集有眼基出现期、尾芽期、尾泡出现期3个发育期，胚长1.7 mm、1.9 mm、2.4 mm，蚕豆形，肌节5~20对，分别在受精后14小时30分、19小时50分、21小时10分（表54序号8~10，图66中8~10）。

③晶体形成至心脏搏动期：受精后23小时至1天10小时。眼出现晶体，胚体拉直，尾泡未消，胚长2.9 mm，心脏搏动期体拉直，胚长4.2 mm，卵黄囊上圆下棒状，眼小，略大于听囊（表54序号11~12，图66中11~12）。

（2）仔鱼阶段　为卵黄囊内营养时期。

①胸鳍原基期至鳃丝期：受精后2天2小时至3天8小时。胸鳍原基期、鳃弧期、鳃丝期3个发育期主要为孵出后至肠管出现前的3个发育期，体直，头圆，眼径与听囊、嗅囊大小相仿，肌节从

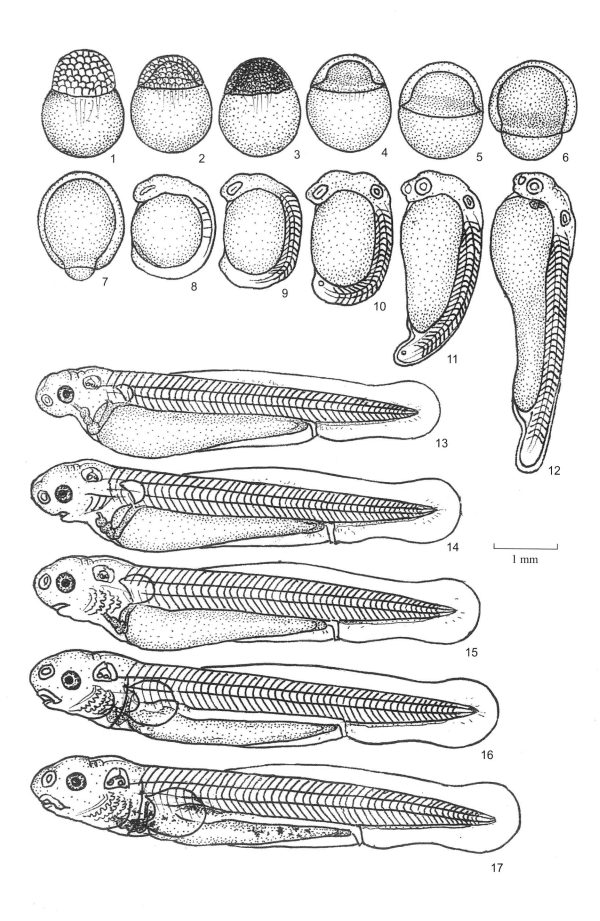

1 mm

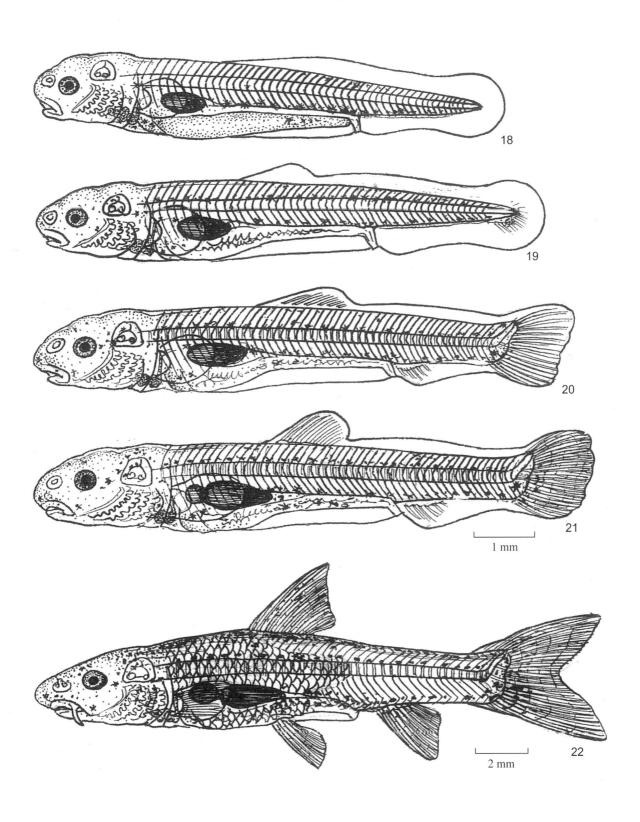

图 66 圆筒吻鮈 *Rhinogobio cylindricus* Günther（漂流）

6+24+18=48 对渐变为 7+23+18=48 对、8+22+18=48 对，全长 5.8~6.5 mm，吻逐前突，口下位（表 54 序号 13~15，图 66 中 13~15）。

②肠管贯通期至鳔一室期：受精后 3 天 18 小时至 5 天 18 小时。搜集有肠管贯通期、鳔雏形期、鳔一室期 3 个发育期主要特征是肠管贯通，仍存卵黄囊，吻部前伸，口下位，听囊＞眼＞嗅囊，鳔雏形期至鳔一室期，卵黄囊后段出现黑色素花，全长 6.8~7.6 mm，肌节 8+22+18=48 对至 9+21+18=48 对（表 54 序号 16~18，图 66 中 16~18）。

（3）稚鱼阶段　稚鱼阶段鱼苗向外摄食浮游动物，搜集有 4 个发育期。

①背褶分化期：受精后 7 天 22 小时。背褶分化期以背褶隆起为形态特征，尾褶圆形，卵黄囊吸尽，尾椎下方有一大黑色素及小粒状色素，长 8.2 mm，肌节 10+20+18=48 对，鳔仍一室（表 54 序号 19，图 66 中 19）。

②尾椎上翘期：受精后 9 天 4 小时。尾椎上翘，椎下 1 朵大黑色素，背鳍、臀鳍、尾鳍及雏形鳍条出现，尾鳍呈现斜切刀形，吻部尖，口下位，全长 8.5 mm，肌节 10+20+18=48 对（表 54 序号 20，图 66 中 20）。

③鳔前室期：受精后 11 天 16 小时。鳔前室出现，吻前突，口下位，从上颌外缘向听囊有 1 行斜列黑色素，脊椎形成，上缘及青筋部位有 1 行黑色素，尾椎下方 1 朵大黑色素，尾鳍条生成，呈三波形，背鳍、臀鳍鳍条仍为雏形状态。听囊远大于眼及嗅囊，全长 9 mm，肌节同上（表 54 序号 21，图 66 中 21）。

④鳞片出现期：受精后 40 天。吻突出，口下位，口角须 1 对，形似成鱼，鳞片出现，各鳍形成，尾鳍叉形，腹鳍褶仍存，长 19 mm，肌节同上（表 54 序号 22，图 66 中 22）。

表 54　圆筒吻鮈的胚胎发育特征

阶段	序号	发育期	长度 /mm	肌节 / 对	受精后时间	发育状况	图号
鱼卵	1	桑葚期	1.6	0	4 小时 10 分	细胞分裂如桑葚	图 66 中 1
	2	囊胚早期	1.5	0	4 小时 50 分	囊胚如小帽	图 66 中 2
	3	囊胚晚期	1.5	0	6 小时 30 分	细胞细密	图 66 中 3
	4	原肠早期	1.5	0	8 小时 20 分	原肠下包 2/5	图 66 中 4
	5	原肠中期	1.5	0	9 小时 30 分	原肠下包 1/2	图 66 中 5
	6	原肠晚期	1.5	0	10 小时 20 分	原肠下包 4/5	图 66 中 6
	7	神经胚期	1.6	0	12 小时 40 分	神经胚形成，现卵黄栓	图 66 中 7
	8	眼基出现期	1.7	5	14 小时 30 分	眼基出现	图 66 中 8
	9	尾芽期	1.9	15	19 小时 50 分	尾芽形成	图 66 中 9
	10	尾泡出现期	2.4	20	21 小时 10 分	尾泡出现	图 66 中 10
	11	晶体形成期	2.9	25	23 小时	眼晶体形成，尾泡未消	图 66 中 11
	12	心脏搏动期	4.2	35	1 天 10 小时	胚体伸直，心脏搏动	图 66 中 12
仔鱼	13	胸鳍原基期	5.8	6+24+18=48	1 天 16 小时	胸鳍原基出现，眼径 0.3 mm	图 66 中 13
	14	鳃弧期	6.1	7+23+18=48	2 天 12 小时	鳃弧出现，口下位，眼与听囊等大	图 66 中 14
	15	鳃丝期	6.5	8+22+18=48	3 天 8 小时	鳃丝出现，听囊稍大于眼，眼与嗅囊相等	图 66 中 15
	16	肠管贯通期	6.8	8+22+18=48	3 天 18 小时	肠管贯通，听囊稍大于眼，眼与嗅囊相等	图 66 中 16

（续表）

阶段	序号	发育期	长度 /mm	肌节 / 对	受精后时间	发育状况	图号
仔鱼	17	鳔雏形期	7.2	9+21+18=48	4 天 14 小时	吻部伸前，鳔雏形，卵囊后段出现黑色素	图 66 中 17
	18	鳔一室期	7.6	9+21+18=48	5 天 18 小时	鳔一室，青筋及卵黄有黑色素	图 66 中 18
稚鱼	19	背褶分化期	8.2	10+20+18=48	7 天 22 小时	背褶隆起，卵黄吸尽	图 66 中 19
	20	尾椎上翘期	8.5	10+20+18=48	9 天 4 小时	尾椎上翘，尾切刀形	图 66 中 20
	21	鳔前室期	9	10+20+18=48	11 天 16 小时	鳔前室出现，尾三波形	图 66 中 21
	22	鳞片出现期	19	10+20+18=48	40 天	鳞片出现，各鳍形成，尾叉形，吻部尖，须 1 对	图 66 中 22

【比较研究】

（1）鱼卵

①卵吸水膨胀后膜径 5 mm 左右，为大卵型，但比家鱼以及鳡、鯮、鳤、铜鱼的 5~6 mm 略小，且早期卵胚长 1.5~1.7 mm，也比其他鱼的大卵略小。

②胚体时头圆眼小，带青色而有别于家鱼及鳡、鯮、鳤。

（2）鱼苗

①仔鱼时与吻鮈、长鳍吻鮈外形相似，均为圆头，小或中眼，三者肌节数也相仿，圆筒吻鮈中段肌节稍多而略别于吻鮈、长鳍吻鮈，圆筒吻鮈 8+22+18=48 对，吻鮈 10+19+19=48 对，长鳍吻鮈 10+18+18=46 对。

②稚鱼阶段圆筒吻鮈、吻鮈、长鳍吻鮈形态也相仿，但圆筒吻鮈与长鳍吻鮈为小眼。听囊＞眼＞嗅囊，吻鮈为大眼，听囊＝眼＞嗅囊。

③鳞片出现期至幼鱼期：长鳍吻鮈、吻鮈、圆筒吻鮈三者吻部突出，口下位，须 1 对。区别在于胸鳍的长短，圆筒吻鮈胸鳍末端于背鳍起点前下方，吻鮈胸鳍末端与背鳍起点相切，长鳍吻鮈胸鳍末端超过背鳍起点并达腹鳍上方。

15. 棒花鱼

棒花鱼［*Abbottina rivularis* (Basilewsky)，图 67］是鮈亚科棒花鱼属的一种小型鱼类，全长 6~10 cm，口下位，吻部呈现梯级状，有 1 对须，口下位，背鳍ⅲ-7，臀鳍ⅲ-5，侧线鳞 36 片，体侧有 7~8 朵黑色斑，背鳍与尾鳍条有整齐段状的小黑色斑。

早期发育材料取自 1963 年长江湖口段、1983 年西江桂平段、1986 年长江监利段。

【繁殖习性】

棒花鱼产黏沉性鱼卵，繁殖期 4—7 月，雌体怀卵量 8 000~10 000 粒，雄鱼有筑巢与护巢习性。

【早期发育】

（1）鱼卵阶段 鱼卵吸水膨胀后 2.5~2.7 mm，黏有沙砾，较厚，胚体于内发育。

①桑葚期：受精后 3 小时。卵径 1.1 mm（图 67 中 1）。

②心脏原基期：受精后 1 天 1 小时。胚长 2.4 mm，肌节 24 对，头前缘近方形，眼径中等（图 67 中 2）。

③耳石出现期：受精后 1 天 8 小时。胚长 2.6 mm，肌节 28 对（图 67 中 3）。

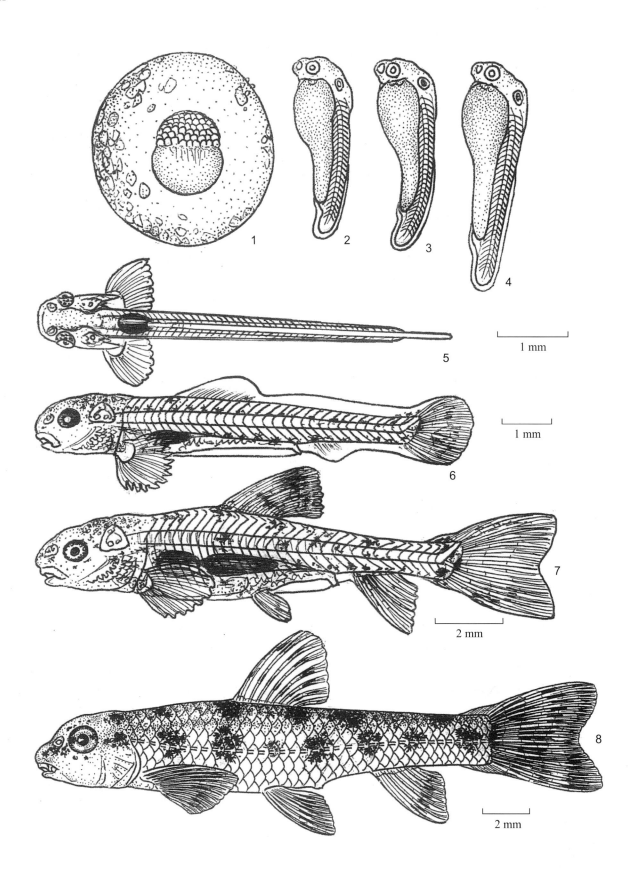

图 67　棒花鱼 *Abbottina rivularis*（Basilewsky）（黏沉）

④心脏搏动期：受精后 1 天 13 小时。胚长 3.2 mm，肌节 30 对，弯曲于卵膜内发育（图 67 中 4）。

（2）仔鱼阶段　受精后 5 天 20 小时。孵出后至鳔一室期，胸鳍较大，呈匍匐状，鳔一室期仍带卵囊，全长 6 mm，肌节 5+13+14=32 对（图 67 中 5）。

（3）稚鱼阶段　卵黄囊吸尽期至鳞片出现期为稚鱼阶段。

①尾椎上翘期：受精后 10 天。头圆眼中等，听囊＞眼＞嗅囊，胸鳍基本完成为其特点，尾鳍尚为圆形，背鳍、臀鳍出现雏形鳍条，鳔仍一室，卵黄囊已吸尽，全长 8.7 mm，肌节 5+13+14=32 对（图 67 中 6）。

②腹鳍形成期：受精后 63 天。各鳍皆形成、尾鳍叉状，尾椎下方有 2 朵大黑色素花，体侧略显 5~6 朵黑色斑，鳔二室，全长 15.6 mm，肌节 8+10+14=32 对（图 67 中 7）。

（4）幼鱼阶段　受精后 59 天。鳞片长齐，侧线鳞 36 片，头前缘呈阶梯状，体侧 8 朵黑色素斑，全长 25 mm，肌节为 9+9+14=32 对（图 67 中 8）。

【比较研究】

棒花鱼早期形态主要以同为鮈亚科的棒花鱼属、蛇鮈鱼属作比较，另鳅鮀亚科的鳅鮀也有近似之处。

①棒花鱼与蛇鮈和鳅鮀属鱼类胸鳍褶大而圆，可匍匐在底部，个体小，稚鱼晚期至幼鱼期头端部呈现阶梯状，而鳅鮀为椭圆状。

②头圆，眼后缘无红色斑为棒花鱼，有红如火焰般的色彩者为蛇鮈、长蛇鮈、光唇蛇鮈、鳅鮀等鱼苗。棒花鱼肌节 32 对，蛇鮈属鳅鮀等肌节 40 对左右。

③棒花鱼产黏沉性卵，其他产漂流性卵。

16．光唇蛇鮈

光唇蛇鮈（*Saurogobio gymnocheilus* Lo，Yao et Chen，图 68）为鮈亚科的小型鱼类，全长 8~14 cm，背鳍ⅲ-7，臀鳍ⅲ-6，侧线鳞 45 片，体略呈圆筒形，口下位，口角须 1 对，胸部无鳞，体侧有一黑色纵带。产于长江水系，以中游为多。

早期发育材料取自 1961 年长江宜昌段、1962 年长江黄石段、1976 年汉江沙洋段、1978 年汉江襄阳段、1981 年长江监利段、1986 年长江武穴段。

【繁殖习性】

于长江江河及附属中大型湖泊产漂流性卵，没有像家鱼那样一定要江河涨水于特定的产卵场上产卵，与家鱼的产卵汛期具有明显的不同，可以在涨水时也可延续至退水时产卵。雌鱼怀卵量 3 000~5 000 粒。

【早期发育】

早期发育收集了 17 个发育期，划分为 4 个阶段。

（1）鱼卵阶段　从受精卵期至心脏搏动期为鱼卵阶段，鱼卵卵膜吸水膨胀后膜径 3.2~3.5 mm，为小卵型。

①原肠中期：受精后 10 小时。原肠胚下包 1/2，卵粒较圆，没有明显的原生质网。卵径 1.1 mm，黄色（图 68 中 1）。

②神经胚期：受精后 12 小时 20 分。卵粒较圆，神经胚形成，余少许卵黄栓，卵径 1.2 mm（图 68 中 2）。

③眼基出现期：受精后 15 小时 10 分。于肌节出现后进入眼基出现期，胚体头方，眼基出现，肌节 5 对，胚长 1.3 mm（图 68 中 3）。

④眼囊期：受精后 17 小时 30 分。眼囊出现，肌节 12 对，胚长 1.4 mm（图 68 中 4）。

⑤尾鳍出现期：受精后 21 小时 40 分。尾泡尚存，尾鳍出现，肌节 19 对，胚长 1.7 mm，嗅囊、听囊也同时出现（图 68 中 5）。

⑥眼晶体形成期：受精后 22 小时 5 分。胚体延长，卵黄呈梨状，眼晶体形成，胚长 2 mm（图 68 中 6），肌节 28 对。

⑦肌肉效应期：受精后 23 小时 20 分。胚体抽动，卵黄囊上圆下棒状，胚长 2.4 mm（图 68 中 7），肌节 33 对。

⑧心脏原基期：受精后 1 天 10 分。胚体拉长至 3 mm，卵黄囊上圆下棒状（图 68 中 8），肌节 36 对。

⑨耳石出现期：受精后 1 天 4 小时 30 分。听囊各出现两颗耳石，胚长 3.5 mm，肌节 37 对（图 68 中 9）。

⑩心脏搏动期：受精后 1 天 10 小时 20 分。胚体翻动，眼后缘脑部出现呈火焰状红色斑的血管，圆头中眼，胚长 3.7 mm，肌节 38 对（图 68 中 10），即将孵出。

（2）仔鱼阶段

①胸鳍原基期：受精后 24 小时。孵出后不久转为胸鳍原基期，胸鳍原基较大，呈半圆形，眼呈现中等大小，比听囊与嗅囊大。眼后缘脑部血管聚为火焰般的红色斑，全长 5 mm，肌节 6+18+14=38 对（图 68 中 11）。

②鳃丝期：受精后 1 天 19 小时。圆头小眼，比嗅囊大、比听囊小，开口，鳃丝形成，体背 2 朵黑色素，青筋部位 1 条黑色素，卵黄囊有 5~6 朵黑色素（图 68 中 12），头背部红色血管斑减弱，全长 5.8 mm，肌节 7+18+14=39 对。

③肠管贯通期：受精后 2 天 6 小时。胸鳍大，呈 1 对葵扇状，匍匐底部，头背部红色斑消失，嗅囊大于眼，全长 6.2 mm，肌节 8+18+14=40 对（图 68 中 13）。

④鳔雏形期：受精后 3 天 10 小时。鳔雏形，圆头小眼，大胸鳍，体背与青筋部位，脊椎前段有黑色素，全长 7 mm，肌节 8+18+14=40 对（图 68 中 14），卵黄囊尚存。

（3）稚鱼阶段

①背鳍形成期：受精后 17 天。背鳍与背褶分离，鳍条ⅲ-7，后背鳍褶突出，视为假脂鳍褶，为蛇鮈属鱼类的特点。头部椭圆形，听囊大于眼，大胸鳍，鳔二室，头背、体背、青筋部位有黑色素，尾椎下方有 1 朵大黑色素，尾浅叉形，全长 12.8 mm，肌节 8+18+14=40 对（图 68 中 15）。

②腹鳍形成期：受精后 23 天。蛇鮈类鱼苗胸鳍早形成，在臀鳍形成后，腹鳍出现鳍条节，腹鳍形成，头部已略呈阶梯状，口角须 1 对，后背鳍褶又称假脂鳍褶仍存，尾椎下方有 1 朵大黑色素花，全长 14.5 mm，肌节 8+18+14=40 对（图 68 中 16）。

（4）幼鱼阶段　受精后 59 天。鳞片长齐，侧线鳞 45 片，各鳍形成，称假脂鳍的后背褶完全收缩，尾深叉形。头部阶梯状，1 对口角须。体侧 1 条黑色素，全长 35.5 mm，肌节 18+18+14=40 对（图 68 中 17）。

【比较研究】

①鱼卵也与蛇鮈一样属小卵型，圆头小眼。

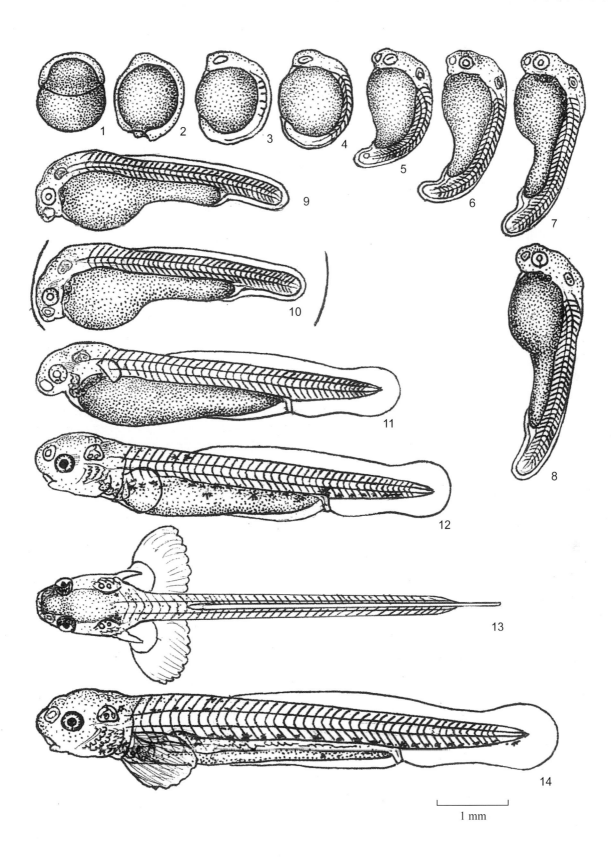

1 mm

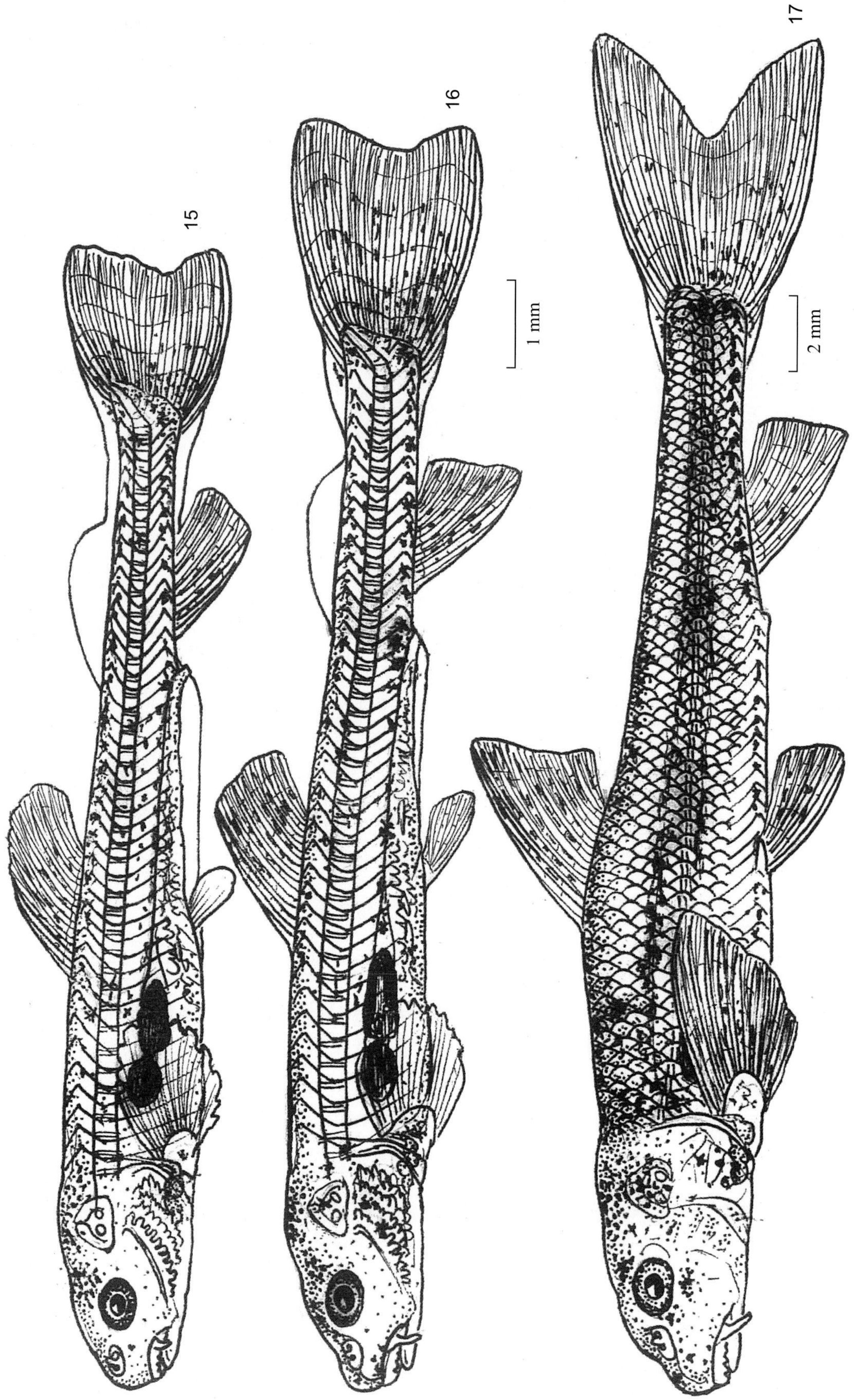

图 68 光唇蛇鮈 *Saurogobio gymnocheilus* Lo，Yao et Chen（漂流）

②仔鱼阶段头顶部有红色火焰般血管，肌节 7+18+14=39 对，个体稍大于蛇鉤、长蛇鉤。鳃丝期至鳔雏形期，卵黄囊黑色素分布稀疏而与蛇鉤相仿，少于长蛇鉤。

③仔鱼至稚鱼以大胸鳍匍匐底部，仰视吻部窄于蛇鉤和长蛇鉤。

④仔鱼至鳍条形成的各发育期也与蛇鉤属一样存着后背鳍褶（假脂鳍褶），至幼鱼时消失。口角须 1 对，阶梯形头吻部形成，上、下唇无乳突而称为光唇蛇鉤。

17. 长蛇鉤

长蛇鉤（*Saurogobio dumerili* Bleeker，图 69）体长 17~24 cm，头部梯级形吻部比蛇鉤的低，体延长，尾叉较浅，脊椎骨 49 个，侧线鳞 60 片，鱼苗肌节 8+23+18=49 对，一般与脊椎骨数相同，背鳍iii-7，臀鳍iii-6，口角须 1 对，唇厚。产于辽河、黄河、长江、钱塘江。

早期发育材料取自 1962 年 5 月长江湖口段、1978 年 6 月汉江襄樊段、1981 年 5 月长江监利段、1986 年 5 月长江武穴段。

【繁殖习性】

于长江中游干支流产漂流性卵。一般江河涨水后延续至退水期间都可繁殖。

【早期发育】

（1）鱼卵阶段　吸水膨胀后卵膜很薄，透明，膜径 3~3.2 mm，小卵型。

①32 细胞期：受精后 2 小时 10 分。细胞分裂至 32 个，细胞外廓略近方形，原生质细弱，胚长 1.1 mm（图 69 中 1）。

②64 细胞期：受精后 2 小时 40 分。细胞 64 个，各细胞上大下小，胚长 1.1 mm（图 69 中 2）。

③128 细胞期：受精后 3 小时 30 分。细胞 128 个，胚长 1.2 mm（图 69 中 3）。

④桑葚期：受精后 4 小时。细胞分裂如桑葚状，胚长 1.2 mm（图 69 中 4）。

⑤囊胚早期：受精后 4 小时 30 分。囊胚层形成，胚长 1.2 mm（图 69 中 5）。

⑥囊胚晚期：受精后 7 小时。囊胚层下包，胚长 1.1 mm（图 69 中 6）。

⑦原肠中期：受精后 9 小时 30 分。原肠下包卵黄 1/2，胚长 1.1 mm（图 69 中 7）。

⑧原肠晚期：受精后 10 时 25 分。原肠下包卵黄 5/6，胚长 1.1 mm（图 69 中 8），卵黄呈倒梨形，头部略隆起。

⑨胚孔封闭期：受精后 13 小时 10 分。胚孔封闭期胚体雏形形成，下留小球状卵黄栓（图 69 中 9），胚长 1.1 mm。

⑩肌节出现期：受精后 15 小时。头部隆起，肌节 4 对，胚长 1.2 mm（图 69 中 10）。

⑪眼基出现期：受精后 16 小时 20 分。眼基出现，肌节 6 对，胚长 1.2 mm（图 69 中 11）。

⑫眼囊期：受精后 17 小时 10 分。眼基演变为眼囊，肌节 15 对，胚长 1.2 mm（图 69 中 12）。

⑬肌肉效应：受精后 1 天。从眼囊期后，经历嗅板、尾芽、听囊、尾泡、尾鳍、晶体形成期后，进入肌肉效应期，胚长 1.8 mm，肌节 21 对（图 69 中 13），胚体抽动。

⑭心脏原基期：受精后 1 天 3 小时 30 分。胚体拉长，眼下后侧出现心脏原基，肌节 25 对，胚长 2.3 mm（图 69 中 14）。

（2）仔鱼阶段　仔鱼阶段搜集到 5 个发育期。

①胸鳍原基期：胚体发育到胸鳍原基出现时还在卵膜中翻动，因在培养皿静水环境中生活，没有

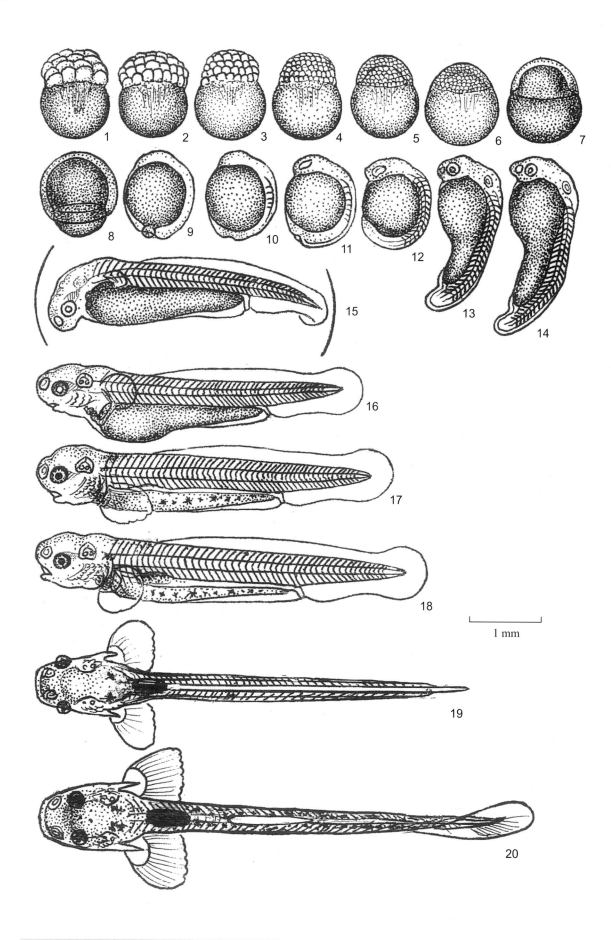

1 mm

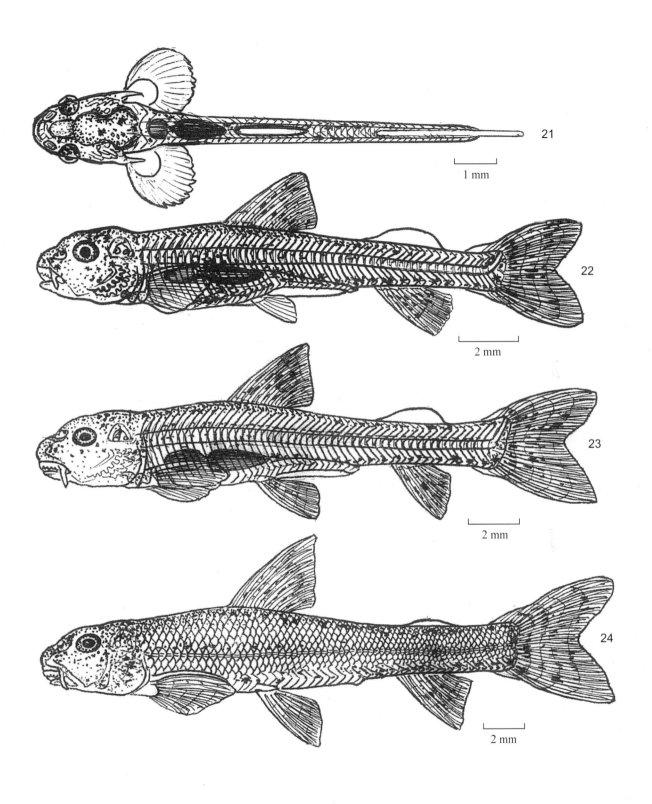

21

1 mm

22

2 mm

23

2 mm

24

2 mm

图 69　长蛇鮈 *Saurogobio dumerili* Bleeker（漂流）

江河流水冲击，至孵出期孵化酶分泌少而仍在卵膜中发育。胚体圆头圆脑，眼后脑部血管呈现火焰状的红色，肌节 6+24+17=47 对，全长 3.8 mm（图 69 中 18），胚体即将孵出。

②鳃丝期：受精后 2 天 10 小时。头圆，口下位，眼黑色素已出现，眼后有红血管。鳃丝出现，眼小于听囊而大于嗅囊，胸鳍较大，卵黄囊前大后尖，肌节 6+24+18=48 对时，全长 5.1 mm（图 69 中 16）。

③肠管贯通期：受精后 2 天 20 小时。头伸直，眼后仍见火焰状血管，卵黄囊出现 8~9 朵黑色素，胸鳍较大，口动，肠管贯通，全长 5.6 mm，肌节 7+23+18=48 对（图 69 中 17）。

④鳔雏形期：受精后 3 天 16 小时。头圆，口移至前下位，眼后仍带红色，鳔雏形，大胸鳍，全长 5.5 mm，肌节 7+23+19=49 对（图 69 中 18）。

⑤鳔一室期：受精后 4 天 22 小时。俯伏皿底，大胸鳍，鳔一室，眼后红色消失，全长 6.1 mm，肌节 8+22+19=49 对（图 69 中 19）。

（3）稚鱼阶段

①卵黄囊吸尽期：受精后 5 天 23 小时。俯伏状，大胸鳍，卵黄囊吸尽，全长 7 mm，肌节 9+21+19=49 对（图 69 中 20）。

②鳔二室期：受精后 9 天 5 小时。鳔前室出现、大胸鳍，头背有 3~4 朵大黑色素，吻稍尖，全长 11.6 mm，肌节 9+21+19=49 对（图 69 中 21）。

③臀鳍形成期：受精后 18 天 20 小时。前背鳍形成，第 2 背鳍褶（假脂鳍褶）尚存（蛇鉤属特点），至此阶段臀鳍形成，尾鳍叉形，头部阶梯状外形形成，口角须 1 对，体背、脊椎及青筋部位各 1 行黑色素，尾椎下方有 1 颗稍大的黑色素。全长 16 mm，肌节 10+20+19=49 对（图 69 中 22）。

④腹鳍形成期：受精后 23 天。腹鳍形成，口角须 1 对，第 2 背鳍褶（假脂鳍褶）仍存在，腹鳍褶仍留窄带形，具明显的阶梯形头部，全长 21 mm，肌节 11+19+20=50 对（图 69 中 23）。

⑤鳞片出现期：孵出后 45 天。各鳍形成，鳞片出现，除腹部无鳞外几披全身。第 2 背鳍褶（假脂鳍褶）收缩仍留存，为稚鱼期最后发育期，全长 30 mm，肌节 12+18+20=50 对（图 69 中 24）。

【比较研究】

长蛇鉤与蛇鉤、光唇蛇鉤鱼卵阶段也同为小卵，仔鱼、稚鱼阶段亦较相似，唯孵出后肌节（8+22+19=49 对）比蛇鉤（8+17+15=40 对）、光唇蛇鉤（7+18+14=39 对）多，而且以尾部肌节 19 对、20 对比蛇鉤、光唇蛇鉤的 14 对、15 对多 5 对为其特点。

18. 蛇鉤

蛇鉤（*Saurogobio dabryi* Bleeker，图 70）是鉤亚科蛇鉤属的一种小型鱼类，全长 10~15 cm，侧线鳞 49 片，背鳍 iii-8，臀鳍 iii-6，头部呈阶梯形，口角须 1 对，胸部无鳞。

早期发育材料取自 1961 年长江宜昌段、1962 年长江黄石段、1976 年汉江郧县段、1978 年汉江沙洋段、1981 年长江武穴段、1983 年西江桂平石嘴段。

【繁殖习性】

蛇鉤在江河流水中产漂流性卵，产卵时对江河涨、退水并不敏感，涨、退水都可产卵。繁殖期 4—7 月。

【早期发育】

蛇鉤小卵、圆头、大胸鳍为早期发育特点。

（1）鱼卵阶段　从受精卵期至心脏搏动期为鱼卵阶段。

①桑葚期：受精后 3 小时 10 分。桑葚期卵粒长 1.1 mm，吸水膨胀后卵膜径 3.5 mm（3.2~3.7 mm），动物极细胞分裂如桑葚状，植物极卵黄的原生质网较稀疏（图 70 中 1）。卵细胞酪白色，卵黄黄色。

②囊胚早期：受精后 4 小时。细胞分裂期至囊胚早期，囊胚层形成，胚长 1 mm（图 70 中 2）。

③囊胚中期：受精后 4 小时 30 分。囊胚层高度持平，胚长 1 mm（图 70 中 3）。

④囊胚晚期：受精后 5 小时 20 分。囊胚层呈现小帽形，胚长 1 mm（图 70 中 4）。

⑤原肠中期：受精后 10 小时。原肠胚层下包至 1/2 时为中期，胚长 1 mm（图 70 中 5）。

⑥原肠晚期：受精后 11 小时。原肠胚层下包 4/5，胚长 1 mm（图 70 中 6）。

⑦神经胚期：受精后 13 小时 30 分。胚体神经胚突出，卵黄囊被胚体包围余卵黄栓，胚长 1.1 mm（图 38 中 7）。

⑧眼囊期：受精后 17 小时 5 分。眼囊出现，胚长 1.2 mm，肌节 8 对（图 70 中 8）。

⑨嗅板期：受精后 18 小时 10 分。眼斜上缘出现嗅板，胚长 1.3 mm，肌节 13 对（图 70 中 9）。

⑩尾泡出现期：受精后 21 小时 20 分。卵黄仍呈圆形时尾泡出现，可见眼囊与听囊，胚长 1.3 mm，肌节 15 对（图 70 中 10）。

⑪尾鳍出现期：受精后 22 小时 10 分。卵黄囊呈蚕豆形，尾鳍伸出，眼囊与听囊增大，胚长 1.4 mm，肌节 24 对（图 70 中 11）。

⑫晶体形成期：受精后 23 小时 20 分。眼晶体形成，嗅囊出现，胚体拉长，圆头小眼，胚长 2.0 mm，肌节 26 对（图 70 中 12）。

⑬耳石出现期：受精后 1 天 7 小时。听囊各出现 2 颗晶莹耳石，卵黄上圆下棒状，胚体翻动，胚长 2.5 mm，肌节 30 对（图 70 中 13）。

⑭心脏搏动期：受精后 1 天 9 小时。胚体剧动，心脏跳动，胚长 2.8 mm，肌节 38 对（图 70 中 14）。

（2）仔鱼阶段　自孵出至鳔一室期为仔鱼阶段。

①孵出期：受精后 1 天 15 小时。卵膜被孵化酶溶解至很薄状况时胚体孵出，眼下缘出现小三角形黑点，静卧底部，时而上窜。头圆中眼，听囊、眼约等大，卵黄囊呈长茄形，全长 3.6 mm，肌节 5+20+14=39 对（图 70 中 15）。

②胸鳍原基期：受精后 2 天 20 小时。上侧部出现 1 对胸鳍原基，较大，呈半圆形，头斜方形，眼黑色素出现，眼后缘出现火焰状红色，为血液循环集结所致。居维氏管发达，尾静脉不显，胚长 4.2 mm，肌节 6+19+14=39 对（图 70 中 16）。

③鳃弧期：受精后 3 天 10 小时。鳃弧出现，胸鳍增大呈现圆云耳形，听囊稍大于眼，眼后缘有红点，口裂开于眼之下，头背、卵黄及青筋部位出现黑色素，胚长 4.4 mm，肌节 6+19+14=39 对（图 70 中 17）。

④鳃丝期：受精后 4 天。鳃弧出现鳃丝，听囊大于眼，眼后缘有火焰状红点，胸鳍增大呈圆叶状，头背、背上及青筋部位和卵黄囊上方出现黑色素，口移前，已张开，胚长 5.2 mm，肌节 7+18+14=39 对（图 70 中 18）。

⑤雏形鳔期：受精 5 天 22 小时。鳔雏形，肠管贯通，胸鳍增大，常匍匐于底部，眼后红点变浅。头背、卵黄囊、体背、青筋部位出现黑色素，胚长 5.5 mm，肌节 7+18+15=40 对（图 70 中 19）。

⑥鳔一室期：受精后 7 天。鳔一室，圆头小眼，眼后红点渐消失，胸鳍呈现叶形，胚长 5.8 mm，

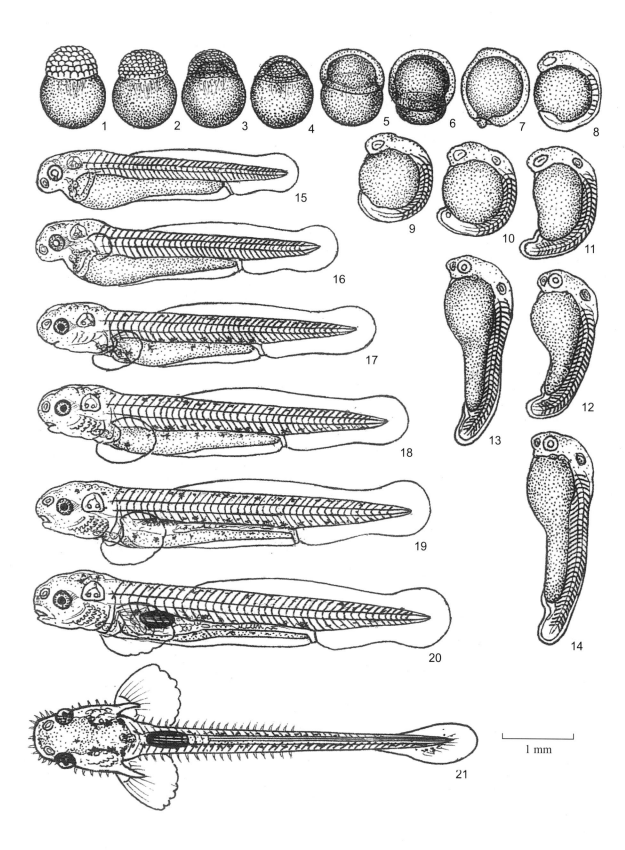

1 mm

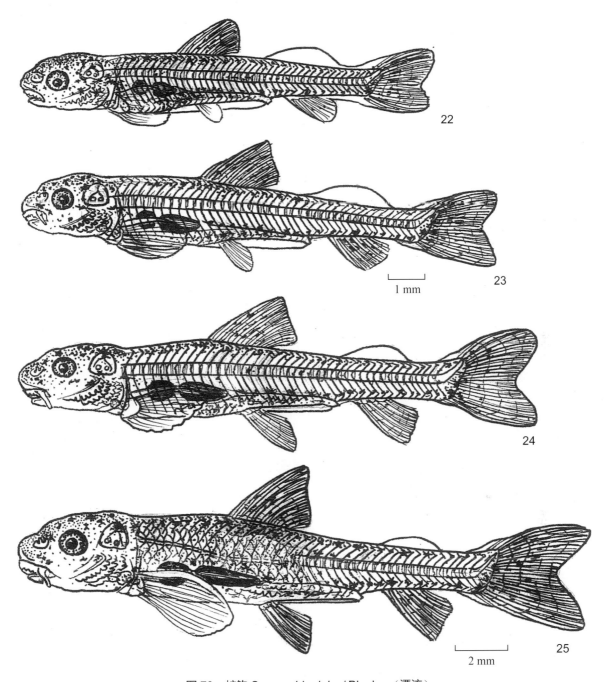

图 70　蛇鮈 *Saurogobio dabryi* Bleeker（漂流）

肌节 8+17+15=40 对，头背、体背、青筋部位，卵黄囊有黑色素（图 70 中 20）。

（3）稚鱼阶段　从卵黄囊吸尽期至鳞片出现期。

①背褶分化期：受精后 8 天 5 小时。背褶分化比较奇特，呈现双波状，前者以后形成背鳍，后者可称假脂鳍褶，保持至幼鱼阶段方消失。胸鳍特大，胚体伏在底部，头与身皆具胚毛，眼后缘脑部红色点消失，胚长 6.2 mm，肌节 8+17+15=40 对，尾褶圆形，尾椎下方有 1 朵大点的黑色素，卵黄囊吸尽（图 70 中 21）。

②背鳍形成期：受精后 17 天。背鳍形成，与后背褶（假脂鳍褶）分离，胸鳍较大，出现雏形鳍条，尾鳍分叉，与臀鳍皆为雏形鳍条，腹鳍呈现芽状，眼增大，与听囊大小相仿，鳔二室，头背、体背、青筋肠部及背鳍、臀鳍、尾鳍有黑色素，尾椎下方有 1 朵大的黑色素，旁有 2 朵小点的黑色素。全长 11.2 mm，肌节 9+16+16=41 对（图 70 中 22）。

③臀鳍形成期：受精后 21 天。臀鳍与臀鳍褶分离，头部略呈阶梯状，色素同上，口角须 1 对，全长 13 mm，肌节 9+16+16=41 对（图 70 中 23）。

④腹鳍形成期：受精后 24 天。腹鳍形成，后背褶（假脂鳍褶）收缩，形态与色素同上，全长 18 mm，肌节 9+16+16=41 对（图 70 中 24）。

⑤鳞片出现期：受精后 31 天。形态与色素同上，后背褶（假脂鳍褶）收缩，鳞片出现，全长 21 mm（图 70 中 25）。

（4）幼鱼阶段　受精后 62 天。形态与鳞片出现期相仿，但后背褶（假脂鳍褶）收平，侧线鳞 48~50 片，全长 50 mm。

【比较研究】

孵出期至鳔一室期眼后脑部的血管呈现火焰般红色的鱼苗有蛇鮈、光唇蛇鮈、长蛇鮈以及鳅鮀亚科的鳅鮀 4 种。各种鱼苗基本为圆头小眼，大胸鳍，一时难以区别。以下将 3 种蛇鮈与类似的棒花鱼、鳅鮀早期发育的异同作一比较。

蛇鮈属 3 种鱼类及棒花鱼、鳅鮀早期发育形态相似，综合异同如下（表 55）。

表 55　蛇鮈属 3 种及棒花鱼、鳅鮀早期发育的异同

阶段	序号	名称	吸水后卵径 /mm	发育期	胚长 /mm	卵性	产地
鱼卵	1	蛇鮈	3.2~3.7	桑葚期至心脏搏动期	1.1~2.8	漂流性	长江、珠江
	2	光唇蛇鮈	3.2~3.5	原肠期至心脏搏动期	1.1~3.7	漂流性	长江、珠江
	3	长蛇鮈	3~3.2	32 细胞期至心脏原基期	1.1~2.3	漂流性	长江
	4	棒花鱼	2.4~2.6	桑葚期至心脏原基期	1.1~2.4	黏沉性	长江、珠江
	5	鳅鮀	2.8~3.5	囊胚晚期至心脏原基期	0.9~3	漂流性	长江

阶段	序号	名称	肌节 / 对	发育期	胚长 /mm	听囊、眼、嗅囊大小关系	眼后血管
仔鱼	1	蛇鮈	8+17+15=40	孵出期至鳔一室期	3.5~5.8	听囊＞眼＞嗅囊	火焰红色
	2	光唇蛇鮈	7+18+14=39	胸鳍原基期至雏鳔	5~7	听囊＝眼＝嗅囊	火焰红色
	3	长蛇鮈	8+22+19=49	胸鳍原基期至鳔一室期	3.8~6.1	听囊＝眼＞嗅囊	火焰红色
	4	棒花鱼	5+13+14=32	孵出期至鳔一室期	2.5~4.1	听囊＞眼＞嗅囊	无色
	5	鳅鮀	7+16+15=38	胸鳍原基期至鳔一室期	3.7~4.2	听囊＜眼＞嗅囊	火焰红色

阶段	序号	名称	肌节 / 对	胸鳍形状	须 / 对	头吻部形状	第 2 背鳍褶（假脂鳍褶）
稚鱼	1	蛇鮈	9+16+16=41	半圆大至尖形	1	深阶梯形	有
	2	光唇蛇鮈	8+18+14=40	半圆大至尖形	1	中阶梯形	有
	3	长蛇鮈	12+18+20=50	半圆大至尖形	1	中阶梯形	有
	4	棒花鱼	8+10+14=32	葵状至尖形	1	低阶梯形	无
	5	鳅鮀	7+16+15=38	半圆大至尖形	4	低阶梯形	无

（十）鲤亚科 Cyprininae

1. 鲫

鲫［*Carassius auratus*（Linnaeus），图 71］是鲤亚科鲫属一种中小型鱼类，全长 5~22 cm，背鳍 ⅲ-16~18，臀鳍 ⅲ-5，背鳍、臀鳍最后一硬刺有锯齿，侧线鳞 28~30 片，体侧扁、厚而高，腰部圆，眼大，口端位，无须。广泛分布于全国各水系。

早期发育材料取自 1981 年 5 月长江监利老河口段、1986 年 6 月长江武穴段。

【繁殖习性】

鲫鱼产黏草性卵，受精卵黏于水草枝叶下发育。鲫鱼具孤雌发育特征。

【早期发育】

（1）鱼卵阶段

①细胞分裂时段：本材料为孤雌发育。首先受精期胚盘隆起期，经历 2 细胞期、4 细胞期、8 细胞期、桑葚期等 6 个发育期，膜径 1.3~1.38 mm，胚长 0.96~1.25。孤雌发育后时间从 0~9 小时（表 56 序号 1~6，图 71 中 1~6）。

②胚体形成时段：受精后 10 小时至 1 天 3 小时。从囊胚早期经历原肠中期、原肠晚期、胚孔封闭期 4 个发育期，膜径 1.35 mm，胚长 1.1~1.2 mm（表 56 的 7~10，图 71 中 7~10）。

③体节器官出现时段：受精后 1 天 3 小时至 2 天 14 小时。从肌节出现期至心脏原基期，经历肌节出现期、眼囊期、尾泡出现期、耳石出现期、心脏原基期 5 个发育期，膜径 1.3~1.35 mm，胚长 1.1~1.44 mm，后者为尾部卷包着卵黄囊，肌节 3~35 对（表 56 序号 11~15，图 71 中 11~15）。

（2）仔鱼阶段　受精后 3 天 17 小时至 5 天 15 小时，从孵出期经历胸鳍原基期、鳃弧期、鳃丝期、鳔雏形期、鳔一室期 5 个发育期头方形，灰黑色，大眼且大于听囊，卵黄囊分布有黑色素，背褶血管网及尾静脉发达，口下位至亚端位，体长 4.01~5.8 mm，肌节 8+14+13=35 对至 7+15+14=36 对（表 56 序号 16~20 及图 71 中 16~20）。

表 56　鲫的早期发育特征

阶段	序号	发育期	膜径 / mm	胚长 / mm	受精后时间	肌节 / 对	发育状况	图号
鱼卵	1	受精（孤雌发育）期	1.35	0.96	0	0	卵子挤出，孤雌自行发育，黏草	图 71 中 1
	2	胚盘隆起期	1.3	1	40 分	0	胚盘隆起	图 71 中 2
	3	2 细胞期	1.38	1	1 小时 10 分	0	垂直分裂，2 个细胞	图 71 中 3
	4	4 细胞期	1.35	1.25	2 小时 20 分	0	4 个细胞	图 71 中 4
	5	8 细胞期	1.3	1.13	3 小时 10 分	0	8 个细胞	图 71 中 5
	6	桑葚期	1.3	1.2	4 小时	0	细胞分裂，形如桑葚	图 71 中 6
	7	囊胚早期	1.35	1.13	10 小时	0	囊胚早期	图 71 中 7
	8	原肠中期	1.35	1.1	16 小时	0	原肠下包 1/2	图 71 中 8

（续表）

阶段	序号	发育期	膜径/mm	胚长/mm	受精后时间	肌节/对	发育状况	图号
鱼卵	9	原肠晚期	1.35	1.1	22小时10分		原肠下包4/5	图71中9
	10	胚孔封闭期	1.35	1.2	1天3小时		胚孔封闭	图71中10
	11	肌节出现期	1.3	1.2	1天6小时40分	3	肌节出现	图71中11
	12	眼囊期	1.35	1.3	1天13小时40分	10	眼囊出现	图71中12
	13	尾泡出现期	1.35	1.4	1天21小时	17	尾泡出现，大眼	图71中13
	14	耳石出现期	1.35	1.4	2天6小时	25	耳石出现，尾卷包卵黄	图71中14
	15	心脏原基期	1.35	1.44	2天15小时	35	心脏原基，眼黑色，嗅囊已出	图71中15
仔鱼	16	胸鳍原基期		4.01	3天15小时	8+14+13=35	孵出后吊在草茎下发育至胸鳍原基出现，背褶血管网发达，眼大于嗅囊	图71中16
	17	鳃弧期		4.17	4天2小时	6+16+13=35	鳃弧出现，卵黄囊上出现8朵黑色素，口下位	图71中17
	18	鳃丝期		4.4	4天10小时	7+15+14=36	鳃丝出现，背褶血管网发达，眼大于嗅囊，方头，大眼	图71中18
	19	鳔雏形期		5.5	4天19小时	7+15+14=36	鳔雏形，肠管通，背褶血管网发达	图71中19
	20	鳔一室期		5.8	5天15小时	7+15+14=36	鳔一室，体背、青筋部位、卵黄囊各有1行黑色素，眼＞听囊＞嗅囊，胸鳍弧有2朵黑色素	图71中20
稚鱼	21	卵黄囊吸尽期		6.5	8天8小时	7+15+14=36	卵黄囊吸尽，方头，口亚端位，胸鳍弧有2朵黑色素，背褶仍具血管网	图71中21
	22	卵黄囊吸尽期（头背部）		6.5	8天8小时	7+15+14=36	头背黑色素多，胸鳍弧有2朵黑色素	图71中22
	23	尾椎上翘期		7.2	8天23小时	7+15+14=36	尾椎上翘，尾三波形，口端位，大眼，尾椎下3朵大黑色素	图71中23
	24	鳔前室出现期		7.9	10天10小时	7+15+14=36	鳔前室出现，背褶、臀褶出现黑色素	图71中24
	25	腹鳍芽出现期		10.5	13天18小时	8+14+14=36	胸鳍芽出现，背褶呈斜三角形，胸鳍弧有2朵黑色素，尾叉形，口端位	图71中25
幼鱼	26	幼鱼期		31.8	60天	8+14+14=36	鳞片长齐，各鳍形成，侧线鳞31片	图71中26

（3）稚鱼阶段　受精后8天8小时至12天12小时。自卵黄囊吸尽期，经历尾椎上翘期，鳔前室出现期、腹鳍芽出现期4个发育期，大眼类，眼＞听囊＞嗅囊，头背色素为双括号内有20多朵黑色素花，主要特点还有胸鳍弧有2朵黑色素花，尾从圆褶波形至叉形，全长6.5~10.5 mm，肌节7+15+14=36对至8+14+14=36对（表56序号21~25，图71中21~25）。

（4）幼鱼阶段　发育后60天。幼鱼期各鳍发育完成，侧线鳞31个，口端位，无须，背鳍ⅲ-17，臀鳍ⅲ-5，全长31.8 mm，肌节8+14+14=36对（表56序号26，图71中26）。

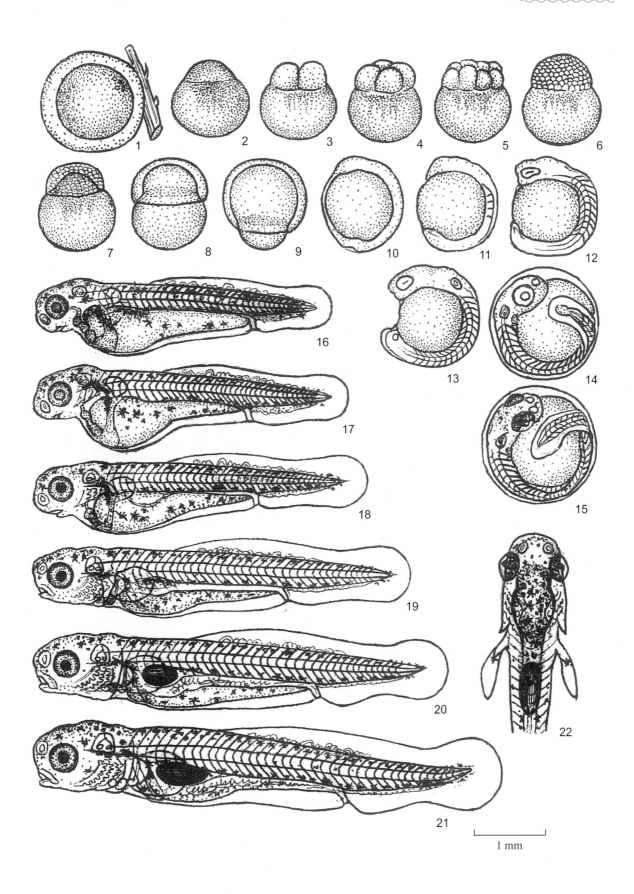

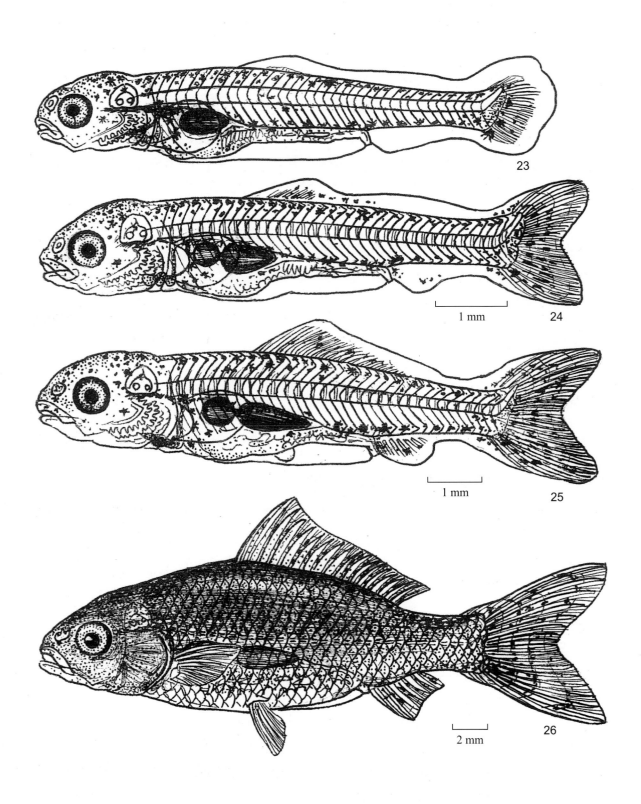

23

1 mm 24

1 mm 25

2 mm 26

图 71 鲫 *Carassius auratus*（Linnaeus）（黏草）

【比较研究】

鲫与鲤皆产黏草性卵，仔鱼、稚鱼相似，背褶血管网，尾静脉同样发达。不同的鲫头部灰黑色，头内部黑色素由双括号包围；鲤头部金黄色，头内黑色素由类似"Ⅱ"形包围，鲫肌节 8+14+14=36 对，鲤肌节 8+15+15=38 对。稚鱼时鲫胸鳍弧出现 2 朵黑色素，鲤没有。幼鱼侧线鳞鲫 31 片，鲤 40 片。鲫无须，鲤从腹鳍出现后逐渐长出 2 对须。

2. 鲤

鲤（*Cyprinus carpio* Linnaeus，图 72）是鲤亚科鲤属的一种大中型鱼类，一般长度 12~90 cm，背鳍ⅳ-15~19，臀鳍ⅲ-5，不分支鳍条最后一枝为齿状硬刺，须 2 对。广泛分布于黑龙江、黄河、长江、珠江、闽江，乃至台湾水系。

早期发育材料取自 1961 年长江宜昌段、1981 年长江监利段、1983 年西江桂平段。

【繁殖习性】

鲤产黏草性卵，雄鱼 1 龄，雌鱼 2 龄，即参与繁殖，怀卵量 6 万 ~158 万粒，喜聚于湖泊、溪流水草下产卵，一般在水温 18℃ 以上进行繁殖。

【早期发育】

（1）鱼卵阶段　卵周隙小，与鲫同为黏草性卵，膜径 1.2~1.8 mm。

①2 细胞期：受精后 50 分。膜径 1.32 mm，胚长 1.3 mm（表 57 序号 1，图 72 中 1）。

②原肠中期：受精后 10 小时 30 分。膜径 1.32 mm，胚长 1.3 mm（表 57 序号 2，图 72 中 2）。

③眼基期：受精后 16 小时 10 分。膜径 1.4 mm，胚长 1.4 mm，眼基出现，肌节 4 对（表 57 序号 3，图 72 中 3）。

④眼囊期：膜径 1.5 mm，胚长 1.48 mm，胚体在卵黄囊上，心脏搏动时翻转，肌节 25 对（表 57 序号 4，图 72 中 5）。

⑤心脏搏动期：膜径 1.8 mm，胚长 1.5 mm，胚体弯在卵黄囊上，心脏搏动时翻转，待孵出，肌节 25 对（表 57 序号 5，图 72 中 5）。

（2）仔鱼阶段

①胸鳍原基期：受精后 2 天 4 小时。胸鳍原基出现，卵黄囊有 5~6 朵黑色素，背褶血管网和尾静脉发达，这为鲤亚科黏草性卵孵出后的共同特点，胚长 4.9 mm，肌节 7+16+15=38 对（表 57 序号 6，图 72 中 6）。

②鳃弧期：受精后 3 天 20 小时。鳃弧出现，眼基出现 1 颗小三角形黑色素，头背 7 朵黑色素，卵黄囊 6 朵黑色素，尾椎下方 1 朵黑色素，背褶血管网和尾静脉发达，居维氏管发达，全长 5.6 mm，肌节 7+16+15=38 对（表 57 序号 7，图 72 中 7）。

③鳔雏形期：受精后 4 天 6 小时。鳔雏形，肠管贯通，头背至体背，青筋部位，卵黄囊各 1 行黑色素，尾椎下 4 朵黑色素，背褶血管网发达，眼＞听囊＞嗅囊，全长 6.3 mm，肌节 7+16+15=38 对（表 57 序号 8，图 72 中 8）。

④鳔一室期：受精后 5 天 15 小时。鳔一室，色素同上，但尾椎下近 10 颗黑色素，胸鳍弧无色素，背褶血管网发达，全长 7.2 mm，肌节 7+16+15=38 对（表 57 序号 9，图 72 中 9）。

（3）稚鱼阶段　野外绘画稚鱼阶段 5 个发育期。

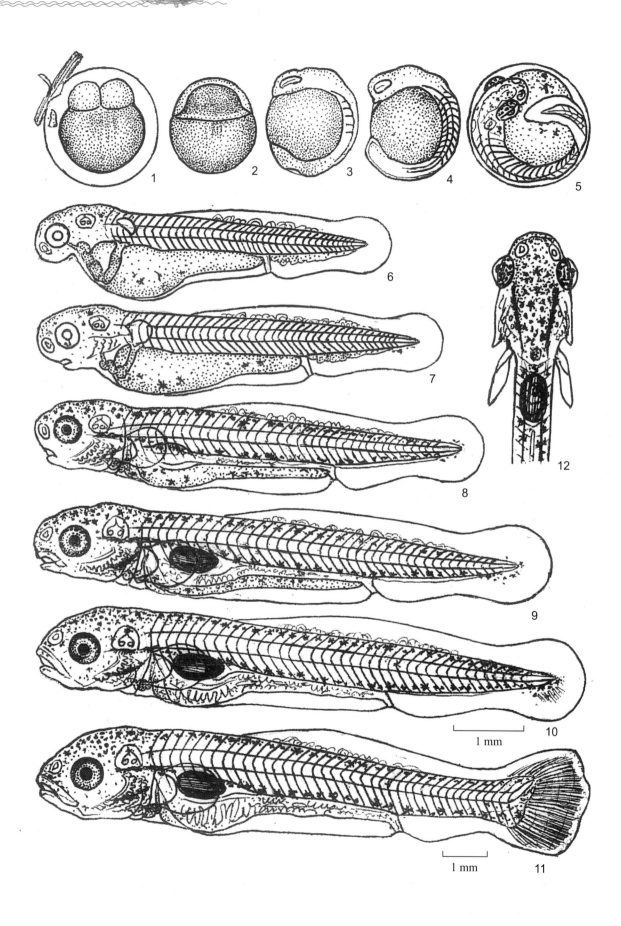

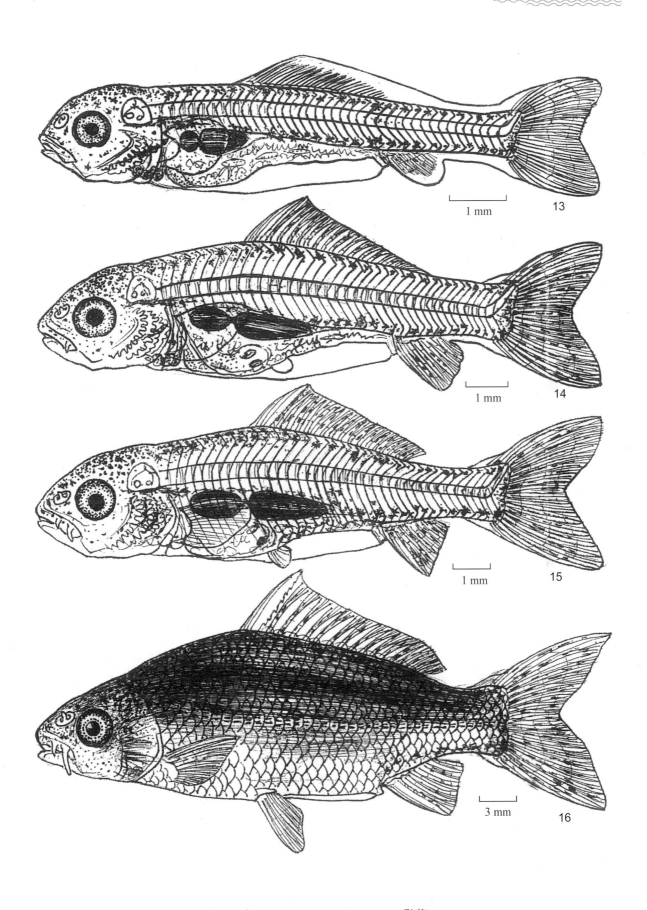

1 mm
13

1 mm
14

1 mm
15

3 mm
16

图 72　鲤 *Cyprinus carpio* Linnaeus（黏草）

①卵黄囊吸尽期：受精后 6 天 21 小时。卵黄囊吸尽，尾椎下出现雏形尾鳍条，尾褶血管网发达，色素同上，全长 7.7 mm，肌节 7+16+15=38 对（表 57 序号 10，图 72 中 10）。

②尾椎上翘期：受精后 9 天 4 小时。尾椎上翘，下方 1 朵大黑色素花，头内部黑色素，类似"Ⅱ"形，内包围近 30 朵黑色素，尾三波形，口端位，背褶血管网发达，全长 8.2 mm，肌节 7+16+15=38 对（表 57 序号 11，图 72 中 11 与 12）。

③鳔前室出现期：受精后 10 天 10 小时。鳔前室出现，尾叉形，背褶突出，臀褶圆形，均有雏形鳍条，口端位，未出须，全长 9.5 mm，肌节 7+16+15=38 对（表 57 序号 12，图 72 中 13）。

④腹鳍芽出现：受精后 12 天 12 小时。可食他种鱼苗，口端位，口角须先出 1 对，背鳍形成，尾岔形，眼＞听囊，全长 14 mm，肌节 8+15+15=38 对（表 57 序号 14，图 72 中 14）。

⑤臀鳍形成期：受精后 21 天。臀鳍形成，ⅲ-5，口端位，出现口角须、吻须各 1 对，全长 15.5 mm，肌节 8+15+15=38 对（表 57 序号 15，图 72 中 15）。

（4）幼鱼阶段　受精后 60 天。侧线鳞 40 片，体鳞片长齐，须 2 对，口亚端位，腹鳍末端达背鳍起点，各鳍生长齐全，全长 50 mm，肌节 8+15+15=38 对（表 57 序号 16，图 72 中 16）。

表 57　鲤的早期发育特征

阶段	序号	发育期	膜径 / mm	胚长 / mm	肌节 / 对	受精后时间	发育状况	图号
鱼卵	1	2 细胞期	1.32	1.3		50 分	卵周隙小，2 个细胞	图 72 中 1
	2	原肠中期	1.32	1.3		10 小时 30 分	原肠下包 1/2	图 72 中 2
	3	眼基期	1.4	1.4	4	16 小时 10 分	眼基出现	图 72 中 3
	4	眼囊期	1.5	1.48	11	17 小时	眼囊形成	图 72 中 4
	5	心脏搏动期	1.8	1.5	25	1 天 9 小时 10 分	胚体弯卷，心脏搏动	图 72 中 5
仔鱼	6	胸鳍原基期		4.9	7+16+15=38	2 天 4 小时	孵出后卵囊出现 5 朵黑色素，背褶血管网明显，尾静脉较粗，胸原基出现，眼＞听囊	图 72 中 6
	7	鳃弧期		5.6	7+16+15=38	3 天 20 小时	鳃弧出现，口下位，背褶血管网与尾静脉发达，眼只有 1 块小三角形黑色素	图 72 中 7
	8	鳔雏形期		6.3	7+16+15=38	4 天 6 小时	鳔雏形，体背、青筋部位、卵黄囊各有 1 行黑色素，口亚下位，眼＞听囊，胸鳍弧无黑色素	图 72 中 8
	9	鳔一室期		7.2	7+16+15=38	5 天 15 小时	鳔一室，尾椎平直，下有 8~9 朵黑色素	图 72 中 9
稚鱼	10	卵黄囊吸尽期		7.7	7+16+15=38	6 天 21 小时	卵黄囊吸尽，尾椎平直，出现雏形尾鳍条	图 72 中 10
	11	尾椎上翘期		8.2	7+16+15=38	9 天 4 小时	尾椎上翘，尾三波形，头背及体背、青筋部位各有 1 行黑色素	图 72 中 11
	12	尾椎上翘期（头背部）		8.2	7+16+15=38	9 天 4 小时	头内部色素"Ⅱ"形，与鲫的双弧形有别，胸鳍弧无色素	图 72 中 12

（续表）

阶段	序号	发育期	膜径/mm	胚长/mm	肌节/对	受精后时间	发育状况	图号
稚鱼	13	鳔前室出现期		9.5	7+16+15=38	10天10小时	鳔前室出现，尾叉形，口端位，眼＞听囊	图72中13
	14	腹鳍芽出现期		14	8+15+15=38	12天12小时	胸鳍芽出现，口角出现1对须，背鳍形成，臀鳍仍与臀褶相连，尾叉形	图72中14
	15	臀鳍形成期		15.5	8+15+15=38	21天	臀鳍形成，须2对，腹鳍末端达背鳍起点	图72中15
幼鱼	16	幼鱼期		50	8+15+15=38	60天	鳞片出齐，各鳍形成，侧线鳞40片，背鳍、臀鳍硬刺有锯齿，2对须	图72中16

【比较研究】

鲤与鲫同产黏草性卵，鲤稍大一些，而背鳍褶血管网及尾静脉均发达。稚鱼时，鲫胸鳍弧有2朵黑色素，鲤没有，头背灰黑为鲫，金黄色为鲤。背和头背内鲫为双括号形，鲤为"Ⅱ"形。鲤肌节7+16+15=38对，鲫肌节7+15+14=36对。鲤有2对须，鲫没有须。

（十一）鳅鉈亚科 Gobiobotinae

宜昌鳅鉈

宜昌鳅鉈［*Gobiobotia filifer*（Garman），图73］体细长，延至尾柄，眼细小，两鼻孔间隔处稍突出。4对须，口角须1对，口下位，颏须3对较短，胸鳍较大，第2根分支鳍条特别延长成丝状。分布于长江上游、中游的干支流。

早期发育材料取自1961年长江宜昌段、1963年长江黄石段、1981年长江监利段。

【繁殖习性】

宜昌鳅鉈于江河流水中产漂流性卵，于漂流中发育孵化。

【早期发育】

（1）鱼卵阶段　卵膜薄，膜径3~3.1 mm。

①细胞分裂时段：受精后2小时。桑葚期，胚长1 mm，柠檬黄色（表58序号1，图73中1）。

②胚体形成时段：受精后4小时10分钟至14小时。经囊胚中期、囊胚晚期、原肠中期、原肠晚期、神经胚期、胚孔封闭期6个发育期，胚长0.9~1 mm（表58序号2~7，图73中2~7）。

③器官出现时段：受精后16小时至1天9小时。经眼基期、眼囊期、尾芽期、尾泡期、眼晶体形成期、心脏原基期、耳石出现期、心脏搏动期，肌节9~34对（表58序号8~15，图73中8~15）。

（2）仔鱼阶段

①血管畅通时段：宜昌鳅鉈孵出后，经胸鳍原基期、鳃弧期、鳃丝期，头部眼后出现胭脂红色的血管，与蛇鉤同时相同。头圆，眼中等，与听囊相仿，胸鳍较大，全长3.46~3.95 mm，肌节7+17+16=40对（表58序号16~18，图73中16~18）。

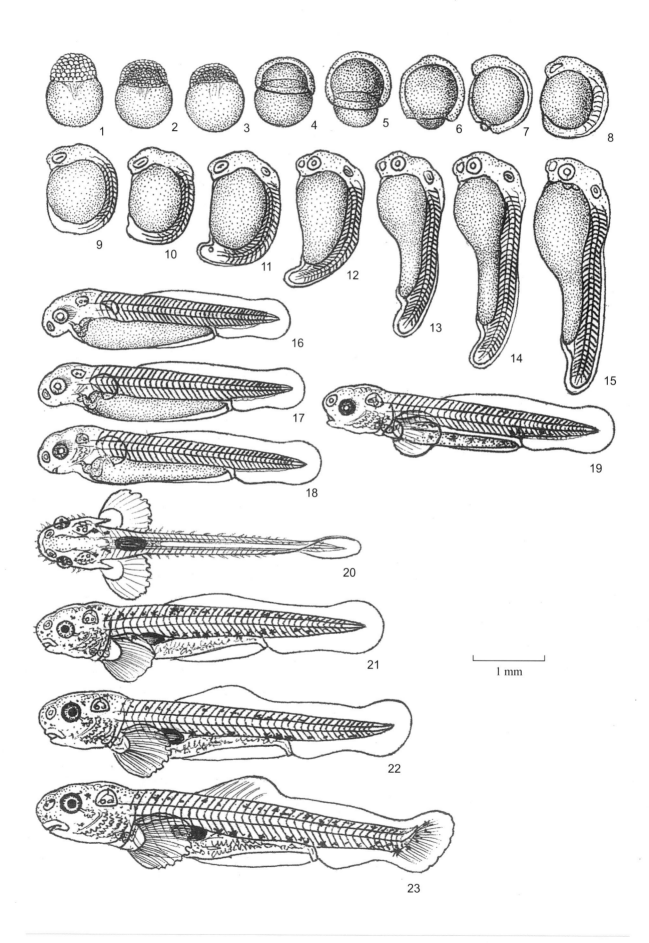

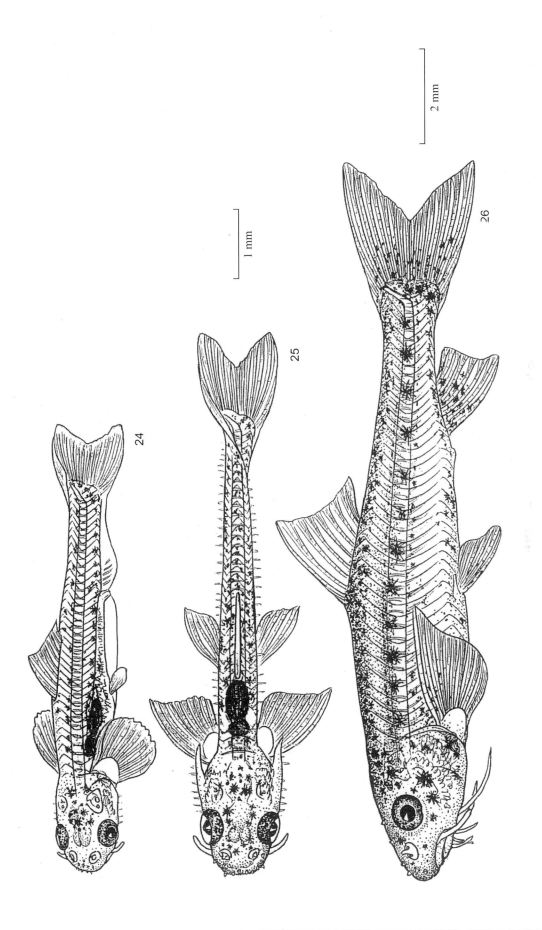

图 73　宜昌鳅鮀 *Gobiobotia filifer*（Garman）（漂流）

②胸鳍增大时段：受精后 3 天 23 小时至 5 天 10 小时。从鳔雏形期至鳔一室期，眼后胭脂红血管网消失，胸鳍增大，胚毛发达，眼黑色，口下位，全长 4.05~4.5 mm，肌节 7+17+16=40 对（表 58 序号 19~20，图 73 中 19~20）。

（3）稚鱼阶段

①背鳍分化形成时段：受精后 6 天 16 小时至 15 天。经历了卵黄囊吸尽期、背褶分化期、尾椎上翘期、背鳍形成期 4 个发育期，背鳍形成期，口角须芽出现 1 对，胚毛发达，全长 4.86~6.8 mm，肌节 7+17+16=40 对至 8+16+16=40 对（表 58 序号 21~24，图 73 中 21~24）。

②各鳍形成时段：受精后 18~24 天。经臀鳍形成期、胸鳍形成期，各鳍形成，口角须 1 对先出现，下颌 3 对颏须后出现，吻尖，口下位，大眼，全长 8~15.1 mm，肌节 8+16+17=41 对至 9+16+17=42 对（表 58 序号 25~26，图 73 中 25~26）。

表 58　宜昌鳅鮀的早期发育特征

阶段	序号	发育期	膜径 / mm	胚长 / mm	肌节 / 对	受精后时间	发育状况	图号
鱼卵	1	桑葚期	3	1	0	2 小时	细胞分裂至桑葚状，柠檬黄色	图 73 中 1
	2	囊胚中期	3	0.95	0	4 小时 10 分	囊胚中，柠檬黄色	图 73 中 2
	3	囊胚晚期	3	0.9	0	6 小时 30 分	囊胚晚	图 73 中 3
	4	原肠中期	3	0.9	0	10 小时 30 分	原肠下包 1/2	图 73 中 4
	5	原肠晚期	3	1	0	11 小时 20 分	原肠下包 4/5	图 73 中 5
	6	神经胚期	3	1	0	13 小时	神经胚出现	图 73 中 6
	7	胚孔封闭	3.1	1	0	14 小时	胚孔封闭，卵黄栓外露	图 73 中 7
	8	眼基期	3.1	1.1	9	16 小时	眼基出现	图 73 中 8
	9	眼囊期	3.1	1.2	11	17 小时	眼基扩大至眼囊	图 73 中 9
	10	尾芽期	3.1	1.27	16	19 小时	尾芽出现	图 73 中 10
	11	尾泡期	3.2	1.55	20	21 小时	尾泡出现	图 73 中 11
	12	晶体形成期	3.2	1.85	27	23 小时	眼晶体形成	图 73 中 12
	13	心脏原基期	3.3	2.5	29	1 天 4 小时	心脏原基出现	图 73 中 13
	14	耳石出现期	3.3	2.95	32	1 天 7 小时	听囊出现 2 颗耳石	图 73 中 14
	15	心脏搏动期	3.3	3.1	34	1 天 9 小时	心脏搏动，胚体向上冲和翻滚	图 73 中 15
仔鱼	16	胸鳍原基期		3.46	7+16+15=38	2 天	孵出后胸鳍原基出现，眼后有 1 片胭脂红（血管），比蛇鮈的耀眼	图 73 中 16
	17	鳃弧期		3.77	7+17+16=40	2 天 10 小时	鳃弧出现，口下位，眼后有 1 片胭脂红色	图 73 中 17
	18	鳃丝期		3.95	7+17+16=40	3 天	鳃丝出现，眼＝听囊＞嗅囊，眼后有 1 片胭脂红，眼出现黑色素	图 73 中 18
	19	鳔雏形期		4.05	7+17+16=40	4 天	眼黑色，与听囊等大，眼后的 1 片胭脂红消失，鳔雏形，卵黄囊具 6~7 朵黑色素，胸鳍扩大	图 73 中 19

（续表）

阶段	序号	发育期	膜径 / mm	胚长 / mm	肌节 / 对	受精后时间	发育状况	图号
仔鱼	20	鳔一室期		4.5	7+17+16=40	5 天 10 小时	鳔一室，听囊＝眼＞嗅囊，大胸鳍匍匐状，头与体侧胚毛发达	图 73 中 20
稚鱼	21	卵黄囊吸尽期		4.86	7+17+16=40	6 天 16 小时	口亚下位，听囊＝眼，卵黄囊吸尽，大胸鳍，体背与青筋部位各有 1 行黑色素	图 73 中 21
	22	背褶分化期		5.18	7+17+16=40	8 天	背褶隆起，大胸鳍，头圆，口亚下位，体背与青筋部位各有 1 行黑色素	图 73 中 22
	23	尾椎上翘期		5.77	7+17+16=40	9 天	背褶隆起，出现雏形鳍条，尾椎上翘，出现雏形尾鳍条，鳔一室，尾椎下方有 1 朵大黑色素	图 73 中 23
	24	背鳍形成期		6.8	8+16+16=40	15 天	背鳍形成，尾鳍叉形，口角须 1 对，臀鳍仅出现雏形鳍条，大胸鳍	图 73 中 24
	25	臀鳍形成期		8	8+16+17=41	18 天	胚体匍匐状，胸鳍、腹鳍摊开，尾鳍叉形，胚毛发达，口角须 1 对，颏须 2 对	图 73 中 25
	26	胸鳍形成期		15.1	9+16+17=42	24 天	胸鳍形成，背鳍、臀鳍、腹鳍、尾鳍皆形成，口角须 1 对，较长，颏须 3 对，体背、脊椎、腹部具有 1 行黑色素	图 73 中 26

【比较研究】

宜昌鳅鮀早期发育与蛇鮈相仿，仔鱼阶段时头部眼后均有火焰般的胭脂红色的血管网，不同的是鳅鮀肌节 7+16+15=38 对，蛇鮈肌节 8+17+15=40 对；蛇鮈听囊＞眼，鳅鮀听囊＝眼，鳅鮀上颌口角须 1 对、颏须 3 对，蛇鮈仅上颌口角须 1 对、无颏须；鳅鮀无假脂鳍褶，蛇鮈有假脂鳍褶，实际皆无脂鳍。

三、鳅科 Cobitidae

（一）条鳅亚科 Noemacheilinae

美丽小条鳅

美丽小条鳅［*Micronemacheilus pulcher*（Nichols et Pope），图 74］是条鳅亚科小条鳅属的一种小型鱼类。全长 90 cm 左右，须较长，吻须 2 对，口角须 1 对，披细鳞，尾鳍基都有一黑点，侧线部位为一褐色纵带，广泛分布于珠江干支流和南方河流。

早期发育材料取自 1983 年西江桂平段。

【繁殖习性】

美丽小条鳅于溪流及江河流水环境下产漂流性卵，随流水发育孵化，繁殖期 5—6 月。

【早期发育】

（1）鱼卵阶段　受精后约 4 小时 30 分钟。膜径 2.7~3.3 mm，囊胚早期卵径 0.9 mm。

（2）稚鱼阶段　受精后 6 天 5 小时。没有搜集到仔鱼阶段材料，所得稚鱼为背褶分化期，长 5.8 mm，肌节 0+18+13=31 对，卵黄囊吸尽，背鳍褶也较宽。已出雏形鳍条 3 条，吻须 2 对，口角须 1 对，从吻端至听囊有 1 斜行黑色素，并与脊索两旁黑色素相连，身体几乎为黑色素铺盖，尾鳍基部有 1 片黑色素。雏形尾鳍条出现（图 74 中 1）。

（3）幼鱼阶段　受精后 65 天。全长 23.3 mm，背鳍起点后退，肌节 8+9+14=31 对，口下位，3 对须，背鳍iii-9，臀鳍iii-5，侧线平直。头部自吻端经眼至听囊外有 1 斜行黑色素，体侧呈现 17 条不规则横纹，尾基有 1 大朵黑色素（图 74 中 2）。

【比较研究】

美丽小条鳅产漂流型卵，稚鱼、幼鱼头部形态皆于吻经眼至听囊有 1 条斜行黑色素，体侧从条状黑色素演变为纵斑纹，尾鳍基有 1 朵明显黑色素。

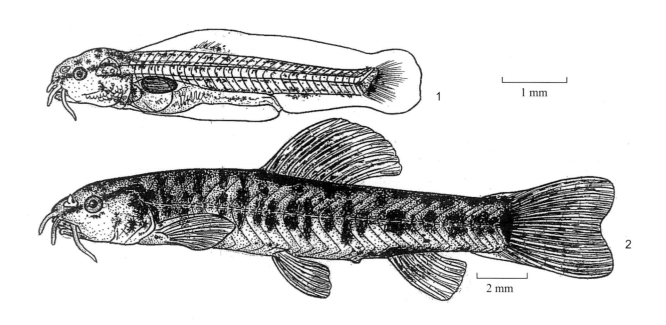

1 mm

2 mm

图 74　美丽小条鳅 *Micronemacheilus pulcher*（Nichols et Pope）（漂流）

（二）沙鳅亚科 Botiinae

1. 壮体华沙鳅

壮体华沙鳅［*Sinibotia robusta*（Wu），图 75］是珠江特有种，体短粗壮，侧扁，头长大而体高，侧线平直，吻须 2 对，口角须 1 对，体侧有 6 条横向斑纹，背鳍iii-8，臀鳍iii-5，全长 40~120 mm。

早期材料取自 1983 年西江桂平段。

【繁殖习性】

壮体华沙鳅于西江的繁殖期为 4—7 月，产漂流性卵，随水漂流发育，孵出仍往下游漂游到稚鱼阶段中期，边顶水上溯边摄食成长。

【早期发育】

（1）鱼卵阶段　鱼卵吸水膨胀后卵膜薄而透明，膜径 3.2~3.6 mm，受精至神经胚期胚长 0.8~1 mm，为小型卵。

①桑葚期至神经胚期：卵粒浅黄色，从椭圆形至圆形（图 75 中 1~5）。

②肌节出现期至心脏原基期：长 1.1~2.4 mm，肌节 6~24 对，晶体形成期眼为嗅囊的 4 倍，呈现眼较大的特征（图 75 中 6~8）。

（2）仔鱼阶段　孵出期至鳔一室期为仔鱼阶段。

①鳃弧期：圆头，口裂刚开、下位，眼为嗅囊 2 倍，肌节 5+16+12=33 对，长 3.5 mm，尾静脉色浅、窄（图 75 中 9）。

②鳔雏形期：头背、肠侧出现黑色素，长 4.5 mm（图 75 中 10）。

③鳔一室期：卵黄囊长形，鳔小，胸鳍较大，全长 4.8 mm（图 75 中 11）。

（3）稚鱼阶段

①尾椎上翘期：中眼，比嗅囊大 1 倍，背褶分化，长 5.6 mm，全身布满黑色素（图 75 中 12）。

②鳔二室期：鳔前室出现，远大于后室，口角须 1 对，全身布满黑色素，全长 6.3 mm，肌节 5+16+12=33 对（图 75 中 13）。

（4）幼鱼阶段　受精 59 天 10 小时。长 20.3 mm，肌节 10+11+12=33 对，侧线平直，体侧有 6 条横斑纹，吻须 2 对，口角须 1 对，体高，尾柄短（表 59，图 75 中 14）。

表 59　珠江壮体华沙鳅的早期发育特征

阶段	序号	发育期	膜径/mm	胚长/mm	肌节/对	受精后时间	发育状况	图号
鱼卵	1	桑葚期	3.2	1	0	3 小时 50 分	浅黄色，椭圆形	图 75 中 1
	2	囊胚早期	3.2	0.9	0	4 小时 30 分	囊胚形成，椭圆形	图 75 中 2
	3	囊胚中期	3.2	0.8	0	5 小时 40 分	囊胚下凹，圆形	图 75 中 3
	4	原肠中期	3.2	1	0	9 小时 50 分	原肠下包 1/2	图 75 中 4
	5	神经胚期	3.3	1	0	12 小时 40 分	神经胚形成，卵黄栓于下方	图 75 中 5
	6	肌节出现期	3.4	1.1	6	15 小时 20 分	肌节出现，未见眼基	图 75 中 6
	7	晶体形成期	3.5	1.8	18	1 天 10 分	眼晶体形成，胚体抽动	图 75 中 7
	8	心脏原基期	3.6	2.4	24	1 天 8 小时 20 分	心脏原基出现，眼稍大	图 75 中 8

阶段	序号	发育期	全长/mm	背鳍前+躯干+尾部=肌节/对	受精后时间	发育状况	图号
仔鱼	9	鳃弧期	3.5	5+16+12=33	3 天 12 小时 10 分	鳃弧出现，口裂下位	图 75 中 9
	10	鳔雏形期	4.5	5+16+12=33	4 天 8 小时 30 分	鳃丝出现，鳔雏形，中眼	图 75 中 10
	11	鳔一室期	4.8	5+16+12=33	5 天 10 小时 20 分	眼稍大于听囊，头背出现黑色素	图 75 中 11
稚鱼	12	尾椎上翘期	5.6	5+16+12=33	8 天 9 小时 50 分	尾椎上翘，全身出现黑色素	图 75 中 12
	13	鳔二室期	6.3	5+16+12=33	10 天 5 小时 40 分	鳔前室出现，口角须出现，尾褶色素成片	图 75 中 13
幼鱼	14	幼鱼期	20.3	10+11+12=33	59 天 10 小时	吻须、口角须共 3 对，体侧有 6 条横斑纹，眼大于嗅囊，中等眼	图 75 中 14

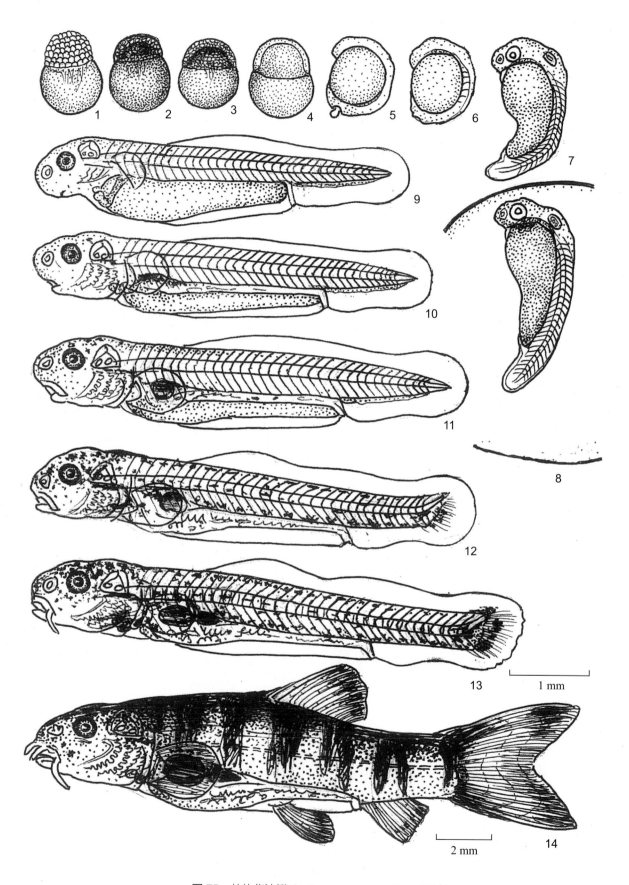

图 75　壮体华沙鳅 *Sinibotia robusta*（Wu）（漂流）

【比较研究】

壮体华沙鳅为西江特有种，与长江的宽体华沙鳅可称姐妹鳅，幼鱼时本种 6~7 条横斑纹，后者 8~9 条横斑纹，仔鱼至稚鱼阶段，都是眼大于嗅囊。但本种为中眼，后者为大眼。壮体华沙鳅鳔前室大于后室，宽体华沙鳅鳔后室大于前室。

肌节两者相近，壮体华沙鳅 5+16+12=33 对，宽体华沙鳅 5+15+14=34 对，以尾肌节数区分，前者 12 对，后者 14 对。此外，地理分布不同，壮体华沙鳅为珠江种，宽体华沙鳅是长江种。

2. 宽体华沙鳅

宽体华沙鳅［*Sinibotia reevesae* (Chang)，图 76］体长侧扁，体高，眼大，吻须 2 对，口角须 1 对，尾鳍叉形，上、下叶末端钝圆，背鳍 iii-8，臀鳍 iii-5，体侧有 8 条横列褐色斑纹。背鳍起点至吻端与至尾基长度相等，成鱼长 6~10 cm。主要产在长江水系。

本材料取自 1961 年长江宜昌段、1977 年汉江郧县段、1986 年长江武穴段。

【繁殖习性】

宽体华沙鳅产漂流性卵，鱼卵于体外受精后，卵膜吸水膨胀，随水漂流，胚体发育至孵出，经仔鱼、稚鱼阶段进至幼鱼阶段。

【早期发育】

（1）鱼卵阶段 宽体华沙鳅属小卵类，吸水膨胀后卵径 3.68~4 mm，胚长自 2 细胞期至原肠晚期 0.9~1.1 mm，眼基期 1.2 mm，肌肉效应期 2.3 mm，眼远大于嗅囊为其特点（表 60，图 76 中 1~6）。

表 60 宽体华沙鳅的胚胎发育特征

阶段	序号	发育期	膜径/mm	胚长/mm	肌节/对	受精后时间	发育状况	图号
鱼卵	1	2 细胞期	3.8	0.9	0	50 分	圆形，2 个细胞	图 76 中 1
	2	桑葚期	3.8	1	0	3 小时 30 分	椭圆形	图 76 中 2
	3	囊胚早期	3.8	1	0	4 小时 25 分	椭圆形	图 76 中 3
	4	原肠晚期	3.8	1	0	11 小时 18 分	下包 5/6	图 76 中 4
	5	眼基期	3.9	1.2	8	15 小时 10 分	眼基出现	图 76 中 5
	6	肌肉效应期	4.0	2.3	28	23 小时 40 分	肌节抽动，眼大	图 76 中 6

（2）仔鱼阶段 受精后 6 天 8 小时 20 分。孵出至鳔一室期为仔鱼阶段，图 76 中 7 为鳔一室期，长 6.3 mm，眼比嗅囊大 4 倍，卵黄囊为一长条形，肌节 4+16+14=34 对（表 61）。

（3）稚鱼阶段

①卵黄囊吸尽期：头背、背、青筋及臀褶前方、尾褶下方出现黑色素，眼比嗅囊大 3 倍（图 76 中 8）。

②腹鳍芽出现期：背鳍、臀鳍、尾鳍形成，腹鳍芽出现，鳔二室，吻须 2 对，口角须 1 对（图 76 中 9）。

③腹鳍形成期：体侧出现 8 条横斑纹（图 76 中 10）。

（4）幼鱼阶段 图 76 中 11 为幼鱼期，眼大，吻须 2 对，口角须 1 对，吻须长 0.6 mm，口角须长

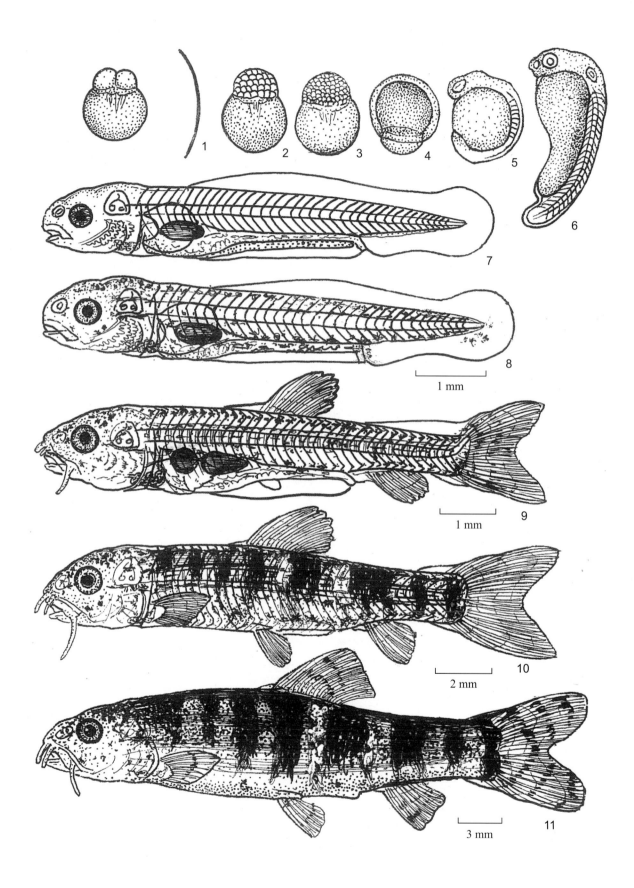

图 76　宽体华沙鳅 *Sinibotia reevesae*（Chang）（漂流）

1.4 mm，体侧呈现 8 条横斑纹，头背土黄色，眼与听囊间约 40 朵黑色素花，尾叉形，尾尖呈圆角形。

表 61　宽体华沙鳅的胚后发育特征

阶段	序号	发育期	全长/mm	背鳍前+躯干+尾部=肌节/对	受精后时间	发育状况	图号
仔鱼	7	鳔一室期	6.3	4+16+14=34	6 天 8 小时 20 分	鳔一室，眼远大于嗅囊，胸鳍基上方有 1 朵黑色素	图 76 中 7
稚鱼	8	卵黄囊吸尽期	6.8	5+15+14=34	8 天 4 小时 10 分	头背、背、青筋和臀褶前方、尾褶下方出现黑色素	图 76 中 8
	9	腹鳍芽出现期	10.8	8+13+14=35	13 天 5 小时 10 分	腹鳍芽出现，背、头背、脊椎、青筋出现黑色素，吻须及口角须出现	图 76 中 9
	10	腹鳍形成期	18.4	9+12+14=35	21 天 6 小时 20 分	各鳍形成，体侧有 9 条横斑纹，2 对吻须，1 对口角须	图 76 中 10
幼鱼	11	幼鱼期	38.0	10+11+14=35	54 天 1 小时 10 分	似成鱼，眼大，体侧有横纹斑 9 块	图 76 中 11

【比较研究】

宽体华沙鳅是华沙鳅属眼最大的鳅科鱼类，早期发育阶段中，眼为嗅囊的 3~4 倍，略比听囊小。其他特征是肌节 34~35 对，尾部肌节 14 对，幼鱼尾叉形，尾尖呈圆角状而有别于其他华沙鳅属鱼类（图 76 中 11）。

3. 美丽华沙鳅

美丽华沙鳅［*Sinibotia pulchra*（Wu），图 77］是沙鳅亚科华沙鳅属的一种小型鱼类。全长 80~150 mm，头尖，2 对吻须，1 对口角须，鳞小，颊部无鳞，眼小，侧线平直，背部紫黑色，腹部棕黄色，体侧是 10~18 条大小不等横斑纹，背鳍ⅲ-8，臀鳍ⅲ-5，胸鳍ⅰ-13，腹鳍ⅰ-7。主要分布于珠江水系西江、北江、东江等干支流。但 1962 年 6 月在长江黄石采获过华沙鳅仔鱼，培养定种为美丽华沙鳅，说明长江干支流也有本种分布；另福建九龙江亦有分布。

早期发育材料取自 1962 年长江黄石段、安庆段、九江段，2001 年北江韶关段。

【繁殖习性】

美丽华沙鳅于江河干支流的流水环境下产漂流性卵，随流水发育孵化，繁殖期 4—7 月。

美丽华沙鳅在江河的产卵场上产卵，产卵场环境在江河宽窄相交、河曲凹岸段、已成大坝坝下等处。如 2001 年 6 月于北江韶关至浈江太阳岩及武江黎市采集，采获各发育期的美丽华沙鳅鱼卵，以采样断面密度×江河流量获得主要产卵数量约 40.82 万粒，以美丽华沙鳅一般怀卵量 500 粒推算，约有雌（♀）鱼 816 尾，产卵群体约 1 632 尾。具体产卵规模有浈江莲塘产卵场 2 200 粒，天子池产卵场 2 100 粒，周田产卵场 7 300 粒，武江张滩产卵场 1 640 粒，桂头产卵场 1 700 粒，东风山产卵场 3 200 粒等。

【早期发育】

（1）鱼卵阶段

鱼卵吸水膨胀后卵膜径 1~3.3 mm，卵径 0.9~1 mm，各卵发育性状与时间见表 62。

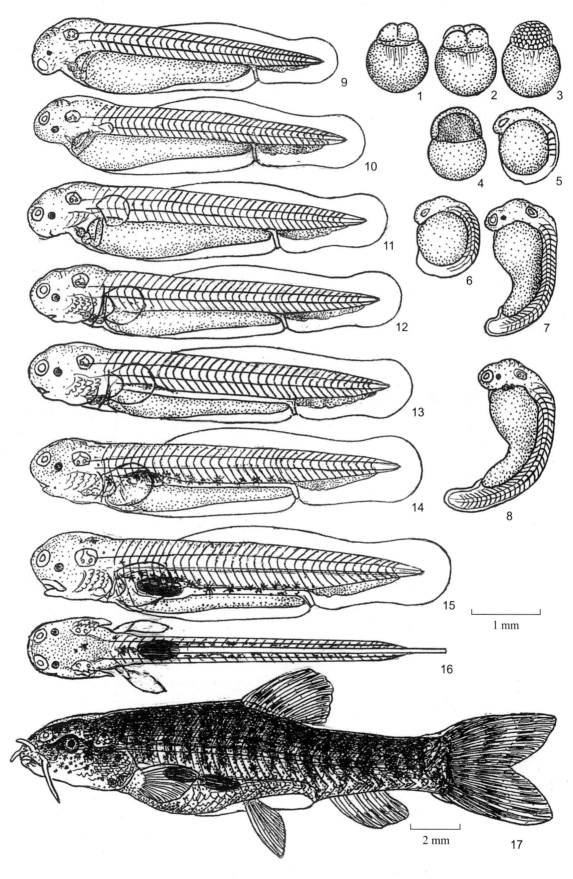

图 77 美丽华沙鳅 *Sinibotia pulchra*（Wu）（漂流）

美丽华沙鳅孵出后至卵黄囊吸尽前为仔鱼阶段，外侧形圆头圆脑，眼特别小，随发育眼为嗅囊的 1/10~1/5，肌节 36 对，尾静脉粗大，橙红色，与草鱼同期相仿。

表 62　美丽华沙鳅的胚胎发育特征（2001 年 6 月北江韶关）

阶段	序号	发育期	膜径/mm	胚长/mm	肌节/对	受精后时间	发育状况	图号
鱼卵	1	2 细胞期	1	0.9	0	35 分	2 个细胞，原生质网清晰	图 77 中 1
	2	4 细胞期	1	0.9	0	1 小时 2 分	4 个细胞	图 77 中 2
	3	桑葚期	1.2	1.1	0	3 小时 30 分	桑葚状分裂细胞	图 77 中 3
	4	原肠中期	1.1	1	0	7 小时 30 分	原肠发育至 1/2 大小	图 77 中 4
	5	肌节出现期	1.2	1.1	5	14 小时 30 分	眼基初显，肌节出现	图 77 中 5
	6	嗅板期	1.2	1.1	10	18 小时	嗅板突起	图 77 中 6
	7	肌肉效应期	2.5	2	26	1 天 1 小时 20 分	眼极小，为嗅囊的 1/10	图 77 中 7
	8	心脏原基期	3.3	3	32	1 天 4 小时 18 分	心原肌出现，嗅囊、听囊等大	图 77 中 8

（2）仔鱼阶段　从孵出期至鳔一室期全长为 4.5~6 mm，眼为嗅囊的 1/10~1/8，肌节 6+18+12=36 对及 7+17+12=36 对（表 63 序号 9~15）。

（3）稚鱼阶段　2001 年 6 月所获鱼卵养大至稚鱼阶段投入韶关市水产良种场小鱼地培养，没详细观察恰向外摄食的美丽华沙鳅形态特征。

（4）幼鱼阶段　幼鱼期：受精后 63 天。从韶关市水产良种场培育至幼鱼期的美丽华沙鳅全长 25.2 mm，肌节 7+17+12=36 对，全身乌黑，很滑（黏液多），体侧有隐约横斑纹 18 条，背鳍 iii-8，臀鳍 iii-5，腹鳍褶仍存在（表 63 序号 16，图 77 中 16）。

表 63　美丽华沙鳅的胚后发育特征（2001 年 6 月北江韶关）

阶段	序号	发育期	全长/mm	尾长/mm	背褶前+背褶至肛门+肛门后=肌节/对	受精后时间	发育状况	图号
仔鱼	9	孵出期	4.5	1.2	6+18+12=36	1 天 1 小时	圆头圆脑，眼为嗅囊的 1/10	图 77 中 9
	10	胸鳍原基期	4.9	1.5	6+18+12=36	1 天 11 小时	圆头，尾静脉宽大，橙黄色	图 77 中 10
	11	鳃弧期	5.1	1.6	6+18+12=36	1 天 23 小时	口裂生成，眼为嗅囊的 1/9	图 77 中 11
	12	鳃丝期	5.3	1.7	7+17+12=36	2 天 7 小时	眼为嗅囊的 1/8	图 77 中 12
	13	肠管贯通期	5.5	1.8	7+17+12=36	3 天 21 小时	青筋部位黑色素 1 条，眼为嗅囊的 1/7	图 77 中 13
	14	鳔雏形期	5.7	1.9	7+17+12=36	4 天 12 小时	头背部具 2 朵黑色素，眼为嗅囊的 1/6	图 77 中 14
	15	鳔一室期	6	2	7+17+12=36	5 天 20 小时	头背部有 2 朵黑色素，肌节与鳔肠之间有 1 行黑色素，眼为嗅囊的 1/5	图 77 中 15
幼鱼	16	幼鱼期	25.2	8.1	7+17+12=36	63 天	须 3 对，体色黑，布满黏液	图 77 中 16

【比较研究】

美丽华沙鳅产漂流性卵，卵粒属小卵范围，孵出后圆头圆脑，眼特别小，为嗅囊1/10，比犁头鳅的胚体眼还小，尾静脉橙黄色，粗大，与草鱼胚胎相仿。幼鱼期全身乌黑，体侧见17~18条横纹。

4. 中华沙鳅

中华沙鳅［*Sinibotia superciliaris* (Günther)，图78］体长而侧扁，头尖，吻须2对，口角须1对，口亚下位，上、下皮褶发达，颐下有1对纽状突起，从吻端经眼至鳃盖上缘有一纵纹色素，体侧有9条褐色横斑纹，全长8~15 cm，背鳍iii-8，臀鳍iii-5。主要分布于长江中游，澜沧江也有分布。于2001年在北江韶关捞到鳔一室期鱼苗，培养至幼鱼期实为中华沙鳅，故珠江水系北江亦有中华沙鳅栖息。

取材于1961年长江宜昌段、1962年长江黄石段、1963年长江监利段以及1966年和1986年长江武穴段。

【繁殖习性】

中华沙鳅是产漂流性卵的鳅科华沙鳅属鱼类。繁殖期4—7月，多于峡谷、江湾水流环境中繁殖。

【早期发育】

（1）鱼卵阶段 卵膜吸水膨胀后膜径3~3.7 mm，受精至神经胚期长0.9~1 mm，属小卵型。桑葚期（图78中1）、囊胚早期（图78中2），眼基出现期胚长1.1 mm，肌节5对（图78中3）。尾泡出现期胚长1.3 mm，肌节11对（图78中4）。心脏原基期长3 mm，心脏原基出现，眼与嗅囊等大（图78中5）。桑葚期，受精后3时30分；心脏原基期，受精后23小时40分（表64）。

表64 中华沙鳅的胚胎发育特征

阶段	序号	发育期	膜径/mm	胚长/mm	肌节/对	受精后时间	发育状况	图号
鱼卵	1	桑葚期	3.5	1	0	3小时30分	卵粒浅黄色，植物极桑葚状	图78中1
	2	囊胚早期	3.5	0.9	0	4小时20分	囊胚形成，浅黄色	图78中2
	3	眼基出现期	3.5	1.1	5	15小时10分	肌节出现，眼基萌出	图78中3
	4	尾泡出现期	3.6	1.3	11	19小时30分	于尾鳍的尾泡出现	图78中4
	5	心脏原基期	3.7	3	26	23小时40分	胚体抽动，心脏原基出现，眼与嗅囊等大	图78中5

（2）仔鱼阶段 孵出后至鳔一室期为仔鱼阶段（表65）。

①胸原基期：受精后2天9小时20分。胚体浅黄色，长4.2 mm，眼小，与嗅囊大小一样，肌节4+19+14=37对，肌节数与成鱼脊椎骨37个相同（图78中6）。

②鳔雏形期：受精后5天2小时30分。圆头圆脑，长5.1 mm，嗅囊与眼相等，胸鳍大，有胸鳍弧色素，眼、头背、眼间、身体出现较多黑色素（图78中7）。

③鳔一室期：受精后6天7小时40分。鳔充气，体黑色素增多，出现胸鳍弧形黑色素，全长5.7 mm，卵黄囊残存（图78中8）。

（3）稚鱼阶段　自卵黄囊吸尽期至腹鳍形成期为稚鱼阶段（表65）。

①卵黄囊吸尽期：受精后7天9小时50分。背鳍褶较宽，胸鳍较大，出现胸鳍弧黑色素，正与草鱼同期胸鳍弧色素相似，背褶与臀褶前方、尾褶下方出现黑色素，眼小，与嗅囊大小相等（图78中9）。

②背褶分化期：受精后8天12小时10分钟。小眼约与嗅囊等大为其特点，长6.7 mm，肌节5+18+14=37对（图78中10）。

③尾椎上翘期：受精后9天10小时。长7.2 mm，体色黑，尾基有2个波形黑色素（图78中11）。

④鳔二室期：受精后11天5小时。口角须1对出现，尾鳍条出齐，尾基有2个波形黑色素（图78中12）。

⑤腹鳍芽出现期：受精后13天5小时。口角须1对，肌节6+17+14=37对（图78中13）。

⑥腹鳍形成期：同样是胸鳍较大，尾基2个波形黑色素，全身黑色（图78中14）。

（4）幼鱼阶段　约受精后41天2小时，全长19 mm，肌节9+14+14=37对，吻须2对，颌须1对，体侧有9块黑棕色斑纹，背鳍至吻端距离长于至尾基距离（表65）。

表65　中华沙鳅的胚后发育特征

阶段	序号	发育期	全长 / mm	背鳍前 + 躯干 + 尾部 = 肌节 / 对	受精后时间	发育状况	图　号
仔鱼	6	胸原基期	4.2	4+19+14=37	2天9小时20分	胸原基出现，口裂下位	图78中6
	7	鳔雏形期	5.1	4+19+14=37	5天2小时30分	雏形鳔出现，肠通，眼与嗅囊等大，黑色素出现	图78中7
	8	鳔一室期	5.7	4+19+14=37	6天7小时40分	鳔一室，头、体侧出现黑色素	图78中8
稚鱼	9	卵黄囊吸尽期	6.2	4+19+14=37	7天9小时50分	胸鳍较大，除体黑色素外，背褶、臀褶、尾褶出现黑色素，胸鳍弧有黑色素	图78中9
	10	背褶分化期	6.7	5+18+14=37	8天12小时10分	背褶分化，眼与嗅囊等大	图78中10
	11	尾椎上翘期	7.2	5+18+14=37	9天10小时	尾椎上翘，全身出现黑色素	图78中11
	12	鳔二室期	7.8	5+18+14=37	11天5小时	胸鳍较大，鳔前室及吻须出现，尾基有2个波形黑色素	图78中12
	13	腹鳍芽出现期	10	6+17+14=37	13天5小时	腹鳍芽出现，背鳍形成，胸鳍有弧状黑色素，全身黑色	
	14	腹鳍形成期	11	7+16+14=37	24天8小时	胸鳍形成，背鳍、臀鳍独立，尾基有2片弧形色素	
幼鱼	15	幼鱼期	19	9+14+14=37	41天2小时	吻须2对，口角须1对，体侧有9块黑棕色斑纹，背鳍起点至吻端稍长于至尾基长度	

【比较研究】

中华沙鳅与其他鳅科鱼类早期发育都体色较黑，不同的是胸鳍弧黑色素明显，尾基有2波形相连色素，胸鳍较大，眼小，眼与嗅囊等大，肌节5+18+14=37对。华沙鳅属鱼类中，中华沙鳅肌节37对，尾肌节14对，小眼，与嗅囊大小相等。美丽华沙鳅肌节36对，尾肌节12对，眼特别小，约为嗅囊的1/8。宽体华沙鳅肌节35对，尾部肌节14对，眼大，约为嗅囊的4倍。

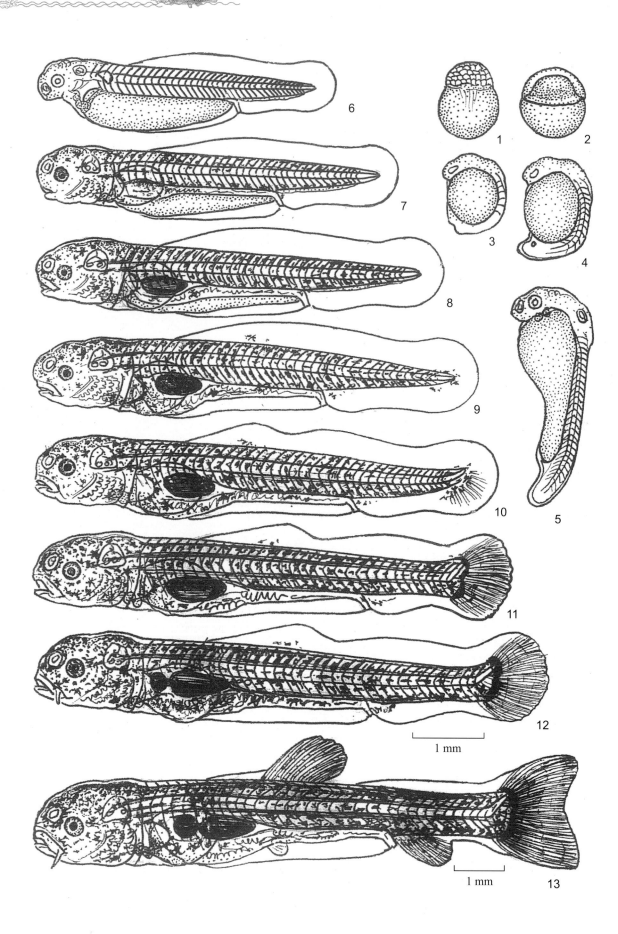

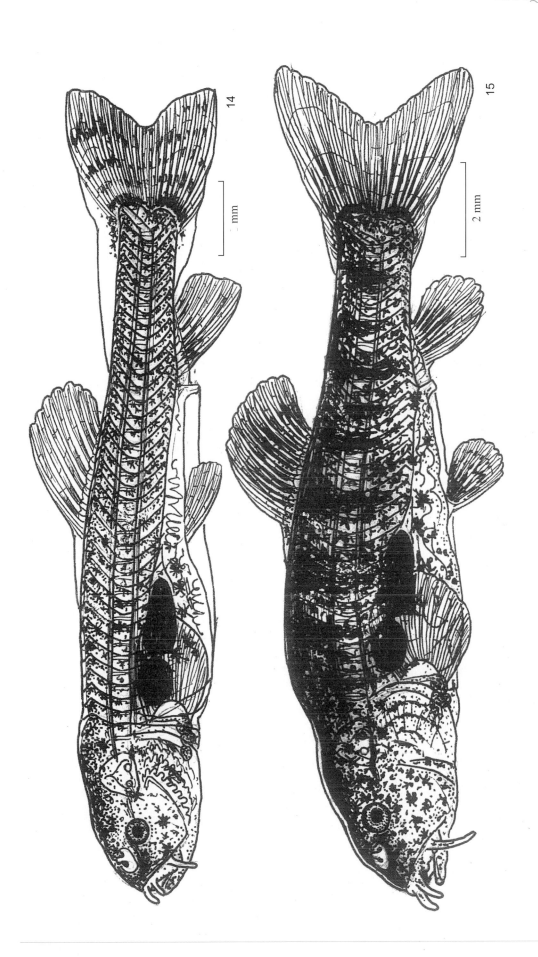

图 78 中华沙鳅 Sinibotia superciliaris (Günther) (漂流)

5. 斑纹薄鳅

斑纹薄鳅［*Leptobotia zebra*（Wu），图 79］是沙鳅亚科薄鳅属的一种小型鳅类，全长 60~80 mm，背鳍ⅲ-7，臀鳍ⅲ-5，椎脊骨 35。稚鱼阶段至幼鱼阶段，胸鳍较长大而别于成鱼。

【繁殖习性】

斑纹薄鳅于珠江干支流上游产漂流性卵，据资料报道成鱼以西江桂平以上较多（广西壮族自治区水产研究所、中国科学院动物研究所，1981），没报道长江有此鱼生长（湖北省水生生物研究所鱼类研究室，1976），但 1986 年梁秩燊等到长江参加葛洲坝水利枢纽兴建后长江干流四大家鱼产卵场的现状及工程对家鱼繁殖影响的评价工作中，曾于长江下游武穴采样点捕到斑纹薄鳅鱼苗，培养结果为斑纹薄鳅。尽管不见长江有此鱼记录，此处还是作为长江有所分布，以供日后研究参考。

【早期发育】

鱼苗材料主要来自 1983 年西江桂平石嘴段，1986 年 5 月也于长江武穴段捞获卵黄囊吸尽期口角须刚萌出的斑纹薄鳅，也一并归入。

（1）鱼卵阶段　斑纹薄鳅鱼卵为小型卵，自 8 细胞期至眼基出现期、耳石出现期，胚长 2.7 mm，头尾触及卵膜，肌节 31 对（表 66，图 79 中 1~7）。

表 66　斑纹薄鳅的胚前胚后发育特征（20~24℃）

阶段	序号	发育期	膜径 / mm	胚长 / mm	肌节 / 对	受精后时间	发育状况	图号
鱼卵	1	8 细胞期	2.7	0.8	0	1 小时 15 分	小卵，卵周隙大，膜径大，为卵粒的 3 倍	图 79 中 1
	2	原肠中期	2.7	0.8	0	9 小时 30 分	动物极圆中带方，原肠下包 1/2	图 79 中 2
	3	原肠晚期	2.7	0.9	0	9 小时 55 分	原肠极下包 3/5	图 79 中 3
	4	神经胚期	2.8	0.9	0	10 小时 38 分	神经胚出现；下余卵黄栓	图 79 中 4
	5	胚孔封闭期	2.8	1	4	11 小时 40 分	胚孔封闭，卵黄近方形	图 79 中 5
	6	眼基出现期	2.8	2.7	31	17 小时 30 分	眼基与肌节同时出现	图 79 中 6
	7	耳石出现期	2.8	2.7	31	17 小时 30 分	胚体扭动，耳石出现	图 79 中 7

（2）仔鱼阶段　属圆头圆脑眼小的典型胚后发育仔鱼。

①鳃丝期：眼下方出现点状黑色素，眼与嗅囊等大，全长 4.8 mm，肌节 1+21+13=35 对（西江桂平石嘴段），也有 0+22+13=35 对（长江武穴段）的（表 67 序号 8，图 79 中 8）。

②鳃雏形期：先出现 1 对口角须（长江武穴段所采鱼苗亦然），口角须先出现的状况是薄鳅属鱼苗的特征。全长 5.3 mm，肌节 2+20+13=35 对（表 67 序号 9，图 79 中 8~9）。

（3）稚鱼阶段　卵黄囊吸尽期至背褶分化期，全身出现黑色素，没有草鱼苗那样的胸鳍弧黑色素，而有青鱼尾部那样的黑色素，先出现 1 对口角须，后出现 1 对吻须，眼稍大于嗅囊而大大小于听囊，胸鳍较长大。全长 5.8~6.3 mm，肌节从 3+19+13=35 对至 4+18+13=35 对（表 67 序号 10~11，图 79 中 10~11）。

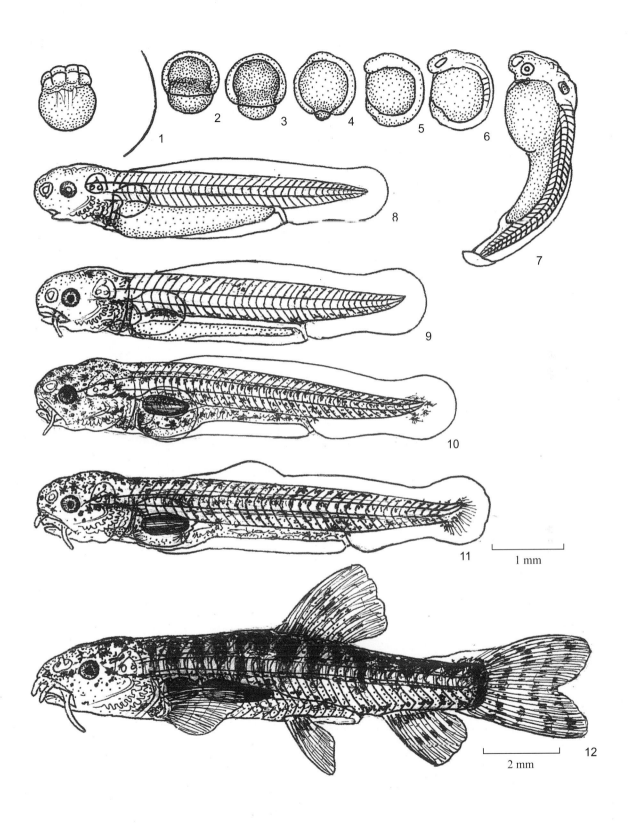

图 79　斑纹薄鳅 *Leptobotia zebra*（Wu）（漂流）

（4）幼鱼阶段 受精后43天7小时。各鳍位置还不似成鱼，相对反映的脊椎骨也是35个而与成鱼是相符的，体侧13~14条横斑纹，吻须2对，口角须1对，胸鳍较长，末端略近背鳍起点（成鱼时，胸鳍末端远离背鳍起点），其他背鳍、腹鳍、臀鳍、尾鳍鳍条数与黑色斑纹都与成鱼相同，全长12 mm，肌节13+9+13=35对（表67序号12，图79中12）。

表67 斑纹薄鳅的胚前胚后发育特征（20~24℃）

阶段	序号	发育期	全长/mm	背鳍前+躯干+尾部=肌节/对	受精后时间	发育状况	图号
仔鱼	8	鳃丝期	4.8	1+21+13=35	4天6小时20分	圆头圆脑，眼与嗅囊等大	图79中8
	9	鳔雏形期	5.3	2+20+13=35	5天2小时30分	鳔雏形，头背、体背、青筋部位出现黑色素，口角须1对	图79中9
稚鱼	10	卵黄囊吸尽期	5.8	3+19+13=35	8天1小时20分	卵囊吸尽外向营养，胸鳍褶长，口角须1对	图79中10
	11	背褶分化期	6.3	4+18+13=35	10天10分	吻须、口角须各1对，背褶分化，尾椎上翘	图79中11
幼鱼	12	幼鱼期	12	13+9+13=35	43天7小时	略似成鱼，体侧有13~14条横斑纹，吻须2对，口角须1对，胸鳍比较长	图79中12

【比较研究】

斑纹薄鳅为产漂流性卵，膜径2.7~2.8 mm，早期卵粒长0.8~0.9 mm，具鳅科圆头圆脑特征的小眼类鱼，眼稍大于嗅囊，而别于长薄鳅的嗅囊大于眼，鳔一室卵黄囊吸尽时1对口角须。稚鱼阶段胸鳍弧没有沙鳅属胸鳍基部的弧形黑色素而尾褶黑色素像青鱼尾部的1朵至丛状的黑色素，幼鱼时胸鳍较长，不同成鱼时的胸鳍短。

6. 长薄鳅

长薄鳅［*Leptobotia elongata* (Bleeker)，图80］，全长20~35 mm，体长而侧扁，口大，亚下位，眼小，体侧有6~7条横斑纹，尤以稚鱼后期至幼鱼时明显，吻须2对，口角须1对。

【繁殖习性】

于江河上游产漂流性卵，产卵场以长江、珠江上游为多，从试验网取材多是仔鱼、稚鱼阶段，鱼卵及早期仔鱼较少，在长江以肉眼观察其形态还较似铜鱼与圆口铜鱼苗。

【早期发育】

鱼卵鱼苗材料取自1962年长江万县段、1983年西江桂平石嘴段。

（1）鱼卵阶段 只获桑葚期和肌肉效应期鱼卵材料，卵膜径4.8~5 mm，胚长分别为1.5~3.5 mm，为受精后3小时30分钟至23小时40分钟（表68，图80中1~2）。

表68 长薄鳅的胚胎发育特征

阶段	序号	发育期	膜径/mm	胚长/mm	肌节/对	受精后时间	发育状况	图号
鱼卵	1	桑葚期	4.8	1.5	30	3小时30分	动物极如桑葚	图80中1
	2	肌肉效应期	5	3.5	30	23小时40分	胚体扭动，眼为嗅囊的1/2	图80中2

（2）**仔鱼阶段**　受精后4天1小时30分钟至6天4小时10分钟。以卵黄囊为营养，材料有鳃丝期、鳔雏形期、鳔一室期，嗅囊略大于眼，全长6.2~7 mm，肌节7+14+13=34对（表69序号3~5，图80中3~5）。

（3）**稚鱼阶段**　受精7天12小时51分钟至26天12小时20分钟。自卵黄囊吸尽期至腹鳍形成期，对外营养，吞吃鱼苗最为明显，大多可清晰看见肚内鱼苗，全长7.4~13.2 mm，肌节自7+14+13=34对逐渐变为8+13+13=34对、9+12+13=34对、10+13+11=34对，说明总肌节是34对不变，但背鳍起点逐步后移（图80中6~14）。

（4）**幼鱼阶段**　受精后51天10小时10分钟。体侧有7条横纹斑，全长17 mm，肌节10+11+13=34对，（表69序号15，图80中15）。

表69　长薄鳅的胚后发育特征

阶段	序号	发育期	长度/mm	背鳍前+躯干+尾部＝肌节/对	受精后时间	发育状况	图号
仔鱼	3	鳃丝期	6.2	7+14+13=34	4天1小时30分	圆头，嗅囊略大于眼	图80中3
	4	鳔雏形期	6.7	7+14+13=34	5天3小时50分	鳔雏形，口裂大	图80中4
	5	鳔一室期	7	7+14+13=34	6天4小时10分	鳔一室，听囊下有一黑色素	图80中5
稚鱼	6	卵黄囊吸尽期	7.4	7+14+13=34	7天12小时51分	肠弯曲，卵黄囊吸尽	图80中6
	7	背褶分化期	8	7+14+13=34	8天5小时10分	头背、吻部黑色素增多，吞吃鱼苗	图80中7
	8	尾椎上翘期	8.9	7+14+13=34	9天20小时30分	头背黑色素增多，吞吃鱼苗	图80中8
	9	鳔二室期	9.3	7+14+13=34	11天12小时20分	鳔前室出现，体侧黑色素增多	图80中9
	10	须出现期	9.5	8+13+13=34	14天10小时30分	黑色素增多，生长出1对口角须	图80中10
	11	腹芽出现期	10.1	8+13+13=34	15天12小时50分	口角须粗延长，体侧有6条横斑纹，腹鳍芽出现	图80中11
	12	背鳍形成期	10.7	9+12+13=34	18天10小时40分	吻须出现，背鳍形成，具6条横斑纹	图80中12
	13	臀鳍形成期	11.5	9+12+13=34	22天2小时10分	臀鳍形成，体侧有7条横斑纹	图80中13
	14	腹鳍形成期	13.2	10+11+13=34	26天12小时20分	腹鳍形成，体侧有7条横斑纹	图80中14
幼鱼	15	幼鱼期	17	10+11+13=34	51天10小时10分	似成鱼，体侧有7条横斑纹，侧线较直，背鳍、臀鳍前方黑色素较多	图80中15

【**比较研究**】

长薄鳅眼小口裂大，鱼苗略似长江的铜鱼和圆口铜鱼，连食性爱吞吃鱼苗的特性也一致。长薄鳅黑色素花大，铜鱼、圆口铜鱼黑色素花小，眼与嗅囊大小之比三者略有不同，圆口铜鱼眼与嗅囊比为1:2，长薄鳅眼与嗅囊比为1:1.5，铜鱼眼与嗅囊比为1:1。

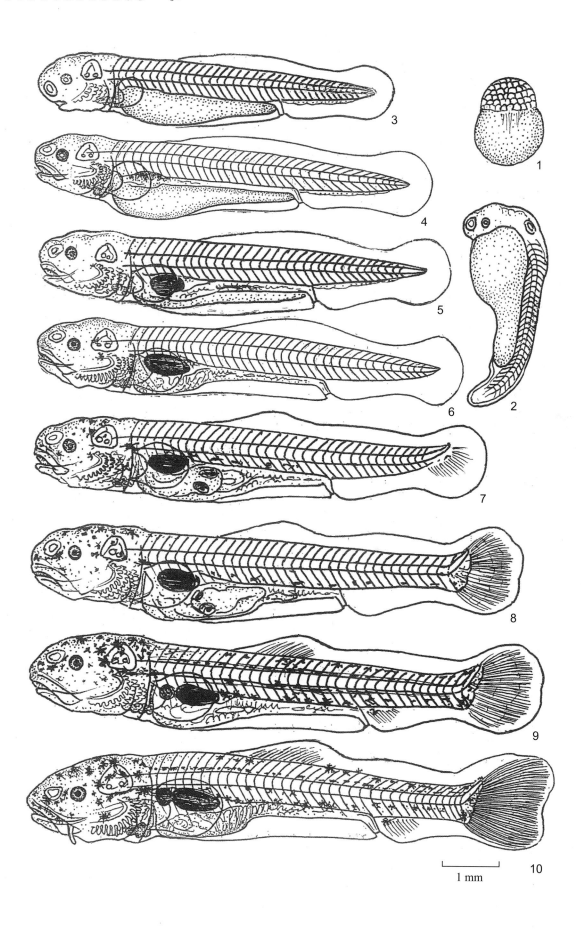

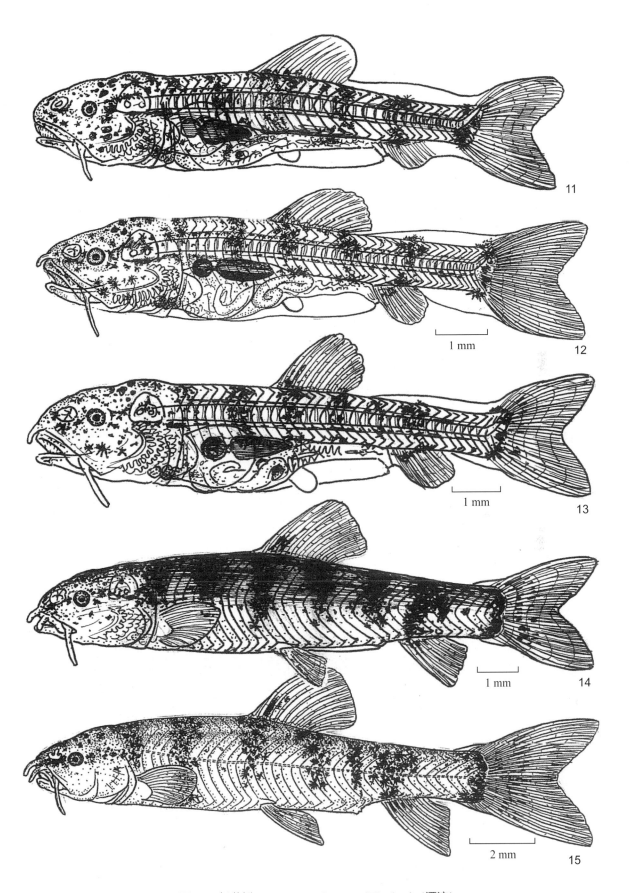

图 80 长薄鳅 *Leptobotia elongata*（Bleeker）（漂流）

7. 紫薄鳅

紫薄鳅［*Leptobotia taeniops* (Sauvage)，图 81］多栖于长江中游及附属湖泊，头尖体扁，体侧有虫绞状色素斑，尾鳍基部有一亚心形黑点，上下有浅黑色素，吻须 2 对，口角须 1 对，侧线平直，成鱼体呈紫灰色，黏液包裹全身，背鳍iii-8，臀鳍iii-5，全长 10~15 cm。

材料取自于 1962 年长江黄石段、武穴段。

【繁殖习性】

紫薄鳅于江河流水环境中产漂流性卵。繁殖期 4—7 月。

【早期发育】

（1）鱼卵阶段　受精卵吸水膨胀后为小卵，膜径 3.2~3.5 mm，早期鱼卵卵长 1.2~1.3 mm，卵浅黄色，肌肉效应期胚长 2.5 mm，肌节 26 对，嗅囊与眼等大（表 70，图 81 中 1~4）。

表 70　紫薄鳅的胚胎发育特征

阶段	序号	发育期	膜径 /mm	胚长 /mm	肌节 / 对	受精后时间	发育状况	图号
鱼卵	1	桑葚期	3.2	1.3	0	3 小时 30 分	植物极呈桑葚状	图 81 中 1
	2	原肠早期	3.3	1.2	0	9 小时 20 分	原肠下包 2/5，浅黄色	图 81 中 2
	3	眼基出现期	3.4	1.3	6	15 小时 10 分	肌节先出现，小眼	图 81 中 3
	4	肌肉效应期	3.5	2.5	26	23 小时 45 分	肌肉抽动，嗅囊与眼等大	图 81 中 4

（2）仔鱼阶段　自孵出期至鳔一室期为仔鱼阶段。

①鳔雏形期：全长 7.1 mm（图 81 中 5）。

②鳔一室期：圆头眼小，嗅囊与眼等大，胸鳍弧有半圈黑色素，头背至体背、体侧、青筋部位各 1 条黑色素，尾褶下部数朵黑色素，全长 7.5 mm，肌节 5+19+14=38 对（表 71 序号 6，图 81 中 5~6）。

表 71　紫薄鳅的胚后发育特征

阶段	序号	发育期	全长 /mm	背鳍前 + 躯干 + 尾部 = 肌节 / 对	受精后时间	发育状况	图号
仔鱼	5	鳔雏形期	7.1	5+19+14=38	5 天 2 小时 50 分	鳔半充气，圆头小眼，与嗅囊等大，胸鳍弧有黑色素	图 81 中 5
	6	鳔一室期	7.5	5+19+14=38	6 天 6 小时 10 分	头背与体背、体侧、青筋出现黑色素，尾褶下方有数朵黑色素	图 81 中 6
稚鱼	7	卵黄囊吸尽期	8.1	6+18+14=38	14 天 10 小时 10 分	听囊约为眼的 5 倍，眼小，与嗅囊等大，色素同上	图 81 中 7
	8	腹鳍芽出现期	10	8+16+14=38	14 天 10 小时 10 分	背鳍形成，腹鳍芽出现，口角须 1 对，头背腹出现黑色素，腹鳍弧有黑色素	图 81 中 8
幼鱼	9	幼鱼期	17.5	13+11+14=38	53 天 5 小时 10 分	头尖，须 3 对，眼与嗅囊小，体侧有虫纹黑色斑，尾基中间有心形黑色素，上、下有 2 朵浅黑色素	图 81 中 9

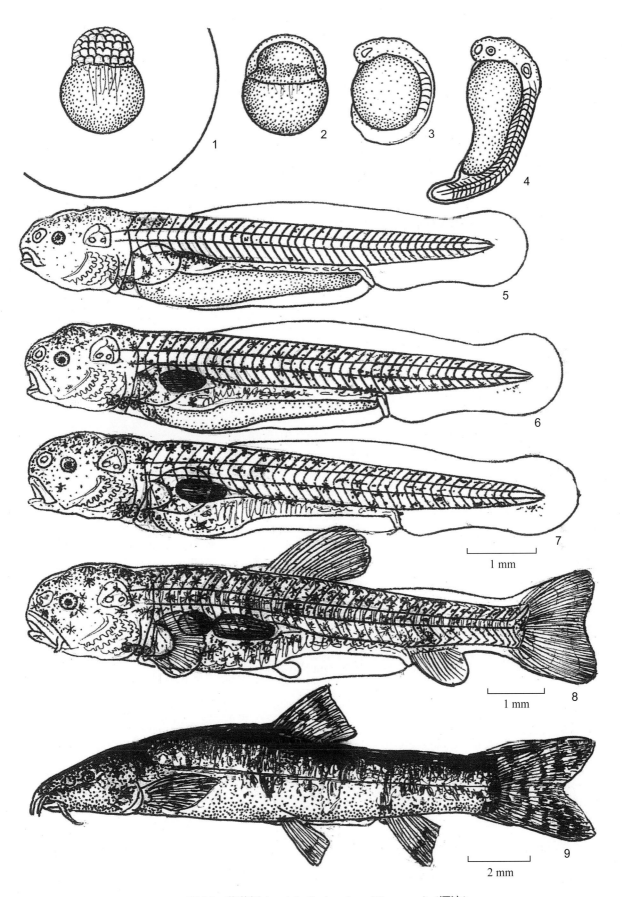

图81 紫薄鳅 *Leptobotia taeniops*（Sauvage）（漂流）

（3）稚鱼阶段　对外营养，以浮游动植物为食。

①卵黄囊吸尽期：头宽，体披黑色素，眼小，与嗅囊大小相等，全长 8.1 mm，肌节 6+18+14=38 对（表 71 序号 7，图 81 中 7）。

②腹鳍芽出现期：头宽，眼小且与嗅囊相等，背鳍形成，腹鳍弧有黑色素，鳔二室，口角须 1 对背鳍起点后退，全长 10 mm，肌节 8+16+14=38 对（表 71 序号 8，图 81 中 8）。

（4）幼鱼阶段　受精后 53 天。幼鱼期，体紫灰色，很滑，体侧有虫纹黑色斑，尾基中间有 1 朵心形黑色素，上、下各有 1 朵浅黑色素，背鳍起点至吻端稍短于至尾基长度，全长 17.5 mm，肌节 13+10+14=38 对（表 71 序号 9，图 81 中 9）。

【比较研究】

紫薄鳅、斑纹薄鳅、长薄鳅于早期发育期间皆为小眼，紫薄鳅嗅囊等于眼，斑纹薄鳅嗅囊稍小于眼，长薄鳅嗅囊稍大于眼，紫薄鳅肌节 5+19+14=38 对，斑纹薄鳅肌节 3+19+13=35 对，长薄鳅肌节 7+14+13=34 对，紫薄鳅肌节皆比斑纹薄鳅与长薄鳅多；紫薄鳅胸鳍弧有黑色素，斑纹薄鳅与长薄鳅没有。

8．双斑副沙鳅

双斑副沙鳅（*Parabotia bimaculata* Chen，图 82）头尖体窄，12~15 条横向黑条斑，尾鳍基部上下各有 1 个黑色矩形斑，故称双斑副沙鳅。

【繁殖习性】

双斑副沙鳅产漂流性卵，卵粒随水漂流发育，孵出后继续在江河水中发育至稚鱼即可上溯摄食，发育为双斑副沙鳅成鱼。

【早期发育】

早期发育材料取自 1961 年长江宜昌段、平善坝，1962 年长江万县段，1976 年汉江郧县段，1981 年长江监利段。

（1）鱼卵阶段　受精后 2 小时 12 分至 1 天 11 小时。卵膜径 5.3~5.6 mm，为大卵型，但卵粒较小而别于四大家鱼。鱼卵阶段从 64 细胞至耳石出现期，其中的晶体形成至耳石出现期间，听囊与眼相等，而大过嗅囊。各发育期见表 72、图 82 中 1~18。

（2）仔鱼阶段　受精后 2 天 16 小时至 7 天 14 小时 30 分钟。仔鱼自孵出期至鳔一室期（图 82 中 19~25）共 7 个发育期（表 73 序号 19~25）。体形仍是圆头圆脑，眼出现黑色素，呈黑色，孵出后嗅囊略大于眼，鳔雏形期后胸鳍弧出现黑色素，与花斑副沙鳅、草鱼相同，肌节 5+20+14=39 对，体长 4.8~7.1 mm。

（3）稚鱼阶段　受精后 9 天 16 小时至 18 天。自卵黄囊吸尽期至腹鳍形成期，身体密生黑色素，长 7.3~14 mm，肌节 5+20+14=39 对演变为 11+14+14=39 对，背鳍起点有后退现象，腹鳍芽出现期起，尾基部上、下有黑色斑出现成为双斑的特点（图 82 中 29~32）。

（4）幼鱼阶段　约孵出后 42 天，长 22.2 mm，体侧有 12 条横斑纹，尾基上、下各有 1 黑色斑，嗅囊大于眼，口角须 2 对，颌须 1 对（图 82 中 33）。

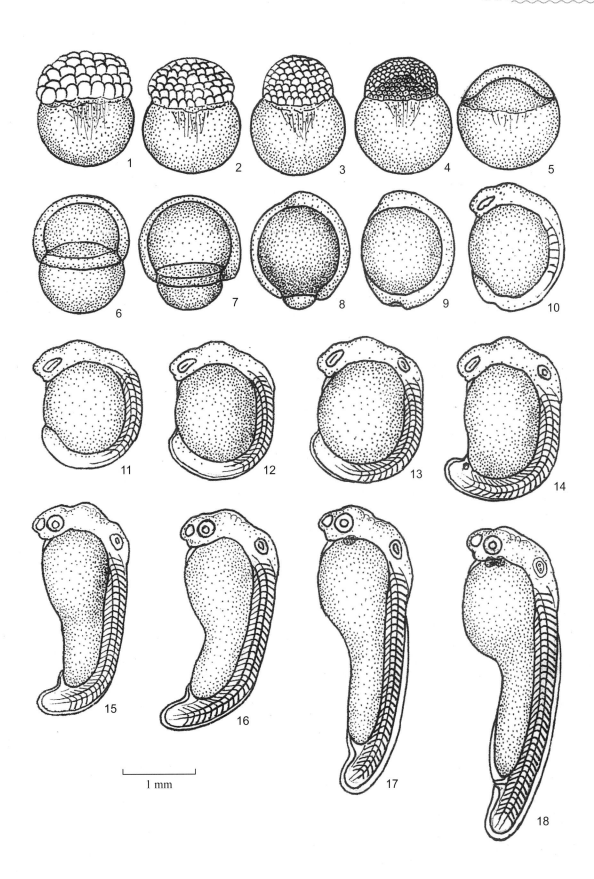

1 mm

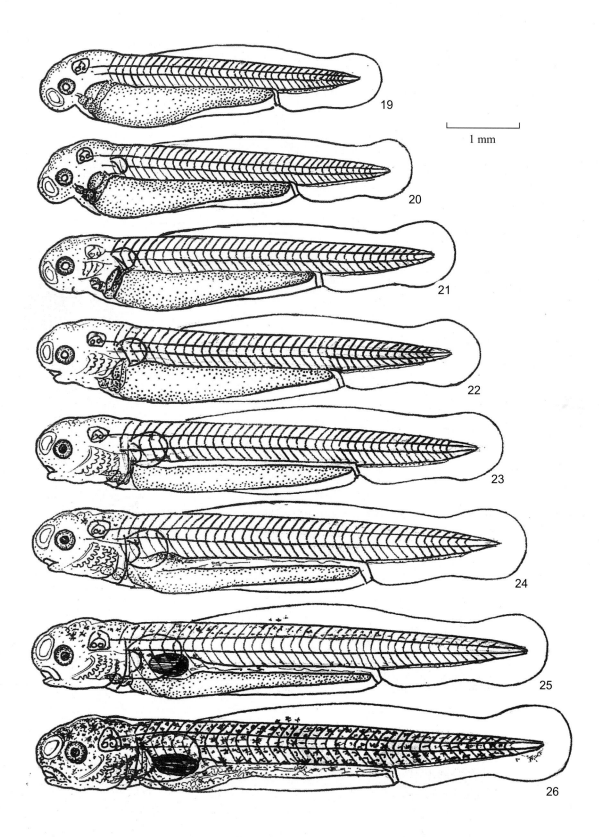

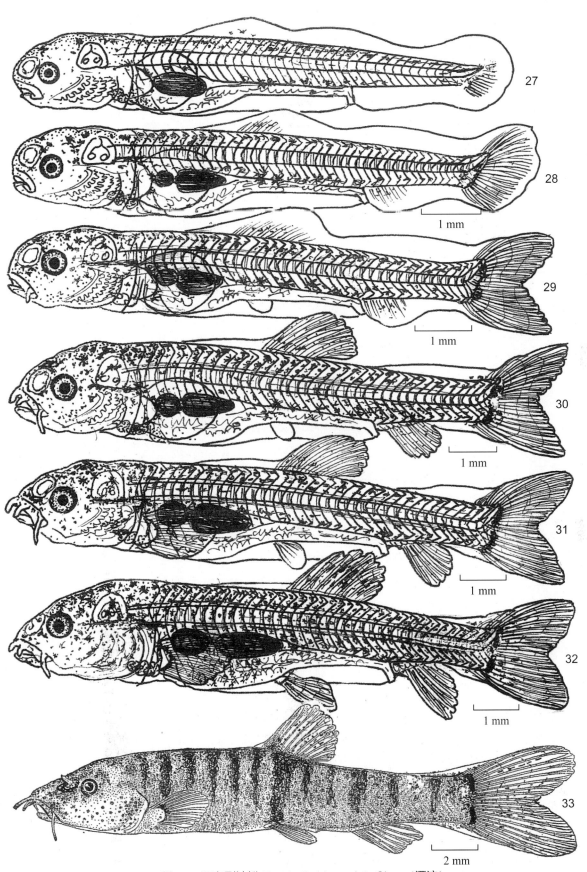

图 82 双斑副沙鳅 *Parabotia bimaculata* Chen（漂流）

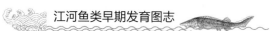

表 72　双斑副沙鳅的胚胎发育特征（24~27℃）

阶段	序号	发育期	膜径 /mm	卵长 /mm	肌节 / 对	受精后时间	发育状况	图号
鱼卵	1	64 细胞期	5.3	1.5	0	2 小时 12 分	64 个细胞，卵簇黄色	图 82 中 1
	2	128 细胞期	5.3	1.51	0	3 小时 20 分	128 个细胞，簇黄色至棕色	图 82 中 2
	3	桑葚期	5.4	1.52	0	4 小时 10 分	桑葚帽较细，突起	图 82 中 3
	4	囊胚早期	5.4	1.53	0	4 小时 40 分	囊胚形成，原生质弱	图 82 中 4
	5	原肠初期	5.4	1.53	0	6 小时 10 分	卵粒圆形	图 82 中 5
	6	原肠中期	5.4	1.53	0	7 小时 15 分	卵粒较圆，下包 1/2	图 82 中 6
	7	原肠晚期	5.4	1.54	0	8 小时 25 分	下包 2/3	图 82 中 7
	8	神经胚期	5.4	1.55	0	8 小时 50 分	神经胚形成，下包 7/8	图 82 中 8
	9	胚孔封闭期	5.4	1.56	0	9 小时 15 分	胚孔封闭	图 82 中 9
	10	眼基出现期	5.4	1.6	6	9 小时 40 分	眼基出现	图 82 中 10
	11	眼囊期	5.5	2	13	10 小时	眼囊出现	图 82 中 11
	12	尾芽期	5.5	2.2	17	10 小时 30 分	尾芽出现	图 82 中 12
	13	听囊出现期	5.5	2.4	21	12 小时	听囊出现	图 82 中 13
	14	尾泡出现期	5.5	2.6	25	14 小时 10 分	尾泡出现	图 82 中 14
	15	晶体形成期	5.5	2.8	29	16 小时 30 分	眼晶体形成	图 82 中 15
	16	肌肉效应期	5.5	3.2	31	17 小时 40 分	肌肉效应	图 82 中 16
	17	心脏原基期	5.5	3.6	34	1 天 4 小时	心脏原基出现	图 82 中 17
	18	耳石出现期	5.6	4.2	36	1 天 11 小时	听囊耳石出现	图 82 中 18

表 73　双斑副沙鳅的胚后发育特征（24~27℃）

阶段	序号	发育期	全长 /mm	前段＋中段＋尾段＝肌节 / 对	受精后时间	发育状况	图号
仔鱼	19	孵出期	4.8	4+20+13=37	2 天 16 小时	圆头圆脑，嗅囊略大于眼，眼黑色	图 82 中 19
	20	胸鳍原基期	5.1	4+20+13=37	2 天 23 小时 10 分	胸鳍芽出现，嗅囊略大于眼，尾静脉细	图 82 中 20
	21	鳃弧期	6.0	5+20+13=38	3 天 12 小时	口裂形成，嗅囊略大于眼	图 82 中 21
	22	鳃丝期	6.3	5+20+14=39	4 天 11 小时	眼黑色，口移前位，嗅囊略大于眼	图 82 中 22
	23	肠管贯通期	6.5	5+20+14=39	4 天 22 小时 20 分	肠管贯通，嗅囊大于眼	图 82 中 23
	24	鳔雏形期	6.8	5+20+14=39	5 天 12 小时	鳔雏形，嗅囊与听囊等大且大于眼	图 82 中 24
	25	鳔一室期	7.1	5+20+14=39	7 天 14 小时 30 分	鳔一室，头与体上段、胸鳍弧、背褶出现黑色素	图 82 中 25

（续表）

阶段	序号	发育期	全长 / mm	前段 + 中段 + 尾段 = 肌节 / 对	受精后时间	发育状况	图号
稚鱼	26	卵黄囊吸尽期	7.3	5+20+14=39	9 天 16 小时	卵囊吸尽，全身出现黑色素，背褶及尾褶出现黑色素	图 82 中 26
	27	背褶分化期	8	5+20+14=39	10 天 14 小时 10 分	背褶分化，有 3 朵黑色素，胸鳍有弧状黑色素	图 82 中 27
	28	鳔二室期	8.5	5+20+14=39	13 天 5 小时 20 分	鳔前室出现	图 82 中 28
	29	腹鳍芽出现期	9.2	6+19+14=39	15 天 11 小时	腹鳍芽出现，口角须 1 对，尾基双斑黑色素出现	图 82 中 29
	30	背鳍形成期	10.9	8+17+14=39	16 天 3 小时 10 分	背鳍形成，全身黑色素，尾基双斑色素明显	图 82 中 30
	31	臀鳍形成期	12	9+16+14=39	17 天 1 小时 20 分	吻须 2 对，口角须 1 对，尾基上下有黑色素	图 82 中 31
	32	腹鳍形成期	14	11+14+14=39	18 天	腹鳍形成，全身黑色素，尾基双斑黑色素	图 82 中 32
幼鱼	33	幼鱼期	22.2	13+12+14=39	42 天	嗅囊略大于眼，体侧有 12 条横斑纹，尾基上下具双斑黑色素	图 82 中 33

【比较研究】

双斑副沙鳅与花斑副沙鳅为兄弟相似种，早期发育中，双斑副沙鳅嗅囊略大于眼，花斑副沙鳅嗅囊与眼相等。胸鳍基部均有与草鱼相似的弧状黑色素。稚鱼期，双斑副沙鳅于尾基出现上、下矩形各 1 块黑色素，呈双斑状，而花斑副沙鳅尾基部仅 1 颗心形黑色素。

9. 花斑副沙鳅

花斑副沙鳅（*Parabotia fasciata* Dabry，图 83）为副沙鳅属鱼类，全长 70~190 mm，头尖，体侧有 15~16 条横纹，尾基有一心形黑色斑，吻须 2 对，口角须 1 对，吻凸出，口亚下位，侧线平直，颊部有鳞，眼中等偏细，眼下刺达眼下缘中央，背鳍 iii-9，臀鳍 iii-5。产自长江、珠江、韩江等。

【繁殖习性】

花斑副沙鳅产漂流性卵，卵粒重于水，但吸水膨胀后胚体随水漂流发育，孵出后也在水层中漂流并摄食，发育到幼鱼即可上溯。

【早期发育】

（1）鱼卵阶段　所产漂流性卵吸水膨胀后膜径为 4.8~5.7 mm，主要为 5 mm 左右，有时接近四大家鱼的大卵膜径，但胚体小为其特点，鱼卵自 2 细胞期至耳石出现期，胚长 1.4~3.5 mm，记录有 20 个发育期（表 74）。

该材料是 1961 年长江宜昌红花套，1962 年长江九江，1963 年长江监利、黄石，1986 年长江武穴，1993 年汉江郧县等采获。

表74　花斑副沙鳅的鱼卵发育特征

序号	发育期	膜径/mm	胚长/mm	肌节/对	受精后时间	发育状况	图号
1	2细胞期	4.8	1.4	0	40分	卵粒篾黄色	图83中1
2	8细胞期	4.8	1.5	0	1小时	原生质细而短	图83中2
3	128细胞期	4.9	1.6	0	2小时10分	细胞分裂至128个，向上长	图83中3
4	桑葚期	5	1.7	0	3小时10分	动物极如桑葚状	图83中4
5	囊胚早期	5	1.6	0	4小时30分	囊胚腔形成	图83中5
6	囊胚晚期	5	1.5	0	6小时50分	囊胚如小帽状	图83中6
7	原肠早期	5	1.5	0	8小时20分	原肠下包2/5	图83中7
8	原肠晚期	5	1.5	0	10小时30分	原肠下包4/5	图83中8
9	神经胚期	5	1.5	0	11小时20分	原肠下包5/6，卵黄囊外露卵黄栓	图83中9
10	胚孔封闭期	5	1.5	0	12小时30分	胚体形成，胚孔封闭	图83中10
11	眼基出现期	5	1.6	11	14小时45分	眼基出现	图83中11
12	尾芽出现期	5	1.7	13	17小时30分	尾芽尖形	图83中12
13	嗅板期	5	1.8	14	18小时40分	眼囊前方出现嗅板	图83中13
14	听囊期	5	1.9	15	19小时50分	听囊出现	图83中14
15	尾泡出现期	5	2	16	21小时10分	尾鳍伸出，出现尾泡	图83中15
16	尾鳍出现期	5	2.4	20	22小时30分	卵黄囊内凹，尾泡将退	图83中16
17	晶体形成期	5	2.6	24	23小时20分	眼中央出现晶体	图83中17
18	肌肉效应期	5	2.9	27	1天10分	肌肉与肌节同时抽动	图83中18
19	心脏原基期	5	3.2	30	1天3小时30分	卵囊上方出现心脏原基	图83中19
20	耳石出现期	5	3.5	33	1天7小时	听囊出现2颗耳石	图83中20

（2）仔鱼阶段　受精后3天至6天11小时45分钟。仔鱼自孵出期至鳔一室期，图幅为胸鳍原基期（图83中21）至鳔一室期（图83中26）。共同形态特点是圆头圆脑，眼出现黑色素，眼与嗅囊等大，肌节4+20+16=40对至6+20+16=42对，变化于背鳍褶起点至头部位置，肌体20对和尾部16对肌节比较稳定，尾静脉窄和细，鳔一室期头背出现黑色素，仔鱼体长5.2~7.5 mm（表75）。

（3）稚鱼阶段　受精后8天1小时50分钟至20天20小时12分钟。自卵黄囊吸尽期（图83中27）至腹鳍形成期（图83中31）为向外营养的阶段，体侧、青筋（鳔至肌节的1行黑色素，下同）部位出现较多黑色素，从头背延至全身墨黑色，胸鳍基部出现半环状黑色素，与草鱼苗胸鳍弧黑色素相仿，眼为小眼，与嗅囊等大，有别于草鱼的大眼，肌节变化在6+20+16=42对至10+16+16=42对，主要由于背鳍褶起点后退，肛门前肌节至背鳍起点的躯干部从20对退至16对（图83中27~31），尾部（肛门之后）肌节16对比较稳定，尾基心形黑色素逐步明显，全长7.8~12.7 mm（表75）。

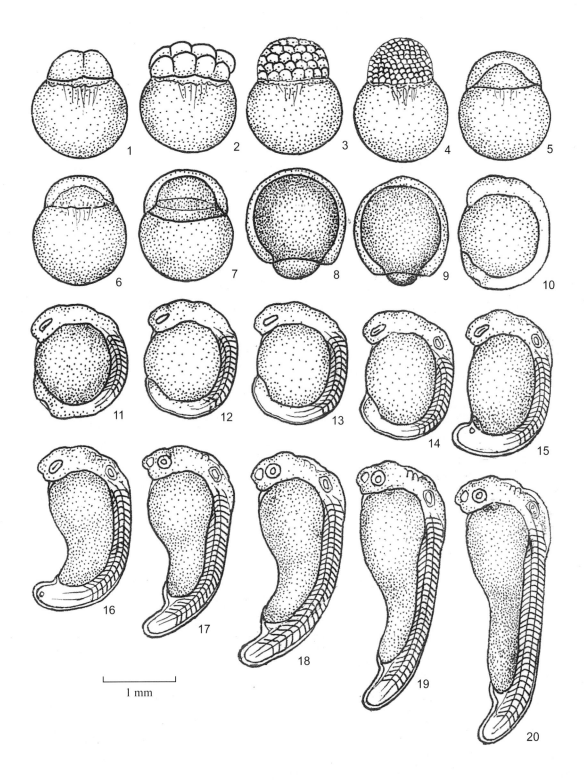

1 mm

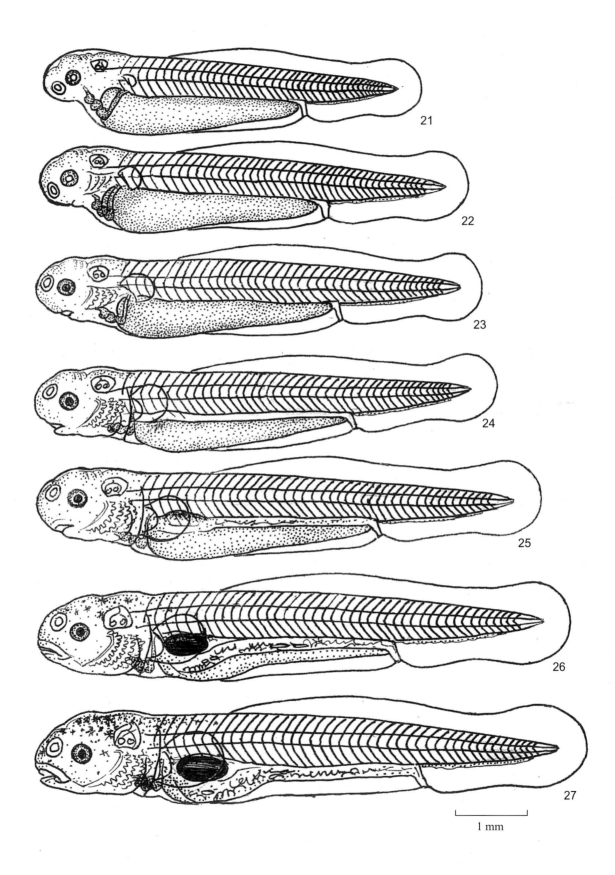

21

22

23

24

25

26

27

1 mm

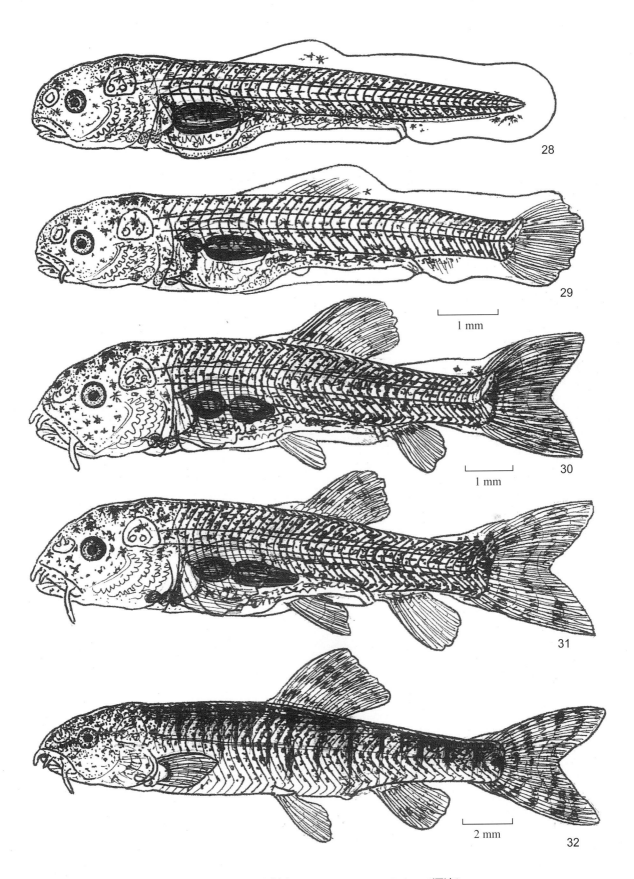

28

29

1 mm

30

1 mm

31

2 mm

32

图 83 花斑副沙鳅 *Parabotia fasciata* Dabry（漂流）

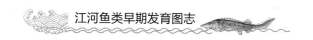

（4）幼鱼阶段　受精后59天23小时40分钟，幼鱼阶段的花斑副沙鳅与成鱼相仿，主要是体侧背出现15~16条侧斑，尾基部1颗心形黑色素，眼前后有1条横向纹黑色素，口角须1对，吻须2对，全长22.2 mm，肌节11+15+16=42对（图83中32，表75）。

表75　花斑副沙鳅的胚后发育特征

阶段	序号	发育期	全长/mm	背鳍前+至肛门+尾肌节/对	受精后时间	发育状况	图号
仔鱼	21	胸鳍原基期	5.2	4+20+16=40	3天	眼黑，圆头圆脑，听囊、眼、嗅囊大小相仿	图83中21
	22	鳃弧期	5.8	5+20+16=41	3天14小时20分	口裂下，眼与嗅囊等大	图83中22
	23	鳃丝期	6.2	5+20+16=41	4天10小时8分	圆头，口张开，尾静脉浅、窄	图83中23
	24	肠管贯通期	6.5	5+20+16=41	4天23小时5分	身体挺直，嗅囊与眼等大，眼黑色	图83中24
	25	鳔雏形期	7	6+20+16=42	5天22小时30分	鳔雏形，半充气，体柠檬黄色，眼黑色	图83中25
	26	鳔一室期	7.5	6+20+16=42	6天11小时45分	鳔一室头背出现黑色素，卵黄囊尚存	图83中26
稚鱼	27	卵黄囊吸尽期	7.8	6+20+16=42	8天1小时50分	卵黄囊吸尽，头背出现黑色素	图83中27
	28	背褶分化期	8.3	6+20+16=42	9天20小时10分	背褶突出，有黑色素，尾褶、臀褶和身体出现黑色素，胸鳍弧黑色素与草鱼同期相仿	图83中28
	29	腹鳍芽出现期	8.9	7+19+16=42	13天21小时50分	腹鳍芽出现，黑色素同上	图83中29
	30	臀鳍形成期	11.5	9+17+16=42	16天18小时35分	背鳍、臀鳍形成，吻须、口角须芽出现，色素同上，尾基下出现心形黑色素	图83中30
	31	腹鳍形成期	12.7	10+16+16=42	20天20小时12分	口角须伸长，体形与黑色素同上，尾基下出现心形黑色素	图83中31
幼鱼	32	幼鱼期	22.2	11+15+16=42	59天23小时40分	眼前后有1斜形黑色素，尾基处有1颗心形黑色素	图83中32

【比较研究】

花斑副沙鳅与双斑副沙鳅幼鱼非常相似，最大区别是花斑副沙鳅尾基部有1朵心形黑色素，双斑副沙鳅尾基上、下各有1片矩形黑色素。仔鱼至稚鱼时，花斑副沙鳅眼与嗅囊等大，而双斑副沙鳅嗅囊略大于眼，花斑副沙鳅肌节主要为6+20+16=42对，而花斑副沙鳅肌节为5+20+14=39对，前者尾巴、肌节多3对。

（三）花鳅亚科 Cobitinae

1. 中华花鳅

中华花鳅（*Cobitis sinensis* Sauvage，图84）体长形，与头部一起呈侧扁状的小型鱼类，尾截形，略带圆角，背鳍起点至头部与至尾基部长度相等，体侧有10~11个矩形褐色斑，尾基上斜方有一明显黑色斑，眼小，小于嗅囊，须4对，分别是吻须2对、口角须1对、口角须1对，背鳍iii-7，臀鳍iii-5，脊椎骨37个，成鱼全长80~140 mm。

【繁殖习性】

中华花鳅是在江河中产漂流性卵的小型鳅科鱼类。长江与珠江水系都栖息有中华花鳅。早期发育材料主要取自 1983 年 4—6 月西江桂平石嘴段，产卵场在其上游的浔江东塔段、都安段等，长江材料是 1986 年 6 月取自下游武穴段，相应的产卵场在黄石道士袱。

【早期发育】

（1）鱼卵阶段　卵吸水膨胀后膜径 3.8~4.2 mm，属中卵型，略带黏性，卵膜黏有微泥，不大透明。

①桑葚期至胚孔封闭期：胚长 1~1.2 mm，卵粒从柠檬黄色至黄色、浅黄色（表 76 序号 1~7，图 84 中 1~7）。

②眼基出现期至尾泡出现期：胚长 1.3~1.5 mm，肌节 6~20 对（表 76 序号 8~9，图 84 中 8~9）。

③肌肉效应期至心脏搏动期：胚长 2.4~3.2 mm，胚体抽动至翻滚，在晶体形成时眼约为嗅囊的 1/2，嗅囊大于眼，与沙花鳅的嗅囊等于眼为一大区别（表 76 序号 10~11，图 84 中 10~11）。另外，中华花鳅在心脏搏动即将孵出时，卵黄囊前端已出现 5 朵左右的黑色素，而沙花鳅同期不见黑色素。

表 76　中华花鳅的胚胎发育特征

阶段	序号	发育期	膜径 /mm	胚长 /mm	肌节 /对	受精后时间	发育状况	图号
鱼卵	1	桑葚期	3.8	1.1	0	3 小时 30 分	动物极柠檬黄色至浅黄色，桑葚状，窄突起	图 84 中 1
	2	囊胚早期	3.8	1	0	4 小时 40 分	动物极转，酪黄色	图 84 中 2
	3	囊胚晚期	3.8	1	0	5 小时 10 分	卵粒圆形，酪黄色	图 84 中 3
	4	原肠中期	3.9	1.2	0	6 小时 15 分	长椭圆形，浅黄色	图 84 中 4
	5	原肠晚期	3.9	1.2	0	7 小时 10 分	长椭圆形，黄色	图 84 中 5
	6	神经胚期	3.9	1.2	0	7 小时 45 分	卵黄栓出现，卵粒浅黄色	图 84 中 6
	7	胚孔封闭期	4	1.2	0	8 小时 10 分	胚孔封闭，卵粒浅黄色	图 84 中 7
	8	眼基出现期	4	1.3	6	9 小时	眼基出现、细窄，卵浅黄色	图 84 中 8
	9	尾泡出现期	4.1	1.5	20	12 小时 10 分	尾泡出现，头下弯	图 84 中 9
	10	肌肉效应期	4.1	2.4	25	16 小时 5 分	胚体抽动，每秒约 4 次	图 84 中 10
	11	心脏搏动期	4.1	3.2	34	20 小时 30 分	圆头圆脑，嗅囊大于眼，耳石出现，卵黄囊前部有 5 朵黑色素	图 84 中 11

（2）仔鱼阶段　从孵出期至鳔一室期为仔鱼阶段，全长 3.7~6.2 mm，肌节 3+21+13=37 对。

①孵出期至胸鳍原基期：圆头小眼，嗅囊比眼大 1 倍，卵黄囊前端有 5~7 朵黑色素（表 77 序号 12~13，图 84 中 12~13）。

②鳃弧期至鳃丝期：全长 4.5~5.4 mm，口角须芽与吻须芽相继出现（表 77 序号 14~15，图 84 中 14~15）。

③鳔雏形期至鳔一室期：头背、体侧、青筋部位出现黑色素，尾褶不见黑色素，胸鳍弧无色素，吻须 2 对，口角须 1 对，相继萌出，全长 5.8~6.2 mm，肌节 3+21+13=37 对（表 77 序号 16~18，图 84 中 16~18）。

（3）稚鱼阶段　自卵黄囊吸尽期至腹鳍形成期为稚鱼阶段。收集有卵囊吸尽和腹鳍芽出现两个发育期。

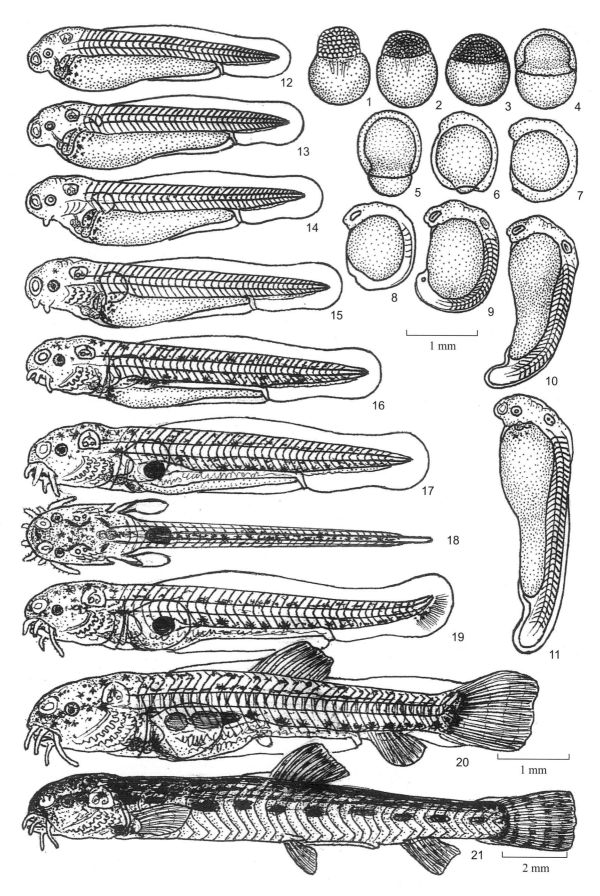

图 84　中华花鳅 *Cobitis sinensis* Sauvage（漂流）

①卵黄囊吸尽期：鳔一室，全长 6.7 mm，4 对须出齐，背褶隆起未分化，尾椎微上翘，尾褶的雏形鳍条出现，有 1 片黑色素，头背与青筋部位黑色素明显，眼为嗅囊的 1/2（表 77 序号 19，图 84 中 19）。

②腹鳍芽出现期：鳔二室，背鳍、臀鳍、尾鳍及 4 对须基本形成，嗅囊下方经眼至听囊下方形成 1 条黑色素，头背、体背与青筋部位各有 1 条黑色素，腹鳍芽出现，背鳍起点后退，全长 7.3 mm，肌节为 5+19+13=37 对（表 77 序号 20，图 84 中 20）。

（4）幼鱼阶段　受精后 52 天为幼鱼期。与成鱼形状相近，体长侧扁，体侧出现 10 个棕色矩形斑纹，背鳍起点后退，背鳍起点至吻端长约等于背鳍起点至尾基，吻须 2 对，颏须、口角须各 1 对，尾截形，略带圆弧状，全长 17.3 mm，肌节 8+16+13=37 对（表 77 序号 21，图 84 中 21）。

表 77　中华花鳅的胚后发育特征

阶段	序号	发育期	全长/mm	背鳍前+躯干+尾部=肌节/对	受精后时间	发育状况	图号
仔鱼	12	孵出期	3.7	3+21+13=37	2 天 7 小时 30 分	体浅黄色，卵黄囊前端出现黑色素	图 84 中 12
	13	胸鳍原基期	4	3+21+13=37	2 天 20 小时	圆头圆脑，嗅囊大于眼，胸鳍月牙状	图 84 中 13
	14	鳃弧期	4.5	3+21+13=37	3 天 5 小时 10 分	鳃弧出现，口角须芽萌出	图 84 中 14
	15	鳃丝期	5.4	3+21+13=37	4 天 2 小时 30 分	鳃丝出现，眼为嗅囊的 1/2，吻须与口角须芽各萌生 1 对	图 84 中 15
	16	鳔雏形期	5.8	3+21+13=37	5 天 5 小时 30 分	鳔雏形，头背、体侧出现黑色素，眼小，约为嗅囊的 1/2，吻须、口角须出现	图 84 中 16
	17	鳔一室期	6	3+21+13=37	6 天 6 小时 50 分	口角须、吻须、颏须出现，尾静脉细窄，尾褶有 1 丛黑色素	图 84 中 17
	18	鳔一室期	6.2	3+21+13=37	7 天 6 小时 30 分	鳔一室，头背黑色素多，胸鳍弧有 2 朵黑色素，口角须、口角须各 1 对，吻须 2 对	图 84 中 18
稚鱼	19	卵黄囊吸尽期	6.7	4+20+13=37	9 天 3 小时 10 分	卵黄囊吸尽，4 对须皆萌出，眼为嗅囊的 1/2	图 84 中 19
	20	腹鳍芽出现期	7.3	5+19+13=37	15 天 5 小时 10 分	腹鳍芽出现，鳔前室出现，背鳍、臀鳍将独立，尾鳍接近截形	图 84 中 20
幼鱼	21	幼鱼期	17.3	8+16+13=37	52 天 10 小时	体与头侧扁，4 对须，背鳍起点至吻及至尾基长度相等，体侧有 10 个棕色斑纹	图 84 中 21

【比较研究】

中华花鳅与沙花鳅的胚胎及胚后发育特征极其相似，主要区别如下：

（1）鱼卵阶段　中华花鳅与沙花鳅卵膜、胚体大小等形态相仿，在原肠中期前后卵粒呈椭圆形，比之其他鱼类，胚胎无疑是花鳅属鱼类的一大特点。中华花鳅卵粒黄色，而沙花鳅是枇杷黄色，孵出前的耳石出现期至心脏搏动期两者同为小眼类。中华花鳅嗅囊比眼大 1 倍，沙花鳅嗅囊与眼相等。中华花鳅卵黄囊前端有 3~5 朵黑色素，而沙花鳅没有黑色素。

（2）仔鱼阶段　中华花鳅与沙花鳅同为圆头小眼类，须 4 对，长度相仿（4~6 mm）。不同者为中华花鳅嗅囊大于眼，肌节 3+21+13=37 对，尾褶下方未出现黑色素；沙花鳅嗅囊等于眼，肌节 3+19+15=37 对，中华花鳅尾部肌节少于沙花鳅 2 对。

（3）稚鱼阶段与幼鱼阶段　中华花鳅与沙花鳅体长侧扁，须 4 对。不同者为中华花鳅背鳍起点至吻端长约等于背鳍起点至尾基，而沙花鳅背鳍起点至吻端长短于至尾基长；中华花鳅体侧棕色矩形斑纹有 10 块，而沙花鳅有 13 块；中华花鳅嗅囊大于眼，而沙花鳅嗅囊约等于眼。

2．沙花鳅

沙花鳅［*Cobitis arenae* (Lin)，图85］体长形，亦与头部一起呈侧扁状，尾截形，上下稍有圆角，头至背鳍起点短于背鳍起点至尾基距离。体侧有 13~14 个矩形浅褐色斑，尾基上斜方有一明显黑色斑。眼小，须 4 对，其中吻须 2 对、口角须 1 对、颔须 1 对，背鳍ⅲ-7，臀鳍ⅲ-5，脊椎骨 37 个，尾部稍长于中华花鳅，背鳍起点至尾基长度大于吻至背鳍起点长度，这是与中华花鳅的区别之处。成鱼体长 80~100 mm。

【繁殖习性】

沙花鳅是在江河流水中产漂流性卵的小型鳅科鱼类，在西江为与中华花鳅同属兄弟种，产卵时间 4—6 月，产卵场于西江、浔江、黔江、郁江、红水河都有分布，长江未见沙花鳅。

【早期发育】

（1）鱼卵阶段　沙花鳅鱼卵吸水膨胀后膜径 3.8~4.2 mm。

①8 细胞期至神经胚期：胚长 1.1~1.2 mm，卵粒从橙黄色至枇杷黄色（表78 序号 1~9，图85 中 1~9）。

②肌节出现期至尾鳍出现期：胚长 1.3~1.5 mm，卵粒为黄色，肌节 3~15 对（表78 序号 10~13，图 85 中 10~13）。

③尾泡出现期至心脏搏动期：卵黄囊黄色，胚体浅黄色，肌节 17~36 对。自肌肉效应期后胚体抽动至翻动，眼属小眼类，眼与嗅囊等大（表78 序号 14~17，图85 中 14~17）。

表78　沙花鳅的胚胎发育特征

阶段	序号	发育期	膜径 /mm	胚长 /mm	肌节 /对	受精后时间	发育状况	图号
鱼卵	1	8 细胞期	3.8	1.1	0	1 小时 30 分	8 个细胞，动物极橙黄色	图85 中 1
	2	16 细胞期	3.8	1.1	0	2 小时	16 个细胞，动物极橙黄色	图85 中 2
	3	桑葚期	3.8	1.2	0	3 小时 20 分	动物极深黄色，原生质弱	图85 中 3
	4	囊胚中期	3.9	1.2	0	4 小时 40 分	卵粒橙黄色，原生质不显	图85 中 4
	5	囊胚晚期	3.9	1	0	5 小时 30 分	卵粒枇杷黄色，椭圆形	图85 中 5
	6	原肠早期	3.9	1.1	0	6 小时 10 分	下包 2/5，枇杷黄色	图85 中 6
	7	原肠中期	4	1.1	0	6 小时 40 分	长橘子形，枇杷黄色带紫色	图85 中 7
	8	原肠晚期	4	1.2	0	7 小时 25 分	下包 3/4，枇杷黄色	图85 中 8
	9	神经胚期	4	1.2	0	8 小时 50 分	鱼卵黄栓，下包 6/7，枇杷黄色	图85 中 9
	10	肌节出现期	4	1.3	3	9 小时 45 分	卵粒枇杷黄色，胚体黄色	图85 中 10
	11	眼芽期	4.1	1.3	8	10 小时 10 分	眼芽出现，卵粒黄色	图85 中 11
	12	尾芽出现期	4.1	1.4	12	11 小时	尾芽上弯，卵粒黄色	图85 中 12
	13	尾鳍出现期	4.1	1.5	15	12 小时 5 分	尾鳍与听囊出现	图85 中 13
	14	尾泡出现期	4.2	1.4	17	13 小时 10 分	尾泡出现卵粒黄色	图85 中 14
	15	肌肉效应期	4.2	2.5	21	15 小时	嗅板隐约可见，胚体抽动	图85 中 15
	16	眼晶体形成期	4.2	3	25	15 小时 30 分	眼晶体形成，卵黄囊葫芦状	图85 中 16
	17	心脏搏动期	4.2	4	36	20 小时	眼与嗅囊等大，心脏搏动	图85 中 17

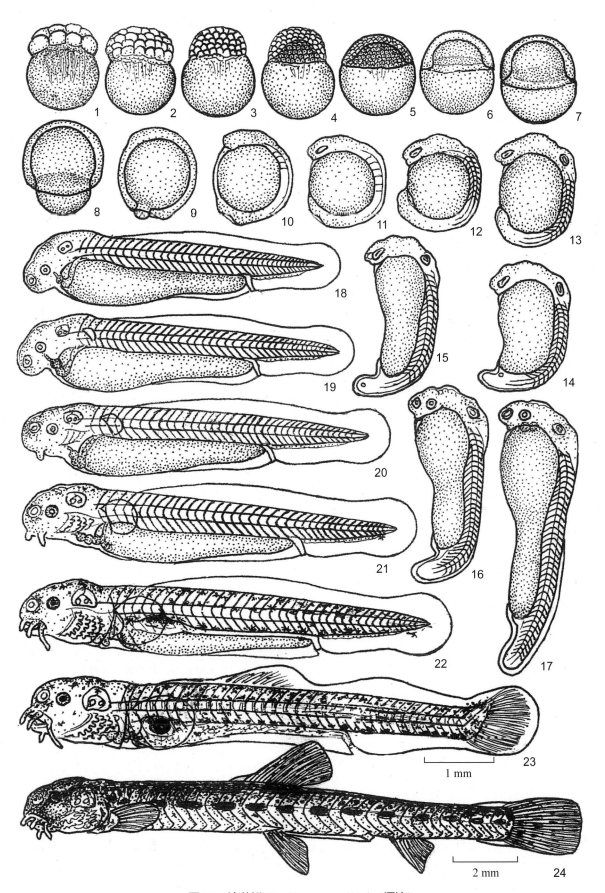

图 85　沙花鳅 *Cobitis arenae*（Lin）（漂流）

（2）仔鱼阶段　孵出后至卵黄囊吸尽前的自体营养时期称为仔鱼阶段，圆头与小眼为沙花鳅的典型形态特征，尾静脉与居维氏管黄色，胚体浅土黄色，肌节3+19+15=37对。

①孵出期至胸鳍原基期：全长4.4~4.7 mm，嗅囊小，与眼等大（表79序号18~19，图85中18~19）。

②鳃弧期：全长5 mm，出现口角须芽（表79序号20，图85中20）。

③鳃丝期：全长5.3 mm，出现吻须口角须芽各1对，头背部出现黑色素（表79序号21，图85中21）。

④鳔雏形期：全长5.8 mm，吻须2对，口角须1对，头背、体背、青筋黑色素出现，尾褶下方出现1朵黑色素（表79序号22，图85中22）。

（3）稚鱼阶段　对外摄食，背褶分化渐至腹鳍芽出现，全长6.3~7.2 mm，肌节为3+19+15=37对。

①背褶分化期：全长6.3 mm，卵黄囊吸尽，眼小与嗅囊等大，除吻须2对，口角须1对外，颏须芽也萌出，黑色素增多，鳔一室。

②尾椎上翘期：全长6.6 mm，背褶及尾褶生长雏形鳍条，尾椎上翘，须4对，眼小，仍与嗅囊等大（表79序号23，图85中23）。

③腹鳍芽出现期：全长7.2 mm，鳔二室、背鳍、臀鳍、尾鳍鳍条基本出齐，只是眼与嗅囊相等，及尾肌节15对而与上述中华花鳅有所区别。

（4）幼鱼阶段　受精后约51天12小时进入幼鱼阶段，体长而扁，胸鳍、背鳍、腹鳍、臀鳍、尾鳍生成，吻须2对，颏须、口角须各1对，体侧有13块棕色矩形斑纹，背鳍起点后退，其到吻端距离小于至尾基距离，尾截形，上下略呈圆角，肌节9+13+15=37对（表79序号24，图85中24）。

表79　沙花鳅的胚后发育特征

阶段	序号	发育期	全长/mm	背鳍前+躯干+尾部=肌节/对	受精后时间	发育状况	图号
仔鱼	18	孵出基期	4.4	3+19+15=37	2天6小时50分	圆头圆脑，眼小，与嗅囊等大	图85中18
	19	胸鳍原基期	4.7	3+19+15=37	2天17小时10分	胸鳍原基出现，尾静脉色浅	图85中19
	20	鳃弧期	5	3+19+15=37	3天4小时20分	鳃弧出现，口角须芽萌出	图85中20
	21	鳃丝期	5.3	3+19+15=37	4天1小时30分	鳃丝出现，吻须、口角须芽各1对	图85中21
	22	鳔雏形期	5.8	3+19+15=37	5天6小时50分	鳔半充气，吻须2对，口角须1对，头、躯体、尾褶下出现黑色素	图85中22
稚鱼	23	尾椎上翘期	6.6	3+19+15=37	10天1小时10分	尾椎上翘，吻须、颏须、口角须共4对，体色黑	图85中23
幼鱼	24	幼鱼期	17.3	9+13+15=37	51天12小时	体侧有13块棕色斑，体长扁，近似成鱼，背鳍起点至吻端长小于至尾基长	图85中24

【比较研究】

沙花鳅与中华花鳅胚胎形态较相似，但仍有区分之处，具体如下：

（1）鱼卵阶段　鱼卵时期卵膜与胚胎大小相仿，原肠中期及前后卵粒背呈椭圆形，其他发育期为圆形至茄形，皆为圆头小眼。沙花鳅卵粒枇杷黄色、土黄色，有别于中华花鳅的浅黄色，鱼卵自晶体形成期至心脏搏动期，沙花鳅眼与嗅囊等大，中华花鳅的眼为嗅囊的1/2，两者皆为小眼。

（2）仔鱼阶段　仔鱼阶段沙花鳅与中华花鳅仍甚相似，大小相仿，也相应萌出吻须、口角须、颏须。主要区别：沙花鳅的嗅囊与眼大小相等，中华花鳅的嗅囊为眼的 2 倍，肌节同为 37 对，但沙花鳅尾部肌节 15 对，中华花鳅尾部肌节 13 对。

（3）稚鱼阶段 稚鱼与幼鱼阶段两者仍相似，主要区别：幼鱼期沙花鳅背鳍至吻端长度短于至尾长，中华花鳅背鳍至吻段长等于至尾基长，体侧矩形棕色斑数目沙花鳅多于中华花鳅，前者约 13 块，后者约 10 块。沙花鳅的眼与嗅囊相等，中华花鳅的眼为嗅囊的 1/2，肌节数、脊椎骨两者相等，但肛门后肌节沙花鳅 15 对，多于中华花鳅的 13 对。

3．大鳞副泥鳅

我国副泥鳅属只有大鳞副泥鳅（*Paramisgurnus dabryanus* Guichenot，图 86）1 个种，产于长江中下游以及浙江、福建、台湾等溪水水体。随着商品市场的开发，广东省珠江水系分布的大鳞副泥鳅，是 20 世纪 80 年代经过人工养殖，从湖南湘江引过来的。早期发育材料引用 1981—1982 年在中山大学养殖场的试验，观察结果见《大鳞副泥鳅的胚胎发育及鱼种培养》（梁秩燊 等，1988）。

大鳞副泥鳅体长侧扁，口亚下位，须 5 对，鳞埋于皮下，侧线鳞 105 片，尾鳍圆形，尾柄高，有明显的皮褶棱，成鱼长 130~230 mm，重 35~210 g，背鳍ⅲ-6，臀鳍ⅲ-5，体棕黑色。

【繁殖习性】

大鳞副泥鳅产黏草性卵。亲鱼于水层水生植物附近追逐，体外受精。卵粒黏在凤眼莲、苦草、轮叶黑藻等的根叶茎部，于水中发育至孵出，仍以头部附着器黏在水生植物上发育，至鳔雏形期脱离水草，游到附近摄食，并经稚鱼阶段发育为幼鱼。胚胎及胚后发育在 21~23℃的水中进行。

【早期发育】

（1）鱼卵阶段 卵膜径 1.1 mm，早期卵粒胚长 0.88 mm，从受精期至心脏搏动经历 32 个发育期（表 80，图 86 中 1~32），尾鳍出现期后胚体沿卵黄囊弯曲，卵黄囊呈逗号形（图 86 中 26~31）。眼晶体形成期后属中眼类，眼大小约为嗅囊的 3 倍。

表 80 大鳞副泥鳅的胚胎发育特征

阶段	序号	发育期	膜径/mm	胚长/mm	肌节/对	受精后时间	发育状况	图号
鱼卵	1	受精期	1.1	0.88	0	0	圆粒状，箴黄色	图 86 中 1
	2	胚盘隆起期	1.2	0.92	0	35 分	胚盘隆起	图 86 中 2
	3	2 细胞期	1.3	0.92	0	1 小时 20 分	纵裂为 2 个细胞	图 86 中 3
	4	4 细胞期	1.3	0.92	0	2 小时	4 个细胞	图 86 中 4
	5	8 细胞期	1.3	0.92	0	2 小时 30 分	8 个细胞	图 86 中 5
	6	16 细胞期	1.3	0.96	0	2 小时 55 分	16 个细胞	图 86 中 6
	7	32 细胞期	1.3	1	0	3 小时 25 分	32 个细胞	图 86 中 7
	8	64 细胞期	1.3	1	0	4 小时	64 个细胞	图 86 中 8
	9	128 细胞期	1.3	1.02	0	4 小时 20 分	128 个细胞	图 86 中 9
	10	桑葚期	1.3	1.06	0	4 小时 55 分	动物极如桑葚	图 86 中 10
	11	囊胚早期	1.3	1.04	0	5 小时 15 分	囊胚层隆起	图 86 中 11
	12	囊胚中期	1.3	1	0	5 小时 55 分	囊胚层下降	图 86 中 12
	13	囊胚晚期	1.3	0.92	0	6 小时 45 分	囊胚层低扁	图 86 中 13
	14	原肠早期	1.3	0.98	0	7 小时 40 分	原肠下包 1/3	图 86 中 14

（续表）

阶段	序号	发育期	膜径 /mm	胚长 /mm	肌节 / 对	受精后时间	发育状况	图号
鱼卵	15	原肠中期	1.3	1	0	8 小时 25 分	下包 1/2	图 86 中 15
	16	原肠晚期	1.3	1	0	9 小时 15 分	下包 2/3	图 86 中 16
	17	神经胚期	1.3	1.03	0	10 小时 55 分	胚体头部雏形	图 86 中 17
	18	胚孔封闭期	1.3	1.06	0	11 小时 25 分	胚孔封闭	图 86 中 18
	19	肌节出现期	1.3	1.03	3	12 小时 25 分	出现 3 对肌节	图 86 中 19
	20	眼基出现期	1.3	1.03	6	13 小时 15 分	眼基出现	图 86 中 20
	21	眼囊期	1.3	1.03	9	14 小时 15 分	眼扩大至眼囊	图 86 中 21
	22	嗅板期	1.3	1.03	12	15 小时 5 分	眼前出现嗅板	图 86 中 22
	23	尾芽期	1.3	1.04	15	16 小时	尾芽出现	图 86 中 23
	24	听囊期	1.3	1.04	17	16 小时 45 分	听囊出现	图 86 中 24
	25	尾泡出现期	1.3	1.08	17	17 小时 30 分	尾泡出现	图 86 中 25
	26	尾鳍出现期	1.3	1.57	20	18 小时 10 分	尾鳍出现	图 86 中 26
	27	眼晶体形成期	1.3	2.16	22	18 小时 40 分	眼晶体形成	图 86 中 27
	28	肌肉效应期	1.3	2.35	24	19 小时 10 分	肌肉抽动	图 86 中 28
	29	嗅囊出现期	1.3	2.5	27	20 小时 10 分	嗅囊为眼的 1/4	图 86 中 29
	30	心脏原基期	1.3	2.84	31	22 小时 35 分	心脏原基出现	图 86 中 30
	31	耳石出现期	1.3	3.04	33	1 天	听囊出现耳石	图 86 中 31
	32	心脏搏动期	1.3	3.25	38	1 天 2 小时 35 分	心脏搏动	图 86 中 32

（2）仔鱼阶段　自孵出瞬期至鳔一室期为仔鱼阶段。

①孵出瞬期：全长 3.4 mm，肌节 2+27+16=45 对，居维氏管粗大，尾静脉不显，黏挂于水生植物的附着器形成（表 81 序号 33，图 86 中 33）。

②孵出期：全长 3.6 mm，肌节 2+27+17=46 对，附着器把身体黏挂在水生维管束植物上，尾褶辅助呼吸纹增多（表 81 序号 34，图 86 中 34）。

③胸鳍原基期至雏形鳃盖期：全长 3.8~4.2 mm，肌节同上为 46 对，头部、体侧、鳍褶逐步出现黑色素，肠管贯通，外鳃丝伸出，眼渐变黑（表 81 序号 35~38，图 86 中 35~38）。

④鳔雏形期至鳔一室期：全长 4.4~5 mm，肌节从 2+27+18=47 对至 3+26+18=47 对，全身及各鳍褶出现黑色素，附着器消失，外鳃丝较长，卵黄囊呈长锥状，胸鳍弧上部有黑色素，吻须 1 对，从雏形鳔至充气，卵黄囊前段出现 3~4 朵大黑色素（表 81 序号 39~42，图 86 中 39~42）。

（3）稚鱼阶段　自卵黄囊吸尽期至鳞片出现期为稚鱼阶段，全长 6.2~16.4 mm，肌节 3+26+18=47 对，由于背鳍起点后退，其后经历 4+25+18=47 对、5+24+18=47 对、8+21+18=47 对、10+19+18=47 对、15+14+18=47 对、20+9+18=47 对等，全身黑色素增多，椎骨形成，从鳔一室渐变为鳔二室，从 1 对须变化为 5 对须，最后各鳍形成，鳞片出现（表 81 序号 43~51，图 86 中 43~51）。

（4）幼鱼阶段　大鳞副泥鳅全长 23.1 mm、受精 32 天后进入幼鱼期，从 43.1 mm、55.7 mm、71.4 mm 逐步从小幼鱼变为大幼鱼，分别在受精后 32 天、42 天、62 天［表 81 序号 52~54，图 86 中 52（1）~（3）］，基本与成鱼相仿，尾部皮脊棱发达，左右鳃孔部相连，肌节 20+9+18=47 对。

表 81 大鳞泥鳅的胚后发育特征

阶段	序号	发育期	全长/mm	背鳍前+躯干+尾部=肌节/对	受精后时间	发育状况	图号
仔鱼	33	孵出瞬期	3.4	2+27+16=45	1天5小时	尾部破,卵膜先形成,居维氏管粗	图86中33
	34	孵出期	3.6	2+27+17=46	1天7小时	眼与头部出现黑色素,第2雏形外鳃丝出现	图86中34
	35	胸鳍原基期	3.8	2+27+17=46	1天10小时40分	胸鳍原基出现,第4雏形鳃丝萌出,尾褶有助呼吸纹	图86中35
	36	眼黑色素通期	3.9	2+27+17=46	1天13小时25分	体黑色素增多,外鳃丝延长	图86中36
	37	肠管贯通期	4	2+27+17=46	1天19小时20分	肠管贯通,卵黄囊与背褶出现黑色素,外鳃丝增长	图86中37
	38	雏形鳃盖期	4.2	2+27+17=46	2天	鳃盖膜生成,黑色素增多	图86中38
	39	鳔雏形期	4.4	2+27+18=47	2天12小时	鳃丝伸长,鳔雏形,附着器收缩	图86中39
	40	附着器消失期	4.6	2+27+18=47	3天	附着器消失,体黑色素增多,胸鳍弧上有黑色素	图86中40
	41	口须出现期	4.8	2+27+18=47	3天12小时	第1对须出现,嗅囊约为眼的1/4	图86中41
	42	鳔一室期	5	3+26+18=47	4天	鳔充气,外鳃丝伸出鳃膜外,俯视见胚毛	图86中42(1)(2)
稚鱼	43	卵黄囊吸尽期	6.2	3+26+18=47	5天	卵黄囊吸尽,体鳍、背鳍、尾鳍褶黑色素增多	图86中43
	44	尾椎上翘期	6.7	4+25+18=47	6天	尾椎上翘,尾鳍雏形鳍条出现,第2对须萌出,节间动脉伸入,尾鳍条基本形成	图86中44
	45	背鳍分化期	8.1	4+25+18=47	7天	背鳍褶突出,节间动脉伸入,尾鳍条基本形成	图86中45
	46	鳔二室期	8.8	5+24+18=47	8天	鳔前室出现,吻须萌出,1对,肌节变"W"形	图86中46
	47	背鳍形成期	9.4	6+23+18=47	9天	背鳍形成,但未脱离背鳍褶,体色黑,颏须出现	图86中47
	48	臀鳍形成期	9.7	8+21+18=47	10天	臀鳍形成,也未脱离背鳍褶,5对须出齐	图86中48
	49	腹鳍芽出现期	11.9	10+19+18=47	12天	腹鳍芽出现,后位,体色黑	图86中49
	50	腹鳍形成期	13.9	15+14+18=47	14天	腹鳍形成,各鳍皆已成形	图86中50
	51	鳞片出现期	16.4	20+9+18=47	17天	鳞片出现,从前部先发生,渐向后推移	图86中51
幼鱼	52	幼鱼期1	43.1	20+9+18=47	32天	为小幼鱼,与成鱼相仿,体色黑,须长	图86中52(1)
	53	幼鱼期2	55.7	20+9+18=47	42天	为中幼鱼,与成鱼相仿,体色黑,须长	图86中52(2)
	54	幼鱼期3	71.4	20+9+18=47	62天	为大幼鱼,体色黑,须长	图86中52(3)

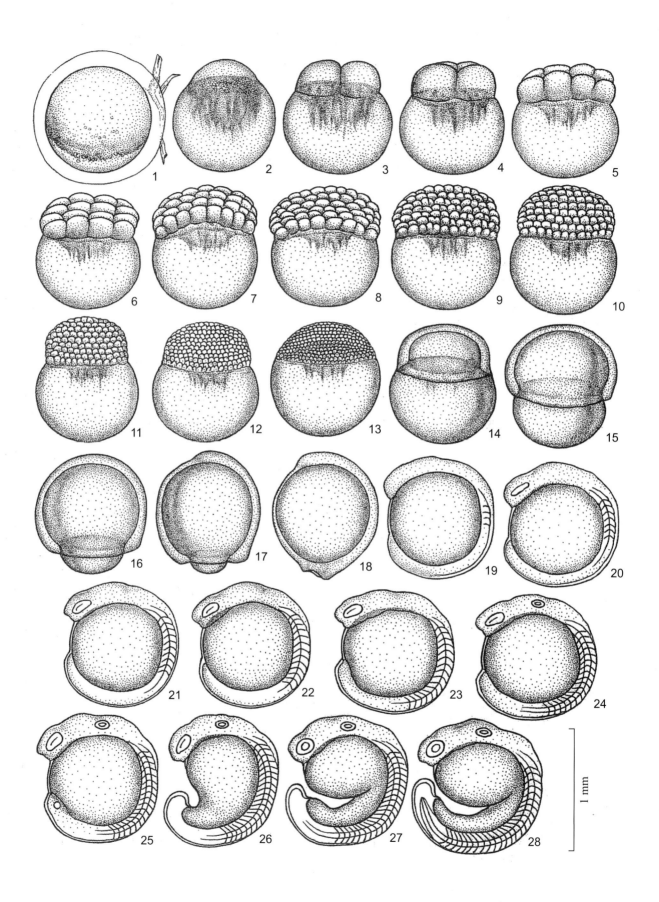

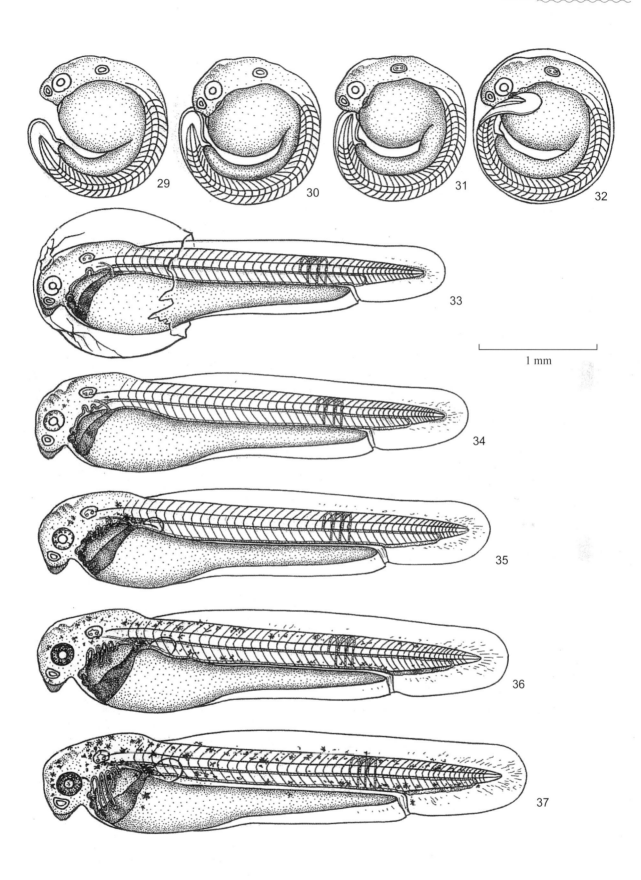

1 mm

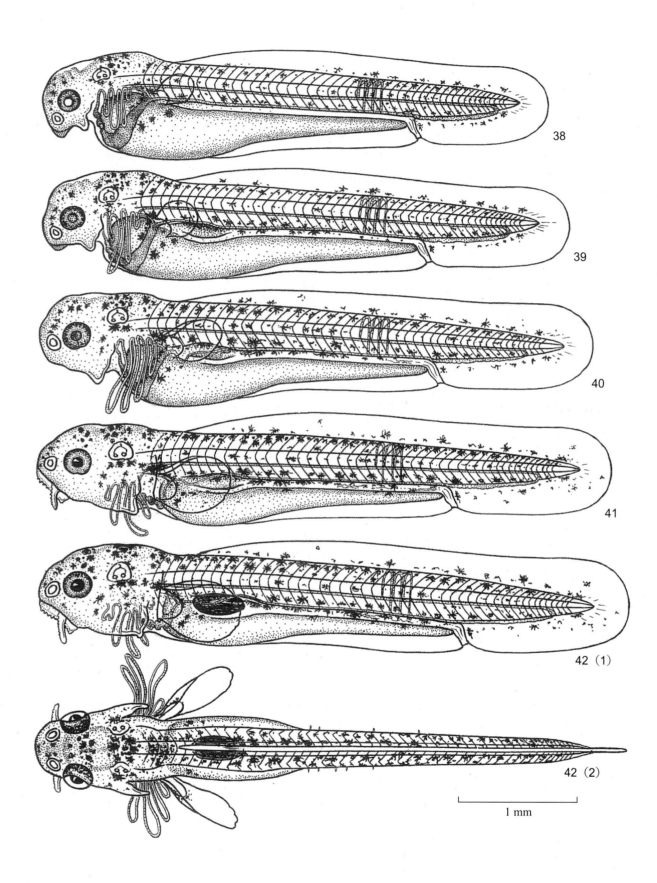

38

39

40

41

42（1）

42（2）

1 mm

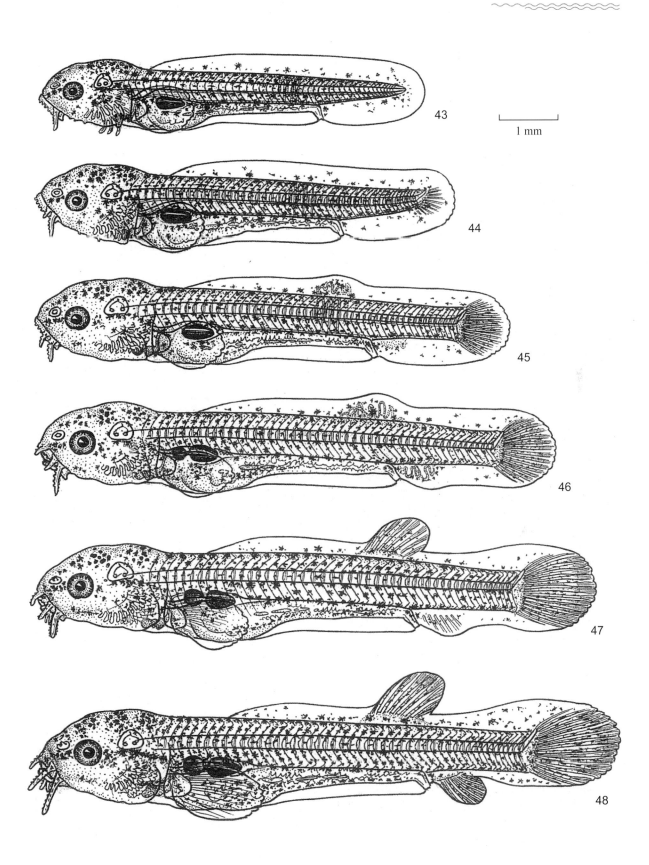

1 mm

43

44

45

46

47

48

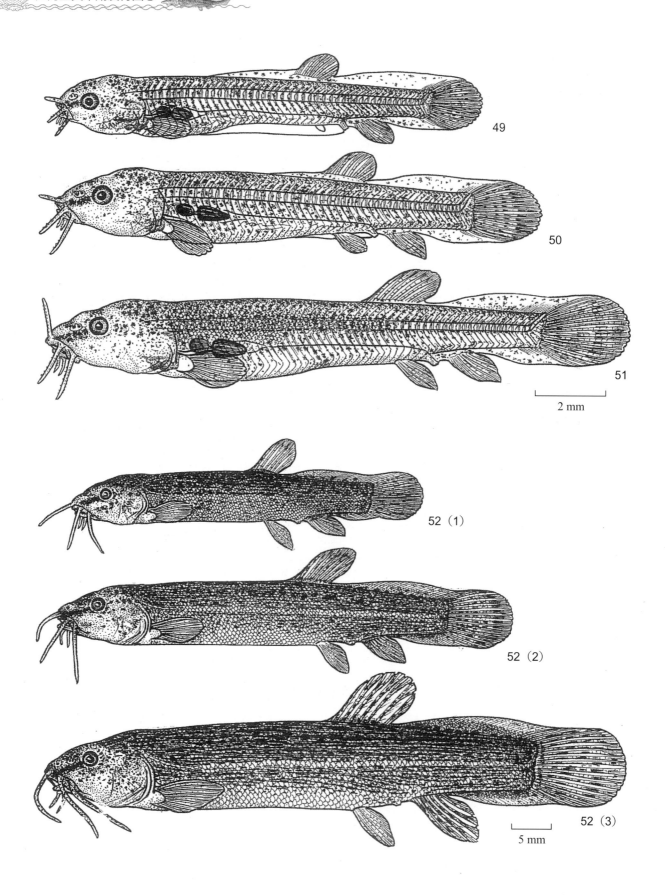

49

50

51

2 mm

52（1）

52（2）

52（3）

5 mm

图 86　大鳞副泥鳅 *Paramisgurnus dabryanus* Guichenot（黏草）

【比较研究】

大鳞副泥鳅胚胎发育为鱼卵阶段，胚体于卵内行细胞分裂与膜内发育，至孵出后又具附着器黏挂在水草外发育至鳔雏形期后消失，胚后发育鳍褶有辅助呼吸纹，体上较多黑色素和较长的外鳃丝都有增强呼吸的作用。与近属泥鳅主要有以下 5 个区分之处：

①大鳞副泥鳅眼基出现期在肌节出现期之后，尾泡出现在听囊期之后，而泥鳅肌节、眼基、尾泡同时出现在一个发育期中。

②大鳞副泥鳅于鳔雏形期后萌出口角须，延至背鳍形成期才长齐 5 对须，而泥鳅于鳃弧期即萌出颌须芽，至背鳍褶分化期长齐 5 对须。

③大鳞副泥鳅于胸鳍弧出现 3 朵黑色素，泥鳅无。

④大鳞副泥鳅鳍褶部位有辅助呼吸纹，没有明显的血管网，泥鳅有明显的血管网。

⑤大鳞副泥鳅腹鳍芽出现在臀鳍形成期与腹鳍形成期之间，泥鳅腹鳍芽出现在鳔二室期与背鳍形成期之间（图 86 及图 87）。

4. 泥鳅

泥鳅［*Misgurnus anguillicaudatus* (Cantor)，图 87］广泛分布于江河湖泊、水塘、稻田、沟渠、湿地，体圆柱形，尾偏扁，口亚下位、马蹄形，5 对须，尾后缘圆形，鳞细小埋于皮下，侧线鳞较直，体灰黑色，背侧较黑、有斑点，腹部浅黄色，尾基上方有 1 棕黑色斑，背鳍ⅲ-7，臀鳍ⅲ-5。

材料取自 1962 年鄱阳湖湖口。

【繁殖习性】

繁殖期 4—7 月。鳃与肠都是泥鳅的特殊呼吸器官，故可钻泥生活。产卵于水深 20~30 cm 的浅水草丛中，产黏草性卵，孵出后凭头部下方着器黏挂在水草上生活一段时期，至稚鱼、仔鱼阶段分散觅食、成长。

【早期发育】

（1）鱼卵阶段　胚胎于黏性卵内发育，16 细胞期分裂细胞覆盖卵黄囊之上（表 82 序号 1，图 87 中 1），原肠早期原肠下包 2/5（表 82 序号 2，图 87 中 2），眼晶体形成，胚体于卵膜内弯曲发育（表 82 序号 3，图 87 中 3），渐次进入心脏原基期、耳石出现期、心脏搏动期，眼约为嗅囊的 4 倍。

表 82　泥鳅的胚胎发育特征

阶段	序号	发育期	膜径 / mm	胚长 / mm	肌节 / 对	受精后时间	发育状况	图号
鱼卵	1	16 细胞期	1.3	1.1	0	3 小时	卵黄囊黄色，植物极向上	图 87 中 1
	2	原肠早期	1.3	1.1	0	7 小时 30 分	原肠下包 2/5	图 87 中 2
	3	眼晶体形成期	1.4	1.2	24	18 小时 30 分	眼晶体形成，胚体弯曲于膜内发育	图 87 中 3

（2）仔鱼阶段　自孵出瞬期至鳔一室期为泥鳅的仔鱼阶段（表 83）。

①孵出瞬期：恰撑破卵膜，附着器已形成，随即黏挂在水草上发育，全长 3.1 mm（表 83 序号 4，图 87 中 4）。

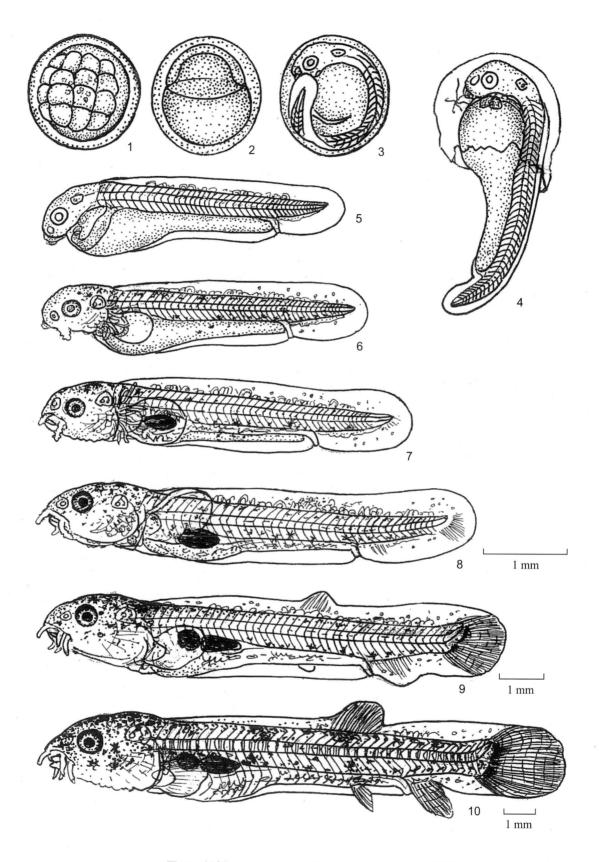

图 87　泥鳅 *Misgurnus anguillicaudatus*（Cantor）（黏草）

②孵出期：黏在水草上发育，背鳍褶网状血管发达，居维氏管粗大（表 83 序号 5，图 87 中 5）。

③鳃弧期：全长 4 mm，第 1 吻须和口角须芽出现，外鳃丝发达（表 83 序号 6，图 87 中 6）。

④鳔一室期：全长 4.6 mm，条状卵黄囊尚存，头背部有 3 朵大黑色素，吻须、口角须各 1 对（表 83 序号 7，图 87 中 7），附着器消失，开始向外自由摄食。

（3）稚鱼阶段　卵黄囊吸尽期至腹鳍形成期为稚鱼阶段，完全行外营养。

①卵黄囊吸尽期：吻须、口角须、颏须各 1 对，胸鳍较大，鳍褶血管网、黑色素、呼吸泡发达（表 83 序号 8，图 87 中 8）。

②腹鳍芽出现期：吻须 2 对，颏须 2 对，口角须 1 对，尾基有 2 片黑色素，背部、臀部、尾部雏形鳍条出现，外鳃丝缩至鳃膜内，鳔二室，尾圆形（表 83 序号 9，图 87 中 9）。

③腹鳍形成期：全长 15.8 mm，肌节 0+28+13=41 对，体黑色素增多，各鳍鳍条基本完成，但鳍褶尚存（表 83 序号 10，图 87 中 10）。

（4）幼鱼阶段　幼鱼期为受精后 31 天 12 小时，全长 45.5 mm，鳍褶收缩，背鳍起点后退，肌节 18+10+13=41 对，体棕黄色，头背、侧部黑色素密集，尾基部有 2 丛黑色素，形近成鱼（表 83）。

表 83　泥鳅的胚后发育特征

阶段	序号	发育期	全长/mm	背鳍前+躯干+尾部=肌节/对	受精后时间	发育状况	图号
仔鱼	4	孵出瞬期	3.1	0+28+13=41	1 天	撑破卵膜，尾伸膜外，正孵出	图 87 中 4
	5	孵出期	3.5	0+28+13=41	1 天 30 分	附着器黏挂胚体于水草下，背鳍褶网状血管发达	图 87 中 5
	6	鳃弧期	4	0+28+13=41	1 天 13 小时 10 分	鳃弧形成，吻须与颏须芽萌出	图 87 中 6
	7	鳔一室期	4.6	0+28+13=41	3 天 20 小时 20 分	头背部有大黑色素，眼为嗅囊的 4 倍，外鳃丝发达，鳔一室	图 87 中 7
稚鱼	8	卵黄囊吸尽期	5.3	0+28+13=41	5 天 1 小时 40 分	卵黄囊吸尽，尾椎微上翘，吻须、颏须、颐须各 1 对	图 87 中 8
	9	腹鳍芽出现期	9.3	0+28+13=41	12 天 20 小时 10 分	腹鳍芽出现，背臀、尾部出现鳍条，体色黑	图 87 中 9
	10	腹鳍形成期	15.8	0+28+13=41	16 天	各鳍鳍条基本形成，但背鳍腹鳍臀鳍褶未被吸收，鳔二室，5 对须	图 87 中 10
幼鱼	11	幼鱼期	45.5	18+10+13=41	31 天 12 小时	各部为鳍褶吸收，背鳍前肌节从 0 变为 18 对，棕黄色，与成鱼相仿	—

【比较研究】

泥鳅卵粒比大鳞副泥鳅的稍大，孵出后大小相仿，泥鳅背鳍褶有发达的血管网而有别于仅有辅助呼吸纹的大鳞副泥鳅，此种血管网与鲤鱼、鲫鱼苗相似，但其头圆、体黑而别于鲤鱼、鲫鱼。

四、平鳍鳅科 Homalopteridae

1. 中华原吸鳅

中华原吸鳅（*Protomyzon sinensis* Chen，图 88）为平鳍鳅科原吸鳅属的一种小型鱼类，全长 39~68 mm，体长圆筒形，尾稍侧扁，吻圆钝，口下位，口角须 1 对，吻须 2 对，侧线鳞 76~86 片，背鳍iii-7，臀鳍

ⅲ-5，胸鳍 ⅰ-19，腹鳍 ⅰ-7，体侧有褐色纵斑纹 10 多条，尾柄有一黑色斑，腹部黄白色，偶鳍平展。分布于珠江的西江上游干支流。

早期发育材料取自 1983 年西江桂平段。

【繁殖习性】

中华原吸鳅产微黏漂流性卵，一般于河溪上产卵，其黏性弱，部分被流水冲出而随水漂流。

【早期发育】

1983 年 5 月 8 日于西江桂平所获的鱼苗，养育至 7 月 5 日成为幼鱼。口角须 1 对，吻须 2 对，体侧有约 10 条褐黑色斑纹，尾柄末端有 1 丛大黑色素，达幼鱼期，全长 15 mm，肌节 10+11+12=33 对（图 88）。受精后约 62 天。

【比较研究】

中华原吸鳅主要根据体侧约 10 条黑褐色斑纹、尾柄 1 丛黑色素、口角须 1 对、吻须 2 对来确定。

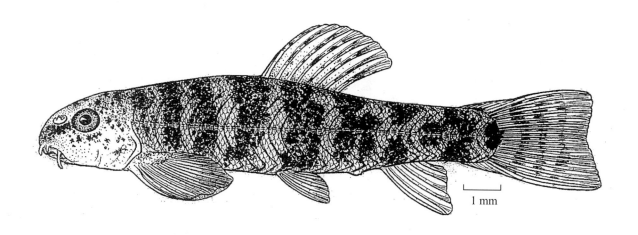

图 88　中华原吸鳅 *Protomyzon sinensis* Chen（黏沉）

2. 四川华吸鳅

四川华吸鳅（*Sinogastromyzon szechuanensis* Fang，图 89）是平鳍鳅科华吸鳅属的一种小型鱼类，全长 65~90 mm，体扁平，匍匐状，胸鳍、腹鳍展平，尾柄细，腹部白色，背部中线有 9 个黑褐色斑纹，腹胸鳍发育如吸盘状，可跳跃。分布于长江上游。

早期发育材料取自 1961 年长江宜昌南津关段。

【繁殖习性】

四川华吸鳅在长江上游涧溪流水环境中产黏沉性卵，怀卵量 4 000~5 000 粒。本次所获材料为被急流冲进圆锥网的鱼卵。

【早期发育】

（1）鱼卵阶段　卵膜较厚，膜径 2.9 mm。

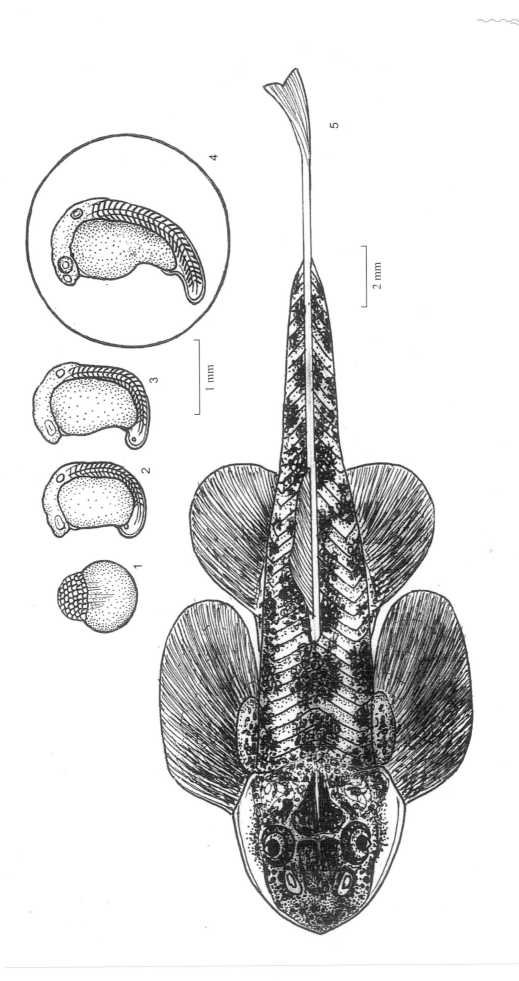

图 89　四川华吸鳅 *Sinogastromyzon szechuanensis* Fang（微黏漂流）

①桑葚期：受精后 4 小时。卵长 1.1 mm（图 89 中 1）。

②尾泡期：受精后 21 小时。卵长 1.5 mm（图 89 中 2）。

③尾鳍出现期：受精后 23 小时。卵长 1.6 mm（图 89 中 3）。

④晶体形成期：受精后 24 小时 30 分。卵长 2.2 mm（图 89 中 4）。

（2）幼鱼阶段　受精后 62 天。匍匐状，头宽，眼上位，胸鳍ⅵ-ⅶ-13，腹鳍ⅵ-ⅷ-13，吻须 2 对，口角须 2 对，体背有 9 个黑褐色斑纹，全长 29.4 mm，肌节 7+13+14=34 对（图 89 中 5）。

【比较研究】

卵膜厚，黏沉性卵，而别于犁头鳅的漂流性大卵。

3．犁头鳅

犁头鳅（*Lepturichthys fimbriata* Günther，图 90）是平鳍鳅科犁头鳅属的一种小型鱼类，全长 60~150 mm，头如犁形，背高，尾柄细长，口小，下位，上、下唇及吻腹面有许多须状肉突，呈吸附器，吻须 2 对，短，背鳍ⅲ-8，臀鳍ⅱ-5，眼小，上位，鳃孔于胸鳍起点上方，侧线鳞 90 片，口角须 3 对。分布于长江上中游干支流。

早期发育材料取自 1961 年长江宜昌段、1962 年长江万县段、1967 年和 1977 年汉江丹江口水库郧县段、1981 年长江监利孙良洲。

【繁殖习性】

犁头鳅于江河流水环境产漂流性卵，与草鱼等四大家鱼及铜鱼的产卵类型相同，产卵时间为 4—7 月，怀卵量 300~500 粒。

【早期发育】

（1）鱼卵阶段　卵膜吸水膨胀，膜径为 5~6 mm。

①桑葚期：受精后 3 小时 30 分。细胞分裂至桑葚状，原生质网发达，胚长 1.4 mm（图 90 中 1）。

②原肠晚期：受精后 11 小时。原肠下包 4/5，胚长 1.4 mm（图 90 中 2）。

③尾芽期：受精后 15 小时。眼基出现，尾芽仅贴着卵囊，肌节 6 对，卵长 1.6 mm（图 90 中 3）。

④耳石出现期：受精后 1 天 6 小时 30 分。耳石出现，头圆，眼特别小，听囊>嗅囊>眼，胚长 4 mm，肌节 30 对（图 90 中 4）。

（2）仔鱼阶段

①鳃弧期：受精后 2 天 2 小时。孵出后鳃弧出现，口裂下位，眼 0.15 mm，尾静脉明显，全长 6.4 mm，肌节 0+20+16=36 对（图 90 中 5）。

②鳃丝期：受精后 2 天 22 小时。鳃丝出现，2 对吻须芽出现，胸鳍大，尾静脉较粗，尾椎下方出现 2 朵黑色素，眼 0.17 mm，听囊>嗅囊>眼，全长 6.7 mm，肌节 1+20+16=37 对（图 90 中 6）。

③鳔雏形期：受精后 3 天 23 小时。鳔雏形，肠管贯通，眼黑色，头背、背部、脊椎、青筋部位各有 1 行黑色素，尾椎下方有 1 朵大黑色素，圆头小眼，2 对吻须增长，胸鳍大，尾静脉宽，全长 7.3 mm，肌节 2+20+16=38 对（图 90 中 7）。

④鳔一室期：受精后 4 天 14 小时。鳔一室，头宽、尖，眼小，2 对吻须，黑色素同上，卵黄囊长条形，全长 7.5 mm，肌节 2+20+16=38 对（图 90 中 8）。

⑤尾椎上翘期：受精后 8 天 8 小时。尾椎上翘，尾椎下方出现 3 朵黑色素，尾雏形鳍条出现，头椭圆形，

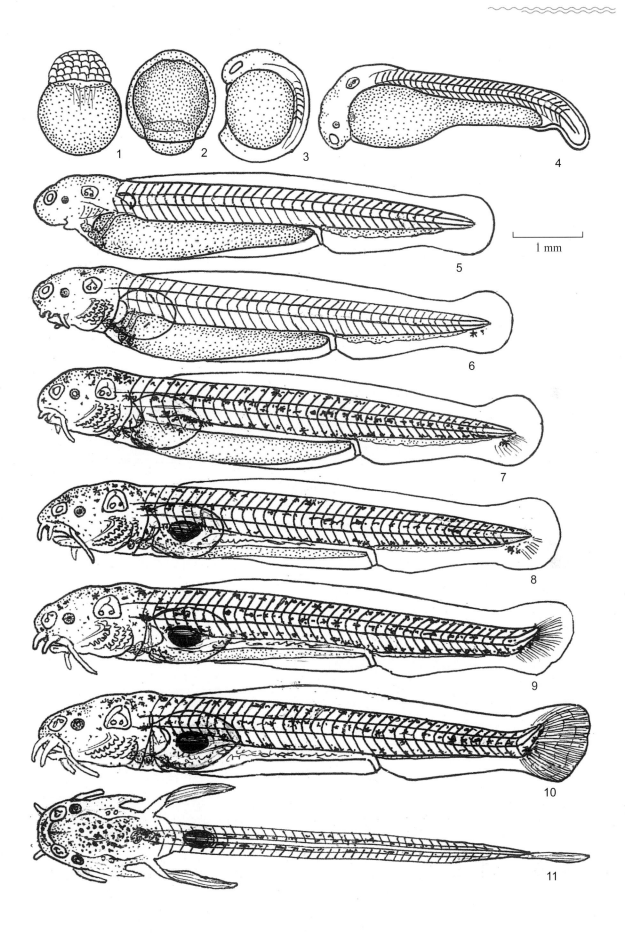

1 mm

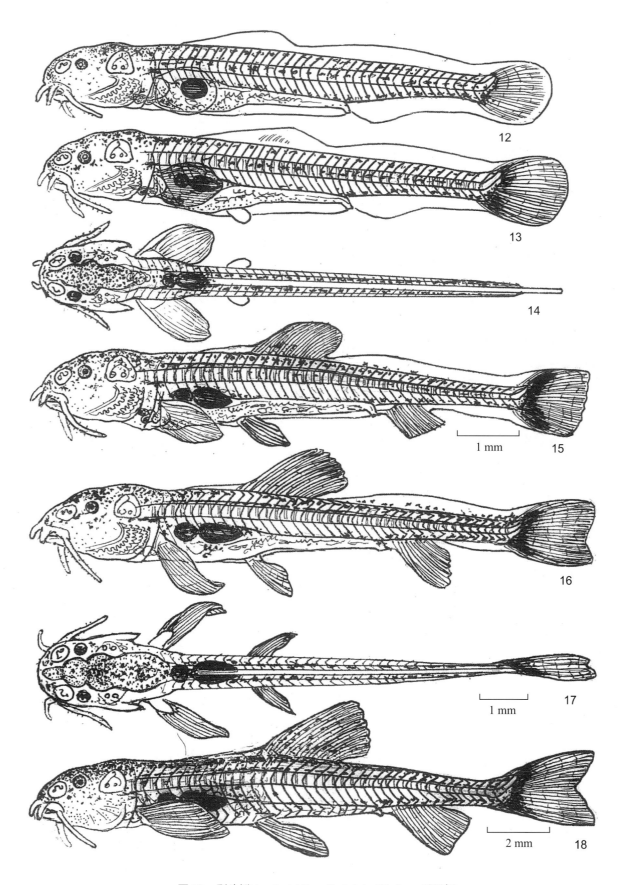

图 90　犁头鳅 *Lepturichthys fimbriata* Günther（漂流）

鳔一室，黑色素同上，吻须2对，胸鳍长大，卵黄囊长条形，全长7.7 mm，肌节2+20+16=38对（图90中9）。

（3）稚鱼阶段

①卵黄囊吸尽期：受精后8天18小时。卵黄囊吸尽，鳔一室，头椭圆形，口下位，2对吻须，听囊＞嗅囊＞眼，黑色素同上，尾三波形，尾鳍条出现，全长8 mm，肌节2+20+16=38对（图90中10侧位，图90中11背位）。

②背褶分化期：受精后9天4小时。背褶隆起，口下位，吻须2对，尾圆形，鳍条出现，黑色素同上，鳔一室，全长8.5 mm，肌节3+19+17=39对（图90中12）。

③鳔二室期：受精后11天6小时。鳔前室出现，腹鳍芽出现，背褶分化，出现雏形鳍条，头近犁形，吻须2对，尾圆形，尾鳍条长成，尾椎下有2朵大黑色素，全长9 mm，肌节3+19+17=39对（图90中13侧位，14背位）。

④背鳍形成期：受精后18天。背鳍恰与背褶分离，胸鳍、腹鳍、臀鳍也接近完成，头犁形，吻须2对，尾椎后有2块黑色素，尾截形，尾鳍条长成，背褶有黑色素，全长9.6 mm，肌节3+18+18=39对（图90中15）。

⑤臀鳍形成期：受精后22天。臀鳍与臀褶分离，胸鳍、腹鳍、尾鳍也相应完成，头犁形，口下位，2对吻须，尾椎后2片黑色素，背褶1行黑色素，听囊＞嗅囊＞眼，全长12 mm，肌节3+18+18=39对（图90中16侧位，17背位）。

⑥鳞片出现期：受精后40天。各鳍形成，鳞片出现，头犁形，口下位，吻须2对，尾柄窄，尾椎后有方形黑色素，全长18.2 mm，肌节3+18+18=39对（图90中18）。

【比较研究】

犁头鳅鱼卵阶段与铜鱼等大卵型的发育相似，眼最小的为犁头鳅（一般为0.15~0.2 mm），比圆口铜鱼眼还小，尾巴从圆尾演化为叉尾，尾椎后2片黑色斑为犁头鳅所特有。

第五节 鲇形目 SILURIFORMES

一、鲇科 Siluridae

1. 鲇

鲇（*Silurus asotus* Linnaeus，图91）是鲇科鲇属中型鱼类，全长11~53 cm，体表光滑、无鳞，头扁圆，口宽阔，下颌突出于上颌之前，颌须、颏须各1对，幼鱼时还有1对颏须，6 cm以后消失，侧线鳞1行，背鳍 i-4-5，臀鳍 i-74-85。广泛分布于全国各水系。

早期发育材料取自1961年长江宜昌段、1962年长江万县段、1973年长江洪湖段、1983年西江桂平段、1986年长江武穴段。

【繁殖习性】

鲇鱼产黏草性卵，大多从江河溯游至通江湖泊水草丛生处产卵，怀卵量1万~2.5万粒。

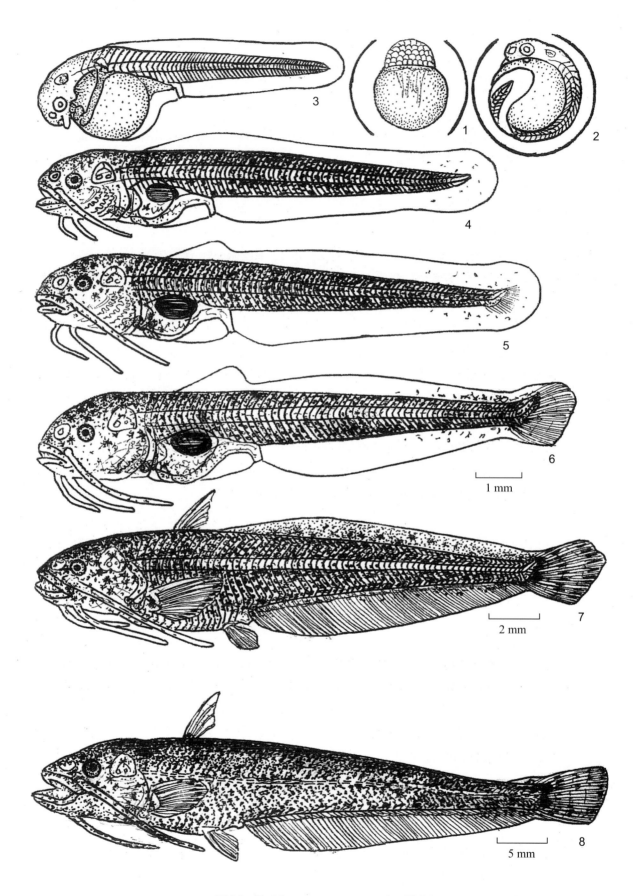

图 91　鲇 Silurus asotus Linnaeus（黏草）

【早期发育】

（1）鱼卵阶段　卵膜径 2~3 mm。

①桑葚期：受精后 3 小时 30 分。细胞分裂至桑葚状，植物极原生质网发达，胚长 1.6 mm（图 91 中 1）。

②心脏原基期：受精后 1 天 4 小时 10 分。尾部弯卷包围卵黄，心脏原基出现，肌节 35 对，卵长 1.7 mm，眼＞听囊＞嗅囊（图 91 中 2）。

（2）仔鱼阶段

①胸鳍原基期：受精后 2 天。胸鳍原基出现，口下位，已现须芽，头圆，听囊＞眼＞嗅囊，全长 7.4 mm，肌节 2+13+50=65 对（图 91 中 3）。

②卵黄囊吸尽期：受精后 6 天 16 小时。卵黄囊吸尽，上颌须 1 对，颏须 2 对，头圆，口下位，肌节 2+13+50=65 对，全身长满黑色素，尾褶及附近有 10 多点黑色素，鳔一室，全长 10 mm（图 91 中 4）。

③背褶分化期：受精后 7 天 12 小时。背褶隆起，尾椎上翘，出现雏形尾鳍条，头圆，口亚下位，颏须 1 对，颏须 2 对，全身布满黑色素，鳔一室，全长 11 mm，肌节 3+12+50=65 对（图 91 中 5）。

④腹鳍形成期：受精后 24 天。尾椎上翘，后面有 2 块黑色素斑，全身及鳍褶布满黑色素，背鳍、腹鳍形成，臀鳍与尾鳍相连，头圆，口裂大，端位，上颌须 1 对，下颏须 2 对，听囊＞眼＝嗅囊，全长 22 mm，肌节 3+12+50=65 对（图 91 中 6）。

（3）稚鱼阶段　缺。

（4）幼鱼阶段　受精后 65 天。背褶收缩，背鳍、胸鳍、腹鳍、臀鳍、尾鳍完成，全身布满黑色素，尾柄有 2 朵黑色素，尾截形，头扁圆形，下颌长于上颌，口裂至眼前缘，上颌须 1 对，颏须脱落 1 对，余 1 对，须也为黑色，全长 60 mm，肌节 4+11+50=65 对（图 91 中 8）。

【比较研究】

鲇与大口鲇胚体发育相近，不同的是鲇卵粒与个体比大口鲇小些；仔鱼、稚鱼、幼鱼鲇黑色素多，大口鲇少；大口鲇口裂至眼后缘，鲇口裂至眼前缘；稚鱼、幼鱼阶段鲇尾柄有 2 块黑色素，大口鲇没有；大口鲇颌须与颏须色白，鲇须色黑。

2．大口鲇

大口鲇（*Silurus soldatovi meridionalis* Chen，图 92）为鲇属一种大型鱼类，全长 13~100 cm，头扁圆，口裂达眼后缘，体侧扁，体表光滑、无鳞，口圆阔，端位，下颌突出，上、下颌布满绒毛状细齿，上颌须 1 对、较长，下颏须 1 对、较短（幼鱼下颏须 2 对，全长约 15 cm 时，有 1 对自动脱落）背鳍条 i-4-5，臀鳍条 i-80 左右。分布于长江、珠江与闽江。

早期发育材料取自 1961 年长江宜昌段、1962 年长江万县段、1983 年西江桂平段。

【繁殖习性】

大口鲇于江河产沉性卵，黏于岸壁及沙石河底发育，怀卵量 4 万~10 万粒，产卵期 5—7 月。

【早期发育】

（1）鱼卵阶段　卵膜径 3~3.5 mm，稍大于鲇卵膜。

①囊胚晚期：受精后 7 小时 10 分。囊胚晚，卵长 3 mm（图 92 中 1）。

②听囊期：受精后 20 小时。听囊出现，尾芽形成，肌节 32 对，卵长 3.2 mm（图 92 中 2）。

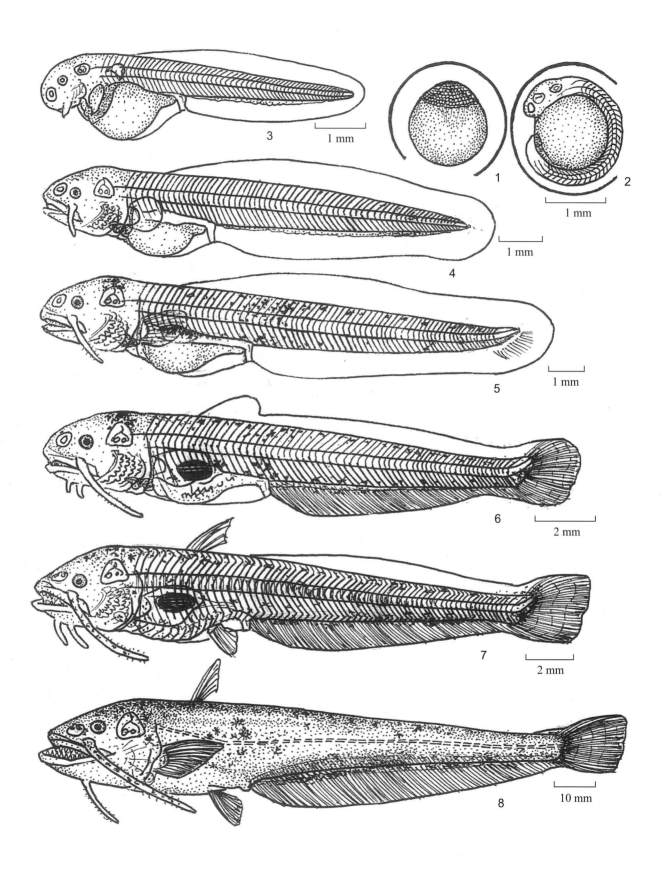

图 92　大口鲇 *Silurus meridionalis* Chen（黏沉）

（2）仔鱼阶段

①鳃弧期：受精后 2 天 2 小时。孵出后鳃弧出现，尾静脉呈细浪形，居维氏管发达，圆头小眼，听囊＞嗅囊＞眼，上颌须芽出现，全长 8.9 mm，肌节 6+11+49=66 对（图 92 中 3）。

②肠管贯通期：受精后 3 天 16 小时。肠管贯通、头圆小眼，颌须 1 对，口亚端位，听囊＞嗅囊＞眼，全长 10.5 mm，肌节 6+11+49=66 对，背褶、臀褶、尾褶宽阔（图 92 中 4）。

③鳔雏形期：受精后 4 天 14 小时。鳔雏形，头扁圆，口裂大，上颌超过眼后缘，颌须 1 对，头背至体背，青筋部位各 1 行黑色素，尾椎微上翘，尾椎下方出现雏形尾鳍条，肌节 6+11+49=66 对，全长 13.8 mm（图 92 中 5）。

（3）稚鱼阶段

①尾椎上翘期：受精后 9 天 4 小时。卵黄囊吸尽，背褶分化，尾椎上翘，鳔一室，头扁圆，口裂大、亚端位，颌须 1 对，颏须 2 对，听囊＞嗅囊＞眼，头背延至体背，青筋部位各 1 行黑色素，尾三波形，尾鳍条形成，全长 18.5 mm，肌节 6+11+49=66 对（图 92 中 6）。

②胸鳍形成期：受精后 15 天。背鳍、胸鳍、腹鳍、臀鳍、尾鳍皆形成，头扁圆形，颌须 1 对，颏须 2 对，口亚端位，下颌超过上颌，鳔一室，尾椎上翘，尾切形，体背与青筋部位各 1 行黑色素，背褶无黑色素，全长 23 mm，肌节 6+11+49=66 对（图 92 中 7）。

（4）幼鱼阶段　幼鱼期：受精后 62 天。各鳍形成后，口下颌长与上颌，颌须 1 对，下颏须脱落 1 对，体侧黑色素少许，鳍为切形，背褶消失，听囊＞嗅囊＞眼，下颌长于上颌，内有小齿，全长 173 mm，肌节 6+11+49=66（图 92 中 8）。

【比较研究】

大口鲇个体稍大于鲇，体侧黑色素少，鲇黑色素较多；口裂达眼后缘的为大口鲇，达眼前缘的为鲇；颌须鲇黑色，大口鲇稍白。

大口鲇肌节 6+11+49=66 对，鲇肌节 2+13+50=65 对。

二、鲿科 Bagridae

1. 黄颡鱼

黄颡鱼［*Pelteobagrus fulvidraco* (Richardson)，图 93］是鲿科黄颡鱼属一种小型鱼类，一般全长 9~19 cm，圆锥状扁头，背鳍 ii -6-7，无鳞，腹圆，体长半部稍偏扁，口裂大，下位，上颌须、鼻须各 1 对，颏须 2 对，背鳍不分支鳍条为硬刺，后缘有锯齿，胸鳍硬刺前后缘有锯齿，脂鳍较臀鳍短，尾鳍深分叉，体背黑褐色，体侧至尾部黄色，而有"黄姑"之称。分布于西部以外的黑龙江、黄河、长江、珠江、闽江各水系。

早期发育材料取自 1962 年长江湖口段、1983 年西江桂平段、2001 年北江韶关段。

【繁殖习性】

黄颡鱼一般 I 龄成熟，繁殖期 5—7 月，怀卵量 1 000~4 500 粒，雄鱼用胸鳍挖巢，卵黏沉性，于巢内发育。

【早期发育】

早期发育分 4 个阶段，搜集到 3 个阶段的材料。

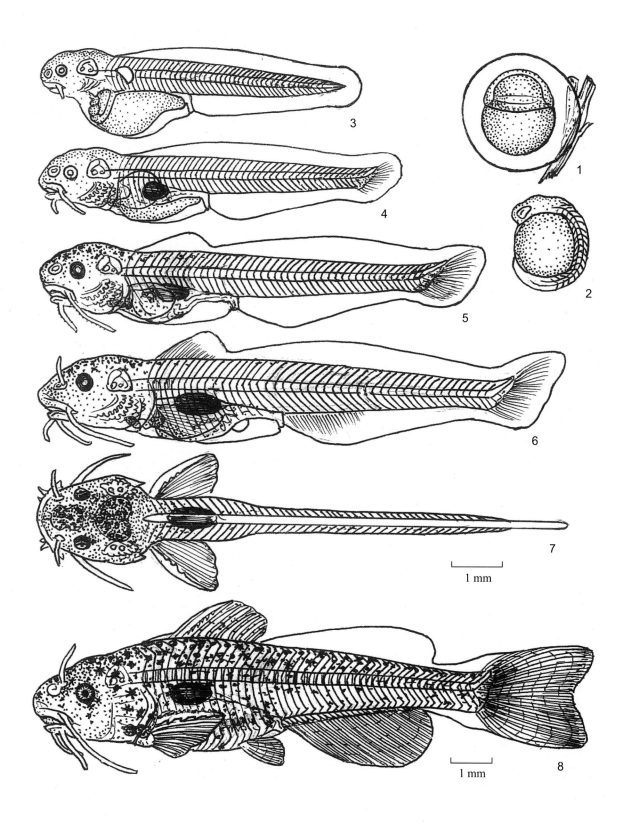

图 93　黄颡鱼 *Pelteobagrus fulvidraco*（Richardson）（沙巢）

（1）鱼卵阶段 卵膜径 2~2.5 mm（图 93 中 1、2）。

（2）仔鱼阶段

①鳃弧期：受精后 2 天 2 小时。鳃弧出现，圆头小眼，胸原基出现，听囊＞眼＞嗅囊，颌须 1 对，全长 6.5 mm，肌节 0+14+29=43 对（图 93 中 3）。

②鳔一室期：受精后 5 天 12 小时。鳔一室，卵黄囊如长茄形，头尖，听囊＞眼＞嗅囊，尾椎微上翘，后有雏形尾鳍条，口下位，颌须、颏须各 1 对，全长 9 mm，肌节 0+14+29=43 对（图 93 中 4）。

（3）稚鱼阶段

①背褶分化期：受精后 8 天 3 小时。背褶隆起，尾椎微上翘，尾斜截形，出现雏形尾鳍条，头尖，口下位，颌须、颏须各 1 对，眼黑色，头背部出现黑色素，全长 10 mm，肌节 0+14+29=43 对（图 93 中 5）。

②腹鳍芽出现期：受精后 12 天 22 小时。腹鳍芽出现，头圆锥形，口下位，颌须与鼻须各 1 对，颏须 2 对，眼黑色，背褶、臀鳍与尾鳍出现，雏形鳍条，尾椎上翘，尾斜截形，头背出现心形色素，鳔一室，全长 11 mm，肌节 0+14+29=43 对（图 93 中 6 侧位，图 93 中 7 背位）。

③胸鳍形成期：受精后 24 天。背鳍、臀鳍、腹鳍、尾鳍基本形成，背鳍与胸鳍硬棘后缘有锯齿，脂鳍褶仍薄，未形成脂鳍，头背与背部有较多黑色素，尾鳍浅叉形，全长 14 mm，肌节 0+14+29=43 对（图 93 中 8）。

【比较研究】

黄颡鱼属的黄颡鱼、瓦氏黄颡鱼、岔尾黄颡鱼的早期发育较相似，主要是尾段肌节，黄颡鱼为 29 对，瓦氏黄颡鱼为 33 对，岔尾黄颡鱼为 25 对，各种须的颜色有异，黄颡鱼为白色，岔尾黄颡为灰色，瓦氏黄颡为黑色，岔尾黄颡鱼尾部斜截形渐至叉形。

2. 瓦氏黄颡鱼

瓦氏黄颡鱼［*Pelteobagrus vachelli* (Richardson)，图 94］为鲿科黄颡鱼属的一种小中型鱼类，也称江黄颡，全长 5~40 cm，体长，后半部侧扁，吻锥形，扁平，头顶部皮薄，颌须 1 对，鼻须 1 对，颏须 2 对，青黑色，口下位，背鳍末端游离，基部稍短于臀鳍。分布于黄河、长江、珠江。

早期发育材料取自 1962 年长江湖口段、1993 年北江韶关段。

【繁殖习性】

繁殖期 5—6 月，怀卵量 3 000 粒左右，造巢产卵。

【早期发育】

（1）鱼卵阶段 卵膜径 2.1~2.5 mm，具黏性。

①桑葚期：受精后 4 小时 10 分。动物极分裂如桑葚状，卵径 1.92 mm（图 94 中 1）。

②耳石出现期：受精后 1 天 7 小时。尾部弯卷卵黄，耳石出现，胚长 2.2 mm，肌节 23 对（图 94 中 2）。

（2）稚鱼阶段

①卵黄囊吸尽期：受精后 6 天 21 小时。卵黄囊吸尽，头锥形稍扁，口下位，颌须 1 对，颏须 2 对，鳔一室，听囊＞眼＝嗅囊，尾椎微上翘，尾斜截形，背鳍、臀鳍、尾鳍褶出现雏形鳍条，全长 10.2 mm，肌节 0+14+33=47 对（图 94 中 3）。

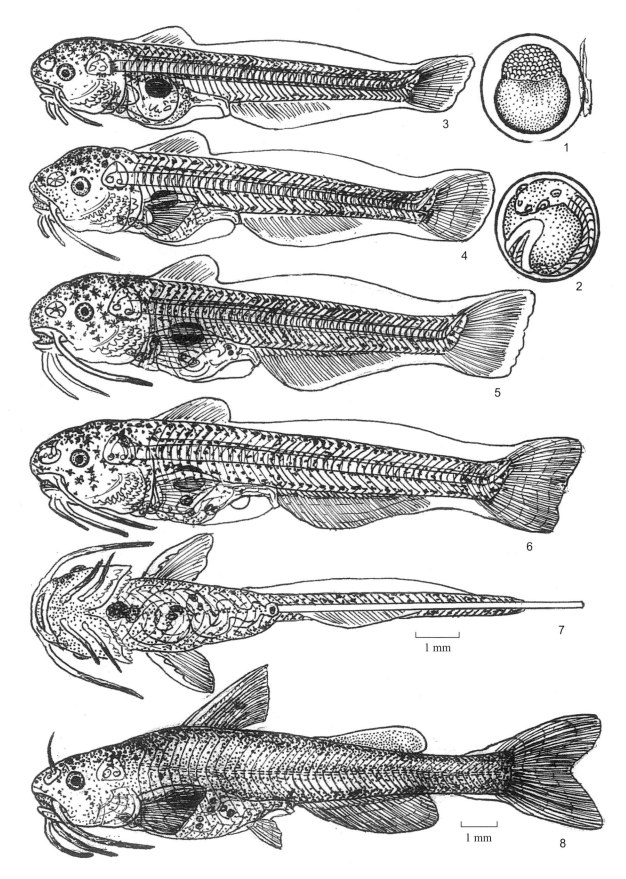

图 94　瓦氏黄颡 *Pelteobagrus vachelli*（Richardson）（沙巢）

②尾椎上翘期：受精后8天8小时。尾椎上翘，后有数朵黑色素，尾圆弧形，出现雏形尾鳍条，胸鳍基本完成，背鳍与臀鳍褶出现雏形鳍条，头背有1丛黑色素，体背、脊椎上下、青筋部位共有4条黑色素，颌须、颏须尾段黑色，鳔一室，全长10.8 mm，肌节0+14+33=47对（图94中4）。

③胸鳍形成期：受精后10天。尾椎仍上翘，胸鳍形成，形态、色素同上，已吞食其他种鱼苗，全长11.5 mm，肌节0+14+33=47对（图94中5）。

④腹芽出现期：受精后12天12小时。腹鳍芽出现，鼻须出现，尾斜截形，全长12 mm，形态、色素、肌节数同上（图94中6侧位，图94中7腹位）。

（3）幼鱼阶段　幼鱼期：受精后65天。腹鳍、背鳍、胸鳍、臀鳍形成，尾鳍棘后缘有锯齿，体背、中轴、青筋部位有3行黑色素，4对须黑色，全长15 cm，肌节2+12+33=47对（图94中8）。

【比较研究】

瓦氏黄颡鱼4对须黑色，黄颡鱼须乳白色，岔尾黄颡须灰色。瓦氏黄颡鱼肌节2+12+33=47对，黄颡鱼肌节0+14+29=43对，岔尾黄颡鱼肌节0+17+25=42对，以瓦氏黄颡鱼肌节最多。

3. 岔尾黄颡鱼

岔尾黄颡鱼（*Pelteobagrus eupogon* Boulenger，图95）是鲿科黄颡鱼属一种小型鱼类，全长8~21 cm，体延长，尾部侧扁，口下位，须4对，鼻须黑色，体表光滑、无鳞，侧线平直，背鳍、胸鳍硬

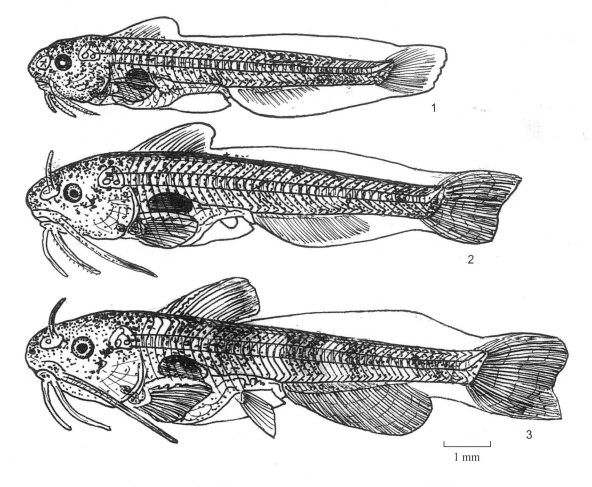

图95　岔尾黄颡 *Pelteobagrus eupogon* Boulenger（沙巢）

刺后缘均有锯齿，尾叉形，黄褐色，体侧有宽且长的黑色纵纹。分布于长江中下游及其通江湖泊。

早期发育材料取自 1963 年长江湖口段。

【繁殖习性】

于湖泊浅滩筑巢产卵。

【早期发育】

只搜集到稚鱼阶段材料。

稚鱼阶段

①尾椎上翘期：受精后 8 天 18 小时。卵黄囊早吸尽，背褶分化，尾椎上翘，背褶尾出现雏形鳍条，尾截形，头扁圆锥形，颌须 1 对，颏须 2 对，眼黑色，头与体布满黑色素，全长 8.5 mm，肌节 0+17+25=42 对（图 95 中 1）。

②腹鳍芽出现期：受精后 12 天 22 小时。腹鳍芽出现，头圆锥形，口下位，颌须 1 对，鼻须 1 对，颏须 2 对，鳔一室，背褶、臀褶出现雏形鳍条，尾稍内凹，尾叉形，全身布满黑色素，鼻须与颌须灰黑色，全长 10 mm，肌节 0+17+25=42 对（图 95 中 2）。

③胸鳍形成期：受精后 26 天。背鳍、臀鳍近完成，尾鳍岔形，腹鳍、胸鳍形成，不分支鳍条后缘有锯齿，背鳍不分支鳍条也具锯齿，全身布满黑色素，全长 11 mm（图 95 中 3）。

【比较研究】

岔尾黄颡鱼鼻须黑色，肌节 0+17+25=42 对，比黄颡鱼的 0+14+29=43 对的尾部肌节多，比瓦氏黄颡鱼 0+14+33=47 对的尾部肌节少。

4. 长吻鮠

长吻鮠（*Leiocassis longirostris* Günther，图 96）是鲿科鮠属的一种中大型鱼类，全长 15~100 cm，体延长，腹部圆，尾部侧扁，体裸露无鳞，侧线平直，尾叉形，背鳍 ii-6，不分支鳍条后缘具锯齿，胸鳍不分支鳍条也具锯齿，臀鳍条 i-14~18，无硬刺，体粉红色，背部灰色，腹部白色，各鳍灰黑色。分布于黄河、长江、珠江、闽江。

早期发育材料取自 1961 年长江宜昌段、1981 年长江监利段。

【繁殖习性】

长吻鮠繁殖期为 4—6 月，产卵于长江干流、支流具沙石河床的江段，如长江上游万县、中游石首至监利一带，怀卵量 6 万 ~10 万粒，产黏沉性卵。

【早期发育】

（1）鱼卵阶段

①4 细胞期：受精后 1 小时 30 分。卵膜椭圆形，短径 2.2 mm，长径 2.5 mm，发育至 4 个细胞，原生质网发达，卵长 1.7 mm（图 96 中 1）。

②耳石出现期：受精后 1 天 7 小时。听囊出现 2 颗耳石，尾部弯卷，圆头小眼，听囊＞眼＞嗅囊，卵黄囊有 2 点油滴，肌节 26 对（图 96 中 2）。

（2）仔鱼阶段

①孵出期：受精后 1 天 12 小时。圆头小眼，听囊＞嗅囊＞眼，卵黄囊前圆后尖，肌节 3+10+26=39 对，长 6 mm（图 96 中 3）。

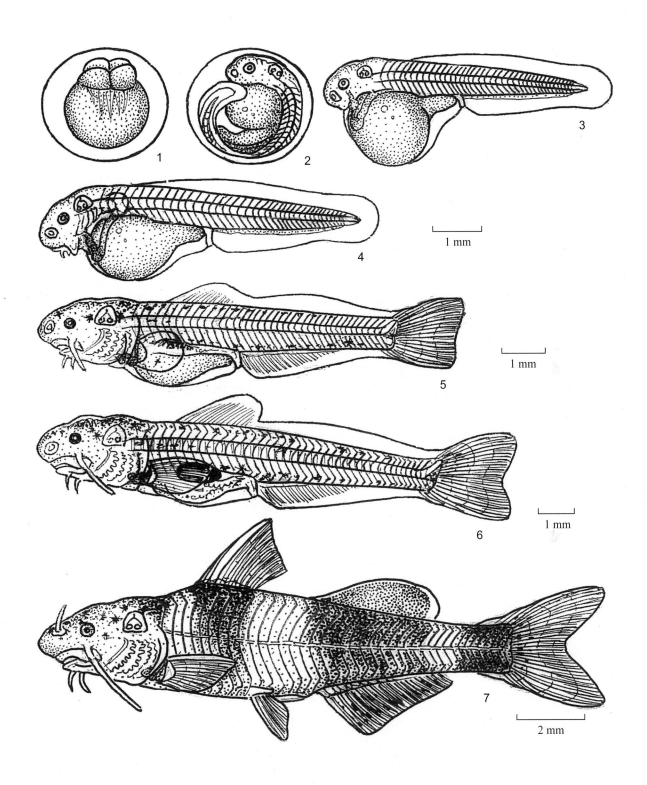

图 96　长吻鮠 *Leiocassis longirostris* Günther（黏沉）

②鳃弧期：受精后2天2小时。圆头小眼，须芽出现，鳃弧也出现，全长6.7 mm，肌节3+10+26=39对（图96中4）。

③鳔雏形期：受精后4天。鳔雏形，圆头小眼，听囊＞嗅囊＞眼，颌须1对，颏须2对，背褶隆起，出现雏形鳍条，臀褶出现雏形鳍条，尾椎上翘，尾稍有内凹，尾鳍条出现，头背、体背与青筋部位共有2行黑色素，卵黄囊出现1朵黑色素，全长10 mm，肌节3+11+26=40对（图96中5）。

（3）稚鱼阶段

尾鳍形成期：受精后5天20小时。尾鳍形成，浅内凹，尾椎翘起，胸鳍也近完成，鳔一室，背鳍褶隆起，臀鳍褶分化，各有雏形鳍条，卵黄囊吸尽，头尖小眼，口亚下位，颌须1对，颏须2对，听囊＞嗅囊＞眼，头背有1丛黑色素，体背及青筋部位各有1行黑色素，尾椎下有少许小点状黑色素，长13 mm，肌节3+11+26=40对（图96中6）。

（4）幼鱼阶段　受精后61天。体无鳞，头尖，颌须1对，颏须2对，鼻须1对，听囊＞眼＝嗅囊，背鳍、腹鳍、臀鳍、脂鳍、胸鳍形成，尾叉形，体侧有3大块黑色素斑，全长147.5 mm，肌节4+7+29=40对（图96中7）。

【比较研究】

鮠属的长吻鮠、切尾拟鲿、细体拟鲿、短尾拟鲿4种鱼的早期发育较相似，幼鱼都具脂鳍、鼻须；背鳍起点有点不同，长吻鮠于第2肌节，切尾拟鲿于第4肌节，细体拟鲿与短尾拟鲿于0肌节处。

5. 粗唇鮠

粗唇鮠（*Leiocassis crassilabris* Günther，图97）是鲿科鮠属一种小 - 中型鱼类，全长12~30 cm，背鳍ⅱ-7，臀鳍ⅲ-15~18，背鳍与胸鳍硬棘后缘有锯齿，脂鳍基部稍长于臀鳍基部，尾深叉形，体侧从头至尾有4块黑色斑，头圆锥形，口亚下位，颌须、鼻须各1对，颏须2对。分布于黄河、长江、珠江、

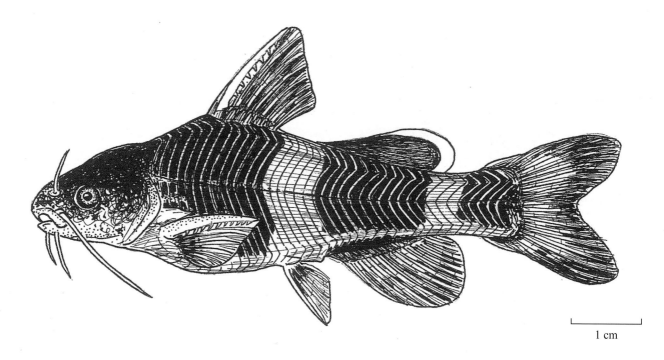

1 cm

图97　粗唇鮠 *Leiocassis crassilabris* Günther（黏沉）

台湾等。

早期发育材料取自 2001 年北江韶关太阳岩。

【繁殖习性】

于石质河床产黏沉性卵。

【早期发育】

（1）幼鱼阶段　幼鱼期：受精后 63 天。头部圆锥形，口亚下位，颌须、鼻须各 1 对，颏须 2 对，背鳍与胸鳍不分支，鳍棘后缘有锯齿，尾深分叉，从头至尾有 4 块黑色斑，脂鳍基部稍长于臀鳍基部，全长 3.6 cm，肌节 6+13+20=39 对（图 97）。

（2）其他阶段　缺。

【比较研究】

粗唇鮠与盎堂拟鲿不同的是，尾深分叉，肌节背褶前与躯干各多 1 对，总数 39 对，多于盎堂拟鲿的 37 对。

6. 盎堂拟鲿

盎堂拟鲿（*Pseudobagrus ondon* Shaw，图 98）为拟鲿属一种小型鱼类，一般长 8~16 cm，光滑无鳞，头圆锥形，颌须 1 对，鼻须 1 对，颏须 2 对，背鳍 ii -6，硬棘后缘光滑，胸鳍 i -6，硬棘后缘有锯齿，臀鳍 i -19-21，尾双波形，末端黑色，脂鳍与臀鳍相对，体侧有 4 块黑色斑。分布于洛河、汉江、淮河、灵江、珠江等。

早期发育材料取自 2001 年北江韶关太阳岩。

【繁殖习性】

于流水环境产黏沉性卵。

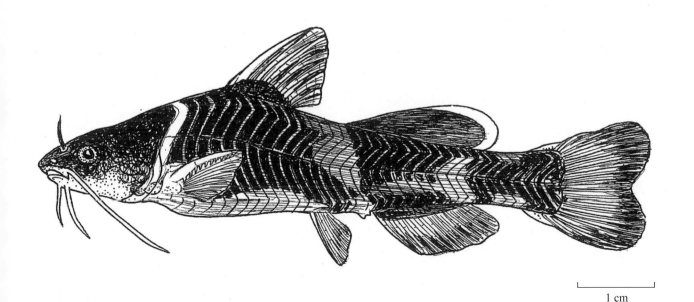

1 cm

图 98　盎堂拟鲿 *Pseudobagrus ondon* Shaw（黏沉）

【早期发育】

（1）幼鱼阶段 幼鱼期：受精后 62 天。头圆锥形，颌须 1 对，颏须 2 对，鼻须 1 对，体侧有 4 块黑色斑，背鳍、胸鳍、腹鳍、脂鳍、臀鳍、尾鳍生长完成，全长 7.8 cm，肌节 5+12+20=37 对（图 98）。

（2）其他阶段 缺。

【比较研究】

体较黑，延至尾部见 4 块黑色斑，比拟鲹色黑。

7. 切尾拟鲿

切尾拟鲿［*Pseudobagrus truncatus*（Regan），图 99］鲿科拟鲿属一种小型鱼类，全长 9~13 cm，体延长，头部圆锥形，口下位，颌须 1 对，颏须 2 对，鼻须 1 对，体光滑，体侧有 4~5 块黑色斑，尾近截形，微内凹，背鳍 ii -7，臀鳍 iii -17~20，背鳍棘光滑无齿。分布于长江上中游干、支流。

早期发育材料取自 1961 年长江宜昌段。

【繁殖习性】

于长江及山溪流环境中产黏沉性卵。

【早期发育】

（1）鱼卵阶段 卵膜径 3~3.3 mm。

①2 细胞期：受精后 1 小时。2 个细胞，原生质网较弱，胚长 1.73 mm（图 99 中 1）。

②耳石出现期：受精后 1 天 7 小时。耳石出现，虽胸鳍原基已出，但仍在卵膜内发育，尾弯卷卵黄，肌节 28 对，胚长 2.1 mm，圆头，已出现颌须芽，听囊＞眼 = 嗅囊（图 99 中 2）。

（2）仔鱼阶段

①胸鳍原基：受精后 2 天 2 小时。圆头小眼，听囊＞眼 = 嗅囊，须芽出现，全长 5.4 mm，肌节 4+11+24=39 对（图 99 中 3）。

②鳔雏形期：受精后 4 天 4 小时。鳔雏形，卵黄囊如茄形，圆头小眼，听囊＞眼＞嗅囊，颌须、颏须各 1 对，全长 7.5 mm，肌节 4+12+24=40 对（图 99 中 4）。

③背褶形分化期：受精后 7 天 22 小时。背褶分化，鳔一室，卵黄囊长茄形，臀褶与尾褶出现雏形鳍条，体背与青筋部位各有 1 行黑色素，全长 8.1 mm，肌节 4+12+24=40 对（图 99 中 5）。

（3）稚鱼阶段

①腹鳍芽出现期：受精后 12 天 12 小时。腹鳍芽出现，鳔二室，尾椎上翘，出现鳍条，尾斜截形，背鳍与臀鳍出现雏形鳍条，头圆锥形，听囊＞眼＞嗅囊，口下位，颌须 1 对，颏须 2 对，体背、青筋部位各有 1 行黑色素，全长 8.87 mm，肌节 4+12+24=40 对（图 99 中 6）。

②背鳍形成期：受精后 15 天 20 小时。头圆锥形，口下位，颌须 1 对，颏须 2 对，鳔二室，背鳍形成，腹鳍稍内凹，亚截形，体背与青筋部位各有 1 行黑色素，尾椎上翘，全长 14.9 mm，肌节 4+12+24=40 对（图 99 中 7）。

（4）幼鱼阶段 幼鱼期：受精后 70 天。背鳍、胸鳍、腹鳍、臀鳍、尾鳍、脂鳍形成，体光滑，侧线平直，尾近截形，稍内凹，体侧有 5~6 块黑色斑，头锥形，口亚下位，颌须、鼻须各 1 对，颏须 2 对，全长 18.6 mm（图 99 中 8）。

【比较研究】

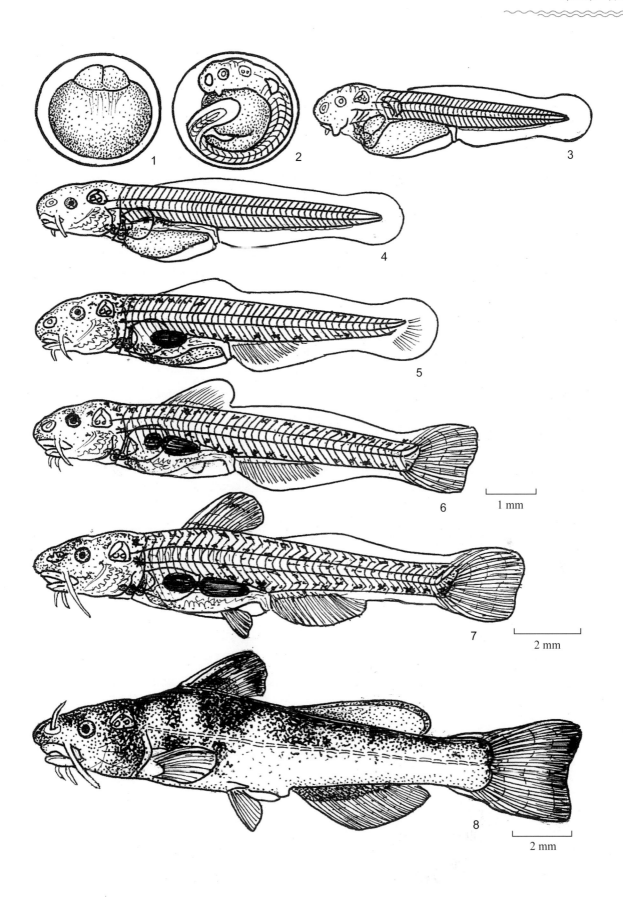

图 99 切尾拟鲿 *Pseudobagrus truncatus*（Regan）（黏沉）

切尾拟鲿尾部近截形，稍内凹，不同于鲴属各种鱼的浅叉形或深叉形，肌节背鳍前数 4 对，多于鲴属其他种的 0 对或 3 对。

8. 细体拟鲿

细体拟鲿〔*Pseudobagrus pratti*（Günther），图 100〕是鲿科拟鲿属一种小型鱼类，全长 12~18 cm，体光滑、无鳞，体形窄长，头尖扁，听囊＞眼＞嗅囊，尾浅叉形，有脂鳍，颌须 1 对，颏须 2 对，鼻须 1 对，背鳍 ii-6~7，臀鳍 ii-18~20，侧线于体侧轴线处。分布于长江上中游。

早期发育材料取自 1961 年长江宜昌段、1962 年长江万县段。

【繁殖习性】

细体拟鲿于长江上游和溪流水环境下产黏沉性卵，一般为石底、沙底，产卵在南津关小溪流及长江万县段等。

【早期发育】

（1）鱼卵阶段　卵膜径 2~2.5 mm，微黏，产出后被急流冲进实验圆锥网中而获得。

①桑葚期：受精后 3 小时 30 分。动物极发育至桑葚状，原生质网发达，胚长 1.8 mm（图 100 中 1）。

②耳石出现期：受精后 1 天 7 小时。听囊出现 2 颗耳石，尾部沿卵黄囊弯曲，圆头小眼，听囊＞眼＝嗅囊，胚长 2.3 mm，肌节 25 对（图 100 中 2）。

（2）仔鱼阶段

①孵出期：受精后 1 天 19 小时。圆头小眼，听囊＞眼＝嗅囊，全长 6.3 mm，卵黄囊前圆后细，如一个逗号，尾静脉窄，居维氏管发达，肌节 0+13+27=40 对（图 100 中 3）。

②鳔雏形期：受精后 4 天 4 小时。鳔雏形，肠管通，卵黄囊条状，圆头小眼，颌须 1 对，颏须 1 对，口下位，体背与青筋部位各有 1 行黑色素，全长 7.5 mm（图 100 中 4）。

③鳔一室期：受精后 5 天 15 小时。鳔一室，卵黄囊条状，尾椎微上翘，头背部延至体背有 1 行黑色素，青筋部位有 1 行黑色素，圆头小眼，口下位，颌须 1 对，颏须 1 对，全长 8.2 mm，肌节 0+13+27=40 对（图 100 中 5）。

（3）稚鱼阶段

①腹鳍芽出现期：受精后 13 天 8 小时。腹鳍芽出现，背臀褶分化，出现雏形鳍条，尾椎上翘，尾微分叉，已有鳍条，鳔 2 室，头尖、扁，口下位，颌须 1 对，颏须 2 对，全长 12.3 mm，肌节 0+13+27=40 对（图 100 中 6）。

②背鳍形成期：受精后 16 天。背鳍形成，头扁尖，听囊＞眼＞嗅囊，颌须 1 对，颏须 2 对，口下位，鳔二室，尾微内凹形，脂鳍褶隆起，体背、青筋部位各有 1 行黑色素，尾椎下有 2 行黑色素，全长 14.7 mm，肌节 0+13+27=40 对（图 100 中 7）。

（4）幼鱼阶段　受精后 65 天。各鳍形成，尾鳍微叉形，脂鳍与臀鳍相对，体侧有 5 块黑色素斑，无鳞，侧线平直，鼻须形成，具须 4 对。全长 22.5 mm，肌节为 0+13+27=40 对（图 100 中 8）。

【比较研究】

细体拟鲿早期发育与长吻鮠相仿，肌节 0+13+27=40 对，有别于长吻鮠的 3+10+26=39 对，幼鱼时长吻鮠体侧有 3 块黑色斑，细体拟鲿则为 5 块黑色素斑。

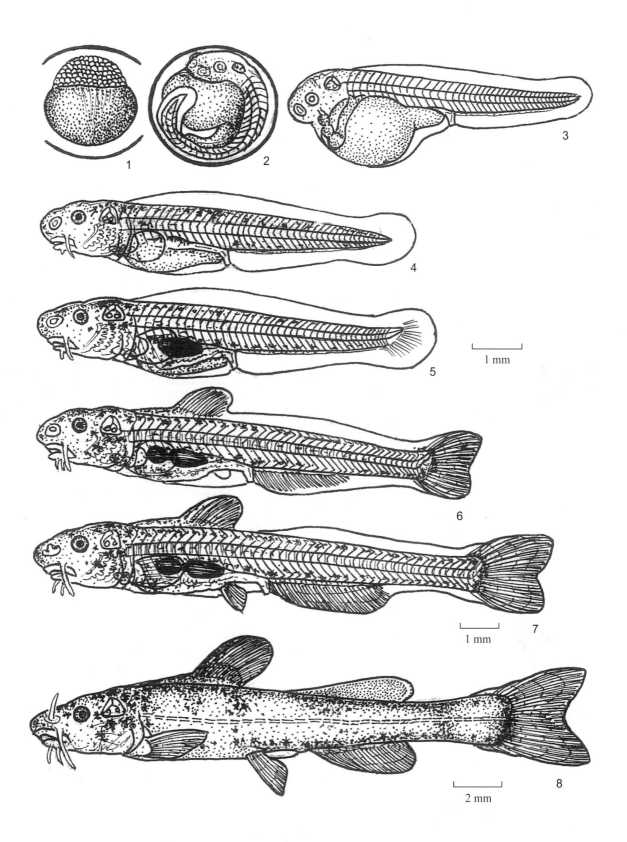

图 100　细体拟鲿 *Pseudobagrus pratti*（Günther）（黏沉）

9. 短尾拟鲿

短尾拟鲿 [*Pseudobagrus brevicaudatus* (Wu), 图 101] 也称短尾鮠，是鲇形目鲿科拟鲿属的一种小型鱼类，全长 11~15 cm，头尖，体长，尾侧扁，无鳞，背鳍 ii-7，臀鳍 ii-14~15，吻圆锥形，口下位，上颌须 1 对，鼻须 1 对，颏须 2 对，尾鳍内凹，体肉红色，背鳍和尾鳍末端黑色，胸鳍和臀鳍灰黑色，脂鳍灰色。分布于长江上游干支流。

早期发育材料取自 1961 年长江宜昌段、1962 年长江万县段。

【繁殖习性】

短尾拟鲿于石质河床产黏沉性卵，繁殖期 4—7 月。

【早期发育】

（1）鱼卵阶段　卵膜径 2~2.5 mm，小卵。

①2 细胞期：受精后 1 小时。2 个细胞，动物极较小，胚长 1.7 mm（图 101 中 1）。

②耳石出现期：受精后 1 天 8 小时。尾部弯卷，肌节 25 对（图 101 中 2）。

（2）仔鱼阶段

①鳃弧期：受精后 2 天 2 小时。孵出后胸鳍原基出现，圆头小眼，颌须伸出，听囊＞眼＝嗅囊，鳃弧出现，卵黄囊如逗号，全长 6.4 mm，肌节 0+12+26=38 对（图 101 中 3）。

②鳔一室期：受精后 5 天 20 小时。鳔一室，头尖，听囊＞眼＝嗅囊，口下位，颏须 1 对，颐须 1 对，卵黄囊如瓜状，头背及鳔前有 2~3 朵黑色素，全长 7.2 mm，肌节 0+13+26=39 对（图 101 中 4）。

（3）稚鱼阶段

①鳔二室期：受精后 11 天 6 小时。鳔前室出现，头尖，口下位，颌须 1 对，颏须 2 对，卵黄囊吸尽，尾椎上翘，臀鳍褶及尾褶出现雏形鳍条，全长 8.5 mm，肌节 0+13+26=39 对（图 101 中 5）。

②背褶分化期：受精后 11 天 11 小时。背褶隆起，尾鳍形成，鳔二室，头圆锥形，颌须 1 对，颏须 2 对，背与青筋部位各有 1 行黑色素，全长 9.6 mm，肌节 0+13+26=39 对（图 101 中 6）。

（4）幼鱼阶段　受精后 70 天。头近圆锥形，口下位，颌须 1 对，颏须 2 对，鼻须 1 对，体光滑、无鳞，背鳍、胸鳍、脂鳍、尾鳍完成，背鳍不分支鳍条后缘有锯齿，尾鳍浅分叉，体侧有 3 块黑色斑，全长 16.5 cm（图 101 中 7）。

【比较研究】

胚体与长吻鮠相似，不同的是尾鳍浅分叉，肌节 0+13+26=39 对，长吻鮠肌节 4+7+29=40 对，细体拟鲿肌节 0+13+27=40 对，亦与短尾拟鲿相仿，幼鱼时短尾拟鲿体侧有 3 块黑色斑，体高比细体拟鲿高。

10. 大鳍鳠

大鳍鳠 [*Mystus macropterus* (Bleeker), 图 102] 为鲿科鳠属一种小中型鱼类，一般全长 85~340 mm，体延长，头尖，略宽而平扁，头顶被皮，体后部侧扁，脂鳍基部为臀鳍基部的 3 倍，口亚下位，颌须长超过胸鳍尾部，鼻须达眼后，颏须至鳃，体光滑、无斑点，背鳍 ii-7，硬刺光滑、无锯齿，臀鳍 i-11~13，尾叉形。分布于长江、珠江水源。

早期发育材料取自 1983 年西江桂平段、2001 年北江韶关段。

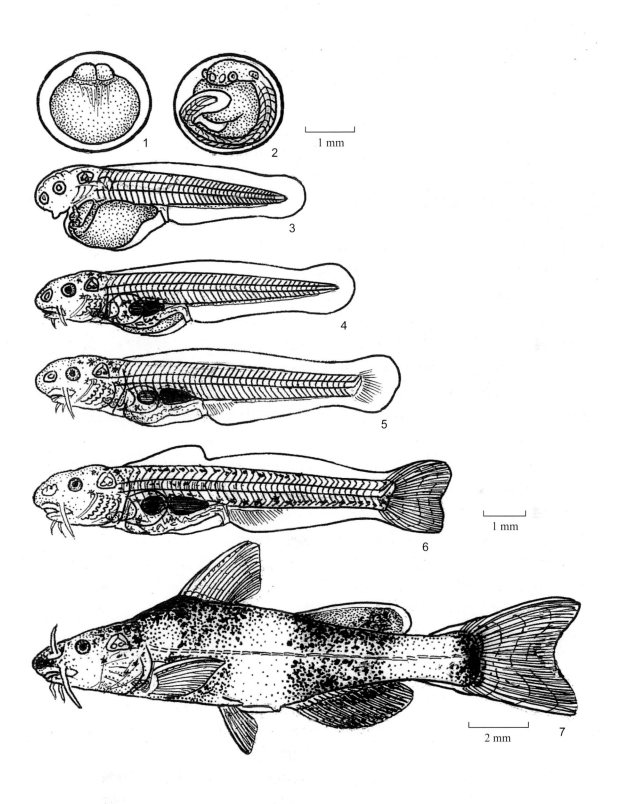

图 101　短尾拟鲿 *Pseudobagrus brevicaudatus*（Wu）（黏沉）

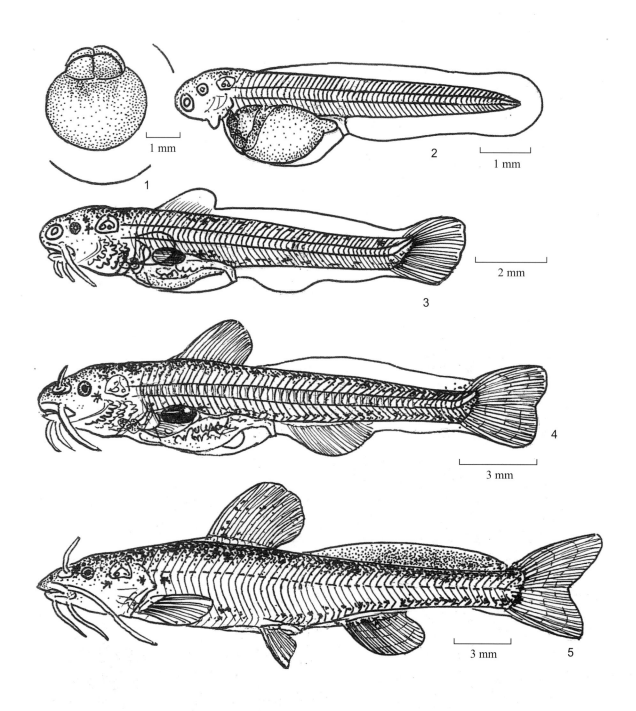

图 102　大鳍鳠 *Mystus macropterus*（Bleeker）（黏沉）

【繁殖习性】

大鳍鳠于石质河床的流水环境产黏沉性卵。

【早期发育】

（1）鱼卵阶段　卵膜径 4~4.7 mm，黏性。

4 细胞期：受精后 1 小时 20 分。4 个细胞，胚长 4 mm（图 102 中 1）。

（2）仔鱼阶段

①孵出期：受精后1天16小时。孵出，头圆，小眼，听囊＞嗅囊＞眼，卵黄囊如蚕豆状，口下位，居维氏管发达，颌须芽长出，全长7.53 mm，肌节2+18+32=52对（图102中2）。

②尾椎上翘期：受精后9天14小时。尾椎上翘，后侧出现雏形尾鳍条，尾斜截形，鳔一室，卵黄囊如长茄形，体背、青筋部各有1行黑色素，全长11.8 mm，肌节2+18+33=53对（图102中3）。

（3）稚鱼阶段　腹鳍芽出现期：受精后13天18小时。腹鳍芽出现，头尖，口下位，颌须、鼻须各1对，颏须2对，鳔一室，背鳍形成，体背与青筋部位各有1行黑色素，尾鳍双波形，全长17.4 mm，肌节4+16+33=53对（图102中4）。

（4）幼鱼阶段　幼鱼期：受精后68大。头尖，口业卜位，颌须、鼻须各1对，颏须2对，背鳍、臀鳍、腹鳍、尾鳍形成，脂鳍长为臀鳍基部的3倍，尾叉形，长28.3 mm，肌节4+16+33=53对（图102中5）。

【比较研究】

大鳍鳠脂鳍长为臀鳍基部的3倍，斑鳠脂鳍长为臀鳍基部的2.5倍；大鳍鳠肌节4+16+33=53对，斑鳠肌节4+10+20=34对。

11．斑鳠

斑鳠［*Mystus guttatus*（Lacepede），图103］是鲿科鳠属的一种小中型鱼类，一般长60~700 mm，体延长，前部扁平，后段侧扁，吻宽而略圆，颌须长达腹鳍基部，鼻须达眼后缘，颏须2对，体无鳞，体侧有20多个斑点，大眼，口亚下位，背鳍ii-7，臀鳍ii-8~9，尾深叉形。分布于东南沿海至云贵高原往东南流的钱塘江、九龙江、韩江、珠江、元江等。

早期发育材料取自1983年西江桂平段、2001年北江韶关段。

【繁殖习性】

在有流水的石质河床产黏沉性卵。

【早期发育】

（1）稚鱼阶段

①尾椎上翘期：受精后8天18小时。尾椎上翘，卵黄囊吸尽，鳔一室，体光滑，布满黑色素，脂鳍褶也密布黑色素，眼黑，头尖，口亚下位，颌须、鼻须各1对，全长10 mm，肌节4+10+20=34对（图103中1侧位，2背位）。

②胸鳍形成期：受精后26天。背鳍、臀鳍、胸鳍、腹鳍、尾鳍形成，腹鳍褶宽长，体侧布满黑色素，眼黑，口亚下位，颌须、鼻须各1对，颏须2对，尾浅叉形，长19 mm，肌节4+10+20=34对（图103中3）。

（2）幼鱼阶段　幼鱼期：受精后70天。体长，头尖，眼大，听囊＞眼≥口亚下位，颌须达胸鳍中部，鼻须超过眼后缘，颏须达鳃棱处，背鳍ii-7，臀鳍ii-12，脂鳍基部为臀鳍基部的3倍，尾深叉形，体光滑，体侧有10多颗黑色素，全长46 mm（图103中4）。

【比较研究】

斑鳠与大鳍鳠早期发育形态相似，斑鳠肌节4+10+20=34对，大鳍鳠肌节2+18+32=52对，幼鱼时斑鳠体侧有10多颗黑色素，斑鳠脂鳍长为臀鳍基部的2.5倍，大鳍鳠脂鳍长为臀鳍基部的3倍。

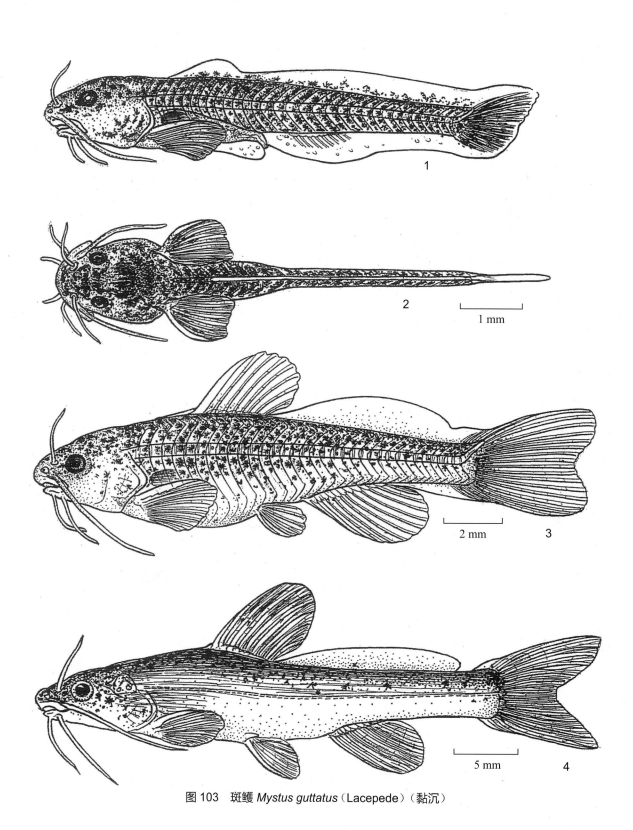

图 103 斑鳠 *Mystus guttatus*（Lacepede）（黏沉）

三、鮡科 Sisoridae

福建纹胸鮡

福建纹胸鮡［*Glyptothorax fukiensis*（Rendahl），图 104］是鮡科纹胸鮡属的一种小型鱼类，一般

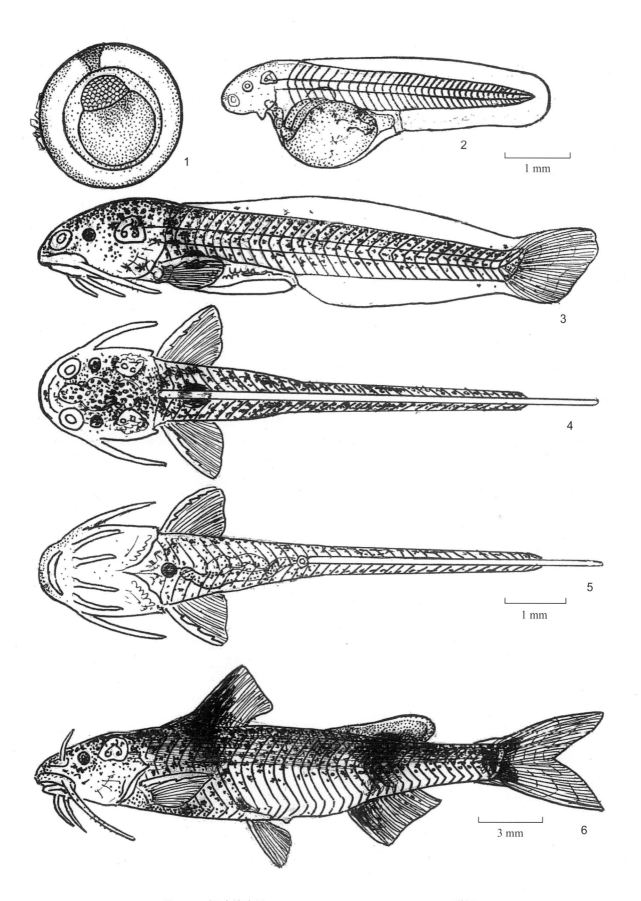

图 104　福建纹胸鮡 *Glyptothorax fukiensis*（Rendahl）（黏沉）

长 59~120 mm，头侧如铲形，颌须宽，鼻须短，颏须 2 对，眼背位，胸腹部平直，后侧扁，背鳍 i-6，不分支鳍条光滑、具弱齿，脂鳍短，鳃孔大，鳃膜与颊部相连，胸鳍刺强硬，后缘有强锯齿，尾鳍深叉形，臀鳍iii-7~8。分布于长江上游、珠江水系及东南沿海河溪。

早期发育材料取自 1983 年西江桂平段、2001 年北江韶关段。

【繁殖习性】

福建纹胸鮡于石质河床产黏沉性卵。

【早期发育】

（1）鱼卵阶段　卵膜双层，外膜 2.2 mm，内膜 1.5 mm，内外膜之间有漏斗状衣膜相连。桑葚期：受精后 3 小时 30 分。细胞分裂至桑葚状，胚长 1.5 mm（图 104 中 1）。

（2）仔鱼阶段　胸鳍原基期：受精后 1 天 21 小时。孵出后胸鳍原基出现，圆头，小眼，听囊＞嗅囊＞眼，卵黄囊如萌芽的蚕豆状，上有黑色素，居维氏管发达，全长 5 mm，肌节 10+12+13=35 对（图 104 中 2）。

（3）稚鱼阶段　尾椎上翘期：受精后 8 天 18 小时。卵黄囊吸尽，尾椎上翘，鳔一室，尾斜截形，胸鳍形成，硬棘后缘有锯齿，头如铲形，听囊＞嗅囊＞眼，颌须 1 对，颏须 2 对，体侧布满黑色素，长 9 mm，肌节 0+12+23=35 对（图 104 中 3 侧位，4 背位、5 腹位）。

（4）幼鱼阶段　幼鱼期：受精后 63 天。各鳍形成，体侧光滑、无鳞，有 3 块色素斑，头尖扁，颌须、鼻须各 1 对，颏须 2 对，尾叉形，脂鳍与臀鳍相对，全长 26 mm，肌节 0+12+23=35 对（图 104 中 6）。

【比较研究】

福建纹胸鮡颌须较宽，肌节 0+12+23=35 对，尾长比黄颡鱼属的短。

第六节　鳉形目 CYPRINODONTIFORMES

一、鳉科 Cyprinodontidae

青鳉

青鳉［*Oryzias latipes* (Temminck et Schlegel)，图 105］是鳉科鳉属一种特小型鱼类，长 2~3 cm，体侧扁，眼大，侧上位、口小，上位，"一"字形，下颌稍长于上颌，体披圆鳞，无侧线鳞，纵列鳞 27~30 片，背鳍后位 i-5，臀鳍iii-17，尾鳍截形。广泛分布于长江、珠江及东南、华南水系。

早期发育材料取自 1983 年西江桂平段、2001 年北江韶关段。

【繁殖习性】

青鳉繁殖期 4—7 月，怀卵量 180~250 粒，分批产卵，每次产 6~30 粒，卵膜径 1.1 mm，上有长、短丝 20 多条，便于卵粒悬挂在生殖孔后被带着发育。

【早期发育】

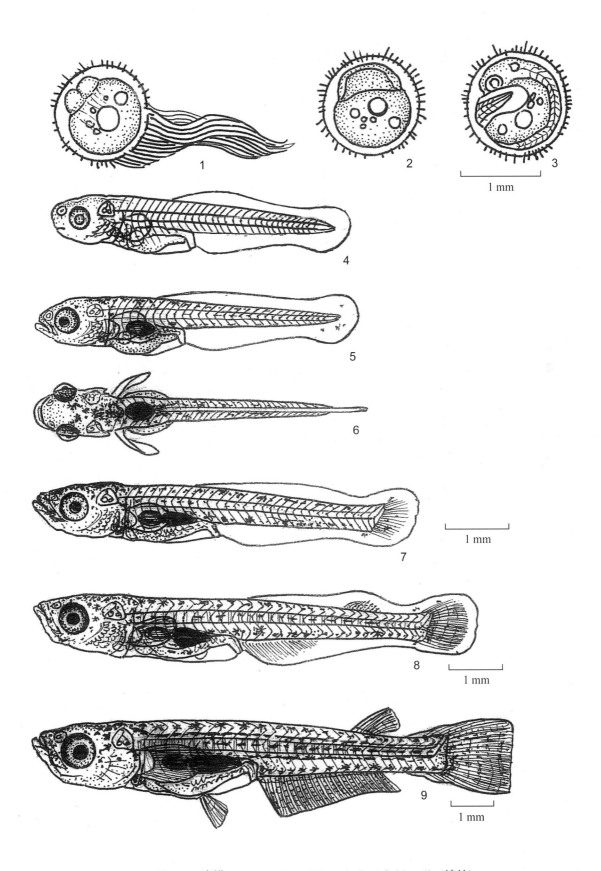

图 105　青鳉 *Oryzias latipes*（Temminck et Schlegel）（缠丝）

（1）鱼卵阶段

①2细胞期：受精后1小时。分裂为2个细胞，卵黄囊有5~6颗大小油滴，胚长0.9 mm（图105中1）。

②原肠早期：受精8小时。原肠下包1/3，卵黄囊有5~6颗大小油滴，胚长1 mm（图105中2）。

③心脏原基期：受精后1天4小时。尾部弯卷卵黄，胚长1.1 mm，肌节23对（图105中3）。

（2）仔鱼阶段

①鳃丝期：受精后2天22小时。胚体孵出，胸鳍较大，鳃丝出现，卵黄囊如小辣椒状，口亚端位，眼＞听囊＞嗅囊，全长4.55 mm，肌节6+4+22=32对（图105中4）。

②鳔一室期：受精后5天10小时。口端位，下颌长于上颌，大眼，眼＞听囊＞嗅囊，鳔一室，体背与青筋部位各有1行黑色素，卵黄囊如小辣椒状，全长5 mm，肌节6+4+22=32对（图105中5侧位，图105中6背位）。

（3）稚鱼阶段

①鳔二室期：受精后11天6小时。鳔二室，卵黄囊吸尽，尾椎上翘，口上位，眼大，尾圆扇形，体内脊索、青筋部位各有1行黑色素，头背有较多黑色素，全长5.85 mm，肌节7+2+22=31对（图105中7）。

②腹鳍芽出现期：受精后13天18小时。腹鳍芽出现，背褶分化，臀褶出现雏形鳍条，尾截形，出现雏形尾鳍条，大眼，口上位，全长8.06 mm，肌节12+19=31对（图105中8）。

（4）幼鱼阶段　幼鱼期：受精后65天。头尖，大眼，口上位，各鳍形成，背鳍后位，与臀鳍后部相对，尾鳍截形，胸鳍、腹鳍也形成，体背与脊椎上、中、下及青筋部位共有5行黑色素，全长11.2 mm，肌节10+21=31对（图105中9）。

【比较研究】

青鳉眼大，口上位，背鳍后位，尾截形，以肛门划分，肌节12+19=31对或10+21=31对，稚鱼阶段7+2+22=31对。

二、胎鳉科 Poeciliidae

食蚊鱼

食蚊鱼［*Gambusia affinis* (Baird et Girard)，图106］是鳉形目胎鳉科食蚊鱼属的一种小型鱼类，一般长25~36 mm，体长形，略侧扁，各鳍无棘，背鳍后位，ⅰ-5~6，臀鳍ⅲ-6~7，尾鳍截形，略带圆角，纵列鳞29~34，眼大，侧上位，口小，上位，体至头部均披圆鳞。原产中南美洲，后移殖食蚊，主要分布于广东、广西、云南、贵州、台湾、海南等水体。

早期发育材料取自1983年西江桂平段。

【繁殖习性】

食蚊鱼为卵胎生鱼类，早期胚胎发育皆在雌鱼腹中进行，仅采获幼鱼1尾。

【早期发育】

幼鱼阶段　幼鱼期：受精后60天。除胸鳍未发育完成外，背鳍、腹鳍、臀鳍、尾鳍发育完全，鳔二室，口上位，大眼，眼＞听囊＞嗅囊，全长8.7 mm，肌节12+14=26对（以背鳍起点划分躯干与尾

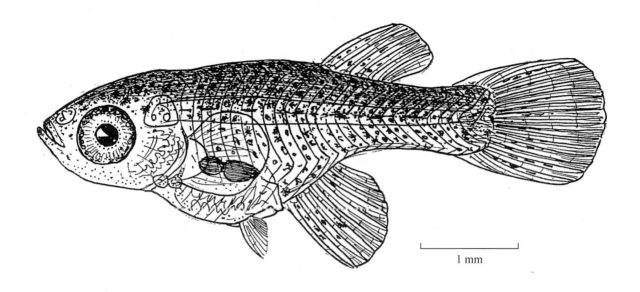

图 106　食蚊鱼 *Gambusia affinis*（Baird et Girard）（卵胎生）

部），体背布满黑色素（图 106）。

【比较研究】

食蚊鱼背鳍后位比青鳉背鳍后位略前，体圆浑而宽于青鳉，食蚊鱼肌节 12+14=26 对，比青鳉肌节 10+21=31 对少 5 对。

第七节　颌针鱼目 BELONIFORMES

鱵科 Hemiramphidae

间下鱵

间下鱵［*Hyporhamphus intermedius*（Cantor），图 107］是鱵科鱵属的一种小型鱼类，一般长 6~15 cm，体细长，呈稍侧扁的圆柱体，眼大，口大，下颌伸长如针，背鳍、臀鳍相对，后位，体如箭状，尾义形，下叶长于上叶，背鳍 ii-13，臀鳍 ii-15，侧线鳞 70 片左右，各鳍无硬刺，体侧有 1 条黑色纵带。

【繁殖习性】

从海洋溯游至长江、珠江等水系的通江湖泊，产缠性鱼卵挂在水草上发育。

【早期发育】

稚鱼阶段

①尾椎上翘期：受精后 8 天 8 小时。鳔一室，下颌伸出，长于上颌，大眼，眼＞听囊＞嗅囊，卵

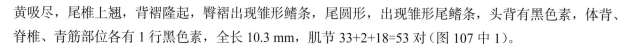

黄吸尽，尾椎上翘，背褶隆起，臀褶出现雏形鳍条，尾圆形，出现雏形尾鳍条，头背有黑色素，体背、脊椎、青筋部位各有 1 行黑色素，全长 10.3 mm，肌节 33+2+18=53 对（图 107 中 1）。

②尾鳍叉形期：受精后 8 天 18 小时。尾椎上翘，鳔一室，下颌长于上颌，针颌雏形，背鳍、臀鳍条出现，尾叉形，黑色素同上，全长 12.1 mm，肌节 33+2+18=53 对（图 107 中 2）。

③背鳍形成期：受精后 9 天 8 小时。尾椎上翘，鳔一室，背鳍形成，胸鳍、臀鳍、尾鳍亦接近完成，下颌尖状，黑色素同上，尾叉形，全长 13.5 mm，肌节 33+2+18=53 对（图 107 中 3）。

④腹鳍形成期：受精后 10 天 10 小时。背鳍、臀鳍、尾鳍、胸鳍、腹鳍发育完成，下颌如箭，远伸出上颌，背鳍、臀鳍如箭把，鳃有 3 朵大黑色素，其他色素同上，全长 14.6 mm，肌节 33+2+18=53 对（图 107 中 4）。

【比较研究】

间下鱵稚鱼期间，下颌箭芽伸出，长于上颌，体形如箭，肌节 33+2+18=53 对等为其特点。

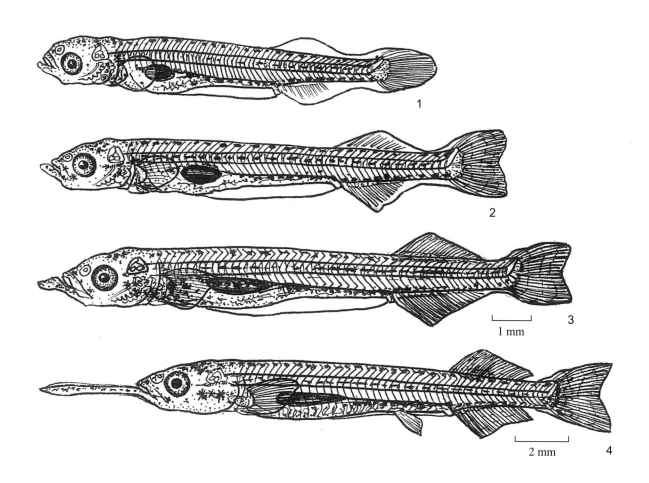

图 107　间下鱵 Hyporhamphus intermedius（Cantor）（缠丝）

第八节 合鳃鱼目 SYNBRANCHIFORMES

合鳃鱼科 Synbranchidae

黄鳝

黄鳝［*Monopterus albus* (Zuiew)，图 108］是合鳃鱼科黄鳝属一种大型鱼类，全长 30~60 cm，前段管形尾侧扁，口大，端位，下颌稍突出，鳃孔小，呈"V"形，体长条形，光滑无鳞，奇鳍退化，无偶鳍，鳔退化，体黄褐色，具不规则黑色斑点，口腔及口喉腔为呼吸辅助器，能直接呼吸空气。广泛分布于青藏高原和台湾以外的全国各水系。

早期发育材料取自 1974 年长江与汉江沟通的五湖。

【繁殖习性】

黄鳝于穴居的洞口附近产泡沫浮性卵，雌鱼、雄鱼有护卵习性。

【早期发育】

（1）鱼卵阶段

卵膜径 3~4 mm，鱼卵卵黄有众多油滴，浮于泡沫巢内发育。

心脏原基期：受精后 1 天 9 小时。心原基出现，胸鳍褶已萌出，卵长 2.5 mm（图 108 中 1）。

（2）仔鱼阶段

①胸鳍原基期：受精后 2 天 2 小时。孵出时胸原基已出现，胸鳍褶及背鳍褶有明显的血管网，卵黄囊有球状血管，全长 8.7 mm，肌节 0+60+30=90 对（图 108 中 2）。

②肠管贯通期：受精后 5 天 10 小时。肠管贯通，胸鳍扩大，血管网发达，背褶、臀褶及卵囊也出现（图 108 中 3）。

③鳔雏形期：受精后 6 天 16 小时。鳔雏形，胸鳍扩大，背鳍褶、臀鳍褶出现，有明显血管网，长 13.7 mm，肌节 0+60+30=90 对（图 108 中 4）。

④鳔一室期：受精后 7 天 22 小时。鳔一室，胸鳍膜缩小，长 18.5 mm（图 108 中 5）。

⑤鳔收缩期：受精后 8 天 18 小时。胚体稍弯，鳔收缩，胸鳍膜缩小，其他同上，全长 18.3 mm（图 108 中 6）。

⑥胸鳍收缩期：受精后 10 天 10 小时。胸鳍膜缩小，胚体伸直，卵黄囊长条形，全长 22.9 mm（图 108 中 7）。

（3）幼鱼阶段　幼鱼期：受精后 64 天。头尖，口下位，体较长，背部布满黑色素，胸鳍退化，鳔退化，全长 45 mm，形如成鱼（图 108 中 8）。

【比较研究】

黄鳝孵出时体仍半弯，胸鳍膜逐渐缩小，鳔也持续一段时间后退化，肌节 0+60+30=90 对。

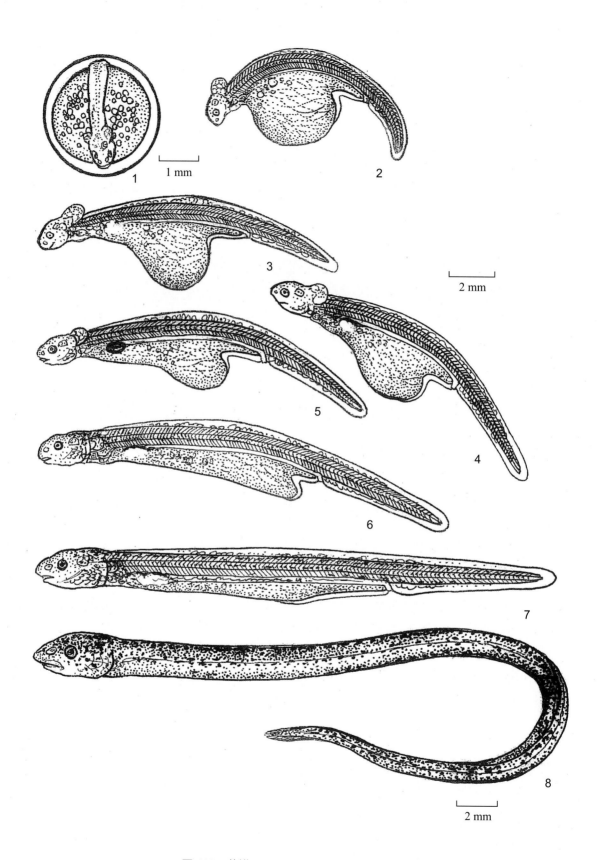

图 108　黄鳝 *Monopterus albus*（Zuiew）（浮性）

第九节　鲈形目 PERCIFORMES

一、鮨科 Serranidae

1. 鳜

鳜〔*Siniperca chuatsi* (Basilewsky)，图 109〕是鮨科鳜属的中型鱼类，一般长 7~52 cm，头尖，口大，眼上侧位，前鳃盖骨后缘有 4~5 个大棘，背鳍 xiii -13~15，臀鳍 iii -9~11，鳞细小，圆鳞，侧线鳞 121~128 片，幽门垂 200~300 个，尾圆形、有色素斑，体侧从嘴经眼至背前缘有 1 黑色斑带，体中有 1 垂直斑，背鳍与臀鳍之间有多个圆黑色斑。分布于长江水系。

早期发育材料取自 1961 年长江宜昌段、1962 年长江黄石段、1993 年汉江丹江水库郧县段、1981 年长江监利段。

【繁殖习性】

鳜鱼在流水环境中产具油球的漂流性卵，缓流产卵，也见于鄱阳湖口至星子的湖湾。

【早期发育】

（1）鱼卵阶段　卵膜径 2~2.2 mm，膜厚，卵粒于卵黄处有油球及油滴，但在静水中下沉，在流水中漂流发育。

①2 细胞期：受精后 1 小时。分裂至 2 个细胞，卵黄具油滴，胚长 1.36 mm（图 109 中 1）。

②4 细胞期：受精后 1 小时 30 分。分裂至 4 个细胞，胚长 1.36 mm（图 109 中 2）。

③眼囊期：受精后 16 小时 30 分。眼囊出现，胚黄有一颗大点的油球和数粒油滴，可是并无浮性，靠流水漂流发育，卵黄有 4~5 颗黑色素，肌节 14 对，胚长 1.5 mm（图 109 中 3）。

④晶体形成期：受精后 24 小时。眼晶体形成，卵黄囊逗号形，内有油球与油滴以及众多黑色素，听囊与嗅囊也出现黑色素，小眼，肌节 25 对，胚长 2.7 mm（图 109 中 4）。

（2）仔鱼阶段

①胸鳍原基期：受精后 1 天 21 小时。孵出后进入胸鳍原基期，头方，眼>听囊>嗅囊，居维氏管发达，卵黄如逗号形，全长 4.1 mm，肌节 2+7+20=29 对（图 109 中 5）。

②鳃弧期：受精后 2 天 11 小时。方头，口下位，肠管贯通，卵黄如木瓜形，布满黑色素，全长 4.4 mm，肌节 2+7+20-29 对（图 109 中 6）。

③鳃丝期：受精后 2 天 22 小时。方头，口亚端位，肠管贯通，卵黄如木瓜形，肌节 2+7+20=29 对，全长 5 mm（图 109 中 7）。

④鳔一室期：受精后 5 天 10 小时。鳔一室，肠管贯通，卵黄如丝瓜形，口亚下位，口裂大，尾下侧和肠外侧出现黑色素，鳃盖出现 4 个棘，全长 5.9 mm，肌节 2+7+20=29 对（图 109 中 8）。

（3）稚鱼阶段

①卵黄囊吸尽期：受精后 8 天 8 小时。卵黄囊吸尽，头尖，口亚下位，鳃盖出现 5 个棘，鳔一室，

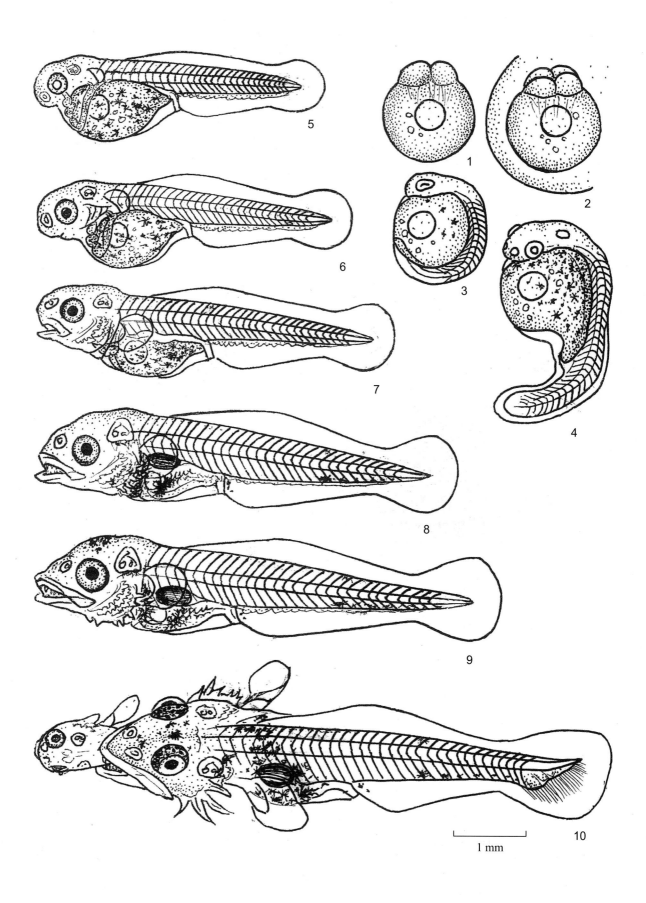

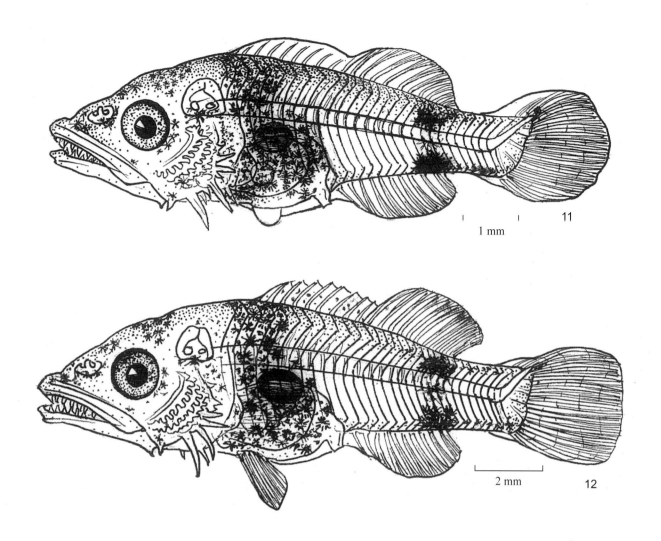

1 mm

11

2 mm

12

图 109　鳜 *Siniperca chuatsi*（Basilewsky）（油球漂流）

肠旁仍保留卵黄油球，头背出现黑色素，眼黑，眼＞听囊＞嗅囊，全长 6.5 mm，肌节 2+7+20=29 对
（图 109 中 9）。

　　②尾椎上翘期：受精后 10 天。头尖，口下位，上、下颌有细齿，鳃盖 5 个棘，尾椎上翘后方
出现雏形尾鳍条，背褶与臀褶隆起，胸鳍膜增大，可吞食其他种鱼苗，鳔一室，全长 7.1 mm，肌节
2+7+20=29 对（图 109 中 10）。

　　③腹鳍芽出现期：受精后 12 天 22 小时。头大，口亚端位，口裂大，上、下颌有细齿，鳃盖 5 个
棘，腹鳍芽出现，背鳍、臀鳍、尾鳍基本完成，尾圆，体侧头部，背前、背后出现 3 块黑色斑，全长
10 mm，肌节 2+7+20=29 对（图 109 中 11）。

　　（4）幼鱼阶段　幼鱼期：受精后 60 天。头大、尖形，口亚端位，上、下颌有细齿，鳃盖后缘出
现 5 个棘，背鳍形成，viii -11，臀鳍形成，ii -9，尾截形，全长 11.5 mm，体侧从头至尾有 3 块黑色

素斑，腹鳍胸位，肌节 2+8+21=31 对（图 109 中 12）。

【比较研究】

幼鱼时可以检查幽门垂，鳜鱼 200~300 个，而大眼鳜为 74~98 个、斑鳜为 78~100 个，差别较大，肌节略有不同，鳜为 2+7+20=29 对，鳜眼＞听囊＞嗅囊，大眼鳜眼远大于听囊，斑鳜眼 = 听囊。

2. 大眼鳜

大眼鳜（*Siniperca kneri* Garman，图 110）也是鮨科鳜属的中型鱼类，一般全长 8~37 cm，头尖，体高，口大，背鳍 xii -12~15，臀鳍 iii -8~11，侧线鳞 105~121 片，幽门垂 74~98 个，背略呈弧形，不甚隆起，仍与鳜一样，从下颌经眼至背有一褐色斜纹，但眼稍大，故称大眼鳜。分布于长江、珠江水系。

早期发育材料取自 1962 年长江湖口段、1974 年汉江丹江口水库郧县段、1983 年西江桂平段、2001 年北江韶关段。

【繁殖习性】

产卵期 5—7 月，怀卵量 5 万 ~10 万粒，在流水环境下产带油球的漂流性卵。

【早期发育】

（1）鱼卵阶段　产出卵吸水膨胀后膜径 1.9~2 mm，膜厚。

原肠晚期：受精后 11 小时。卵黄内有 1 个油球、10 颗油滴，原肠下包 4/5，卵长 1.59 mm（图 110 中 1）。

（2）仔鱼阶段　以卵黄营养供其发育。

①鳃弧期：受精后 2 天 2 小时。鳃弧出现，头圆，口下位，大眼黑色，卵黄囊茄形，含油球与油滴，全长 5 mm，肌节 4+6+22=32 对（图 110 中 2）。

②鳔雏形期：受精后 4 天 4 小时。鳔雏形，肠管贯通，卵黄囊茄形，仍含油球与油滴，卵黄囊出现 6~7 颗黑色素，头椭圆形，口下位，口裂大，眼＞听囊＞嗅囊，背褶、臀褶、尾褶光滑，心脏略带浅红色，全长 6 mm，肌节 4+6+22=32 对（图 110 中 3）。

③鳔一室期：受精后 5 天 12 小时。鳔一室，卵黄囊茄形，保留油球、油滴，上有 6~7 颗黑色素，头尖，口亚端位，口裂大，上、下颌生有小齿，鳃盖后缘有 5 个棘，全长 6.2 mm，肌节 4+6+22=32 对（图 110 中 4）。

（3）稚鱼阶段

①卵黄囊吸尽期：受精后 8 天 8 小时。卵黄囊吸尽，但油球、油滴仍残存于腹腔，已能吞食其他种鱼苗，鳔一室，头尖，口裂大，端位，上、下颌有细齿，鳃后缘有棘刺 5 个，全长 7 mm，肌节 4+6+22=32 对（图 110 中 5）。

②腹鳍芽出现期：受精后 13 天 18 小时。腹鳍芽出现，头尖，口亚端位，下颌稍长于上颌，内有小齿，鳃棘 5 个，眼＞听囊，背鳍、臀鳍出现雏形鳍条，尾鳍三波形，已出现尾鳍条，体侧头背部、背褶下方、臀褶上方出现 3 块黑色素斑，全长 9 mm，肌节 4+6+22=32 对（图 110 中 6）。

③背鳍形成期：受精后 20 天。背鳍形成，鳍条 xii -14，前背鳍弧形，后背鳍旗形，臀鳍、背鳍也接近完成，尾弧状半截形，鳔一室，腹腔内仍残存油球和油滴，体侧头部、鳔部及背鳍与臀鳍间有 3 块黑色素斑，全长 17.5 mm，肌节 4+6+22=32 对（图 110 中 7）。

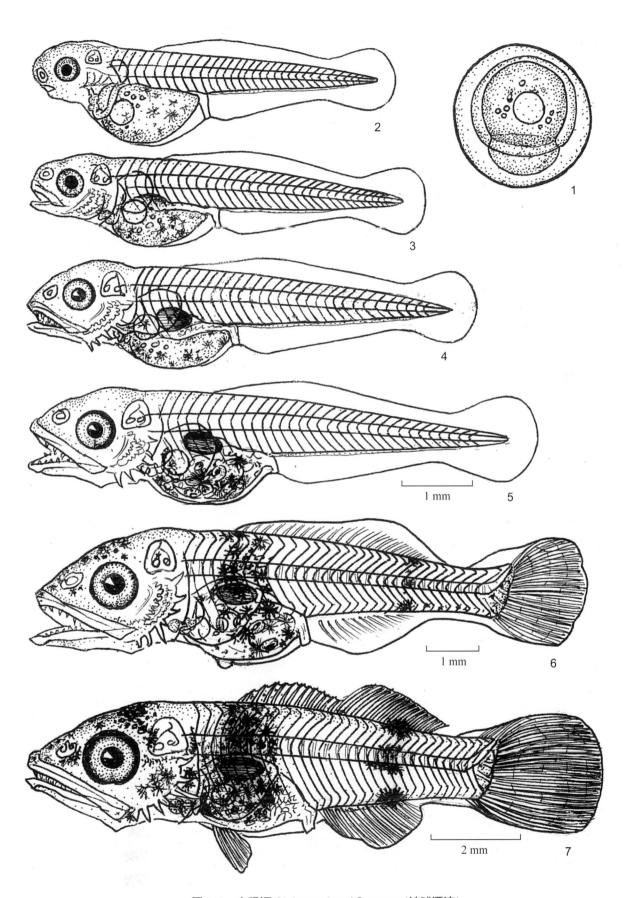

图 110　大眼鳜 *Siniperca kneri* Garman（油球漂流）

【比较研究】

鳜属鱼类早期发育较为相似，但背鳍前肌节有异，鳜为2+7+20=29对，大眼鳜为4+6+22=32对，斑鳜为3+7+20=30对，体侧有黑色素，背鳍、臀鳍间鳜有2条明显黑色素，大眼鳜3条，斑鳜1条。

3. 斑鳜

斑鳜（*Siniperca scherzeri* Steindachner，图111）是鮨科鳜属的小中型鱼类，全长8~19 cm，体扁，头尖，背弧形，不甚隆起，口大，端位，体棕黄色，腹部灰白色，体侧有不规则黑色斑，背鳍xii~xiii-12~13，臀鳍iii -9，侧线鳞104~124片。分布于长江、珠江等水系。

早期发育材料取自1961年长江宜昌段、1976年汉江襄樊段、1981年长江监利段、1983年西江桂平段。

【繁殖习性】

斑鳜亦于流水环境产带油球、油滴的漂流性卵，卵膜厚，比重大于1，在没水流冲击带会沉于水底。

【早期发育】

（1）鱼卵阶段

鱼卵膜径小，2~2.2 mm，卵黄带油球与油滴，因为卵间隙小、多油球助其漂流发育。

2细胞期：受精后50分。2个细胞，卵黄含1个油球、7~8颗油滴，胚长1.6 mm（图111中1）。

（2）仔鱼阶段

①肠管贯通期：受精后3天10小时。肠管贯通，鳃丝出现，口亚端位，头方形，卵黄含油球、油滴，上有2~3颗黑色素，脊椎近尾部有1颗斑鳜特有的黑色素，全长4.9 mm，肌节3+7+20=30对（图111中2）。

②鳔一室期：受精后5天20小时。鳔一室，卵黄呈辣椒形，含油球与油滴，上有3条黑色素，尾部脊椎部位有1条黑色素，口亚端位，眼＞听囊＞嗅囊，全长5.5 mm，肌节3+7+20=30对（图111中3）。

（3）稚鱼阶段

①卵黄囊吸尽期：受精后7天2小时。卵黄囊吸尽，腹腔内仍残存油球、油滴，肠部位有3~4朵黑色素，体侧于鳃盖中间部位有5个棘，全长6 mm，肌节3+7+20=30对（图111中4）。

②背褶分化期：受精后7天22小时。背褶隆起，出现雏形鳍条，头尖，口端位，上、下颌有细齿，眼＝听囊＞嗅囊，鳃外缘有5个棘，鳔一室，肠带褶，头背出现黑色素，尾部中段脊椎部位有1条大黑色素，全长6.6 mm，肌节3+7+20=30对（图111中5）。

③尾椎上翘期：受精后8天18小时。尾椎上翘，尾鳍条形成，尾三波形，背鳍、臀鳍的雏形鳍条出现，头尖，口端位，上、下颌萌出小齿，鳃盖后缘有5个棘，头背及肠部位、青筋部位出现黑色素，作为斑鳜早期发育特点的尾柄中部有1条大的黑色素，全长7.5 mm，肌节3+7+20=30对（图111中6）。

（4）幼鱼阶段　幼鱼期：受精后60天。各鳍形成，背鳍ix -11，臀鳍iii -9，头尖，口端位，鳃盖后缘伸出5个棘，眼＝听囊＞嗅囊，体侧布满黑色素，尾段中间有1颗大的黑色素，尾截形，全长15 mm，肌节3+7+20=30对（图111中7）。

【比较研究】

斑鳜特点是仔鱼、稚鱼、幼鱼尾柄中部有1条大黑色素，稚鱼、幼鱼时鳜为2条，大眼鳜为3条。

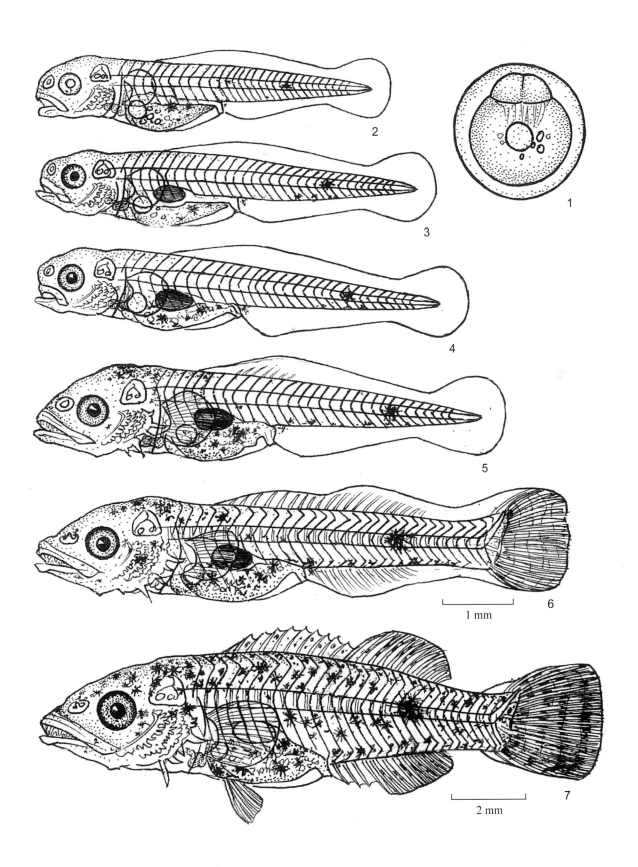

图 111　斑鳜 *Siniperca scherzeri* Steindachner（油球漂流）

鳜肌节 2+7+22=31 对，大眼鳜 4+6+22=32 对，斑鳜 3+7+20=30 对。

二、塘鳢科 Eleotridae

黄黝鱼

黄黝鱼［*Hypseleotris swinhonis* (Günther)，图 112］是塘鳢科黄黝鱼属的一种小型鱼类，一般长为 2.5~4 cm，体侧扁，下颌稍长于上颌，头部披圆鳞，体披栉鳞，背鳍 xii~xiii，i，11~12，臀鳍 i~ii - 8~9，纵列鳞 28~32 片，尾鳍圆形，体侧有 12~15 条暗色斑纹。分布于长江、珠江水系。

早期发育材料取自 1981 年长江监利段、1983 年西江桂平段。

【繁殖习性】

黄黝鱼在河湾湖边产含油球的漂流性卵。

【早期发育】

（1）稚鱼阶段

①尾椎上翘期：受精后 8 天 8 小时。尾椎上翘，卵黄囊吸尽，鳔一室，背鳍、臀鳍褶隆起，各出现雏形鳍条，尾截切形，头椭圆形，口中端位，听囊＝眼＞嗅囊，腹腔仍残存卵黄的油球，全长 7.1 mm，肌节 4+9+19=32 对（图 112 中 1）。

②臀鳍形成期：受精后 20 天 20 小时。第 1 背鳍仅芽状，第 2 背鳍形成，臀鳍形成，ii-6，尾截弧形，腹鳍胸位，已具雏形，腹腔残存油球，头圆锥状，口裂大，端位，听囊＝眼＞嗅囊，全长 8.3 mm，肌节 4+9+19=32 对（图 112 中 2）。

③腹鳍形成期：受精后 23 天。腹鳍形成，第 2 背鳍也形成，尾鳍截形，略带弧状，鳔一室，油球仍残存在腹腔，全长 10 mm，肌节 4+9+19=32 对（图 112 中 3）。

④胸鳍形成期：受精后 35 天。胸鳍形成，第 1 背鳍、第 2 背鳍、臀鳍、尾鳍皆形成，鳔二室，头尖，口端位，体侧有 12 条黑色斑纹，听囊＝眼＞嗅囊，全长 13.3 mm，肌节 4+9+19=32 对（图 112 中 4）。

（2）幼鱼阶段　幼鱼期：受精后 60 天。各鳍形成，体黑，体侧有 15 条纵状黑色斑纹，形如成鱼，全长 15.8 mm（图 112 中 5）。

【比较研究】

黄黝鱼有 2 个背鳍，肌节 4+9+19=32 对，体侧有 10 多条纵状黑色斑纹。

三、鰕鯱鱼科 Gobiidae

1. 小栉鰕鯱

小栉鰕鯱（*Ctenogobius parvus* Luo，图 113）是鰕鯱鱼科栉鰕鯱鱼属一种小型鱼类，全长 25~36 mm，前圆筒状，后段侧扁，口端位，唇厚，体侧有 6~7 个暗黑色斑，背鳍 2 个，鳍条 vi，i-8~9，臀鳍 i-7~8，纵列鳞 28~30 片，腹鳍胸位，尾后缘圆弧形。

早期发育材料取自 1983 年西江桂平段。

【繁殖习性】

小栉鰕鯱产黏沉性卵，卵椭圆形，受精孔处有一撮丝状物黏附于河底或壁上，卵粒于其内发育。

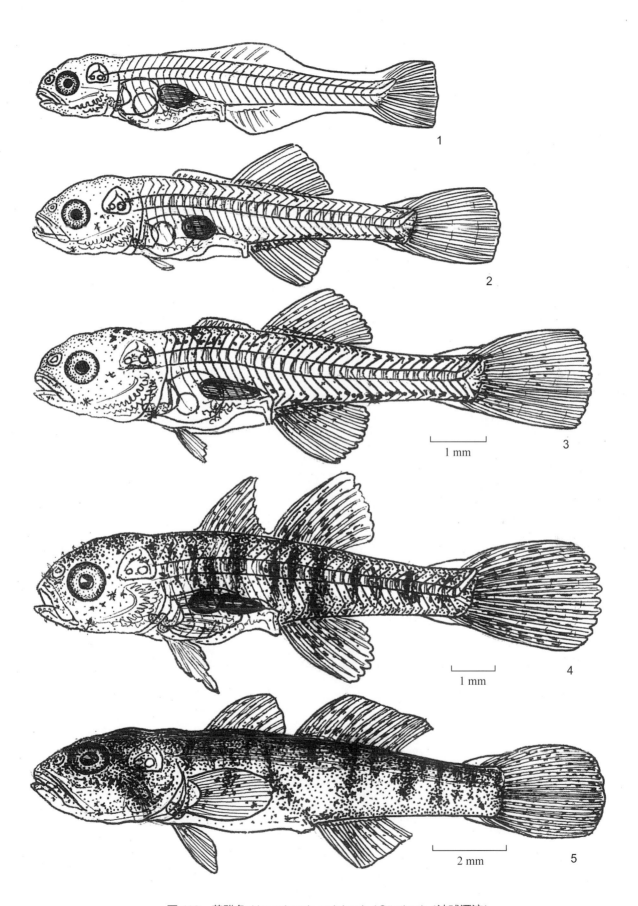

图 112　黄黝鱼 *Hypseleotris swinhonis*（Günther）（油球漂流）

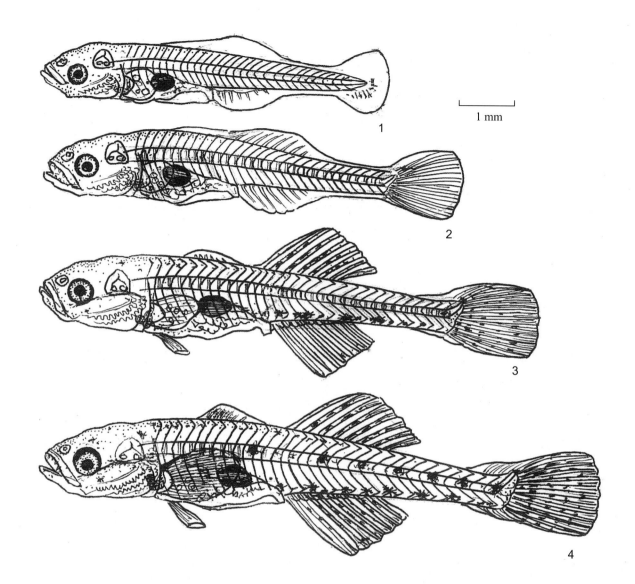

图 113　小栉鰕虎 *Ctenogobius parvus* Luo（油球漂流）

【早期发育】

只搜集到稚鱼阶段材料。

稚鱼阶段

①卵黄囊吸尽期：受精后 6 天 21 小时。卵黄囊吸尽，腹腔内残存油滴，头尖，口端位，口裂大，听囊＞眼＞嗅囊，背臀褶隆起，出现雏形鳍条（图 113 中 1）。

②尾椎上翘期：受精后 10 天。尾椎上翘，鳔一室，头尖，听囊＞眼＞嗅囊，口端位，口大，第 2 背鳍与臀鳍出现雏形鳍条，尾鳍形成，呈弧形，全长 7.5 mm，肌节 3+9+17=29 对（图 113 中 2）。

③臀鳍形成期：受精后 20 天 20 小时。第 1 背鳍萌出 5 根雏形鳍条，第 2 背鳍与臀鳍形成，尾鳍

也完成，胸鳍、腹鳍仍在发育，青筋部位有 1 行黑色素，头尖，口端位，上、下颌含细齿，全长 9 mm，肌节 3+9+17=29 对（图 113 中 3）。

④腹鳍形成期：受精后 26 天 16 小时。第 2 背鳍与臀鳍、尾鳍、腹鳍形成，第 2 背鳍与臀鳍末端远离尾鳍基部，第 1 背鳍与胸鳍仍处发育中，体背、脊椎、青筋部位各有 1 行黑色素，头尖，口端位，口裂大，全长 10~15 mm，肌节 3+9+17=29 对（图 113 中 4）。

【比较研究】

小栉鰕鯱与褐栉鰕鯱、子陵栉鰕鯱、黏皮鲻鰕鯱早期发育非常相似，往往以肌节数目区分。小栉鰕鯱肌节 3+9+17=29 对，褐栉鰕鯱 4+6+15=25 对，子陵栉鰕鯱 3+7+15=25 对，而且胸鳍基部上方有 1 大黑色素，黏皮鲻鰕鯱 4+7+16=27 对，小栉鰕鯱听囊＞眼＞嗅囊，不同于黏皮鲻鰕鯱的听囊远人于眼＞嗅囊，褐栉鰕鯱与子陵栉鰕鯱的听囊＝眼＞嗅囊。

2. 褐栉鰕鯱

褐栉鰕鯱［*Ctenogobius brunneus*（Temminck et Schlegel），图 114］是鰕鯱鱼科栉鰕鯱属一种小型鱼类，全长 60~101 mm，前圆筒形，后侧扁，头尖略扁平，口端位，体侧有栉鳞，腹部为圆鳞，有第 1 背鳍与第 2 背鳍，体侧有 5~6 个黑色斑，头部具不规则细纹与黑点，第 1 背鳍ⅵ，第 2 背鳍 ⅰ-7~8，臀鳍 ⅰ-7~8，纵列鳞 28~32 片，头扁平，口端位，尾圆弧形，腹鳍圆盘状。分布于黑龙江至珠江及台湾、海南各水源。

早期发育材料取自 1962 年长江湖口段、1983 年西江桂平段。

【繁殖习性】

褐栉鰕鯱繁殖期 6—10 月，产黏沉性卵，卵椭圆形，以受精孔分泌的丝状体黏于基质上发育。

【早期发育】

稚鱼阶段

①尾椎上翘期：受精后 8 天 8 小时。尾椎上翘，头尖，上部扁平，口端位，眼＝听囊＞嗅囊，鳔一室，第 2 背鳍与臀鳍褶隆起出现雏形鳍条，尾弧状截形，尾鳍条出现，全长 6.6 mm，肌节 4+6+15=25 对（图 114 中 1）。

②臀鳍形成期：受精后 10 天 10 小时。尾椎上翘，头尖，上部扁平，口端位，眼＝听囊＞嗅囊，鳔一室，菜刀形，第 1 背鳍褶分出，第 2 背鳍、臀鳍、尾鳍形成，全长 7.5 mm，肌节 4+6+15=25 对（图 114 中 2）。

③背鳍形成：受精后 12 天 12 小时。尾椎上翘，第 1 背鳍褶萌出，第 2 背鳍与臀鳍、尾鳍形成，尾截形，鳔一室，头尖，口裂大，眼＝听囊＞嗅囊，全长 8.5 mm，肌节 4+6+15=25 对（图 114 中 3）。

④鳔二室期：受精后 20 天 20 小时。鳔前室出现，第 1 背鳍、第 2 背鳍、臀鳍、尾鳍、腹鳍形成，头背与尾柄下方各出现黑色素，尾鳍条有段状黑色素，全长 9.9 mm，肌节 4+6+15=25 对（图 114 中 4）。

⑤腹鳍形成期：第 1 背鳍、第 2 背鳍、臀鳍、尾鳍、腹鳍、胸鳍形成，体侧出现 7~8 朵黑色素斑，全长 12.1 mm，肌节 4+6+15=25 对（图 114 中 5）。

【比较研究】

褐栉鰕鯱肌节 4+6+15=25 对，听囊＝眼＞嗅囊；黏皮鲻鰕鯱肌节 4+7+16=27 对，听囊＞眼＞嗅囊。

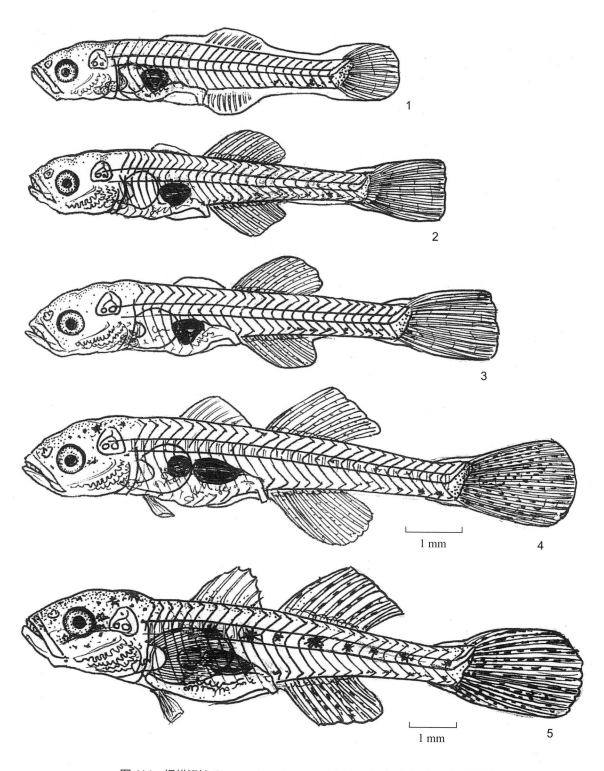

图 114　褐栉鰕虎 *Ctenogobius brunneus*（Temminck et Schlegel）（黏沉）

3. 子陵栉鰕虎

　　子陵栉鰕虎［*Ctenogobius giurinus*（Rutter），图 115］是鰕虎鱼科栉鰕虎属的一种小型鱼类，全长一般为 30~100 mm，体前部近圆筒形，后部稍侧扁，头尖，前部扁平，口裂大，端位，第 1 背鳍 vi，

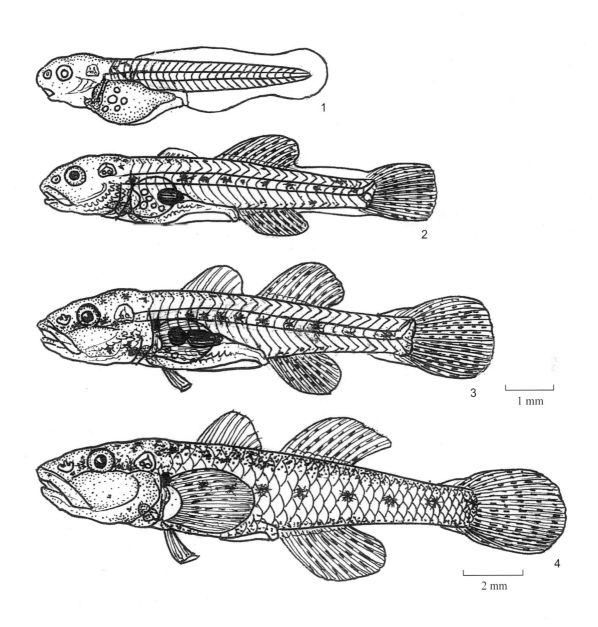

1 mm

2 mm

图 115　子陵栉鰕鯱 *Ctenogobius giurinus*（Rutter）（黏沉）

第2背鳍 i-8~9，臀鳍 i-8~9，腹鳍合成长圆形的吸盘，尾鳍后缘圆形，略尖，体侧有 6~7 朵黑色斑，头有虫纹状黑色斑，胸鳍基部上端有一黑点，尾鳍基部有一弧状黑色斑。广泛分布于鸭绿江、黄河、长江、珠江、钱塘江及闽江，台湾与海南岛等。

早期发育材料取自 1961 年长江宜昌段、1963 年长江湖口段、1981 年长江监利段。

【繁殖习性】

子陵栉鰕鯱也有称普栉鰕鯱、栉鰕鯱、吻鰕鯱，产黏沉性卵，卵椭圆形，受精孔分泌丝状体黏在基质上发育。

【早期发育】

（1）鱼卵阶段　参见《长江鱼类早期资源》（曹文宣 等，2007），鱼卵在椭圆形卵膜内发育。

（2）仔鱼阶段　鳃弧期：受精后2天4小时。鳃弧出现，卵黄囊逗号形，卵黄上有5颗油滴，头尖，口亚下位，眼=听囊＞嗅囊，全长5.9 mm，肌节3+7+15=25 对（图115中1）。

（3）稚鱼阶段

①尾椎上翘期：受精后8天8小时。尾椎上翘，尾鳍形成，圆弧状时截形尾，胸鳍基部上侧有1大黑色素，第1背鳍出现6根鳍条，第2背鳍与臀鳍基本形成，鳔一室，卵囊吸尽仍残存5颗油滴，头尖，口亚端位，听囊=眼＞嗅囊，全长8 mm，肌节3+7+15=25 对（图115中2）。

②胸鳍形成期：受精后25天。鳔二室，第1背鳍、第2背鳍、尾鳍、胸鳍、腹鳍形成，头尖，口裂大，眼=听囊＞嗅囊，体侧有7~8朵黑色素，胸鳍基部上侧有1颗大黑色素，第2背鳍、臀鳍、尾鳍的鳍条上有小段状的黑色素，全长9.2 mm，肌节3+7+15=25 对（图115中3）。

（4）幼鱼阶段　幼鱼期：受精后70天。各鳍形成，鳞片长齐，体侧有6~7颗黑色素斑，胸鳍基部上侧有1块大黑色素，头尖形，唇厚，眼=听囊＞嗅囊，尾圆形，全长17.2 mm（图115中4）。

【比较研究】

子栉鰕鯱鱼仔鱼肌节3+7+15=25 对，稚鱼、幼鱼时胸鳍基侧有1大黑色素。

4. 黏皮鲻鰕鯱

黏皮鲻鰕鯱［*Mugilogobius myxodermus* (Herre)，图116］是鰕鯱科鲻鰕鯱属的一种小型鱼类，全长27~36 mm，体前段圆筒形，后段侧扁，体披栉鳞，前部鳞小，后部鳞大，头部除鳃盖披圆鳞外，其余裸露，具棕褐色纹及黑点，眼上位，口端位，斜裂，前鼻孔有鼻管，后鼻孔圆形，第1背鳍具6根柔软鳍棘，第2背鳍 i-8，臀鳍条 i-7~8，纵列鳞37~40 片，尾鳍圆形，腹鳍短，呈吸盘状，体侧有5~6条横斑纹。分布于长江、珠江、闽江及海南岛。

早期发育材料取自1962年长江湖口段、1986年长江武穴段、1984年珠江南沙段。

【繁殖习性】

卵椭圆形，受精时受精孔分泌出黏丝附在基质上发育。

【早期发育】

鱼卵、仔鱼材料没有采获。

（1）稚鱼阶段

①尾椎上翘期：受精后9天14小时。尾椎上翘，第2背鳍，臀鳍出现，鳔一室，卵黄囊吸尽，头椭圆形，口端位，听囊＞眼＞嗅囊，全长6.2 mm，肌节4+6+17=27 对（图116中1）。

②臀鳍形成期：受精后21天16小时。第2背鳍，臀鳍、尾鳍形成，第1背鳍出现6根雏形条，头侧面椭圆形，口端位，听囊＞眼＞嗅囊，尾鳍圆弧形，鳔一室，全长7.1 mm，肌节4+7+16=27 对（图116中2）。

③鳔二室期：受精后25天。第1背鳍、第2背鳍、臀鳍、尾鳍、胸鳍、腹鳍形成，尾鳍圆弧形，体侧脊椎部有6~7朵黑色素，上、下有分散黑色素，头侧面椭圆形，听囊＞眼＞嗅囊，口端位，唇厚，鳔二室，长7.95 mm，肌节4+7+16=27 对（图116中3）。

（2）其他阶段　缺。

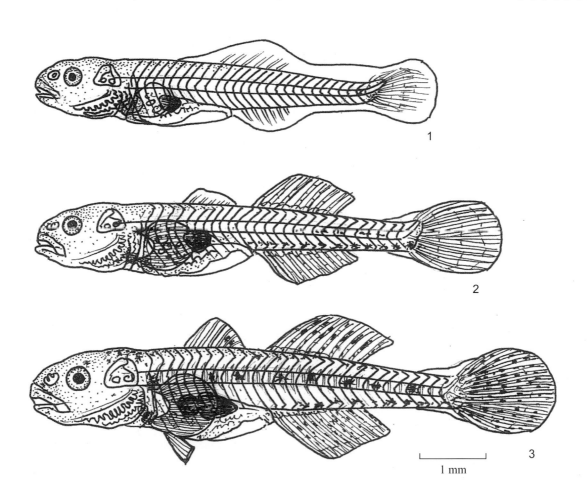

图 116　黏皮鲻鰕鯱 *Mugilogobius myxodermus*（Herre）（黏沉）

【比较研究】

黏皮鲻鰕鯱听囊远大于眼，小栉鰕鯱与褐栉鰕鯱听囊稍大于眼，子陵栉鰕鯱听囊小于眼。

四、斗鱼科 Belontiidae

叉尾斗鱼

叉尾斗鱼［*Macropodus opercularis*（Linnaeus），图 117］是斗鱼属中一种小型鱼类，一般长 3.5~6 mm，体长形，口小，上位，斜裂，头部圆鳞，体侧栉鳞，无侧线鳞，背鳍长，前部为硬刺，后部为分节软鳍条，鳍条 xⅲ~xⅵ，6~7，臀鳍 xⅵ~xxⅰ，11~14，纵列鳞 27~30 片，腹鳍胸位，尾鳍深分岔，体侧有 7~9 条暗褐色带，背鳍、臀鳍、尾鳍有黑色小斑点。

分布于长江中上游干支流及珠江等水系。

【繁殖习性】

叉尾斗鱼口吐气泡成巢，卵带油球，浮于气泡下发育。

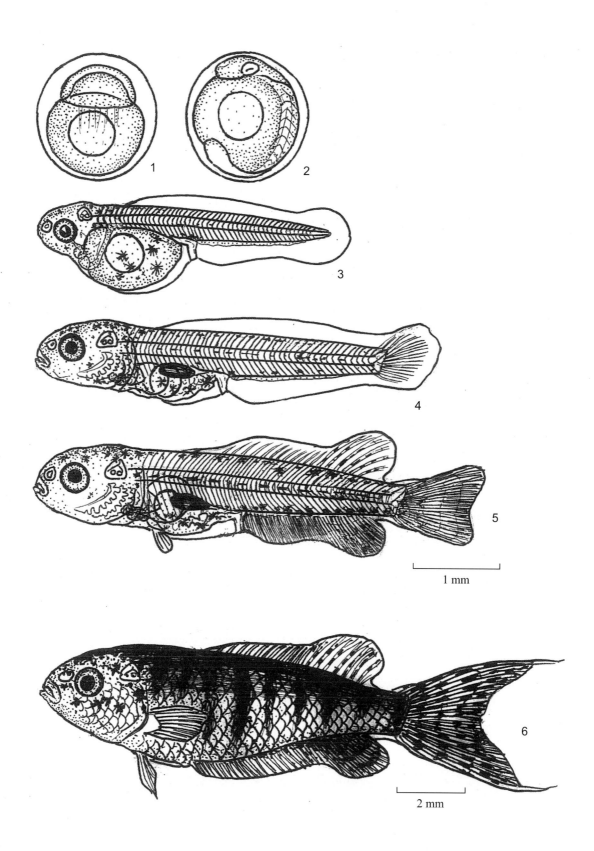

图 117　叉尾斗鱼 *Macropodus opercularis*（Linnaeus）（浮性）

【早期发育】

（1）鱼卵阶段

①原肠早期：受精后 9 小时。卵膜径 1.4~1.5 mm，原肠下包 1/3，卵黄囊有大油球，胚长 1.2 mm（图 117 中 1）。

②尾芽期：受精后 19 小时。尾芽出现，肌节 12 对，卵黄囊含油球，胚长 1.3 mm（图 117 中 2）。

（2）仔鱼阶段　孵出期：受精后 1 天 18 小时。孵出时头近方，眼＞听囊＞嗅囊，卵黄囊如蚕豆形，内含油球，表面有 6 颗黑色素，全长 3.6 mm，肌节 4+16+27=47 对（图 117 中 3）。

（3）稚鱼阶段

①尾椎上翘期：受精后 8 天 18 小时。尾椎上翘，尾鳍雏形鳍条出现，卵黄囊吸尽，鳔一室，腹腔残存油球，全长 4.5 mm，肌节 4+16+27=47 对（图 117 中 4）。

②腹鳍芽出现期：受精后 12 天 22 小时。腹鳍芽出现，背鳍、臀鳍褶出现雏形鳍条，尾叉形，头圆，口端位，背部、脊椎、青筋部位有 3 行黑色素，全长 5 mm，肌节 4+16+27=47 对（图 117 中 5）。

（4）幼鱼阶段　幼鱼期：受精后 62 天。鳞片出齐，胸鳍、腹鳍、背鳍、臀鳍、尾鳍形成，体侧有 8~9 条黑色斑，全长 16 mm（图 117 中 6）。

【比较研究】

叉尾斗鱼油球大，仔鱼、稚鱼时肌节 4+16+27=47 对，口小端位，下颌稍长，听囊＜眼。

五、鳢科 Channidae

乌鳢

乌鳢［*Channa argus*（Cantor），图 118］为鳢科鳢属的一种中型鱼类，一般为 13~53 cm，体呈圆筒状，后段侧扁，口大，端位，眼上位，背鳍、臀鳍长，背鳍 47~51，臀鳍 31~33，末端达尾鳍基部，尾圆形，体侧有 17~18 条黑色斑纹。侧线鳞 61~66 片，胸鳍基部有黑色斑点。广泛分布于全国各水系。

早期发育材料取自 1962 年长江湖口段、1983 年西江桂平段、1981 年长江监利段。

【繁殖习性】

乌鳢繁殖 5—7 月，怀卵量 1 万 ~3 万粒，于水草丛生的浅滩筑巢，产浮性卵，亲鱼有护巢习性。

【早期发育】

（1）鱼卵阶段　卵膜径 1.2~1.3 mm。

①8 细胞期：受精后 1 小时 20 分。8 个细胞，卵黄囊内含大油球，卵长 4 mm（图 118 中 1）。

②原肠中期：受精后 9 小时 30 分。原肠下包 1/2，大油球，卵长 1.1 mm（图 118 中 2）。

③眼基出现期：受精后 14 小时。眼基出现，肌节 5 对，卵长 1.3 mm（图 118 中 3）。

（2）仔鱼阶段　鳃弧期：受精后 2 天 10 小时。头方形，眼＞听囊＞嗅囊，卵黄囊如茄状，大油球，鳃弧出现，全长 4.3 mm，肌节 5+21+32=58 对（图 118 中 4）。

（3）稚鱼阶段

①卵黄囊吸尽期：受精后 8 天 8 小时。卵黄囊吸尽，鳔一室，腹腔残存油球，头背及体侧布满黑色素，脊椎处有 13 朵黑色素，头侧面椭圆形，口端位，眼 = 听囊＞嗅囊，全长 6.4 mm，肌节 5+21+32=58 对（图 118 中 5）。

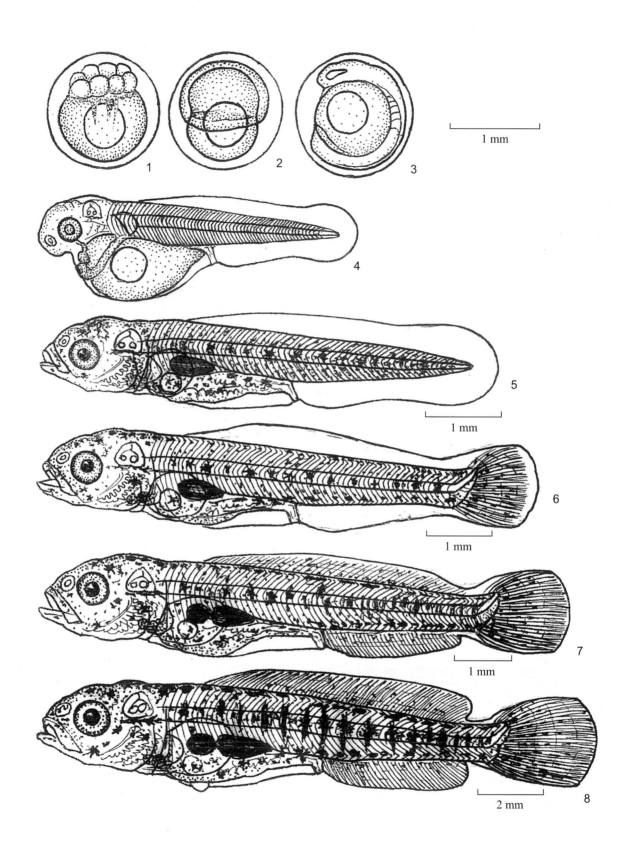

图 118　乌鳢 *Channa argus*（Cantor）（筑巢）

②尾椎上翘期：受精后 9 天 4 小时。尾椎上翘，后侧出现尾鳍雏形鳍条，尾圆弧形，头椭圆形，口端位，眼 = 听囊＞嗅囊，鳔一室，腹腔残存油球，体背、脊椎、青筋部位各有 1 行黑色素，全长 7.7 mm，肌节 5+21+32=58 对（图 118 中 6）。

③鳔二室期：受精后 11 天 16 小时。鳔二室，背鳍、臀鳍褶出现雏形鳍条，尾鳍条形成，圆弧状，色素同上，全长 9.3 mm，肌节 5+21+32=58 对（图 118 中 7）。

④腹芽出现期：受精后 12 天 22 小时。腹芽出现，背鳍、臀鳍形成中，尾鳍完成，体背、脊椎、青筋部位各有 1 行黑色素，体侧出现 16 条黑色素斑，口端位，眼 = 听囊＞嗅囊，全长 17 mm，肌节 5+21+32=58 对（图 118 中 8）。

【比较研究】

乌鳢鱼卵有大型油球，仔鱼、稚鱼肌节 5+21+32=58 对，比较密，体侧黑色素多，并有 10 多条黑色斑。

六、刺鳅科 Mastacembelidae

1. 中华刺鳅

刺鳅 [*Mastacembelus sinensis*（Bleeker），图 119] 是刺鳅科刺鳅属一种小型鱼类，全长 16~26 cm，体延长，尾部侧扁，管状前鼻孔伸出于吻尖两侧，口端位，口裂深，眼侧上位，小眼，眼下有 1 硬刺，胸鳍短小、扁，无腹鳍，全身披细小鳞片，无侧线鳞，背鳍 XXXiii~XXXvi-62~67，臀鳍 iii-58~65，尾鳍与背鳍、臀鳍相连，较尖，体侧有 30 条横斑。分布于长江水系。

早期发育材料取自 192 年长江黄石段及湖口段。

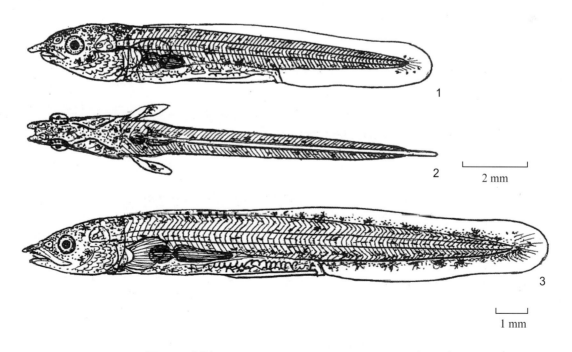

图 119　刺鳅 *Mastacembelus sinensis*（Bleeker）（黏沉）

【繁殖习性】

刺鳅于水草丛生的湖泊及缓流环境繁殖，产黏沉性卵。

【早期发育】

没采到鱼卵阶段与仔鱼阶段材料。

①鳔二室期：受精后 12 天 2 小时。鳔二室，头背与体侧，尾褶分布有黑色素，卵黄囊吸尽，头尖，听囊＞眼，口端位，前鼻孔伸出管状体，使胚体易于鉴别，全长 12 mm，肌节 2+35+38=75 对（图 119 中 1 侧面，2 腹面）。

②胸鳍形成：受精后 12 天 22 小时。鳔二室，胸鳍形成，背鳍、臀鳍褶分布较密黑色素，前鼻孔伸出口端位，听囊＞眼，全长 15.8 mm，肌节 2+35+38=75 对（图 119 中 3）。

【比较研究】

地域上中华刺鳅为长江水系，大刺鳅为珠江水系；中华刺鳅肌节 2+35+38=75 对，比大刺鳅肌节 4+37+36=77 对少 2 对，中华刺鳅听囊＞眼，大刺鳅眼＞听囊。

2. 大刺鳅

大刺鳅［*Mastacembelus armatus*（Lacepedc），图 120］是刺鳅科刺鳅属一种中小型鱼类，一般长 150~330 mm，体延长，头与身体侧扁，头小，吻尖长，管状鼻孔伸出吻前，口端位，半圆形，眼小，眼下有 1 硬刺，背鳍起于胸鳍上方，前端刺状，背鳍 xxxiv~xxxvi，后背鳍 68~80，臀鳍 iii-65~78，体黑褐色，尾鳍与背鳍、臀鳍后段相连。分布于珠江水系。

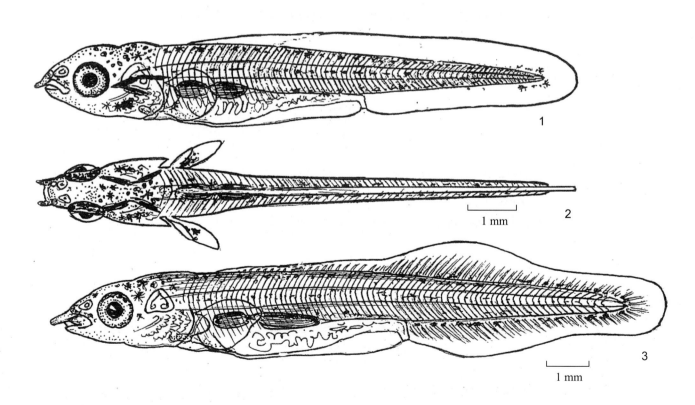

图 120　大刺鳅 *Mastacembelus armatus*（Lacepedc）（黏沉）

早期发育材料取自 1983 年西江桂平段、2001 年北江韶关段。

【繁殖习性】

大刺鳅在水草丛生的湖泊、河湾产黏沉性卵。

【早期发育】

（1）稚鱼阶段

①鳔二室期：受精后 11 天 16 小时。卵黄囊吸尽，鳔二室，弯管状的前鼻孔伸出，头背与尾褶有黑色素，体背、脊椎、青筋部位各有 1 行黑色素，胸鳍弧有 2 朵黑色素，全长 11 mm，肌节 4+37+36=77 对（图 120 中 1 侧面，2 背面）。

②鳍条出现期：受精后 12 天 12 小时。背鳍、臀鳍、尾鳍褶处出现雏形鳍条，弯状前鼻孔增长，黑色素同上，全长 14.5 mm，肌节 4+37+36=77 对（图 120 中 3）。

（2）其他阶段　缺。

【比较研究】

大刺鳅为珠江水系所产，个体稍大于中华刺鳅；大刺鳅肌节 4+37+36=77 对，而中华刺鳅肌节 2+35+38=75 对；大刺鳅前鼻孔伸前，眼＞听囊＞嗅囊，而中华刺鳅听囊＞眼＞嗅囊。大刺鳅以大眼为特点。

第十节　鲉形目 SCORPAENIFORMES

杜父鱼科 Cottidae

松江鲈

松江鲈（*Trachidermus fasciatus* Heckel，图 121）为长江口杜父鱼科的小型鱼类，全长 13~14 cm，头大而扁平，身体向后尖细，口端位，上颌稍长于下颌，眼侧上位，前鳃骨后缘有 4 个硬刺，第 1 背鳍硬棘 xi，第 2 背鳍 i-19~21，胸鳍大，呈圆形，体侧具黑色斑纹。分布于渤海、黄海、东海的入海江河河口。

早期发育材料取自 1977 年长江崇明段。

【繁殖习性】

松江鲈是江河入浅海产卵的鱼类，繁殖期 2—3 月，产黏沉性卵，幼鱼回归河口段淡水环境生长。

【早期发育】

（1）鱼卵阶段

①原肠中期：受精后 9 小时 30 分。卵膜径 1.5~1.7 mm，原肠下包 1/2，卵黄囊含油球 2 个，油滴 6 个，为黏于基质发育的鱼卵，比重＞1，并不浮起，原肠中期胚长 1.15 mm（图 121 中 1）。

②肌节出现期：受精后 14 小时。卵黄囊有油滴，胚孔封闭仍留卵黄囊，肌节 3 对，胚长 1.25 mm

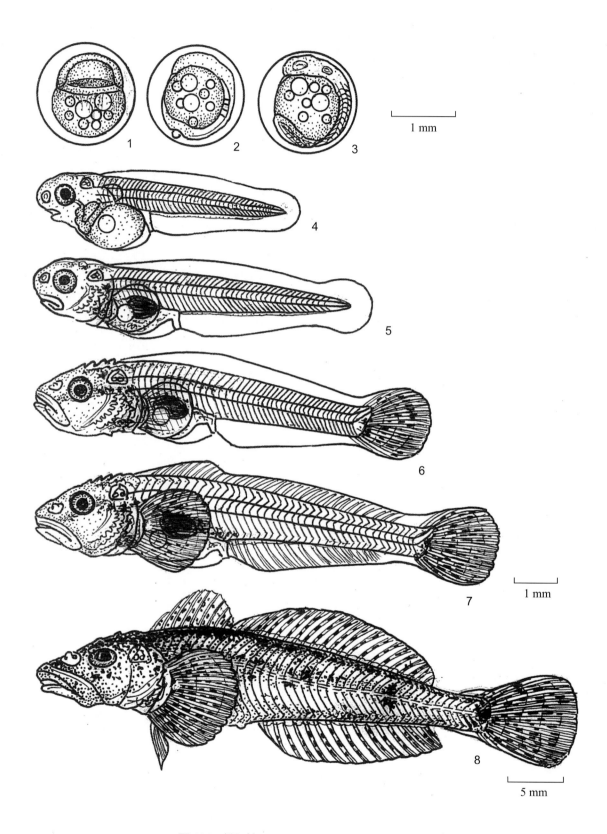

图 121　松江鲈 *Trachidermus fasciatus* Heckel（黏沉）

（图 121 中 2）。

③听囊期：受精后 20 小时。听囊出现，肌节 18 对，胚长 1.35 mm（图 121 中 3）。

（2）仔鱼阶段

胸鳍原基期：受精后 1 天 21 小时。孵出后的胸鳍原基出现，头圆形，眼＞听囊＞嗅囊，口下位，卵黄囊有油球，全长 6.3 mm，肌节 0+12+30=42 对（图 121 中 4）。

（3）稚鱼阶段

①卵黄囊吸尽期：受精后 6 天 18 小时。卵黄囊吸尽，鳔一室，头圆，眼＞听囊＞嗅囊，口下位，肩带处 7 颗黑色素，全长 8.1 mm，肌节 0+12+30=42 对（图 121 中 5）。

②尾椎上翘期：受精后 8 天 18 小时。尾椎上翘，尾鳍条出现，头尖，口端位，眼＞听囊＞嗅囊，头背生长有 4 个棱突，全长 9.2 mm，肌节 0+12+30=42 对（图 121 中 6）。

③胸鳍形成期：受精后 16 天 16 小时。胸鳍、尾鳍形成，背鳍及臀鳍分化，有雏形鳍条，头部 4 个棱突，眼＞听囊＞嗅囊，鳔一室，腹腔残存油球，全长 10 mm，肌节 0+12+30=42 对（图 121 中 7）。

（4）幼鱼阶段 幼鱼期：受精后 63 天。头尖，口裂大，端位，眼＞听囊＞嗅囊，头顶有 4 个棱突，第 1 背鳍 xi，第 2 背鳍 i-21，臀鳍 i-15，尾椎下方有 1 朵大黑色素，尾扇形，体侧有 4~5 条黑色素斑，胸鳍圆形，腹鳍胸位，全长 48 mm，肌节 0+12+30=42 对（图 121 中 8）。

【比较研究】

松江鲈以肌节 0+12+30=42 对为特点，稚鱼至幼鱼阶段头背有 4 个棱突，冬末产卵为其特色。

第十一节 鲀形目 TETRAODONTIFORMES

鲀科 Tetraodontidae

1. 暗色东方鲀

暗色东方鲀［*Takifugu obscurus*（Abe），图 122］为鲀科东方鲀属一种小型鱼类，全长 15~32.5 cm，前部钝圆，后部狭小，口小，端位，上、下颌各具 2 个板齿。背部自鼻孔后至背鳍起点及腹部自鼻孔下方至肛门均披小刺，背鳍与臀鳍相对，胸鳍近方形，无腹鳍，尾鳍圆弧状，鳔一室，腹腔具气囊，眼＞听囊，体背有 3~4 条暗褐色纹，背鳍 i-7，臀鳍 i-6。分布于沿海的江河下游，长江、珠江均产。

早期发育材料取自 1962 年长江湖口段、1981 年长江监利段、1988 年珠江南沙段。

【繁殖习性】

于入海的江河下游产卵，卵虽有油滴，但为黏沉性卵。

【早期发育】

（1）鱼卵阶段 卵膜径 1.1~1.2 mm，特小卵。

①原肠中期：受精后 9 小时 30 分。原肠下包 1/2，卵黄囊有众多油滴，胚长 1 mm（图 122 中 1）。

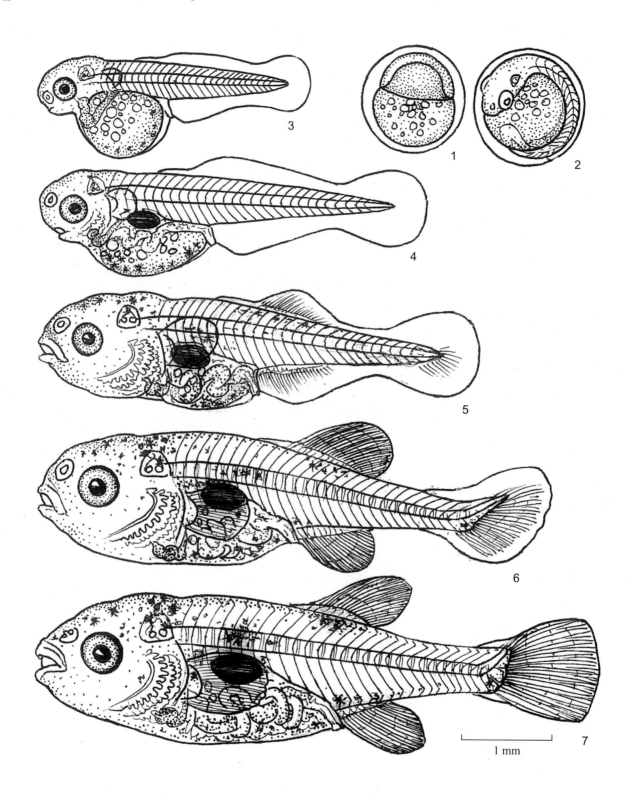

图 122　暗色东方鲀 *Takifugu obscurus*（Abe）（油滴黏沉）

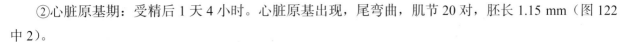

②心脏原基期：受精后 1 天 4 小时。心脏原基出现，尾弯曲，肌节 20 对，胚长 1.15 mm（图 122 中 2）。

（2）仔鱼阶段

①胸鳍原基期：受精后 2 天 2 小时。头圆，口裂下位，胸鳍原基出现，眼＞听囊＞嗅囊，卵黄囊如蛋形，含众多油滴，全长 3 mm，肌节 4+6+18=28 对（图 122 中 3）。

②鳔一室期：受精后 5 天 10 小时。鳔一室，肠通，卵黄如茄状，仍含油滴，头圆，口下位，全长 5.2 mm，肌节 4+6+18=28 对（图 122 中 4）。

（3）稚鱼阶段

①背褶分化期：受精后 7 天 22 小时。背褶、臀褶隆起，连同尾褶均有雏形鳍条，头圆，口端位，头背及体背有黑色素，鳔一室，全长 4.9 mm（图 122 中 5）。

②臀鳍形成期：受精后 20 天 20 小时。头圆，口端位，背鳍、臀鳍形成，尾椎上翘，后面出现尾鳍雏形鳍条，全长 5.5 mm，肌节 7+4+17=28 对（图 122 中 6）。

（4）幼鱼阶段　幼鱼期：背鳍、臀鳍、尾鳍、胸鳍均完成，鳔一室，头圆，口端位，头背、臀鳍下侧、鳔上侧各有 1 堆黑色素，肌节 7+4+17=28 对，全长 6.1 mm（图 122 中 7）。

【比较研究】

暗色东方鲀眼稍大于听囊，弓斑东方鲀眼远大于听囊；暗色东方鲀肌节 4+6+18=28 对，弓斑东方鲀肌节 4+6+16=26 对，暗色东方鲀尾部肌节多 2 对。

2. 弓斑东方鲀

弓斑东方鲀（*Takifugu ocellatus* (Linnaeus)，图 123）是鲀科东方鲀属一种小型鱼类，全长 9~15 cm，体延长，前段钝圆，后部渐狭小，口小，端位，内有上下各 2 个板齿，体背侧面有一种暗色黄纹，背鳍 i-6，臀鳍 i-3，眼远大于听囊，侧线上侧位，尾鳍截形，略带弧状，胸鳍后上方有白带围绕的黑色斑，背鳍基部两侧也有一个白边大黑色斑。分布于沿海的河口及通江湖泊。

早期发育材料取自 1962 年长江湖口段。

【繁殖习性】

从海洋洄游至江河淡水环境产卵，产带油滴的黏沉性卵。

【早期发育】

（1）鱼卵阶段　卵膜径 1.3~1.4 mm。

桑葚期：受精后 3 小时 30 分。细胞分裂至桑葚状，卵黄囊有众多油滴，卵长 1.22 mm（图 123 中 1）。

（2）仔鱼阶段

①鳃弧期：受精后 2 天 6 小时。胸鳍原基出现，呈半圆形，鳃弧出现，卵黄囊如蛋状，上有油滴及 2~3 朵黑色素，口近方形，口下位，眼远大于听囊，全长 3.5 mm，肌节 3+7+16=26 对（图 123 中 2）。

②鳃丝期：受精后 3 天 6 小时。鳃丝出现，肠通，卵黄囊茄形，圆头，口下位，眼远大于听囊，头背有 4~5 朵小黑色素，卵黄囊茄状，上有油滴及 3 朵黑色素，全长 4 mm，肌节 4+6+16=26 对（图 123 中 3）。

（3）稚鱼阶段

①卵黄囊吸尽期：受精后 7 天 2 小时。卵黄囊吸尽，鳔一室，头圆，口亚端位，眼远大于听囊，

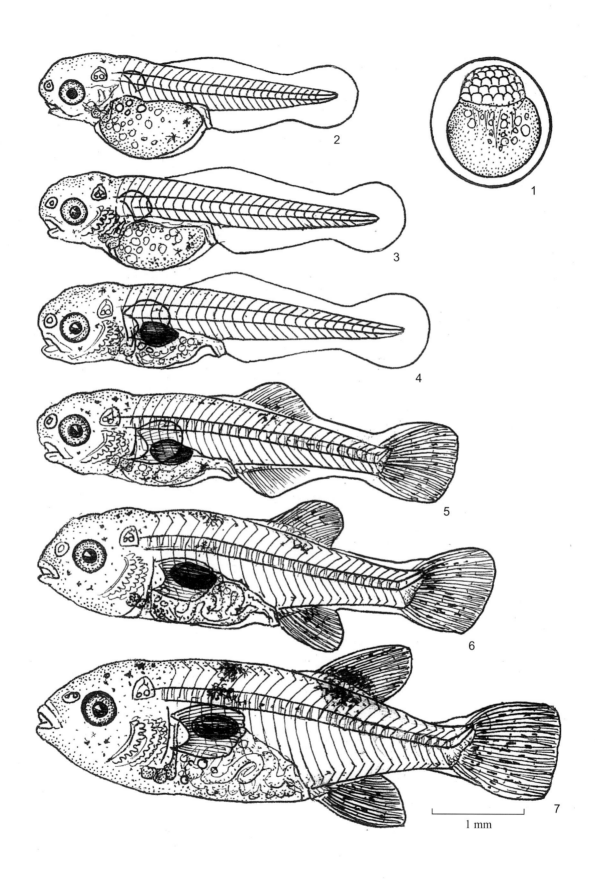

图 123 弓斑东方鲀 *Takifugu ocellatus*（Linnaeus）（油滴黏沉）

尾鳍圆弧状，全长 4.3 mm，肌节 5+5+16=26 对（图 123 中 4）。

②尾椎上翘期：受精后 8 天 18 小时。尾椎上翘，尾鳍形成、截形，背鳍、臀鳍褶隆起出现雏形鳍条，头圆，口端位，眼远大于听囊，全长 4.6 mm，肌节 6+4+16=26 对（图 123 中 5）。

③背鳍形成期：受精后 17 天 12 小时。背鳍形成，头圆，口端下位，眼远大于听囊，尾鳍截形，全长 5.0 mm（图 123 中 6）。

④臀鳍形成期：受精后 52 天。臀鳍形成，与背鳍相对，尾截形及下侧背部有 1 丛黑色素，全长 5.7 mm，肌节 9+2+15=26 对（图 123 中 7）。

【比较研究】

弓斑东方鲀眼远大于听囊，暗色东方鲀眼梢大于听囊；弓斑东方鲀肌节 4+6+16=26 对，暗色东方鲀肌节 4+6+18=28 对。

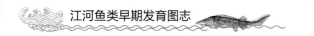
参 考 文 献

曹文宣，常剑波，乔晔，等，2008．长江鱼类早期资源 [M]．北京：中国水利水电出版社．

邓其祥，1980．瓦氏黄颡鱼的生物学 [J]．南充师范学校学报（自然科学版）（1）：91-93．

高志发，赵燕，邓中舜，1988．宜昌鳅鮀稚鱼的形态特征 [J]．水生生物学报，2（12）：186-188．

广西壮族自治区水产研究所，中国科学院动物研究所，1981．广西淡水鱼类志 [M]．南宁：广西人民出版社．

何学福，宋昭杉，谢恩义，1996．蛇鮈的产卵习性与胚胎发育 [J]．西南师范大学学报，21（3）：276-281．

何学福，唐安华，1983．墨头鱼的繁殖习性及胚胎发育 [M]．鱼类学论文集：第 3 辑．北京：科学出版社．

胡亚丽，华元渝，1995．暗纹东方鲀胚胎发育的观察 [J]．南京师范大学学报（自然科学版），18（4）：139-144．

胡亚丽，朱顺宝，王长洪，1998．弓斑东方鲀稚鱼形态特征的观察 [J]．南京师范大学学报（自然科学版），21（1）：
　86-94．

湖北省水生生物研究所鱼类研究室，1976．长江鱼类 [M]．北京：科学出版社．

乐佩琦，1998．鳍属鱼类的分类整理：鲤形目鲤科 [J]．动物分类学报，7（20）：117-123．

李华，1994．涪江下游切尾拟鲿的生物学研究 [D]．西南师范大学硕士论文．

梁银铨，胡小健，虞功亮，等，2004．长薄鳅仔稚鱼发育和生长的研究 [J]．水生生物学报，28（1）：96-100．

梁秩燊，常剑波，陈华，1986．珠江银色颌须鮈的产卵习性和胚胎发育 [M]．鱼类学论文集：第 5 辑．北京科学出版社．

梁秩燊，梁坚勇，陈朝，等，1988．大鳞副泥鳅的胚胎发育及鱼种培养 [J]．水生生物学报，12（1）：27-42．

梁秩燊，易伯鲁，余志堂，1984．长江干流和汉江的鳡鱼繁殖习性及其胚胎发育 [J]．水生生物学集刊，8（4）：389-
　404．

梁秩燊，周春生，黄鹤年，1981．长江中游通江湖泊：五湖的鱼类组成及其季节变化 [J]．海洋与湖泊，12（5）：468-
　478．

林永泰，万成炎，黄道明，等，1989．三角鲂人工繁殖和胚胎发育 [J]．水利渔业（2）：28-31．

卢敏德，杨彩根，葛志亮，等，1996．似刺鳊鮈胚胎发育的研究 [J]．水产养殖（6）：15-18．

马骏，1991．洪湖黄颡鱼生物学研究．洪湖水体生物生产力综合开发及湖泊生态环境优化研究 [M]．北京：海洋出版社，
　153-161．

缪学祖，殷名称，1983．太湖花鳍的生物学研究 [J]．水产学报，7（1）：31-44．

潘炯华，1991．广东淡水鱼类志 [M]．广州：广东科技出版社．

邱顺林，刘琳，王鸿泰，1987．鲻鱼的早期发育 [J]．水产学报，1（2）：10-13．

四川省长江水产资源调查组，1988．长江鲟鱼类生物学及人工繁殖研究 [M]．成都：四川科学技术出版社．

苏良栋，何学福，张耀光，等，1985．长吻鮠胚胎发育的初步观察 [J]．淡水渔业（4）：2-4．

唐会元，余志堂，梁秩燊，等，1996．丹江口水库漂流性鱼卵下沉速度与损失率初探 [J]．水利渔业，43（4）：25-27．

屠明裕，1984．麦穗鱼的繁殖与胚胎：仔鱼期的发育 [J]．四川水产科技（1）：1-13．

万成炎，林永泰，黄道明，1999．鲂胚胎的发育 [J]．湖泊科学，11（1）：70-74.

王文滨，朱成德，钟瑄世，等，1980．太湖短吻银鱼秋季人工授精和早期发育的研究 [J]．水产学报，4（3）：303-307.

王志坚，张耀光，李军林，等，2000．福建纹胸鳅胚胎发育 [J]．上海水产大学学报，9（3）：194-199.

魏刚，罗学成，1994．鲇胚胎和幼鱼发育的研究 [J]．四川师范学院学报（自然科学版），15（4）：350-355.

吴立新，邹波，1993．碧流河水库斑鳜胚胎发育的形态观察 [J]．水产科学，12（9）：5-8.

谢小军，1986．南方大口鲇的胚胎发育 [J]．西南师范大学学报（3）：45-52.

熊天寿，陈明忠，1989．中华倒刺鲃的人工繁殖和移养试验 [J]．淡水渔业，（6）：11-13.

易伯鲁，余志堂，梁秩燊，等，1988．葛洲坝水利枢纽与长江四大家鱼 [M]．武汉：湖北科学技术出版社．

易伯鲁，余志堂，梁秩燊，等，1991．长江干流草青鲢鳙四大家鱼产卵场的分布、规模和自然条件 [C]//第四次中国海洋湖泊科学会议论文集．北京：科学出版社，181-190.

余志堂，邓中粦，许蕴玕，等，1981．丹江口水利枢纽兴建后的汉江鱼类资源 [C]//鱼类学论文集第 1 辑．北京：科学出版社，77-96.

余志堂，梁秩燊，易伯鲁．1984．铜鱼和圆口铜鱼的早期发育 [J]．水生生物学集刊（4）：317-388.

张春光，赵亚辉，2000．胭脂鱼的早期发育 [J]．动物学报，46（4）：438-447.

张开翔，1992．大银鱼胚胎发育的观察 [J]．湖泊科学，4（2）：24-37.

张耀光，王德寿，罗泉笙，1991．大鳍鳠的胚胎发育 [J]．西南师范大学学报，16（2）：42-48.

郑慈英，1989．珠江鱼类志 [M]．北京：科学出版社．

郑文彪，1984．叉尾斗鱼的胚胎和幼鱼发育的研究 [J]．动物学研究，5（3）：261-268.

周春生，梁秩燊，黄鹤年，1980．兴建水利枢纽后汉江产漂流性卵鱼类的繁殖习性 [J]．水生生物学集刊（2）：175-187.

朱松泉，1995．中国淡水鱼类检索 [M]．南京：江苏科学技术出版社．

Liang Z S, Yi B L, Yu Z T, et al, 2003. Spawning areas and early development of long Spiky-head carp (*Leueiobrama macrocephalus*) in the Yangtze River and Pearl River, China[J]. Hydrobiologie, 490: 169-179.

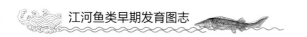

附录1　长江干流水系鱼类群落结构和生态因素的关系

　　长江是中国的第1大河流，发源于青藏高原青海省可可西里，源头至河口全长6 300 km，流经八省一区二市，注入东海。青海省的玉树以上称通天河，玉树以下至四川宜宾称金沙江。宜宾以下至河口长2 800 km的江段是长江的干流。由于各地自然条件的差异，干流又分为上、中、下游江段，共接纳几十条大小支流，并与两岸的众多湖泊相通联，形成适于淡水鱼类栖居的完整生态系统。

　　长江干流水系共有鱼类约300种，隶属17个目37科，占我国淡水鱼类种数的50%。鱼类群落中，半数以上是鲤科鱼类，数量较多的经济鱼类尽在其中。其他种类较多的为鲍科和鳅科，多为中小型鱼类，各约20种。再次为鰕鲩鱼科和分布不广的平鳍鳅科；其余各科为2~5种；一目一科一种的也有10多种。这些鱼类不但体形大小迥异，各江段的群体密度也不同，只有约60种可分布到全干流，而且有的在一些地方仅是偶然的少量记录。多数种类栖居在范围大小不一的局部江段，与各地的非生物性和生物性的自然条件密切相关。

一、金沙江水系及其鱼类群落结构

　　通天河在高原源头接纳了众多的源流后，在玉树汇入金沙江。金沙江是长江干流以上的高山峡谷河流，长约2 000 km。其上段江面狭窄，江宽在150 m以下，坡陡谷深，险滩急弯极多，洪水期、枯水期水位相差很大，最大流速每秒7 m以上，其他水文地形条件也不适于一些鱼类产卵繁殖。但金沙江干、支流的鱼类种类记录有15种左右，其中一部分鱼类是由长江干流上游鱼类群落进入的稀疏鱼群，多集中在金沙江下游，如一些平鳍鳅科鱼类、胭脂鱼等。另外，鱼类群落中有相当多的喜低温水和适应急流的特种小型种类，如众多的鳅科鱼类，其中有高原鳅、花鳅，共10余种，它们多生活在丘陵河段的急流之中。金沙江水系鱼类的另一特点是，有近10种生活在高原低温水中的裂腹鱼亚科鱼类，具有经济利用价值。

二、长江干流水系的鱼类群落结构

　　由四川宜宾至河口的长约2 800 km的长江干流水系，是鱼种类最丰盛的地区。由于干流上、中、下游的非生物性和生物性自然条件不同，鱼类群落结构存在明显的差异。即使一些分布较广的种类，也因各水系中鱼类食物基础丰歉不一，繁殖条件优劣不同，反映到种群数量上也有显著的差异。

（一）长江干流上游水系

由四川宜宾至湖北宜昌的长江干流上游，全长约1 000 km。上段宜宾至奉节830 km的川江，曲折地流经四川盆地的丘陵地带，仍是滩多流急的自然环境。左岸接纳了岷江、沱江和嘉陵江三大支流，右岸承接了赤水河、綦江和乌江的来水，江面宽 300~400 m，水深 10~35 m，水流较金沙江缓慢。下段由奉节至宜昌约 200 km，是著名的长江三峡所在地。峡谷高可达 20 m，江面收缩，江宽一般 200~300 m，最狭处仅 100 m 左右。三峡下段的西陵峡，滩多水急，礁石林立，深槽、浅槽交错出现，河床糙度很大，有的下切至海平面以下，洪水期最大水深可达 90 m，而沿岸浅滩仅深 5 m 上下。流态复杂，流速不稳定，平均流速每秒 1 m 左右，最大可达 7 m。这种河床地形所形成的水文条件，是长江许多产漂流性鱼卵鱼类的典型产卵场所之一。

长江干流上游各河段的自然条件迥异，生活着与其相适应的各种鱼类群落，总数约 180 种。除栖息着一些与金沙江相同的种类和分布广的鲤鱼，以及上游优势种铜鱼和圆口铜鱼外，野鲮亚科中的墨头鱼，鲃亚科中的白甲鱼及喜吸附在滩石上的平鳍鳅亚科等特种鱼类增多，它们以吸取底栖无脊椎动物，或舔刮生石上的藻类为食。除海河洄游的中华鲟过去常集中到上游上段的石砾底质的急流河床上产卵外，还有一种定居的达氏鲟，但数量较少。可能是在鱼类种间食物竞争中，达氏鲟不敌其他食底栖动物的鱼类，而且它所产出的沉性卵与中华鲟鱼卵一样，常被铜鱼鱼群大量吞食，造成补充群体匮乏。两种铜鱼是上游的重要经济鱼类，它们在流水中产漂流性鱼卵，鱼卵在流水中漂流孵化，有些圆口铜鱼鱼群在上游下段产卵，鱼卵流入干流而发育的幼鱼部分不能逆流回归，便成为中游鱼类群落中的组成部分。

胭脂鱼也是长江上游鱼类群落中的特有鱼类，生活在上游清冷的水域环境中，是胭脂鱼科在中国仅存的一种，十分名贵。它的种群数量不大，有发展成为养殖对象的可能。在干流上游的一些大支流中，栖息着长江中唯一的一种鲑科鱼类——虎嘉鱼，是凶猛鱼类，目前数量很少。从生态因素方面来看，虎嘉鱼在长江上游孤立存在，可能有某种动物地理学上的原因。

（二）长江干流中游水系

自湖北宜昌至江西湖口的干流中游，长约 950 km，是我国淡水鱼类最发达的江段。长江一出西陵峡，江面顿时开阔，水流逐渐平缓，洪水期的流速平均每秒 1 m 左右，江宽 1~2 km。上段枝城至城陵矶一段，江面蜿蜒弯曲，在约 200 km 的流程内，有河湾 18 处。凹岸常有深槽，泥沙的冲刷和沉积使沙咀与深槽相间。有的水下存在石质残丘或礁石屏障，水流时急时缓，形成流态复杂的泡漩水面，是产漂流性鱼卵鱼类的又一类典型产卵场所。

干流中游除接受大支流汉江和通过洞庭湖和鄱阳湖两大湖泊承受湘江和赣江两大水系的来水外，两岸还有许多中小型湖泊与干流相通，形成适于许多经济鱼类摄食、繁殖和越冬洄游的良好水流环境。

生活在长江中游水系的多是大中型鲤科鱼类，数量丰盛，代表了长江中的主要经济鱼类群落，其中有青鱼、草鱼、鲢、鳙、鲫、鳊、三角鲂、团头鲂、蒙古鲌、翘嘴鲌、密鲴、鳡、鳤、鯮、赤眼鳟等，此外，还有鳜、乌鱼、鲇、黄颡鱼、银鱼等数量较多的味美食用鱼。这些鱼类或在干流流水中产漂流性卵，或在静止水面产浮性卵，或在水草上排黏性卵。几十种水生高等植物又是很多鱼类的主食，而营养物质丰富的湖泊又为各种幼鱼和滤食性鱼类提供了不断滋生的浮游生物。

在中游鱼类群落中，由于生活在上游的特有喜低温水和栖息于急流中的鱼类大量减少，种类总数仅 140 种，但其中小型的鲚鲅亚科鱼类的种类远远多于上游，这些主要生活在静水湖泊中的小型鲤科鱼类，是凶猛鱼鳜、鲇、乌鱼等的重要食物，对渔业发展具有间接的意义。此外，还有春季由长江口来到中游支流和湖泊产卵的长颌鳊和夏初由沿海洄游到鄱阳湖和支流赣江繁殖的鲥鱼等重要经济鱼类。

（三）长江干流下游

长江干流下游自湖口至河口约 850 km，江面宽阔，水流平缓。由上中游下泄的泥沙在下游陆续沉积，形成一些江心沙洲。下游除青弋江外，较少大支流，但中型湖泊不少，如巢湖、太湖、瘦西湖、石臼湖等。河口以上的约 200 km 江段，形成相当大的咸淡水区。

长江下游水系中的主要经济鱼类，与中游大体相似，但种群数量不及中游丰盛。下游也没有发现具有一定规模的适于产漂流性的大型产卵场。下游的鱼类仍有约 140 种，但结构与中游不同，一些在中游残留下来的上游种类，在下游几乎绝迹，如鳅鮀鱼类、突吻鱼、刺鲃鱼类、直口鲮、斑鳜等，另外，中游的尖头鲌、湖北圆吻鲴和鮈属中的几个特别的种类，在下游亦无记录，而下游河口区又有 20 几种生活在咸淡水区的特殊鱼类，如条纹东方鲀、鲻鱼和梭鱼、赤魟及鰕鯱科中的几种鱼类。中游与下游之间的鱼类群落结构，约有 1/3 是不同的。

三、干流和通江湖泊及其鱼类群落是一个完整的生态系统

（一）消除影响鱼类洄游的障碍

在研究鱼类群落结构时，一般将江河鱼类和湖泊鱼类分别进行分析，就水体的非生物性理化水文特点和生物性的食物条件来看，江河和湖泊中各自栖息着一些适应该水体环境条件的鱼类群落。但长江中的一些产漂流性鱼卵的重要经济鱼类，既要求江河流水条件进行繁殖，又需要湖泊中丰富的食物条件进行营养补充；到了冬季，还要回到河床深处去越冬。它们是一批江湖半洄游鱼类，如果洄游通道受阻，成活率将严重下降，种群数量将明显减少。干流和湖泊是这些鱼类生活周期所需要的完整生态系统。

长江干流中游的通江湖泊，湖盆平坦，水深一般不超过 5 m，面积大小不等，较大的超过 50 000 hm²，小的 500 hm² 左右。湖周多为农田、村舍或山丘。水源来自湖周汇集的降水，而唯一的出口是通过湖口排入长江。为了防止春夏季长江洪汛时，江水倒灌入湖，淹没湖周农田村舍，江湖之间多建有控制湖水水位的闸门。到了秋季，江水退落，水位降低，以便接纳来年的降水。

过去，闸门多是叠梁型。开闸排水时，只需顺序提升上面叠梁，湖水即可缓缓从表层外排，群集在闸外水表层大量的当年幼鱼（主要有草鱼、鲢、鳙、鳊鱼等 10 余种）纷纷逆流入湖，完成了江湖摄食洄游，补充了湖中鱼群数量，使湖中的丰盛食料得以充分利用。同时，湖中鱼类群落结构的多样性和鱼群数量皆可保持较高的水平。

后来，闸门皆陆续改为平板闸。排水时，水经底部流出，闸门外聚集在水表层的各种幼鱼被阻挡在外，它们在干流得不到充足的食物，成活率很低，而湖中鱼群得不到补充，食料资源未被利用。这种生态平衡的破坏，造成湖鱼产量大幅度下降。例如，面积为 45 000 hm² 的梁子湖，鱼年产量从 20世纪 50 年代的 1 350 000 kg 下降到 70 年代的 315 000 kg，550 hm² 的青菱湖的鱼年产量从 1971 年的 155 000 kg 下降到 1983 年的 37 500 kg，湖中的鱼类群落从多样性变为主要由定居性湖泊鱼类组成。有些浅水湖泊，因严重缺少草食性鱼群，往往湖草丛生，面临沼泽化的危险。

在素有"鱼米之乡"称号的长江中游河网湖泊地区，为了农田水利的需要，在江湖之间修建节制

闸门是必要的，将叠梁闸改为平板闸，以提高操作效率，也是应该的，但同时要采取相应的措施来保护渔业的利益，如在平板闸门上方附设活动窗门排水时打开窗门，就可引导外江的幼鱼逆流入湖。但这一完全可以做得到的措施，似乎未引起重视。

（二）要深入认识鱼类的生活习性

草鱼、青鱼、鲢、鳙是长江中的大型经济鱼类，都在干流流水中产卵繁殖。长江葛洲坝水利枢纽的兴建，阻隔了成熟鱼群上溯到大坝上方西陵峡一带的产卵场繁殖。通过深入调查，掌握了产卵场的自然条件和促使亲鱼产卵的外界因素，发现了枢纽之下的中游干流还有更多的产卵场。因而认为，建坝后成熟鱼群将在坝下其他产卵场繁殖，无须采取任何过鱼措施。葛洲坝水利枢纽建成十多年来，长江中游的产卵场基本未变，草鱼等的数量仍很丰盛。大坝上方的鱼群也转移到上游的上段一些产卵场繁殖。深入认识鱼类活动规律，就可做出准确的判断。如果没有根据地兴建大坝将会使这些鱼类枯竭，提出并无实效的保护措施，那将是徒劳的。

洄游鱼类的产卵场，也不是不可改变的，长江中的名贵鱼类中华鲟是一个明显的例证。葛洲坝水利枢纽确实阻拦了中华鲟上溯到干流上游上段产卵。调查研究认为，在大坝上建任何过鱼装置，对于体重达数百千克的亲鱼，将是无效的；采取人工繁殖放流的方法，将是可靠的保护措施。同时，设想可在坝下江段模拟中华鲟的产卵条件，诱使它在坝下产卵。过去，中华鲟在牛栏江极窄江面上不去了，才在江下产卵，至葛洲坝大坝下上不去了，也可能于坝下繁殖。这一设想竟在大江截流后的 1982 年提前成为事实：在坝下二三十千米的水下一片石砾底质上，发现了中华鲟新产卵场，中华鲟不是回归性洄游鱼类，不一定要回到它出生的原地繁殖。目前，长江上游已没有中华鲟，但中、下游仍存在它的鱼群。据在长江口捕捞到的入海中华鲟幼鱼估算，数量比过去要多一些，其中显然有连年人工放流中华鲟幼苗的效果。

四、鱼类群落结构和渔业

水体中鱼类群落的多样化，与那里的非生物性自然条件的复杂多变有关，所以长江上游水系中适于急流险滩条件下的特有小型鱼类繁多。但一些体形较大的经济种类，往往受那里的食物生物贫乏的制约，数量不丰，渔业并不发达。

中下游鱼类种类虽少于上游，但大中型经济鱼类增多，因自然环境和食料基础优越，各种的数量皆比较丰富，但种间数量仍有不同，作为商品鱼，比例上的差异更明显。如鲢和鳙在干流的繁殖量大体为 4 : 1，但成鱼的渔获物中，两者的比例约为 10 : 1，这是因为鲢和鳙之间存在摄食方面的种间竞争。鲢因其鳃耙更为细密，滤食效果优于鳙，细小的浮游植物也能大量摄入。草鱼和鲢的繁殖量在干流中约为 2 : 1，但在渔获物中约为 1 : 1。在自然条件下，草鱼只有在水草丰盛的湖泊中生长良好，其生长各阶段的成活率不如鲢。青鱼的繁殖量，在干流大体与鲢近似，但渔获物中青鱼极少。因青鱼是底层鱼，除捕捞方面的原因外，也与摄食方面竞争不过鲤鱼有关。青鱼专食螺蚌，而鲤鱼除螺蚌外，还大量摄食水草等其他杂食。在长江中游沿江的大中城市的鱼市上，最多的商品鱼仍是鲢，占 50% 以上，其次是草鱼和鲤鱼，各约占 15%，鳙的数量占 5% 以下，其他鱼类共占 15%。这一比例不但与干流水系中鱼类群落的数量比例不同，与捕捞渔业中的比例也相差甚远。原因是这些主要商品鱼是通过养殖来扩大和满足市场需求的，而养殖的对象主要是鲢、草鱼和鳙。池塘养殖鲢、鳙，是通过施肥培养浮游生物来达到的，比较简便。由于鳙在摄食方面处于劣势，投养的比例大大少于鲢。草鱼除池塘养殖投喂青饲料外，还大量在小型湖泊和水库中放养。

鲤鱼的来源基本是天然捕捞，产量较大，反映了它在长江水系鱼类群落中的重要地位。在商品鱼中占15%的其他鱼类中，鲫鱼为大宗，在市场上常年出现，数量难以估计。鲫鱼能忍耐各种不利的非生物性自然条件，而摄食的是水底层各种动植物及碎片。鲫鱼无须人工繁殖，能在各种天然中小水体中自行繁殖生长。

近年市场上的商品中，出现了较多的团头鲂，又名武昌鱼，它是20世纪50年代在梁子湖中发现的新鱼种，成为长江中游鱼类群落中的特殊新成员。团头鲂是中型鱼类，草食性，肉味鲜美，60年代起成为一种新饲养种类，并陆续移殖于全国及国外20多个国家。饲养团头鲂的鱼苗，可从人工授精取得，饲养方法同草鱼，而且不易发病。现在各地天然水体中很少见到团头鲂，有的地方将它列为引进种类，不计入当地的鱼类群落之中。团头鲂原产地湖北梁子湖，由5个子湖组成，水生高等植物茂盛。西面的前江大湖，湖盆平坦，苦草丛生，是团头鲂喜食的水草。宽广的沿岸区是团头鲂的产卵场所。当大雨后降水从沿岸区迅速流入湖时，成群成熟亲鱼即在茂密的水草上排卵。北面的牛山湖湖水较深，成为它的良好越冬场所。这种小生态环境可能是最适于团头鲂栖居繁衍的地方。

长江水系中现存的约300种野生鱼类，各自代表着独特的遗传渊源。它们能够生存到现在，必然具备适应环境的特点。彻底研究和深刻认识这些资源并加以保护，必将对人类社会起着有益的作用。就淡水食用鱼来说，目前在很大的程度上依赖于养殖业，但野生资源的重要作用并未减轻，它们是发展养殖业的重要保证。养殖业中的鱼苗来源，迄今仍有相当数量是从长江干流捕捞起来的天然鱼苗。进行人工繁殖的亲鱼，也经常要从野生鱼群中进行补充和更新。中华鲟的人工繁殖放流将是一项长期任务，它的成熟年龄晚，亲鱼目前仍需从长江捕捞取得。形形色色的小型鱼类，在渔业中虽无明显的经济效益，但它们是水体生态系统中物质循环的一个环节，它们尚未被我们认识的特殊点，将来有可能在医药等方面起某种作用。

（易伯鲁，1995年8月于华中农业大学水产学院）

附录 2　鱼类制图法

鱼类学，尤其是鱼类分类学、形态学、胚胎学、生态学等的研究和教学等，常涉及鱼类图幅的绘画，这有助于科研论文的明朗表达和增强教学的直观效果。笔者早年与中国科学院水生生物研究所绘鱼画师任仲年先生共事，讨教到一些绘鱼的技法，又在研究鱼类胚胎发育的工作中对胚胎图的绘画有所训练，于 20 世纪 80 年代初因讲授鱼类学课程，对鱼类形态的表达方法有一定的体会，兹整理成文，供水产和鱼类学界及其专业的师生参考。

鱼类图是观察、测量或解剖鱼类时的形象记录，要求形似、准确、清晰、简洁，一般是头置左方，从原始图至出版用图要经过以下 3 个阶段。

一、原底图

原底图是按鱼体原大、放大或缩小绘画出来的草图，根据鱼体大小采用显微镜、双筒解剖镜、放大镜及肉眼观察等方法绘制的。

（一）显微镜观察

鱼类胚胎发育，包括于卵膜内的鱼卵阶段，孵出至卵黄囊吸尽前的仔鱼阶段、卵黄囊吸尽至鳞片出现或无鳞鱼的各鳍刚形成之稚鱼阶段，乃至幼鱼阶段一般为 1~20 mm 的胚体，采用装有三棱折光描图器的低倍显微镜绘画。

1. 描绘方法

（1）在显微镜镜筒上装上描图器，令其反射镜与桌面成 45°。

（2）调整显微镜至被观察物清晰，为作连续活体观察，宜置鱼类胚胎于培养皿或齐氏皿中，水须漫过卵膜和胚体，以免产生不同介质的折射误差。

（3）拨动显微镜的反光镜及描图器的滤色镜，使物镜下被观察物和图纸的光度大抵一致，既看到物像又看到铅笔笔尖即妥。

（4）沿着胚体轮廓把图像勾勒出来。鱼卵阶段大多可在 1 个视野圈内画完；仔鱼阶段及稚鱼阶段须 2~4 个视野圈的衔接方可完成（附图 1）。

（5）鱼类胚胎在孵出前的耳石出现期和心脏搏动期翻动剧烈，孵出后自鳃丝期起，游动较活泼，给绘画带来一定困难。除盛载器的水分仅漫过胚体以限制其活动外，还可滴入 5% 的乌拉坦（Urethane）溶液若干，予以暂时麻醉，从速画图后，移入清水里即行复苏。

（6）再以左眼观镜，把草图修改一遍，以彩色铅笔涂上胚体所反映的黄色、橙色等色彩，即完成第 1 手材料的原底图。

2. 绘画线条

（1）弧线　鱼类胚体多以不同宽度的弧线表达轮廓，如分裂细胞、卵黄囊、胚体外廓、脊索、脊椎、鳍褶、雏形鳍条等（附图1）。

（2）圈线　以小圈闭路线表达的，如128细胞期、桑葚期到囊胚晚期的细胞外廓、眼基、眼囊、晶体、听囊、耳石、嗅囊、尾泡、鳔等，以及卵黄囊含的油滴或油球等（附图1）。

（3）折线　表达已是"V"形的胚体肌节。鱼卵阶段时的肌节由于曲度小，一笔逐节勾画；胚后发育时的肌节，可分上下两段接画和"W"形的四段接画（附图1）。

（4）波线　表示胚后发育阶段的鳃丝、肠管褶曲及明显的尾静脉和居维氏管的轮廓（附图1）。

（5）枝线　树枝状或花状，表达黑色素（附图1）。

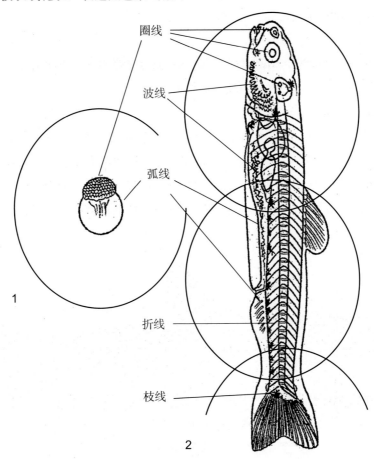

附图1　显微镜描图器下绘制鱼类胚胎的视野圈（衔接和常用线条）

1. 视野圈中的鱼卵；2. 两个半视野圈衔接所绘的稚鱼

（二）双筒解剖镜观察

鱼体为20~50 mm的稚鱼及幼鱼，使用具测微尺的双筒解剖镜放大绘出。

1. 绘制方法

（1）同上法盛载鱼体于镜下测量。

（2）图纸上画出纵线，依测量数据按比例放大绘制垂直控制线和标示轮廓控制点。

（3）连接控制点，再予以修改和以彩色铅笔涂上相应颜色即为轮廓图。

（4）镜下仔细观察鳞片及鳍条，按鳞式及鳍式予以准确绘画。

2．形态用线

介于胚胎阶段与成鱼阶段之间，参考前后两者。

（三）放大镜及肉眼观察

50 mm 以上的幼鱼及成鱼，乃至数米或 10 m 多的大鱼，以肉眼观察绘画，一些细微结构用一般放大镜补充观察。此类绘画又分为外貌图和解剖图。外貌图绘画，先画出外形轮廓，进而绘画头部、躯体、鳍等；解剖图绘画，在此不作详述。

1．外形轮廓

鱼的外形轮廓是画鱼图的基础。

（1）绘画方法

①直接法：鱼体大小与图幅尺寸相符合时，把鱼或标本轻轻擦干，直接放在纸上，沿外缘描画外形图，稍加改窄即为实体轮廓。绘画时要注意把鳍撑开。

②测量法：用双脚圆规及尺测量鱼的全长、叉长、体长、头长、眼径、吻长、体高、尾部长、尾柄长、尾柄高及各鳍基起止点和鳍长等（附图 2 中 1）；然后在纸上作一纵线，根据鱼的体形控制线通过上下颌交界处、眼缘前后、鳃盖、胸鳍末端、背鳍起点、腹鳍起点、肛门及臀鳍起点、臀鳍基部末端、椎骨末端或最后鳞片、尾鳍叉点、鳍末端等的垂直线，按比例绘于纸上；再以鱼的头尾轴纵线为准，测量控制线在鱼体边缘控制点的距离，也按比例画在图中的垂直线上，连接控制点则构成粗轮廓图，加以修改则为外轮廓图（附图 2 中 2）。

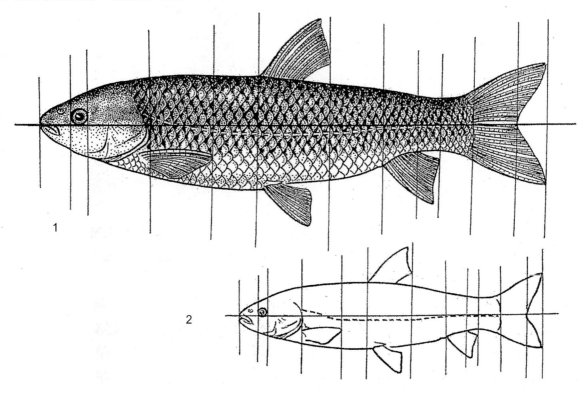

附图 2　鱼体的轴线和转画的外轮廓图
1．鱼体的头尾纵轴和垂直控制线；2．按比例缩小的外轮廓图

③相片法：照相固然可直接反映图像，但亦有嫌其鳞片模糊和鳍条不清而用手绘图的。此法先把底片按图幅尺寸放大为照片，再用透明纸或打字纸透画，则成外轮廓图。

（2）体形表达　鱼类具有纺锤形、侧扁形、歪扁形、扁平形、圆棒形、带形、刀形、箭形、球形、不规则形等各种体形（附图3），在图幅表达方面要求不同的投影图。

①侧视图：侧投影绘画，表达纺锤形、侧扁形、歪扁形、刀形、箭形、球形、扁平形、不规则形鱼类（附图3-A）。

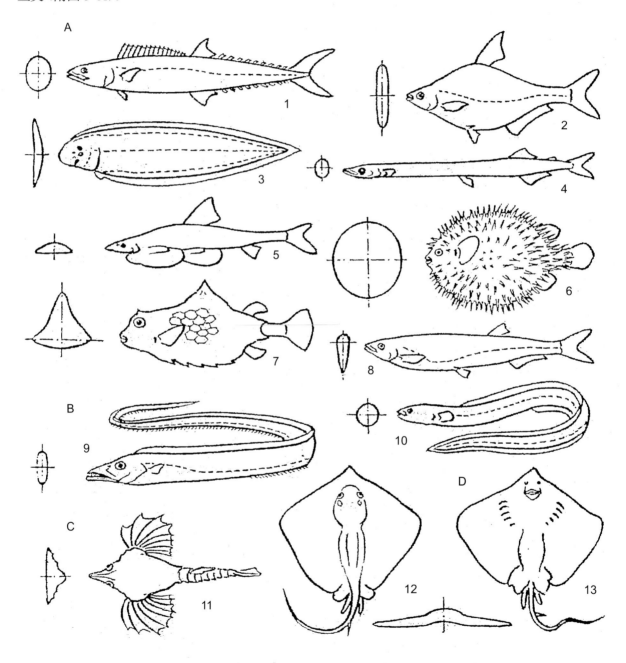

附图3　鱼类的投影和体形

A）侧视图：1. 纺锤形；2. 侧扁形；3. 歪扁形；4. 刀形；5. 箭形；6. 球形；7. 不规则形；8. 刀形

B）弯侧图：9. 带形；10. 棍棒形　C）俯视图：11. 不规则形；12. 扁平形　D）腹视图：13. 扁平形

②弯侧图：鱼体过长，采用侧投影扭弯图，表达棍棒形、带形鱼类（附图 3-B）。

③俯视图：正投影，表达扁平形、不规则形的海蛾等鱼类（附图 3-C）。

④腹视图：从腹部投影绘画，表达扁平形鱼类的腹部（附图 3-D）及各鱼类的下位口形、唇构造及特化了的腹鳍等。

2. 头部

软骨鱼类最后一个鳃裂或硬骨鱼类的鳃孔之前谓头部，为鱼图的精粹部分，按其构造分 8 个方面进行介绍。

（1）吻　吻部指眼前眶至吻端距离。鱼类的吻形有 13 种，绘画时要注意观察。

①锥状：吻圆锥状，侧视、俯视为等腰三角形，绘画时上下线稍带弧状。如沙粒真鲨、蓝点马鲛、鳡、青鱼等（附图 4-A-1）。

②鼠头状：侧视略似鼠头，吻部外形如直角三角形的斜边和下直角边，上线倾斜，下线平直。如长吻鮠、花斑沙鳅、鳍海鲶、大刺鳎等（附图 4-A-2）。

③剑状：吻尖如剑，用长直线勾画。如锯鲨、白鲟、鲟、东方旗鱼等（附图 4-A-3）。

④犁状：俯视也为尖等腰三角形，但吻扁，侧视如犁，呈低矮的直角三角形。如犁头鳐、中华鲟、犁头鳅、鲬等（附图 4-A-4）。

⑤杏尖状：俯视扁平形，鳐类的吻部为杏仁尖状，绘画时须左右对称。如中国团扇鳐、孔鳐、赤魟等（附图 4-A-5）。

⑥曲角状：一般为口上位或斜上位的鱼类吻部，侧视图是沿水平或略下斜，下缘呈面钝角状。如翘嘴鲌、大眼鲷、斑鰶（附图 4-A-6）。

⑦圆状：有俯视和侧视都为圆状的球形吻。如暗色东方鲀和侧视呈椭圆的圆弧吻，如银鲳、白甲鱼、普栉鰕鲩等（附图 4-A-7）。

⑧铲状：有俯视圆形、侧视扁平如铲的，如扁鲨、单鳍电鳐、鳠等；也有俯视矩形、侧视如推土机铲状的，如双髻鲨等（附图 4-A-8）。

⑨斜方状：侧视吻部略似方形，前缘线近垂直。如宽纹虎鲨、弹涂鱼、方头鱼等（附图 4-A-9）。

⑩梯级状：侧视其上线呈梯级状者。如东方墨头鱼、似鮈、棒花鱼、蛇鮈等（附图 4-A-10）。

⑪双角状：吻部有双角状突出。如南海牛鼻鲼、蝠鲼、红娘鱼、尖棘角鲂鮄等（附图 4-A-11）。

⑫管棍状：俯视和侧视的吻如管状或棍状。如中华管口鱼、剃刀鱼、海龙、海马等（附图 4-A-12）。

⑬蟾皮状：吻部为凹凸不平如蟾蜍皮肤者，绘画时吻部略带粒突。如松江鲈、沙鳢、杜父鱼、日本须鲨等（附图 4-A-13）。

（2）口　鱼口有下位、亚下位、端位、斜上位、上位之分，由上下颌、口裂、唇状等组成。形态上划分 8 种。

①常规形：口裂适中，上下颌等长，或上颌稍长，或下颌稍长。如草鱼、鲤、黄颡鱼、蓝点马鲛等（附图 4-B-14）。

②大口裂形：口裂特大。如龙头鱼、巨口鱼、鮟鱇、鳙等（附图 4-B-15）。

③尖剑形：与剑状吻相同（附图 4-B-16）。

④管口形：口裂小，口呈圆管形。如毛烟管鱼、伸口鱼、鳍、角镰鱼等（附图 4-B-17）。

⑤一字形：口裂如"一"字或略带弧状的。如白甲鱼、斜颌鲷、齐口裂腹鱼等（附图 4-B-18）。

⑥月弧形：圆弧状弯曲者，多为口下位的鱼类。如沙拉真鲨、圆口铜鱼、华鲮（附图 4-B-19）。

⑦缺刻形：上下颌具相嵌的缺刻。如鳡、马口鱼等（附图 4-B-20）。

⑧吸盘形：口下位，半圆状至圆状吸盘，唇态复杂。常以放大镜或双筒剖镜作细微观察。除侧视图外，大多要求具口部腹视图。如东方墨头鱼、唇鱼、华缨鱼、练江拟腹吸鳅等（附图 4-B-21）。

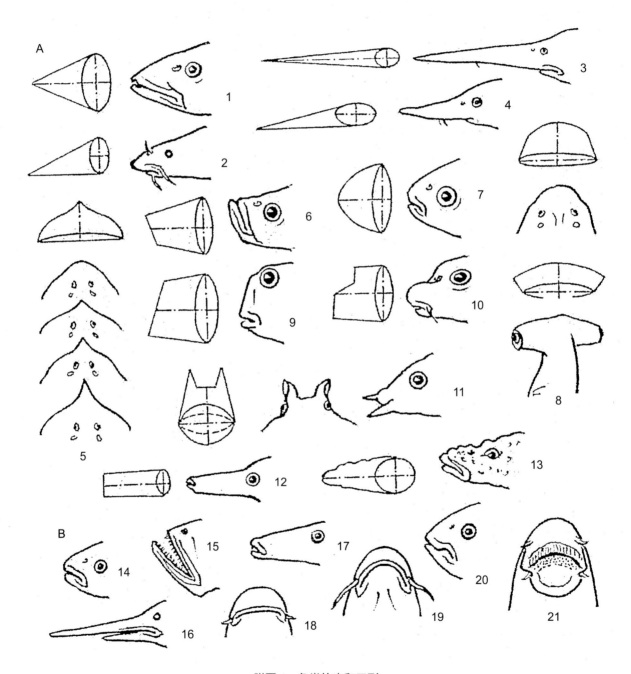

附图 4　鱼类的吻和口形

A）吻形：1. 锥状；2. 鼠头状；3. 剑状；4. 犁状；5. 杏尖状；6. 曲角状；7. 圆状；8. 铲状；9. 斜方状；10. 梯级状；11. 双角状；12. 管棍状；13. 蟾皮状　B）口形：14. 常规形；15. 大口裂形；16. 尖剑形；17. 管口形；18. 一字形；19. 月弧形；20. 缺刻形；21. 吸盘形

（3）鼻　鼻孔虽小，不同鱼类的鼻形有异。

①圆孔形：圆口类只有一个单鼻孔，侧视图在吻部边缘画一小椭圆圈（透视关系）。如东北八目鳗、雷氏鳃鳗等。软骨鱼类于吻腹面具两个圆孔状外鼻孔。腹视图画两孔，如孔鳐等；侧视图只画一孔，如沙拉真鲨等（附图 5-A-1）。

②瓣隔形：前、后鼻孔有瓣膜相隔，多数硬骨鱼类属此列。如草鱼、圆口铜鱼、花斑副沙鳅、大眼鲷等（附图 5-A-2）。

③双管形：由小管组成前后鼻孔，绘画时均具管状突出。如管口向上的小杜父鱼、管口向下的黄鳝等（附图 5-A-3）。

④管孔形：吻端前鼻孔为管状，后鼻孔于眼前缘，呈缝状或圆状。如前管后缝隙的刺鳅、网纹裸胸鳝；前管后圆孔的海鳗、中华须鳗等（附图 5-A-4）。

⑤单管形：外形上只有短管状的前鼻孔。如六线鱼、雀鲷、澳大利亚肺鱼等（附图 5-A-5）。

⑥鼻须形：前鼻孔在吻前端，后鼻孔位于鼻须后缘。如黄颡鱼、长吻鮠、鳗等（附图 5-A-6）。

（4）眼　鱼眼起着鱼图画龙点睛的作用。眼的位置多在头的两侧，也有横凸的，如双髻鲨；上凸的，如四眼鱼、后肛鱼、弹涂鱼；背面的，如赤魟、孔鳐；侧面的，如三线舌鳎；特小的，如唇鮡、红狼牙鰕虎鱼；无眼的，如广西无眼平鳅等。

鱼眼有 5 种类型：

①无瞬褶无瞬膜：部分软骨鱼类的眼既无瞬褶又无瞬膜的，眼外廓为圆形或椭圆形，中间绘一留光的黑眼球，如鼠鲨、沙锥齿鲨等（附图 5-B-7）。

②瞬褶眼：部分软骨鱼类下眼睑分化为可向上关闭的瞬褶。绘法同上，但眼眶下方加画弧线以示瞬褶。如阴影绒毛鲨、灰星鲨等（附图 5-B-8）。

③瞬膜眼：部分软骨鱼类眼外缘具有能部分或全部遮盖眼的瞬膜。绘画上于圆眼眶线内画一横弧线。把露出的部分填黑，即表示瞬膜眼。如长吻基齿鲨、双髻鲨、沙拉真鲨等（附图 5-B-9）。

④无眼睑：多数硬骨鱼类的眼裸露无眼睑。画上两个同心圆或椭圆，内圈表示眼球，左或右斜上方留出空白三角形，以示反光，其余涂黑；外圈表示眼眶。如青鱼、鲕、鳜、胭脂鱼等（附图 5-B-10）。

⑤脂眼睑：部分硬骨鱼类眼上覆盖有透明脂肪体，称脂眼睑。在先绘上同无眼睑眼的基础上，于眼正中垂直地画上一个窄的椭圆圈，即代表脂眼睑。如鲻、蓝圆鲹、鲥、鲚等（附图 5-B-11）。

（5）须　部分鱼类有须，又有颐须、吻须、鼻须、颌须之分，有 1~5 对须不等。俯视图及腹视图，需画左右可见须；侧视图只画单边须。须的形态有 4 种。

①芽形：多数具须的鱼类，须为光滑的豆芽形。如黄颡鱼、中华鲟、鲤等（附图 5-C-12）。

②鞭形：特长如鞭。如大口长鞭鱼的颐须（附图 5-C-13）。

③带形：须扁如带。如黑尾鲆、白缘鲆、手口鱼、鬼鲉等（附图 5-C-14）。

④枝形：须如树枝（附图 5-C-15）。

（6）喷水孔　大部分软骨鱼类和少数硬骨鱼类的眼后方有一退化的鳃裂，即喷水孔。

①圆孔形：以圆圈线表示。有孔较小的小孔类，如阴影绒毛鲨、灰星鲨、前口蝠鲼等；有喷水孔与眼等大或大于眼的大孔类，如须鲨、赤魟、鸢鲼、单鳍电鳐等（附图 5-D-16）。

②裂缝形：于眼后只有一小裂缝为喷水孔者。如中华鲟、达氏鲟等（附图 5-D-17）。

（7）鳃裂和鳃孔　软骨鱼类的鳃裂亚纲为 5~17 对外鳃裂；也属软骨鱼类的全头亚纲和硬骨鱼类则

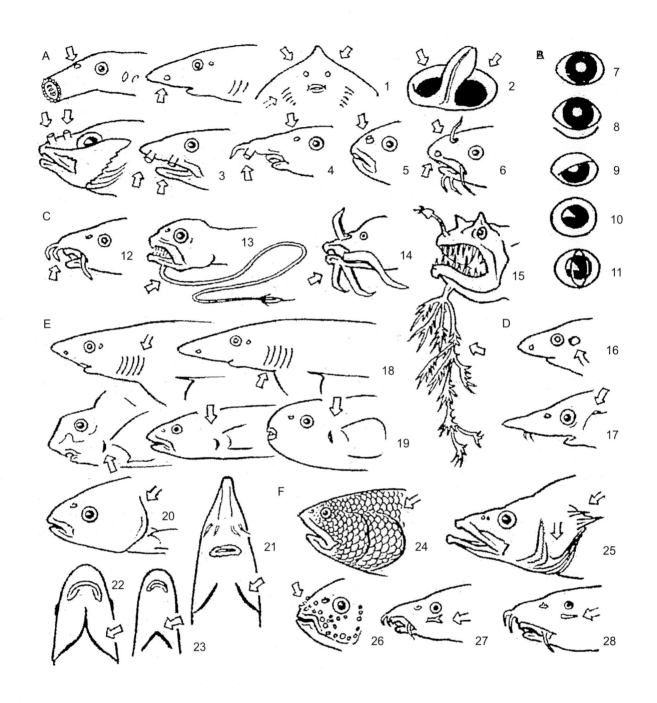

附图 5　鱼类头部的诸要素

A)鼻：1. 圆孔形；2. 瓣隔形；3. 双管形；4. 管孔形；5. 单管形；6. 鼻须形　B)眼：7. 无瞬褶无瞬膜；8. 瞬褶眼；9. 瞬膜眼；10. 无眼睑；11. 脂眼睑　C)须：12. 芽形；13. 鞭形；14. 带形；15. 枝形　D)喷水孔：16. 圆孔形；17. 裂缝形　E)鳃裂和鳃孔：18. 鳃裂形；19. 鳃孔——口短式；20. 鳃孔——长式；21. 八字形；22. 人字形；23. 倒"V"形　F)其他：24. 头鳞；25. 鳃盖骨和头棘；26. 追星；27. 叉形眼下刺；28. 光滑眼下刺

为 1 对外鳃孔。

①鳃裂形：鲨类一般只画侧视图。除皱鳃鲨绘画 6 条波曲线外，其余皆画成直线或浅弧线。扁头哈那鲨、尖吻七鳃鲨等绘 7 条鳃裂线，灰星鳃鲨等画 6 条鳃裂线外，其余鲨类画 5 条鳃裂线。鳃裂的位置，多数于胸鳍基部前方，如鼠鲨、长吻角鲨等；少数鲨类的后 2~3 个鳃裂位于胸鳍基部上方，3 个的有鲸鲨、长尾鲨，2 个的有条纹斑竹鲨、日本须鲨、灰星鲨等（附图 5-E-18）。鳐类在绘画腹视图时，才能画出口下方左右对称的 5 对鳃裂线，如赤魟、孔鳐等（附图 5-E-18）。

②鳃孔形：侧视图绘画一条弧线表达鳃孔。其中只于胸鳍基部前方或上或中或下画一小弧线。不表示鳃孔的有黑线银鲛、鳗鲡、弓斑东方鲀等（附图 5-E-19）；多数硬骨鱼类的鳃孔约占头高的 3/4，如草鱼、鳜、蓝点马鲛等（附图 5-E-20）。绘画腹视图时要注意峡部是否相连等情况。其中鳃孔有八字形的，指峡部相连而左右鳃孔不相连，如硬鳞总目的中华鲟等（附图 5-E-21）；而大多数真骨鱼类，如草鱼、鳜、蓝点马鲛等腹视鳃孔是人字形的，指峡部分离而左右鳃孔线相连（附图 5-E-22）；还有左右鳃孔合二为一的黄鳝等，腹视鳃孔为倒 "V" 形（附图 5-E-23）。

（8）其他 鱼类头部还有其他该表达的要素。

①头鳞：一些鱼头部具鳞，如四指马鲅、鮸、三线舌鳎等需同时按鳞列走向绘画出来（附图 5-F-24）。

②鳃盖骨：硬骨鱼类的前、间、主、下鳃盖骨及鳃盖条骨的外缘线须画出，方显头部质感（附图 5-F-25）。

③头棘：鲈形目的一些鱼类，头骨外露出鼻棘、眶棘、耳棘、蝶棘、翼棘、肩棘、肱棘、顶棘、颈棘等，以尖角形表达。如鳜、日本鰧、驼背拟鲉。

④追星：头部，尤以吻端出现婚配结节的圆粒状追星，以圆圈或凸圈表示，如马口鱼、麦穗鱼、棒花鱼的雄性个体等（附图 5-F-26）。

⑤眼下刺：一些鳅科鱼类具眼下刺者，虽一般为眼下皮肤掩盖，但最好也予以破皮表达。如花斑副沙鳅的叉刺（附图 5-F-27）、长薄鳅的光滑刺等（附图 5-F-28）。

3. 躯体

鱼的身体有裸露及披鳞片的，有些还具有斑纹。

（1）裸露、鳞片及侧线 除肺鱼之齿鳞不常见外，鱼体有裸露之无鳞及板鳃类的盾鳞、硬磷总目之硬鳞和真骨鱼类的骨鳞（又分圆鳞、栉鳞、变态鳞等）。绘图上有 4 种形式。

①空白式：以空白表达躯体，以虚线或双虚线表示侧线的鱼类图（附图 6-A-1）。有 5 种情况是以空白表示的。

a. 轮廓鱼：简明的外形图、示意图等，不管有鳞无鳞皆以空白表示，以单虚线作侧线。

b. 无鳞鱼：体裸露，如鲶、长吻鮠、黑斑条鳅、黑尾鮗等以空白表示，若肌节清晰的，须画上 W 形的肌节纹；以双虚线表示侧线。

c. 臀鳞鱼：体基本裸露，只有臀鳍基部一带有列状鳞片，有些在头后方侧线及附近还有少许鳞片者，躯体以空白处理；侧线用双虚续线。如青海湖裸鲤、黄河裸裂尻鱼等，以及银鱼科大银鱼的雄性个体等。

d. 盾鳞鱼：板鳃亚纲中鲨类盾鳞基板埋入皮肤内，外露鳞棘细小，以空白处理，如沙拉真鲨、双髻鲨；鳐类盾鳞鳞棘较尖，呈稀散分布，也有特化成瘤结状的，躯体以空白处理外，另画突出的结状鳞，如花点魟、孔鳐等。

e．细鳞鱼：鳞片细小而多的圆鳞或栉鳞，以空白表示，如大斑花鳅、鳜等。

②排格式：以方格或菱格表示硬鳞鱼的鳞片。绘出纵线及竖线，构成格状即行。如雀鳝的躯体、中华鲟、白鲟的尾梢（附图 6-B-2，附图 6-B-3）等。

③叠格式：表示稍大而明显的圆鳞和栉鳞的。如草鱼、普栉鰕鳅、三线舌鳎等。以双虚线逐鳞表示侧线。侧线走向与叠格式鳞关系密切，左、右均成行，相叠如格状（附图 6-C）。

a．先绘出侧线走向线。

b．按照鳞式，测出侧线走向线的鳞片数及上、下鳞数（附图 6-C-4）。

c．依侧线上、下鳞的数目，按鳞列斜度划分侧线上、下鳞（附图 6-C-5）。

d．联结侧线和侧线上、下鳞的划分点，并铺演全身，即构成 X 线的叠格网（附图 6-C-6）。

e．照鳞片外缘形态，如弧形、角形、杏尖形、凸字形等逐一斜行绘画鳞片，延至尾端止（附图 6-C-7）。

f．在侧线鳞上画上双虚线即为侧线（附图 6-C-7）。

g．具纵列鳞而无侧线的有鳞鱼类，如鰕鳅和一些鳑鲏亚科鱼类，于体侧纵轴上下斜排鳞片，同法画出，不绘画侧线即为纵列鳞（附图 6-C-8）。

④直观式：变态骨鳞，直接按形态绘画（附图 6-D），其形态画法有 4 种。

a．锯齿形：表示腹棱鳞，侧视图于腹部绘画锯齿，如长颌鲚、鲦等（附图 6-D-9）。

b．尖叶形：表示腋鳞和尾鳞者。好些鱼类的偶鳍基部长有尖形腋鳞，如吻鮈、蛇鮈、长薄鳅等，也有尾鳍基部着生尖形尾鳞的，如两片尾鳞的遮目鱼、小沙丁鱼等，具多片鳞的如圆腹鲱等，皆绘成尖叶形（附图 6-D-10）。此外，一些具皮瓣状条鳞的鱼类，如驼背拟鲹等，身上鳞片有数十片软的条鳞，也以尖叶形软态表达（附图 6-D-11）。

c．围框形：以围框表达变态鳞。如三角形、菱形、矩形的崤鳞，分布在中华鲟、三棘刺鱼（附图 6-D-12）、三荚鱼等体上；具环带状的环鳞，分布在海龙、海马体上（附图 6-D-13）；节片状的甲壳鳞，如玻甲鰕鱼（附图 6-D-14）等；还有具胄甲鳞的角箱鲀（附图 3-A-7）等披六边形盔甲、甲鲶（附图 6-D-15）等披斜短形盔甲，都按鳞形框画。

d．圆粒形：突粒状的骨质鳞，以圆形或椭圆形表达。如石鲽、粒鲽（附图 6-D-16）、狮头毒鲉等的疣状突起。

e．针棘形：为特化如针状的鳞片，如刺河豚等的棘鳞以针形线绘画。

（2）斑纹 由构造色素形成的体上斑纹是绘鱼必不可漏的，其形态一般为 4 种（附图 6-E）。

①点状：体上布满粗细不等的黑棕色沙点状，如黄鳝、厚唇重唇鱼（附图 6-E-17）、东北湖鲅。

②斑状：圆斑、椭圆斑、矩斑等。如大刺鳅（附图 6-E-18）、大斑花鳅。

③条状：有纵条的，如花斑副沙鳅（附图 6-E-19）、马口鱼等；有横条的，如中华鳑鲏、似鳡等。

④花状：边缘参差不齐恰如花朵的斑纹，如鲶、暗鳜（附图 6-E-20）等。

（3）发光器 此外，从头部到躯体，一些海洋鱼类具有本体发光器和细菌共栖发光器的，如豆口鱼、七星鱼、奇光鱼等。于相应位置上画上圈形或弧带形即表示发光器。

4．鳍

鳍是鱼类的运动平衡器官，先画鳍形后画鳍条，鳍条间隙为鳍膜。

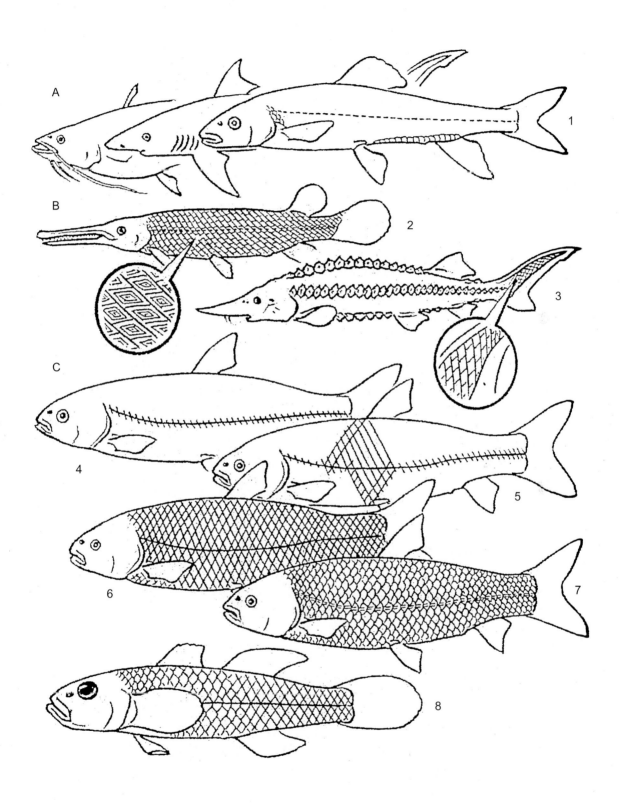

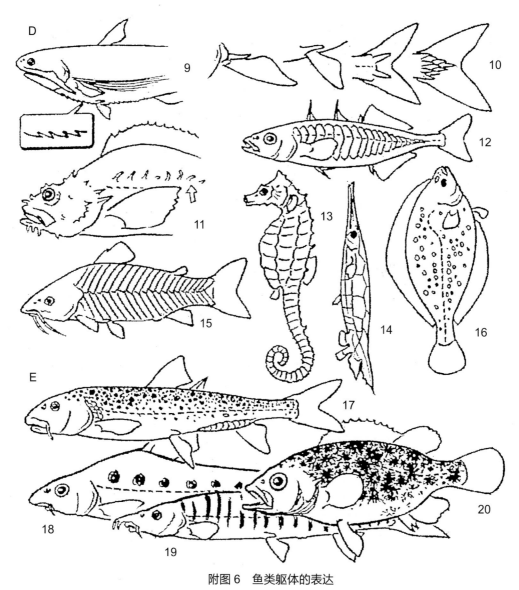

附图 6　鱼类躯体的表达

A）空白式：1. 鲶、鲨和基本裸露的裂腹鱼　B）排格式：2. 雀鳝；3. 中华鲟尾梢平嵴鳞　C）叠格式：4. 划分侧线；
5. 绘侧线上、下鳞；6. 叠格网；7. 勾画鳞片及侧线；8. 无侧线纵列鳞的鱼　D）直观式：9. 锯齿形；10~11. 尖叶形；
12~15. 围框形；16. 圆粒形　E）斑纹：17. 点状；18. 斑状；19. 条状；20. 花状

（1）鳍形　鳍外形轮廓为鳍形，下属 7 类鳍形。

①背鳍：具有 1 个背鳍，如草鱼、鳓、三线舌鳎、斑鳢等；具有 2 个背鳍，如普栉鰕鳅、沙鲻、宽纹虎鲨等；具有 3 个背鳍，如鳕；无背鳍，如赤魟和无背鳍鱼等。背鳍的形态有 7 种（附图 7-A）。

a. 角形：背鳍基较短，除鲸鲨、鳕（以一个鳍计）为三角形外，一般为四边形。鳍前后角为钝角、锐角、弧形角等。如阴影绒毛鲨、扁头哈那鲨、中华鲟、蓝点马鲛、草鱼、海鲶、鲽、瓣结鱼、鲶等众多鱼类（附图 7-A-1）。

b. 旗形：背鳍基稍长，高度较大，形如块状或展旗状。如旗月鱼、东方旗鱼、中华鳑鲏、茴香鱼等（附图 7-A-2）。

c. 带形：背鳍基特长，背鳍较低，形如带状。如胡子鲶、斑鳢、三线舌鳎、带鱼、红狼牙鰕虎、鳗鲡等（附图 7-A-3）。

d. 舰形：背鳍基较长，背鳍前段较高，如军舰舰身。如长背鱼、月鱼、日本须鲷、胭脂鱼、鲤、鲫等（附图 7-A-4）。

e. 圆形：背鳍基较短，鳍缘为圆弧状。如棒花鱼、白缘缺、舌形双鳍电鳐、瓣结鱼（附图 7-A-5）。

f. 波形：钙形总目具硬棘的背鳍常呈波曲状，其中有齿形、刀丛形、葵叶形等。如鳜、圆白鲳、海鲂等（附图 7-A-6）。

g. 杂形：特化了的背鳍，如鮟鱇前面背鳍演化为钓竿，鮣第 1 背鳍变成了吸盘等（附图 7-A-7）。

②臀鳍：大多数鱼类为一个臀鳍，但也有两个臀鳍的，如鳕、东方旗鱼等。臀鳍鳍形有 7 种（附图 7-D）。

a. 角形：常见鱼类。如沙拉真鲨、草鱼等（附图 7-D-22）。

b. 圆形：后缘呈圆弧状。如鲈塘鳢、狗鱼等（附图 7-D-23）。

c. 波形：边缘为波浪状或齿状。如鳜、斑纹狗母鱼、旗月鱼及马口鱼雄性个体等（附图 7-D-24）。

d. 刀形：臀鳍基稍长，鳍形如刀。如长春鳊、翘嘴鲌、中华鳑鲏等（附图 7-D-25）。

e. 舰形：臀鳍基较长，前端鳍条高，成深弧形后弯者。如军曹鱼、裸胸鲹、银鲳、圆燕鱼等（附图 7-D-26）。

f. 带形：臀鳍基特长。如三线舌鳎、辫鱼、鳗鲡、长颌鲚、鲶等（附图 7-D-27）。

g. 梳形：特化为梳状棘。如奇棘鱼、带鱼等（附图 7-D-28）。

③尾鳍：构造上有原形尾、歪形尾、正形尾、等形尾等。形态有 7 种（附图 7-E）。

a. 叉形：上下叶分叉，但程度有异。其中有尖叉形的是上下叶呈锐角伸出，如蓝点马鲛、黄颡鱼、鲦、鲮等；钝叉形是上下叶的内缘线为弧形，如鲤、鳙、草鱼、团头鲂等；圆叉形是上下叶边缘为椭圆形，如宽体副沙鳅、乌苏里鮈、鳗等；叶叉形是上下叶内外缘弧度相等，俨然两片叶子模样，如鹿斑鲾、圆口铜鱼、舟鲥等；歪叉形为上下叶不对称，如上长下短的双髻鲨、沙拉真鲨、金线鱼，上短下长的飞鱼、犁头鳅、中华间吸鳅等；突叉形是上下叶边缘凸起，内缘较平整，如新月锦鱼、长吻双盾尾鱼等（附图 7-E-29）。

b. 弧形：尾鳍内缘呈凹弧状。其中月弧形是上下叶外缘为弧线，内缘光滑或稍带缺刻者，如月鱼、军曹鱼、东方旗鱼、鼠鲨等；浅弧形为上下叶外缘平直，内缘线为浅弧形，如鳕、三棘刺鱼、大麻哈鱼等以及歪弧形的平舟原缨口鳅等（附图 7-E-30）。

c. 截形：五分叉，内缘平直，如斑纹狗母鱼、青鳉、大斑花鳅、日本蝉鱼等（附图 7-E-31）。

d. 圆形：内缘呈圆形。其中上下外缘为弧线的椭圆尾，如中国团扇鳐、舌形双鳍电鳐、斑鳢、泥鳅、小黄鱼等；也有上下缘为倾斜直线的扇形尾，如海鲂、拟大眼鲷、金钱鱼等（附图 7-E-32）。

e. 尖形：形尖刀状。如红狼牙鰕虎、鳗鲡等（附图 7-E-33）。

f. 波形：内缘线呈双凹至三凹状。如方头鱼、圆白鲳等（附图 7-E-34）。

g. 鞭形：尾端细长如鞭。如黑线银鲛、烟管鱼、线鳗等（附图 7-E-35）。

④脂鳍：鲑形目和鲶形目中许多鱼类具有脂鳍，无鳍条，后缘为圆弧形。前者脂鳍短小，如大银鱼、大麻哈鱼；后者脂鳍长，多数末端游离，如长吻鮠、黄颡鱼，少数末端相连，如鳠、白缘缺等（附图 7-F-36）。

⑤小鳍：鲈形目的鲭亚目鱼类背鳍和臀鳍后方具有小鳍，按其位置和数目，以三角形表达，如蓝点马鲛等（附图 7-F-37）。

（2）鳍条和鳍膜　鳍条为鳍的支柱，鳍膜是联结鳍条的。

①角质鳍条：软骨鱼类如沙拉真鲨、孔鳐等及软骨硬鳞鱼类如中华鲟等的角质鳍条，以两线之间绘成一根鳍条（附图 7-G-38）。

②骨质鳍条：真骨鱼类的鳍条，有 3 种表达方法。

a. 光棘及硬刺：构造上尽管棘是不分支、不分节而中空，硬刺是两片合成不分支而带节的，但在外形上硬刺的节较模糊，故图示棘和硬刺都相同，如鳜、拟大眼鲷背鳍和臀鳍前段为棘，以前后两条直线或弧线画成尖棘，鳍膜较宽，于鳍外缘画出相连线即代表膜；又如大刺鳅、团头鲂等背鳍前缘具硬刺，也以同种形式表达，但鳍膜较窄（附图 7-G-39）。

b. 齿棘及带齿硬刺：为前后缘或后缘带锯齿的棘和硬刺。如黄颡鱼背鳍前硬棘的后缘带齿，胸鳍

附图 7　鱼类的鳍形及鳍条、鳍膜画法

A）背鳍：1. 角形；2. 旗形；3. 带形；4. 舰形；5. 圆形；6. 波形，分别为齿形、刀丛形、葵叶形；7. 杂形，如钓竿形、吸盘形　B）胸鳍：8. 角形；9. 圆形；10. 盘形；11. 翼形；12. 足形；13. 丝形；14. 葵叶形　C）腹鳍：15. 角形；16. 圆形；17. 波形；18. 匕形；19. 丝形；20. 喇叭形；21. 盘形　D）臀鳍：22. 角形；23. 圆形；24. 波形；25. 刀形；26. 舰形；27. 带形；28. 梳形　E）尾鳍：29. 叉形；30. 弧形；31. 截形；32. 圆形；33. 尖形；34. 波形；35. 鞭形　F）其他鳍：36. 脂鳍；37. 小鳍　G）鳍条：38. 角质鳍条；39. 骨质鳍条的光棘和硬刺；40. 齿棘和带齿硬刺；41. 不分支鳍条；42. 分支鳍条；43. 尾鳍条　H）鳍膜：44. 薄膜；45. 中膜；46. 厚膜

前后缘都带齿；鲤鱼背、臀鳍前硬刺的后缘皆带齿，都画上棘或硬刺后，再行加绘锯齿，如齿数可数，应如实反映（附图 7-G-40）。

③不分支鳍条：不分支而分节的软鳍条，绘成尖刺状后，画上横隔则表示节。如青鱼背鳍鳍式为 3-7，前 3 根为不分支鳍条，注意前一不分支鳍条很短，中间次长，最末分支鳍条最长（附图 7-G-41）。

④分支鳍条：在鳍前缘或上下缘先画上不分支鳍条后，依分支鳍条数沿基部做出鳍条基点；又于鳍内缘划分与基点数相同的分段；以弧线联结基点前至分段前点和基点后至分段后点，即构成一根分支鳍条外廓，其余类推。若绘背、臀鳍的最后分支鳍条时，注意是从一个基点发出两条分支鳍条的。各分支鳍条分叉线的绘画，是移动图纸，令鳍缘置向自身，眼看准鳍条中心，轻轻下笔，从鳍缘向中心绘出两线或四线，即成分支鳍条的分支。这种绘法恰如打篮球的投篮是目视篮圈的道理一样，最后画出鳍条节隔线则成分支鳍条（附图 7-G-42）。在绘画尾鳍时，鳍条外廓是按不同方向下笔的，即绘上叶鳍条，图幅横向，从鳍基画向鳍缘，绘分叉线时，图幅置向自身；绘下叶鳍条时，图幅斜竖，从鳍缘画向鳍基，绘分叉线的图位不变（附图 7-G-43）。

分支鳍条间的鳍膜，一般有 3 种情况：膜薄者，于鳍条间膜上绘 3~4 条轻斜线，以示近于透明，此类的分支鳍条一般只画两条分叉线（附图 7-H-44），如中华间吸鳅；一般厚膜者，鳍膜以空白表示，分叉线 4 条（附图 7-H-45），如草鱼等；膜厚者，分支鳍条下段被厚膜遮盖，故下段线重叠，上段依然分支，分叉线 4 条（附图 7-H-46），如东方墨头鱼等。

二、整理图

整理图是上墨或着色前的正式铅笔图，使用图画纸、透明纸绘画。

（一）布局设计

图纸内图幅大小合适、美观，不宜太紧，也不要太疏（附图 8-A-1~3）。

1. 图版

供书刊使用的图版，一般比书刊大一倍，常要求的规格：27 厘米 ×38 厘米、26 厘米 ×32 厘米，采用复印 A4 纸大小亦可。

2. 插图

插图也应比印刷拟用图大 1 倍。

（二）按比例缩放

据原底图大小缩放为所设计的图幅大小。

1. 方格法

依缩放比例分别在原底图和整理图的图纸上作方格线，最后得一整图（附图 8-B-1~2）。

2. 比例规法

逐格画出相似线条，比例规为合金制作的绘图仪器，按原底图及整理图大小的相应比例，调整比例钮至符合缩放标准，一方量度原底图，他方标示到图纸上，相连各标示点即为整图（附图 8-B-1~2）。

3. 计算法

以正比关系，测量原底图纵轴线长度 L，再度控制线上各控制点距离 L_1、L_2、L_3……以整理图所定头尾纵轴长为 1，依 $L_i = L : L_1$ 公式，逐点求出 L_1、L_2、L_3……数值，以此值即可画出整图来。

4. 复印机缩放法

按照比例，按复印机键复印出所需图像。

5. 电脑缩放法

置图于扫描器下，用电脑按需图尺寸缩放。

（三）透画

在整图的基础上，用图画纸或透明纸以透光法——电灯或太阳光，或直透法——纸质透明而直接绘画所透画出来的铅笔图即为整理图。

三、正式图

正式材料或交出版使用的，谓正式图。

（一）点线图

以线和点表示轮廓及明暗感的黑白图，要求点、线圆滑和点隙明暗有度。

1. 工具和用料

绘图笔、蘸水笔、自来水笔及鸭嘴笔等。

2. 点线规范

用绘图墨水、碳素墨水、墨汁等着色。

（1）线条　内、外轮廓以线条绘画，线分 4 级（附图 9-A）。

①粗线：表示外轮廓，如外围线（附图 9-A-1）。接口准确，线粗。

②中线：绘画内轮廓，如鳞片、鳍条下线、鳃盖骨线等（附图 9-A-2）。

③细线：表示微轮廓，如鳍条上线、鳍条分叉线、薄鳍膜线、小细胞线等（附图 9-A-3）。

④虚线：表示内结构（附图 9-A-4），也可反映斑纹。

（2）点子　点子以示明暗及立体感，共分 7 级（附图 9-B）。

①空白：最亮部分，无点。用于胚胎细胞顶部、眼的亮点、背部亮带、仔鱼躯体等（附图 9-B-1）。

②稀点：次亮部分，稀疏的黑点。表达胚胎卵黄囊中部、仔鱼头部、鱼体腹部等（附图 9-B-2）。

③少点：微亮部分，用于卵黄侧部等（附图 9-B-3）。黑点小于空白间隙。用于眼下颊部、鱼体中部、卵黄囊侧部等（附图 9-B-3）。

④中点：过度部分，黑点与间隙相等（附图 9-B-4）。

⑤密点：阴暗部分，黑点几乎挨近但又不相叠。表达卵黄囊外围、细胞相邻处、原生质网、鱼体上部等（附图 9-B-5）。

⑥叠点：黑暗部分，黑点重叠，露出少许空隙，表达鱼体背部、黑斑纹或黑色素等（附图 9-B-6）。

⑦全黑：墨黑部分，如眼球、体斑等（附图 9-B-7）。

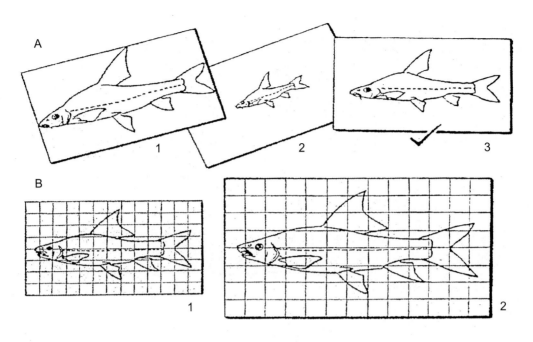

附图 8　图幅布局、缩放

A）鱼图布局：1. 太挤；2. 太疏；3. 合适

B）方格法缩放图：1. 原底图；2. 放大图

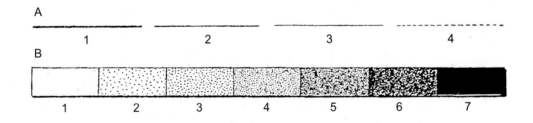

附图 9　图幅点线规范

A）线条：1. 粗；2. 中线；3. 细线；4. 虚线

B）点子：1. 空白；2. 稀点；3. 少点；4. 中点；5. 密点；6. 叠点；7. 全黑

3. 绘画方法

（1）胚胎发育图　包括胚胎、仔鱼、稚鱼阶段。先画外轮廓粗线，128 细胞期以前的发育期，细胞间要点画相应明暗度的黑点，原生质网切忌死滞，须有飘拂状，一般使用中点、密点和叠点交替表达。肌节出现期至嗅板期的肌节用弧线表示；尾芽期至鳔二室期前，肌节为"V"线形，先自下向上绘画"V"形肌节下线，摆动图纸至顺手位置才接绘上线，逐线绘画，方可均匀和自然；其后至鳞片出现期前，呈"W"形肌节，画法先同"V"形节，最后才分别接成"W"形的上下段。胚胎阶段及仔鱼阶段，卵黄或卵黄囊需在边周点画中点及密点；胚体头部视不同发育期需同时点画黑点（附图 10）。

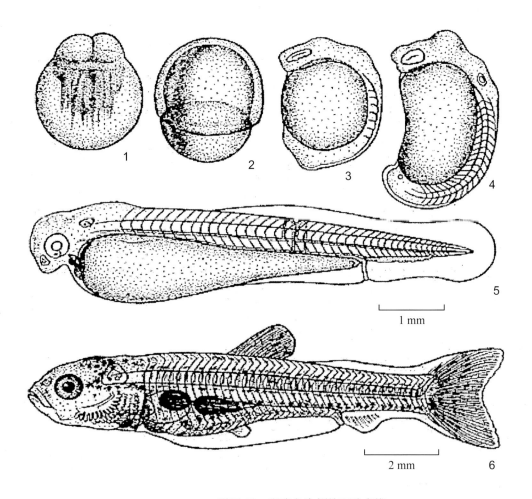

附图 10　以青鱼为例的胚胎点线

1~2. 细胞期原生质的飘拂表示；2. 原肠中期的立体感；3. 眼基出现期的弧状肌节；4. 尾泡出现期的头部表达；

5. 孵出期的"V"形肌节及卵黄囊的立体感；6. 背鳍形成期的"W"形肌节

（2）成体鱼图　包括幼鱼阶段和成鱼阶段。绘画方法和步骤与原底图相仿，只是采用黑线点覆盖。即先绘画外轮廓，再画头部、鳞片、侧线、鳍条等，然后以点子表达明暗和色斑。

（二）晕渲图

以单色或水墨绘画明暗的图为晕渲图，要求明暗清晰，变化均匀。

1. 工具和用料

钢笔、毛笔、绘图墨水、碳素墨水、中国墨水、软管黑色水彩、水粉或国画颜料。

2. 步骤和方法

（1）黑线勾勒　用黑细笔或小毛笔描画轮廓线、鳞片、侧线、鳍条。

（2）晕渲明暗　背部较黑，背侧下方留一空白光带，逐步向腹部演化为浅灰色或白色，头部及鳍膜的着墨，也依其深浅上黑色、灰色、浅灰色。

晕渲要用软管水质黑颜料，因带胶质，便于自由晕渲而深浅变化均匀。如用黑墨水、碳素墨水、中国墨水作渲染，都只能滞色，效果不佳。无鳞鱼以体现立体感则可，有鳞鱼在此基础上还需逐个鳞片染上黑色、深灰色、浅灰色等，以表达不同鱼类鳞纹。

（3）添加斑纹　用毛笔添画具斑纹鱼类的斑纹，多直接绘上黑色；纹有点状、斑状、条状的，依形态填绘；遇花状斑纹于腹部者，宜用灰色；斑可用秃笔——破毛笔，直接画上。

（三）彩色图

表达活鱼或彩色照片的鱼，要求色准，似鲜鱼。

1. 工具和用料

毛笔、颜料（包括透明水彩、水粉、国画颜料，炭精等）、图画纸、复印纸（不能用透明纸，因透明纸遇水起皱）。

2. 色彩选择

（1）颜色种类

①原色：红、黄。

②间色：原色相混，如红 + 蓝为紫、黄 + 红为橙、蓝 + 黄为绿等。

③再间色：间色相调，如橙 + 蓝为赭、紫 + 绿为橄榄绿等。

④极色：黑与白。

⑤光泽色：金色及银色。

此外，还分冷色和暖色。如青绿、蓝等冷色为多数鱼类具有的；红、橙、黄等暖色，多绘画热带海洋鱼类以及鱼的鳍梢部分。

（2）颜色调配

不同鱼类或不同部位需调配不同的色彩。

①红色类：绘画以红色为基底的鱼类。

a. 朱红 = 红 + 黄。用于红鲤、方头鱼、金线鱼、红衫鱼、长体鳜、笛鲷的身体和蒙古鲌、鲤的尾梢等。

b. 胭脂红 = 红 + 紫。用于胭脂鱼、紫鱼等。

c. 紫红 = 紫 + 红。紫分量大于红的，表达大眼鳜、褐菖鲉等。

d. 暗红 = 红 + 赭。如大眼鲷、真鲷等。

e. 桃红 = 红 + 白。绘画红狼牙鰕鯱鱼及红色类鱼的腹部。

f. 红。绘画红色的大麻哈鱼等。

②黄色类：表达黄色基底鱼类。

a. 嫩黄 = 黄 + 白。绘画黄尾鲴和斜颌鲴的尾梢。

b. 粉黄 = 白 + 黄。白色量较大，表达黄色基底鱼的腹部。

c. 土黄 = 黄 + 赭。表达大黄鱼、黄颡鱼等。

d. 橙黄 = 黄 + 红。也称枇杷黄，表达如草鱼等的胚胎细胞以及梅童鱼、美蝴蝶鱼的躯体和粗唇鮠的鳍等。

e. 篾黄 = 黄 + 青。表达鱼卵卵黄及鱼的腹部。

f. 酪黄 = 白 + 橙。表达鱼卵及鱼腹的色彩。

g. 棕黄 = 赭 + 黄。如暗色东方鲀、宽纹虎鲨、日本须鲨、灰星鲨、孔鳐、牙鲆、中华鲟、斑鳜、棒花鱼等。

h. 紫黄 = 紫 + 黄。如蛇鲻等。

i. 灰黄 = 黄 + 灰。如鲸鲨、黑印真鲨等。

j. 金黄 = 黄 + 金或黄 + 红 + 青。如圆口铜鱼、铜鱼、圆筒吻鉤、小黄鱼等。

k. 黄。如镜蝴蝶鱼、双带黄鲈等。

③蓝色类

a. 天蓝 = 蓝 + 白。如飞鱼、海鳗、大甲鲹等。

b. 粉蓝 = 白 + 蓝。表达蓝色类鱼的腹部。

c. 暗蓝 = 蓝 + 紫。如青鱼、银鲳、扁头哈那鲨。

d. 深蓝 = 蓝 + 黑。如条纹东方鲀等。

e. 青蓝 = 蓝 + 青。如蓝圆鲹、鳀鱼。

f. 灰蓝 = 蓝 + 灰。如赤眼鳟等。

④绿色类

a. 草绿 = 绿 + 黄 + 赭。如鲅等。

b. 黄绿 = 黄 + 绿。如草鱼、长蛇鲻的身体和麦穗鱼的雌性个体等。

c. 灰绿 = 黄 + 绿 + 灰 + 赭。如海龙、毛烟管鱼。

d. 浅绿 = 黄 + 绿 + 白。如鳜、大口鲶等以及鱼腹部。

e. 深绿 = 绿 + 蓝。如金带笛鲷、鳢、小鳀等。

f. 墨绿 = 绿 + 黑。如金枪鱼、鲐等。

g. 棕绿 = 绿 + 棕。如金钱鱼。

⑤白色类

a. 银白 = 银 + 白。如长颌鲚、长春鳊、鲭、鳓、斑鰶、鲥、银鲴、银飘鱼等。

b. 银灰 = 白 + 紫 + 黄。如刺鲳、花鲽等。

c. 灰白 = 白 + 灰。如白姑、长吻鮠、大银鱼等。

d. 水灰 = 白 + 紫。如鱼卵及裸胸鲹等。

e. 肉色 = 白 + 赭。如绘白色类鱼的腹部。

⑥黑色类

a. 深棕 = 黑 + 红。如三线舌鳎、条鳎、前肛鳗等。

b. 黑棕 = 黑 + 黄。如弹涂鱼、松江鲈等。

3. 着色方法

（1）深轮廓叠色法

①轮廓：以深色用毛笔或钢笔勾勒鱼体外轮廓、鳞片、鳍条等。注意背线色深，腹线色浅，如背黑腹灰、背棕腹黄、背深蓝、背浅蓝等，先绘出轮廓单线图。

②染色：对照新鲜标本、彩色照片或彩色铅笔速画的野外原底图，在深轮廓线图基础上添加鱼体颜色，也是背部色深，腹部色浅，水彩、水粉颜料可以兼用。

③润饰：标出眼白光，体背光带。若彩色遮盖了部分鳞片，再以深色勾画一次。鳞片光彩在考虑整体变化的基础上，逐步鳞片修整、露光，有斑纹者需绘上深色斑纹。

（2）炭精淡彩法

①轮廓：以黑色及灰色绘画外轮廓、鳞片、鳍条。

②涂炭：用绘相炭精点画头部、鳞片明暗及斑纹等，构成具立体感的黑白炭精图。

③上彩：用透明水彩或水彩添上各部位不同色彩，注意眼光点和体背光带的留光。正式图还须标示比例尺、学名、编号、绘画时间、绘制者等。

本文得到中山大学生命科学学院廖翔华教授的热忱支持和指导，深表谢意。

（梁秩燊，1983 年于中山大学生命科学学院）

后记

长江抒怀——庆祝中国科学院水生生物研究所建所 60 周年

20 世纪 50 年代中期，中国科学院水生生物研究所从繁华的上海迁到滨江的武汉，我们这些与各种水族打交道的人，才真有了用武之地。1959 年起，我和中国科学院水生生物研究所许多同志连续 8 年参加了国家下达的有关长江四大家鱼的研究任务，以期为长江三峡大坝和葛洲坝水利枢纽建设提供渔业方面的科学论据。面对这雄伟的河流和滔滔东去的江水，我们从一无所知到渐次熟稔，终于对一道道蜿蜒的河湾、一块块躺卧在江心的沙洲，都能够识别，对两岸的点点村镇和芦滩、矶头都能够辨认。水中千姿百态的鱼群，激发了我们不断求知的欲望，逐渐对这条闪耀着祖国悠久文化的长龙产生了纯真的感情。有时想，假如能获得第二个青春，我将会再次投入她的怀抱。

长江扩大了我们的视野，丰富了我们的知识，哺育了我们成长。多年的实践告诉我们，只要勤恳认真地工作，就会为祖国的经济建设贡献出自己的力量。当然，我们也不会忘记在江面上与风浪搏斗的日子，在惊涛骇浪面前，是怎样坚持下来的。有一年要进峡区调查，调查船一过南津关，我们便没有航行图的指引，在那礁石矗立的急流中，仅凭两岸灯标前进。船员们为了配合好工作，从未在困难面前退让，终于用他们的专业知识和丰富的经验完成了峡区鱼类产卵现场的调查采集，真是"不入虎穴，焉得虎子"。有一次我们乘坐小木船拟上溯沙市附近一条支流虎渡河调查，在支流河口被下泄的急流冲入大江漩涡，在那紧张的时刻，我们竭尽全力稳住了小船。险情过后，沉默中压一下惊，又继续工作。长江的汛期，江面时有从调查船边漂过的各种杂物，我们好像都已习惯。只是后来回忆起来，才有点儿后怕。

我们也没有忘记以往的艰辛生活。野外调查采集是手脑并用的工作，终日除了挑选、镜检和培养鱼卵鱼苗等工作外，青年人还要承担劳力很强的放起网工

本文是易伯鲁教授对 20 世纪 60 年代长江鱼类产卵场调查及鱼类胚胎发育研究工作的情感之作，略有删减充作后记。

作，有时还要协助船员绞锚。船员们除了恪尽职守，还要负责炊事和采购。在那副食品严重不足、吃饱了还想吃的日子里，大家没有被困难压倒，而是保质保量地坚持完成工作任务。搞好工作，需要才能和技术，也需要毅力和勇气。

二十几年过去了，回顾往事，不免想到在那条件比较差、生活比较艰辛的情况下，工作是怎样坚持下来的？力量和信念是从哪里来的？

我想，力量和信念来自中国科学院水生生物研究所得力的组织领导，领导层既认识到工作的可行性，又想到工作的艰巨性，因而在进行动员和号召之外，又给予具体的帮助，解决关键的工作困难。力量和信念还来自全所后勤人员的热情支援和渔民群众的有力配合。调查工作所需的器材、网具都保质保量地及时供应。力量和信念还来自自身的信心，坚信实践会出真知。在长江工作，前人没有给我们留下多少可参考的资料，许多环节、工作方法和技术路线都要自己去摸索和创造。通过实践，我们好像一年比一年聪明一些，办法一年比一年多一些，思路也一年比一年广阔和清晰。我们相信一个喝过长江水、摸过长江鱼的人，从科学实践出发，是能对长江三峡与葛洲坝的渔业问题提出真知灼见的。

长江，值得怀念的长江，她是中华民族的伟大摇篮，也是哺育水生生物学工作者成长和一显身手的壮丽舞台，拥抱她吧！

易伯鲁

1989 年 10 月 7 日